21世纪高等学校计算机类课程创新规划教材 ·

虚拟化与云计算系统运维管理（微课版）

杨海艳 冯理明 张凌 主编 杜珺 王月梅 罗威 余可春 副主编

清華大學出版社
北京

内 容 简 介

本书以使读者熟练掌握常见的虚拟化系统和云计算系统的部署与运维管理为目标，采用 VMware vSphere 5.5 和 VMware Horizon 6.1.1 虚拟化平台，以及 CentOS 6.5 和 CecOS 1.4 等云计算平台，介绍当前主流的虚拟化和云计算系统的部署与运维。全书包含 7 个项目，分别为“虚拟化与云计算基本概念”“搭建 VMware 企业级虚拟化平台”“配置 iSCSI 存储”“安装 vCenter Server 与部署 vCSA”“配置 vCenter Server 高级应用”“搭建 VMware 云桌面服务(Horizon View)”和“搭建 CentOS 企业级云计算平台”。

本书不仅可作为高职院校计算机网络技术、云计算技术专业的学生教材，还可以作为对 VMware 虚拟化和 CentOS 云计算基础技术感兴趣的读者的技术参考书。

图书在版编目(CIP)数据

虚拟化与云计算系统运维管理：微课版/杨海艳，冯理明，张凌主编. —北京：清华大学出版社，2017(2021.8重印)
(21 世纪高等学校计算机类课程创新规划教材 · 微课版)
ISBN 978-7-302-48053-2

Ⅰ. ①虚… Ⅱ. ①杨… ②冯… ③张… Ⅲ. ①云计算—维护—高等学校—教材 Ⅳ. ①TP393.027

中国版本图书馆 CIP 数据核字(2017)第 208129 号

责任编辑：黄 芝 李 晔
封面设计：刘 键
责任校对：白 蕾
责任印制：丛怀宇

出版发行：清华大学出版社
网 址：http://www.tup.com.cn，http://www.wqbook.com
地 址：北京清华大学学研大厦 A 座 **邮 编**：100084
社 总 机：010-62770175 **邮 购**：010-83470235
投稿与读者服务：010-62776969，c-service@tup.tsinghua.edu.cn
质量反馈：010-62772015，zhiliang@tup.tsinghua.edu.cn
课件下载：http://www.tup.com.cn，010-83470236
印 装 者：三河市铭诚印务有限公司
经 销：全国新华书店
开 本：185mm×260mm **印 张**：24 **字 数**：580 千字
版 次：2017 年 9 月第 1 版 **印 次**：2021 年 8 月第 6 次印刷
印 数：5501～6500
定 价：69.80 元

产品编号：075732-02

前　言

不知道什么时候，我发现我喜欢上了虚拟化与云计算，喜欢虚拟化后的自动化、管理统一化！虚拟化与云计算技术到现在已深入到了各行各业，感觉前景光明。云计算涉及的范围比较广泛，本书触及云计算的地方虽然不多，但虚拟化是云计算的基础，所以就以此作为书名了。去年有幸接触了清华大学出版社的编辑们，出版了《Linux 系统运维与管理》一书，被他们严谨的工作作风所感动，我终于确定了自己的方向，浮躁了这么多年，也该静心下来。以前都是拿来主义，看到好的书，就会爱不释手，没有体会出自己座右铭"Share our ideas and experiments with the world"的真实含义，分享是很有价值的事情！所以这本书就这样诞生了。把本人学习与工作的整个过程分享出来与大家共勉，一来可以结交朋友，二来提高写文档的能力，三来提高思考分析能力，四来提高规划能力。

在过去的半个多世纪，信息技术的发展，尤其是计算机和互联网技术的进步极大地改变了人们的工作和生活方式。大量企业开始采用以数据中心为业务运营平台的信息服务模式。进入 21 世纪后，数据中心变得空前重要和复杂，这对管理工作提出了全新的挑战，一系列问题接踵而来。企业如何通过数据中心快速地创建服务并高效地管理业务？怎样根据需求动态调整资源以降低运营成本？如何更加灵活、高效、安全地使用和管理各种资源？如何共享已有的计算平台而不是重复创建自己的数据中心？业内人士普遍认为，信息产业本身需要更加彻底的技术变革和商业模式转型，虚拟化和云计算正是在这样的背景下应运而生的。虚拟化技术很早就在计算机体系结构、操作系统、编译器和编程语言等领域得到了广泛应用。该技术实现了资源的逻辑抽象和统一表示，在服务器、网络及存储管理等方面都有着突出的优势，大大降低了管理复杂度，提高了资源利用率，提高了运营效率，从而有效地控制了成本。

本书以使读者熟练掌握常见的虚拟化系统和云计算系统的部署与运维为目标，采用 VMware vSphere 5.5 和 VMware Horizon 6.1.1 虚拟化平台，以及 CentOS 6.5 和 CecOS 1.4 等云计算平台，介绍当前主流的虚拟化和云计算系统的部署与运维。本书包含 7 个项目，分别为"虚拟化与云计算基本概念""搭建 VMware 企业级虚拟化平台""配置 iSCSI 存储""安装 vCenter Server 与部署 vCSA""配置 vCenter Server 高级应用""搭建 VMware 云桌面服务"和"搭建 CentOS 企业级云计算平台"。本书不仅可作为高职院校计算机网络技术、云计算技术专业的学生教材，还可以作为对 VMware 虚拟化和 CentOS 云计算基础技术感兴趣的读者的技术参考书。

本书推荐从头至尾阅读，也可以按照喜好和关注点挑选独立的章节阅读。我们希望通过对本书的学习能加深您对虚拟化与云计算的理解，获得您所期待的信息。

另外需要特别指出的是，该书中的很多内容都参考了王春海的《VMware 虚拟化与云计算应用案例详解》、何坤源的《VMware vSphere 5.0 虚拟化架构实战指南》、李晨光等的《虚拟化与云计算平台构建》等大牛们的书，以及互联网上的诸多论坛中的帖子，所以非常感谢这些前辈们的付出。

在编著本书的过程中，惠州城市职业学院的多位领导、教师提出了非常宝贵的建议，还有和我一起奋斗的小伙伴们，特别是邱振乎、张嘉豪等对全书的项目进行了验证工作，在此一并表示感谢。

编　者

2017 年 5 月

目　录

项目一　虚拟化与云计算基本概念 …… 1

【任务一】 认识服务器虚拟化 …… 1

【任务二】 认识云计算技术 …… 4

【项目拓展训练】 …… 8

项目二　搭建 VMware 企业级虚拟化平台 …… 9

【任务一】 安装 ESXi 服务器系统 …… 9

【子任务一】 理解 VMware vSphere 虚拟化架构 …… 10

【子任务二】 准备 ESXi 主机硬件 …… 13

【子任务三】 创建 VMware ESXi 虚拟机 …… 14

【子任务四】 安装 VMware ESXi 系统 …… 20

【子任务五】 配置 ESXi 系统的管理 IP 地址 …… 24

【子任务六】 开启 ESXi 的 shell 和 ssh 功能 …… 26

【任务二】 使用 vSphere Client 管理 ESXi 服务器 …… 29

【子任务一】 使用 vSphere Client 管理 ESXi 主机 …… 30

【子任务二】 将安装光盘 ISO 上传到 ESXi 存储 …… 34

【子任务三】 在 VMware ESXi 中创建虚拟机 …… 37

【子任务四】 安装 CentOS 6.5 操作系统 …… 48

【子任务五】 给 CentOS 6.5 安装 VMware Tools …… 65

【子任务六】 为虚拟机创建快照 …… 69

【子任务七】 配置虚拟机跟随 ESXi 主机自动启动 …… 71

【任务三】 管理 vSphere 虚拟网络 …… 72

【子任务一】 理解 vSphere 虚拟网络 …… 72

【子任务二】 理解 vSphere 网络术语 …… 77

【子任务三】 分离虚拟机数据流量与 ESXi 的管理流量 …… 80

【项目拓展训练】 …… 87

项目三　配置 iSCSI 存储 …… 88

【任务一】 熟悉存储的方式以及 iSCSI 存储器 …… 89

【任务二】 配置 StarWind iSCSI 目标服务器 …… 95

【任务三】 配置 Openfiler 存储服务器 …… 108
【任务四】 挂载 iSCSI 网络存储器到 ESXi 主机 …… 118
【项目拓展训练】…… 131

项目四 安装 vCenter Server 与部署 vCSA …… 133

【任务一】 安装 VMware vCenter Server …… 133
【子任务一】 配置 vCenter Server 基础环境 …… 134
【子任务二】 安装 VMware vCenter Server …… 138
【任务二】 部署 VMware vCenter Server Appliance …… 145
【子任务一】 部署 OVF 模板 …… 145
【子任务二】 配置 vCSA …… 150
【任务三】 使用 vSphere Web Client 管理 ESXi 主机 …… 157
【子任务一】 创建数据中心、添加主机…… 157
【子任务二】 将 ESXi 连接到 iSCSI 共享存储 …… 162
【子任务三】 使用共享存储创建虚拟机 …… 172
【项目拓展训练】…… 184

项目五 配置 vCenter Server 高级应用 …… 185

【任务一】 使用模板批量部署虚拟机…… 185
【任务二】 在线迁移虚拟机…… 199
【子任务一】 配置 VMkernel 接口支持 vMotion …… 200
【子任务二】 使用 vMotion 迁移正在运行的虚拟机 …… 203
【任务三】 分布式资源调度…… 207
【子任务一】 创建 vSphere 群集 …… 208
【子任务二】 启用 vSphere DRS …… 212
【子任务三】 配置 vSphere DRS 规则 …… 214
【任务四】 部署虚拟机高可用性…… 218
【子任务一】 理解 vSphere HA 的工作原理与实施条件 …… 219
【子任务二】 启用 vSphere HA …… 222
【子任务三】 验证 vSphere HA …… 226
【项目拓展训练】…… 229

项目六 搭建 VMware 云桌面服务 …… 230

【任务一】 配置 VMware Horizon View 基础环境 …… 231
【子任务一】 理解 VMware Horizon View 的体系结构 …… 232
【子任务二】 创建和配置 VMware ESXi …… 232
【子任务三】 配置域控制器与 DNS 解析 …… 233
【子任务四】 安装和配置 SQL Server …… 241
【子任务五】 安装和配置 vCenter Server …… 250

【子任务六】 安装和配置 iSCSI 共享存储 …… 255
【子任务七】 配置 DHCP 服务器 …… 255
【任务二】 制作和优化模板虚拟机 …… 257
【子任务一】 制作 Windows 7 模板虚拟机 …… 257
【子任务二】 优化 Windows 7 模板虚拟机 …… 259
【任务三】 安装 VMware Horizon View 服务器软件 …… 262
【子任务一】 安装 Horizon View Connection Server …… 262
【子任务二】 安装 Horizon View Composer …… 267
【子任务三】 配置域中的 OU 与用户 …… 270
【任务四】 发布 VMware Horizon View 虚拟桌面 …… 273
【子任务一】 配置 VMware Horizon View …… 273
【子任务二】 发布 Windows 7 虚拟桌面 …… 278
【任务五】 连接到云桌面 …… 288
【子任务一】 配置 Windows 系统连接云桌面 …… 288
【子任务二】 配置 Android 系统连接云桌面 …… 290
【子任务三】 通过 Web 访问云桌面 …… 292
【项目拓展训练】 …… 293

项目七 搭建 CentOS 企业级云计算平台 …… 294

【任务一】 使用和运维 CentOS 中的 KVM 虚拟化 …… 295
【子任务一】 理解 KVM 虚拟化技术 …… 295
【子任务二】 安装支持 KVM 的图形 CentOS 系统 …… 297
【子任务三】 安装与配置 CentOS 系统中的虚拟机 …… 302
【子任务四】 管理和运维 CentOS 中的虚拟机 …… 321
【任务二】 CecOS 企业云计算平台的搭建与测试 …… 325
【子任务一】 理解 CecOS 企业云计算系统构架 …… 326
【子任务二】 安装与配置 CecOS 企业云计算系统基础平台 …… 328
【子任务三】 配置 CecOS 云计算系统服务器虚拟化 …… 343
【子任务四】 配置 CecOS 云计算系统桌面虚拟化 …… 358
【项目拓展训练】 …… 371

参考文献 …… 372

项目一 虚拟化与云计算基本概念

【项目说明】

在过去的半个多世纪，信息技术的发展，尤其是计算机和互联网技术的进步极大地改变了人们的工作和生活方式。大量企业开始采用以数据中心为业务运营平台的信息服务模式。进入21世纪后，数据中心变得空前重要和复杂，这对管理工作提出了全新的挑战，一系列问题接踵而来。企业如何通过数据中心快速地创建服务并高效地管理业务？怎样根据需求动态调整资源以降低运营成本？如何更加灵活、高效、安全地使用和管理各种资源？如何共享已有的计算平台而不是重复创建自己的数据中心？业内人士普遍认为，信息产业本身需要更加彻底的技术变革和商业模式转型，虚拟化和云计算正是在这样的背景下应运而生的。

“虚拟化”和“云计算”是当下两个时兴的抽象概念，同时也标志着计算机技术发展进入一个新的历史阶段，因此需要我们去学习和了解。

【项目实施】

要实施完成此项目，需要完成以下几个任务。

【任务一】认识服务器虚拟化

【任务二】认识云计算技术

【任务一】 认识服务器虚拟化

【任务说明】

虚拟化技术很早就在计算机体系结构、操作系统、编译器和编程语言等领域得到了广泛应用。该技术实现了资源的逻辑抽象和统一表示，在服务器、网络及存储管理等方面都有着突出的优势，大大降低了管理的复杂度，提高了资源的利用率，提高了运营的效率，从而有效地控制了成本。由于在大规模数据中心管理和基于互联网的解决方案交付运营方面有着巨大的价值，服务器虚拟化技术受到人们的高度重视，人们普遍相信虚拟化将成为未来数据中心的重要组成部分。

本任务的主要内容是理解服务器虚拟化的基本概念，弄清企业为什么要实施服务器虚拟化，以及当前流行的企业级虚拟化解决方案。

【任务实施】

第1步：认识服务器虚拟化

目前，企业使用的物理服务器一般运行单个操作系统，随着服务器整体性能的大幅度提升，服务器的CPU、内存等硬件资源的利用率越来越低。另外，服务器操作系统难以移动和复制，硬件故障会造成服务器停机，无法对外提供服务，导致物理服务器维护工作的难度很大。物理服务器的体系结构如图 1-1 所示。

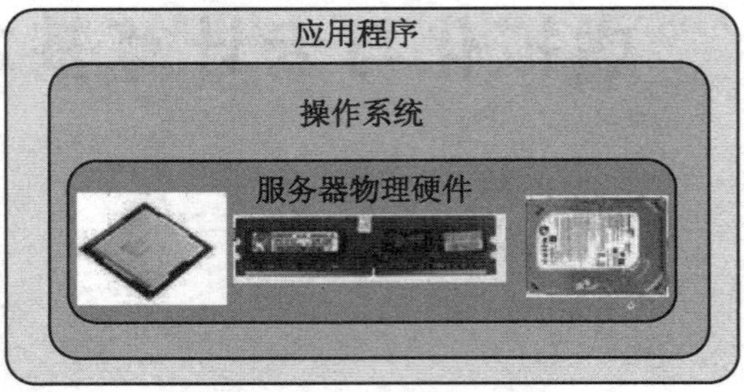

图 1-1　物理服务器体系结构

使用服务器虚拟化，可以在一台服务器上运行多个虚拟机，多个虚拟机共享同一台物理服务器的硬件资源。每个虚拟机都是相互隔离的，这样可以在同一台物理服务器上运行多个操作系统以及多个应用程序。服务器虚拟化体系结构如图 1-2 所示。

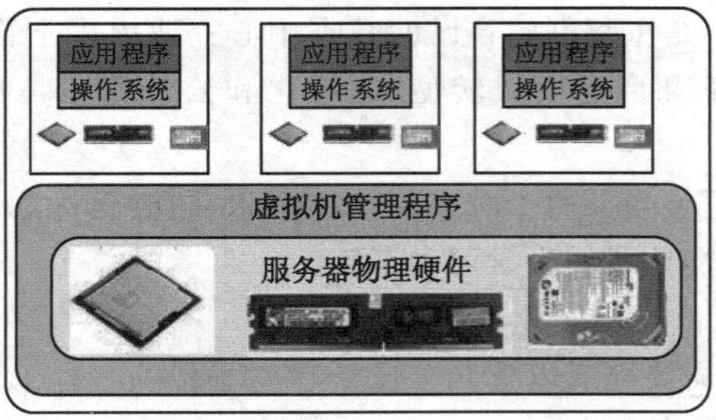

图 1-2　服务器虚拟化体系结构

虚拟化的工作原理是直接在物理服务器的硬件或主机操作系统上面运行一个称为虚拟机管理程序(Hypervisor)的虚拟化系统。通过虚拟机管理程序，多个操作系统可以同时运行在单台物理服务器上，共享服务器的硬件资源。

虚拟机管理程序一般分为两类：第一类虚拟机管理程序直接运行在硬件之上，也称为裸金属架构(Bare Metal Architecture)；第二类虚拟机管理程序则需要主机安装有操作系统，由主机操作系统负责提供 I/O 设备支持和内存管理，也称为寄居架构(Hosted Architecture)。常见的第一类虚拟机管理程序包括 VMware ESXi、Hyper-V、开源的 KVM (Linux 内核的一部分)和 Xen 等，常见的第二类虚拟机管理程序包括 VMware Workstation、Oracle VM Virtualbox 和 QEMU 等。

第 2 步：理解企业实施服务器虚拟化的原因

使用服务器虚拟化，可以降低 IT 成本，提高服务器的利用率和灵活性。使用服务器虚拟化的原因包含以下几个方面。

(1) 提高服务器硬件资源利用率。通过服务器虚拟化，可以使一台服务器同时运行多个虚拟机，每个虚拟机运行一个操作系统。这样，一台服务器可以同时对外提供多种服务。服务器虚拟化可以充分利用服务器的 CPU、内存等硬件资源。

（2）降低运营成本。使用服务器虚拟化，一台服务器可以提供原先几台物理服务器所能够提供的服务，明显减少了服务器的数量。服务器硬件设备的减少，可以减少占地空间，电力和散热成本也会大幅度降低，从而降低了运营成本。

（3）方便服务器运维。虚拟机封装在文件中，不依赖于物理硬件，使得虚拟机操作系统易于移动和复制。一个虚拟机与其他虚拟机相互隔离，不受硬件变化的影响，服务器运维方便。

（4）提高服务可用性。在虚拟化架构中，管理员可以安全地备份和迁移整个架构，不会出现服务中断的情况。使用虚拟机在线迁移可以消除计划内停机，使用 HA（High Available，高可用性集群）等高级特性可以从计划外故障中快速恢复虚拟机。

（5）提高桌面的可管理性和安全性。通过部署桌面虚拟化，可以在所有台式计算机、笔记本电脑、瘦终端、平板电脑和手机上部署、管理和监控云桌面，用户可以在本地或远程访问自己的一个或多个云桌面。

第 3 步：了解当前流行的企业级虚拟化解决方案

目前流行的企业级虚拟化厂商及其解决方案包括 VMware vSphere、微软 Hyper-V、Red Hat KVM、Citrix XenApp 等。

（1）VMware vSphere：VMware（中文名“威睿”）是全球数据中心虚拟化解决方案的领导厂商。VMware vSphere 是 VMware 公司推出的企业级虚拟化解决方案，vSphere 不是一个单一的软件，而是由多个软件组成的虚拟化解决方案，其核心组件包括 VMware ESXi、VMware vCenter Server 等。除了 VMware vSphere，VMware 公司还有很多其他产品，包括云计算基础架构产品 VMware vCloud Suite、桌面与应用虚拟化产品 VMware Horizon View、个人桌面级虚拟机 VMware Workstation 等。

（2）微软 Hyper-V：Hyper-V 是微软公司推出的企业级虚拟化解决方案。微软在企业级虚拟化领域的地位仅次于 VMware。微软从 Windows Server 2008 开始集成了 Hyper-V 虚拟化解决方案，到 Windows Server 2012 的 Hyper-V 已经是第三代，Hyper-V 是 Windows Server 中的一个服务器角色。微软还推出了免费的 Hyper-V Server，实际上是仅具备 Hyper-V 服务器角色的 Server Core 版本服务器。微软在 Windows 8 之后的桌面操作系统中也集成了 Hyper-V，仅限专业版和企业版。

（3）Red Hat KVM：KVM（Kernel-based Virtual Machine，基于内核的虚拟机）最初是由以色列公司 Qumranet 开发的，在 2006 年，KVM 模块的源代码被正式接纳进入 Linux Kernel，成为 Linux 内核源代码的一部分。作为开源 Linux 系统领军者的 Red Hat 公司，也没有忽略企业级虚拟化市场。

2008 年，Red Hat 收购了 Qumranet 公司，从而拥有了自己的虚拟化解决方案。Red Hat 在 RedHat Enterprise Linux 6、7 中集成了 KVM，另外，Red Hat 还发布了基于 KVM 的 RHEV (RedHat Enterprise Virtualization)服务器虚拟化平台。

（4）Citrix XenApp：Xen 是一个开源虚拟机管理程序，于 2003 年公开发布，由剑桥大学在开展“XenoServer 范围的计算项目”时开发。依托于 XenoServer 项目，一家名为 XenSource 的公司得以创立，该公司致力于开发基于 Xen 的商用产品。2007 年，XenSource 被 Citrix 收购。Citrix 即美国思杰公司，是一家致力于移动、虚拟化、网络和云服务领域的企业，其产品包括 Citrix XenApp（应用虚拟化）、Citrix XenDesktop（桌面虚拟化）、

XenServer(服务器虚拟化)等。目前,Citrix 公司的桌面和应用虚拟化产品在市场中占有比较重要的地位。

【任务二】 认识云计算技术

【任务说明】

云计算是新理念,目标是将计算和存储简化为像水和电一样易用的公共资源,用户只要连上网络即可方便地使用,按量付费。云计算提供了灵活的计算能力和高效的海量数据分析方法,企业不需要构建自己专用的数据中心就可以在云平台上运行各种各样的业务系统,这种创新的计算模式和商业模式吸引了产业界和学术界的广泛关注。我们所从事的虚拟化研究是云计算的基石,是云计算最重要的支撑技术。

本任务的主要内容是了解云计算发展的时代、云计算的基本定义、云计算的服务模式以及云计算的部署模式等最基本的云计算技术。

【任务实施】

第 1 步:了解 IT 产业发展的时代

从 20 世纪 80 年代起,IT 产业经历了四个大的时代:大(小)型机时代、个人计算机(PC)时代、互联网时代、云计算时代,如图 1-3 所示。大型机时代是在 20 世纪 80 年代之前,个人计算机时代从 20 世纪 80 年代到 90 年代,互联网时代发生在 20 世纪 90 年代到 21 世纪初,最近十年,云计算时代正在到来。

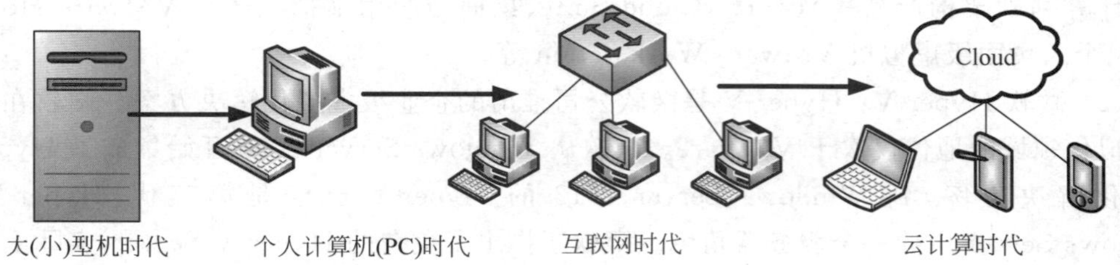

图 1-3 IT 产业发展的四个时代

从 20 世纪 60 年代的只有大型主机,到 70、80 年代以 UNIX 为主导,小型机开始成为主流,大型主机真正统领江湖的时代事实上只有 15~20 年。

个人计算机(PC)时代到来的标志是原来昂贵的、只在特殊行业使用的大型主机发展成为每个人都能负担得起、每个人都会使用的个人计算机。个人计算机时代的到来提高了个人的工作效率和企业的生产效率。

互联网时代的到来是数亿计的单个信息孤岛汇集成庞大的信息网络,方便了信息的发布、收集、检索和共享,极大地提高了人类沟通、共享和协作的效率,提高了社会生产力,丰富了人们的社交和娱乐活动。可以说,当前绝大多数企业、学校的日常工作都依赖于互联网。

对于云计算时代,这里先不说云计算的定义,而是从日常生活说起。现在我们每天都在使用自来水、电和天然气,有没有想过这些资源使用起来为什么这么方便呢?不需要自己去挖井、发电,也不用自己搬蜂窝煤烧炉子。这些资源都是按量收费的,用多少,付多少费用。有专门的企业负责产生、输送和维护这资源,用户只需使用就可以了。

如果把计算机、存储、网络这些 IT 基础设施与水电气等资源作比较，IT 基础设施还远没有达到水电气那样的高效利用。就目前情况来说，无论是企业还是个人，都是自己购置这些 IT 设施，但使用率相当低，大部分 IT 基础资源没有得到高效利用。产生这种情况的原因在于 IT 基础设施的可流通性不像水电气那样成熟。

科学技术的飞速发展，网络带宽、硬件性能的不断提升，为 IT 基础设施的流通创造了条件。假如有一个公司，其业务是提供和维护企业和个人所需要的计算、存储、网络等 IT 基础资源，而这些 IT 基础资源可以通过互联网传送给最终用户。这样，用户不需要采购昂贵的 IT 基础设施，而是租用计算、存储和网络资源，这些资源可以通过手机、平板电脑和瘦客户端等设备来访问。这种将 IT 基础设施像水电气一样传输给用户，按需付费的服务就是狭义的云计算。如果将所提供的服务从 IT 基础设施扩展到软件服务、开发服务，甚至所有 IT 服务，就是广义的云计算。

云计算是基于 Web 的服务，以互联网为中心。从 2008 年开始，云计算的概念逐渐流行起来，云计算在近几年受到从 IT 到学术界、商界甚至政府的热捧，一时间云计算这个词无处不在，让处于同时代的其他 IT 技术自叹不如。云计算被视为“革命性的计算模型”，囊括了开发、架构、负载平衡和商业模式等。

第 2 步：了解云计算发展的大事件

云计算与大数据时代的到来，深入影响着世界经济社会的发展，改变着人们的工作、生活和思维方式。随着云计算与大数据技术的不断成熟，其在各个领域的应用将成为必然。

1959 年 6 月，Christopher Strachey 发表虚拟化论文，虚拟化是今天云计算基础架构的基石。

1962 年，J. C. R. Licklider 提出“星际计算机网络”设想。

1984 年，Sun 公司的联合创始人 John Gage 说出了“网络就是计算机”的名言，用于描述分布式计算技术带来的新世界，今天的云计算正在将这一理念变成现实。

1997 年，南加州大学教授 Ramnath K. Chellappa 提出云计算的第一个学术定义：“计算的边界可以不是技术局限，而是经济合理性。”

1998 年，VMware（威睿公司）成立并首次引入 x86 的虚拟化技术。

1999 年，Marc Andreessen 创建 LoudCloud，是第一个商业化的 IaaS 平台。同年 salesforce. com 公司成立，宣布“软件终结”革命开始。

2000 年，SaaS 兴起。

2006 年 3 月，亚马逊推出弹性计算云（Elastic Compute Cloud）服务。

2006 年 8 月，谷歌首席执行官埃里克·施密特在搜索引擎大会首次提出“云计算”（Cloud Computing）的概念。

2008 年 2 月，IBM 宣布将在中国无锡太湖新城科教产业园为中国的软件公司建立全球第一个云计算中心（ Cloud Computing Center）。

2010 年 7 月，美国国家航空航天局（NASA）与 Rackspace、AMD、Intel、戴尔等支持厂商共同宣布 OpenStack 开源计划。

2010 年，阿里巴巴旗下的“阿里云”正式对外提供云计算商业服务。

2013 年 9 月，华为面向企业和运营商客户推出云操作系统 FusionSphere 3.0。

2015 年 3 月，第十二届全国人民代表大会第三次会议中提出制定“互联网+”行动计划，推动移动互联网、云计算、大数据、物联网等与现代制造业结合，促进电子商务、工业互联网和互联网金融健康发展，引导互联网企业拓展国际市场。

2015 年 5 月，国务院公布“中国制造 2025”战略规划，提出工业互联网、大数据、云计算、生产制造、销售服务等全流程和产业链的综合集成应用。

2015 年 10 月教育部颁布《普通高等学校高等职业教育（专科）专业目录（2015 年）》，“云计算技术与应用”列入新的专业目录。

2016 年 9 月教育部颁布《普通高等学校高等职业教育（专科）专业目录（2016 年）》，“大数据技术与应用”列入新的专业目录。

第 3 步：理解云计算的定义

云计算（Cloud Computing）从狭义上是指 IT 基础设施的交付和使用模式，即通过网络以按需、易扩展的方式获得所需的 IT 基础设施资源。广义云计算是指各种 IT 服务的交付和使用模式，指通过网络以按需、易扩展的方式获得所需要的各种 IT 服务。

第 4 步：理解云计算的三大服务模式

（1）IaaS（Infrastructure as a Service，基础设施即服务）：IaaS 提供给用户的是计算、存储、网络等 IT 基础设施资源。用户能够部署一台或多台云主机，在其上运行操作系统和应用程序。用户不需要管理和控制底层的硬件设备，但能控制操作系统和应用程序。云主机可以运行 Windows 操作系统，也可以运行 Linux 操作系统，在用户看来，它与一台真实的物理主机没有区别。目前最具代表性的 IaaS 产品包括国外的亚马逊 EC2 云主机、S3 云存储，国内的阿里云、盛大云、百度云等。

（2）PaaS（Platform as a Service，平台即服务）：PaaS 提供给用户的是应用程序的开发和运营环境，实现应用程序的部署和运行。PaaS 主要面向软件开发者，使开发者能够将精力专注于应用程序的开发，极大地提高了应用程序的开发效率。目前最具代表性的 PaaS 产品包括国外的 Google App Engine、微软 Windows Azure、国内的新浪 SAE 等。

（3）SaaS（Software as a Service，软件即服务）：SaaS 提供给用户的是具有特定功能的应用程序，应用程序可以在各种客户端设备上通过浏览器或瘦客户端界面访问。SaaS 主要面向使用软件的最终用户，用户只需要关心软件的使用方法，不需要关注后台服务器和硬件环境。目前最具代表性的 SaaS 产品包括国外的 Salesforce 在线客户关系管理（CRM），国内的金蝶 ERP 云服务、八百客在线 CRM 等。

第 5 步：了解云计算的部署模式

云计算的部署模式可以分为 3 种：公有云、私有云和混合云。

（1）公有云：公有云是由云计算服务提供商为客户提供的云，它所有的服务都是通过互联网提供给用户使用的，如图 1-4 所示。

对于使用者而言，公有云的优点是所有的硬件资源、操作系统、程序和数据都存放在公有云服务提供商处，自己不需要进行相应的投资和建设，成本比较低；缺点是数据都不存放在自己的服务器中，因此用户会对数据私密性、安全性和不可控性有所顾虑。典型的公有云服务提供商有亚马逊 AWS（Amazon Web Services）、微软 Windows Azure、阿里云、盛大云等。

（2）私有云：私有云是由企业自己建设的云，它所有的服务只供公司内部部门或分公司使用，如图 1-5 所示。私有云的初期建设成本比较高，比较适合有众多分支机构的大型企

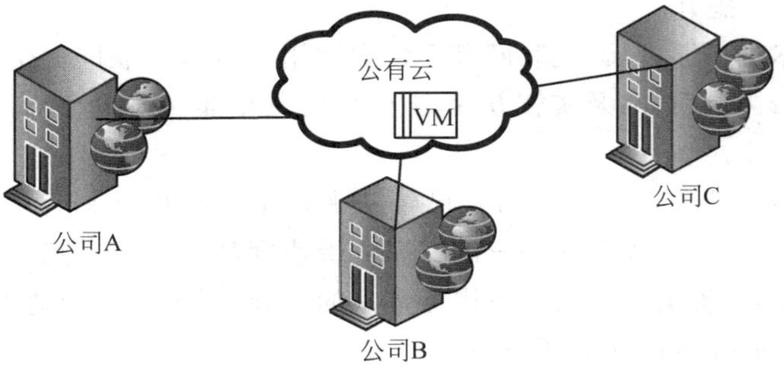

图 1-4 公有云

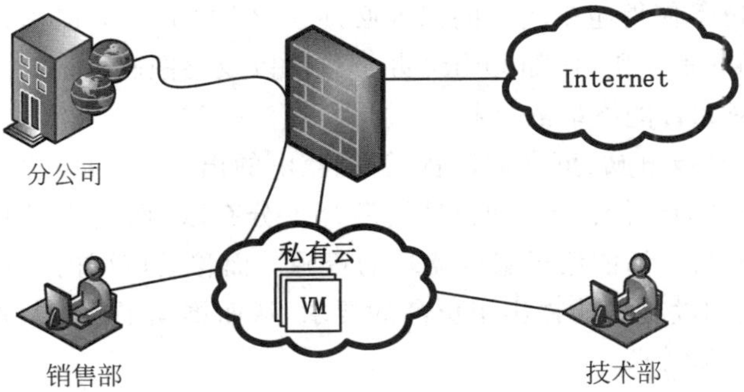

图 1-5 私有云

业或政府。可用于私有云建设的云计算系统包括 OpenStack、VMware vCloud 等。

另外，私有云也可以部署在公有云上，基于网络隔离等技术，通过 VPC 专线来访问。这种私有云也称为 VPC (Virtual Private Cloud)。

(3) 混合云：很多企业出于安全考虑，更愿意将数据存放在私有云中，但同时又希望获得公有云的计算资源，因此这些企业同时使用私有云和公有云，这就是混合云模式。另外，如果企业建设的云既可以给公司内部使用，也可以给外部用户使用，也称为混合云。

第 6 步：了解云计算兴起的成熟条件

云计算技术兴起的成熟条件包含以下几个方面。

(1) 虚拟化技术的成熟。

云计算的基础是虚拟化。服务器虚拟化、网络虚拟化、存储虚拟化在近几年已经趋于成熟，这些虚拟化技术已经在多个领域得到应用，并且开始支持企业级应用。虚拟化市场的竞争日趋激烈，VMware(威睿)、Microsoft(微软)、Red Hat(红帽)、Citrix(思杰)，Oracle(甲骨文)、华为等公司的虚拟化产品不断发展，各有优势。

虚拟化技术早在 20 世纪 60 年代就已经出现，但只能在高端系统上使用。在 Intel x86 架构方面，VMware 在 1998 年推出了 VMware Workstation，这是第一个能在 x86 架构上运行的虚拟机产品。随后，VMware ESX Server、Virtual PC、Xen、KVM、Hyper-V 等产品的推出，以及 Intel、AMD 在 CPU 中对硬件辅助虚拟化的支持，使得 x86 体系的虚拟化技术越来越成熟。

(2) 网络带宽的提升。

随着网络技术的不断发展,互联网骨干带宽和用户接入互联网的带宽快速提升。2013年,国家印发"宽带中国"战略及实施方案,工业和信息化部、三大运营商均将"宽带中国"列为通信业发展的重中之重。

中国普通家庭的 Internet 接入带宽已经从十几年前的几十 kbit/s 发展到现在的 4～100Mbit/s。世界上宽带建设领先国家的家庭宽带速度甚至已经达到 1Gbit/s,基本实现光纤到户。不得不说,要充分享受云计算服务带来的好处,国内的宽带速度必须进一步提升,并降低费用,让高速 Intenet 进入千家万户。

(3) Web 应用开发技术的进步。

Web 应用开发技术的进步,大大提高了用户使用互联网应用的体验,也方便了互联网应用的开发。这些技术使得越来越多的以前必须在 PC 桌面环境使用的软件功能变得可以在互联网上通过 Web 来使用,比如 Office 办公软件以及绘图软件。

(4) 移动互联网和智能终端的兴起。

随着智能手机、平板电脑、可穿戴设备、智能家电的出现,移动互联网和智能终端快速兴起。由于这些设备的本地计算资源和存储资源都十分有限,而用户对其能力的要求却是无限的,所以很多移动 App 都依赖于服务器端的资源。而移动应用的生命周期比传统应用更短,对服务架构和基础设施架构提出了更高的要求,从而推动了云计算服务需求的发展。

(5) 大数据问题和需求。

在互联网时代,人们产生、积累了大量的数据,简单地通过搜索引擎获取数据已经不能满足多种多样的应用需求。怎样从海量的数据中高效地获取有用数据,有效地处理并最终得到感兴趣的结果,这就是"大数据"所要解决的问题。大数据由于其数据规模巨大,所需要的计算和存储资源极为庞大,将其交给专业的云计算服务商进行处理是一个可行的方案。

【项目拓展训练】

1. 简述什么是服务器虚拟化。
2. 简述当前流行的企业级虚拟化解决方案。
3. 简述云计算的定义。
4. 简述云计算的三大服务模式。

项目二 搭建 VMware 企业级虚拟化平台

【项目说明】

某企业有二十余台服务器支撑着该企业所有信息化系统的运行，这些服务器经过了七八年运行，大部分已经到了正常使用年限，经常因为硬件故障导致服务无法访问，急需进行升级更新。如果按照原先的方式，仍然为每一个部门、每一个信息化子系统购置独立服务器，将面临严重的经费、管理及安全问题。如果采用虚拟化技术建立云计算平台，则仅需一次投资，即可方便地为现有及未来的每一个需求建立相应的虚拟服务器，避免硬件采购的无序和浪费，保证数字化企业的稳定、高效运行。

经过企业调研，该企业网络中心决定采购若干台高性能服务器，采用 VMware vSphere 5.5 作为虚拟化平台建设公司信息化系统。本书中使用 VMware Workstation 模拟整个服务器的搭建过程。

【项目实施】

要实施完成此项目，需要完成以下几个任务。

【任务一】安装 ESXi 服务器系统

【任务二】使用 vSphere Client 管理 ESXi 服务器

【任务三】管理 vSphere 虚拟网络

【任务一】 安装 ESXi 服务器系统

【任务说明】

在本任务中，我们将在 VMware Workstation 中安装 VMware ESXi 5.5，任务拓扑设计如图 2-1 所示。在实验环境中，ESXi 虚拟机使用的网络类型是 NAT，对应的 VMnet8 虚拟网络的网络地址为 192.168.1.0/24，ESXi 主机的 IP 地址为 192.168.1.88，本机（运行 VMware Workstation 的宿主机）安装 VMware vSphere Client 5.5，IP 地址为 192.168.1.1。

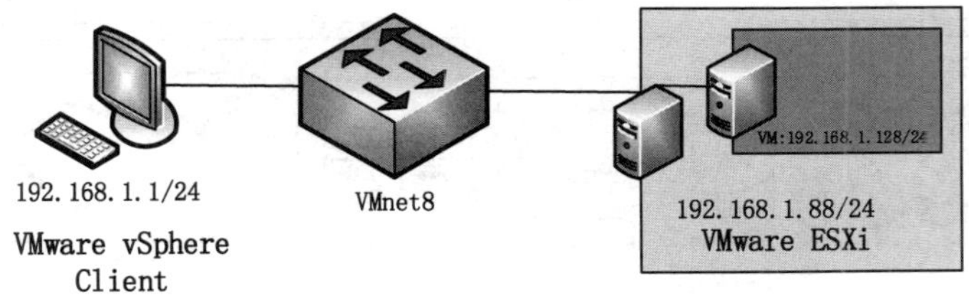

图 2-1 安装 ESXi 服务器实验拓扑

由于 VMware ESXi 5.5 要求主机的内存至少为 4GB，所以需要一台内存至少为 8GB 的计算机。如果读者的计算机内存为 4GB，可以安装 VMware vSphere 的 5.1 版，VMware ESXi 5.1 要求主机的内存至少为 2GB。

【任务实施】

为简化此任务的实施，我们将此任务分解成以下几个子任务来分步实施：

【子任务一】理解 VMware vSphere 虚拟化架构

【子任务二】准备 ESXi 主机硬件

【子任务三】创建 VMware ESXi 虚拟机

【子任务四】安装 VMware ESXi 系统

【子任务五】配置 ESXi 系统的管理 IP 地址

【子任务六】开启 ESXi 的 Shell 和 ssh 功能

【子任务一】 理解 VMware vSphere 虚拟化架构

VMware vSphere 5.5 是 VMware 公司的企业级虚拟化解决方案，图 2-2 所示为 vSphere 虚拟化架构的构成，下面对 VMware vSphere 虚拟化架构进行介绍。

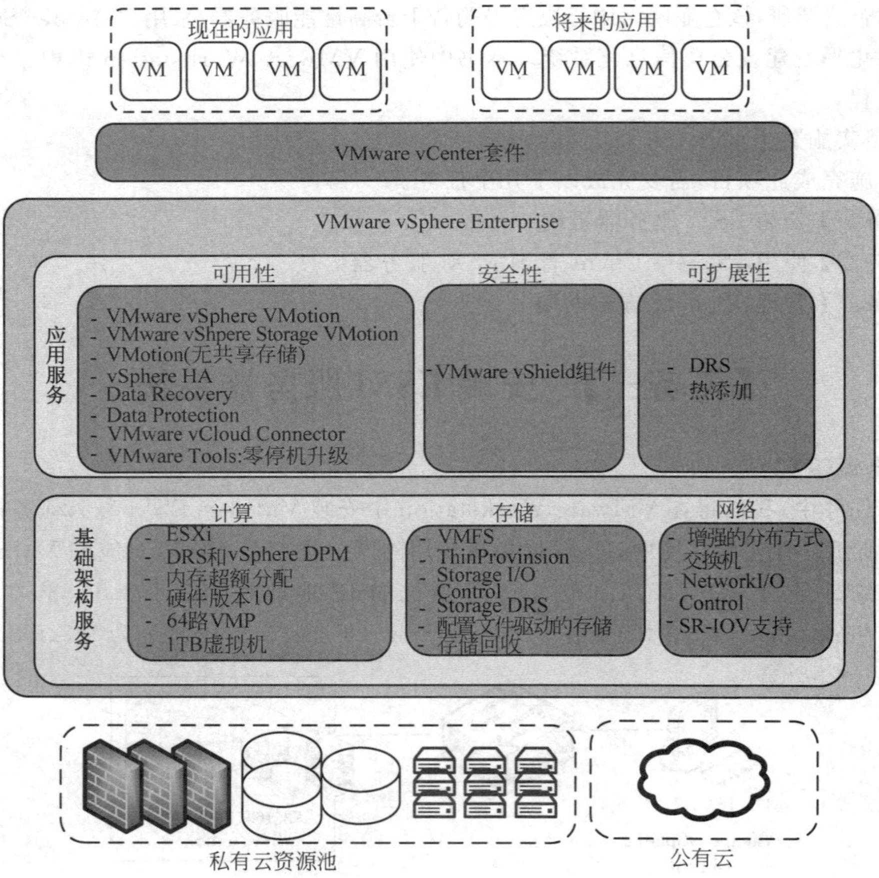

图 2-2 VMware vSphere 虚拟化架构的构成

第 1 步：理解私有云资源池概念

私有云资源池由服务器、存储设备、网络设备等硬件资源组成，通过 vSphere 进行管理。

第 2 步：理解公有云概念

公有云是私有云的延伸，可以对外提供云计算服务。

第 3 步：理解计算的概念

计算（Compute）包括 ESXi、DRS 和虚拟机等。

VMware ESXi 是在物理服务器上安装的虚拟化管理程序，用于管理底层硬件资源。安装 ESXi 的物理服务器称为 ESXi 主机，ESXi 主机是虚拟化架构的基础和核心，ESXi 可以在一台物理服务器上运行多个操作系统。

DRS（分布式资源调度）是 vSphere 的高级特性之一，能够动态调配虚拟机运行的 ESXi 主机，充分利用物理服务器的硬件资源。

虚拟机在 ESXi 上运行，每个虚拟机运行独立的操作系统。虚拟机对于用户来说就像一台物理机，同样具有 CPU、内存、硬盘、网卡等硬件资源。虚拟机安装操作系统和应用程序后与物理服务器提供的服务完全一样。VMware vSphere 5.5 支持的最高虚拟机版本为 10，支持为一个虚拟机配置最多 64 个 vCPU 和 1TB 内存。

第 4 步：理解 vSphere 存储

存储（Storage）包括 VMFS、Thin Provision 和 Storage DRS 等。

VMFS（虚拟机文件系统）是 vSphere 用于管理所有块存储的文件系统，是跨越多个物理服务器实现虚拟化的基础。

Thin Provision（精简配置）是对虚拟机硬盘文件 VMDK 进行动态调配的技术。

Storage DRS（存储 DRS）可以将运行的虚拟机进行智能部署，并在必要的时候将工作负载从一个存储资源转移到另外一个，以确保最佳的性能，避免 I/O 瓶颈。

第 5 步：理解 vSphere 网络

网络（Network）包括了分布式交换机（Distributed Switch）和网络读写控制（Network I/O Control）。

分布式交换机是 vSphere 虚拟化架构网络核心之一，是跨越多台 ESXi 主机的虚拟交换机。

网络读写控制是 vSphere 高级特性之一，通过对网络读写的控制使网络达到更好的性能。

第 6 步：理解 vSphere 可用性

可用性（Availability）包括了实时迁移（vMotion）、存储实时迁移（Storage vMotion）、高可用性（High Availability）、容错（Fault Tolerance）、数据恢复（Data Recovery）。

实时迁移是让运行在 ESXi 主机上的虚拟机可以在开机或关机状态下迁移到另一台 ESXi 主机上。

存储实时迁移是让虚拟机所使用的存储文件在开机或关机状态下迁移到另外的存储设备上。

高可用性是在 ESXi 主机出现故障的情况下，将虚拟机迁移到正常的 ESXi 主机上运行，尽量避免由于 ESXi 主机出现故障而导致服务中断。

容错是让虚拟机同时在两台 ESXi 主机上以主/从方式并发地运行，也就是所谓的虚拟机双机热备。当任意一台虚拟机出现故障，另外一台立即接替工作，对于用户而言感觉不到后台已经发生了故障切换。

数据恢复是通过合理的备份机制对虚拟机进行备份，以便故障发生时能够快速恢复。

第 7 步：理解 vSphere 的安全特性

安全(Security)体现在 vShield Zones、VMsafe 两个方面。vShield Zones 是一种安全性虚拟工具，可用于显示和实施网络活动。VMsafe 安全 API 使第三方安全厂商可以在管理程序内部保护虚拟机。

第 8 步：了解 vSphere 的可扩展性

可扩展性(Scalability)包括 DRS、热添加等。热添加能够使虚拟机在不关机的情况下增加 CPU、内存、硬盘等硬件资源。

第 9 步：认知 VMware vCenter 套件

VMware vCenter 提供基础架构中所有 ESXi 主机的集中化管理，vSphere 虚拟化架构的所有高级特性都必须依靠 vCenter 才能实现。vCenter 需要数据库服务器的支持，如 SQL Server、Oracle 等。

第 10 步：理解 VMware vSphere 基本管理架构

VMware vSphere 虚拟化架构的核心组件是 VMware ESXi 和 VMware vCenter Server，其基本管理架构如图 2-3 所示。

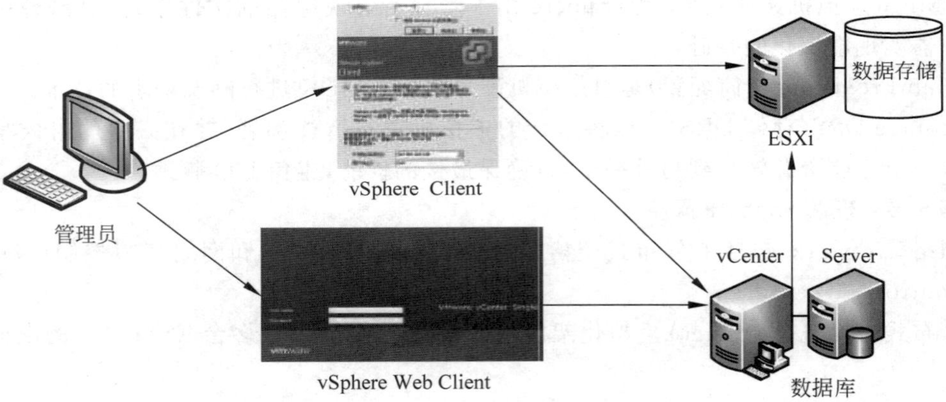

图 2-3 VMware vSphere 的基本管理架构

(1) vSphere Client：VMware vSphere Client 是一个在 Windows 上运行的应用程序，可以创建、管理和监控虚拟机，以及管理 ESXi 主机的配置。管理员可以通过 vSphere Client 直接连接到一台 ESXi 主机上进行管理，也可以通过 vSphere Client 连接到 vCenter Server，对多台 ESXi 主机进行集中化管理。

(2) vSphere Web Client：VMware vSphere Web Client 是 VMware vCenter Server 的一个组件，可以通过浏览器管理 vSphere 虚拟化架构。vSphere Web Client 的 Web 界面是通过 Adobe Flex 开发的，客户端浏览器需要安装 Adobe Flash Player 插件。

(3) 数据存储：ESXi 将虚拟机等文件存放在数据存储中，vSphere 的数据存储既可以是 ESXi 主机的本地存储，也可以是 FC SAN、iSCSI SAN 等网络存储。

第 11 步：了解 vSphere 虚拟化架构与云计算的关系

业界有一种说法，虚拟化是云计算的基础。那么未使用虚拟化架构的传统数据中心是否能够使用云计算呢？答案是可以的。只是如果不使用虚拟化，运营成本的降低、资源的有效利用、良好的扩展性均不能得到体现。VMware vCloud Director 可以方便快捷地将 vSphere 融入云计算。

【子任务二】 准备 ESXi 主机硬件

与传统操作系统(如 Windows 和 Linux)相比，ESXi 有着更为严格的硬件限制。ESXi 不一定支持所有的存储控制器和网卡，使用 VMware 网站上的兼容性指南(网址为 www.vmware.com/resources/compatibility)可以检查服务器是否可以安装 VMware ESXi。

第 1 步：查询安装 VMware ESXi 5.5 的硬件要求

VMware ESXi 5.5 的硬件要求如下：

(1) ESXi 5.5 仅能在安装有 64 位 x86 CPU 的服务器上安装和运行。

(2) ESXi 5.5 要求主机至少具有两个内核。

(3) ESXi 5.5 仅支持 LAHF 和 SAHF CPU 指令。

(4) ESXi 5.5 需要在 BIOS 中针对 CPU 启用 NX/XD 位。

(5) ESXi 5.5 需要至少 4GB 物理内存。建议至少使用 8GB 内存，以便能够充分利用 ESXi 的功能，并在典型生产环境下运行虚拟机。

(6) 要支持 64 位虚拟机，CPU 必须支持硬件虚拟化(Intel VT-x 或 AMD RVI)。

(7) 一个或多个 1Gbit/s 或 10Gbit/s 以太网控制器。

(8) 一个或多个以下控制器的任意组合。

- 基本 SCSI 控制器：Adaptec Ultra-160 或 Ultra-320、LSI Logic Fusion-MPT。
- RAID 控制器：Dell PERC (Adaptec RAID 或 LSI MegaRAID)、HP Smart Array RAID 或 IBM (Adaptec) ServeRAID 控制器。

(9) SCSI 磁盘或包含未分区空间用于虚拟机的本地(非网络)RAID LUN。

(10) 对于串行 ATA (SATA)，有一个通过支持的 SAS 控制器或支持的板载 SATA 控制器连接的磁盘。

第 2 步：为 VMware ESXi 主机安装多块网卡

对于运行 VMware ESXi 的服务器主机，通常建议安装多块网卡，以支持 8～10 个网络接口，原因如下：

(1) ESXi 管理网络至少需要 1 个网络接口，推荐增加 1 个冗余网络接口。在后面的项目中，如果没有为 ESXi 主机的管理网络提供冗余网络连接，一些 vSphere 高级特性(如 vSphere HA)会给出警告信息。

(2) 至少要用 2 个网络接口处理来自虚拟机本身的流量，推荐使用 1Gbit/s 以上速度的链路传输虚拟机流量。

(3) 在使用 iSCSI 的部署环境中，至少需要增加 1 个网络接口，最好是 2 个。必须为 iSCSI 流量配置 1Gbit/s 或 10Gbit/s 的以太网络，否则会影响虚拟机和 ESXi 主机的性能。

(4) vSphere vMotion 需要使用 1 个网络接口，同样推荐增加 1 个冗余网络接口，这些网络接口至少应该使用 1 Gbit/s 的以太网。

(5) 如果使用 vSphere FT 特性，那么至少需要 1 个网络接口，同样推荐增加 1 个冗余网络接口，这些网络接口的速度应为 1 Gbit/s 或 10Gbit/s。

第 3 步：开启 BIOS 中的虚拟化功能

如果在物理服务器上安装 VMware ESXi，需要确保服务器硬件型号能够兼容所安装的 VMware ESXi 版本，并在 BIOS 中执行以下设置。

(1) 如果处理器支持 Hyper-threading，应设置为启用 Hyper-threading。

(2) 在 BIOS 中设置启用所有的 CPU Socket，以及所有 Socket 中的 CPU 核心。

(3) 在 BIOS 中将 CPU 的 NX/XD 标志设置为 Enabled。

(4) 如果 CPU 支持 Turbo Boost，应设置为启用 Turbo Boost，将选项 Intel SpeedStep tech、Intel TurboMode tech 和 Intel C-STATE tech 设置为 Enabled。

(5) 在 BIOS 中打开硬件增强虚拟化的相关属性，如 Intel VT-x、AMD-V、EPT、RVI 等。

【子任务三】 创建 VMware ESXi 虚拟机

2.1.3

虚拟机(Virtual Machine)指通过软件模拟具有完整硬件系统功能的、运行在一个完全隔离环境中的完整计算机系统。

虚拟系统通过生成现有操作系统的全新虚拟镜像，它具有与真实 Windows 系统完全一样的功能。进入虚拟系统后，所有操作都是在这个全新的独立虚拟系统中进行的，可以独立安装运行软件，保存数据，拥有自己的独立桌面，不会对真正的系统产生任何影响，而且能够在现有系统与虚拟镜像之间灵活切换。

下面将在 VMware Workstation 中创建用于运行 VMware ESXi 的虚拟机。

第 1 步：使用新建虚拟机向导创建虚拟机

在 VMware Workstation 12.0 中创建新的虚拟机，选择“自定义”配置，如图 2-4 所示。

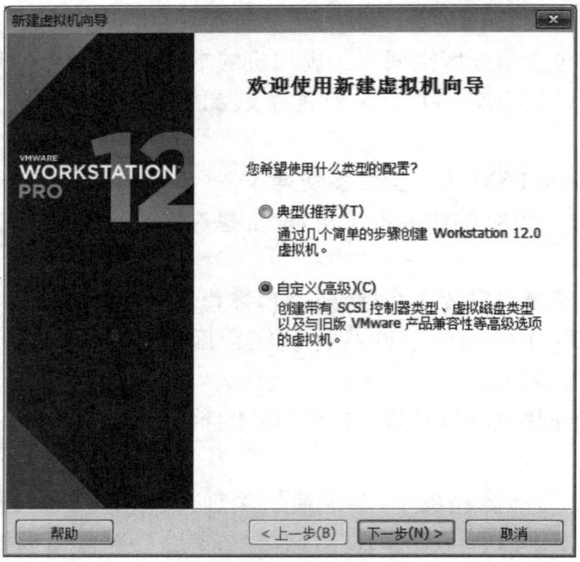

图 2-4 新建虚拟机

第 2 步：选择虚拟机硬件兼容性

使用默认的最高版本，如图 2-5 所示。

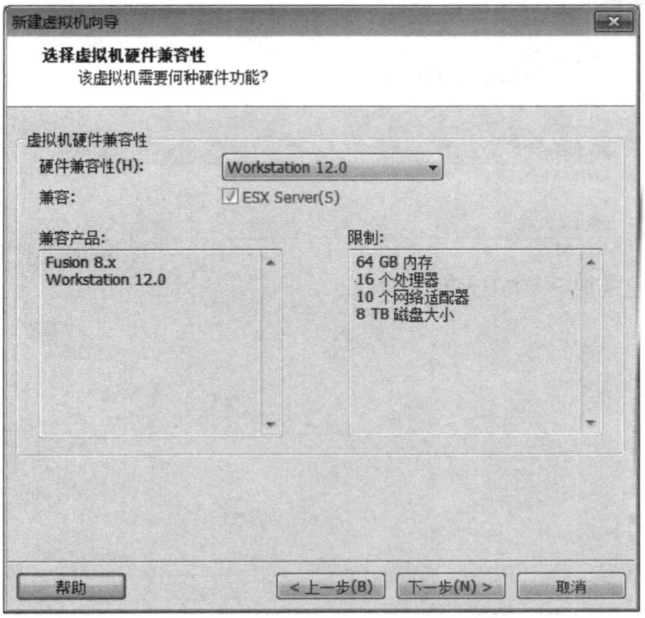

图 2-5　选择虚拟机硬件兼容性

第 3 步：选择客户机操作系统安装来源

选择"安装程序光盘映像文件(iso)"，浏览找到 VMware ESXi 5.5 的安装光盘 ISO 映像文件，如图 2-6 所示。

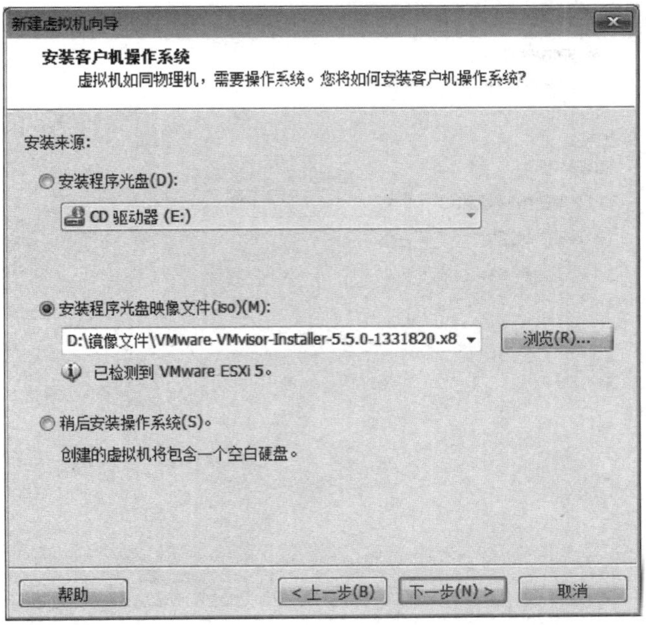

图 2-6　选择客户机操作系统安装来源

第 4 步：命名虚拟机并配置虚拟机的保存位置

如图 2-7 所示，给新建的虚拟机命名，并选择虚拟机的存放位置。

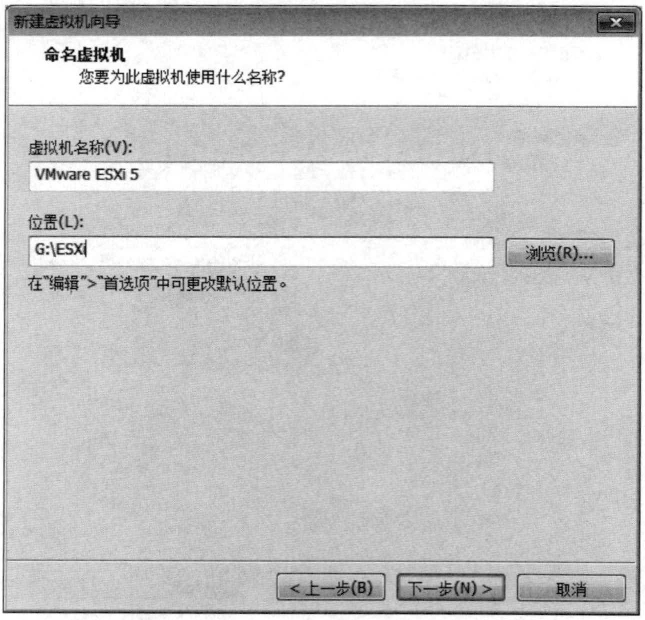

图 2-7　命名虚拟机并配置虚拟机的保存位置

第 5 步：为虚拟机配置虚拟处理器

VMware ESXi 5.5 至少需要 2 个处理器内核，这里处理器数量配置为 2 个，每个处理器的核心数量为 1 个，如图 2-8 所示。

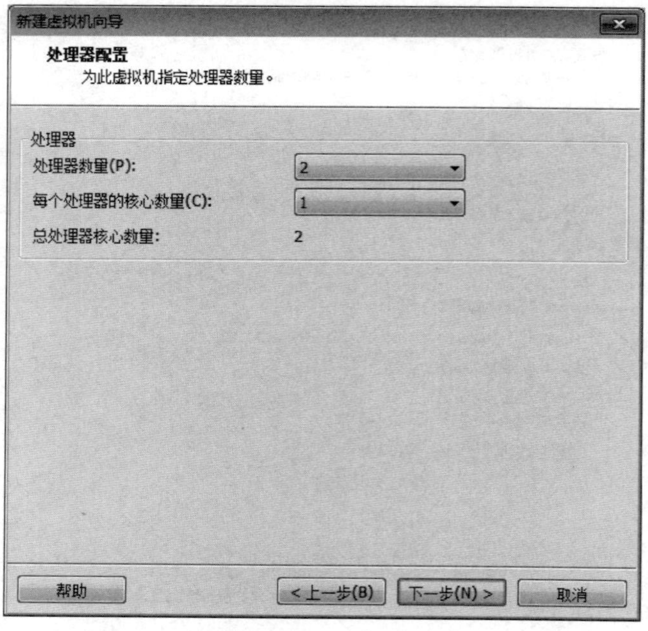

图 2-8　处理器配置

第 6 步：配置虚拟机的内存

VMware ESXi 5.5 至少需要 4GB 内存，这里配置为 4GB，如图 2-9 所示。

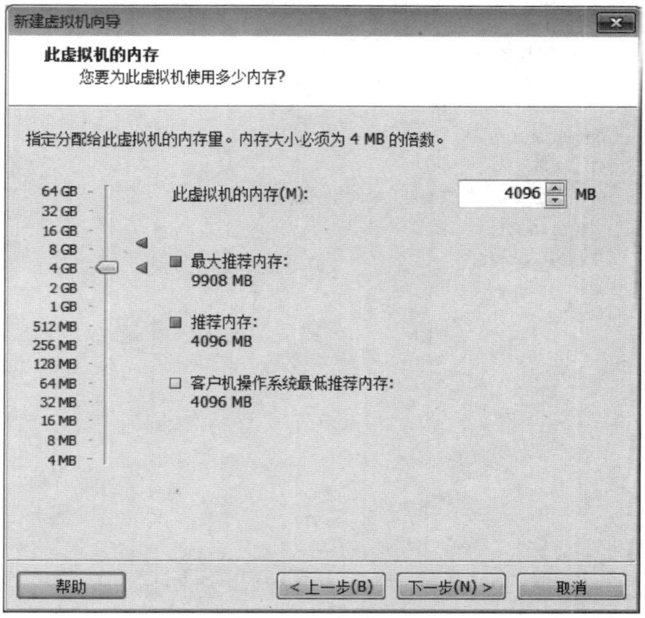

图 2-9　配置虚拟机内存

第 7 步：配置虚拟机网络类型

这里选择“使用网络地址转换(NAT)”，如图 2-10 所示。

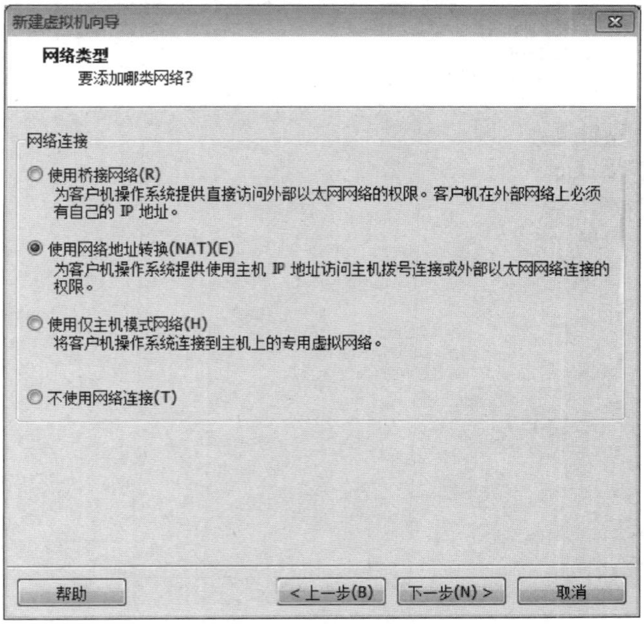

图 2-10　配置虚拟机网络类型

第 8 步：选择 I/O 控制器类型

这里使用推荐的 LSI Logic，如图 2-11 所示。

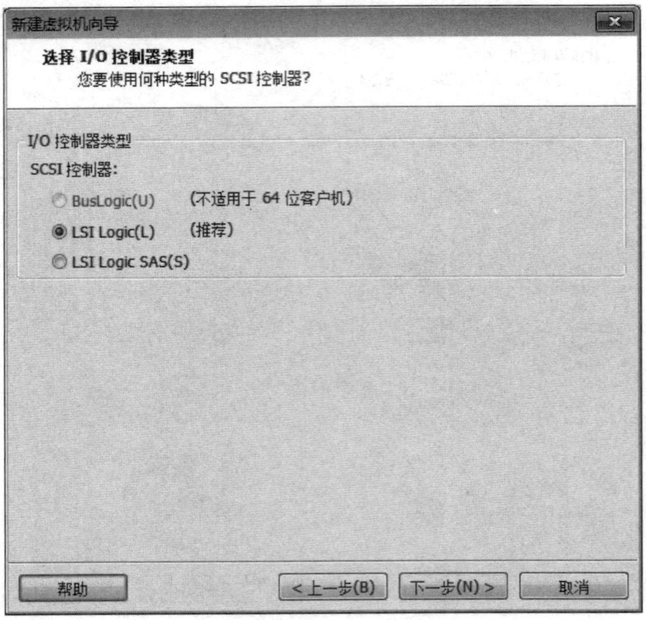

图 2-11　选择 I/O 控制器类型

第 9 步：选择虚拟磁盘类型

这里使用推荐的 SCSI，如图 2-12 所示。

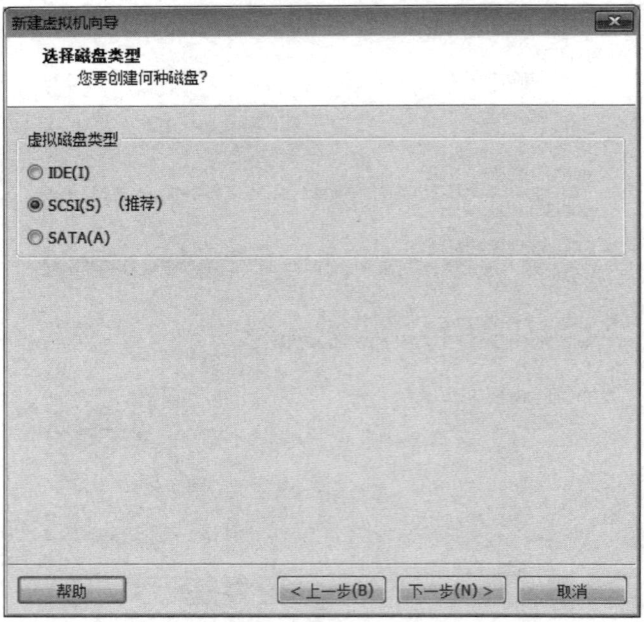

图 2-12　选择虚拟磁盘类型

第 10 步：选择磁盘

这里选择“创建新虚拟磁盘”，如图 2-13 所示。

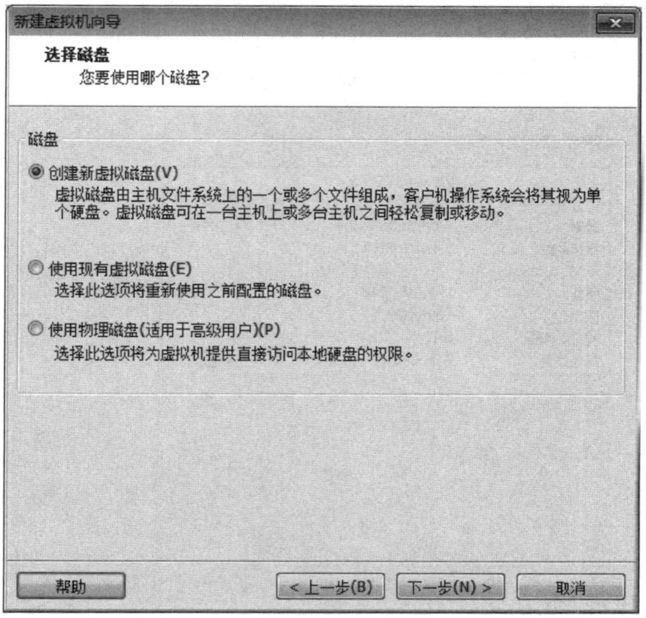
新建虚拟机向导
选择磁盘
您要使用哪个磁盘？
磁盘
创建新虚拟磁盘(V)
虚拟磁盘由主机文件系统上的一个或多个文件组成，客户机操作系统会将其视为单个硬盘。虚拟磁盘可在一台主机上或多台主机之间轻松复制或移动。
使用现有虚拟磁盘(E)
选择此选项将重新使用之前配置的磁盘。
使用物理磁盘(适用于高级用户)(P)
选择此选项将为虚拟机提供直接访问本地硬盘的权限。
帮助
< 上一步(B)
下一步(N) >
取消

图 2-13　选择磁盘

第 11 步：指定磁盘容量

这里将虚拟机的磁盘大小设置为 120GB，并把虚拟磁盘拆分成多个文件，如图 2-14 所示。

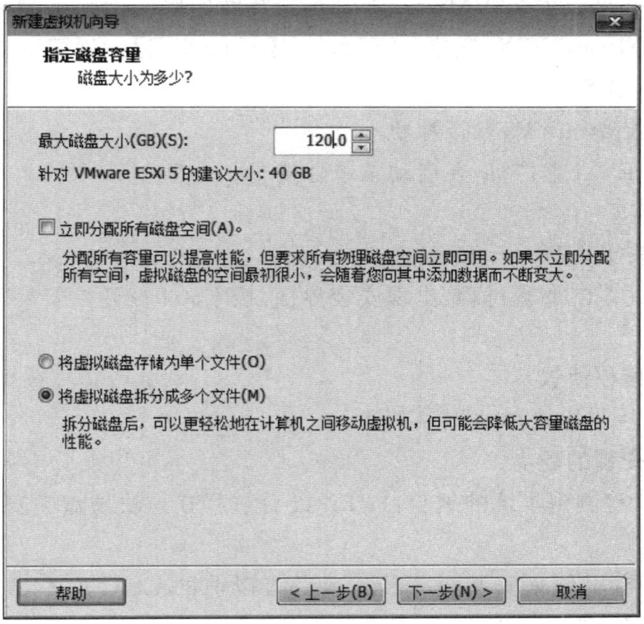
新建虚拟机向导
指定磁盘容量
磁盘大小为多少？
最大磁盘大小(GB)(S):
120.0
针对 VMware ESXi 5 的建议大小: 40 GB
立即分配所有磁盘空间(A)。
分配所有容量可以提高性能，但要求所有物理磁盘空间立即可用。如果不立即分配所有空间，虚拟磁盘的空间最初很小，会随着您向其中添加数据而不断变大。
将虚拟磁盘存储为单个文件(O)
将虚拟磁盘拆分成多个文件(M)
拆分磁盘后，可以更轻松地在计算机之间移动虚拟机，但可能会降低大容量磁盘的性能。
帮助
< 上一步(B)
下一步(N) >
取消

图 2-14　指定磁盘容量

第 12 步：完成虚拟机的创建

完成创建 VMware ESXi 5.5 虚拟机，如图 2-15 所示。

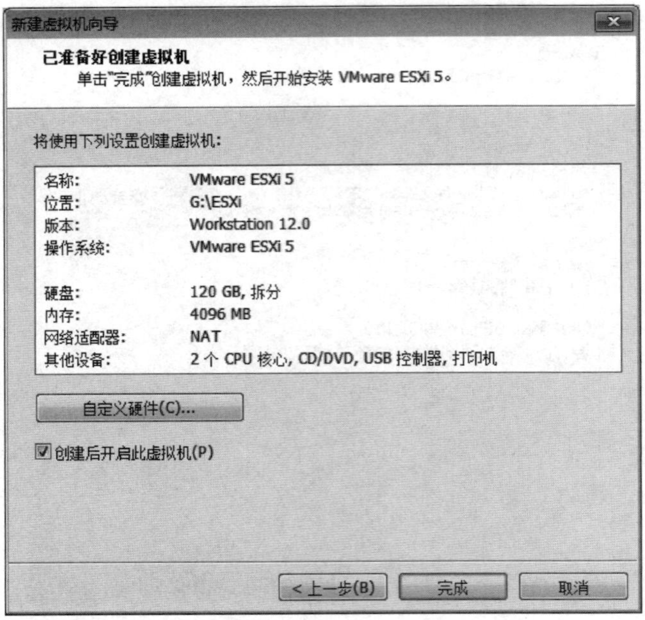

图 2-15　完成创建虚拟机

至此，创建 VMware ESXi 虚拟机完成，本子任务结束。

【子任务四】　安装 VMware ESXi 系统

如果在物理服务器上安装 VMware ESXi，需要确保服务器硬件型号能够兼容所安装的 VMware ESXi 版本。下面将在【子任务三】中创建的虚拟机中安装 VMware ESXi 5.5。

第 1 步：启动 VMware ESXi 虚拟机

启动 VMware ESXi 虚拟机，在启动菜单处按 Enter 键，进入 VMware ESXi 5.5 的安装程序，如图 2-16 所示。

第 2 步：开始安装 VMware ESXi 5.5

经过较长时间的系统加载过程，出现安装界面，按 Enter 键开始安装 VMware ESXi 5.5，如图 2-17 所示。

第 3 步：接受授权协议

按 F11 键接受授权协议，如图 2-18 所示。

第 4 步：选择安装的硬盘

VMware ESXi 检测到本地的硬盘，按 Enter 键选择在这块硬盘中安装 ESXi，如图 2-19 所示。

如果你的计算机上原来安装过 ESXi，或者有以前的 ESXi 版本，则会弹出 ESXi and VMFS Found 的界面，如图 2-20 所示。

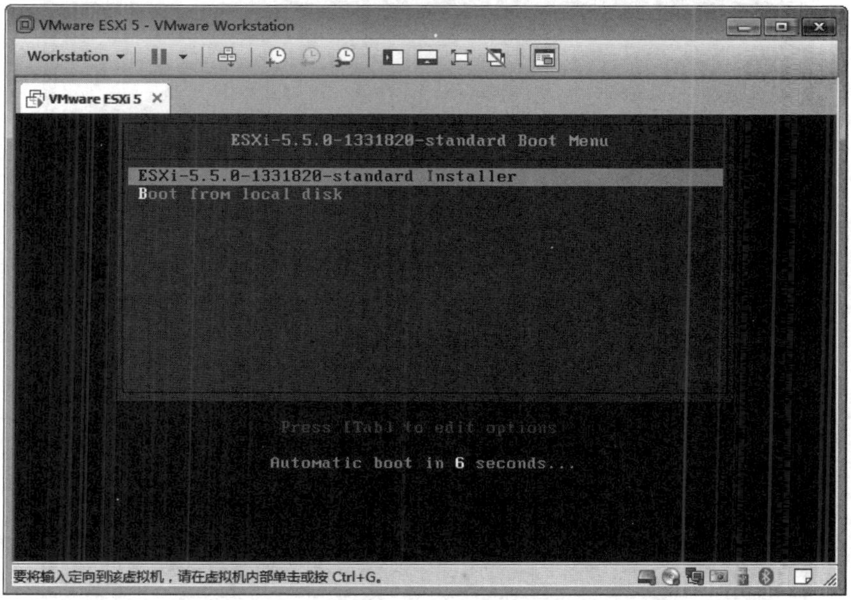
VMware ESXi 5 - VMware Workstation
Workstation
VMware ESXi 5
ESXi-5.5.0-1331820-standard Boot Menu
ESXi-5.5.0-1331820-standard Installer
Boot from local disk
Press [Tab] to edit options
Automatic boot in 6 seconds...
要将输入定向到该虚拟机，请在虚拟机内部单击或按 Ctrl+G。

图 2-16　ESXi 5.5 启动菜单

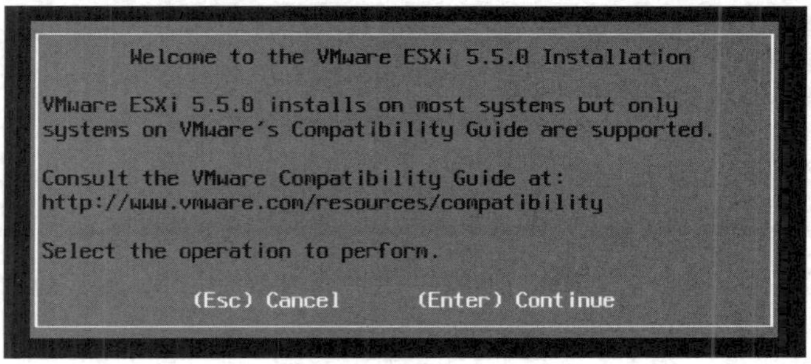
Welcome to the VMware ESXi 5.5.0 Installation
VMware ESXi 5.5.0 installs on most systems but only
systems on VMware's Compatibility Guide are supported.
Consult the VMware Compatibility Guide at:
http://www.vmware.com/resources/compatibility
Select the operation to perform.
(Esc) Cancel
(Enter) Continue

图 2-17　开始安装 VMware ESXi 5.5

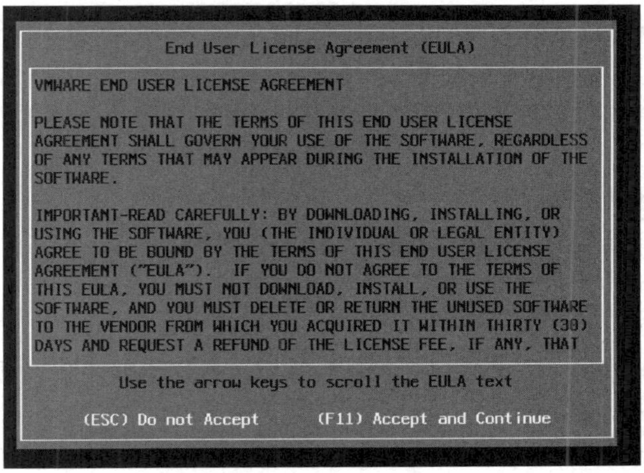
End User License Agreement (EULA)
VMWARE END USER LICENSE AGREEMENT
PLEASE NOTE THAT THE TERMS OF THIS END USER LICENSE
AGREEMENT SHALL GOVERN YOUR USE OF THE SOFTWARE, REGARDLESS
OF ANY TERMS THAT MAY APPEAR DURING THE INSTALLATION OF THE
SOFTWARE.
IMPORTANT-READ CAREFULLY: BY DOWNLOADING, INSTALLING, OR
USING THE SOFTWARE, YOU (THE INDIVIDUAL OR LEGAL ENTITY)
AGREE TO BE BOUND BY THE TERMS OF THIS END USER LICENSE
AGREEMENT ("EULA"). IF YOU DO NOT AGREE TO THE TERMS OF
THIS EULA, YOU MUST NOT DOWNLOAD, INSTALL, OR USE THE
SOFTWARE, AND YOU MUST DELETE OR RETURN THE UNUSED SOFTWARE
TO THE VENDOR FROM WHICH YOU ACQUIRED IT WITHIN THIRTY (30)
DAYS AND REQUEST A REFUND OF THE LICENSE FEE, IF ANY, THAT
Use the arrow keys to scroll the EULA text
(ESC) Do not Accept
(F11) Accept and Continue

图 2-18　接受授权协议

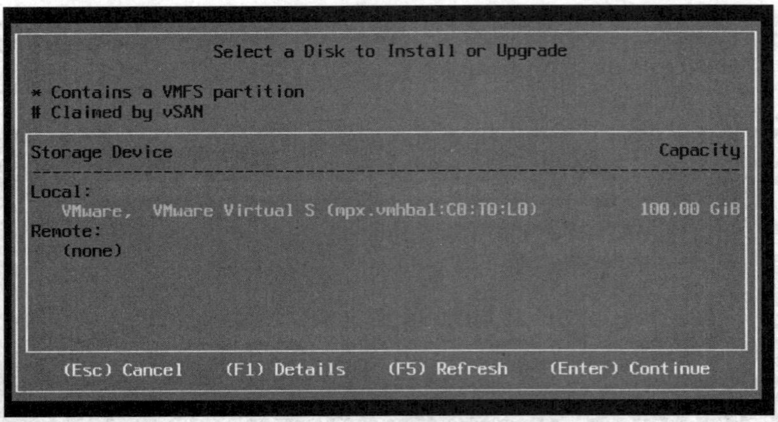

图 2-19　选择安装 ESXi 的设备

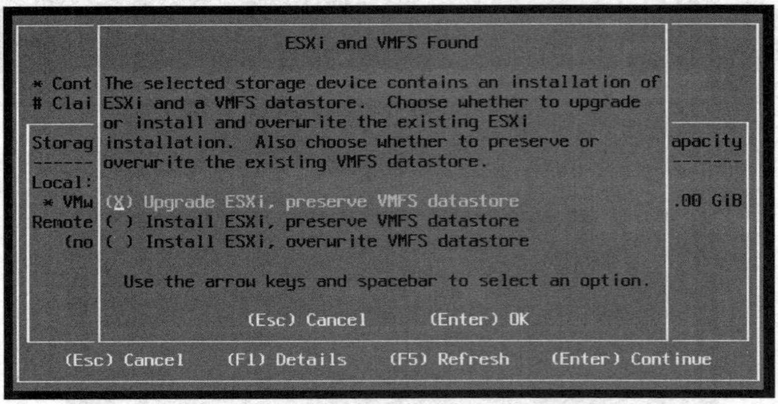

图 2-20　选择安装 ESXi 的设备——找到 ESXi 及 VMFS 数据存储

在此界面，提示找到一个 ESXi 与 VMFS 数据存储，用户可以做以下三种选择：

(1) Upgrade ESXi，preserve VMFS datastore(升级 ESXi、保留 VMFS 数据存储)。

(2) Install ESXi，preserve VMFS datastore(安装 ESXi、保留 VMFS 数据存储)。

(3) Install ESXi，overwrite VMFS datastore(安装 ESXi、覆盖 VMFS 数据存储)。

根据实际情况，如果以前安装的是 ESXi 5.5 以前的版本，则可以选择第 1 项；如果要安装全新的 ESXi，并保留数据存储，则选择第 2 项；如果这台机器是实验环境，则可以选择第 3 项。

第 5 步：选择键盘布局

按 Enter 键选择默认的美国英语键盘，如图 2-21 所示。

第 6 步：设置 root 用户密码

输入主机的 root(根)密码。密码不能留空，但为了确保第一次引导系统时的安全性，请输入不小于 7 位数的密码。安装后可在控制台中更改密码。如图 2-22 所示。

第 7 步：开始正式安装

选择的硬盘将被重新分区，如图 2-23 所示。按 F11 键确认安装 VMware ESXi，系统会显示安装进度，如图 2-24 所示。

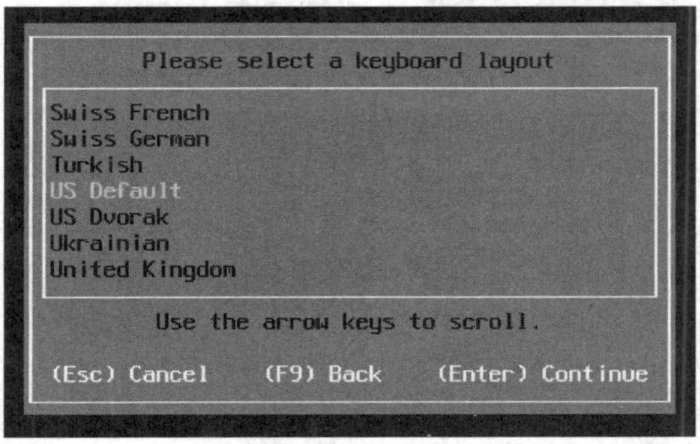

图 2-21　选择键盘布局

图 2-22　输入 root 用户的密码

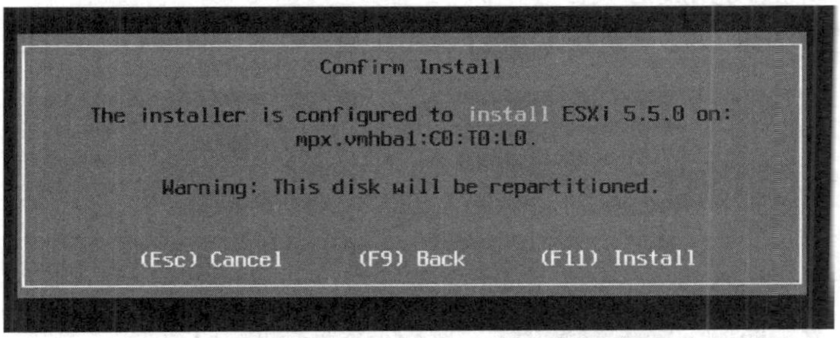

图 2-23　确认安装 VMware ESXi

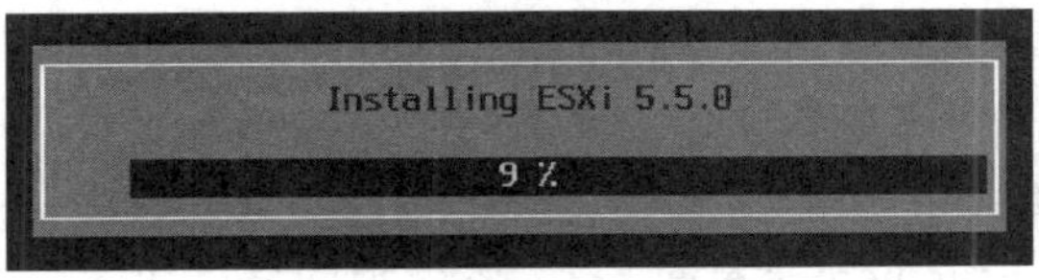

图 2-24　安装进度

第 8 步：完成 VMware ESXi 安装

VMware ESXi 安装完成后，按 Enter 键重新启动，如图 2-25 所示。

至此，VMware ESXi 安装完成，本子任务结束。

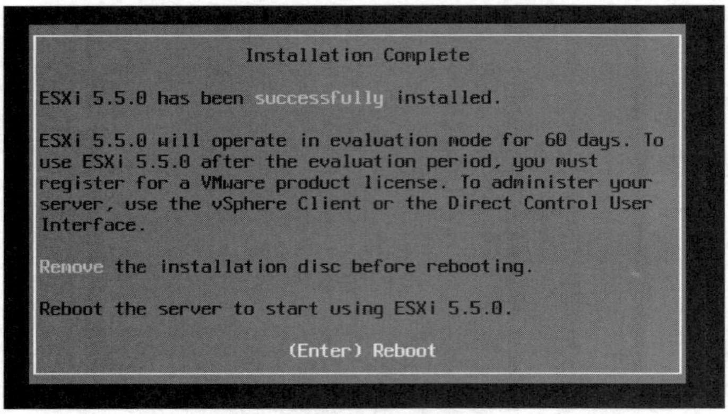
Installation Complete
ESXi 5.5.0 has been successfully installed.
ESXi 5.5.0 will operate in evaluation mode for 60 days. To use ESXi 5.5.0 after the evaluation period, you must register for a VMware product license. To administer your server, use the vSphere Client or the Direct Control User Interface.
Remove the installation disc before rebooting.
Reboot the server to start using ESXi 5.5.0.
(Enter) Reboot

图 2-25　VMware ESXi 安装完成

【子任务五】　配置 ESXi 系统的管理 IP 地址

VMware ESXi 5.5 的控制台更加精简、高效、方便，管理员可以直接在 VMware ESXi 5.5 控制台界面中完成管理员密码的修改、控制台管理地址的设置与修改以及 VMware ESXi 5 控制台的相关操作。在 VMware ESXi 5.5 中，按 F2 键可进入控制台界面。下面为 ESXi 主机配置一个管理 IP 地址，用于管理 ESXi 主机，配置步骤如下。

第 1 步：登录系统

VMware ESXi 启动完成后，在主界面按 F2 键，输入 root 用户密码(在安装 VMware ESXi 5.5 时设置的密码)，登录系统后进行初始配置，如图 2-26 所示。

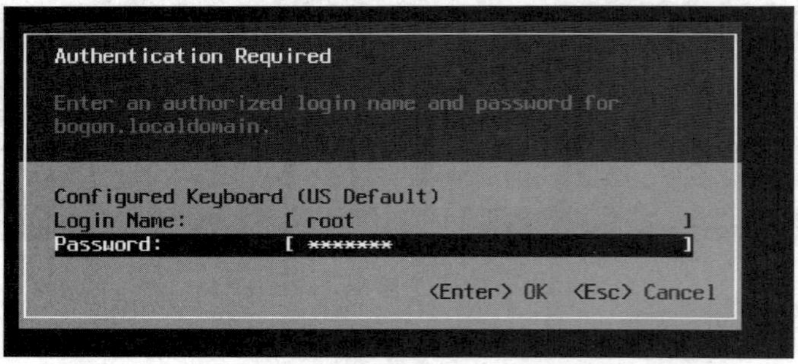
Authentication Required
Enter an authorized login name and password for bogon.localdomain.
Configured Keyboard (US Default)
Login Name: [root]
Password: [********]
<Enter> OK <Esc> Cancel

图 2-26　输入 root 用户密码开始配置 ESXi

第 2 步：配置 IP 地址

选择 Configure Management Network(配置管理网络)，如图 2-27 所示。

选择 IP Configuration(IP 配置)，如图 2-28 所示。

按空格键选中 Set static IP address and network Configuration(设置静态 IP 地址和网络配置)，配置口地址为 192.168.1.88，子网掩码为 255.255.255.0，默认网关为 192.168.1.1，如图 2-29 所示。

第 3 步：保存配置

按 Esc 键返回主配置界面时，按 Y 键确认管理网络配置，如图 2-30 所示。

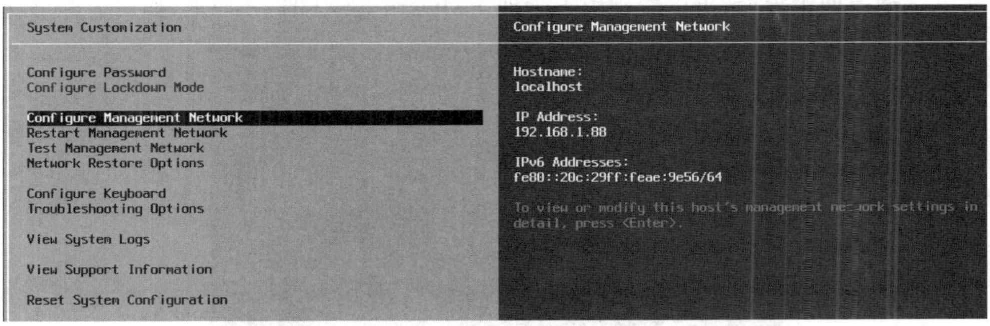

图 2-27　选择配置管理网络

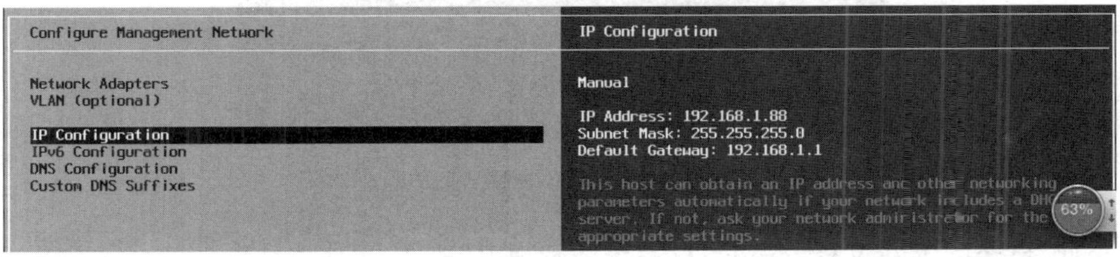

图 2-28　选择 IP 配置

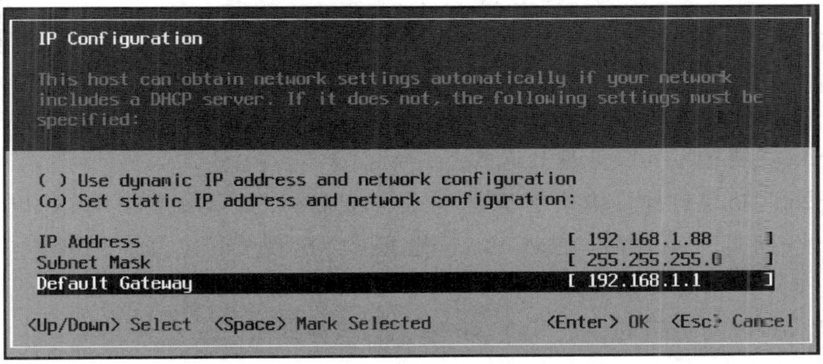

图 2-29　配置 ESXi 的 IP 地址

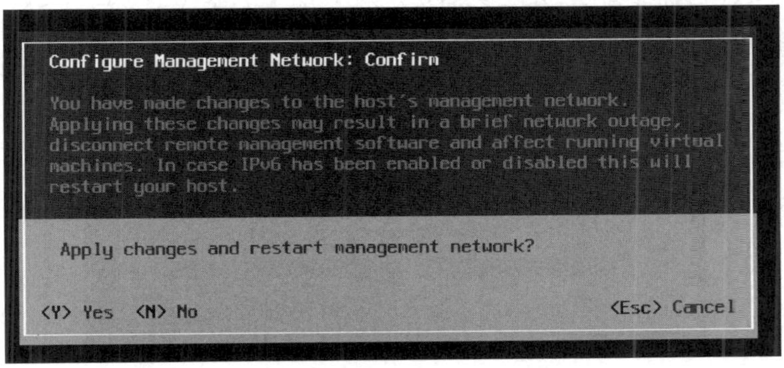

图 2-30　确认管理网络配置

按 Esc 键返回主界面，可以看到用于管理 VMware ESXi 的 IP 地址，如图 2-31 所示。

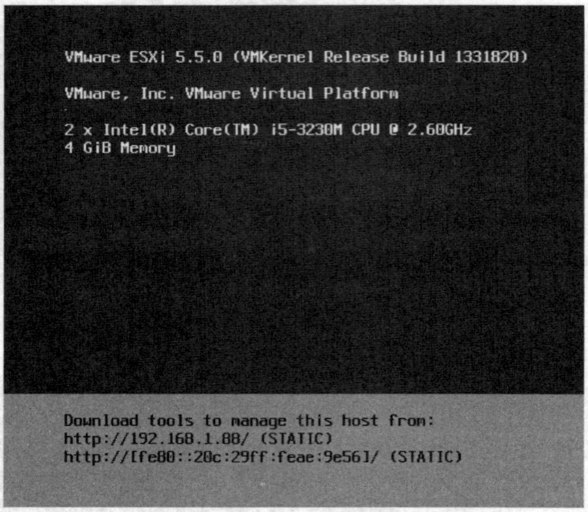

图 2-31　查看 ESXi 的管理 IP 地址

至此，已经配置好 VMware ESXi 系统的管理 IP 地址，本任务结束。

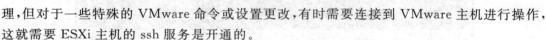

【子任务六】　开启 ESXi 的 shell 和 ssh 功能

ESXi 5.5 是直接安装在物理主机上的一个虚拟机系统，本质上是一个 Linux 系统。平时可以通过 VMware Client 端或者 VMware vCenter 进行管理，但对于一些特殊的 VMware 命令或设置更改，有时需要连接到 VMware 主机进行操作，这就需要 ESXi 主机的 ssh 服务是开通的。

由于 ESXi 主机是创建虚拟机的基础，非常重要，所以默认安装了 ESXi 以后，ssh 服务默认是关闭的，而且一旦开启，在 vCenter 里面也会出现 ssh 已开启的警告，以说明目前 ESXi 主机处于一个相对有安全风险的状态。

一般来说，开启和关闭 ESX5.5 的 ssh 服务有 3 种方法。

方法一：在 ESXi 主机的控制台进行设置

第 1 步：登录系统

VMware ESXi 启动完成后，在主界面按 F2 键，输入安装 VMware ESXi 时配置的 root 用户的密码，登录系统后进行初始配置，如图 2-32 所示。

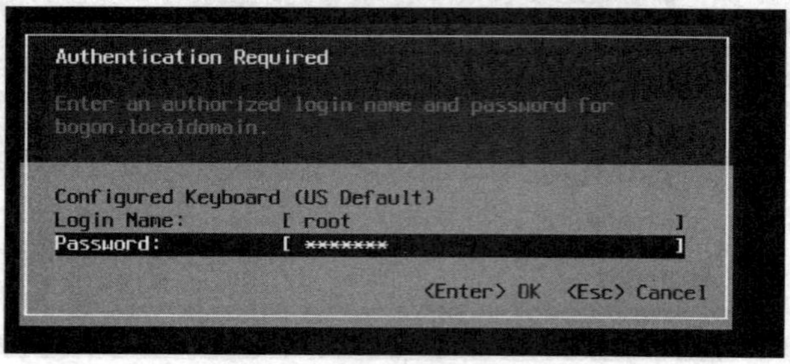

图 2-32　输入 root 用户密码开始配置 ESXi

第 2 步：开启 shell 功能

选择并确认 Troubleshooting Options(故障排除选项)，如图 2-33 所示。

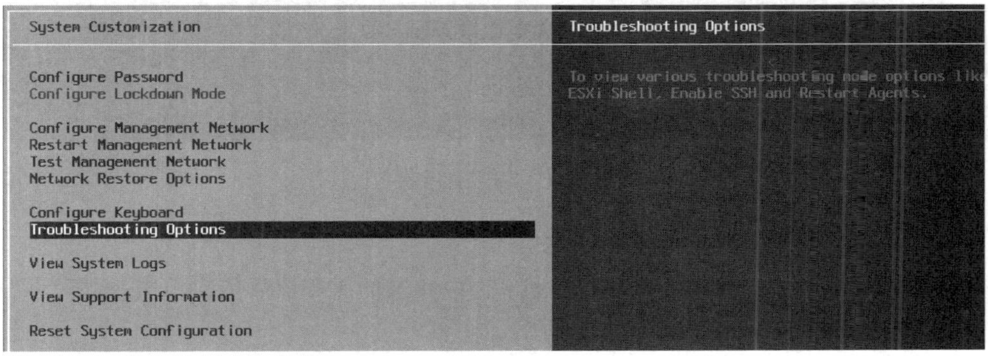

图 2-33　选择 Troubleshooting Options

在 VMware ESXi 5 主机上单击 Enable ESXi Shell 来激活 Shell 服务，如图 2-34 所示。

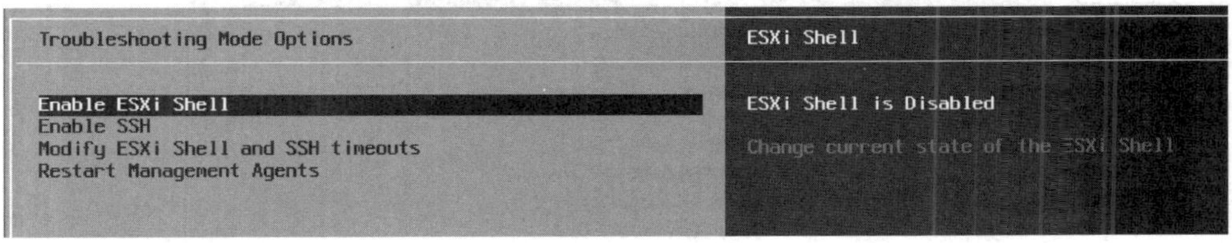

图 2-34　选择 Enable ESXi Shell 选项

在按下了确认键后，就会看到 Shell 服务已经处于启用状态，如图 2-35 所示。

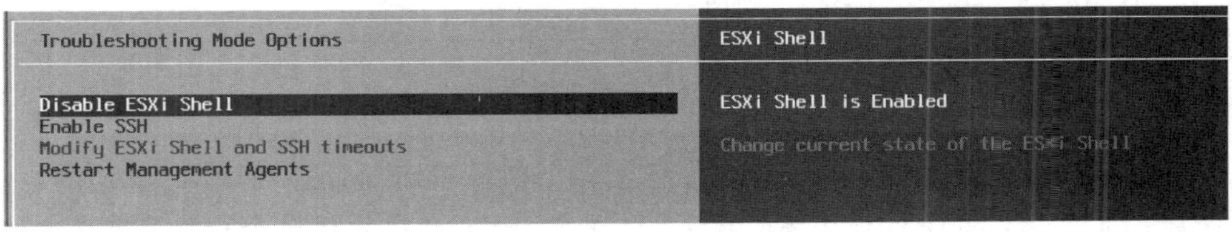

图 2-35　Shell 启用状态

第 3 步：开启 SSH 功能

在 VMware ESXi5 主机上单击 Enable SSH 来激活 SSH 服务，如图 2-36 所示。

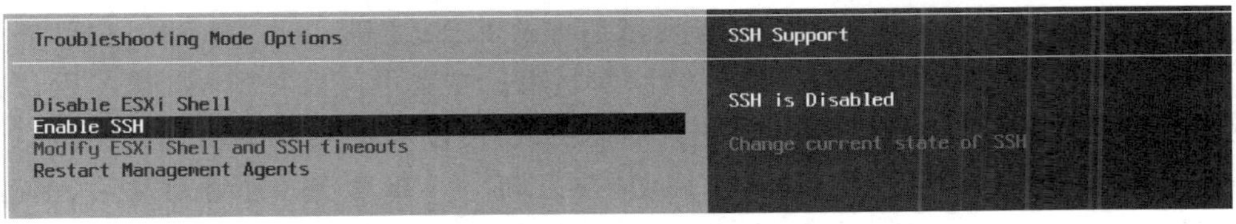

图 2-36　选择 Enable SSH 选项

在按下了确认键后，就会看到 SSH 服务已经处于启用状态，如图 2-37 所示。

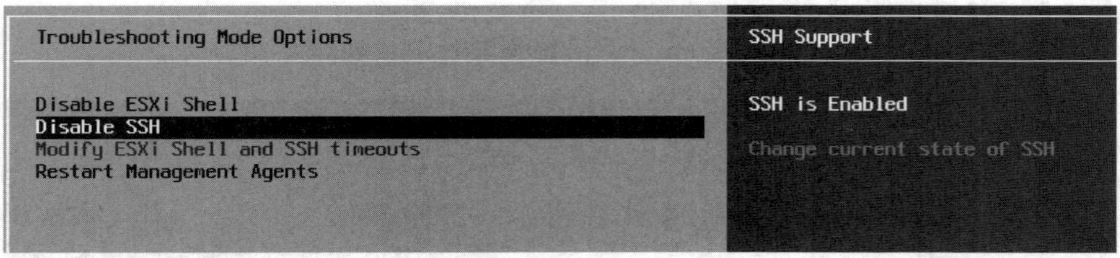

图 2-37　SSH 启用状态

方法二：通过 VMware Client 开启 SSH 服务

使用 VMware Client 登录到 ESXi 主机：选中登录的服务器后依次单击“配置”→“安全配置文件”→“服务”→“属性”，如图 2-38 所示。

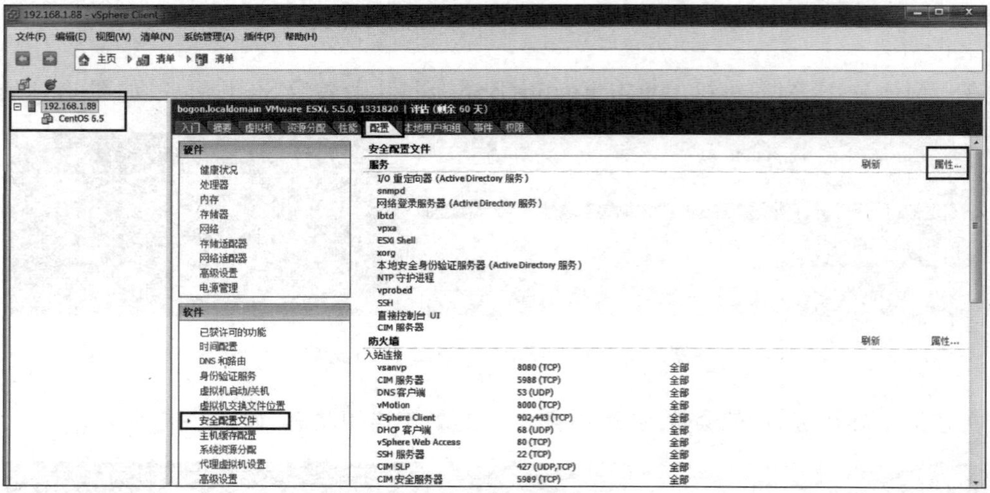

图 2-38　主机配置界面

打开“服务属性”对话框，单击“选项”→“启动”，然后单击“确定”，如图 2-39 所示。

注意：通过 VMware Client 端管理 ESXi 主机，一次只能管理一个；如果是多台主机，则还是使用 VMware vCenter 管理的方法比较好。

方法三：通过 vSpherev Center 进行设置

通过 vCenter 进行 ssh 配置，与使用 VMware Client 进行 ssh 配置的步骤几乎一样，只是两者的登录方式和 ESXi 主机管理数量不同。这种方式步骤如下：

登录 vSphere vCenter，选择需要开启 ssh 服务的 ESXi 主机，单击“配置”，选择“安全配置文件”→“服务”→“属性”，打开“服务属性”对话框。在其中可以看到 ssh 服务默认处于“已停止状态”。单击“选项”按钮，进行进程状态更改，可以看到 ssh 的状态、启动策略和服务命令。这里保持其他不变，直接单击“启动”按钮，启动 ssh 服务。服务启动后，单击“确定”按钮，可以看到 ssh 服务已经处于“正在运行”状态。此时查看主机的摘要信息，会有 ssh 服务已经开启的提示。

注意：这种方法是用 vCenter 进行管理和操作，可以同时管理多个 ESXi 主机，而不需要去机房 ESXi 主机的终端旁边修改，是建议的修改方式。

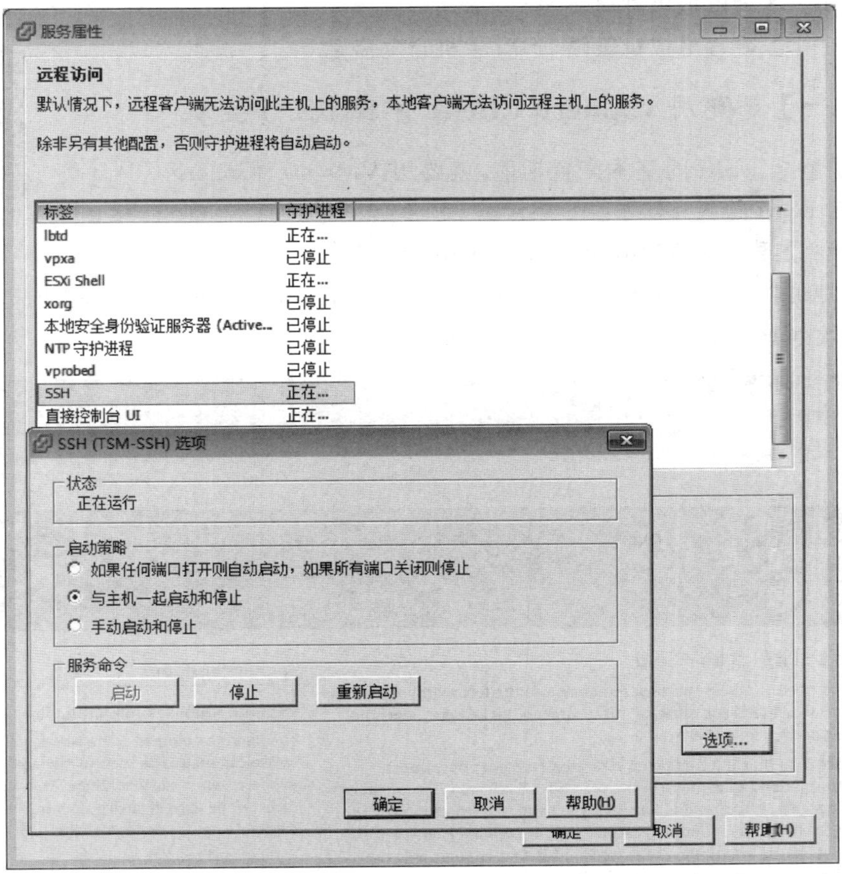

图 2-39 “服务属性”对话框

至此，ESXi 主机的 Shell 和 ssh 功能已经开启，本子任务结束。

【任务二】 使用 vSphere Client 管理 ESXi 服务器

【任务说明】

安装好 VMware ESXi 后，即可使用 VMware vSphere Client 连接到 VMware ESXi 主机，创建虚拟机，为虚拟机安装操作系统和 VMware Tools，为虚拟机创建快照，配置虚拟机跟随 ESXi 主机自动启动。

【任务实施】

为简化此任务的实施，将此任务分解成以下几个子任务来分步实施：

【子任务一】使用 vSphere Client 管理 ESXi 主机

【子任务二】将安装光盘 ISO 上传到 ESXi 存储

【子任务三】在 VMware ESXi 中创建虚拟机

【子任务四】安装 CentOS 6.5 操作系统

【子任务五】给 CentOS 6.5 安装 VMware Tools

【子任务六】为虚拟机创建快照

【子任务七】配置虚拟机跟随 ESXi 主机自动启动

【子任务一】 使用 vSphere Client 管理 ESXi 主机

完成了整个 ESXi 的基本配置功能，就要用 VMware vSphere Client 管理这台装有 ESXi 的服务器了。

第 1 步：下载安装 VMware vSphere Client 5.5

在 IE 地址栏中输入 ESXi 服务器的 IP 地址，单击 Download vSphere Client 按钮下载 VMware vSphere Client 5.5，如图 2-40 所示。

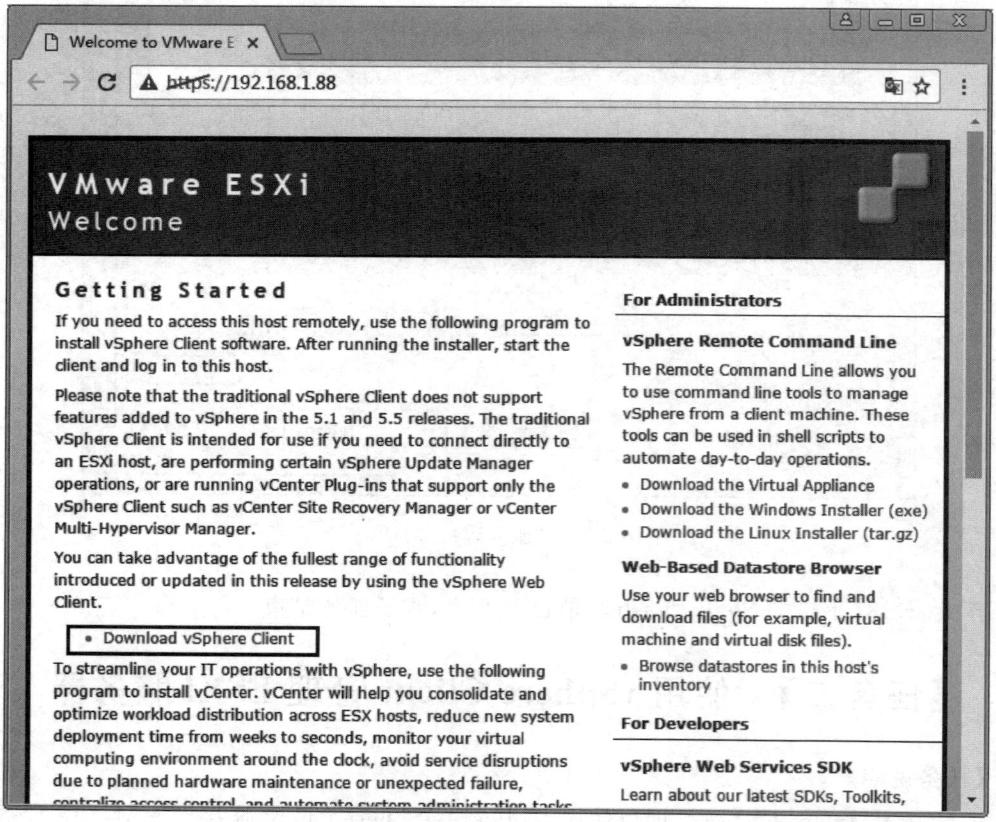
Welcome to VMware E
https://192.168.1.88
VMware ESXi
Welcome
Getting Started
If you need to access this host remotely, use the following program to install vSphere Client software. After running the installer, start the client and log in to this host.
Please note that the traditional vSphere Client does not support features added to vSphere in the 5.1 and 5.5 releases. The traditional vSphere Client is intended for use if you need to connect directly to an ESXi host, are performing certain vSphere Update Manager operations, or are running vCenter Plug-ins that support only the vSphere Client such as vCenter Site Recovery Manager or vCenter Multi-Hypervisor Manager.
You can take advantage of the fullest range of functionality introduced or updated in this release by using the vSphere Web Client.
Download vSphere Client
To streamline your IT operations with vSphere, use the following program to install vCenter. vCenter will help you consolidate and optimize workload distribution across ESX hosts, reduce new system deployment time from weeks to seconds, monitor your virtual computing environment around the clock, avoid service disruptions due to planned hardware maintenance or unexpected failure,
For Administrators
vSphere Remote Command Line
The Remote Command Line allows you to use command line tools to manage vSphere from a client machine. These tools can be used in shell scripts to automate day-to-day operations.
Download the Virtual Appliance
Download the Windows Installer (exe)
Download the Linux Installer (tar.gz)
Web-Based Datastore Browser
Use your web browser to find and download files (for example, virtual machine and virtual disk files).
Browse datastores in this host's inventory
For Developers
vSphere Web Services SDK
Learn about our latest SDKs, Toolkits,

图 2-40 vSphere Client 5.5 安装程序链接

运行下载的 VMware vSphere Client 5.5 安装程序，一直单击"下一步"按钮直到完成，桌面会出现 VMware vSphere Client 快捷方式图标，表示已经安装成功了。

第 2 步：登录 ESXi 服务器

打开 VMware vSphere Client，输入 ESXi 服务器的 IP 地址，用户名为 root，密码为安装 VMware ESXi 时配置的 root 用户密码，单击"登录"按钮，如图 2-41 所示。

第 3 步：忽略证书警告信息

出现证书警告，如图 2-42 所示，选中"安装此证书并且不显示针对'192.168.1.88'的任何安全警告"，单击"忽略"按钮。

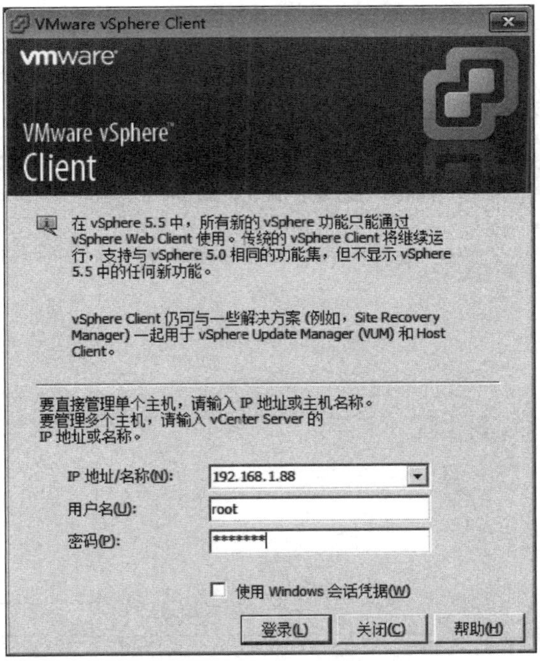
VMware vSphere Client
vmware
VMware vSphere
Client
在 vSphere 5.5 中，所有新的 vSphere 功能只能通过 vSphere Web Client 使用。传统的 vSphere Client 将继续运行，支持与 vSphere 5.0 相同的功能集，但不显示 vSphere 5.5 中的任何新功能。
vSphere Client 仍可与一些解决方案 (例如，Site Recovery Manager) 一起用于 vSphere Update Manager (VUM) 和 Host Client。
要直接管理单个主机，请输入 IP 地址或主机名称。
要管理多个主机，请输入 vCenter Server 的 IP 地址或名称。
IP 地址/名称(N):
192.168.1.88
用户名(U):
root
密码(P):
使用 Windows 会话凭据(W)
登录(L)
关闭(C)
帮助(H)

图 2-41 登录 ESXi 主机

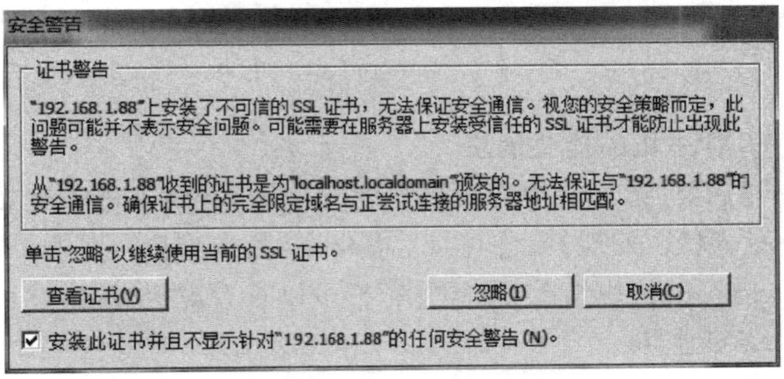
安全警告
证书警告
"192.168.1.88"上安装了不可信的 SSL 证书，无法保证安全通信。视您的安全策略而定，此问题可能并不表示安全问题。可能需要在服务器上安装受信任的 SSL 证书才能防止出现此警告。
从"192.168.1.88"收到的证书是为"localhost.localdomain"颁发的。无法保证与"192.168.1.88"的安全通信。确保证书上的完全限定域名与正尝试连接的服务器地址相匹配。
单击"忽略"以继续使用当前的 SSL 证书。
查看证书(V)
忽略(I)
取消(C)
安装此证书并且不显示针对"192.168.1.88"的任何安全警告 (N)。

图 2-42 忽略证书警告

第 4 步：阅读评估通知

出现 VMware 评估通知，如图 2-43 所示。VMware ESXi 的试用期为 60 天，在试用期为功能没有任何限制。

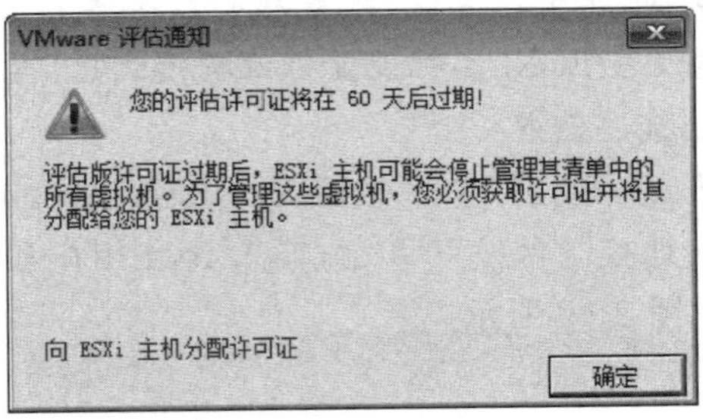
VMware 评估通知
您的评估许可证将在 60 天后过期!
评估版许可证过期后，ESXi 主机可能会停止管理其清单中的所有虚拟机。为了管理这些虚拟机，您必须获取许可证并将其分配给您的 ESXi 主机。
向 ESXi 主机分配许可证
确定

图 2-43 VMware 评估通知

第 5 步：进入 ESXi 主机管理界面

当使用 VMware vSphere Client 初次登录 VMware ESXi 时，默认会显示主页，如图 2-44 所示。单击“清单”，可以进入 ESXi 主机管理界面。

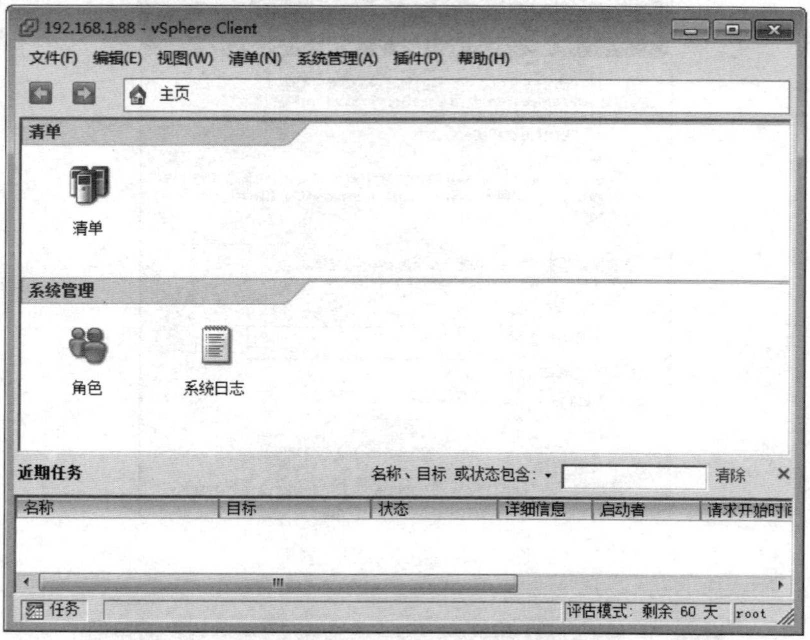

图 2-44　vSphere Client 主页

第 6 步：查看 ESXi 主机的摘要信息

在 ESXi 主机的“摘要”选项卡中可以查看 VMware ESXi 主机的摘要信息，在“常规”栏可以查看主机制造商、型号、处理器、许可证、vSphere 基本配置等信息，在“资源”栏可以查看 ESXi 主机 CPU、内存的使用情况，在“网络”栏可以查看虚拟机端口组，如图 2-45 所示。

第 7 步：关闭 ESXi 主机

当需要关闭 ESXi 主机时，可以在 VMware vSphere Client 中选中 ESXi 主机，右击选择快捷菜单中的“关机”命令，如图 2-46 所示。

第 8 步：确认关闭 ESXi 主机

当第 7 步单击“关机”命令时，系统提示 ESXi 主机未处于维护模式，单击“是”按钮确认关闭，如图 2-47 所示。

注意：*当执行特定任务时(如升级系统、配置核心服务等)，需要将 ESXi 主机设置为维护模式。在生产环境中，建议将 ESXi 主机设置为维护模式后，再执行关机操作。*

第 9 步：输入关机原因描述信息

输入本次关机的描述信息，单击“确定”按钮关闭 ESXi 主机，如图 2-48 所示。

在 VMware ESXi 的本地控制台按 F12 键，输入 root 用户和密码，再按 F2 键也可以关机。按 F11 键可以重启，如图 2-49 所示。

至此，本子任务结束。

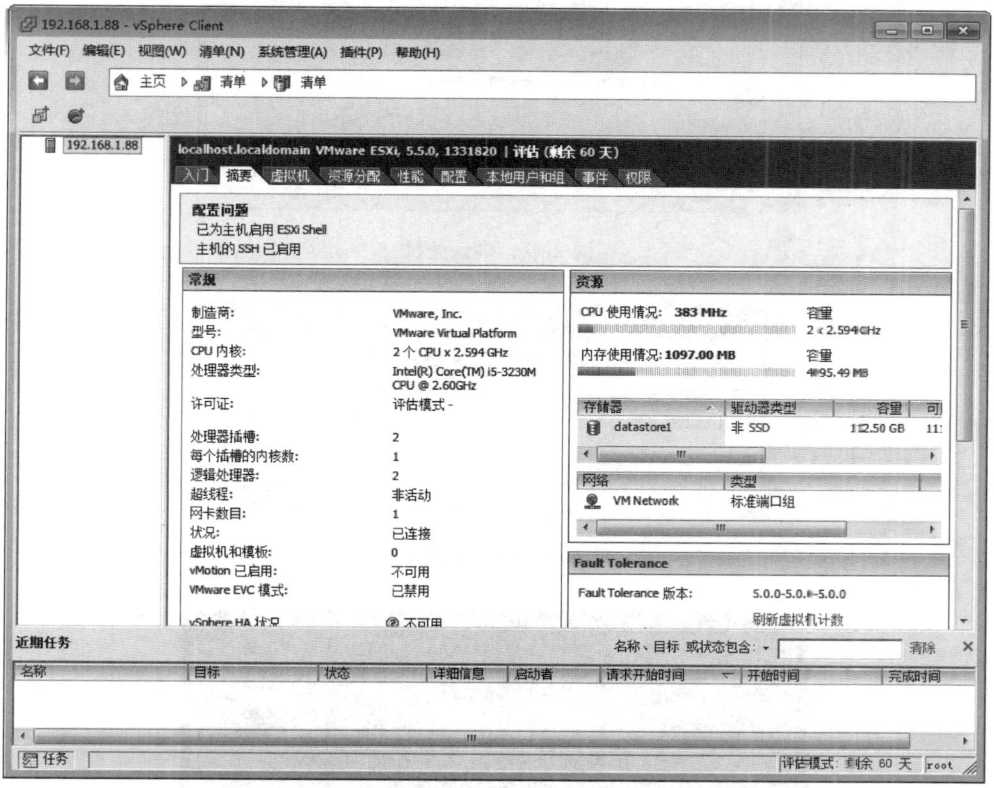

图 2-45　ESXi 主机摘要信息

图 2-46　关闭 ESXi

确认 关闭
主机 localhost.localdomain 未处于维护模式。您确定要关闭主机吗?
是(Y)
否(N)

图 2-47　确认关机

关闭 localhost.localdomain
0 (此操作将导致 vSphere Client 在几分钟后从主机断开。)
输入原因后继续。
在此处输入原因
确定
取消

图 2-48　输入关机原因

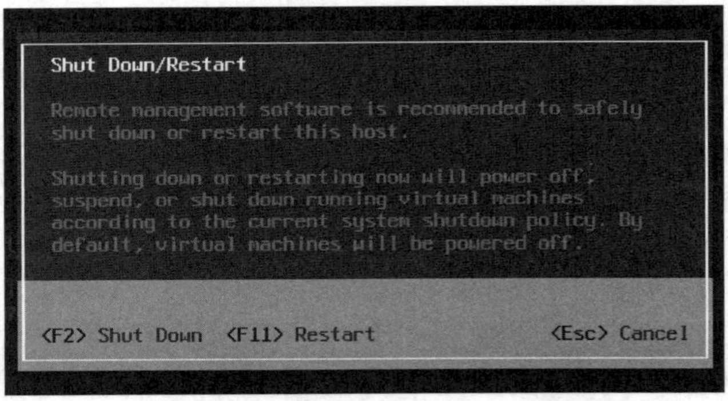
Shut Down/Restart
Remote management software is recommended to safely shut down or restart this host.
Shutting down or restarting now will power off, suspend, or shut down running virtual machines according to the current system shutdown policy. By default, virtual machines will be powered off.
<F2> Shut Down
<F11> Restart
<Esc> Cancel

图 2-49　在 ESXi 控制台关机

【子任务二】　将安装光盘 ISO 上传到 ESXi 存储

在 VMware ESXi 中创建虚拟机之前，建议将操作系统安装光盘的 ISO 镜像文件上传到存储器中，方便随时调用。

第 1 步：选择存储器

在存储器 datastore1 处右击选择“浏览数据存储”命令，如图 2-50 所示。

第 2 步：创建文件夹

单击工具栏中的“创建新的文件夹”，输入文件夹名称 ISO，如图 2-51 所示。

第 3 步：准备上传文件

进入 ISO 目录，单击工具栏中的“将文件上载到此数据存储”，选择“上载文件”命令，如图 2-52 所示。

第 4 步：选择上传文件

浏览找到 CentOS-6.5-x86_64-minimal 的安装光盘 ISO 文件，如图 2-53 所示。

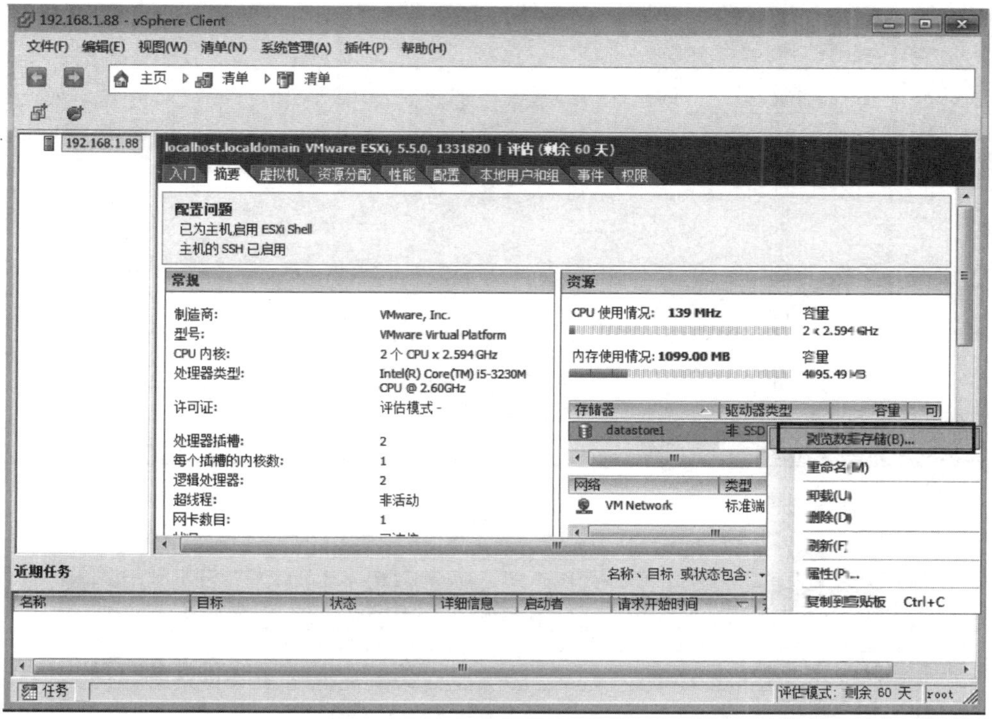

图 2-50　浏览数据存储

图 2-51　创建目录

第 5 步：确认上传

出现上载/下载操作警告，在这里需要确认上传的文件或文件夹是否与目标位置中已经存在的文件或文件夹同名。如果同名，它将会被替换，如图 2-54 所示。

第 6 步：等待上传

等待文件上传完成，如图 2-55 所示。

至此，安装光盘 ISO 光盘镜像文件已上传到 ESXi 存储器中，本子任务结束。

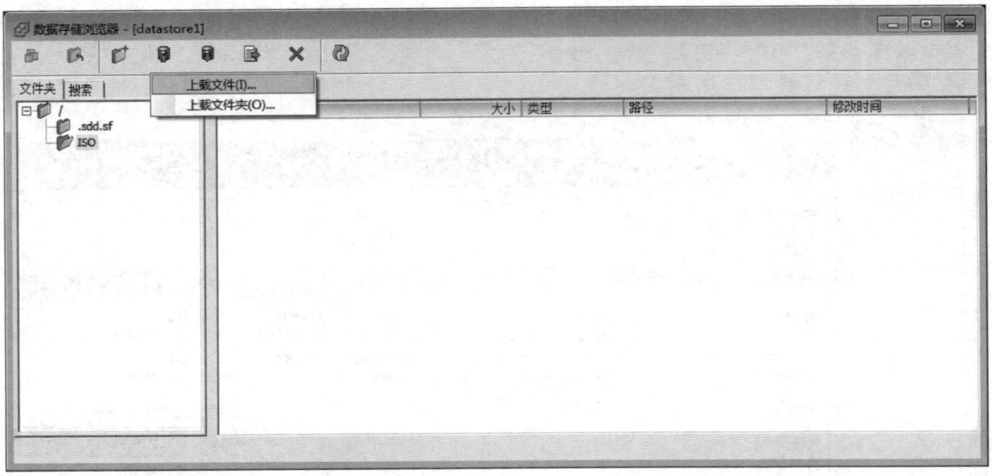

图 2-52　上载文件

图 2-53　选择 ISO 镜像文件

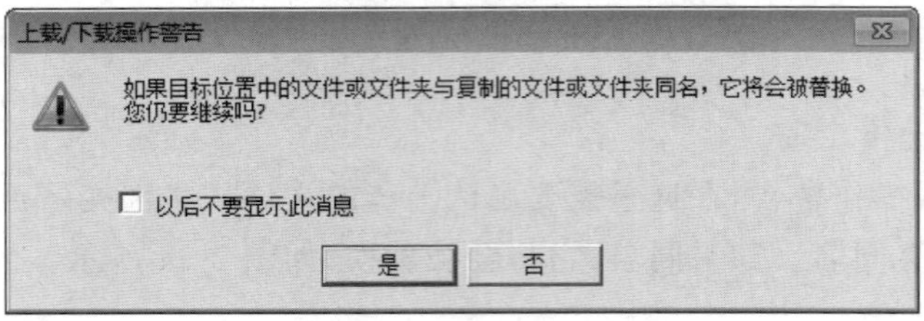

图 2-54　上传操作警告

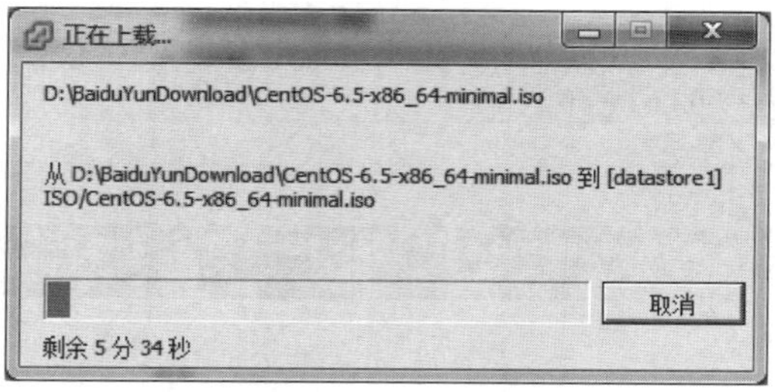

图 2-55　正在上传

【子任务三】　在 VMware ESXi 中创建虚拟机

虚拟机(Virtual Machine,VM)是一个可在其上运行受支持的客户操作系统和应用程序的虚拟硬件集,它由一组离散的文件组成。它包括虚拟硬件和客户操作系统两大部分:虚拟硬件由虚拟 CPU(vCPU)、内存、虚拟磁盘、虚拟网卡等组件组成;客户操作系统是安装在虚拟机上的操作系统。虚拟机封装在一系列文件中,这些文件包含了虚拟机中运行的所有硬件和软件的状态。

默认情况下,VMware ESXi 为虚拟机提供了以下通用硬件:

(1) Phoenix BIOS;

(2) Intel 主板;

(3) Intel PCI IDE 控制器;

(4) IDE CDROM 驱动器;

(5) BusLogic 并行 SCSI、LSI 逻辑并行 SCSI 或 LSI 逻辑串行 SAS 控制器;

(6) Intel 或 AMD 的 CPU(与物理硬件对应);

(7) Intel E1000 或 AMD PCNet32 网卡;

(8) 标准 VGA 显卡。

第 1 步:新建虚拟机

在 vSphere Client 中,选中 ESXi 主机 192.168.1.88,切换到“虚拟机”栏,可以查看 ESXi 主机中的虚拟机。目前 ESXi 主机中没有虚拟机,右击选择“新建虚拟机”命令来创建新的虚拟机,如图 2-56 所示。

第 2 步:为虚拟机选择配置

选择“自定义”配置,如图 2-57 所示。

第 3 步:设置虚拟机名称

输入虚拟机的名称。在这里将在虚拟机中安装 CentOS 6.5 操作系统,如图 2-58 所示。

第 4 步:选择虚拟机的存储位置

在这里将虚拟机存储设置在 ESXi 主机的内置存储 datastore1 中,如图 2-59 所示。

第 5 步:选择虚拟机版本

在这里选择版本 8,如图 2-60 所示。

注意:在创建虚拟机时,首先需要确定使用哪个虚拟机版本。VMware 每次发布新版本的 vSphere 都会同时发布新的虚拟机版本,比如 vSphere 4.x 使用虚拟机版本 7,vSphere 5.0 使

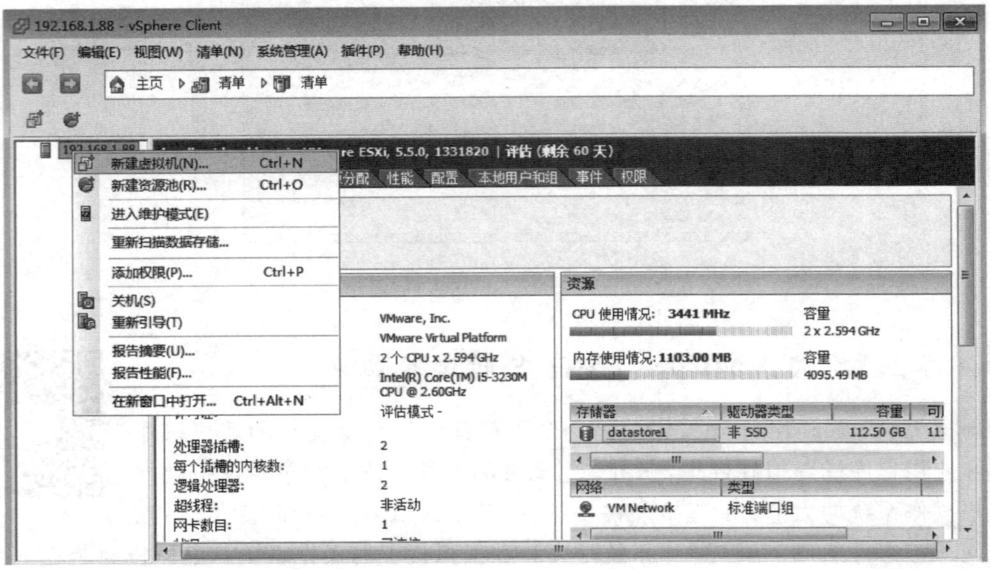

图 2-56　新建虚拟机

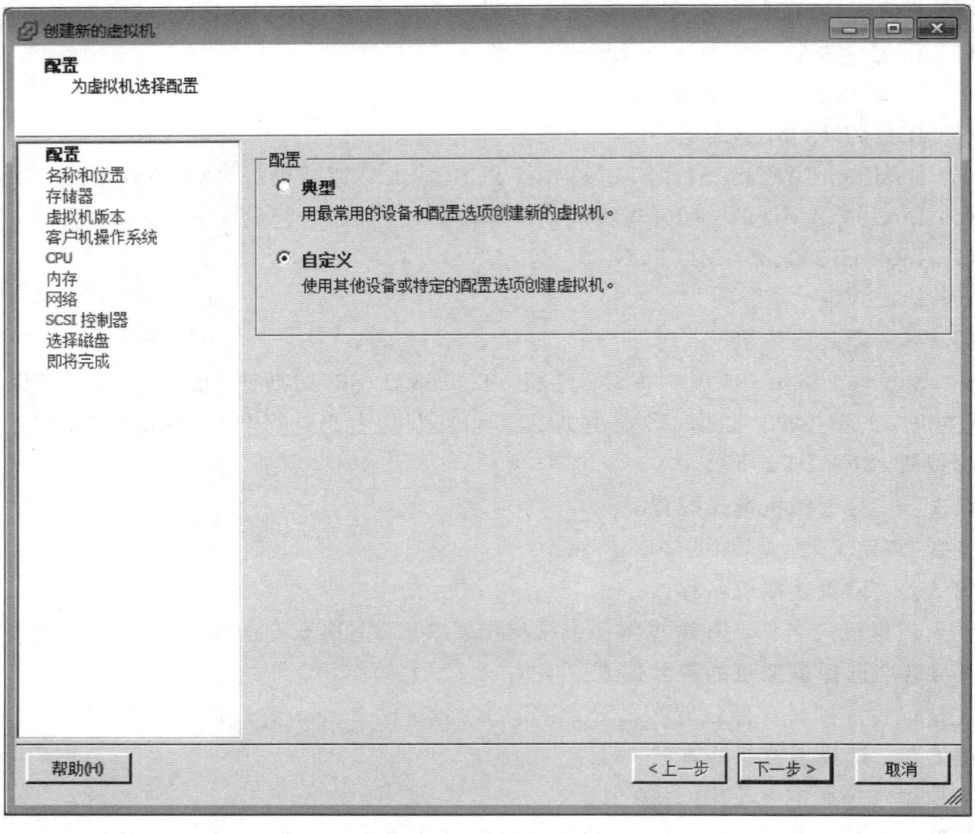

图 2-57　自定义配置

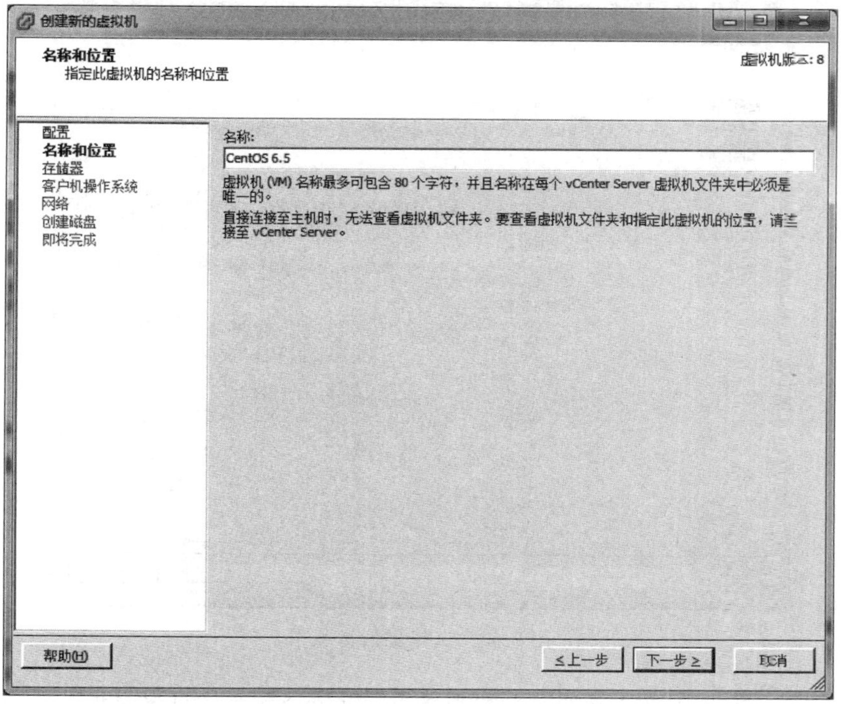

图 2-58　输入虚拟机名称

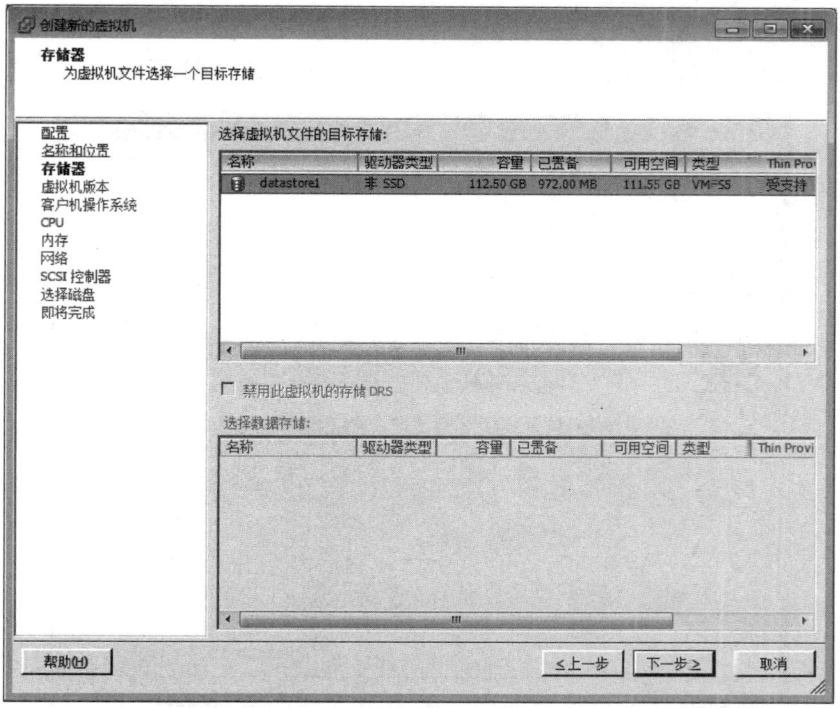

图 2-59　选择目标存储

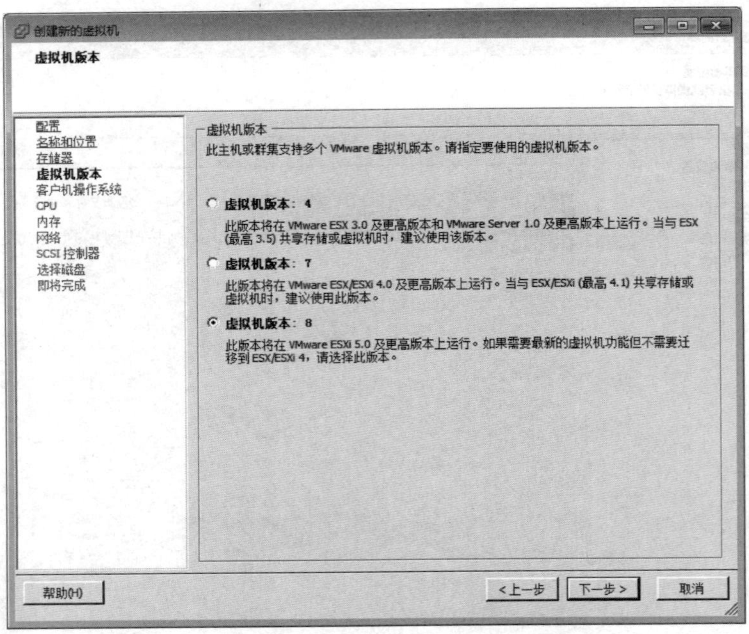

图 2-60　选择虚拟机版本

用虚拟机版本 8，vSphere 5.1 使用虚拟机版本 9，vSphere 5.5 使用虚拟机版本 10 等。但是 vSphere Client 支持创建的最高版本虚拟机为 8，更高版本的虚拟机需要通过 vSphere Web Client 来实现。

第 6 步：选择客户机操作系统

这里选择客户机操作系统为 CentOS 4/5/6(64 位)，如图 2-61 所示。

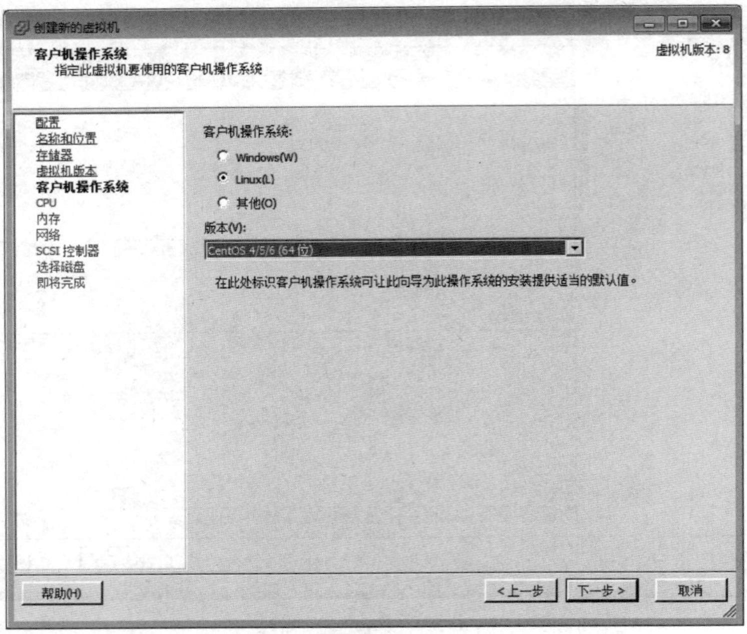

图 2-61　选择客户机操作系统

第 7 步：为虚拟机配置 CPU

这里为虚拟机配置 1 个 CPU，每个 CPU 的内核数为 1 个，如图 2-62 所示。

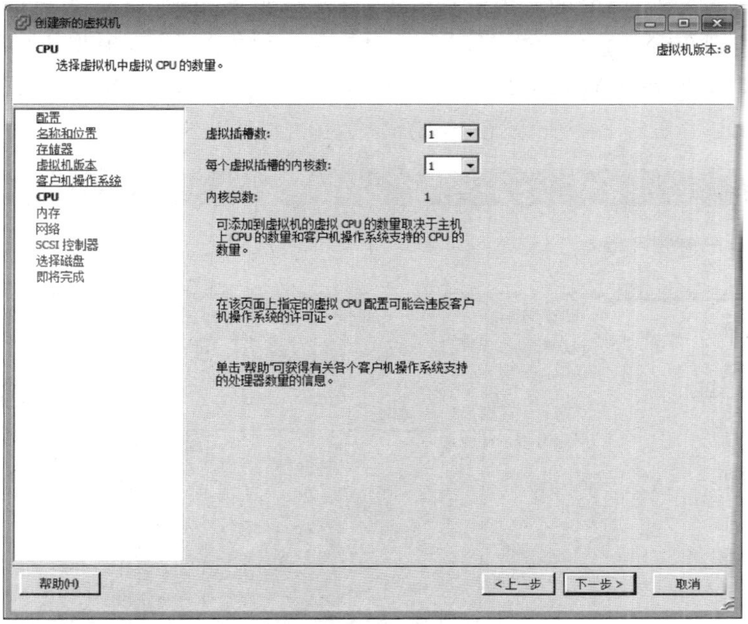

图 2-62　配置虚拟 CPU 数量

第 8 步：配置虚拟机的内存大小

在这里为虚拟机配置 2GB 内存，如图 2-63 所示。

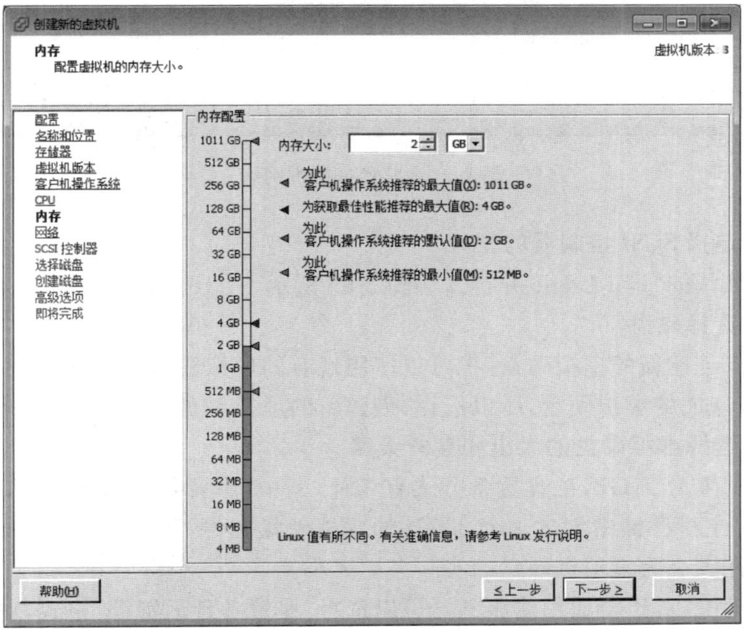

图 2-63　配置虚拟机内存大小

第 9 步：配置网络连接类型

为虚拟机配置将要连接到的虚拟网络以及虚拟机的网卡类型。VMware ESXi 默认创建一个名称为 VM Network 的虚拟机端口组，该端口组连接到 ESXi 主机的第一个虚拟交换机，进而连接到 ESXi 主机的物理网卡。对于 64 位操作系统，虚拟机的网卡可以选择 E1000、VMXNET 2 和 VMXNET 3 三种型号，这里选择 VMXNET 3 网卡，如图 2-64 所示。

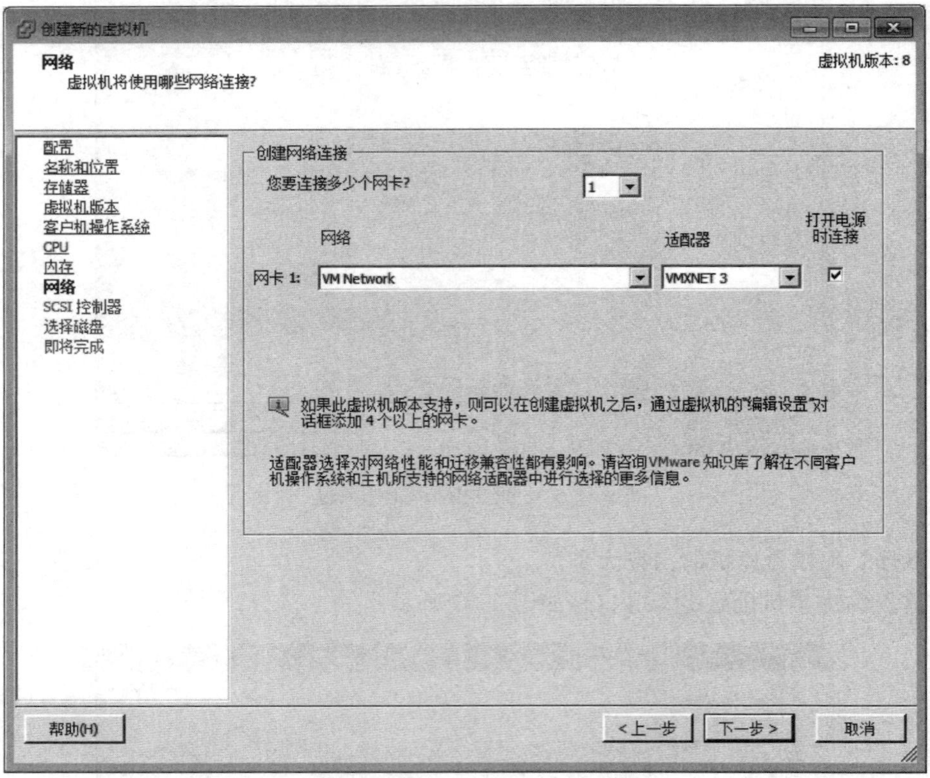

图 2-64　配置虚拟机网络

第 10 步：选择 SCSI 控制器的型号

这里选择默认的"LSI Logic 并行"，如图 2-65 所示。

第 11 步：选择磁盘

在此既可以创建新的虚拟磁盘，也可以使用现有的虚拟磁盘。在这里，由于是第一次创建虚拟机，没有现成的虚拟硬盘，所以选择"创建新的虚拟磁盘"，如图 2-66 所示。

第 12 步：选择虚拟硬盘的大小和置备策略

磁盘大小配置为 20GB，磁盘置备方式有 3 种，其中"厚置备延迟置零"和"厚置备置零"会立刻在 ESXi 主机存储中创建一个 20GB 的虚拟硬盘文件，而 Thin Provision(精简配置)的虚拟硬盘文件大小为虚拟机硬盘的实际占用大小。

在生产环境中，对于普通用途服务器可以选择"厚置备延迟置零"格式，对于数据库服务器等 I/O 压力高的服务器建议选择"厚置备置零"格式。在实验环境中，建议选择 Thin Provision(精简配置)以节省磁盘空间占用。在这里选择 Thin Provision，如图 2-67 所示。

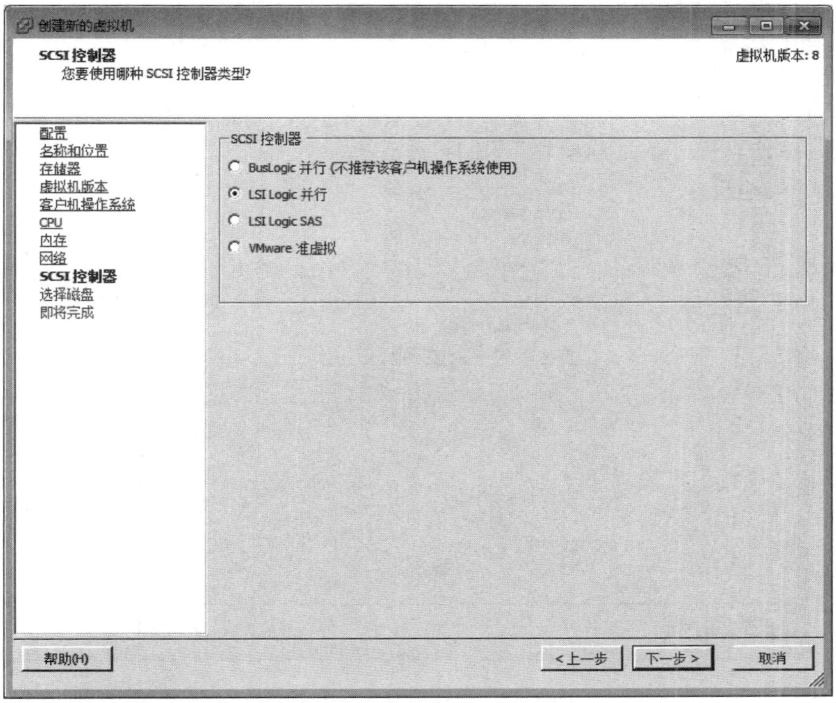

图 2-65　选择 SCSI 控制器型号

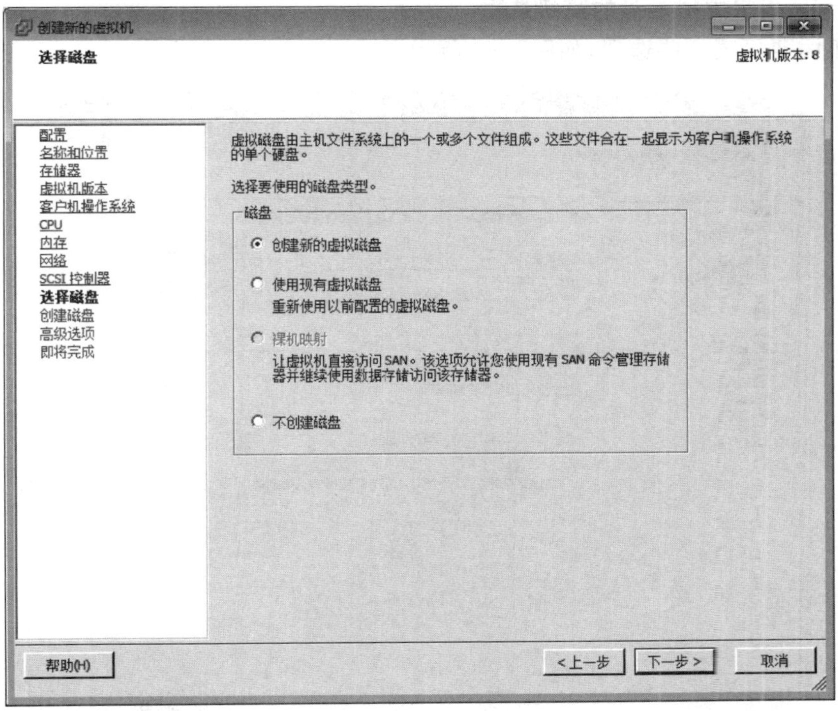

图 2-66　选择磁盘

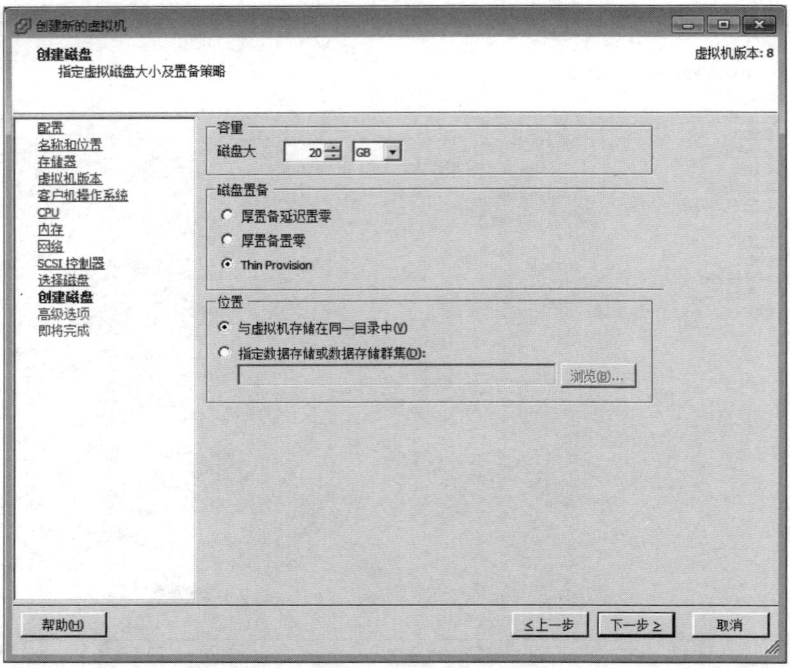

图 2-67 选择磁盘大小和置备

第 13 步：指定虚拟磁盘的高级选项

通常不需要更改这些选项，如图 2-68 所示。

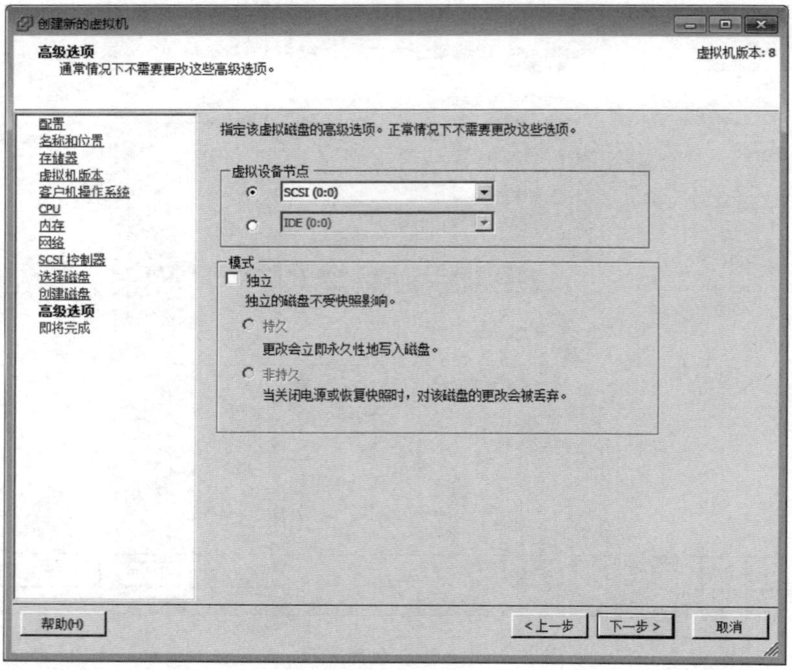

图 2-68 虚拟磁盘高级选项

第 14 步：完成前检查虚拟机配置

选中“完成前编辑虚拟机设置”更改虚拟机的配置，如图 2-69 所示。

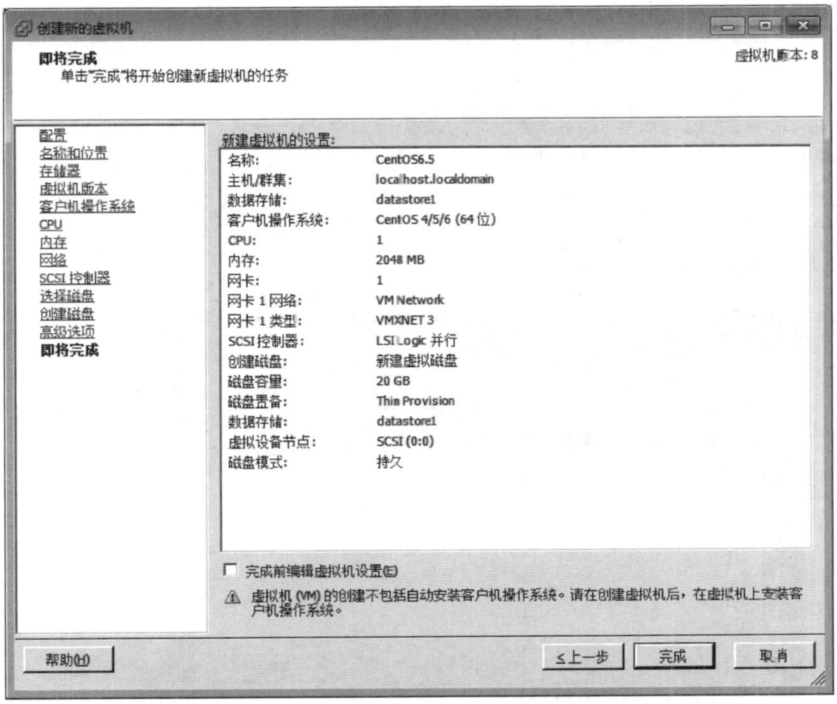

图 2-69　完成前编辑虚拟机设置

第 15 步：修改虚拟机设置

也可以在创建好虚拟机后，右击虚拟机名称，选择“编辑设置”命令，如图 2-70 所示。

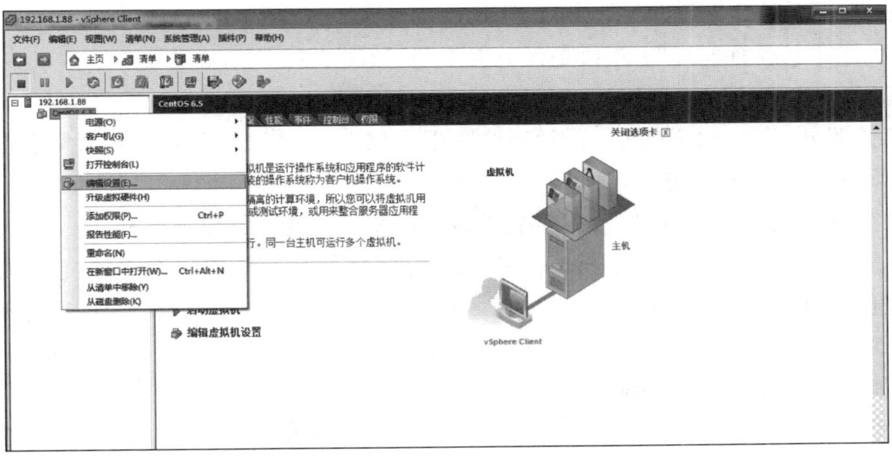

图 2-70　编辑设置

第 16 步：设置虚拟机属性

首先选中“软盘驱动器 1”，单击“移除”按钮。然后选中“CD/DVD 驱动器 1”，在右边的

"设备类型"中选择"数据存储 ISO 文件"选项，单击"浏览"按钮，浏览 ESXi 主机内置存储 datastore1 的 ISO 目录，选择 CentOS 6.5 的安装光盘 ISO 文件，如图 2-71 所示。

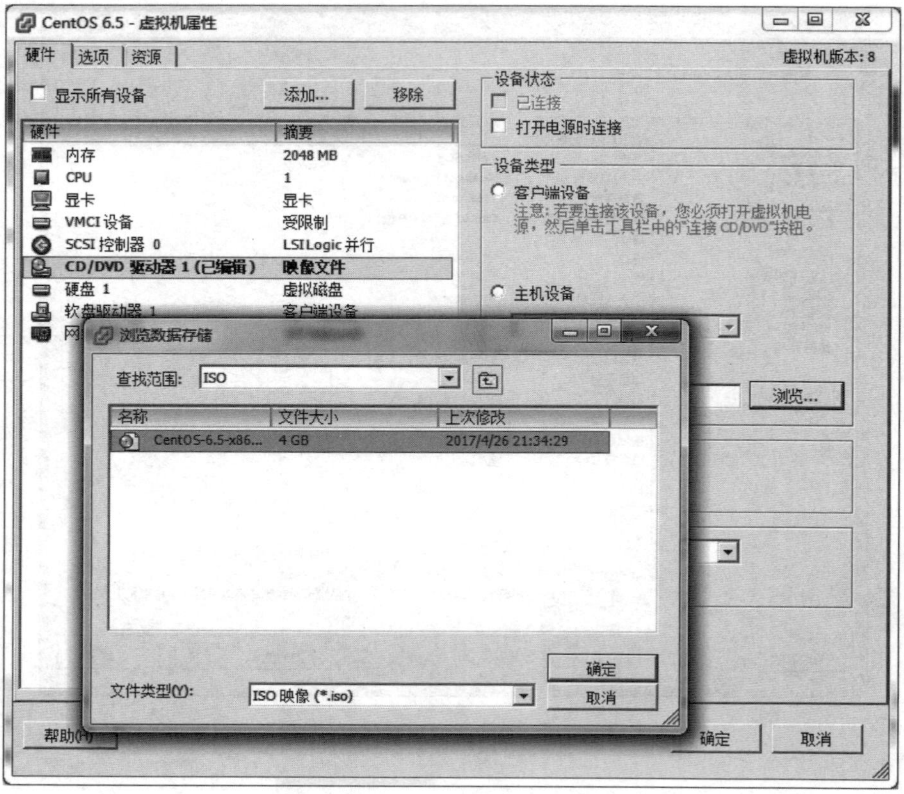

图 2-71 使用 ISO 映像文件

第 17 步：设置设备状态

选中"打开电源时连接"，默认是没有选中的，如图 2-72 所示。

第 18 步：查看虚拟机文件

在存储器 datastore1 处右击选择"浏览数据存储"命令打开"数据存储浏览器"，然后选择 CentOS 6.5 文件夹，如图 2-73 所示。

在数据存储浏览器中，可以看到组成虚拟机的文件主要包括以下几种：

(1) 配置文件(虚拟机名称.vmx)。虚拟机配置文件是一个纯文本文件，包含虚拟机的所有配置信息和参数，如 vCPU 个数、内存大小、硬盘大小、网卡信息和 MAC 地址等。

(2) 磁盘描述文件(虚拟机名称.vmdk)。虚拟磁盘描述文件是一个元数据文件，提供指向虚拟磁盘数据(.flat-vmdk)文件的链接。

(3) 磁盘数据文件(虚拟机名称.flat-vmdk)。这是最重要的文件，虚拟磁盘数据文件是虚拟机的虚拟硬盘，包含虚拟机的操作系统、应用程序等。

(4) BIOS 文件(虚拟机名称.nvram)。BIOS 文件包含虚拟机 BIOS 的状态。

(5) 交换文件(虚拟机名称.vswp)。内存交换文件在虚拟机启动的时候会自动创建，该文件作为虚拟机的内存交换。

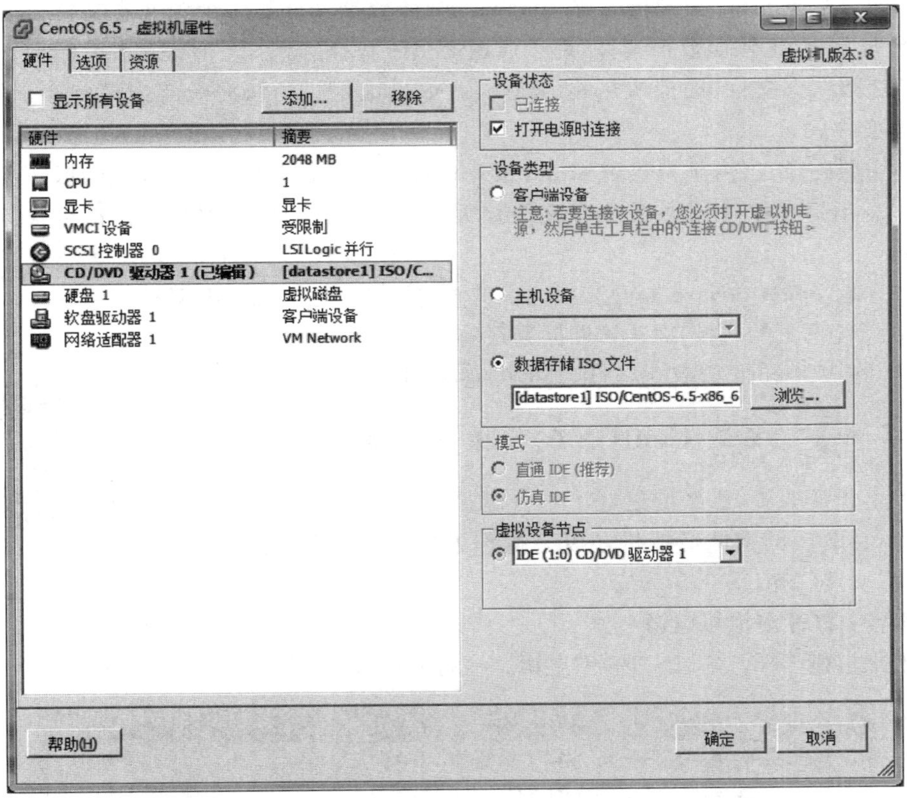

图 2-72　选中“打开电源时连接”

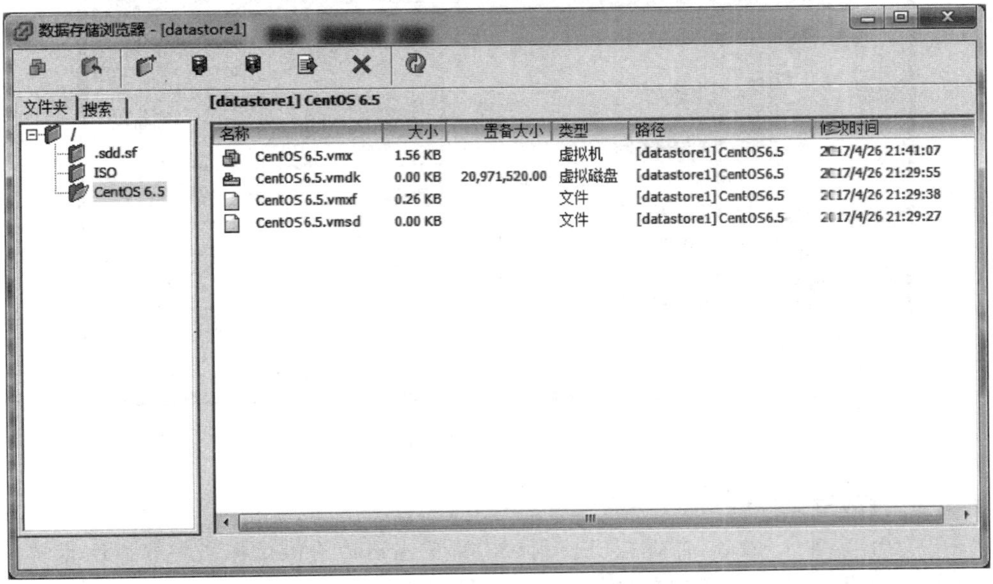

图 2-73　数据存储浏览器

(6) 快照数据文件(虚拟机名称.vmsd)。快照数据文件是一个纯文本文件。为虚拟机创建快照时,会产生快照数据文件,用于描述快照的基本信息。

(7) 快照状态文件(虚拟机名称.vmsn)。如果虚拟机的快照包含内存状态,就会产生快照状态文件。

(8) 快照磁盘文件(虚拟机名称-delta.vmdk)。使用虚拟机快照时,原虚拟磁盘文件会保持原状态不变,同时产生快照磁盘文件。所有对虚拟机的后续硬盘操作都在快照磁盘文件上进行。

(9) 日志文件(vmware.log)。虚拟机的日志文件,用于跟踪虚拟机的活动。一个虚拟机包含多个日志文件,它们对于诊断问题很有用。

至此,在 VMware ESXi 中创建虚拟机完成,本子任务结束。

【子任务四】 安装 CentOS 6.5 操作系统

在上个子任务中,已经创建好了一台虚拟机,并选择了安装操作系统的类型为CentOS 6.5,但此虚拟机还没有操作系统,还不能正常工作,在本子任务中,将安装CentOS 6.5 系统。

第 1 步:打开虚拟机电源

右击虚拟机 CentOS 6.5,选择“电源”→“打开电源”命令,如图 2-74 所示。

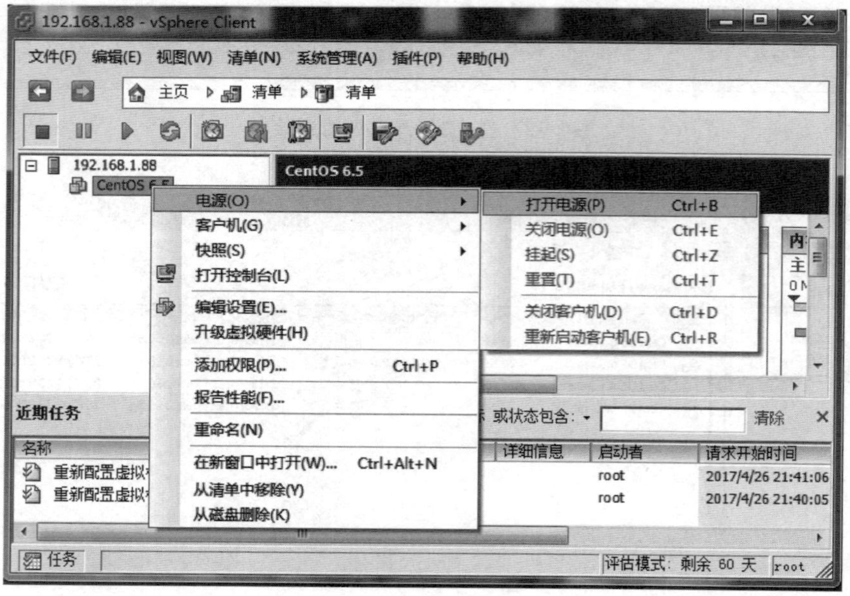

图 2-74 打开虚拟机电源

第 2 步:打开控制台

选择“打开控制台”命令,在虚拟机控制台内部单击可以进入虚拟机。要返回真实机,需要按 Ctrl+Alt 组合键。光盘启动的第一个界面如图 2-75 所示。

在 CentOS 安装启动界面中,有 5 个选项,分别代表的含义是:

(1) 安装或更新系统。

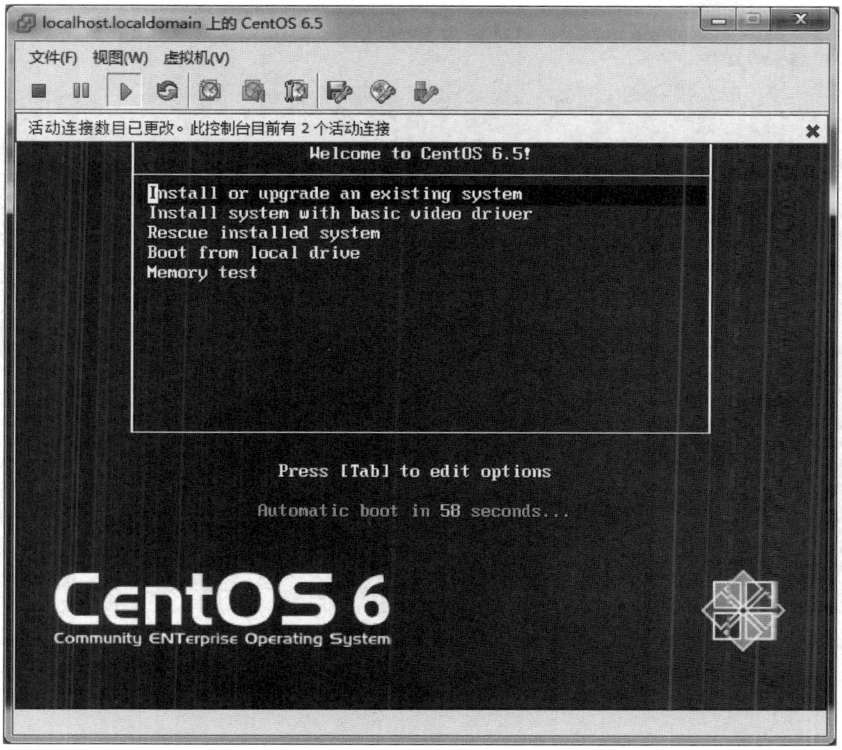

图 2-75　CentOS 安装启动界面

（2）安装显示卡驱动。

（3）系统修复。

（4）从硬盘启动。

（5）内存测试。

选择第一项安装或更新系统，然后直按 Enter 键。如果不做任何操作，默认也会在自动倒数结束后，开始系统安装。

第 3 步：跳过光盘检测

提示你是否要校验光盘，目的是看看光盘中的安装包是否完整或者是否被人改动过。一般情况下，如果是正规的光盘不需要做这一步操作，因为太费时间。按键盘的 Tab 键选中 Skip，然后按 Enter 键直接跳过，如图 2-76 所示。

下面是启动安装过程，如图 2-77 所示。

在图 2-77 所示的界面中，单击右下角的 Next 按钮，进入下一步。

第 4 步：选择安装的语言

CentOS 系统的安装支持多种语言，包括简体中文以及繁体中文，默认选择英文安装，这里选择简体中文，如图 2-78 所示。

第 5 步：选择合适的键盘

我们平时使用的都是“美国英语式”键盘，所以这里千万不要改动设置，默认选择“美国英语式”键盘即可，如图 2-79 所示。然后直接单击“下一步”按钮。

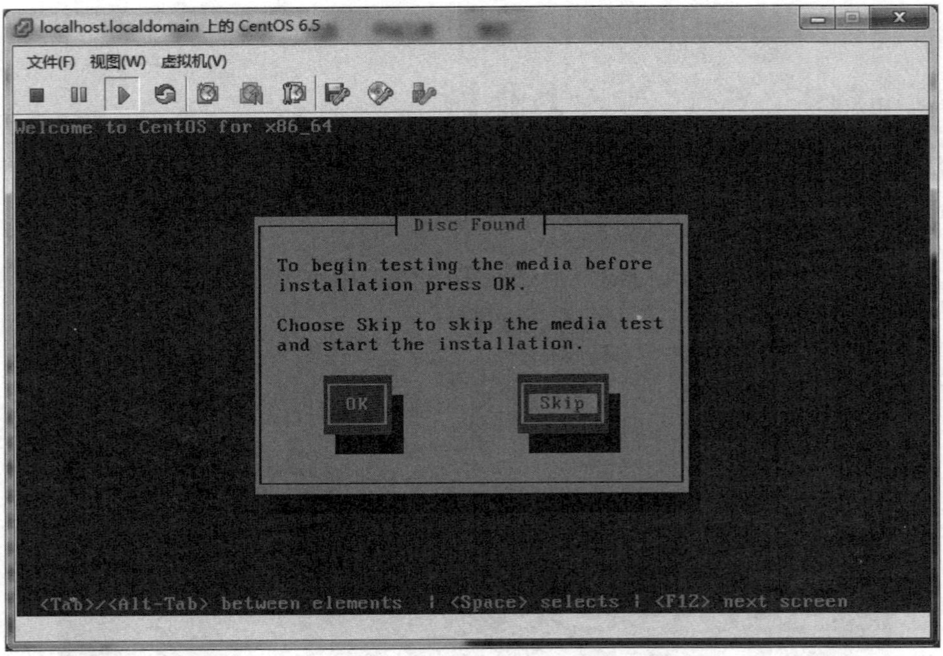

图 2-76 光盘检测界面

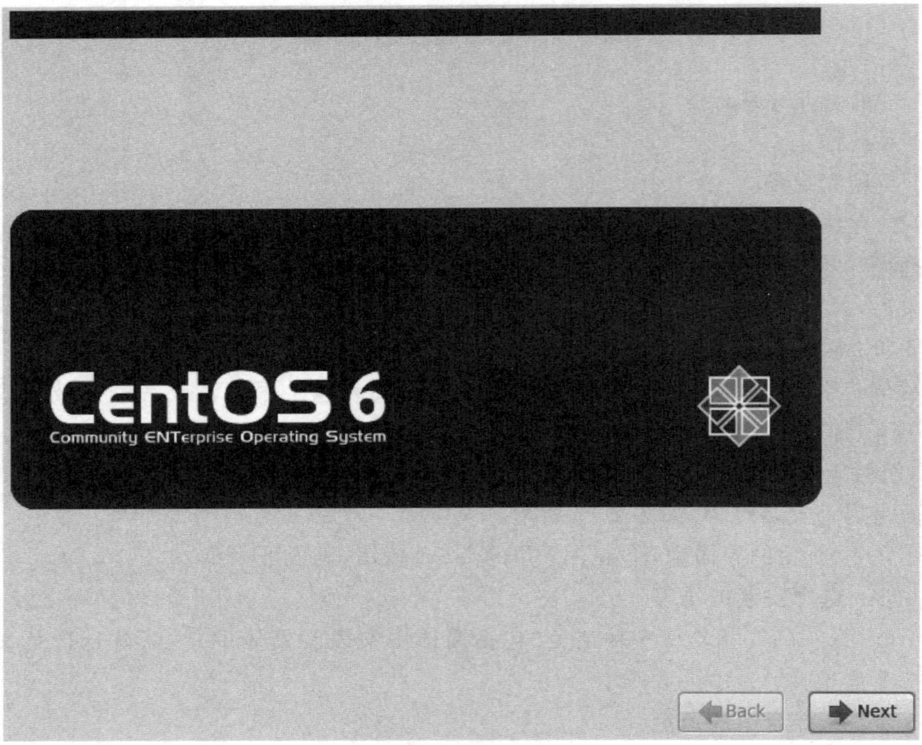

图 2-77 安装的第一个图形界面

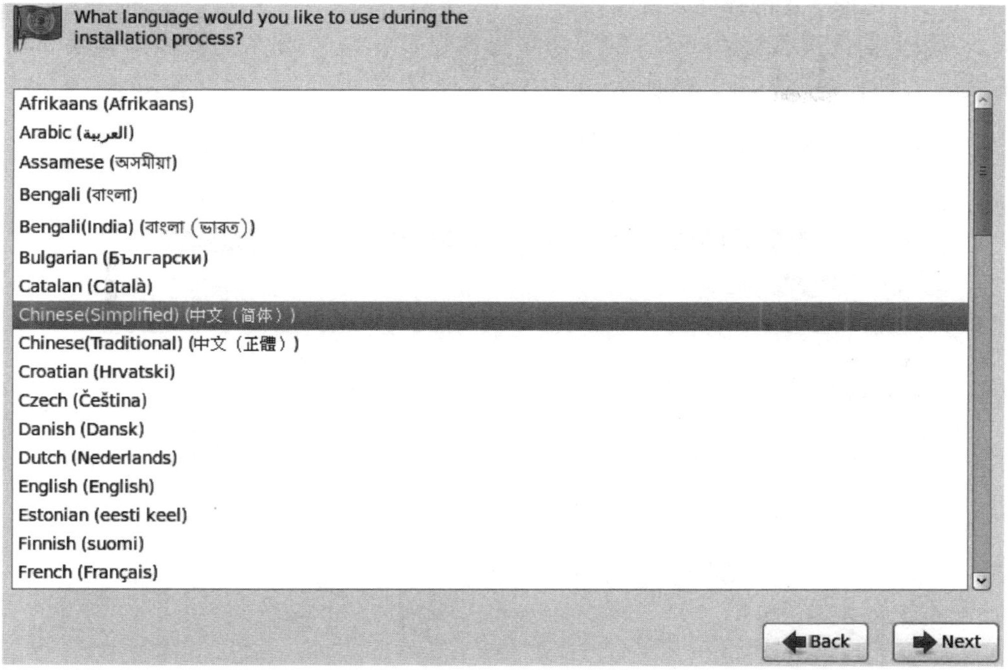

图 2-78　选择安装语言

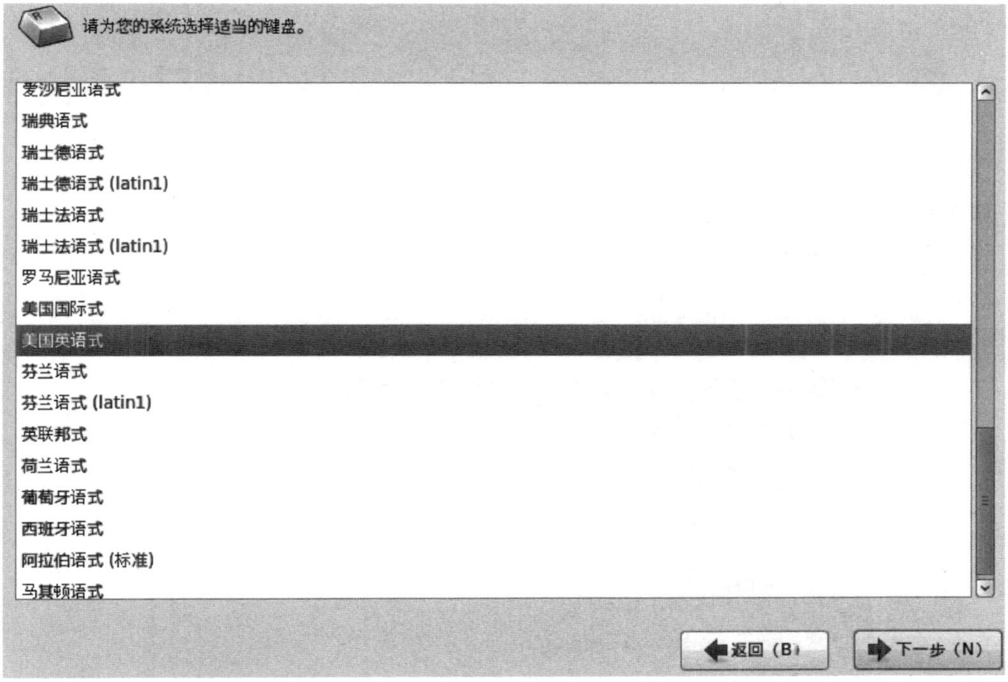

图 2-79　选择默认键盘

第 6 步：选择安装的存储设备

作为服务器操作系统，CentOS 的安装支持多种安装方式，如果是安装到本地硬盘，则选择“基本存储设备”，如图 2-80 所示，单击“下一步”按钮。

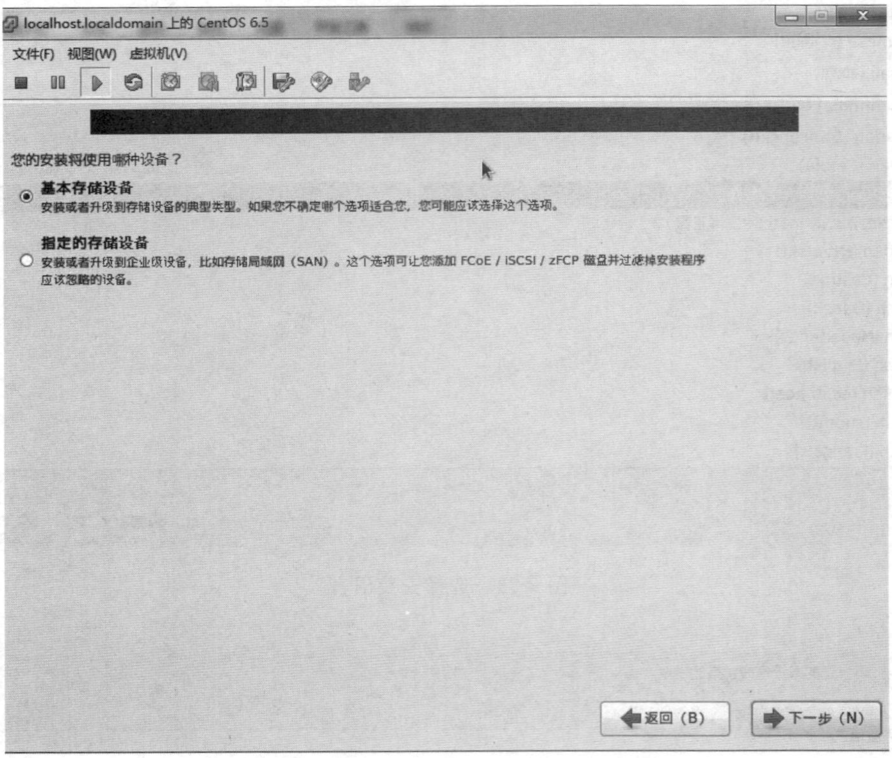
localhost.localdomain 上的 CentOS 6.5
文件(F) 视图(W) 虚拟机(V)
您的安装将使用哪种设备？
基本存储设备
安装或者升级到存储设备的典型类型。如果您不确定哪个选项适合您，您可能应该选择这个选项。
指定的存储设备
安装或者升级到企业级设备，比如存储局域网（SAN）。这个选项可让您添加 FCoE / iSCSI / zFCP 磁盘并过滤掉安装程序应该忽略的设备。
返回（B）
下一步（N）

图 2-80　选择存储设备

第 7 步：存储设备警告信息处理

弹出存储设备警告，系统提示会删除检测到的这个硬盘(20 480MB)的所有数据，如果是旧硬盘安装或升级安装的话，就要小心了；如果是全新安装，则直接单击“是，忽略所有数据”按钮，如图 2-81 所示。

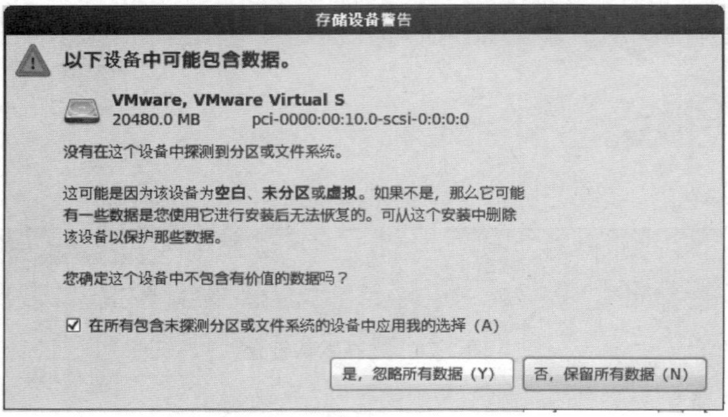
存储设备警告
以下设备中可能包含数据。
VMware, VMware Virtual S
20480.0 MB pci-0000:00:10.0-scsi-0:0:0:0
没有在这个设备中探测到分区或文件系统。
这可能是因为该设备为空白、未分区或虚拟。如果不是，那么它可能有一些数据是您使用它进行安装后无法恢复的。可从这个安装中删除该设备以保护那些数据。
您确定这个设备中不包含有价值的数据吗？
在所有包含未探测分区或文件系统的设备中应用我的选择（A）
是，忽略所有数据（Y）
否，保留所有数据（N）

图 2-81　存储设备警告框

第 8 步：设置主机名

设置主机名称，如图 2-82 所示。

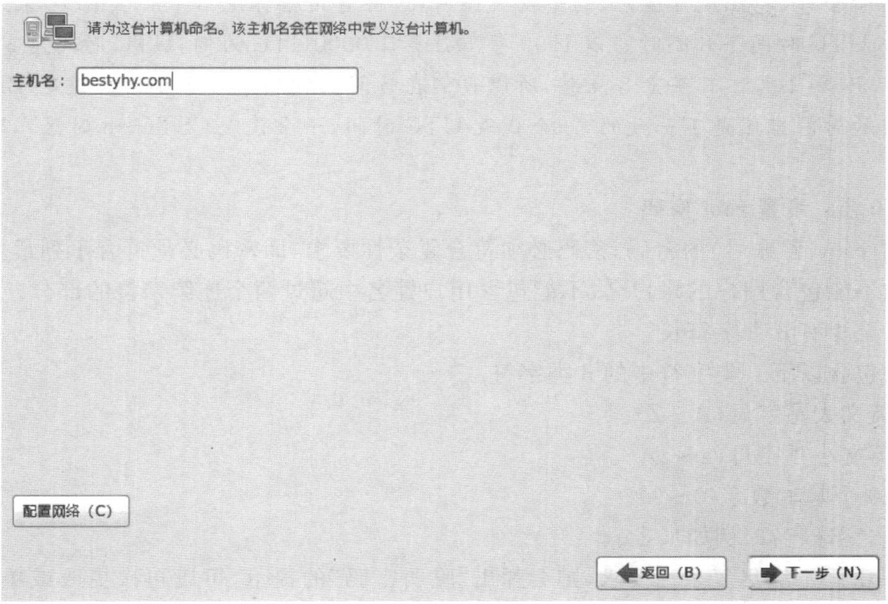

图 2-82　设置主机名称

第 9 步：设置时区信息

在中国，使用的是北京时间，选择"北京"或"上海"，并取消选中下面的"系统时钟使用 UTC 时间"复选框，如图 2-83 所示。

图 2-83　设置时区信息

注意：UTC是协调世界时(Universal Time Coordinated)英文缩写，是由国际无线电咨询委员会规定和推荐，并由国际时间局(BIH)负责维护的以秒为基础的时间标度。UTC相当于本初子午线(即经度0度)上的平均太阳时，过去曾用格林尼治平时(GMT)来表示。北京时间比UTC时间早8小时。以1999年1月1日0000UTC为例，UTC时间是零点，北京时间为1999年1月1日早上8点整，所以我们在时间上相隔了8个小时。这时BIOS的时间和系统的时间当然是不一致的，一个代表UTC时间，一个代表CST(+8时区)，即上海的时间。

第10步：设置root密码

设置root(根账号)的密码，密码必须符合复杂性要求，即密码必须符合下列最低要求：

(1) 不能包含用户的账户名，不能包含用户姓名中超过两个连续字符的部分。

(2) 至少有6个字符长。

(3) 包含以下4类字符中的3类字符。

- 英文大写字母(A～Z)。
- 英文小写字母(a～z)。
- 10个基本数字(0～9)。
- 非字母字符(例如!、$、#、%)。

如果密码不满足复杂性要求，则会弹出“脆弱密码”的提示，可以再次更改或单击“无论如何都使用”按钮，如图2-84所示。

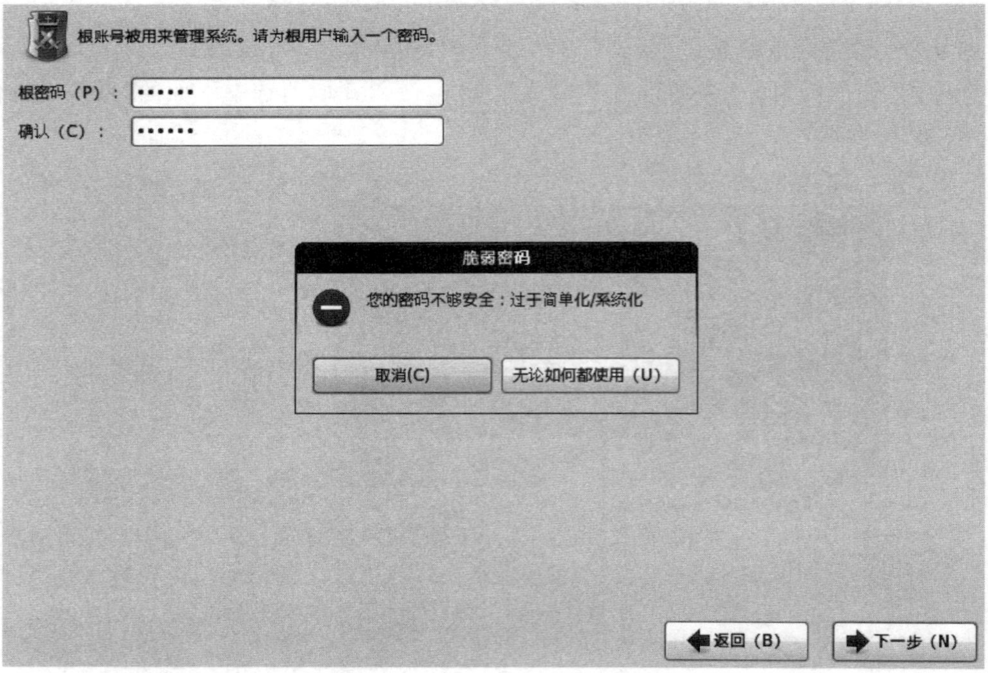

图2-84　设置root账号密码

注意：root账号即Linux系统的超级管理员用户，相当于微软系统的administrator账号。

第 11 步：选择安装类型

根据实际情况选择安装的类型。选中左下方的“加密系统”复选框后，系统会对系统中的数据进行加密，以后把此块硬盘拆下来挂在另外的系统中，或重装系统后，系统中的数据是无法读取的。下面就该分区了。其中共有 5 种方式可供选择，每一种后面都有详细的描述说明，选中最下面的“查看并修改分区布局”复选框，如图 2-85 所示。

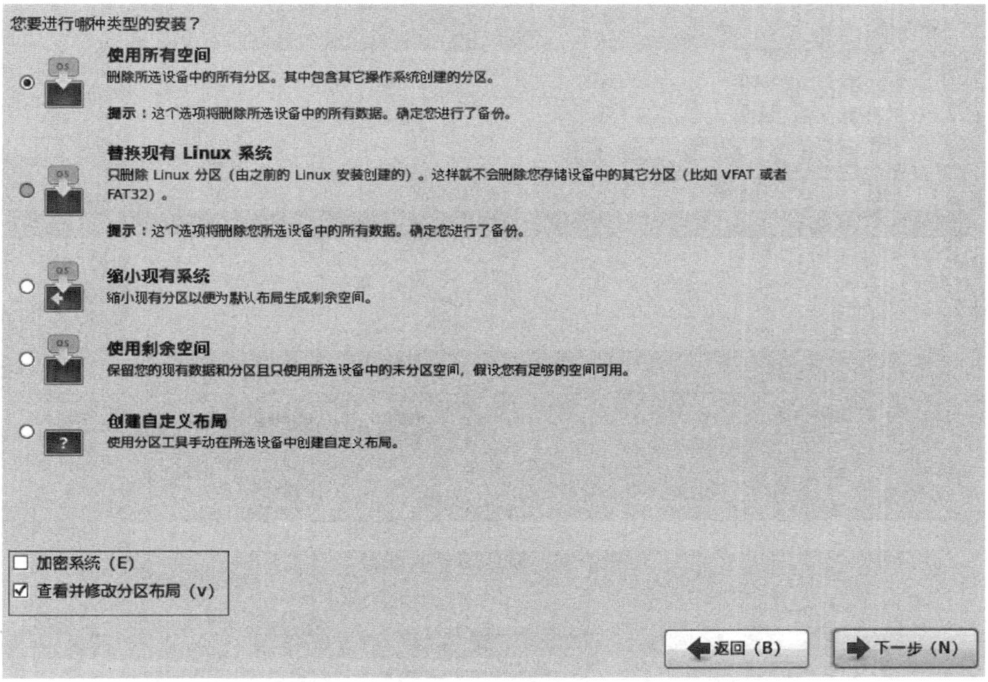

您要进行哪种类型的安装？
使用所有空间
删除所选设备中的所有分区。其中包含其它操作系统创建的分区。
提示：这个选项将删除所选设备中的所有数据。确定您进行了备份。
替换现有 Linux 系统
只删除 Linux 分区（由之前的 Linux 安装创建的）。这样就不会删除您存储设备中的其它分区（比如 VFAT 或者 FAT32）。
提示：这个选项将删除您所选设备中的所有数据。确定您进行了备份。
缩小现有系统
缩小现有分区以便为默认布局生成剩余空间。
使用剩余空间
保留您的现有数据和分区且只使用所选设备中的未分区空间，假设您有足够的空间可用。
创建自定义布局
使用分区工具手动在所选设备中创建自定义布局。
加密系统（E）
查看并修改分区布局（V）
返回（B）
下一步（N）

图 2-85　选择安装类型

然后单击“下一步”按钮，系统显示默认的分区方案，如图 2-86 所示。

第 12 步：重置系统分区

在图 2-86 中，系统给出了默认的分区方案。如果对默认分区方案不满意，可依次选择默认的分区，然后单击“删除”按钮，删除所有的默认的分区，然后选中空闲磁盘，单击“创建”按钮，开始分区，如图 2-87 所示。

注意：对 IDE(Integrated Drive Electronics，电子集成驱动器)接口第一主盘用 hda 标识，第一从盘用 hdb 标识；第一主盘的第一分区为 hda1，第二分区为 hd2，以此类推。

对 SCSI 接口(Small Computer System Interface，小型计算机系统接口)第一主盘用 sda 标识，第一从盘用 sdb 标识；第一主盘的第一分区为 sda1，第二分区为 sda2。

第 13 步：自定义系统分区

Linux 的分区很灵活，经典的分区方案如下：

- /boot 分区 100MB，如图 2-88 所示。
- swap 分区：内存的 2 倍，如果大于等于 4GB，则只需给 4GB 即可，如图 2-89 所示。

剩余空间给/(根)分区，如图 2-90 所示。

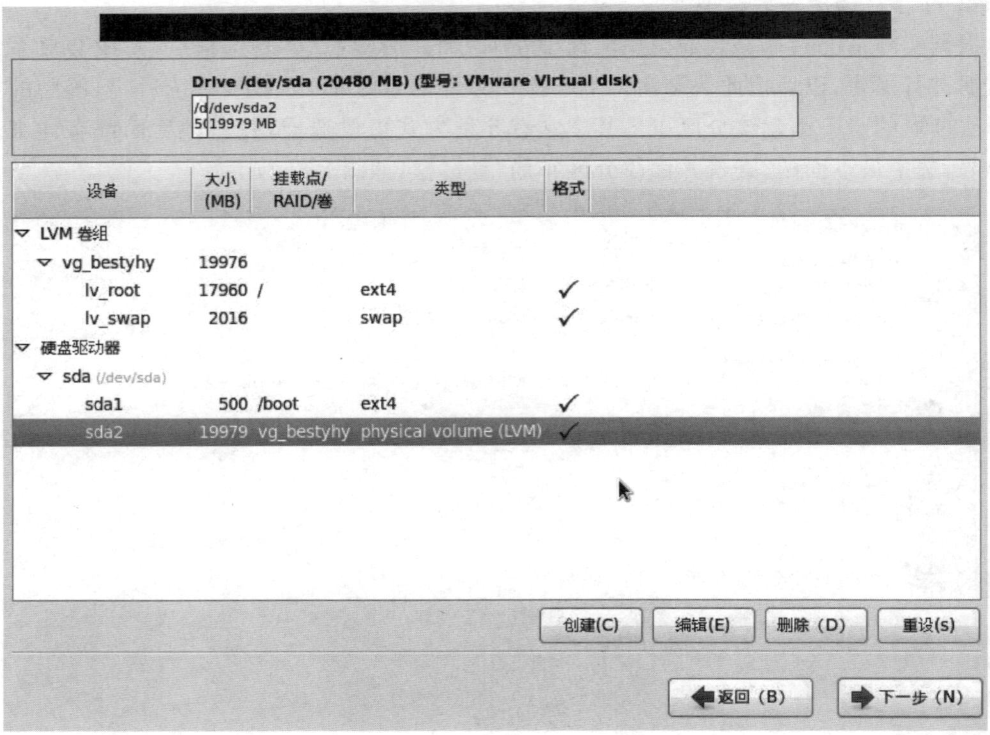

图 2-86　默认的分区方案

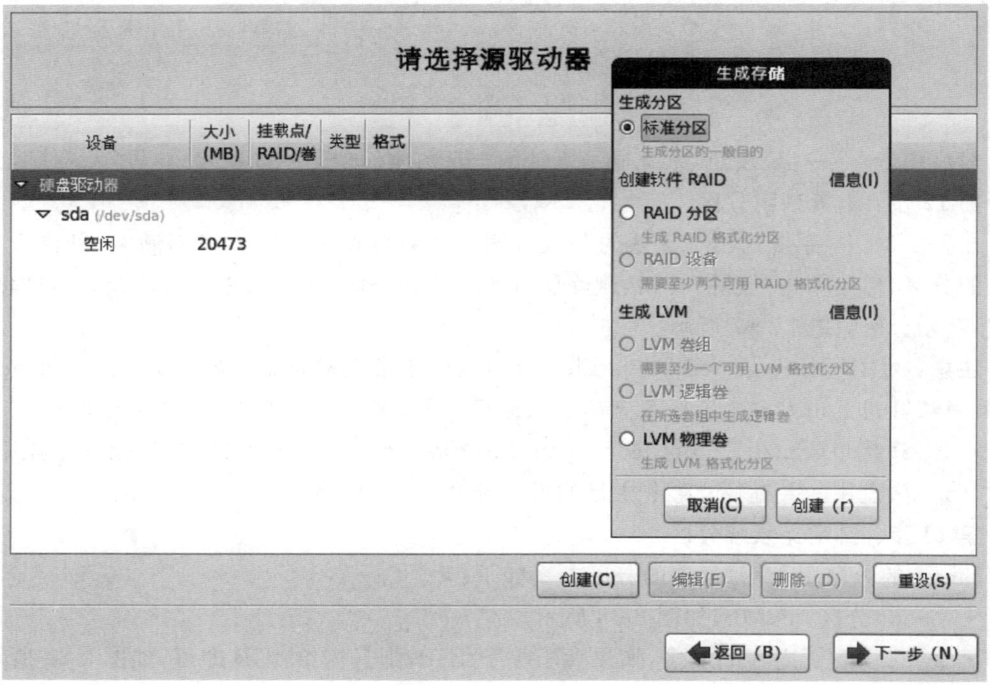

图 2-87　创建分区

图 2-88　/boot 分区

图 2-89　swap 分区

注意：/boot 分区存放系统启动所需要的文件，与 Windows 的 C 盘中的 Windows 目录类似。这个分区中的文件并不大，100MB 足够。swap 分区是交换分区，当内存不够时，系统会把这部分空间当内存使用。/data 这个分区是自定义的，就是专门存放数据的分区。

如果安装的是虚拟机，并且只有 8GB 的磁盘空间，那么建议分区如下：

（1）/boot 分区大小为 100MB。

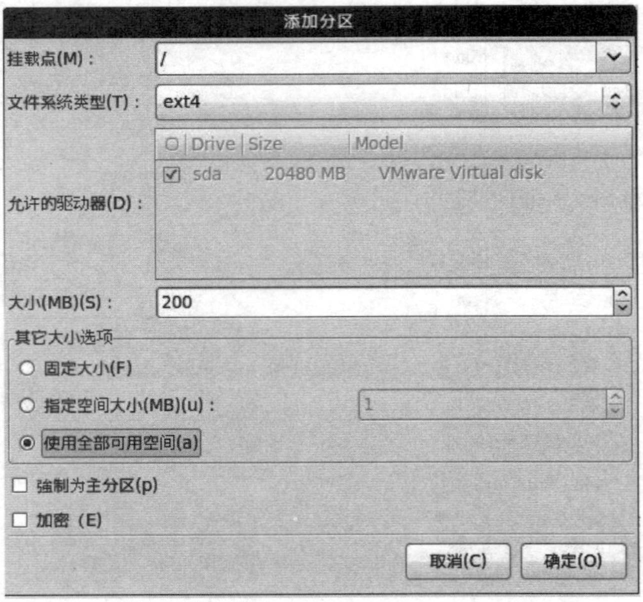

图 2-90　/(根)分区

(2) swap 分区大小为内存的 2 倍。

(3) /(根)分区全部剩余空间。

分区完后，将分区方案写入磁盘，单击"确定"以及"下一步"按钮，开始安装引导装载程序，如图 2-91 所示，"使用引导装载程序密码"复选框的作用是：给 boot loader 加一个密码，以防止有人通过光盘进入单用户模式修改 root 密码。

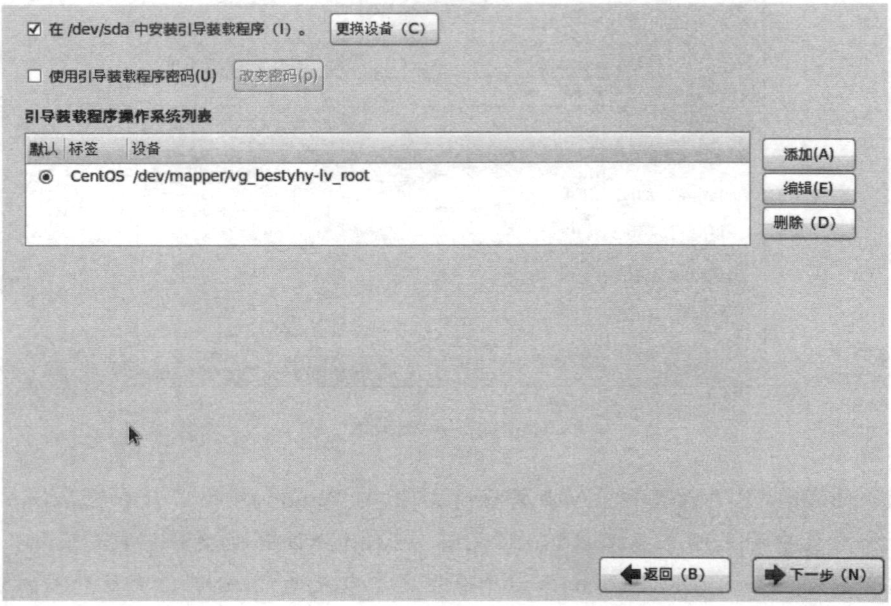

图 2-91　安装引导装载程序

第 14 步：选择安装的组件

这一步选择要安装的服务类型。选择一种后，系统会自动安装一些必备的软件，当然也可以选择最下方的"现在自定义"单选按钮，来选择要安装的组件，如图 2-92 所示。

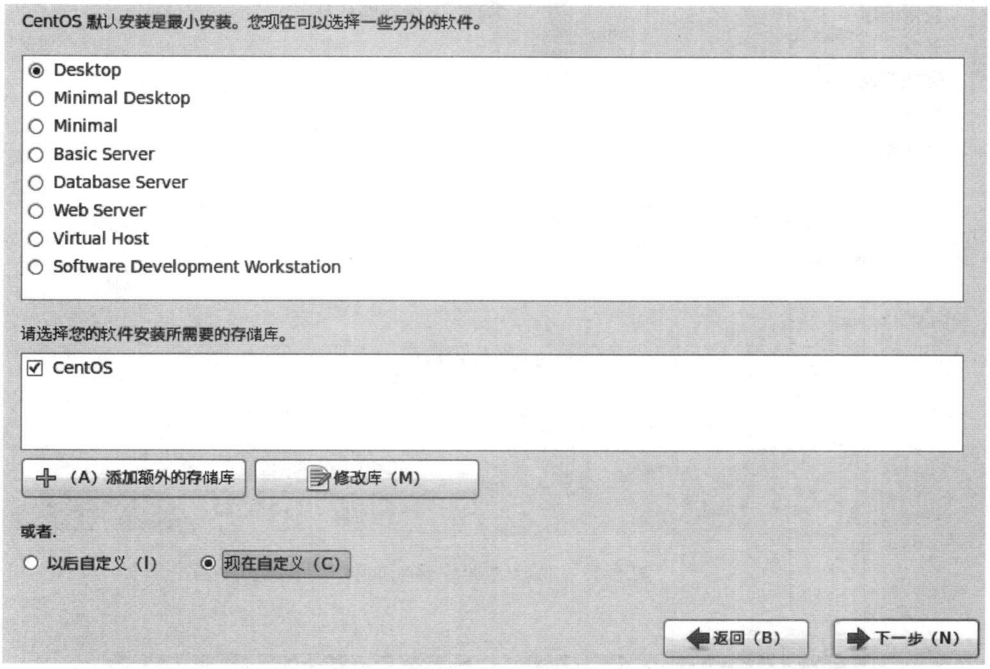

图 2-92　选择安装的组件

CentOS 选择安装的组件，有 8 个选项，分别代表的含义是：

(1) Desktop——桌面系统的安装。

(2) Minimal Desktop——最小化桌面系统的安装。

(3) Minimal——最小化安装。

(4) Basic Server——基本服务器的安装。

(5) Database Server——数据库服务器的安装。

(6) Web Server——Web 网页服务器的安装。

(7) Virtual Host——虚拟主机的安装。

(8) Software Development Workstation——软件开发工作站的安装。

一般来说，建议初学者选择第一个 Desktop，它包括了 X Windows，即图形界面等诸多功能，在学习的同时，有什么问题还可以在图形界面处理一下。但对高手来说，不用安装桌面等图形界面，直接选择 Basic Server 即可。

单击"下一步"按钮，如果选中"现在自定义"单选按钮，还可以对各个组件及功能进行修改，如图 2-93 所示。

选择想要安装的软件，单击"下一步"按钮，系统开始安装，如图 2-94 所示。

根据所选择组件内容的不同安装所用的时间会不同，如图 2-95 所示。

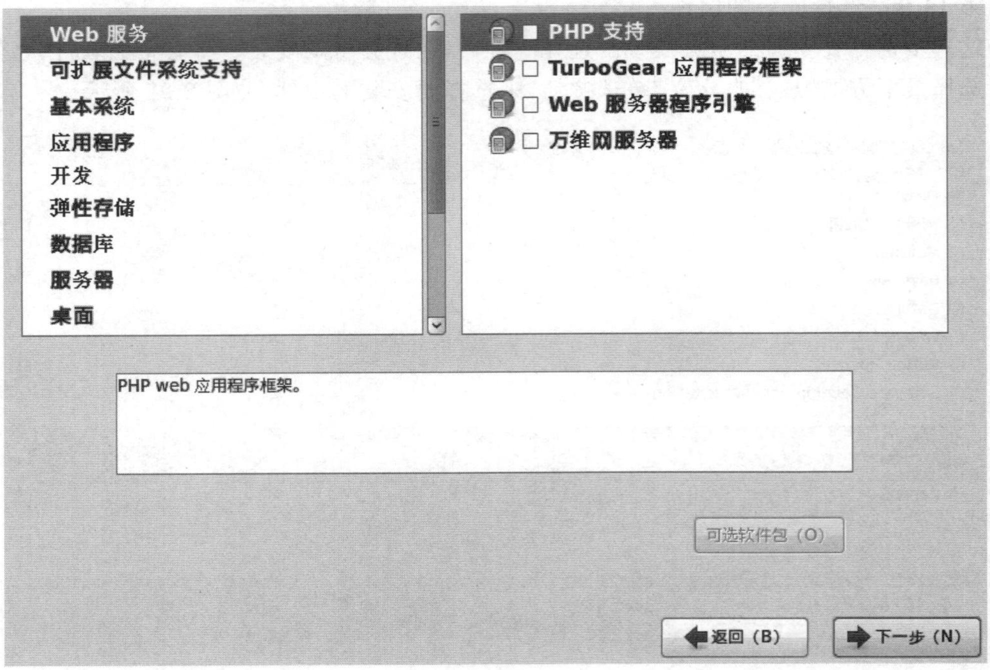

图 2-93 选择需要安装的组件

图 2-94 系统开始安装

第 15 步：完成安装，重启系统

安装完成后需要重新启动，单击“重新引导”按钮，重新引导系统，如图 2-96 所示。

系统首次启动，进入 CentOS 系统的欢迎界面，如图 2-97 所示。

第 16 步：阅读许可信息

在图 2-97 所示的系统欢迎界面中，单击右下角的“前进”按钮，查看“许可证信息”，选择“是，我同意该许可证协议”单选按钮，如图 2-98 所示。

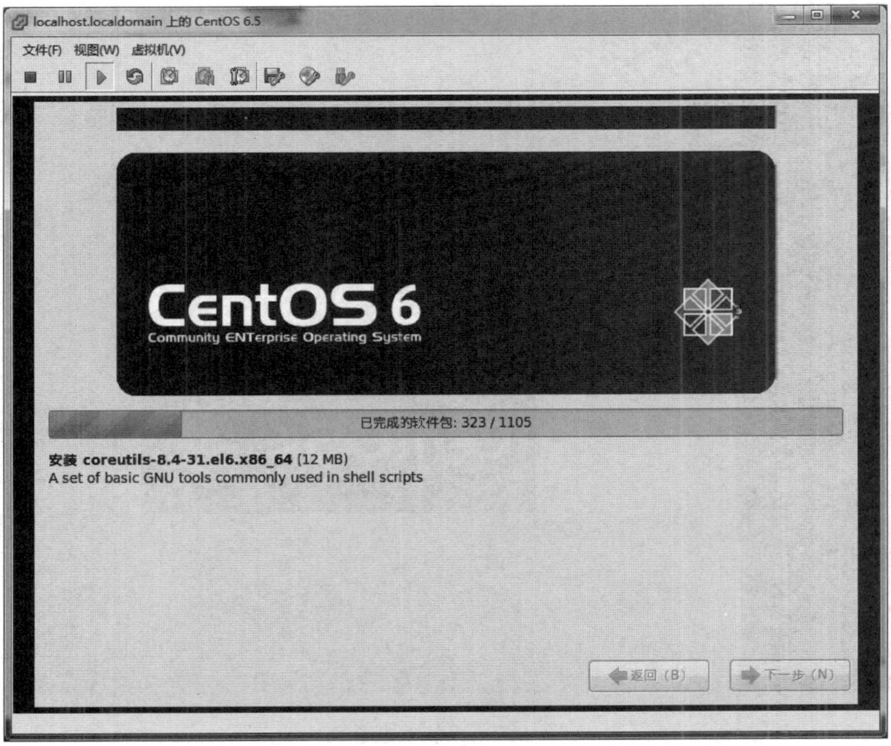
localhost.localdomain 上的 CentOS 6.5
文件(F) 视图(W) 虚拟机(V)
CentOS 6
Community ENTerprise Operating System
已完成的软件包: 323 / 1105
安装 coreutils-8.4-31.el6.x86_64 (12 MB)
A set of basic GNU tools commonly used in shell scripts
返回 (B)
下一步 (N)

图 2-95　系统安装过程

祝贺您，您的 CentOS 安装已经完成。
请重启以便使用安装的系统。请注意：可使用更新以确定您的系统正常工作，且建议在重启后安装这些更新。
返回 (B)
重新引导 (t)

图 2-96　系统安装完成等待重新引导界面

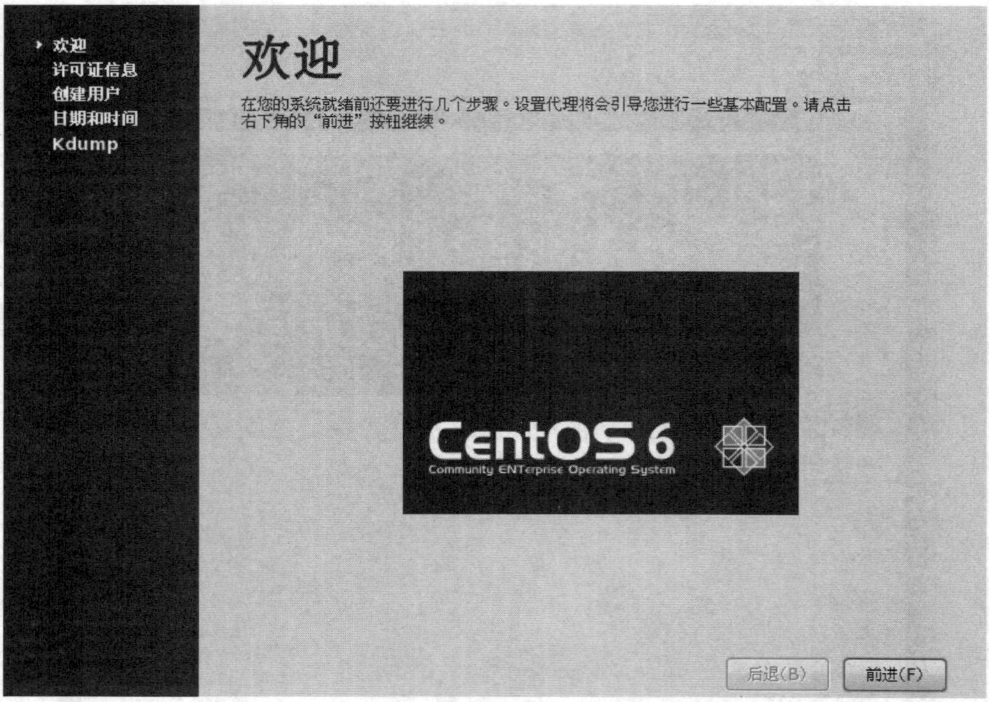
欢迎
许可证信息
创建用户
日期和时间
Kdump
欢迎
在您的系统就绪前还要进行几个步骤。设置代理将会引导您进行一些基本配置。请点击右下角的"前进"按钮继续。
CentOS 6
Community ENTerprise Operating System
后退(B)
前进(F)

图 2-97 系统欢迎界面

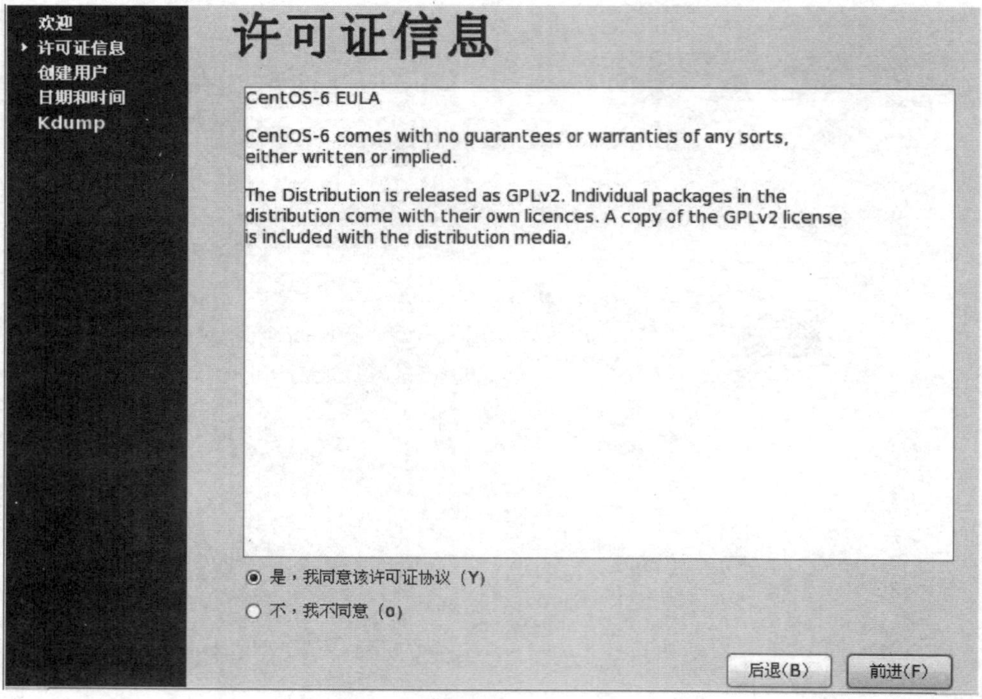
欢迎
许可证信息
创建用户
日期和时间
Kdump
许可证信息
CentOS-6 EULA
CentOS-6 comes with no guarantees or warranties of any sorts, either written or implied.
The Distribution is released as GPLv2. Individual packages in the distribution come with their own licences. A copy of the GPLv2 license is included with the distribution media.
是，我同意该许可证协议（Y）
不，我不同意（o）
后退(B)
前进(F)

图 2-98 许可证信息

第 17 步：创建用户

在图 2-98 所示的许可证信息界面的右下角，单击“前进”按钮，弹出图 2-99 所示的创建用户界面。

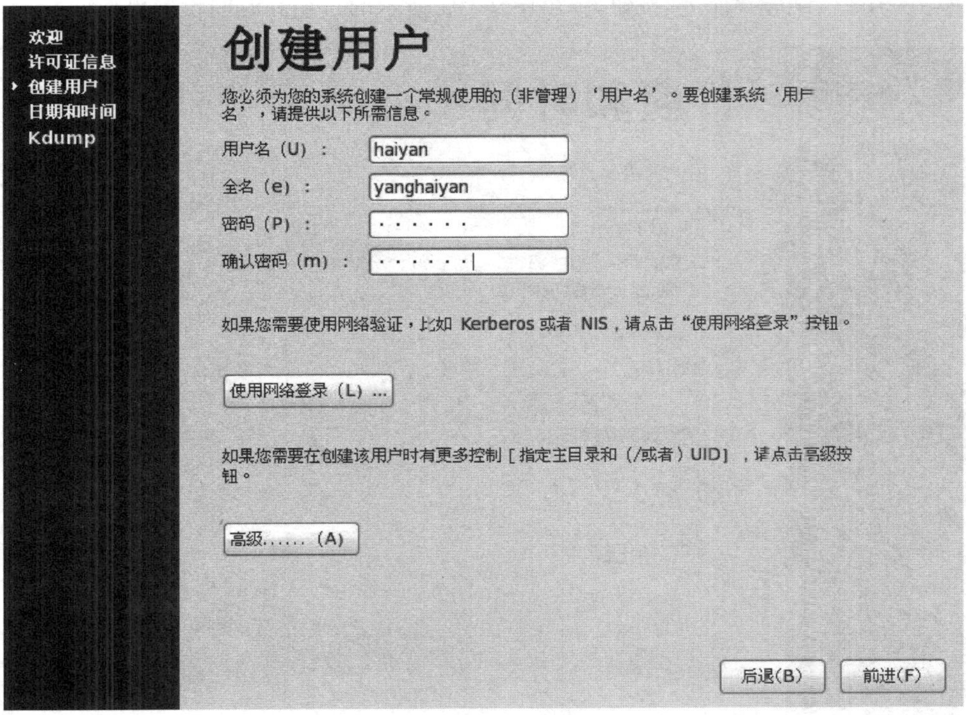

欢迎
许可证信息
创建用户
日期和时间
Kdump
创建用户
您必须为您的系统创建一个常规使用的（非管理）‘用户名’。要创建系统‘用户名’，请提供以下所需信息。
用户名（U）：
haiyan
全名（e）：
yanghaiyan
密码（P）：
确认密码（m）：
如果您需要使用网络验证，比如 Kerberos 或者 NIS，请点击“使用网络登录”按钮。
使用网络登录（L）...
如果您需要在创建该用户时有更多控制［指定主目录和（/或者）UID］，请点击高级按钮。
高级......（A）
后退(B)
前进(F)

图 2-99　创建用户界面

注意：系统在安装完成时就已经有了一个根账号（root，超级管理员账号）了，密码在前面设置过了，在此创建的用户只是普通用户，并非管理员。

在创建用户时，如果密码过于简单，不满足密码复杂性要求，会有提示，如图 2-100 所示。

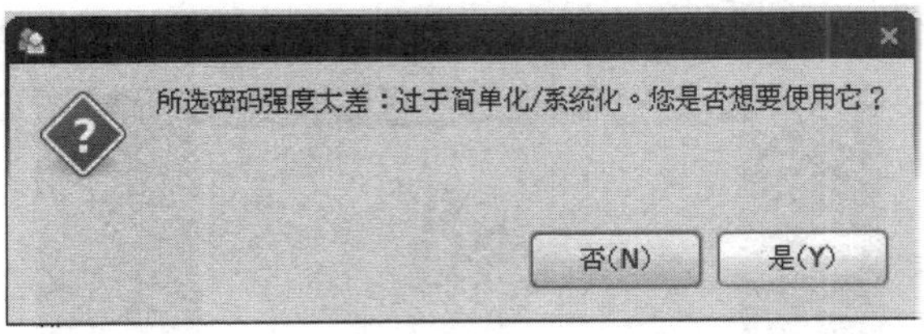

所选密码强度太差：过于简单化/系统化。您是否想要使用它？
否(N)
是(Y)

图 2-100　密码设置提示框

单击“是（Y）”按钮，依然使用简单密码，如果单击“否（N）”按钮，系统会回到图 2-99 所示界面，重新设置复杂密码。

注意：复杂密码是指至少包含以下 4 种字符中的 3 种或 3 种以上字符的密码：

（1）小写字母；

（2）大写字母；

(3) 数字;

(4) 特许字符(如! @ # $ %^ & 等)。

第 18 步: 设置日期和时间

创建完用户后单击“前进”按钮,弹出图 2-101 所示的日期和时间设置界面。

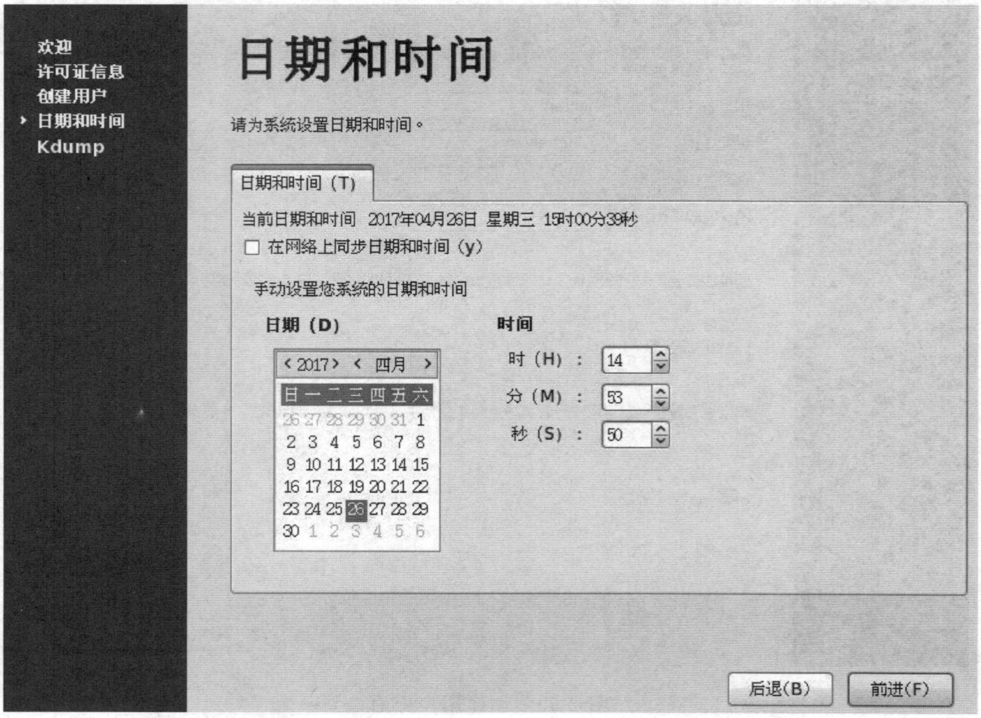

图 2-101 设置时间界面

选择正确的日期以及时间,单击“前进”按钮,就开始创建用户及配置环境了,一般保持默认设置即可。

第 19 步: 系统登录

设置完系统的日期与时间后,单击“前进”按钮,弹出系统登录界面,如图 2-102 所示。

图 2-102 系统登录界面

在此可以看到系统刚刚建立的普通用户名，单击用户名，系统等待输入用户密码，如图 2-103 所示。

如果不想登录到 yanghaiyan 这个普通用户账号，或者想登录到管理员账号，请单击“其他”选项，系统要求输入用户名，如图 2-104 所示。

bestyhy.com
yanghaiyan
密码：
取消(C)
登录

图 2-103　等待输入密码对话框

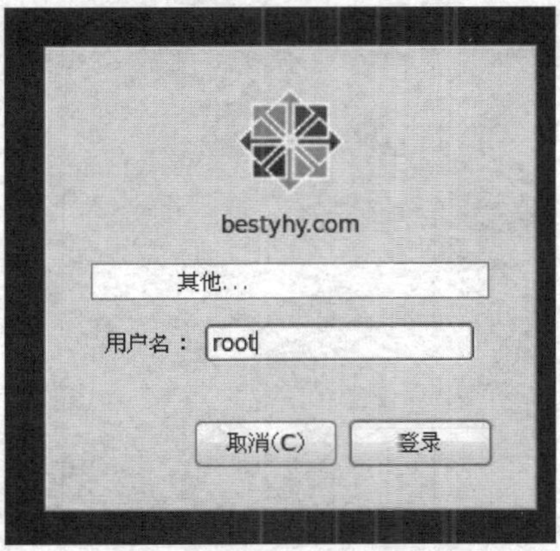
bestyhy.com
其他...
用户名：
root
取消(C)
登录

图 2-104　输入 root 账号对话框

输入用户名及密码后单击“登录”按钮。登录根账号(root)时，会弹出安全提示对话框，大致提示用户要以超级管理员身份登录，需要谨慎操作系统。如果不想每次都提示，可以选中“不要再显示此信息”复选框，如图 2-105 所示。

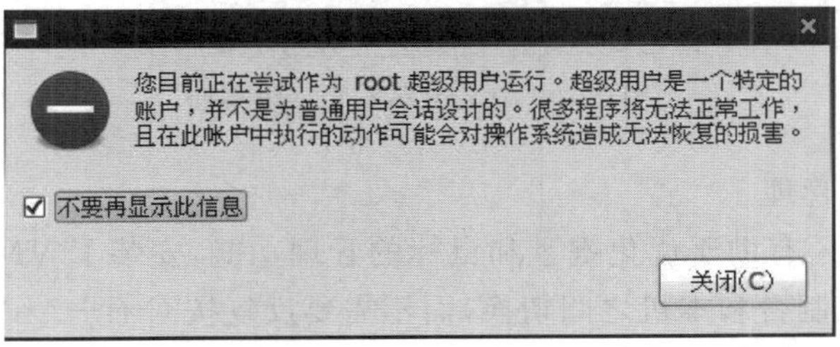
您目前正在尝试作为 root 超级用户运行。超级用户是一个特定的账户，并不是为普通用户会话设计的。很多程序将无法正常工作，且在此帐户中执行的动作可能会对操作系统造成无法恢复的损害。
不要再显示此信息
关闭(C)

图 2-105　root 账号登录警告提示框

登录系统后，就进入 CentOS 的图形界面了，操作就如平时的 Windows 差不多，可以用鼠标进行操作，如图 2-106 所示。

至此，CentOS 6.5 系统已经成功安装到计算机中，本子任务结束。

【子任务五】　给 CentOS 6.5 安装 VMware Tools

虚拟机操作系统安装完后，建议安装 VMware Tools，以增强虚拟机的性能。VMware Tools 有以下功能：

（1）设备驱动程序。增强的显卡和鼠标驱动程序；经过优化的网卡驱动程序；经过优化的 SCSI 驱动程序；激活静默状态的同步驱动程序。

（2）虚拟机心跳信号。

（3）时间同步。

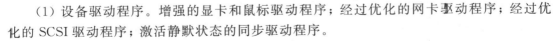

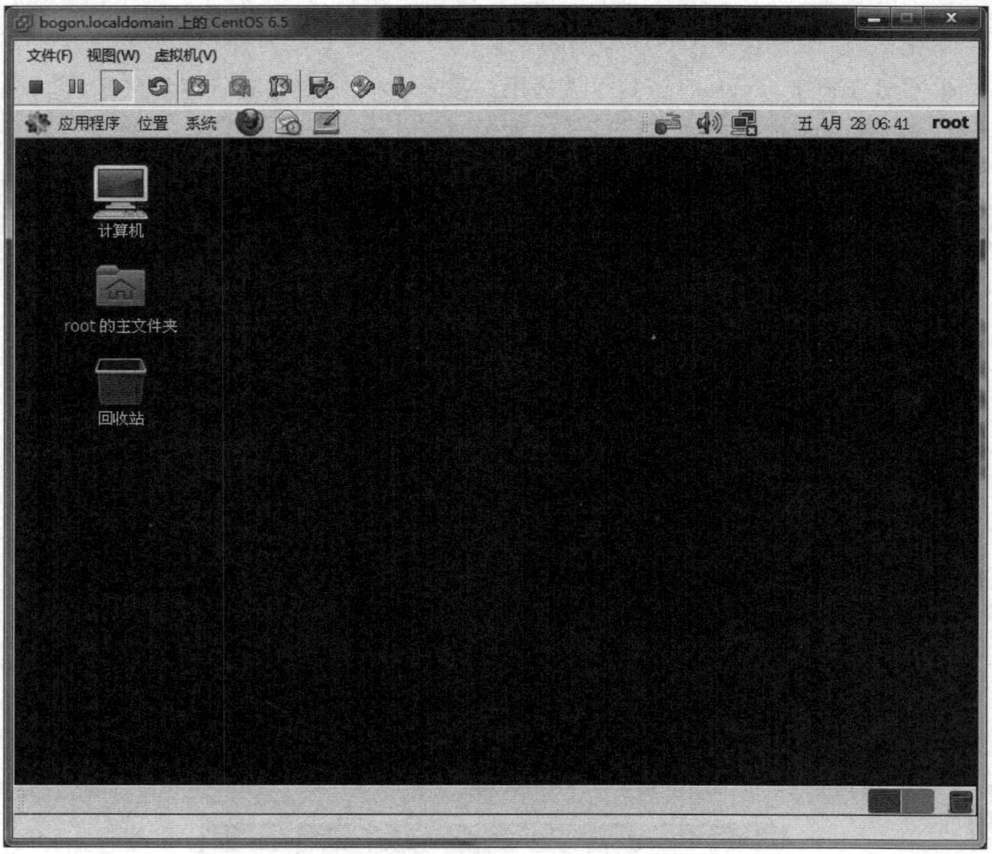

图 2-106 CentOS 6.5 系统桌面

(4) 增强的内存管理。

VMware Tools 还有助于优化键盘和鼠标的管理功能，安装了 VMware Tools 之后，可以随意地在虚拟机控制台和本机之间切换，而不需要反复按 Ctrl+Alt 组合键。

第 1 步：打开安装向导

在虚拟机控制台中，选择“清单”→“虚拟机”→“客户机”→“安装/升级 VMware Tools”命令，如图 2-107 所示。

第 2 步：确定安装

单击“确定”按钮，开始安装 VMware Tools，如图 2-108 所示。

第 3 步：安装 VMware Tools

在不同的虚拟机操作系统中，VMware Tools 的安装过程是不同的。在 Windows 操作系统中，只需要运行光盘驱动器中的 VMware Tools 的安装程序，一步一步按照提示完成安装即可。对于 Linux 操作系统，安装过程稍微复杂一些。Linux 版的 VMware Tools 需要 perl 的支持，在安装 VMware Tools 之前，需要先安装 perl。

图 2-109 所示为 CentOS 6.5 中 VMware Tools 的安装过程，具体命令如下：

【mount /dev/cdrom /mnt】挂载 VMware Tools 的安装镜像。

【cd /mnt】进入挂载目录。

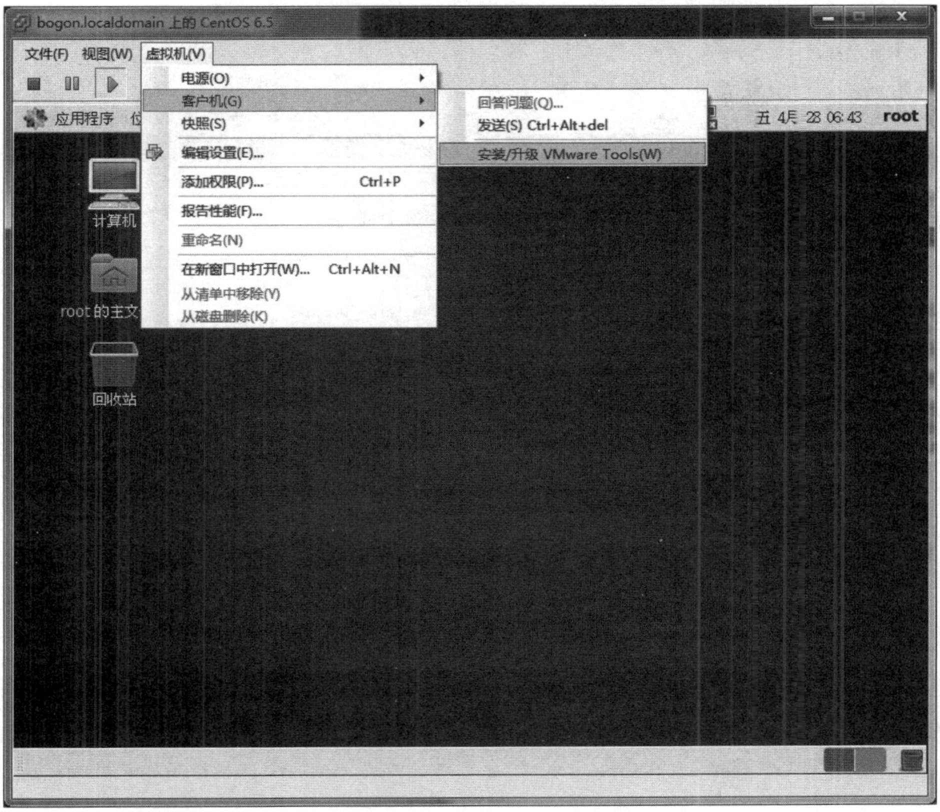

图 2-107 安装 VMware Tools -1

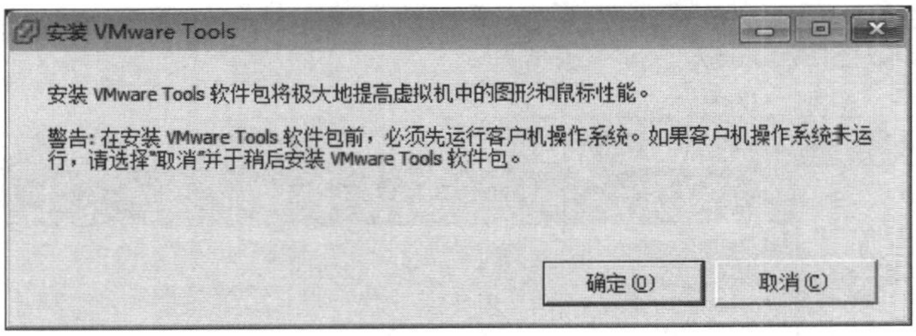

图 2-108 安装 VMware Tools -2

【tar - zxf VMwareTools-9.4.0-1280544.tar.gz - C /root】解压 VMware Tools 安装包到/root 目录下。

【cd /root/vmware-tools-distrib/】进入解压的软件包所在目录。

【./vmware-install.pl】执行 VMware Tools 的安装脚本。

对执行 vmware-install.pl 安装脚本的所有提示按 Enter 键确认，安装完成后输入 reboot 重新启动系统。

第 4 步：查看 VMware Tools 安装好的虚拟机摘要信息

在虚拟机的"摘要"选项卡中可以看到 VMware Tools 已经安装好，如图 2-110 所示。

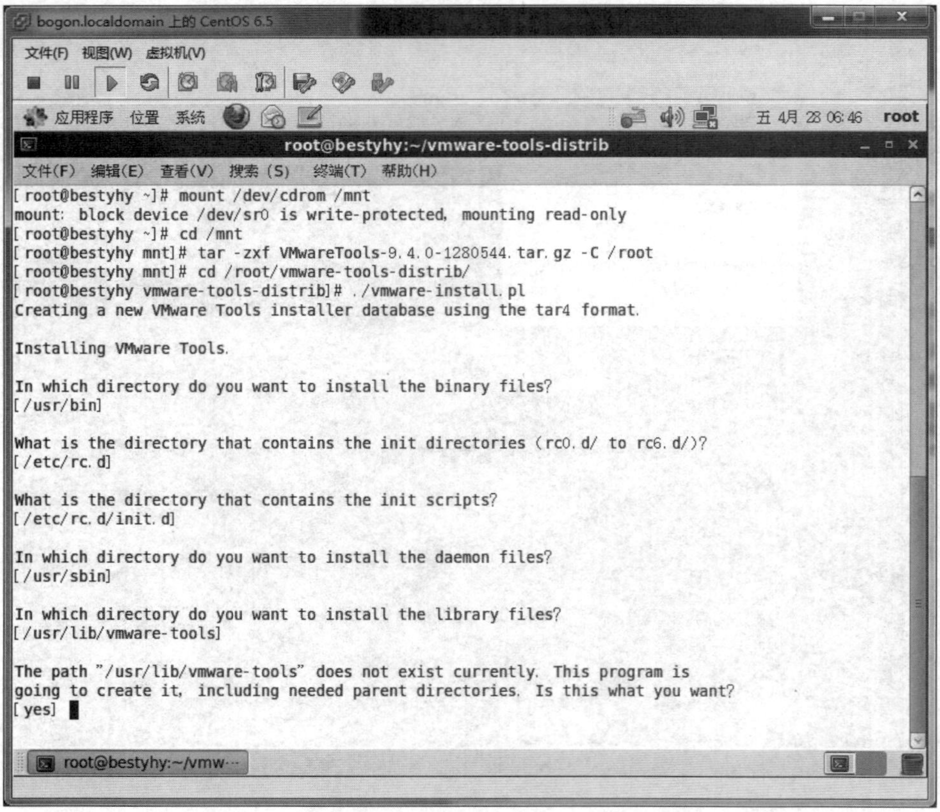

图 2-109　安装 VMware Tools -3

图 2-110　已经安装 VMware Tools

第 5 步：查看虚拟机电源状态

安装好 VMware Tools 后，在“虚拟机”→“电源”中，“关闭客户机”和“重新启动客户机”变为可选状态，如图 2-111 所示。

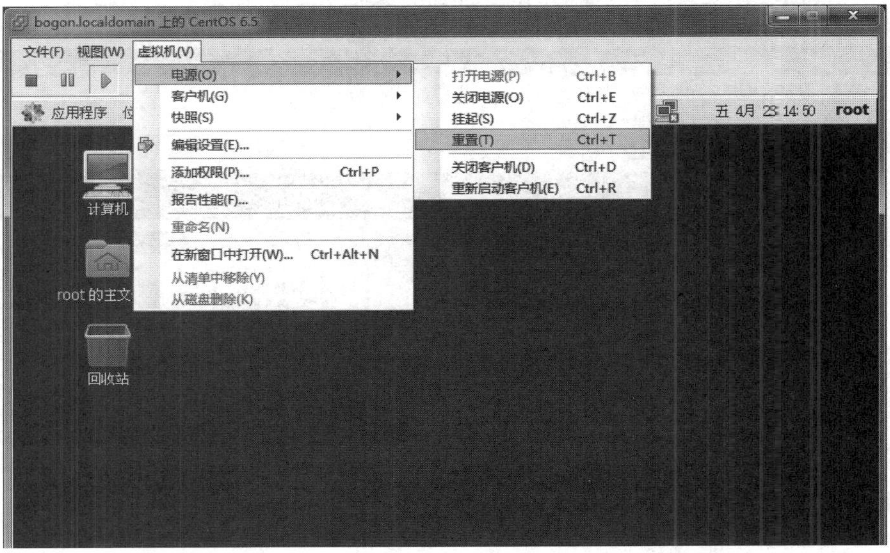

图 2-111　虚拟机电源菜单

第 6 步：理解虚拟机电源菜单

- 关闭电源：为直接断开虚拟机的电源，即强制关机。注意，这样做可能造成虚拟机的数据丢失。
- 挂起：为保存虚拟机的硬盘以及内存等硬件资源的状态，将虚拟机关机。挂起功能有点类似于 Windows 的“休眠”功能，用户可以随时恢复被挂起的虚拟机。
- 重置：强制重启虚拟机，相当于为虚拟机按 Reset 键。注意，这样做也可能造成虚拟机的数据丢失。
- “关闭客户机”和“重新启动客户机”这两个选项只有在安装了 VMware Tools 后才会出现。其作用相当于在虚拟机中输入关机或重启命令，正常关闭或重启虚拟机。

至此，CentOS 6.5 系统已经成功安装 VMware Tools，此子任务结束。

【子任务六】　*为虚拟机创建快照*

2.2.6

快照允许管理员创建虚拟机的即时检查点。快照可以捕捉特定时刻的虚拟机状态，管理员可以在虚拟机出现问题时恢复到前一个快照状态，恢复虚拟机的正常工作状态。

快照功能有很多用处，假设要为虚拟机中运行的服务器程序安装最新的补丁，若希望在补丁安装出现问题时能够恢复原来的状态，则在安装补丁之前创建快照。用户可在虚拟机处于开启、关闭或挂起状态时创建快照。快照可捕获虚拟机的状态，包括内存状态、设置状态和磁盘状态。

注意：快照不是备份，要对虚拟机进行备份，需要使用其他备份工具，而不能依赖快照备份虚拟机。在实验环境中,建议将虚拟机正常关机后再创建快照,这样快照执行的速度很快,占用的磁盘空间也很小。

第 1 步:打开创建快照向导

右击虚拟机 CentOS 6.5,选择"快照"→"执行快照"命令,如图 2-112 所示。

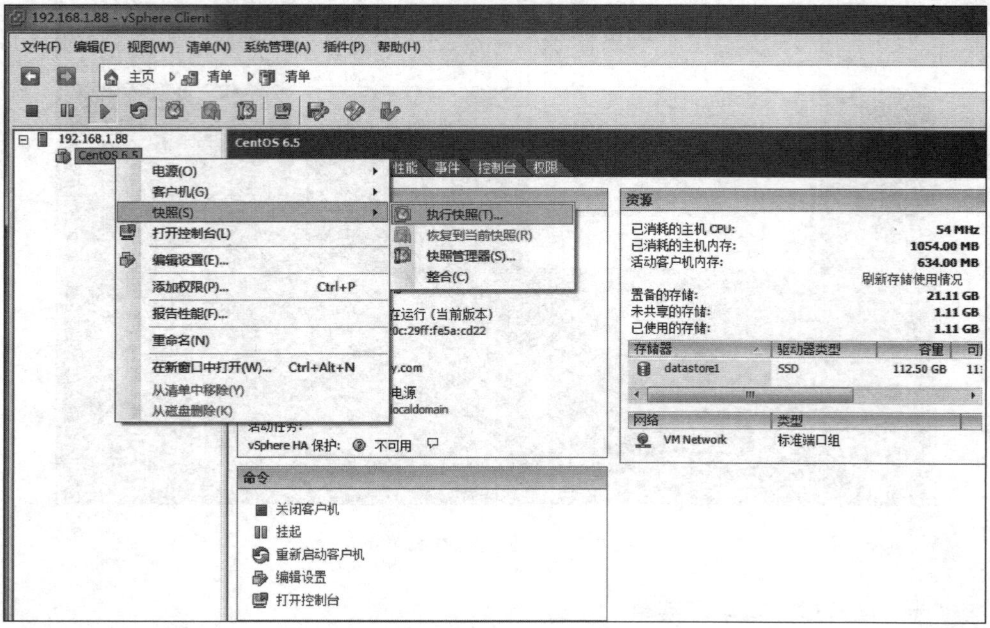

图 2-112 创建快照

第 2 步:给快照命名

输入快照名称和描述,如图 2-113 所示。

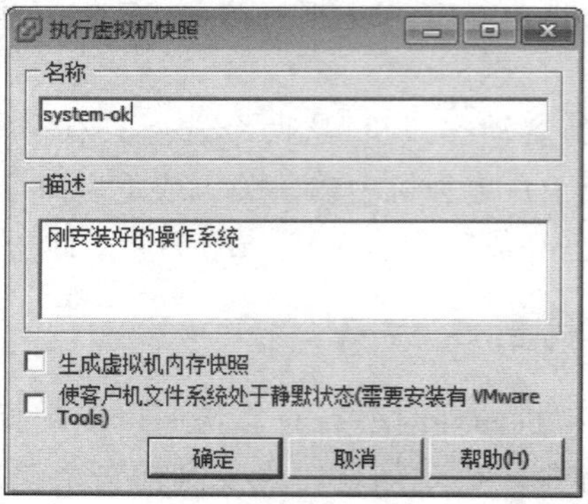

图 2-113 输入快照名称和描述

第 3 步:管理快照

右击虚拟机 CentOS 6.5,选择"快照"→"快照管理器"命令,可以看到虚拟机的所有快照。选择一个快照,单击"转到"按钮,可以恢复虚拟机快照时的状态;单击"删除"按钮,可以删除快照,如图 2-114 所示。

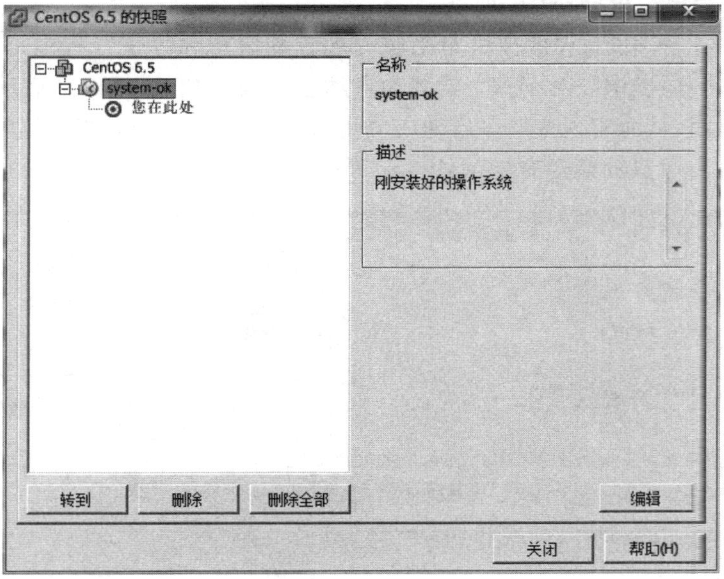

图 2-114　快照管理器

至此，CentOS 6.5 系统已经成功创建快照，此子任务结束。

【子任务七】　配置虚拟机跟随 ESXi 主机自动启动

ESXi 主机中的虚拟机默认不能跟随 ESXi 主机自动启动。在生产环境中，通常需要让虚拟机跟随 ESXi 主机自动启动，配置步骤如下。

第 1 步：打开 ESXi 主机配置页面

在 ESXi 主机的“配置”选项卡中选择“软件”→“虚拟机启动/关机”选项，单击右上方的“属性”选项，如图 2-115 所示。

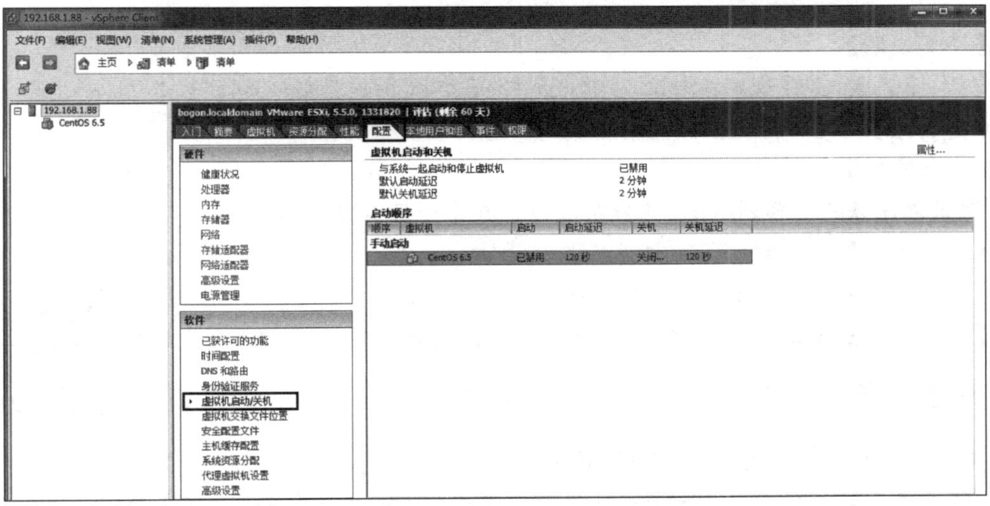

图 2-115　虚拟机启动/关机

第 2 步：设置虚拟机启动/关机

在图 2-116 中，选中“允许虚拟机与系统一起自动启动和停止”，将虚拟机 CentOS 6.5 上移到“自动启动”列表中。对于每个设置为自动启动的虚拟机，可以在启动延迟和关机延迟中配置延迟时间，从而实现按顺序启动或关闭每个虚拟机。“关机操作”建议选择“客户机关机”，前提是每个虚拟机都要安装 VMware Tools。

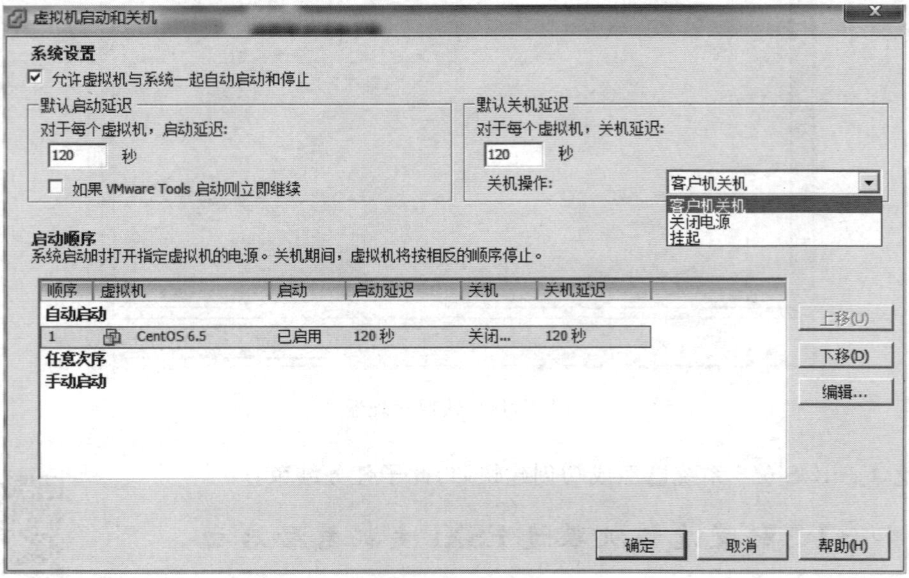

图 2-116　配置虚拟机自动启动/关机

至此，CentOS 6.5 系统已经能够跟随 ESXi 主机的启动而启动，此子任务结束。

【任务三】　管理 vSphere 虚拟网络

【任务说明】

在本任务中，将在理解 vSphere 虚拟网络基本概念的基础上创建虚拟机端口组，创建 vSphere 标准交换机，将虚拟机网络流量与管理网络流量分开。

【任务实施】

为简化任务的实施，将此任务分解成以下几个子任务来分步实施：

【子任务一】理解 vSphere 虚拟网络

【子任务二】理解 vSphere 网络术语

【子任务三】分离虚拟机数据流量与 ESXi 的管理流量

【子任务一】　理解 vSphere 虚拟网络

第 1 步：测试虚拟机与主机的连通性

在【任务二】中，已经在 ESXi 主机中创建了一台 CentOS 虚拟机，首先测试一下这台虚拟机与外部网络之间的连通性。打开 CentOS 虚拟机的本地控制台，输入 ifconfig 查看 IP

地址。在这里，CentOS 的 IP 地址为 192.168.1.128，如图 2-117 所示。

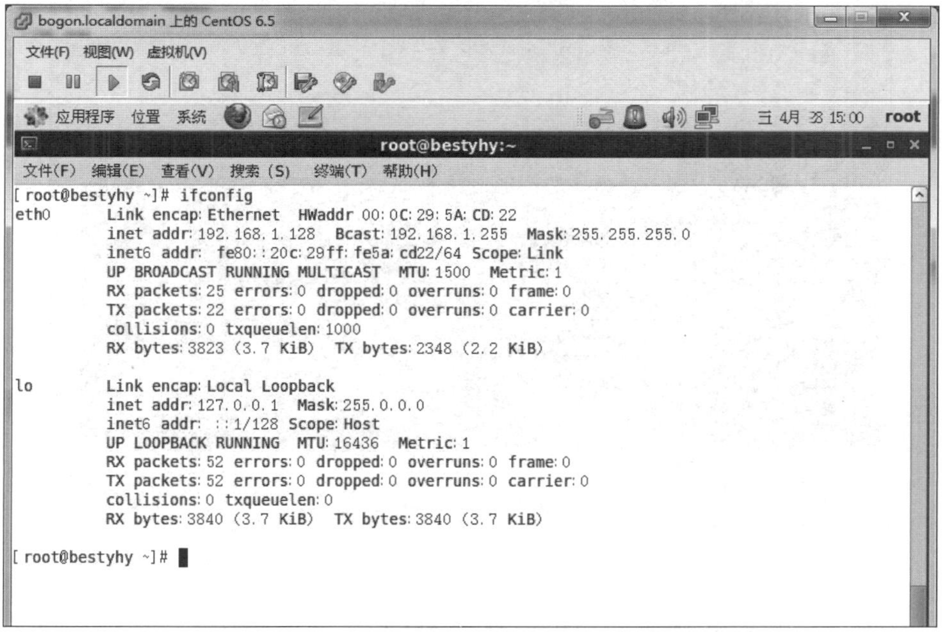

图 2-117 查看 CentOS 虚拟机的 IP 地址

在本机打开命令行，ping 虚拟机的 IP 地址，发现是可以 ping 通的，如图 2-118 所示。

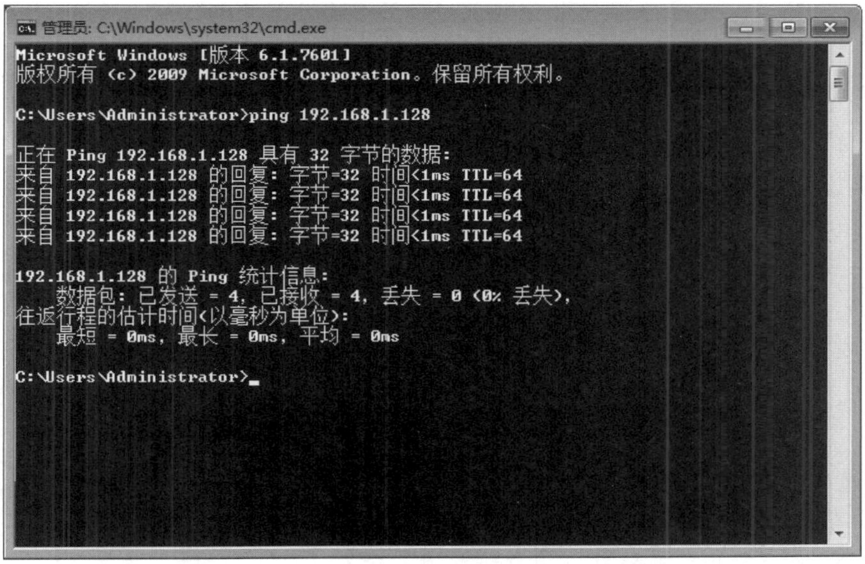

图 2-118 从本机测试与虚拟机之间的连通性

使用工具 Xshell 也可以通过 SSH 协议连接到 CentOS 虚拟机，如图 2-119 所示。

第 2 步：理解 VMware Workstation 的虚拟网络

在 VMware Workstation 中查看 VMware ESXi 虚拟机的网络类型，如图 2-120 所示。

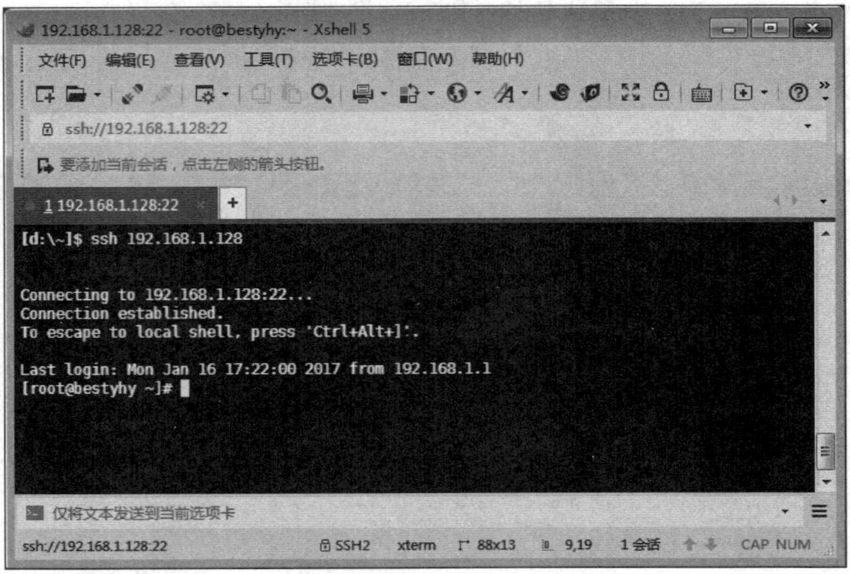

图 2-119　从本机使用 SSH 连接到虚拟机

在这里，VMware ESXi 虚拟机的网络类型是 NAT 模式。在 VMware Workstation 中，NAT 模式对应的虚拟网络为 VMnet8，仅主机模式对应的虚拟网络为 VMnet1，桥接模式对应的虚拟网络为 VMnet0。在 VMware Workstation 的“虚拟网络编辑器”中，可以看到这 3 个虚拟网络以及每个虚拟网络的网络地址。在这里，VMnet8 虚拟网络的网络地址为192.168.1.0/24。

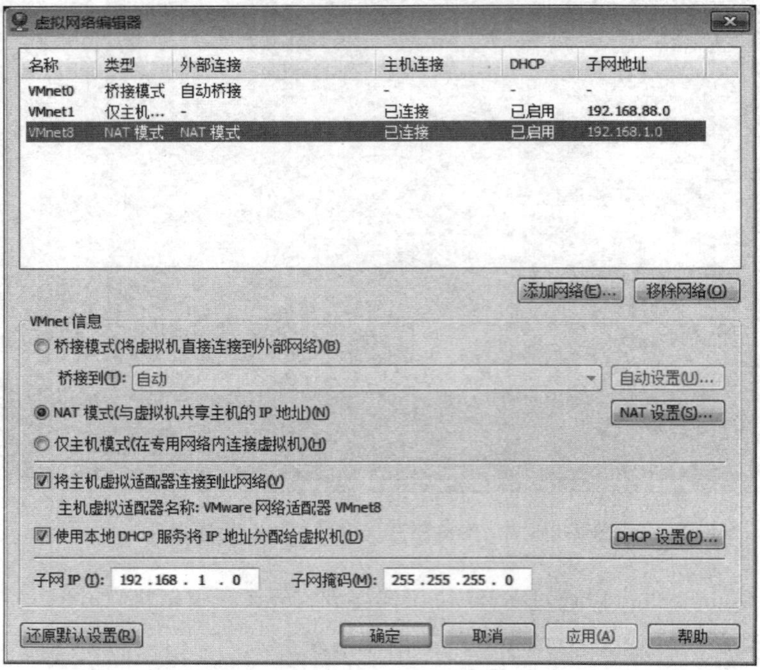

图 2-120　VMware ESXi 虚拟机的网络类型以及虚拟网络编辑器

网络类型为 NAT 模式的虚拟机，其网卡连接到虚拟交换机 VMnet8，而该虚拟交换机是通过 VMware Network Adapter VMnet8 虚拟网卡连接本机的，如图 2-121 所示。

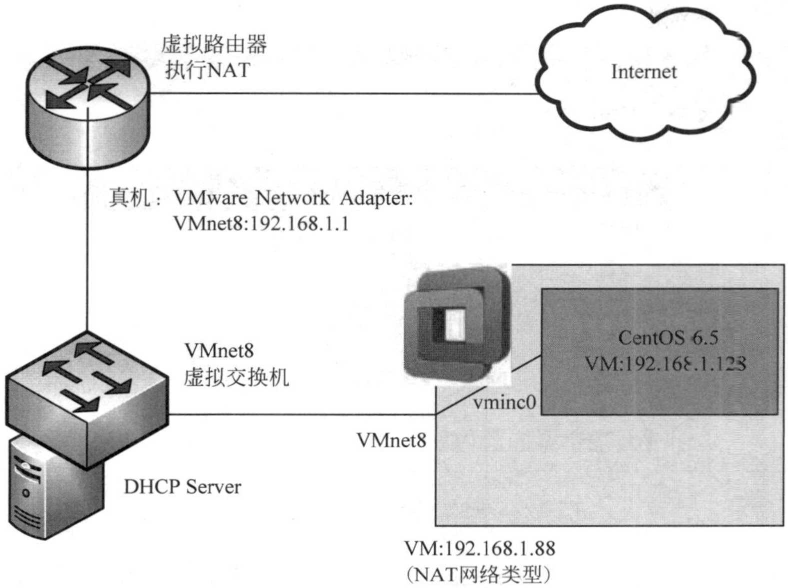

图 2-121　VMnet8 虚拟交换机

在本机的“控制面板”→“网络和 Internet”→“网络连接”中查看 VMware Network Adapter VMnet8 虚拟网卡的 IP 地址，在这里，其 IP 地址为 192.168.1.1，如图 2-122 所示。

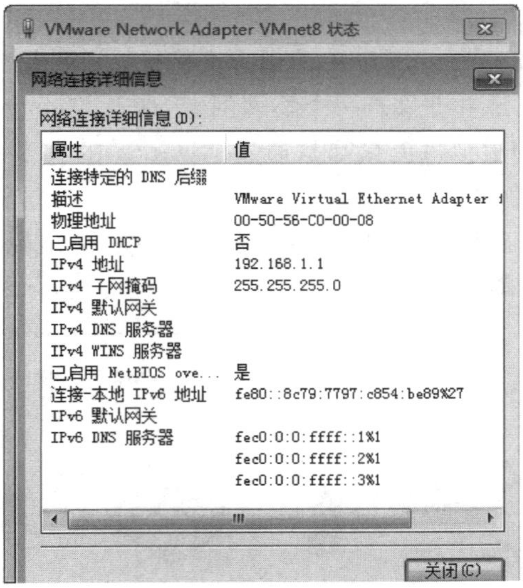

属性	值
连接特定的 DNS 后缀	
描述	VMware Virtual Ethernet Adapter f
物理地址	00-50-56-C0-00-08
已启用 DHCP	否
IPv4 地址	192.168.1.1
IPv4 子网掩码	255.255.255.0
IPv4 默认网关	
IPv4 DNS 服务器	
IPv4 WINS 服务器	
已启用 NetBIOS ove...	是
连接-本地 IPv6 地址	fe80::8c79:7797:c854:be89%27
IPv6 默认网关	
IPv6 DNS 服务器	fec0:0:0:ffff::1%1
	fec0:0:0:ffff::2%1
	fec0:0:0:ffff::3%1

图 2-122　虚拟网卡的 IP 地址

由此可见，当在本机上使用 vSphere Client 管理 ESXi 虚拟机时，本机是通过 VMware Network Adapter VMnet8 虚拟网卡连接到了 VMware ESXi 虚拟机的 IP 地址 192.168.1.88。本机与 VMware ESXi 虚拟机之间是通过 VMnet8 虚拟网络连接起来的。

第 3 步：认识 VMware vSphere 的虚拟网络

打开 vSphere Client 中 ESXi 主机的“配置”→“硬件”→“网络”，查看 VMware ESXi 主机的虚拟网络拓扑图，如图 2-123 所示。

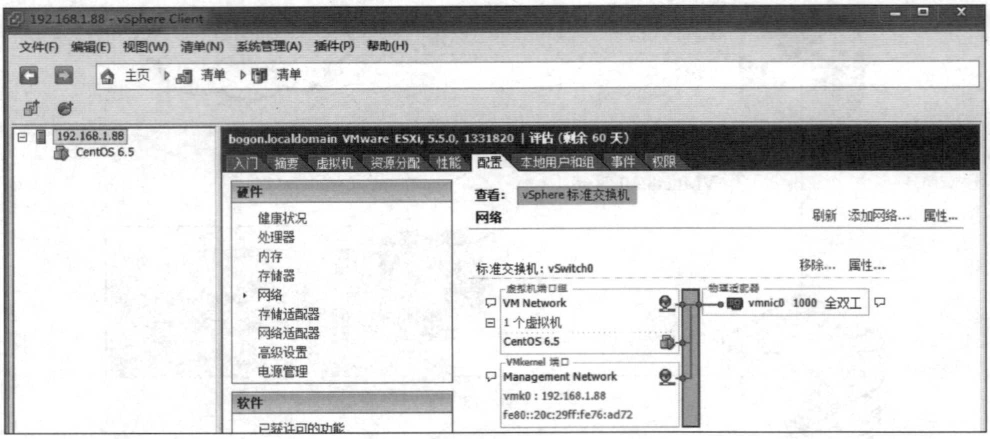

图 2-123　ESXi 主机的虚拟网络拓扑图

其中“vmnic0 1000 全双工”为 ESXi 主机的物理网卡，该网卡以 NAT 模式连接到 VMnet8 虚拟交换机，进而通过 VMware Network Adapter VMnet8 与本机相连。

“VMkernel 端口 Management Network”为管理端口，管理员通过此端口对 ESXi 主机进行管理，其 IP 地址为 192.168.1.88。“虚拟机端口组 VM Network”用于连接 ESXi 主机中的虚拟机，这个端口组是在安装 ESXi 时自动创建的。虚拟机 CentOS 6.5 连接到了“虚拟机端口组 VM Network”。

“标准交换机：vSwitch0”为 vSphere 的虚拟交换机，该虚拟交换机也是在安装 ESXi 时自动创建的。在这里，ESXi 主机只有一个物理网卡，来自 Management Network 的管理流量和来自 VM Network 的虚拟机流量都是通过 vSwitch0 虚拟交换机从 ESXi 主机的物理网卡 vmnic0 到达外部网络的。

VMware ESXi 主机、虚拟机、虚拟机网卡、虚拟交换机、虚拟机端口组与 ESXi 主机物理网卡的连接对应关系如图 2-124 所示。

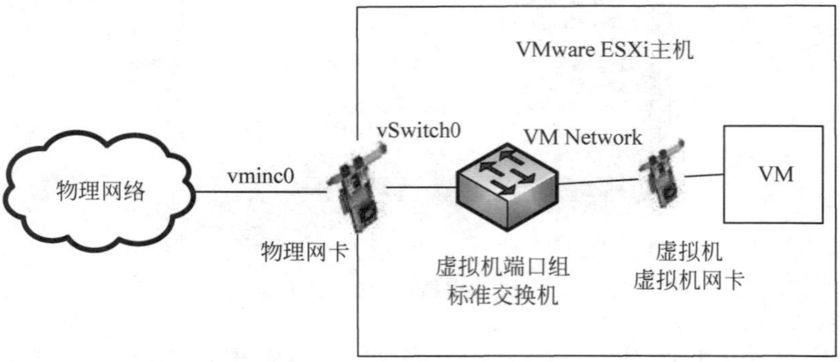

图 2-124　VMware vSphere 虚拟网络

目前，ESXi 主机只有一块物理网卡 vmnic0、一个虚拟交换机 vSwitch0，端口组 VM Network 对应到 vSwitch0 虚拟交换机。虚拟机 CentOS 6.5 的网卡连接到 VMNetwork 端口组，通过 vSwitch0 虚拟交换机连接到 ESXi 主机的物理网卡 vmnic0，最终连接到外部物理网络。因此从外部网络，也就是本机的 VMnet8 虚拟网络是可以访问虚拟机的。

至此，此子任务结束。

【子任务二】 理解 vSphere 网络术语

在管理 vSphere 网络时，会遇到的各种各样的 vSphere 网络术语，在此子任务中，我们将一一熟悉它们。

第 1 步：理解虚拟交换机的概念

虚拟交换机用来实现 ESXi 主机、虚拟机和外部网络的通信，其功能类似于真实的二层交换机。虚拟交换机在二层网络运行，能够保存 MAC 地址表，基于 MAC 地址转发数据帧，虚拟交换机支持 VLAN 配置，支持 IEEE 802.1Q 中继。但是虚拟交换机没有真实交换机所提供的高级特性，例如，不能远程登录（telnet）到虚拟交换机上，虚拟交换机没有命令行接口（CLI），也不支持生成树协议（STP）等。

虚拟交换机支持的连接类型包括虚拟机端口组、VMkernel 端口和上行链路端口，如图 2-125 所示。

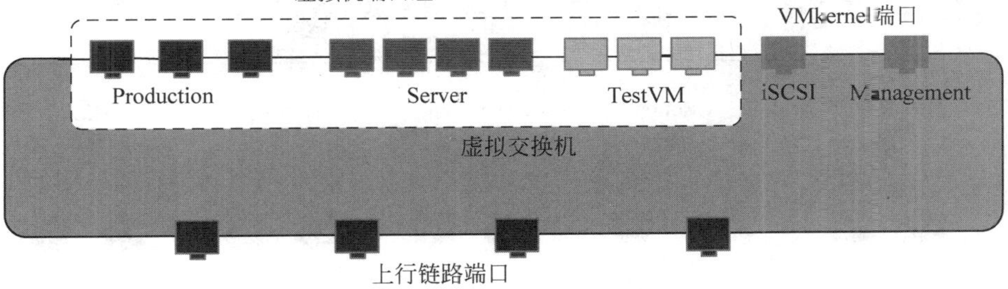

图 2-125 vSphere 虚拟交换机

vSphere 虚拟交换机分为两种：标准交换机和分布式交换机。

第 2 步：认识标准交换机

标准交换机（vSphere Standard Switch，vSS）是由 ESXi 主机虚拟出来的交换机。ESXi 在安装之后会自动创建一个标准交换机 vSwitch0。标准交换机只在一台 ESXi 主机内部工作，因此必须在每台 ESXi 上独立管理每个 vSphere 标准交换机，ESXi 管理流量、虚拟机流量等数据通过标准交换机传送到外部网络。当 ESXi 主机的数量较少时，使用标准交换机较为合适。因为每次配置修改都需要在每台 ESXi 主机上复制，所以在大规模的环境中使用标准交换机会增加管理员的工作负担。

第 3 步：认识分布式交换机

分布式交换机（vSphere Distributed Switch，vDS）是以 vCenter Server 为中心创建的虚拟交换机。分布式交换机可以跨越多台 ESXi 主机，即多台 ESXi 主机上存在同一台分布式交换机。当 ESXi 主机的数量较多时，使用分布式交换机可以大幅度提高管理员的工作效率。

除了 vSphere 的软件分布式交换机之外，还可以选择更强大的第三方硬件级虚拟交换机，如 Cisco Nexus 1000V、华为 CloudEngine 1800V 等。

一般情况下，当数据中心部署的 ESXi 主机数量少于 10 台时，可以只使用标准交换机，不需要使用分布式交换机；当数据中心部署的 ESXi 主机数量多于 10 台少于 50 台时，建议使用分布式交换机；当数据中心部署的 ESXi 主机数量多于 50 台时，建议使用硬件级分布式交换机。

第 4 步：认识端口和端口组

端口和端口组是虚拟交换机上的逻辑对象，用来为 ESXi 主机或虚拟机提供特定的服务。用来为 ESXi 主机提供服务的端口称为 VMkernel 端口，用来为虚拟机提供服务的端口组称为虚拟机端口组。一个虚拟交换机上可以包含一个或多个 VMkernel 端口和虚拟机端口组，也可以在一台 ESXi 主机上创建多个虚拟交换机，每个虚拟交换机包含一个端口或端口组。如图 2-126 所示，Management、vMotion、iSCSI 为 VMkernel 端口，Production、TestDev 为虚拟机端口组，它们既可以位于同一台虚拟交换机上，也可以分别位于多台虚拟交换机上。

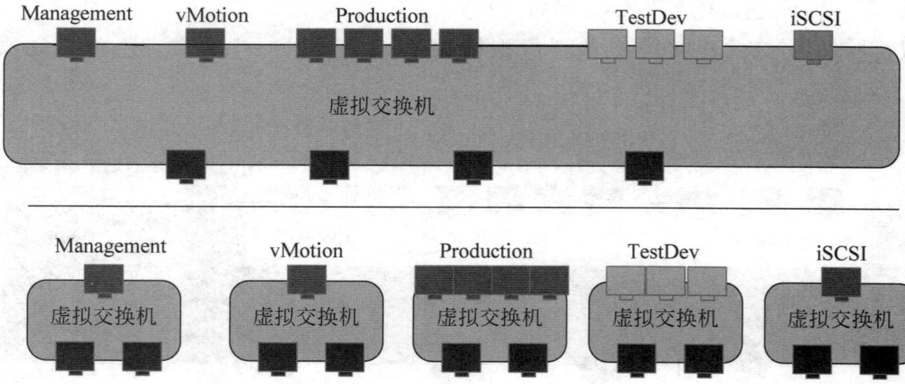

图 2-126　端口和端口组

第 5 步：认识 VMkernel 端口

VMkernel 端口是一种特定的虚拟交换机端口类型，用来支持 ESXi 管理访问、vMotion 虚拟机迁移、iSCSI 存储访问、vSphere FT 容错等特性，需要为 VMkernel 端口配置 IP 地址。VMkernel 端口也被叫作 vmknic。

第 6 步：认识虚拟机端口组

虚拟机端口组是在虚拟交换机上的具有相同配置的端口组。虚拟机端口组不需要配置 IP 地址，一个虚拟机端口组可以连接多个虚拟机。虚拟机端口组允许虚拟机之间的互相访问，还能够允许虚拟机访问外部网络，虚拟机端口组上还能配置 VLAN、安全、流量调整、网卡绑定等高级特性。一个虚拟交换机上可以包含多个虚拟机端口组，一台 ESXi 主机也可以创建多个虚拟交换机，每个虚拟交换机上有各自的虚拟机端口组。在图 2-127 中，ESXi 主机中创建了第 2 个虚拟交换机 vSwitch1，该虚拟交换机包含虚拟机端口组 VMNetwork，有两台虚拟机连接到了端口组 VMNetwork，通过 vmnic1 物理网卡连接到外部网络。

需要注意的是，Mkernel 端口是 ESXi 主机自己使用的端口，需要配置 IP 地址，工作在

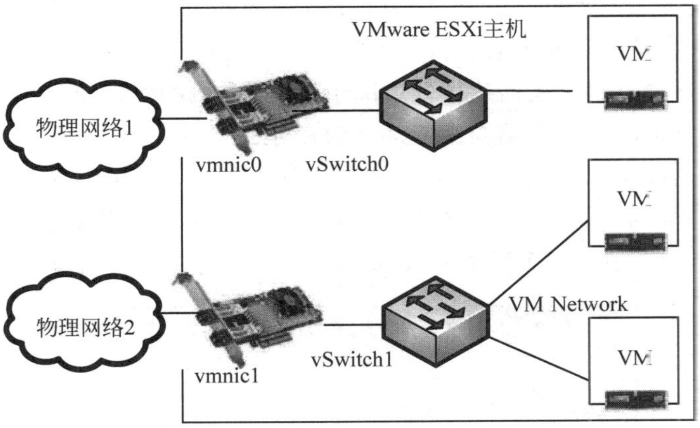

图 2-127　虚拟机端口组

第 3 层，严格来说应该叫作“接口”。虚拟机端口组是连接虚拟机的端口，不需要配置 IP 地址，工作在第 2 层。

第 7 步：认识上行链路端口

虚拟交换机可以为虚拟机提供通信链路，但是它必须通过上行链路与物理网络通信。虚拟交换机必须连接作为上行链路的 ESXi 主机的物理网络适配器(NIC)，才能与物理网络中的其他设备通信。一个虚拟交换机可以绑定一个物理 NIC，也可以绑定多个物理 NIC，成为一个 NIC 组(NIC Team)。将多个物理 NIC 绑定到一个虚拟交换机上，可以实现冗余和负载均衡等优点。在图 2-128 中的第 3 个虚拟交换机绑定到了两个物理 NIC 上，形成 NIC Team。

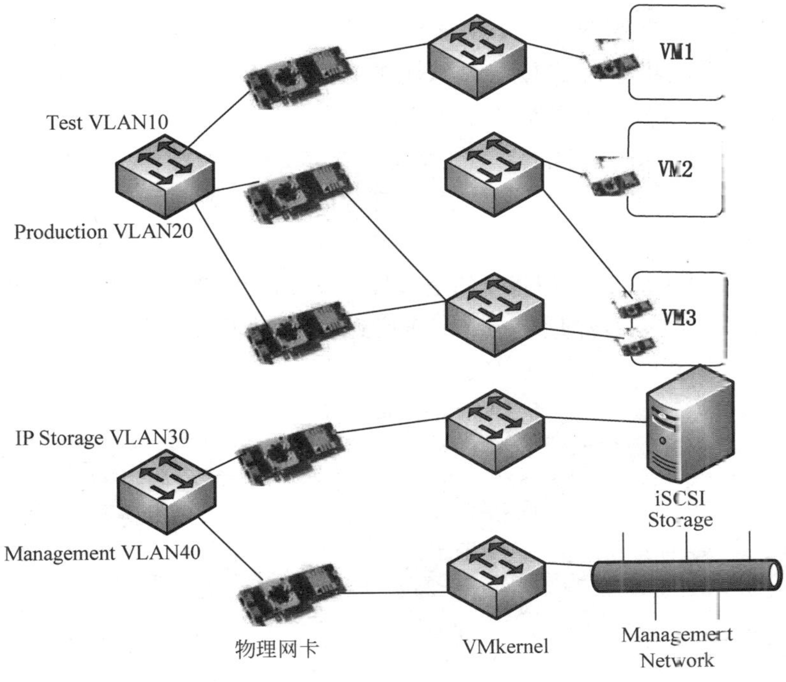

图 2-128　标准交换机组网

虚拟交换机也可以没有上行链路，如图 2-128 中的第 2 个虚拟交换机，这种虚拟交换机只支持内部通信。虚拟机之间的有些流量不需要发送到外部网络，这种虚拟交换机的虚拟机通信都发生在软件层面，其通信速度仅取决于 ESXi 主机的处理速度。

第 8 步：将 vSphere 网络术语与实际环境对应起来

在图 2-129 中，Management Network 是一个 VMkernel 端口，用来为 ESXi 主机提供管理访问。VM Network 是一个虚拟机端口组，CentOS 6.5 虚拟机连接到这个端口组。Management Network 端口和 VM Network 端口组都在标准交换机 vSwitch0 上。

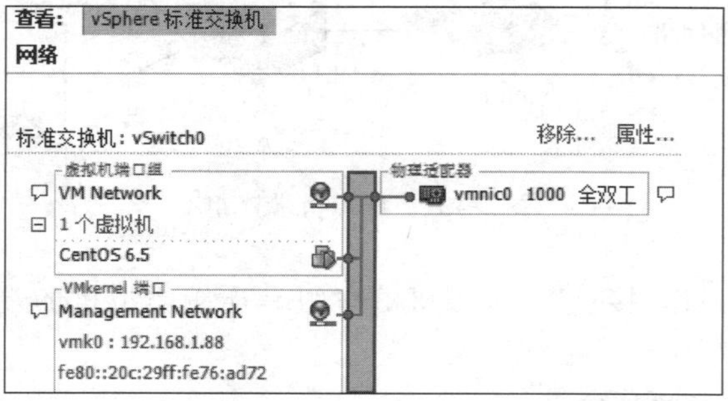

图 2-129　将 vSphere 网络术语与实际环境对应起来

至此，此子任务结束。

【子任务三】　分离虚拟机数据流量与 ESXi 的管理流量

管理流量用来对 ESXi 主机进行管理，想要管理 ESXi 主机，管理流量必须畅通。必须配置和运行一个管理网络，才能够通过网络管理 ESXi 主机，因此 ESXi 安装程序会自动创建一个用于管理的 VMkernel 端口 Management Network。在图 2-129 中，ESXi 主机管理流量与虚拟机的数据流量都通过虚拟交换机 vSwitch0 从 ESXi 主机的 vmnic0 网卡发送到外部物理网络。

当虚拟机的流量过大时，可能会影响管理员管理 ESXi 主机。为了保证管理流量的畅通，管理流量最好与虚拟机产生的网络流量物理分离。

下面将在 VMware Workstation 中为 ESXi 主机添加一块仅主机模式的网卡，如图 2-130 所示。在 ESXi 主机中创建新的虚拟机端口组，同时创建新的虚拟交换机。新虚拟交换机通过 ESXi 主机的物理网卡 vmnic1 连接到外部物理网络，最后将虚拟机 CentOS 的虚拟网络连接更改到新的虚拟机端口组。

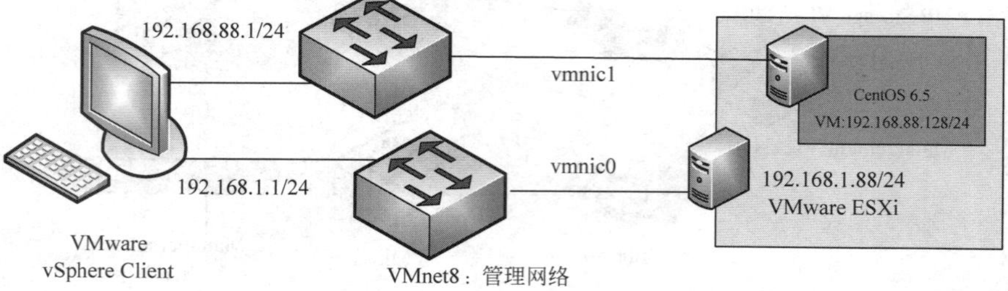

图 2-130　配置 VMware 虚拟网络

第 1 步：添加网卡

关闭 ESXi 主机，为 ESXi 主机添加一块仅主机模式的网卡，如图 2-131 所示。

图 2-131　为 ESXi 主机添加一块仅主机模式的网卡

第 2 步：在 vSphere Client 查看添加的网卡信息

开启 ESXi 主机，使用 vSphere Client 连接到 ESXi 主机。选中 ESXi 主机 192.168.1.88，切换到“配置”选项卡，单击“硬件”→“网络适配器”，可以看到 ESXi 主机识别出了两块网卡 vmnic0、vmnic1，如图 2-132 所示。

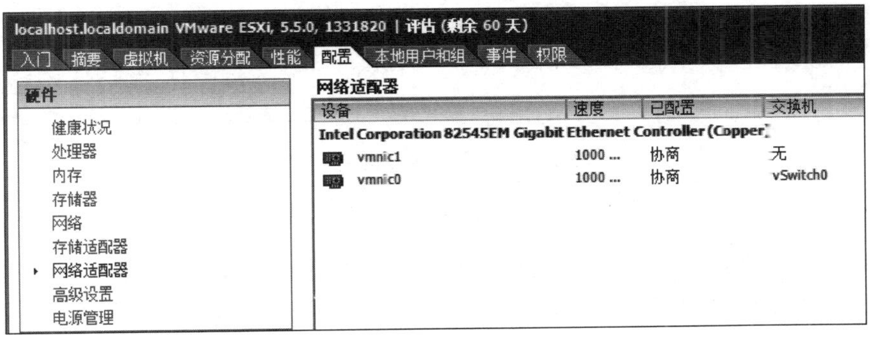

图 2-132　ESXi 网络适配器

第 3 步：添加网络，创建标准交换机 vSwitch1

选择“配置”选项卡中的“硬件”→“网络”，单击右上方的“添加网络”，如图 2-133 所示。

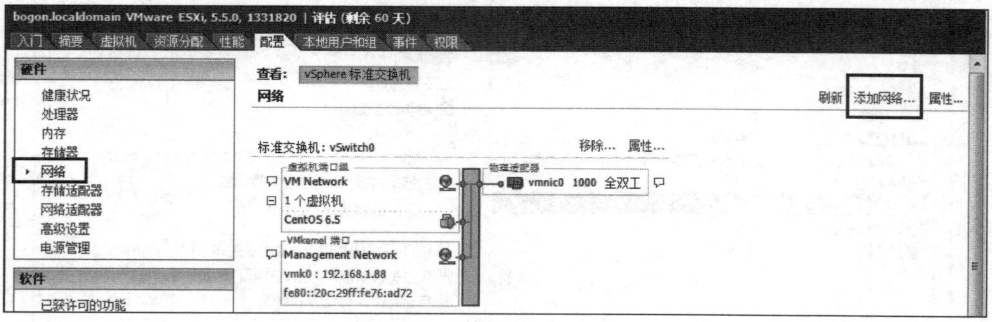

图 2-133　添加网络

选择“连接类型”为“虚拟机”，如图 2-134 所示。

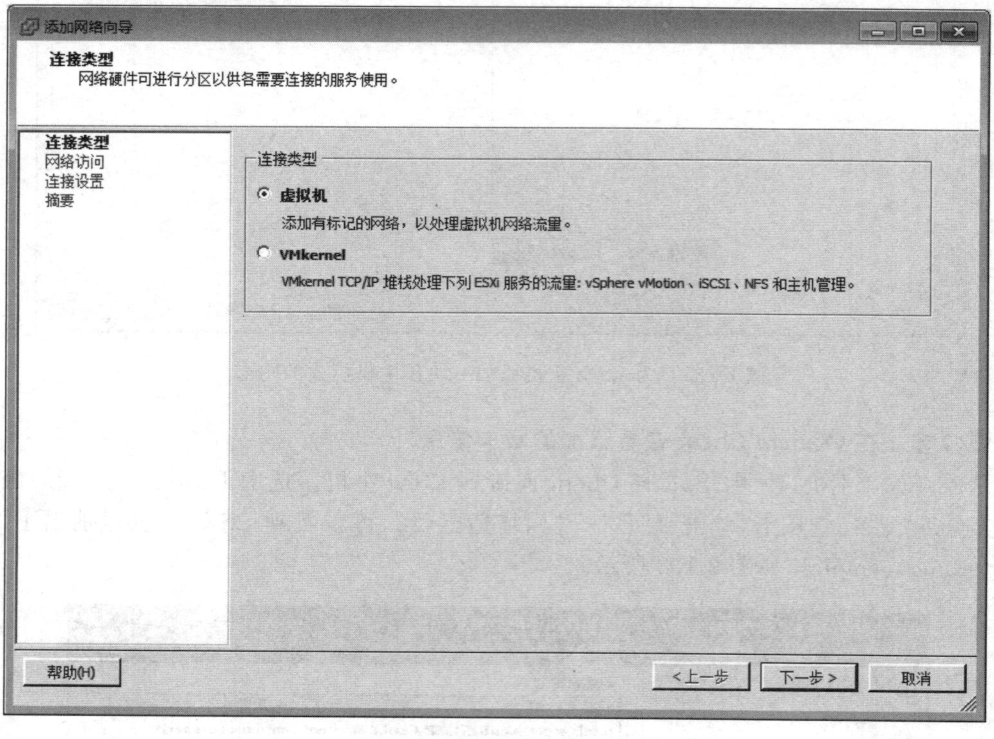

图 2-134　添加虚拟机端口组

选择“创建 vSphere 标准交换机”，选中 vmnic1 网卡，如图 2-135 所示。

配置端口组的网络标签，在这里配置为默认的 VM Network 2，如图 2-136 所示。

完成添加网络向导，如图 2-137 所示。

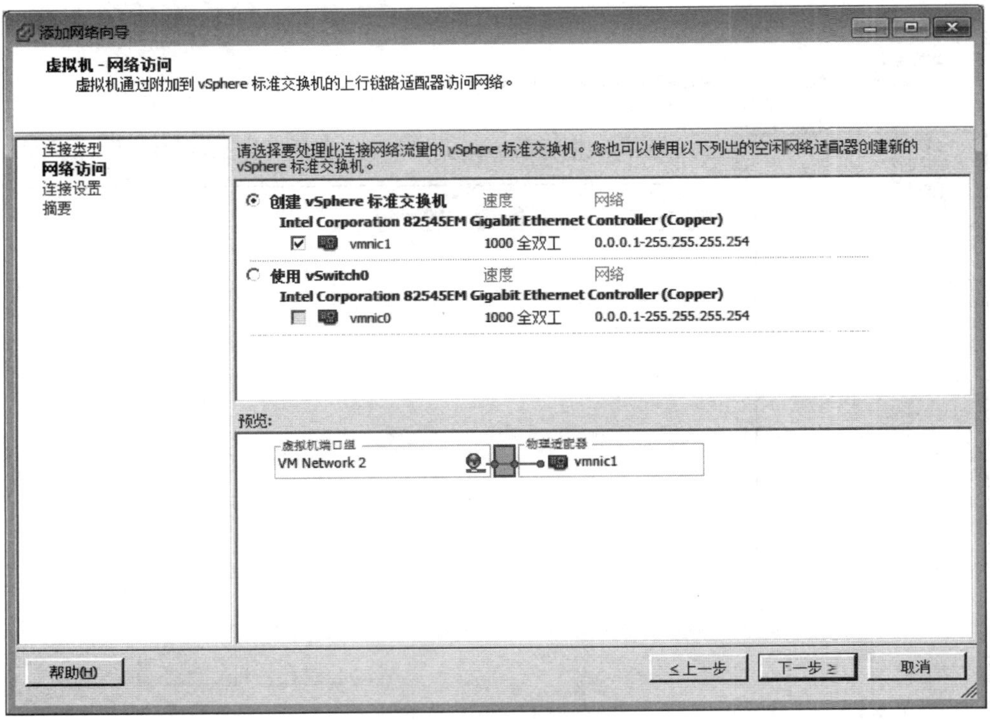

图 2-135　创建 vSphere 标准交换机

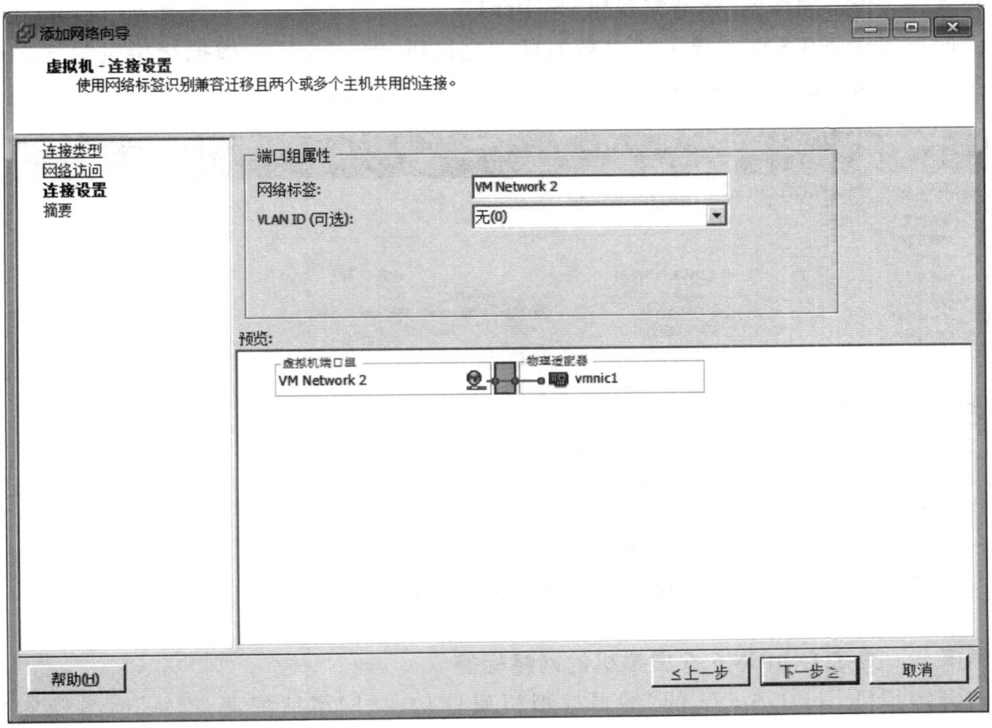

图 2-136　配置端口组的网络标签

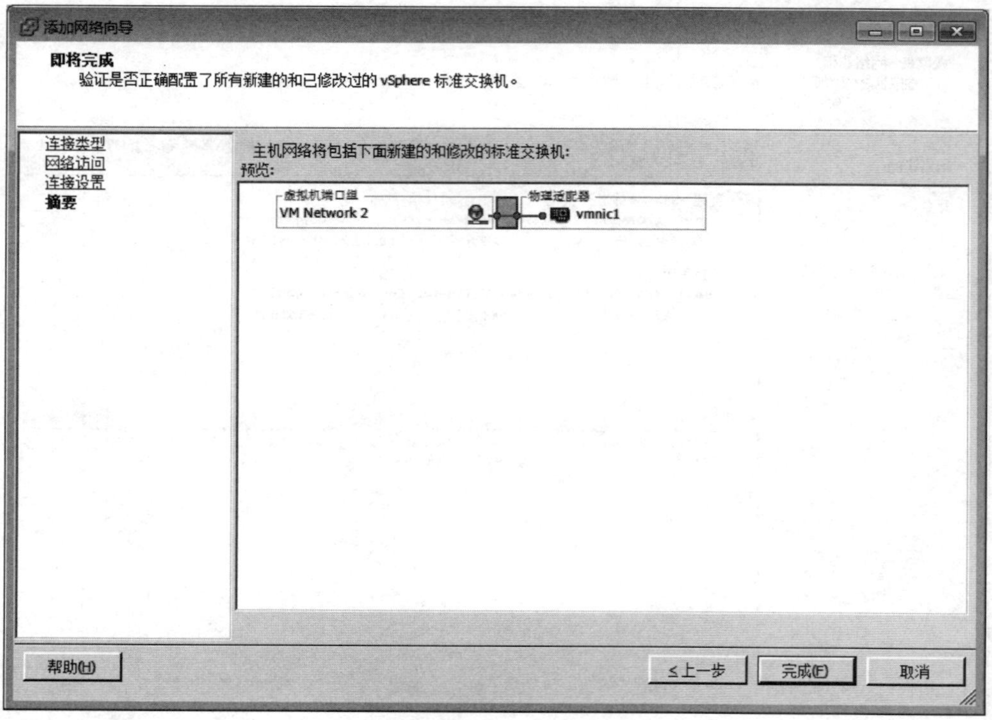

图 2-137　完成添加网络向导

第 4 步：查看创建的"标准交换机 vSwitch1"

此时可以看到 ESXi 创建了一个新的标准交换机 vSwitch1，该虚拟交换机包含虚拟机端口组 VM Network 2，上行链路端口为 vmnic1，如图 2-138 所示。

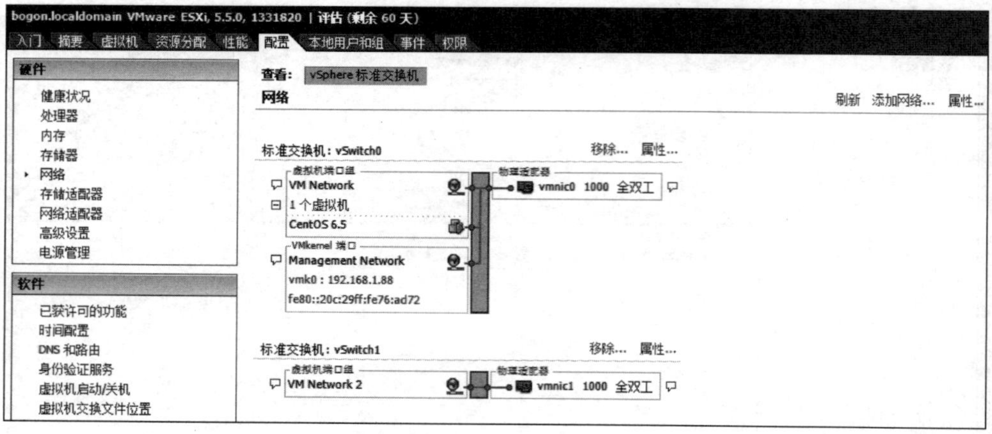

图 2-138　添加完成后的虚拟网络

第 5 步：更改 CentOS 6.5 虚拟机的网络标签

打开虚拟机 CentOS 6.5 的"编辑虚拟机属性"，在"网络适配器 1"处，网络标签选择"VM Network 2"，如图 2-139 所示。

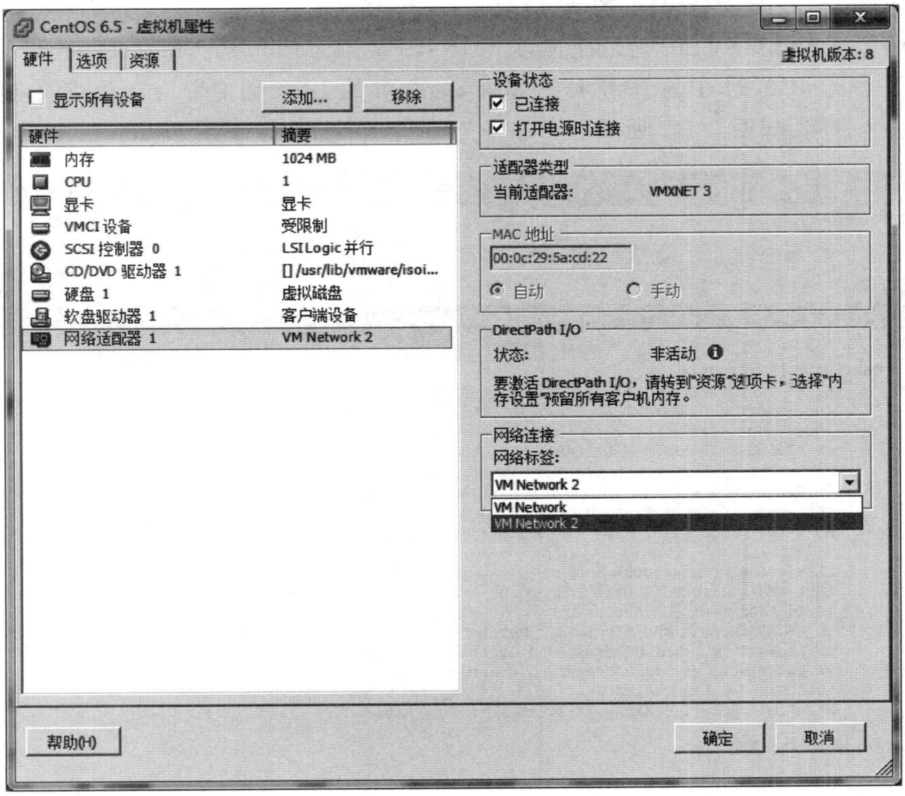

图 2-139　更改网络标签

第 6 步：虚拟机连接到 VM Network 2 端口组的状态信息

在 ESXi 主机的“配置”→“网络”中可以看到虚拟机 CentOS 6.5 连接到了虚拟机端口组 VM Network 2 上，如图 2-140 所示。

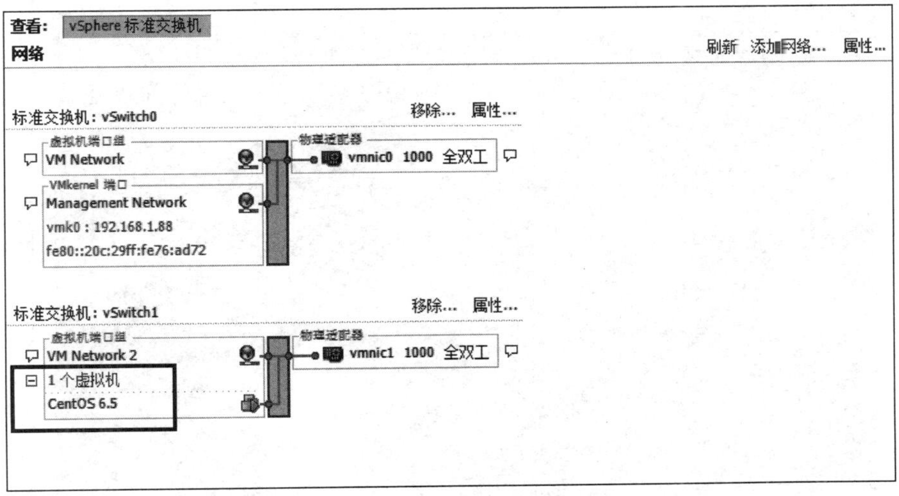

图 2-140　虚拟机连接到 VM Network 2 端口组

第 7 步：重新配置 CentOS 的 IP 地址

将虚拟机 CentOS 的 IP 地址配置为 VMware Workstation 的 VMnet1 虚拟网络所在地址段 192.168.88.0/24 中的 IP 地址。如果 CentOS 的 IP 地址配置为自动获取，则重新启动网络服务即可，如图 2-141 所示。

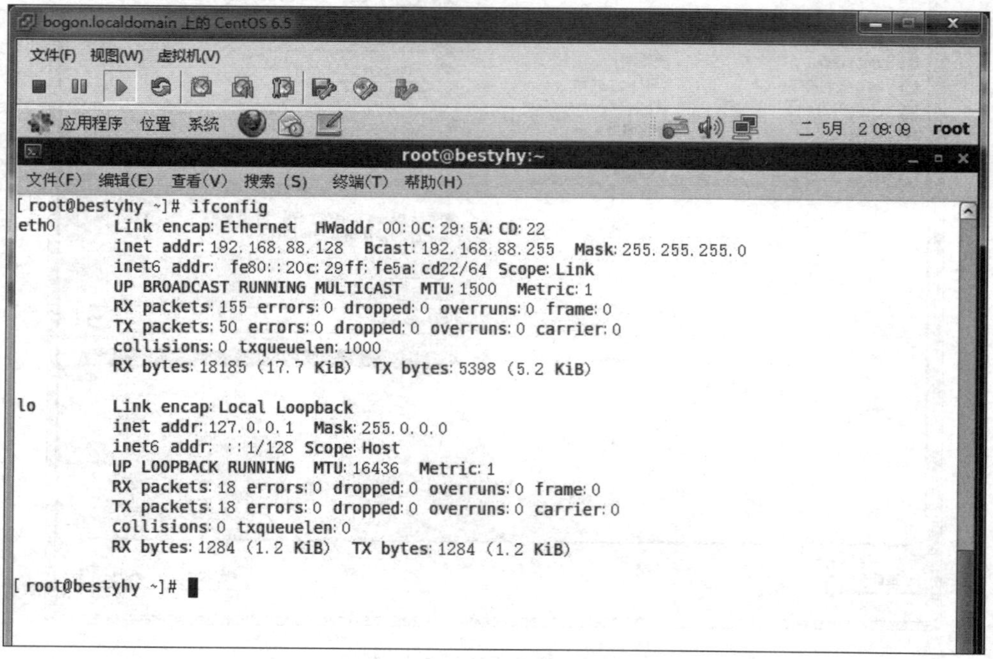

图 2-141 重新配置虚拟机的 IP 地址

第 8 步：测试虚拟机与主机的连通性

从本机 ping 虚拟机 CentOS 的 IP 地址，这时可以 ping 通，如图 2-142 所示。

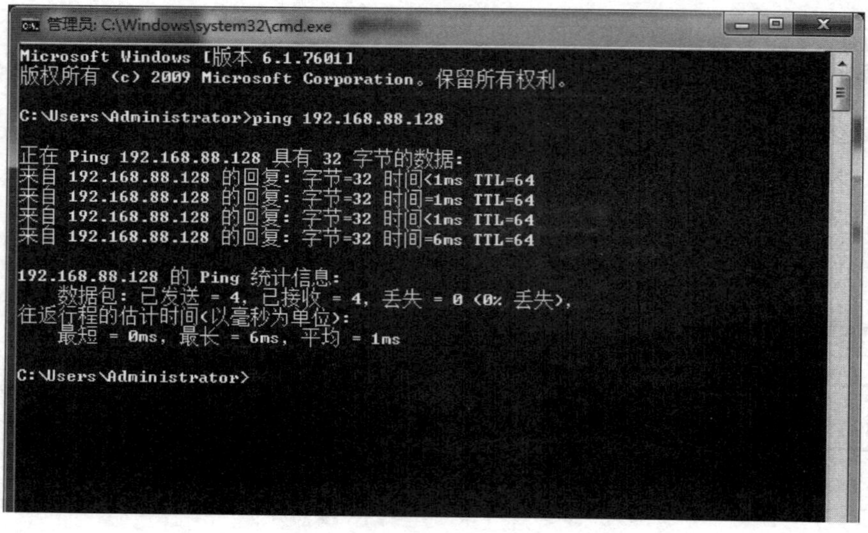

图 2-142 测试连通性

第 9 步：通过命令查看网络流量状况

从本机 Xshell 到虚拟机 CentOS 的 SSH 连接也没有问题。在本机执行“netstat -an”命令，如图 2-143 中第 1 行所示，本机与虚拟机的 SSH 连接信息为“TCP 192.168.88.1:55306 192.168.88.128:22 ESTABLISHED”，即本机与虚拟机 CentOS 是通过 VMnet1 虚拟网段 192.168.88.0/24 连接的。而本机与 ESXi 主机的管理网络连接是通过 VMnet8 虚拟网段 192.168.1.0/24 连接的。ESXi 主机的管理流量通过 vmnic0 网卡连接到 VMnet8 网络，虚拟机的流量通过 vmnic1 网卡连接到 vmnet1 网络，实现了管理流量与虚拟机流量的分离。

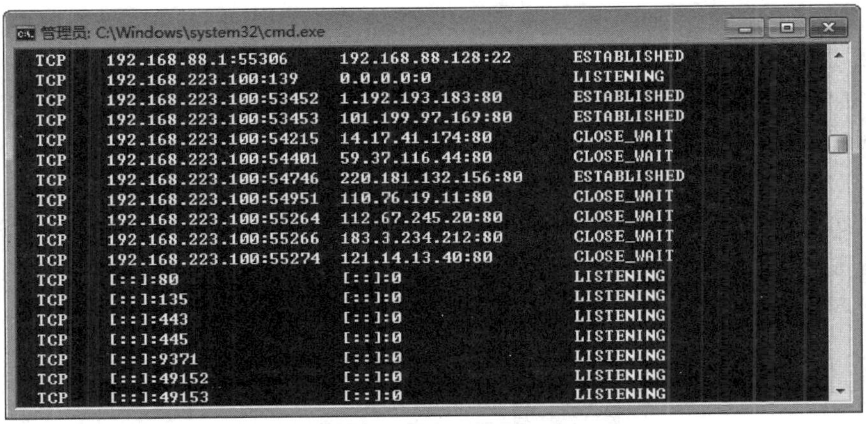

图 2-143　执行“netstat -an”命令

至此，虚拟机产生的流量与管理 ESXi 的流量已经分开，此子任务结束。

【项目拓展训练】

1. 什么是虚拟机？在 VMware vSphere 中组成虚拟机的文件有哪些？

2. 虚拟硬盘的 3 种置备方式：厚置备延迟置零、厚置备置零、精简配置，它们有什么区别？分别适合哪些类型的虚拟机？

3. VMkernel 端口和虚拟机端口组各有什么作用？其主要区别有哪些？

4. 标准式交换机与分布式交换机的区别是什么？

项目三　配置 iSCSI 存储

【项目说明】

无论在传统架构还是在虚拟化架构中，存储都是重要的设备之一。只有正确配置、使用存储，vSphere 的高级特性（包括 vSphere vMotion，vSphere DRS、vSphere HA 等）才可以正常运行。在本任务中，我们将认识 vSphere 存储的基本概念，了解 iSCSI SAN 的基本概念，然后分别使用 StarWind 和 Openfile 搭建 iSCSI 目标服务器，添加用于 iSCSI 流量的 VMkernel 端口，配置 ESXi 主机使用 iSCSI 存储。本任务的实验拓扑如图 3-1 所示。

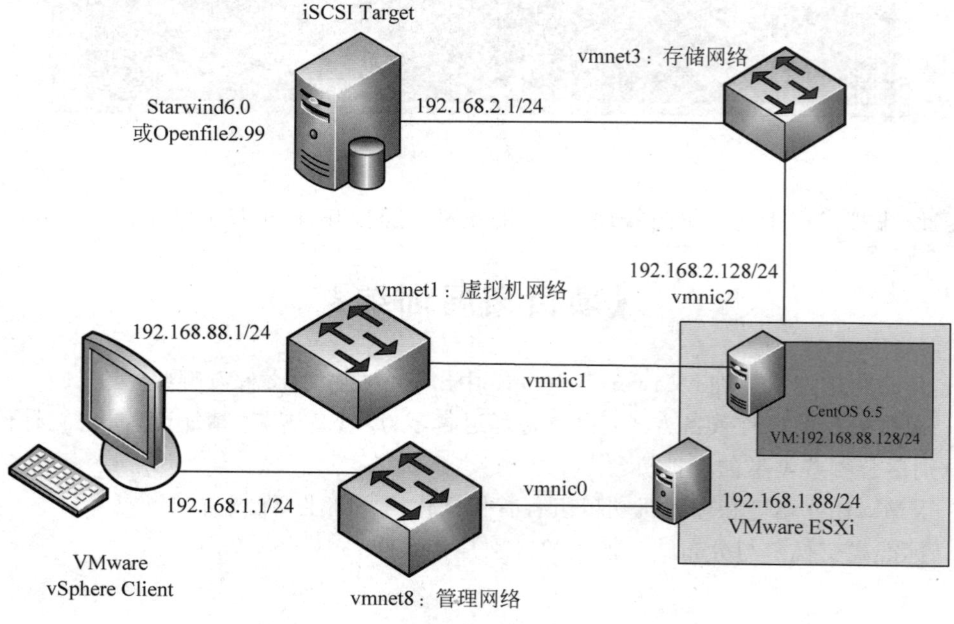

图 3-1　配置 vSphere 使用 iSCSI 存储

【项目实施】

为简化项目的实施，将此项目分解成以下几个任务来分步实施：

【任务一】熟悉存储的方式以及 iSCSI 存储器

【任务二】配置 StarWind iSCSI 目标服务器

【任务三】配置 Openfiler 存储服务器

【任务四】挂载 iSCSI 网络存储器到 ESXi 主机

【任务一】 熟悉存储的方式以及 iSCSI 存储器

【任务说明】

目前服务器所使用的专业存储方案有 DAS、NAS、SAN、iSCSI 几种。存储根据服务器类型可以分为封闭系统的存储和开放系统的存储。

(1) 封闭系统主要指大型机。

(2) 开放系统指基于包括 Windows、UNIX、Linux 等操作系统的服务器;开放系统的存储分为内置存储和外挂存储。

(3) 开放系统的外挂存储根据连接的方式分为直接附加存储(Direct-Attached Storage,DAS)和网络附加存储(Fabric-Attached Storage,FAS)。

(4) 开放系统的网络化存储根据传输协议又分为网络附加存储(Network-Attached Storage,NAS)和存储区域网(Storage Area Network,SAN)。由于目前绝大部分用户采用的是开放系统,其外挂存储占有目前磁盘存储市场的 70%以上。

本任务的主要目的是认识目前市场上常用的存储软硬件以及存储方式。

【任务实施】

第 1 步:认识直接附加存储

直接附加存储(DAS)是指将存储设备通过 SCSI 接口直接连接到一台服务器上使用。DAS 购置成本低,配置简单,其使用过程和使用本机硬盘并无太大差别,对于服务器的要求仅仅是一个外接的 SCSI 口,因此对于小型企业很有吸引力。

DAS 的不足之处:

(1) 服务器本身容易成为系统瓶颈。直连式存储与服务器主机之间的连接通道通常采用 SCSI 连接,带宽为 10MB/s、20MB/s、40MB/s、80MB/s 等,随着服务器 CPU 的处理能力越来越强,存储硬盘空间越来越大,阵列的硬盘数量越来越多,SCSI 通道将会成为 IO 瓶颈;服务器主机 SCSI ID 资源有限,能够建立的 SCSI 通道连接有限。

(2) 服务器发生故障,数据不可访问。

(3) 对于存在多个服务器的系统来说,设备分散,不便于管理。同时多台服务器使用 DAS 时,存储空间不能在服务器之间动态分配,可能造成相当的资源浪费。

(4) 数据备份操作复杂。

第 2 步:认识网络附加存储

网络附加存储(NAS)实际是一种带有瘦服务器的存储设备。这个瘦服务器实际是一台网络文件服务器。NAS 设备直接连接到 TCP/IP 网络上,网络服务器通过 TCP/IP 网络存取管理数据。NAS 作为一种瘦服务器系统,易于安装和部署,管理使用也很方便。同时由于允许客户机不通过服务器直接在 NAS 中存取数据,因此对服务器来说可以减少系统开销。

NAS 为异构平台使用统一存储系统提供了解决方案。由于 NAS 只需要在一个基本的磁盘阵列柜外增加一套瘦服务器系统,对硬件要求很低,软件成本也不高,甚至可以使用免费的 Linux 解决方案,成本只比直接附加存储略高。

NAS 存在的主要问题是:

(1) 由于存储数据通过普通数据网络传输,因此易受网络上其他流量的影响。当网络上有其他大数据流量时会严重影响系统性能。

(2) 由于存储数据通过普通数据网络传输,因此容易产生数据泄露等安全问题。

(3) 存储只能以文件方式访问,而不能像普通文件系统一样直接访问物理数据块,因此会在某些情况下严重影响系统效率,比如大型数据库就不能使用 NAS。

第 3 步:认识存储区域网

存储区域网(SAN)实际是一种专门为存储建立的独立于 TCP/IP 网络之外的专用网络。目前一般的 SAN 提供 2Gb/s 到 4Gb/s 的传输速率,同时 SAN 网络独立于数据网络存在,因此存取速度很快,另外 SAN 一般采用高端的 RAID 阵列,使 SAN 的性能在几种专业存储方案中独占鳌头。

由于 SAN 的基础是一个专用网络,因此扩展性很强,不管是在一个 SAN 系统中增加一定的存储空间还是增加几台使用存储空间的服务器都非常方便。通过 SAN 接口的磁带机,SAN 系统可以方便高效地实现数据的集中备份。

SAN 作为一种新兴的存储方式,是未来存储技术的发展方向,但是,它也存在一些缺点:

(1) 价格昂贵。不论是 SAN 阵列柜还是 SAN 必需的光纤通道交换机价格都是十分昂贵的,就连服务器上使用的光通道卡的价格也是不容易被小型商业企业所接受的。

(2) 需要单独建立光纤网络,异地扩展比较困难。

第 4 步:认识 ISCSI 网络存储

ISCSI 网络存储(Internet SCSI):使用专门的存储区域网(SAN)成本很高,而利用普通的数据网来传输 ISCSI 数据实现和 SAN 相似的功能可以大大降低成本,同时提高系统的灵活性。

ISCSI 就是这样一种技术,它利用普通的 TCP/IP 网来传输本来用存储区域网来传输的 SCSI 数据块。ISCSI 的成本相对 SAN 来说要低不少。随着千兆网的普及,万兆网也逐渐地进入主流,使 ISCSI 的速度相对 SAN 来说并没有太大的劣势。

ISCSI 目前存在的主要问题是:

(1) 因为是新兴的技术,所以提供完整解决方案的厂商较少,对管理者技术要求高。

(2) 通过普通网卡存取 ISCSI 数据时,解码成 SCSI 需要 CPU 进行运算,增加了系统性能开销,如果采用专门的 ISCSI 网卡虽然可以减少系统性能开销,但会大大增加成本。

(3) 使用数据网络进行存取,存取速度冗余受网络运行状况的影响。

第 5 步:分析与比较 NAS 与 SAN

网络附加存储 NAS 用户通过 TCP/IP 协议访问数据,采用业界标准文件共享协议,如 NFS、HTTP、CIFS 实现共享。I/O 是整个网络系统效率低下的瓶颈,如图 3-2 所示,最有效的解决办法就是将数据从通用的应用服务器中分离出来以简化存储管理。

由图 3-2 可知原来存在的问题:每个新的应用服务器都要有它自己的存储器。这样造成数据处理复杂,随着应用服务器的不断增加,网络系统效率会急剧下降。有效的解决办法是把图 3-2 的存储结构优化成如图 3-3 所示的存储结构。

从图 3-3 可看出:将存储器从应用服务器中分离出来,进行集中管理。这就是所说的存储网络(Storage Networks)。SAN 通过专用光纤通道交换机访问数据,采用 SCSI、FC-

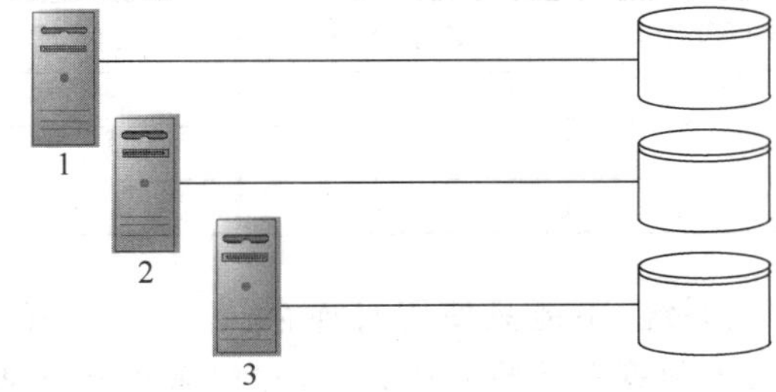

图 3-2　网络附加存储 NAS 的存储结构

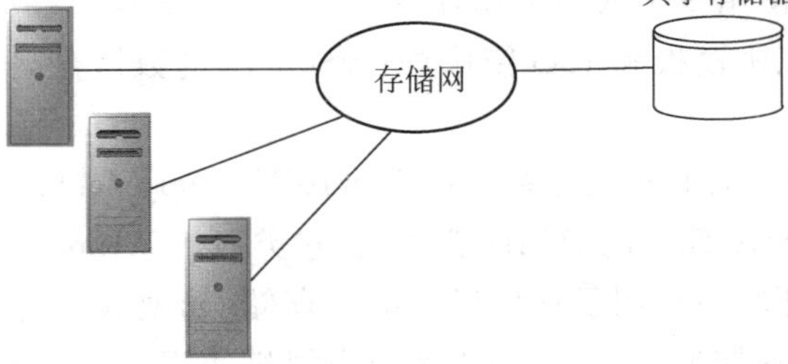

图 3-3　存储区域网 SAN 的存储结构

AL 接口。使用存储网络的好处体现在如下方面：

(1) 统一性。形散神不散，在逻辑上是完全一体的。

(2) 实现数据集中管理，因为它们才是企业真正的命脉。

(3) 容易扩充，即收缩性很强。

(4) 具有容错功能，整个网络无单点故障。

NAS 是将目光集中在应用、用户和文件以及它们共享的数据上。

SAN 是将目光集中在磁盘、磁带以及联接它们的可靠的基础结构上。

第 6 步：熟悉 VMware vSphere 支持的存储类型

VMware ESXi 主机可以支持多种存储方法，包括：本地 SAS/SATA/SCSI 存储；光纤通道(Fibre Channel，FC)；使用软件和硬件发起者的 iSCSI；以太网光纤通道(FCoE)；网络文件系统(NFS)。

其中，本地 SAS/SATA/SCSI 存储也就是 ESXi 主机的内置硬盘，或通过 SAS 线缆连接的磁盘阵列，这些都叫做直连存储(DAS)。光纤通道、iSCSI、FCoE、NFS 均为通过网络连接的共享存储，vSphere 的许多高级特性都依赖于共享存储，如 vSphere vMotion、vSphere DRS、vSphere HA 等。各种存储类型对 vSphere 高级特性的支持情况如表 3-1 所示。

表 3-1　各种存储类型对 vSphere 高级特性的支持情况

存储类型	支持 vMotion	支持 DRS	支持 HA	支持裸设备映射
光纤通道	√	√	√	√
iSCSI	√	√	√	√

续表

存储类型	支持 vMotion	支持 DRS	支持 HA	支持裸设备映射
FCoE	√	√	√	√
NFS	√	√	√	×
直连存储	√	×	×	√

要部署 vSphere 虚拟化系统，不能只使用直连存储，必须选择一种网络存储方式作为 ESXi 主机的共享存储。对于预算充足的大型企业，建议采用光纤通道存储，其最高速度可达 16Gbit/s。对于预算不是很充足的中小型企业，可以采用 iSCSI 存储。

第 7 步：认识 vSphere 数据存储

数据存储是一个可使用一个或多个物理设备磁盘空间的逻辑存储单元。数据存储可用于存储虚拟机文件、虚拟机模板和 ISO 镜像等：vSphere 的数据存储类型包括 VMFS、NFS 和 RDM 共 3 种。

(1) VMFS：vSphere 虚拟机文件系统（vSphere Virtual Machine File System，VMFS）是一个适用于许多 vSphere 部署的通用配置方法，它类似于 Windows 的 NTFS 和 Linux 的 EXT4。如果在虚拟化环境中使用了任何形式的块存储（如硬盘），就一定是在使用 VMFS。VMFS 创建了一个共享存储池，可供一个或多个虚拟机使用。VMFS 的作用是简化存储环境。如果每一个虚拟机都直接访问自己的存储而不是将文件存储在共享卷中，那么虚拟环境会变得难以扩展。VMFS 的最新版本是 VMFS-5。

(2) NFS：NFS 即网络文件系统（Network File System），允许一个系统在网络上共享目录和文件。通过使用 NFS，用户和程序可以像访问本地文件一样访问远端系统上的文件。

(3) RDM：RDM（Raw Device Mappings，裸设备映射）可以让运行在 ESXi 主机上的虚拟机直接访问和使用存储设备，以增强虚拟机磁盘性能。

第 8 步：认识 iSCSI 数据封装

iSCSI（Internet Small Computer System Interface，Internet 小型计算机系统接口）是通过 TCP/IP 网络传输 SCSI 指令的协议。iSCSI 能够把 SCSI 指令和数据封装到 TCP/IP 数据包中，然后封装到以太网帧中。

第 9 步：认识 iSCSI 系统组成

如图 3-4 所示为一个 iSCSI SAN 的基本系统组成，下面将对 iSCSI 系统的各个组件进行说明。

(1) iSCSI 发起者：iSCSI 发起者是一个逻辑主机端设备，相当于 iSCSI 的客户端。iSCSI 发起者可以是软件发起者（使用普通以太网卡）或硬件发起者（使用硬件 HBA 卡）。iSCSI 发起者用一个 iSCSI 限定名称（IQN）来标志其身份。iSCSI 发起者使用包含一个或多个 IP 地址的网络入口“登录到”iSCSI 目标。

(2) iSCSI 目标 iSCSI 目标是一个逻辑目标端设备，相当于 iSCSI 的服务器端。iSCSI 目标既可以使用硬件实现（如支持 iSCSI 的磁盘阵列），也可以使用软件实现（使用 iSCSI 目标服务器软件）。

iSCSI 目标由一个 iSCSI 限定名称（IQN）标志其身份。iSCSI 目标使用一个包含一个

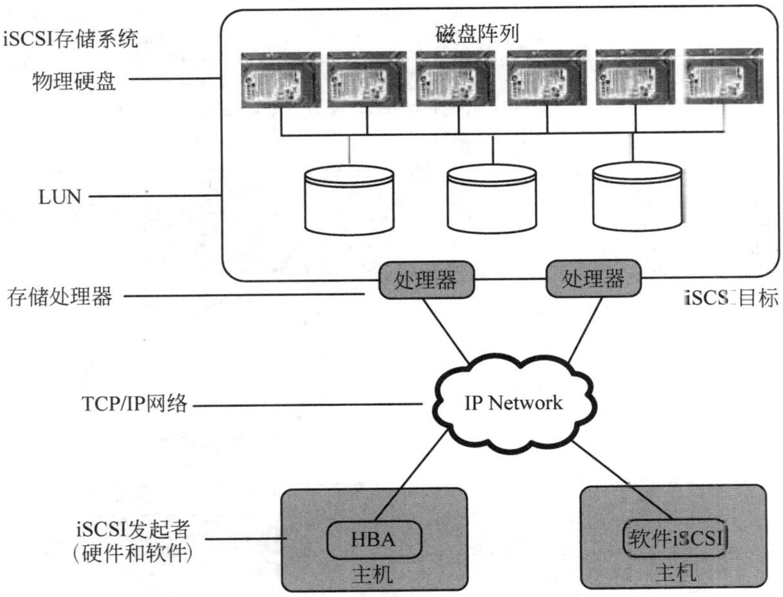

图 3-4　iSCSI 系统组成

或多个 IP 地址的 iSCSI 网络入口。

常见的 iSCSI 目标服务器软件包括 Starwind、Openfiler、Open-E、Linux iSCSI Target 等，Windows Server 2012 也内置了 iSCSI 目标服务器。

(3) iSCSI LUN：LUN 的全称是 Logical Unit Number，即逻辑单元号。iSCSI LUN 是在一个 iSCSI 目标上运行的 LUN，在主机层面上看，一个 LUN 就是一块可以使用的磁盘。一个 iSCSI 目标可以有一个或多个 LUN。

(4) iSCSI 网络入口：iSCSI 网络入口是 iSCSI 发起者或 iSCSI 目标使用的一个或多个 IP 地址。

(5) 存储处理器：存储处理器又称阵列控制器，是磁盘阵列的大脑，主要用来实现数据的存储转发以及整个阵列的管理。

第 10 步：认识 iSCSI 寻址

图 3-5 所示是 iSCSI 寻址的示意图，iSCSI 发起者和 iSCSI 目标分别有一个 IP 地址和一个 iSCSI 限定名称。iSCSI 限定名称(iSCSI Qualified Name，IQN)是 iSCSI 发起者、目标或 LUN 的唯一标识符。IQN 的格式："iqn"+"."+"年月"+"."+"颠倒的域名"+"："+"设备的具体名称"，之所以颠倒域名是为了避免可能的冲突。例如 iqn. 2008-08. com. vmware：esxi。

iSCSI 使用一种发现方法，使 iSCSI 发起者能够查询 iSCSI 目标的可用 LUN。iSCSI 支持两种目标发现方法：静态和动态。静态发现为手工配置 iSCSI 目标和 LUN。动态发现是由发起者向 iSCSI 目标发送一个 iSCSI 标准的 SendTargets 命令，对方会将所有可用目标和 LUN 报告给发起者。

第 11 步：设计 iSCSI SAN 网络

虽然光纤通道的性能一般要高于 iSCSI，但是在很多时候，iSCSI SAN 已经能够满足许

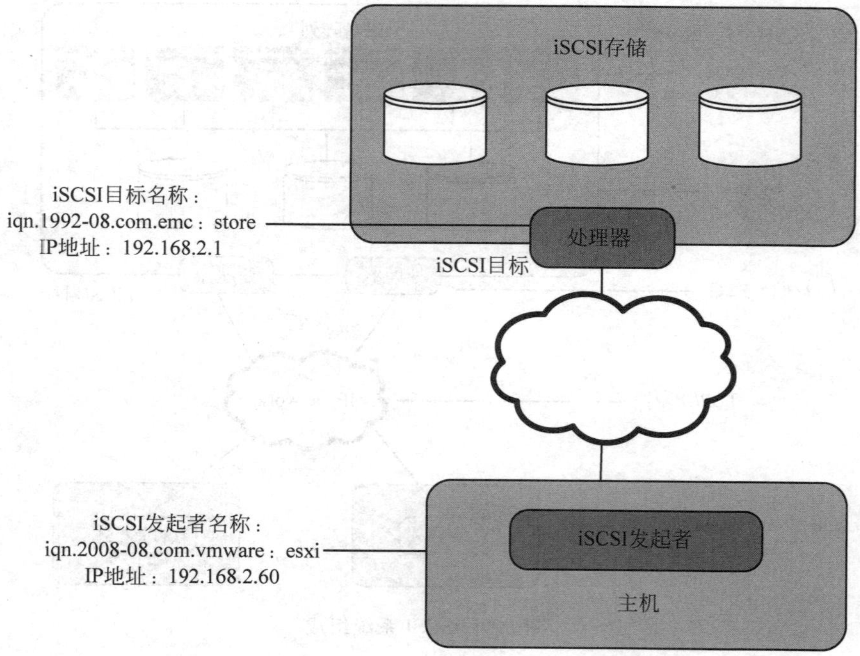

图 3-5　iSCSI 寻址

多用户的需求，而且一个认真规划且支持扩展的 iSCSI 基础架构在大部分情况下都能达到中端光纤通道 SAN 的同等性能。一个良好的、可扩展的 iSCSI SAN 拓扑设计如图 3-6 所示，每个 ESXi 主机至少有两个 VMkernel 端口用于 iSCSI 连接，而每一个端口又物理连接到两台以太网交换机上。每台交换机到 iSCSI 阵列之间至少有两个连接（分别连接到不同的阵列控制器）。

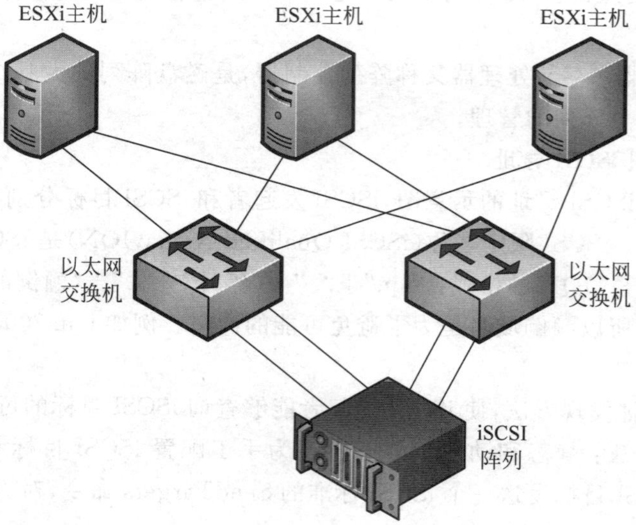

图 3-6　iSCSI SAN 拓扑设计

至此，我们已经基本认识了当前的存储方式以及 iSCSI 存储，本任务结束。

【任务二】 配置 StarWind iSCSI 目标服务器

【任务说明】

StarWind iSCSI SAN&NAS 6.0 是一个运行在 Windows 操作系统上的 iSCSI 目标服务器软件。StarWind 既能安装在 Windows Server 2003/2008/2012 服务器操作系统上，也能安装在 Windows 7/8/10 桌面操作系统上。如果在 Windows Server 2003 或 Windows XP 中安装 StarWind，需要先安装 iSCSI Initiator。Windows Server 2008、Windows 7 或更高版本默认集成了 iSCSI Initiator，直接安装 StarWind 即可。

在这里，将把 StarWind 安装在本机(运行 Windows 7 操作系统)，以节省资源占用。也可以创建一个 Windows Server 虚拟机，在虚拟机里安装 StarWind。

存储网络应该是专用的内部网络，不与外部网络相连，因此在本项目的拓扑规划中，为 iSCSI 存储单独规划了一个网络。在实验环境中，使用 VMware Workstation 的 VMnet3 虚拟网络作为 iSCSI 存储网络。

【任务实施】

第 1 步：添加虚拟网络

打开“编辑”菜单中的“虚拟网络编辑器”，单击“添加网络”，添加虚拟网络 VMnet3，如图 3-7 所示。

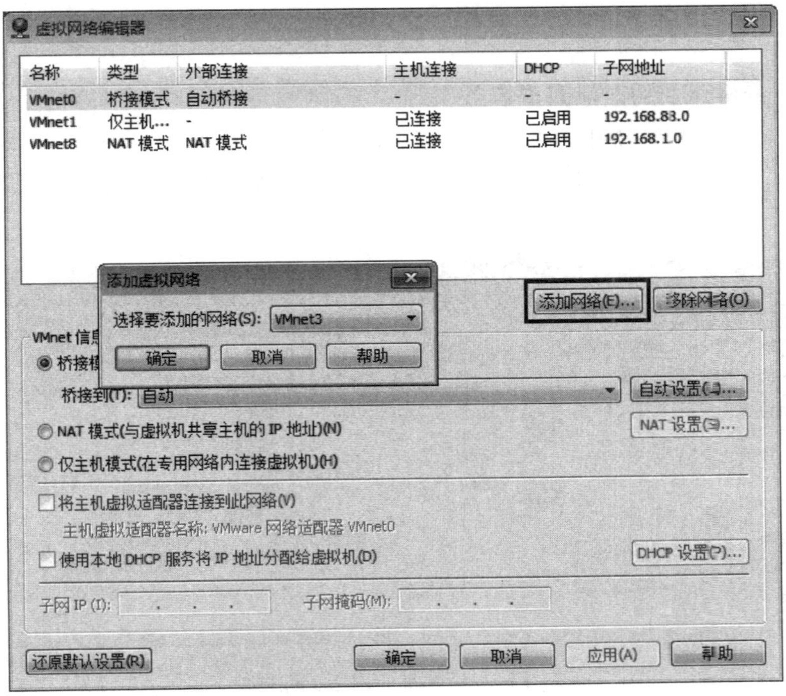

图 3-7 添加虚拟网络 VMnet3

第 2 步：修改虚拟网络 VMnet3 的网络地址

修改虚拟网络 VMnet3 的网络地址为 192.168.2.0/255.255.255.0，单击“应用”按钮保存配置，如图 3-8 所示。

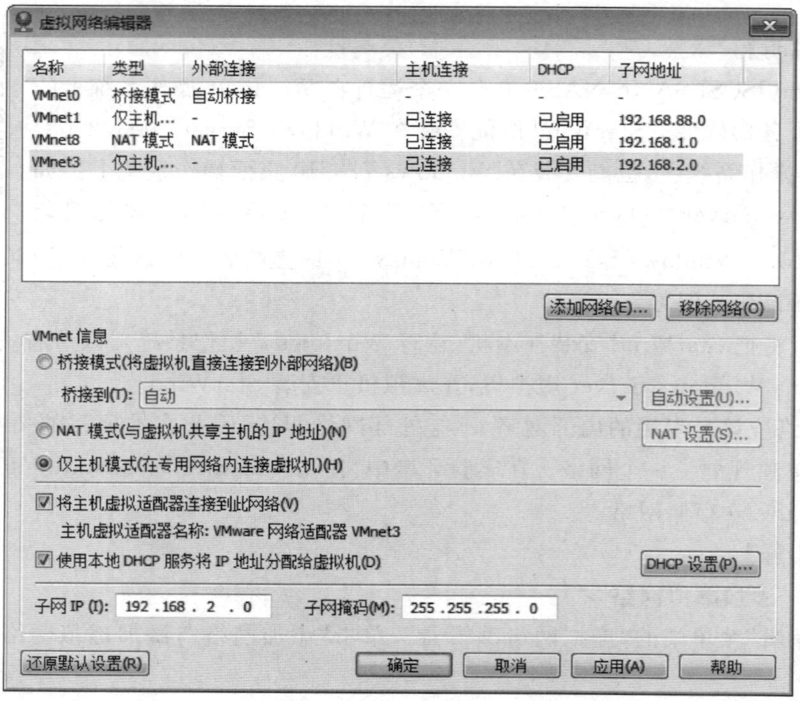

图 3-8 虚拟网络编辑器

第 3 步：查看添加的虚拟网卡信息

在本机的网络适配器中，可以看到新添加的虚拟网卡 VMware Network Adapter VMnet3，如图 3-9 所示。虚拟网卡 VMware Network Adapter VMnet3 的 IP 地址默认为 192.168.2.1。

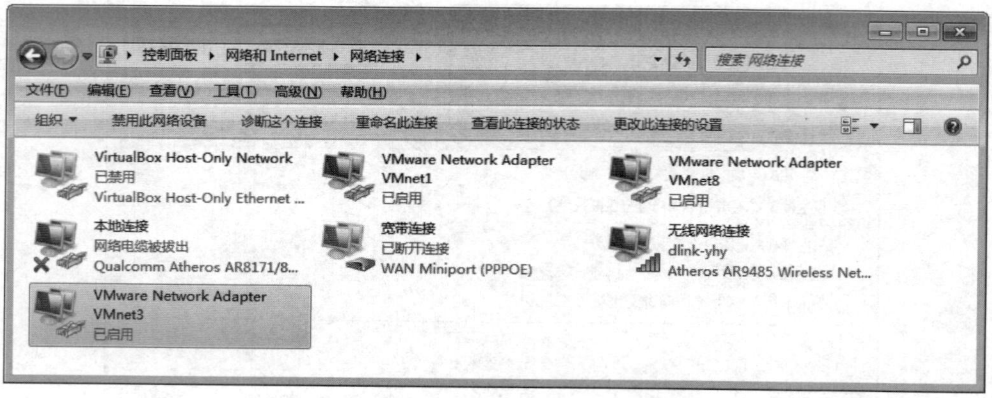

图 3-9 本机的网络适配器

第 4 步：安装 StarWind iSCSI SAN&NAS 6.0

运行 StarWind 6.0 的安装程序，开始安装 StarWind iSCSI SAN&NAS 6.0，如图 3-10 所示。

Setup - StarWind iSCSI SAN & NAS
Welcome to the StarWind iSCSI SAN & NAS Setup Wizard
This will install StarWind iSCSI SAN & NAS v.6.0.5713 (build 20130709) on your computer.
It is recommended that you close all other applications before continuing.
Click Next to continue, or Cancel to exit Setup.
Next >
Cancel

图 3-10 安装 StarWind

使用 Full installation，安装所有组件，如图 3-11 所示。

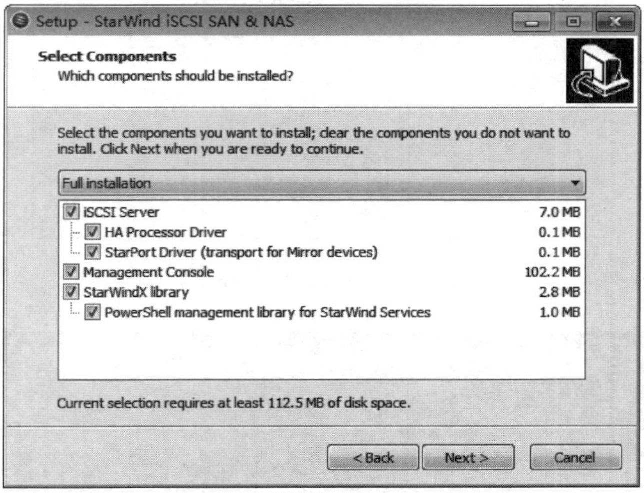
Setup - StarWind iSCSI SAN & NAS
Select Components
Which components should be installed?
Select the components you want to install; clear the components you do not want to install. Click Next when you are ready to continue.
Full installation
iSCSI Server 7.0 MB
HA Processor Driver 0.1 MB
StarPort Driver (transport for Mirror devices) 0.1 MB
Management Console 102.2 MB
StarWindX library 2.8 MB
PowerShell management library for StarWind Services 1.0 MB
Current selection requires at least 112.5 MB of disk space.
< Back
Next >
Cancel

图 3-11 选择所有组件

要使用 StarWind，必须有授权密钥。可以在 StarWind 的官方网站申请一个免费的密钥，然后选择“Thank you，I do have a key already”，如图 3-12 所示。

浏览找到授权密钥文件，如图 3-13 所示。

第 5 步：打开 StarWind 软件，连接 StarWind Server

安装完成后会自动打开 StarWind Management Console，并连接到本机的 StarWind Server，如图 3-14 所示。如果没有连接 StarWind Server，可以选中计算机名，单击 Connect 按钮。

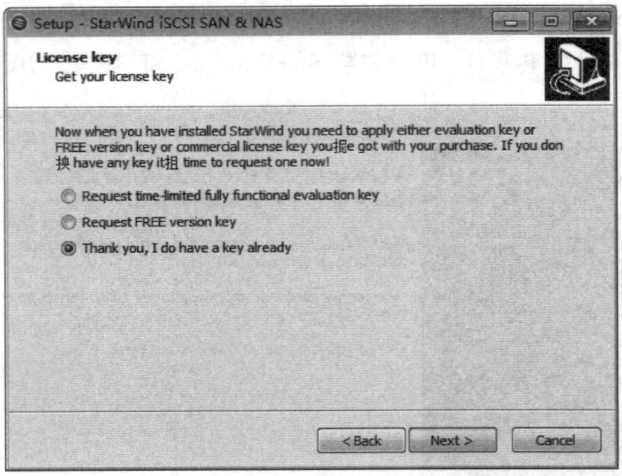
Setup - StarWind iSCSI SAN & NAS
License key
Get your license key
Now when you have installed StarWind you need to apply either evaluation key or FREE version key or commercial license key you抿e got with your purchase. If you don 抉 have any key it抯 time to request one now!
Request time-limited fully functional evaluation key
Request FREE version key
Thank you, I do have a key already
< Back
Next >
Cancel

图 3-12　选择已经拥有授权密钥

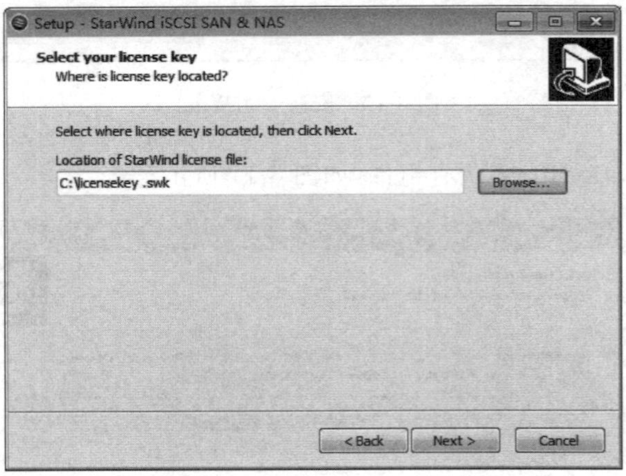
Setup - StarWind iSCSI SAN & NAS
Select your license key
Where is license key located?
Select where license key is located, then click Next.
Location of StarWind license file:
C:\licensekey .swk
Browse...
< Back
Next >
Cancel

图 3-13　选择授权密钥文件

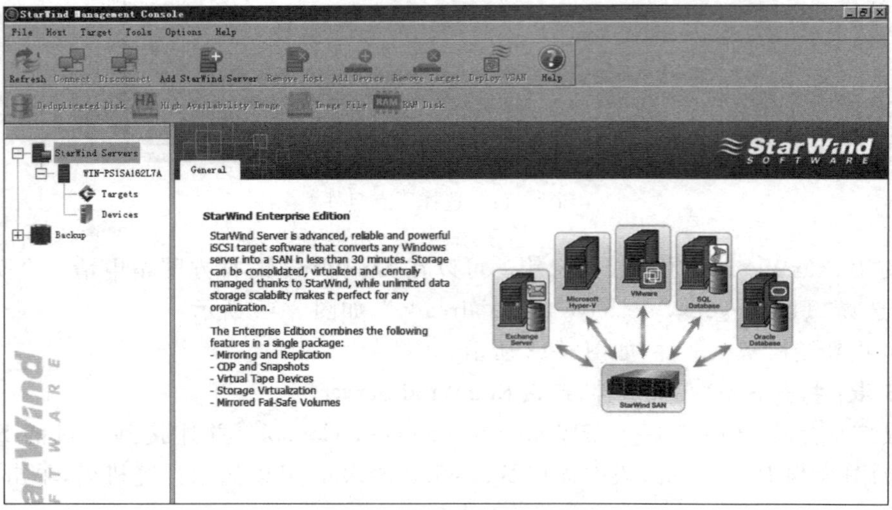
StarWind Management Console
File Host Target Tools Options Help
Refresh Connect Disconnect Add StarWind Server Remove Host Add Device Remove Target Deploy VSAN Help
StarWind Servers
WIN-PS1SA162L7A
Targets
Devices
Backup
General
StarWind
SOFTWARE
StarWind Enterprise Edition
StarWind Server is advanced, reliable and powerful iSCSI target software that converts any Windows server into a SAN in less than 30 minutes. Storage can be consolidated, virtualized and centrally managed thanks to StarWind, while unlimited data storage scalability makes it perfect for any organization.
The Enterprise Edition combines the following features in a single package:
- Mirroring and Replication
- CDP and Snapshots
- Virtual Tape Devices
- Storage Virtualization
- Mirrored Fail-Safe Volumes

图 3-14　StarWind Management Console

选择 StarWind Servers →本机计算机名→Configuration→Network，可以看到 StarWind 已经绑定的 IP 地址，其中包括 VMware Network Adapter VMnet3 的 IP 地址 192.168.2.1，如图 3-15 所示。

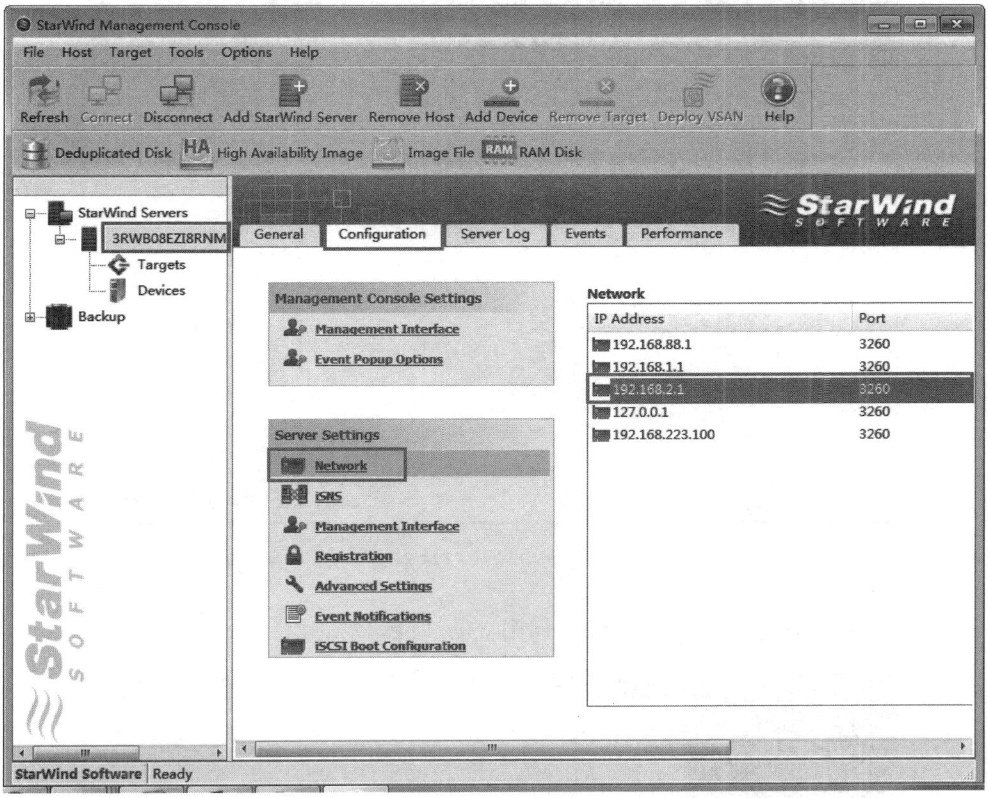

图 3-15　StarWind 绑定的 IP 地址

第 6 步：添加 iSCSI 目标

(1) 选择 Targets→Add Target，添加 iSCSI 目标，如图 3-16 所示。

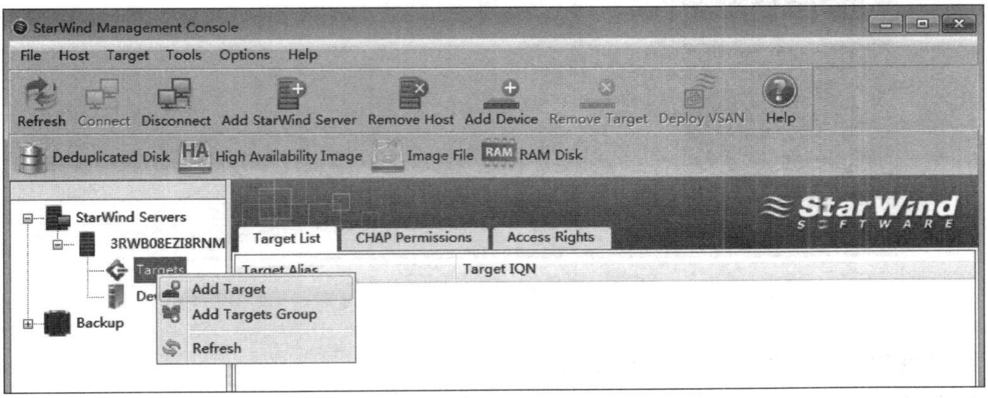

图 3-16　添加 Target

（2）输入 iSCSI 目标的别名 ForESXi，选中 Allow multiple concurrent iSCSI connections(clustering)，允许多个 iSCSI 发起者连接到这个 iSCSI 目标，如图 3-17 所示。

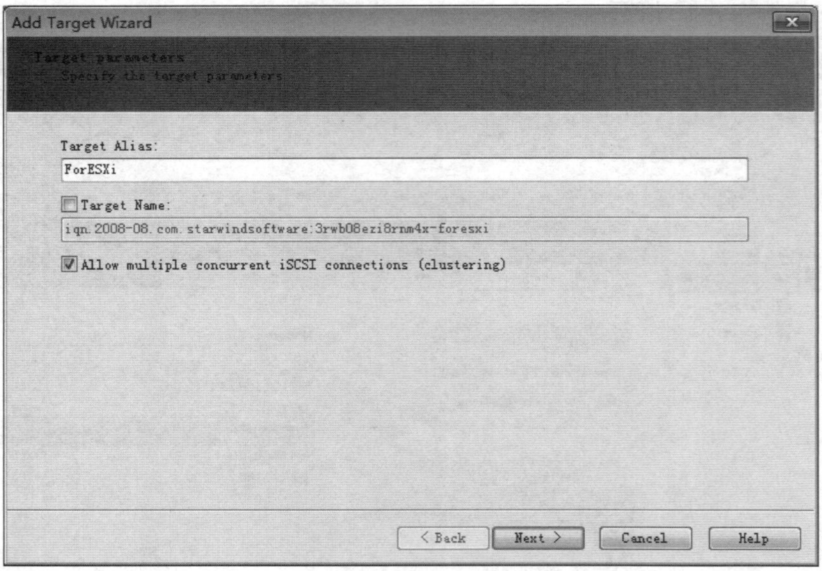

图 3-17　输入目标别名

（3）确认创建 iSCSI 目标 ForESXi，如图 3-18 所示。

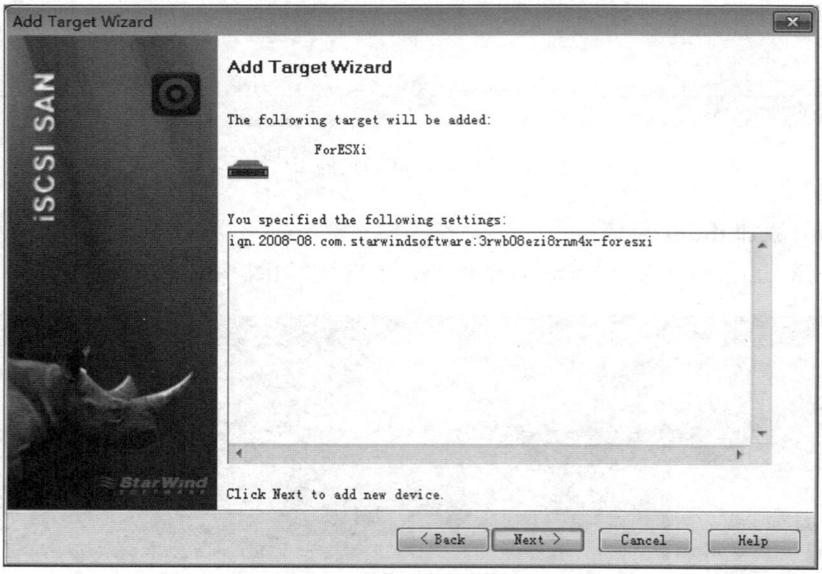

图 3-18　确认创建 iSCSI 目标

已经创建了 iSCSI 目标，如图 3-19 所示。

第 7 步：添加 iSCSI 设备

（1）选择 Devices→Add Device，添加 iSCSI 设备，如图 3-20 所示。

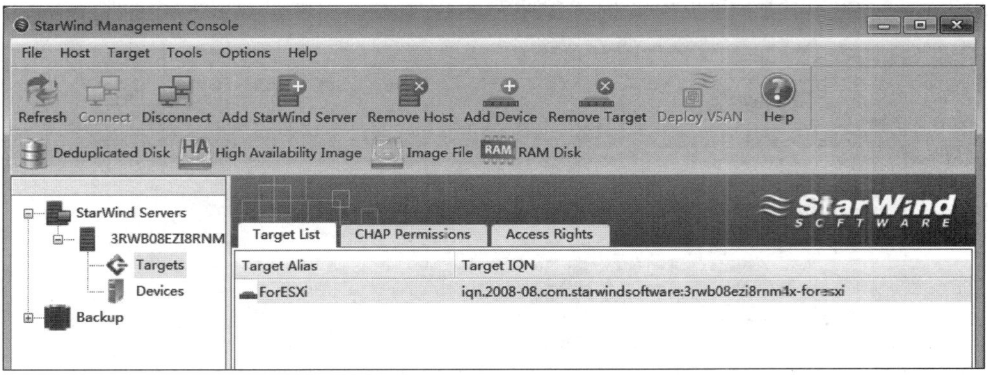

图 3-19　创建好的 iSCSI 目标

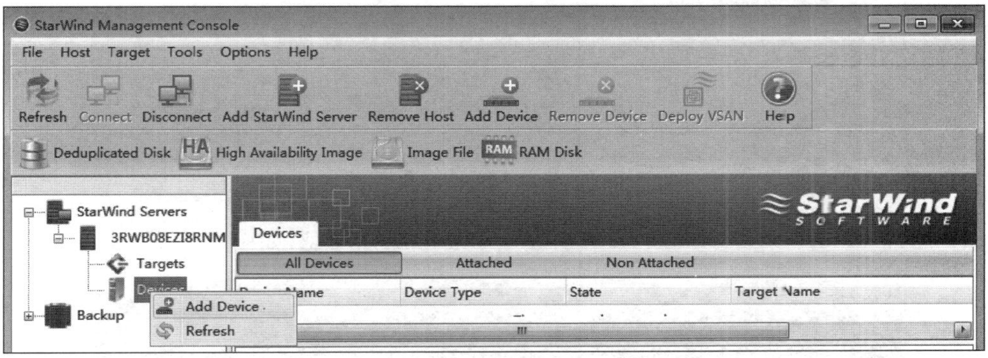

图 3-20　添加 Device

(2) 选择 Virtual Hard Disk，创建虚拟硬盘，如图 3-21 所示。

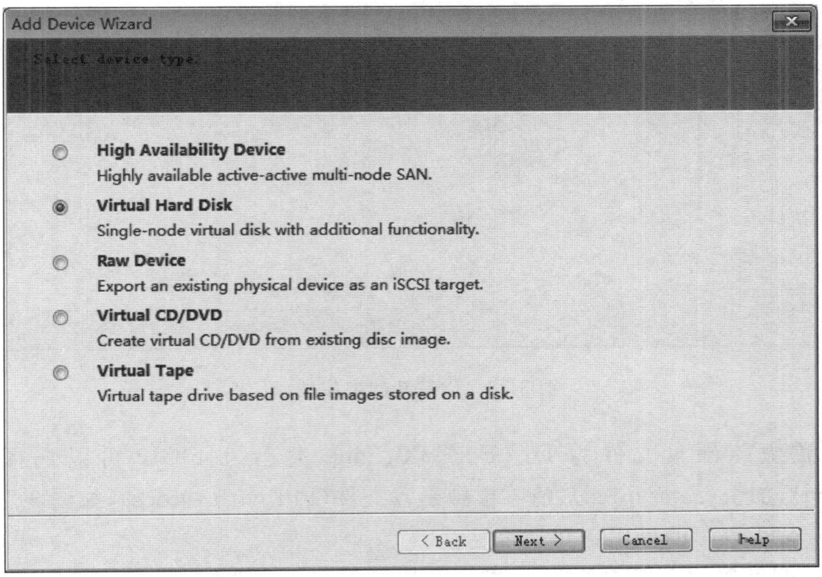

图 3-21　选择创建虚拟硬盘

(3) 选择 Image File device，使用一个磁盘文件作为虚拟硬盘，如图 3-22 所示。

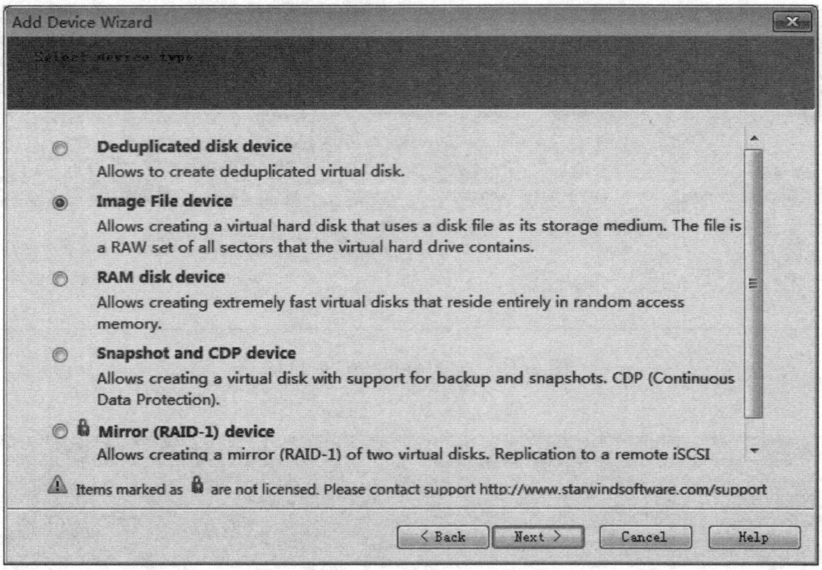
Add Device Wizard
Deduplicated disk device
Allows to create deduplicated virtual disk.
Image File device
Allows creating a virtual hard disk that uses a disk file as its storage medium. The file is a RAW set of all sectors that the virtual hard drive contains.
RAM disk device
Allows creating extremely fast virtual disks that reside entirely in random access memory.
Snapshot and CDP device
Allows creating a virtual disk with support for backup and snapshots. CDP (Continuous Data Protection).
Mirror (RAID-1) device
Allows creating a mirror (RAID-1) of two virtual disks. Replication to a remote iSCSI
Items marked as are not licensed. Please contact support http://www.starwindsoftware.com/support
< Back
Next >
Cancel
Help

图 3-22　选择 Image File device

(4) 选择 Create new virtual disk，创建一个新的虚拟硬盘，如图 3-23 所示。

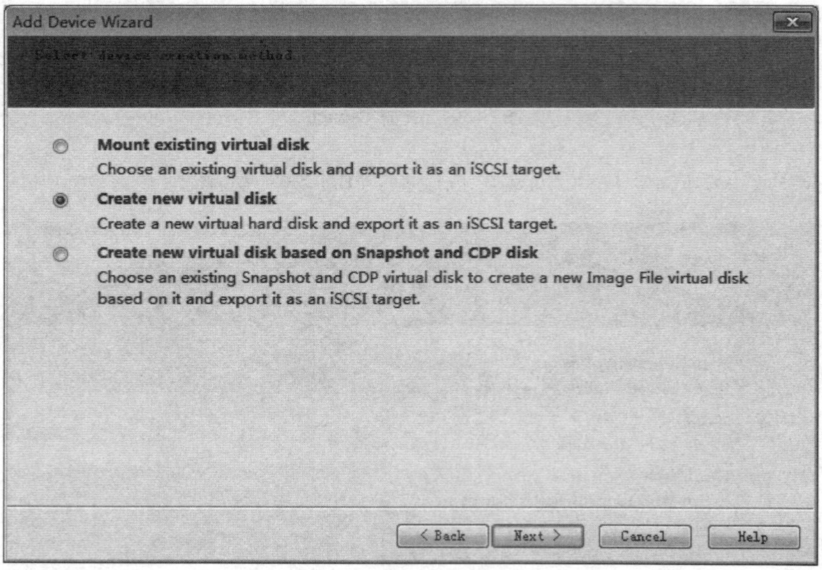
Add Device Wizard
Mount existing virtual disk
Choose an existing virtual disk and export it as an iSCSI target.
Create new virtual disk
Create a new virtual hard disk and export it as an iSCSI target.
Create new virtual disk based on Snapshot and CDP disk
Choose an existing Snapshot and CDP virtual disk to create a new Image File virtual disk based on it and export it as an iSCSI target.
< Back
Next >
Cancel
Help

图 3-23　创建新的虚拟硬盘

(5) 配置虚拟硬盘文件为 D:\ForESXi. img，大小为 40GB，可以选择是否压缩(Compressed)、加密(Encrypted)、清零虚拟磁盘文件(Fill with zeroes)，如图 3-24 所示。注意，需要确认本机 D 盘的可用空间是否足够。

(6) 选择刚创建的虚拟磁盘文件，默认使用异步模式，如图 3-25 所示。

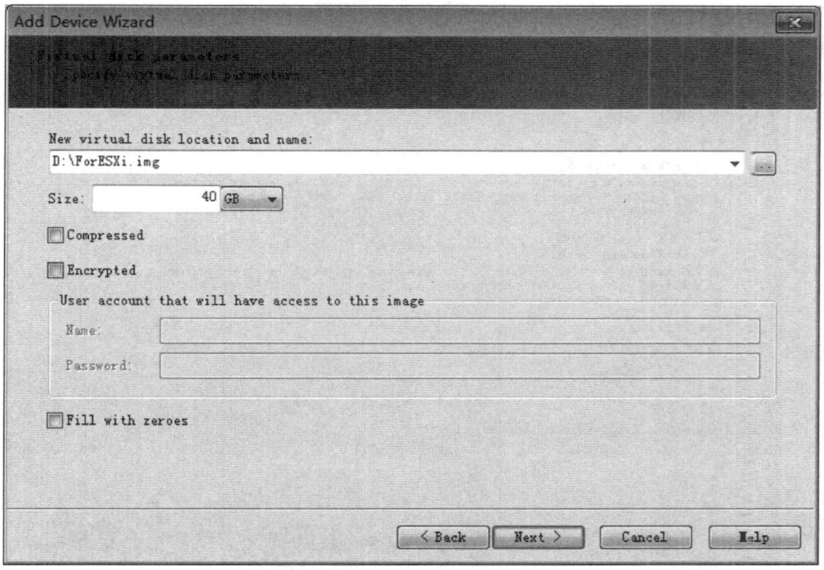

图 3-24　创建虚拟硬盘文件

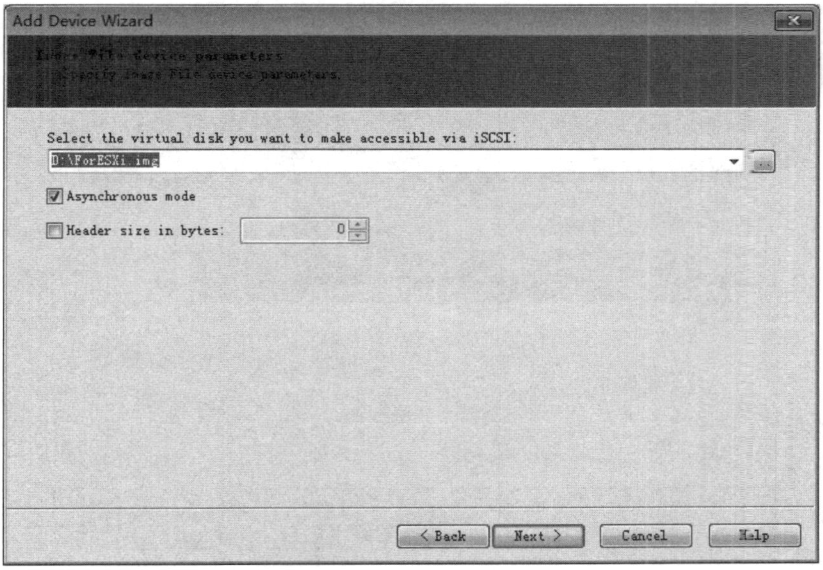

图 3-25　使用虚拟硬盘文件

(7) 设置虚拟磁盘文件的缓存参数,一般不需要修改,如图 3-26 所示。

(8) 选择 Attach to the existing target,将虚拟硬盘关联到已存在的 iSCSI 目标。选中之前创建的 iSCSI 目标 ForESXi,如图 3-27 所示。

确认创建虚拟硬盘设备,如图 3-28 所示。

如图 3-29 所示,已经创建了虚拟硬盘设备,该设备关联到了之前创建的 iSCSI 目标。

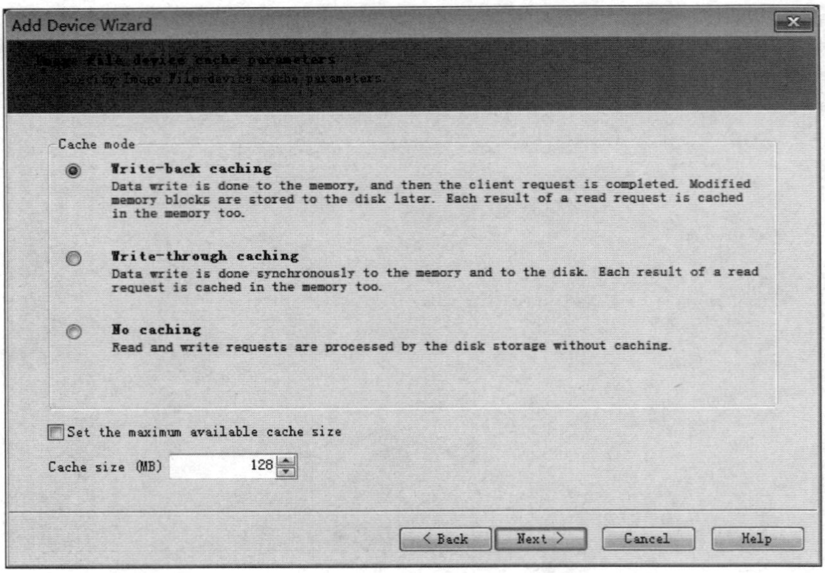

图 3-26　设置虚拟磁盘文件的缓存参数

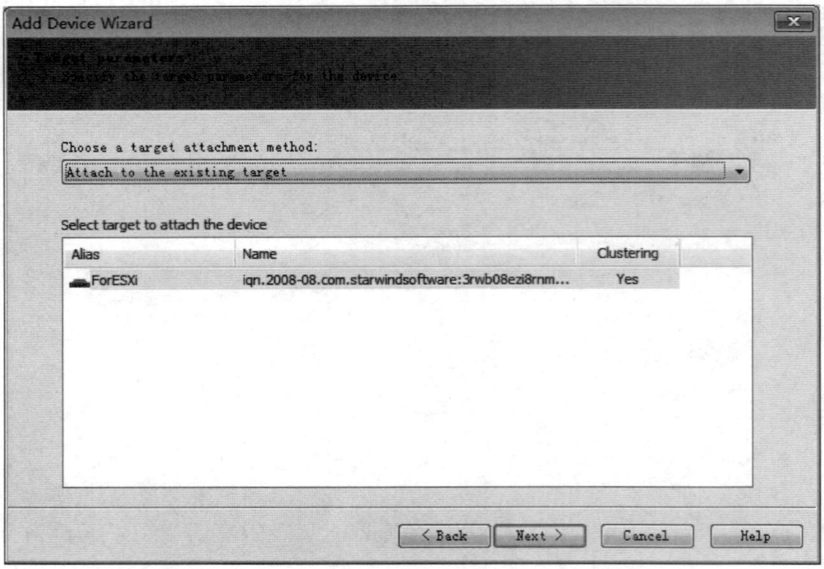

图 3-27　将虚拟硬盘关联到 iSCSI 目标

第 8 步：设置访问权限

StarWind 默认允许所有 iSCSI 发起者的连接。为安全起见，在这里配置访问权限，只允许 ESXi 主机连接到此 iSCSI 目标。选择 Targets 菜单下的 Access Rights 选项卡，在空白处右击选择 Add Rule 命令，添加访问权限规则，如图 3-30 所示。

输入规则名称为 Allow ESXi，在 Source 选项卡中单击 Add→Add IP Address，如图 3-31 所示。

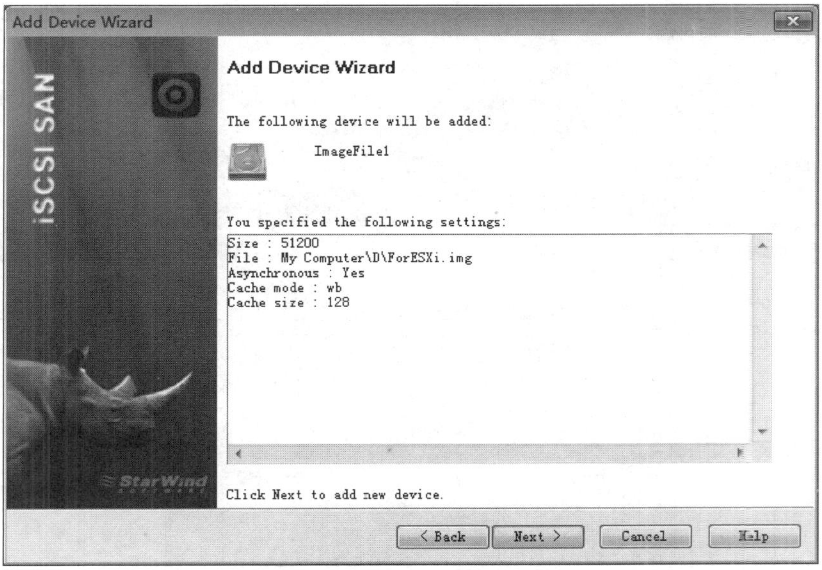

图 3-28　确认创建虚拟硬盘设备

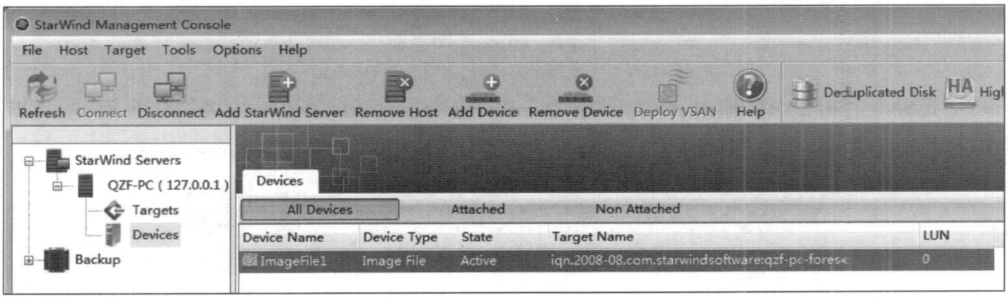

图 3-29　已经创建了虚拟硬盘设备

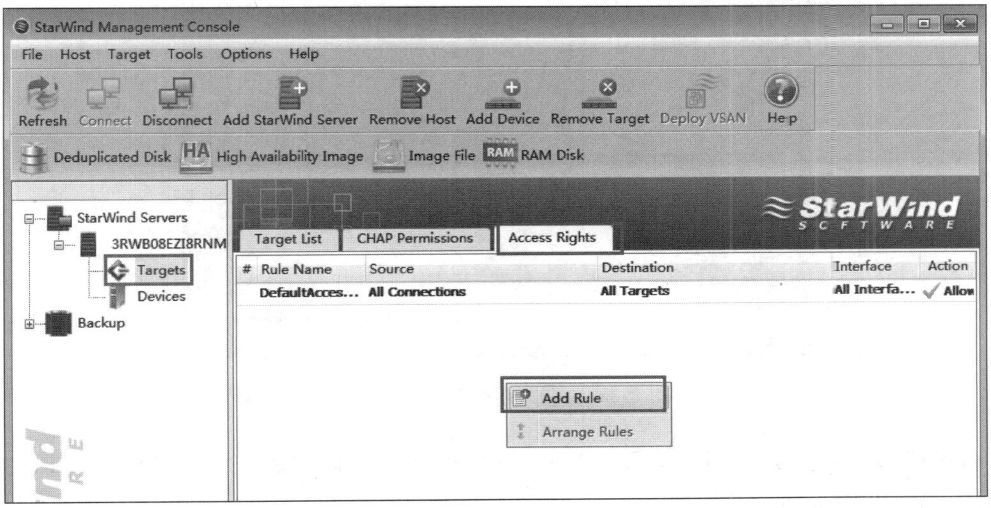

图 3-30　添加访问权限规则

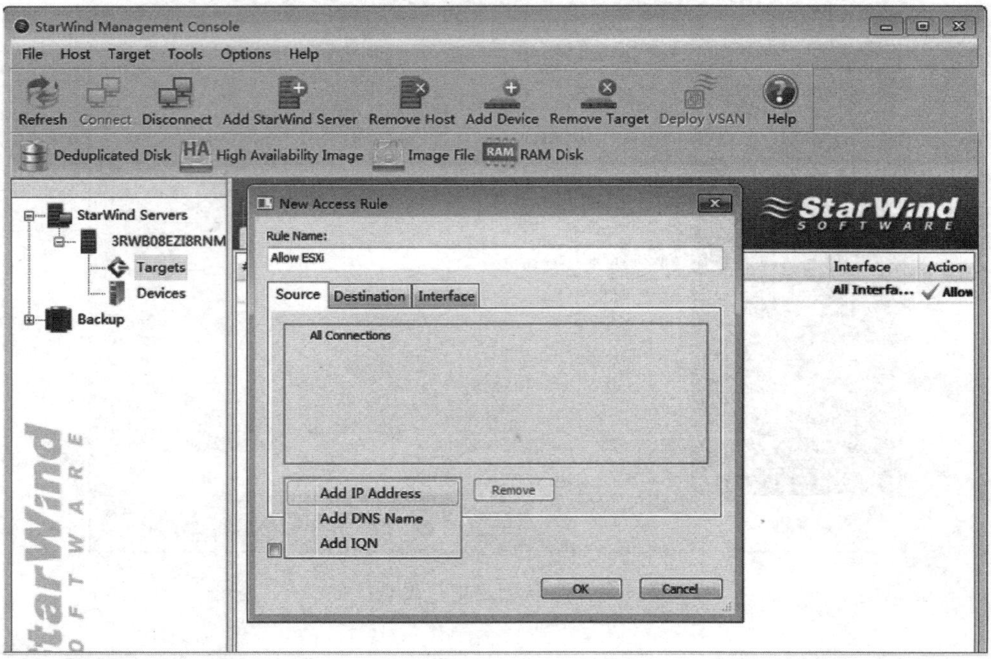

图 3-31　输入规则名称

输入 ESXi 主机的 IP 地址 192.168.2.128，选中 Set to Allow，如图 3-32 所示。如需要允许多个 ESXi 主机的连接，将每个 ESXi 主机的 IP 地址添加到 Source 列表即可。

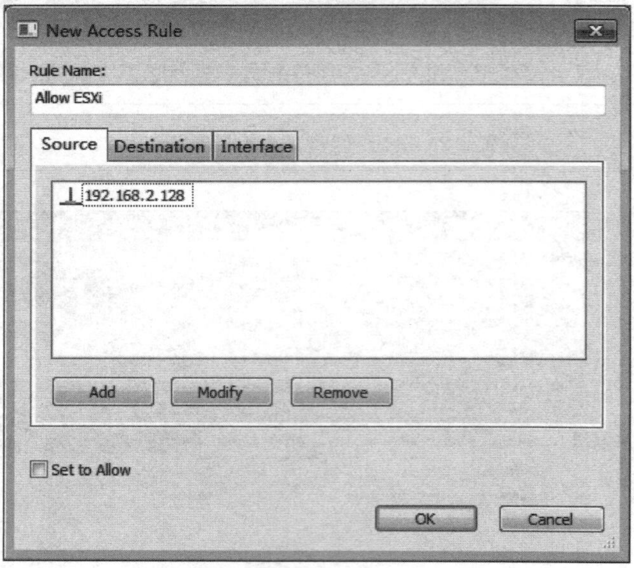

图 3-32　编辑规则 Allow ESXi -1

切换到 Destination 选项卡，单击 Add 按钮，选择之前创建的 iSCSI 目标，如图 3-33 所示，然后单击 OK 按钮确认设置。

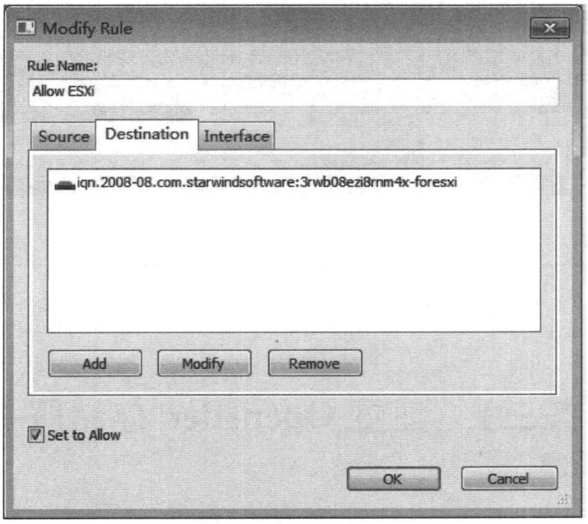

图 3-33　编辑规则 Allow ESXi -2

第 9 步：修改默认策略

右击 DefaultAccessPolicy，选择 Modify Rule 命令，取消选中 Set to Allow，如图 3-34 所示。

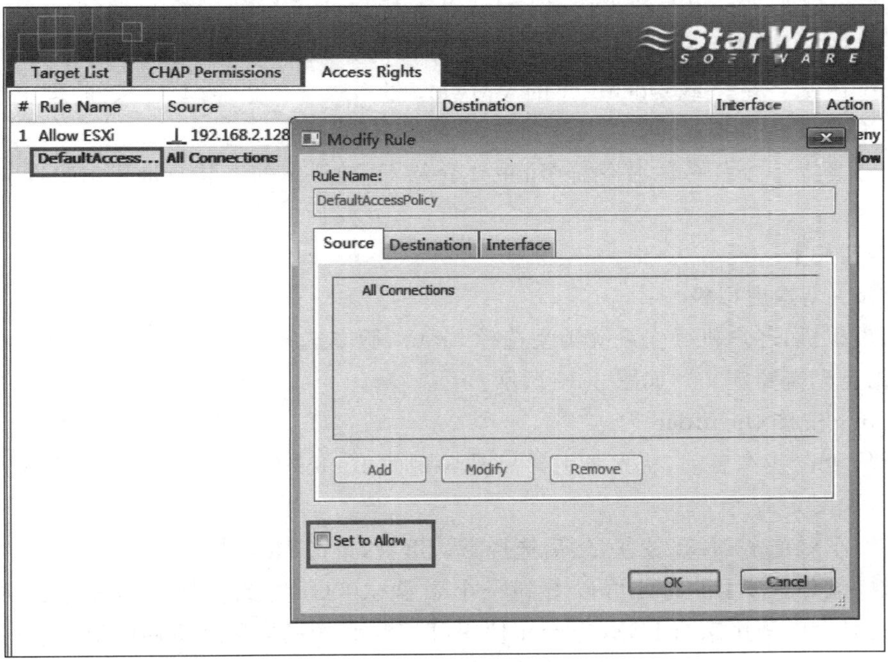

图 3-34　编辑规则 DefaultAccessPolicy

然后单击 OK 按钮确认设置，可以查看编辑好的访问权限规则，注意默认规则的操作为 Deny，如图 3-35 所示。

至此，StarWind iSCSI 目标服务器安装配置完成，本任务结束。

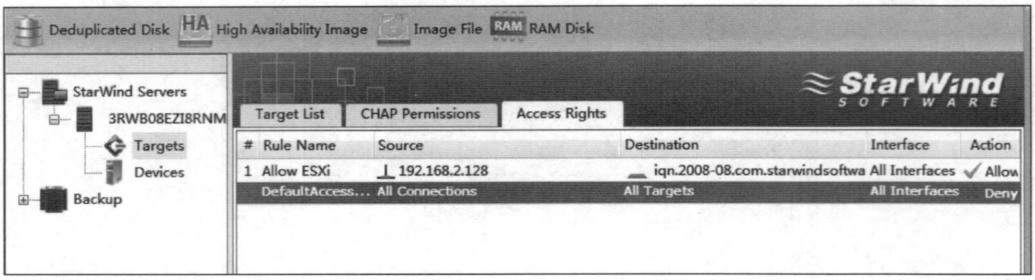

图 3-35 访问权限规则列表

【任务三】 配置 Openfiler 存储服务器

【任务说明】

由于独立存储价格相对昂贵，免费的存储服务器软件有 FreeNAS 和 Openfiler。其中 FreeNAS 的网站上只有 i386 及 AMD64 的版本，也就是说，FreeNAS 不能支持 64 位版本的 Intel CPU，而 Openfiler 则提供更全面的版本支持，在其网站上可以看到支持多网卡、多 CPU，以及硬件 RAID 的支持，还有 10Gb/s 网卡的支持。因此，在本任务中，采用的存储是 Openfiler。Openfiler 可以支持现在流行的网络存储技术 IP-SAN 和 NAS，支持 iSCSI、NFS、SMB/CIFS 及 FTP 等协议。提供 LAN 主机独立存储系统。从 www. Openfiler. com 下载 Openfiler 的 VMware 最新版本 2. 99 的 ISO 文件，刻录光盘或者直接使用 ISO 文件虚拟光驱。

本任务是上一个任务的替代任务，主要介绍 Openfiler 的安装及搭建 IP-SAN 和 NAS 环境。

【任务实施】

第 1 步：新建虚拟机

新建虚拟机，客户机操作系统类型选择 Linux，版本选择“其他 Linux 2. 6. x 内核 64 位”(其他根据自己需要定义)，如图 3-36 所示：

第 2 步：安装 Openfiler

选择从 ISO 镜像启动，从光驱引导后是典型的 Linux 安装界面，直接回车进入图形化安装界面，如图 3-37 所示。

直接回车后单击 Next 按钮，然后选择默认键盘，单击 Next 按钮。

进入磁盘分区页面，此处可以看到一个磁盘(100GB)，此次规划是较小的磁盘安装 Openfiler，剩余空间用来给 ESXi Server 使用(Linux 系统的安装并不局限于一块物理磁盘，这里只是根据个人需要做一个简单规划)。安装 Openfiler 推荐分区方法和常规的 Linux 分区方法是一样的，此处只创建了一个引导(/boot)分区、一个根(/)分区、一个交换(swap)分区，其余空间保持 Free 状态，否则在 Openfiler 中可能无法分配。具体分配如图 3-38 所示。

配置网络属性，设置 hostname 和 IP 地址，建议设为固定 IP，因为 Openfiler 安装完成之后没有图形界面，所有的配置都通过 Web 方式完成，没有固定的 IP 会给以后的配置造成不必要的麻烦，单击 Eidt 按钮，填写 IP 地址为 192. 168. 1. 100/24，默认网关为 192. 168. 1. 1，

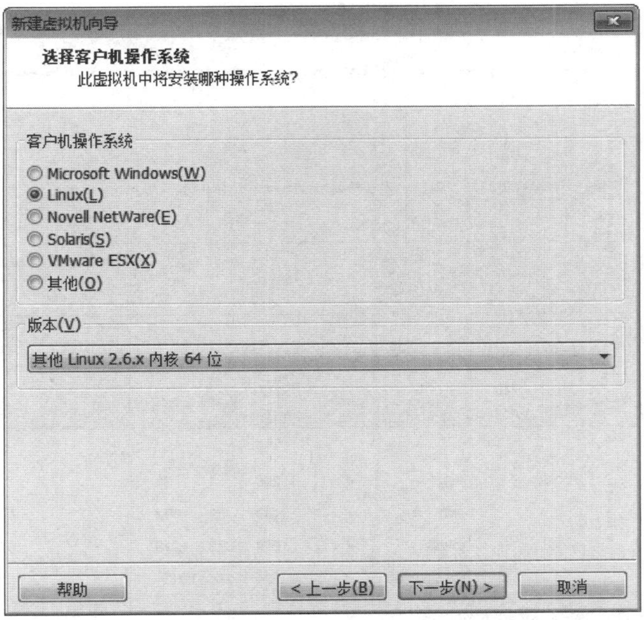

图 3-36　选择客户机操作系统类型

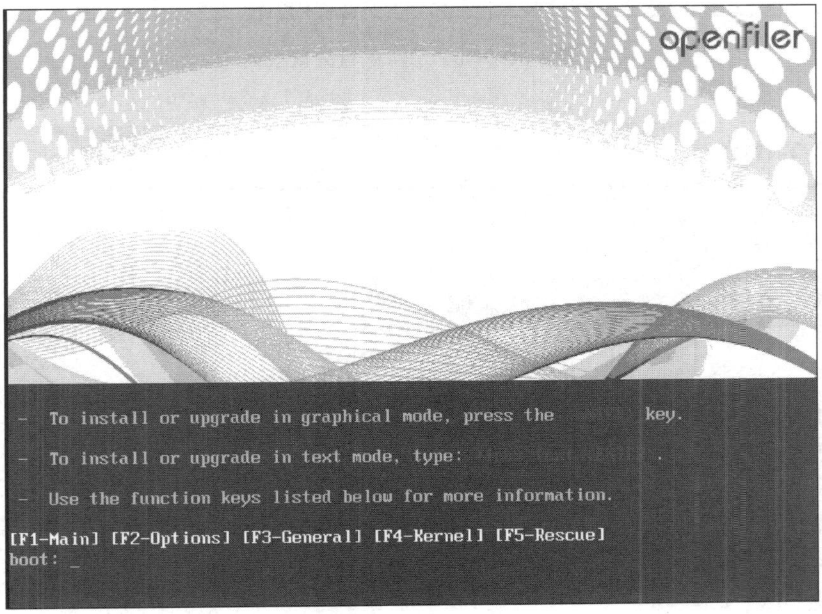

图 3-37　Openfiler 安装界面

DNS 为 8.8.8.8,然后确认,如图 3-39 所示。

接下来的时区选择 Asia/Shanghai,设置 root 用户密码后开始正式安装,安装过程大约几分钟,具体时间取决于硬件,安装完成单击 Reboot 按钮,重新引导系统,整个安装过程就此结束。重新引导后的界面如图 3-40 所示。

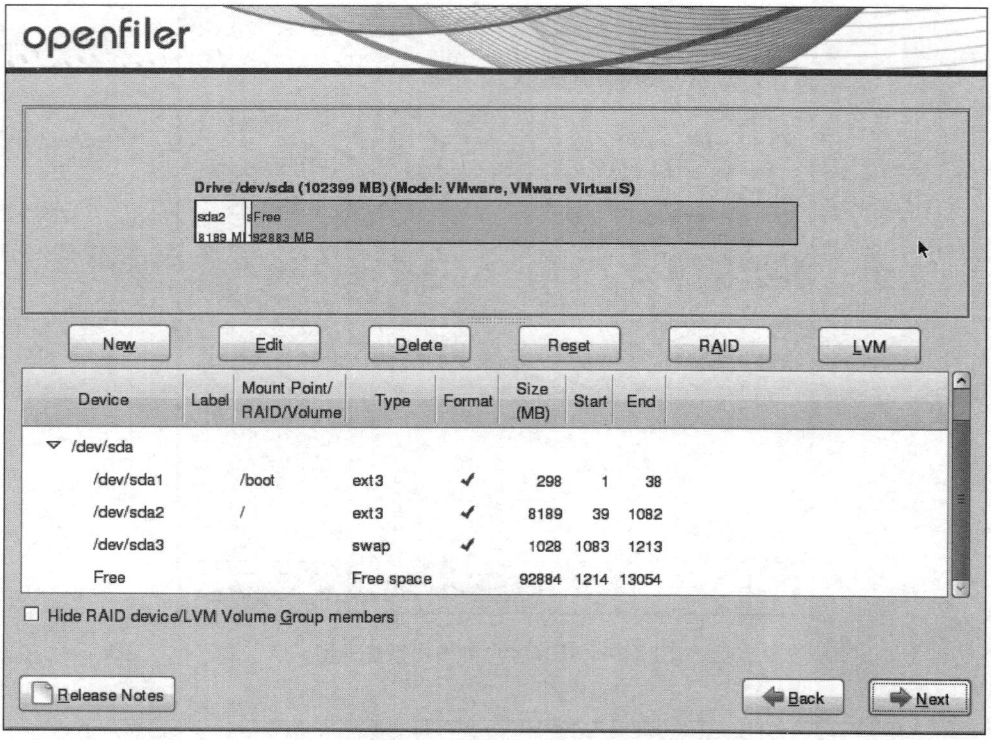

图 3-38　Openfiler 磁盘分区规划

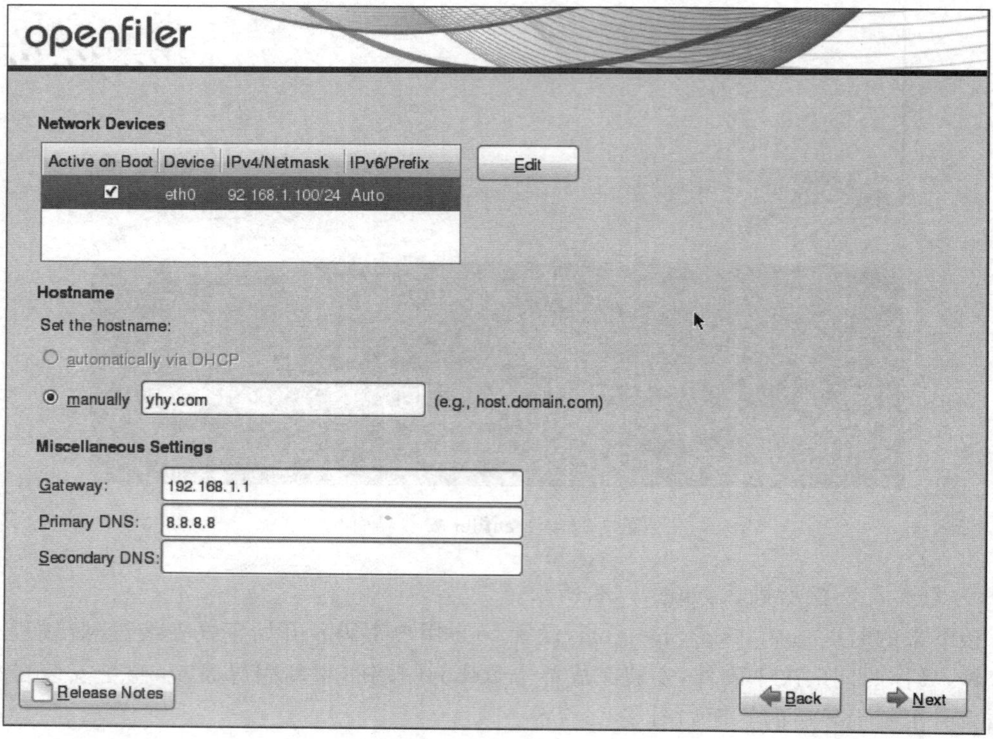

图 3-39　配置 IP 地址页面

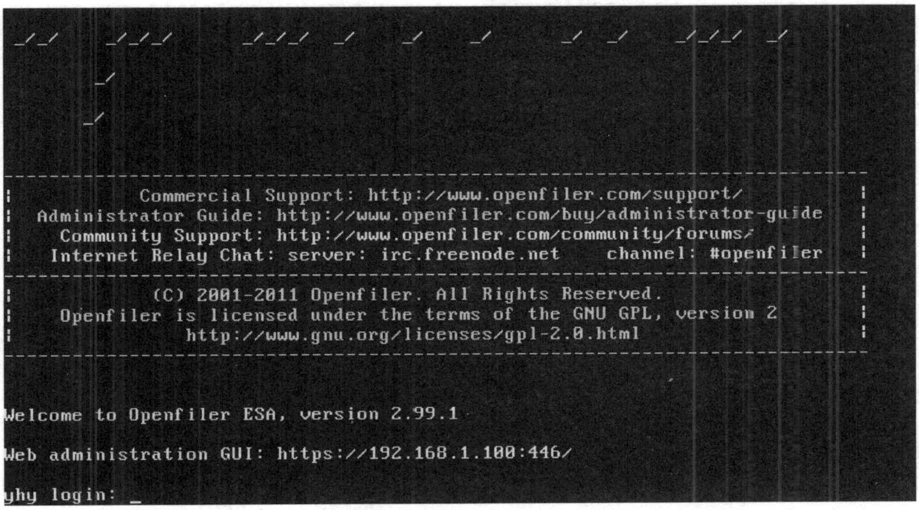

图 3-40 Openfiler 安装成功重启后界面

第 3 步：登录 Openfiler

如图 3-40 所示，打开 IE 浏览器，输入 https://192.168.1.100:446，使用默认的用户名密码进行登录：用户名 Username 为 openfiler，密码 Password 为 password，如图 3-41 所示。

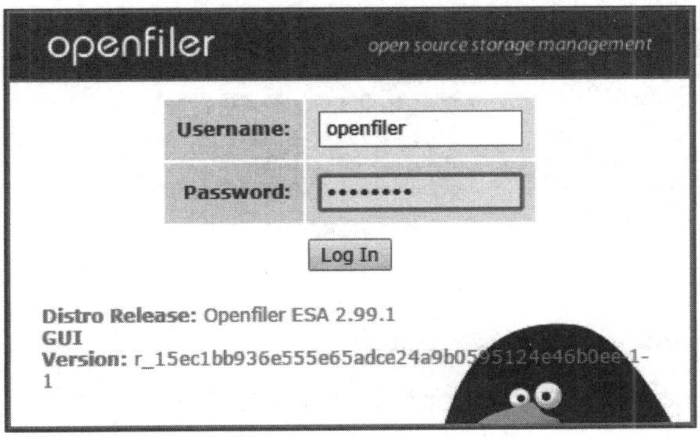

图 3-41 Openfiler 登录界面

单击 Log In 按钮登录系统。

第 4 步：配置 IP 地址以及允许访问 iSCSI 的 IP 地址段

单击 System 菜单，检查一下 IP 等设置情况（也可以单击 Configure 对 IP 地址进行配置），如图 3-42 所示。

在 System 页面下方配置允许访问 iscsi 的 IP 地址。本例填入 192.168.1.0 网段，类型选择 Share，添加完成后单击 Update 按钮，如图 3-43 所示

第 5 步：添加物理磁盘

关闭 Openfiler 系统，依次单击“编辑虚拟机设置”→“添加”，选中“硬件”，添加 3 块 20GB 的硬盘，如图 3-44 所示。

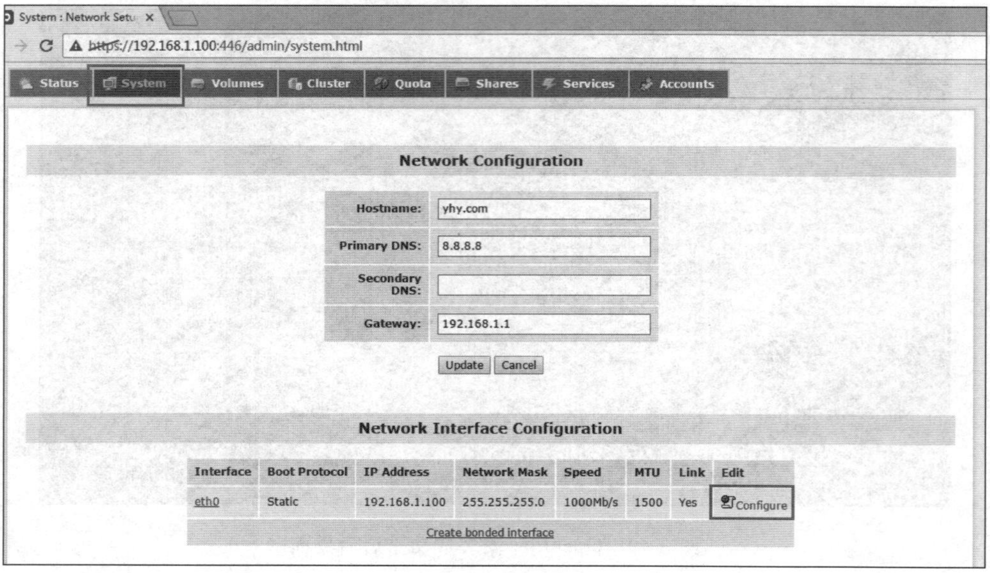

图 3-42　IP 地址配置界面

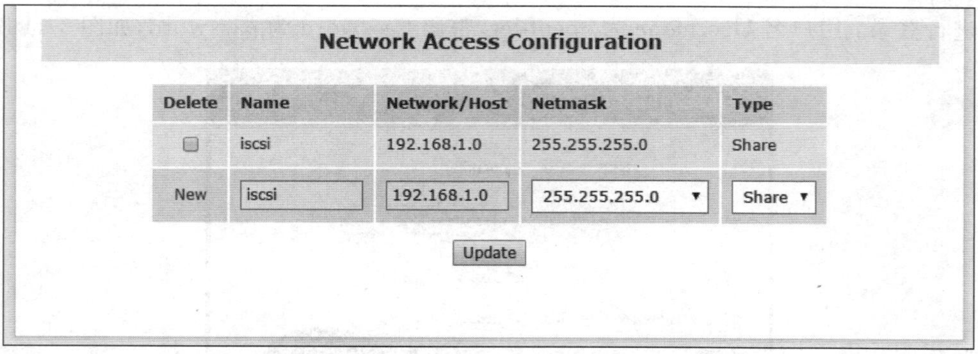

图 3-43　配置允许访问 iscsi 的 IP 地址界面

第 6 步：对磁盘进行操作

开机重新登录 Openfiler 系统，单击 Volumes 菜单，选择右侧的 Block Devices，会显示系统所挂载的硬盘，如图 3-55 所示。

单击其中的/dev/sdb，进入到磁盘编辑界面，可以看到已经分配磁盘分区信息。创建一个新的分区，在 Partition Type 处选择 RAID array member，输入 Ending cylinder 值（此处默认，所有剩余空间划为一个分区），单击 Create 按钮，如图 3-46 所示。

然后再依次单击 Block Devices、/dev/sdc、/dev/sdd，对几个硬盘都创建新的分区，再次单击 Block Devices 看到 Partitions 从 0 变成了 1，如图 3-47 所示。

第 7 步：创建 RAID-5 磁盘阵列

单击右侧的 Software RAID 按钮，在 Select RAID array type 下选择将要创建的 RAID 阵列类型为 RAID-5(parity)，然后单击 Add array 创建 RAID-5 磁盘阵列，如图 3-48 所示。

图 3-44　添加 3 块硬盘效果图

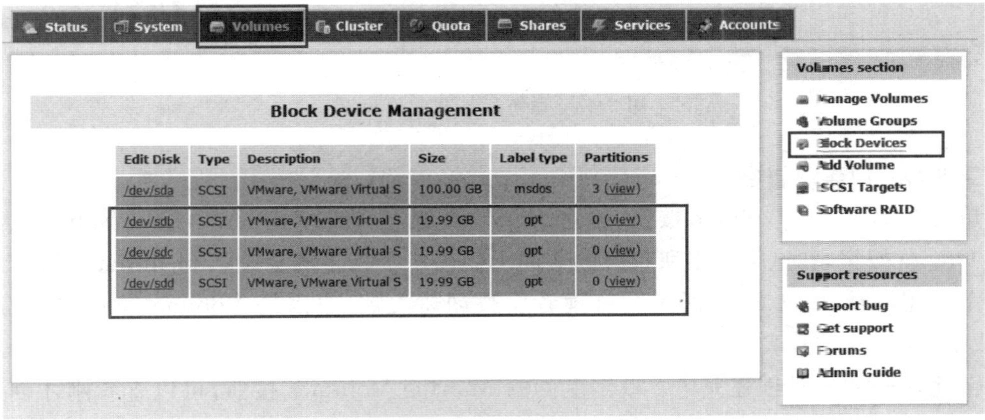

图 3-45　系统所挂载的硬盘-1

第 8 步：创建卷组(VG)

单击右侧的 Volume Groups，填写 Volume group name(此处为 scsi-vg)，选中刚创建的 RAID5 设备/dev/md0，单击 Add volume group，创建卷组，如图 3-49 所示。

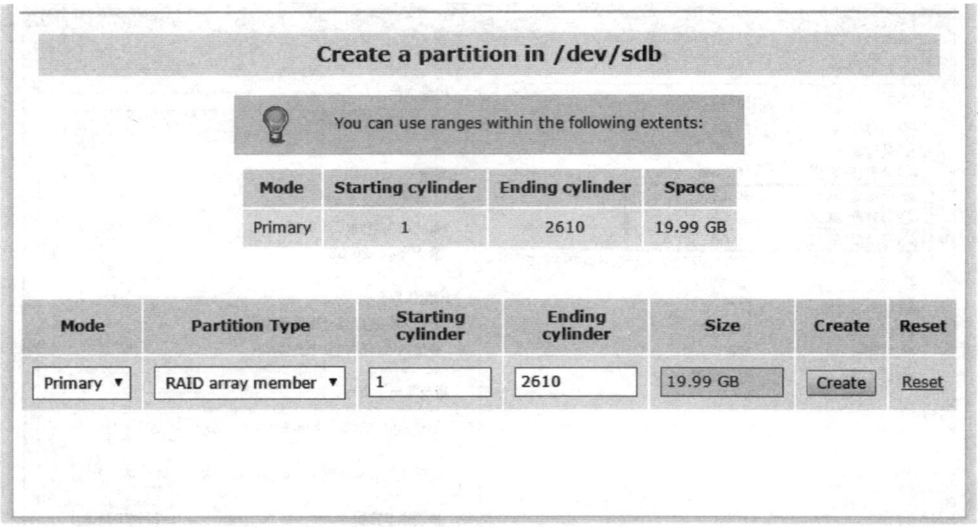

图 3-46　创建分区界面

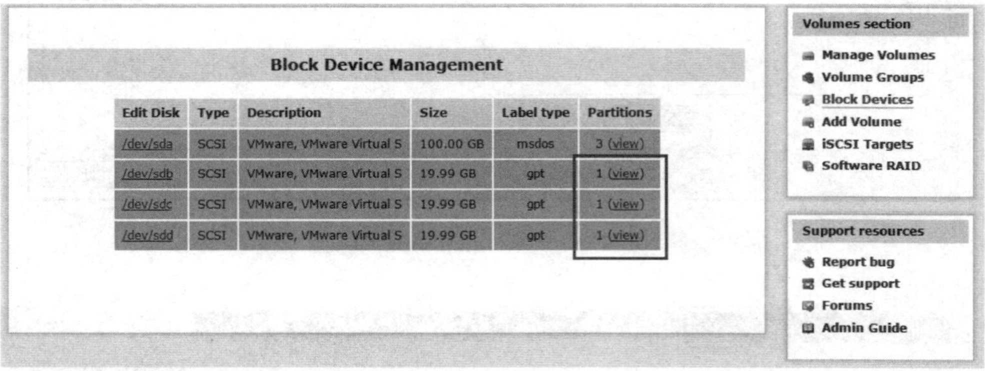

图 3-47　系统所挂载的硬盘-2

第 9 步：创建逻辑卷（LV）

单击右侧的 Add volume 按钮，创建 iSCSI 卷，填写 Volume Name，输入 Volume 大小，单击 Create 按钮，在这个卷组所包含的空间上创建一个真正的会挂接到 Initiator 客户端服务器上的逻辑卷，如图 3-50 所示。有读者反映创建失败，原因是 Volume Name 中出现点（.）或下画线（_）等非法字符。

至此，iSCSI 磁盘创建完毕。单击左侧的 Manage Volumes 按钮，可以查看刚才创建的逻辑卷 Lun，在创建逻辑卷 Lun 时可以选择所需要的大小，而不是选择整个卷组，Openfiler 对磁盘的灵活性体现出来了，一个卷组可以划分多个逻辑 Lun，卷组本身又可以来自多个物理磁盘。

第 10 步：开启 iSCSI Target Server 服务

单击上方的 Service 标签，将 iSCSI Target Server 的 Boot Status 设置为 Enabled，Current Status 设置为 Running，如图 3-51 所示。

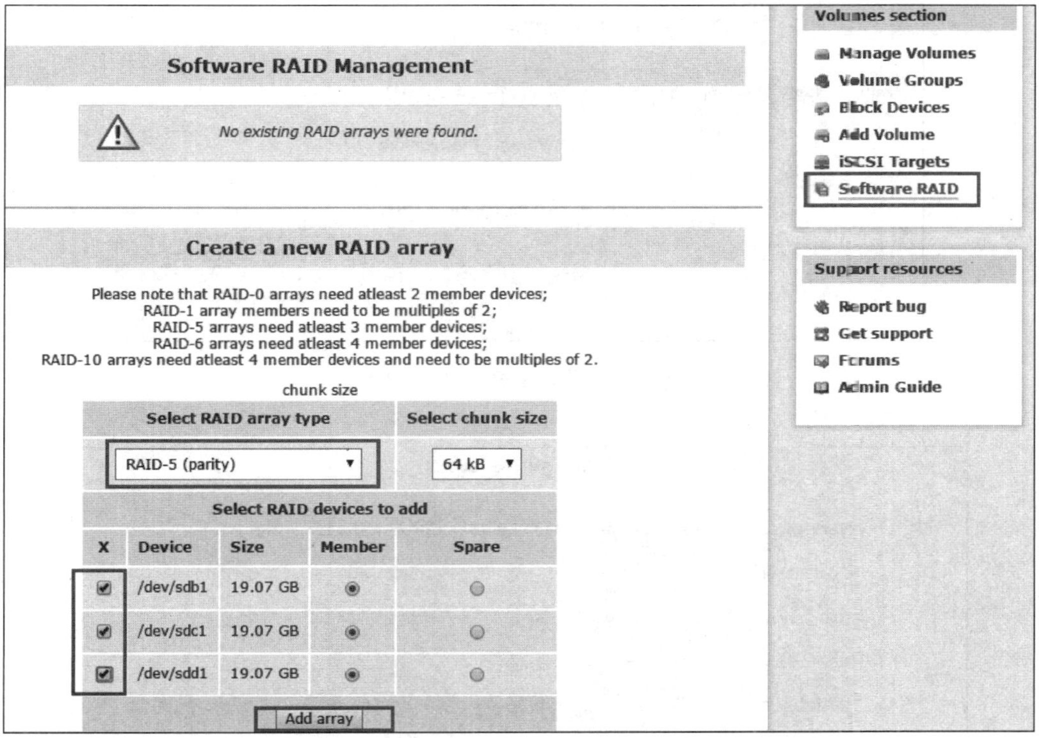

图 3-48 创建 RAID-5 磁盘阵列

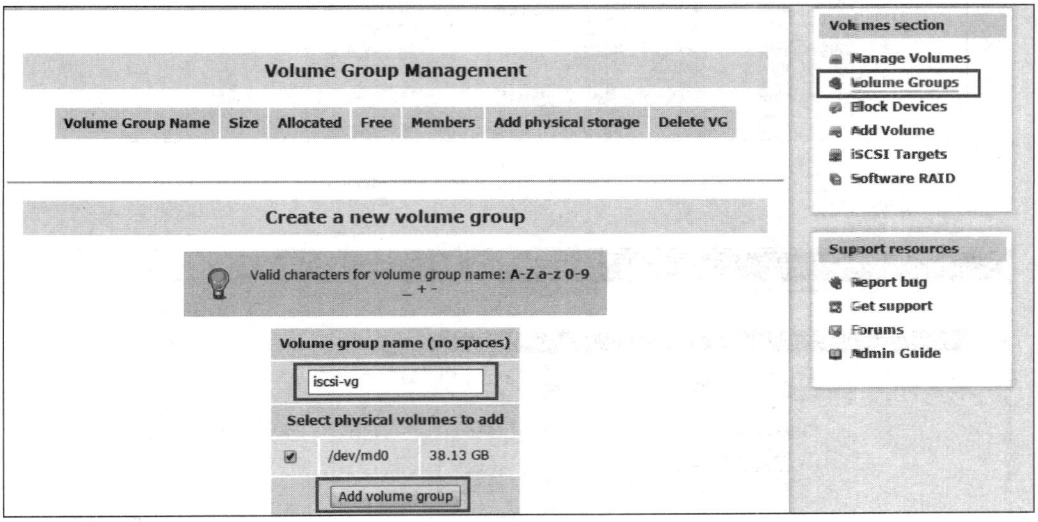

图 3-49 创建卷组界面

第 11 步：添加 iSCSI Target

单击 Volumes 标签，然后单击右侧的 iSCSI Targets，再单击 Add 按钮，添加一个 iSCSI Target，如图 3-52 所示。

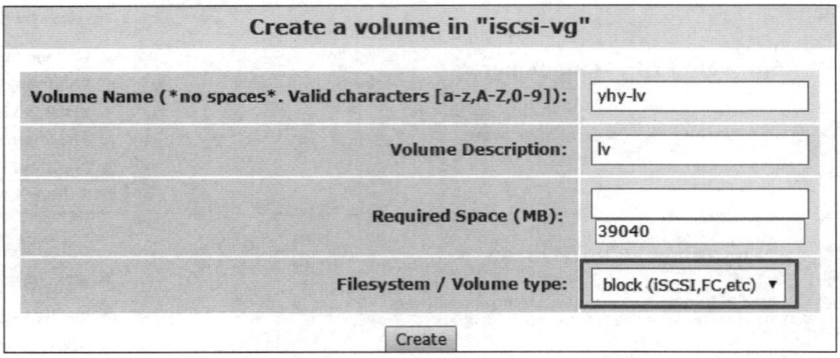

图 3-50　创建逻辑卷(LV)界面

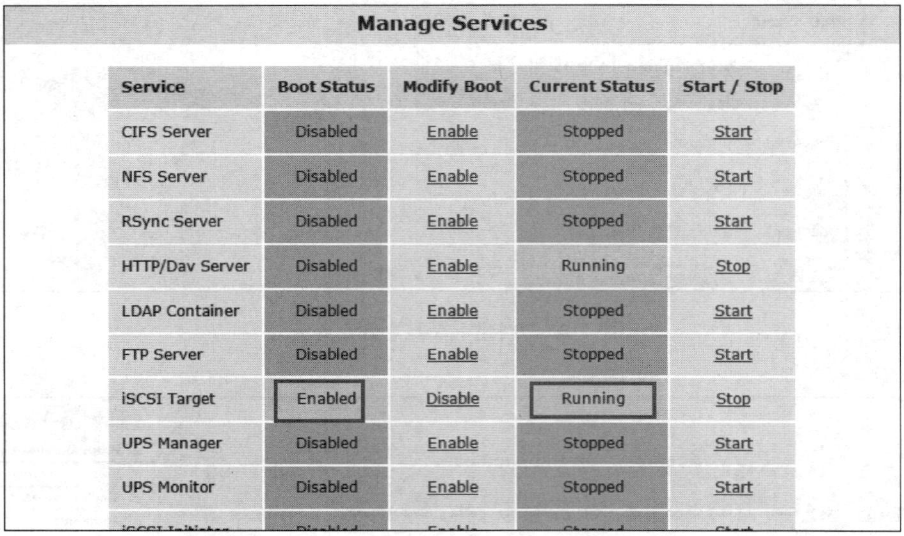

Manage Services
Service
Boot Status
Modify Boot
Current Status
Start / Stop
CIFS Server
NFS Server
RSync Server
HTTP/Dav Server
LDAP Container
FTP Server
iSCSI Target
UPS Manager
UPS Monitor
Disabled
Enabled
Enable
Disable
Stopped
Running
Start
Stop

图 3-51　开启 iSCSI Target Server 服务

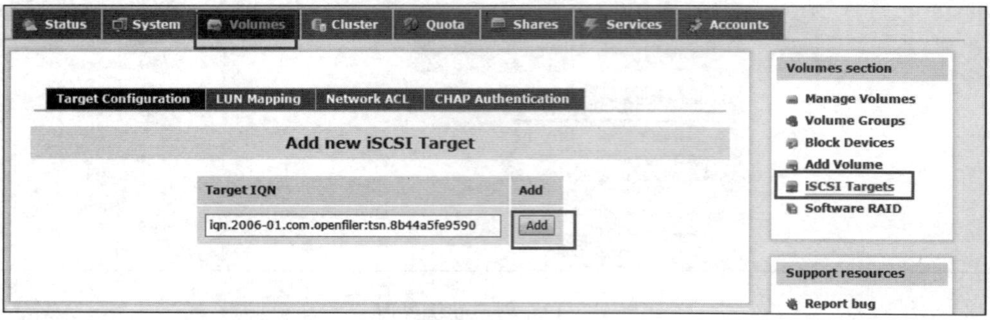

图 3-52　添加一个 iSCSI Target

第 12 步：关联 Target

单击导航栏下方的 LUN Mapping，可以看到之前划出来可用于挂载的逻辑卷 Lun，将这个逻辑卷 Map 至该 Target。保持默认选项，单击 Map 按钮即可，如图 3-53 所示。

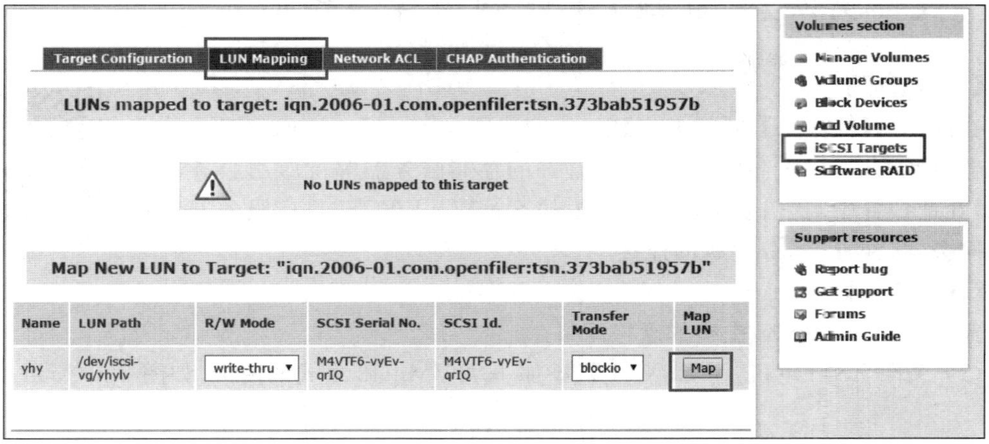

图 3-53　关联 Target

第 13 步：设置 Network ACL

最后单击 Network ACL，可以设置允许访问或拒绝访问的网段，在 Access 下选择 Allow，将允许 192.168.1.0/255.255.255.0 所在网段的主机访问，然后单击 Update 按钮，如图 3-54 所示，大功告成。

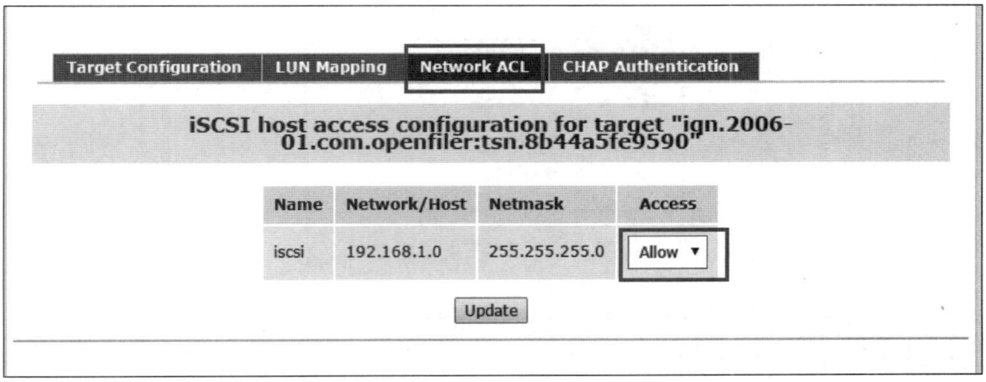

图 3-54　设置 Network ACL

单击 CHAP Authentication，添加可以访问此 target 的用户（可选）。

注意：Block Device——物理的磁盘。

Physical Volume——物理磁盘的分区，是组成 Volume Group 的单元。

Volume Group——由一个或多个物理磁盘分区（Physical volume）组成，是组成 Logical Volume 的单元。

RAID Array Member——用做 RAID 的一块单独“硬盘”。

至此，Openfiler 存储服务器安装配置完成，本任务结束。

【任务四】 挂载 iSCSI 网络存储器到 ESXi 主机

【任务说明】

在前面的【任务二】和【任务三】中，我们分别配置了 Starwind iSCSI 目标服务器以及 Openfiler 存储服务器，配置好的存储服务器等待应用服务器的连接，在此任务中，我们使用【任务二】中的 StarWind iSCSI 目标服务器作为存储服务器，配置 ESXi 主机的连接。

【任务实施】

第 1 步：配置 ESXi 主机的虚拟网络

(1) 关闭 ESXi 主机，为 ESXi 主机添加一块 VMnet3 模式的网卡，如图 3-55 所示。

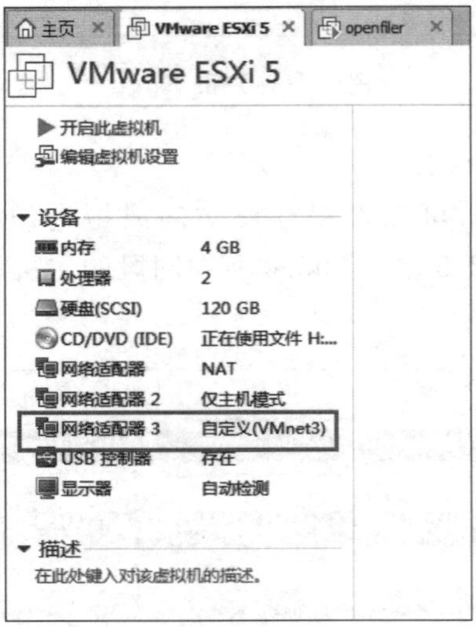

图 3-55　ESXi 主机配置

(2) 开启 ESXi 主机并使用 vSphere Client 进行连接，选中 ESXi 主机 192.168.1.88，切换到“配置”选项卡，单击“硬件”→“网络适配器”，可以看到 ESXi 主机识别出了 3 块网卡 vmnic0、vmnic1、vmnic2，如图 3-56 所示。

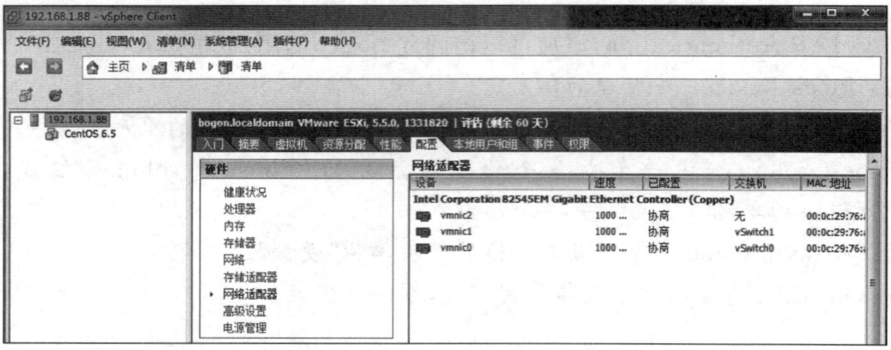

图 3-56　ESXi 主机物理网卡

(3) 选择“配置”→“网络”，单击“添加网络”，“连接类型”选择 VMkernel，如图 3-57 所示。

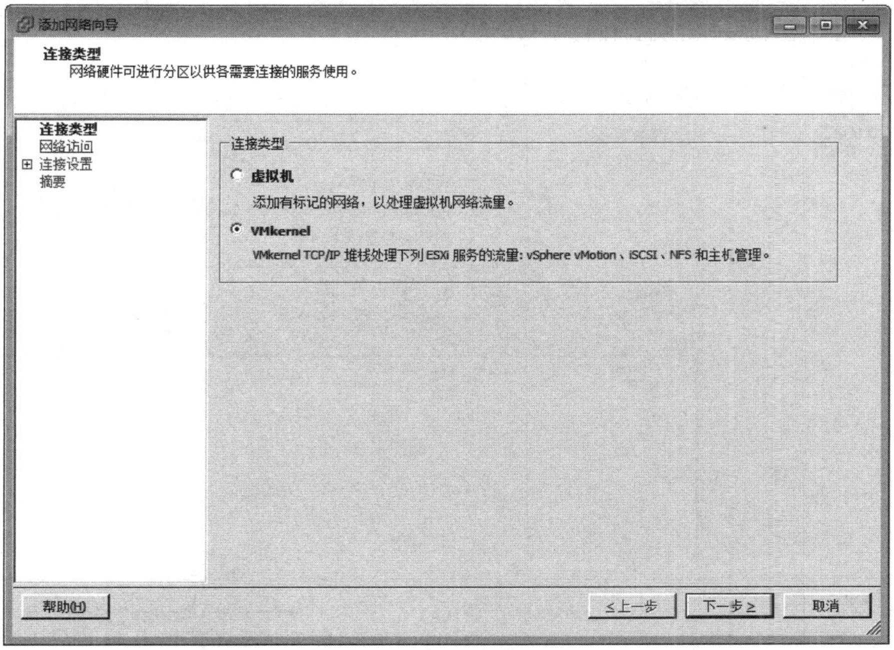

图 3-57　添加 VMkernel 端口

(4) 选择“创建 vSphere 标准交换机”，选中 vmnic2 网卡，如图 3-58 所示。

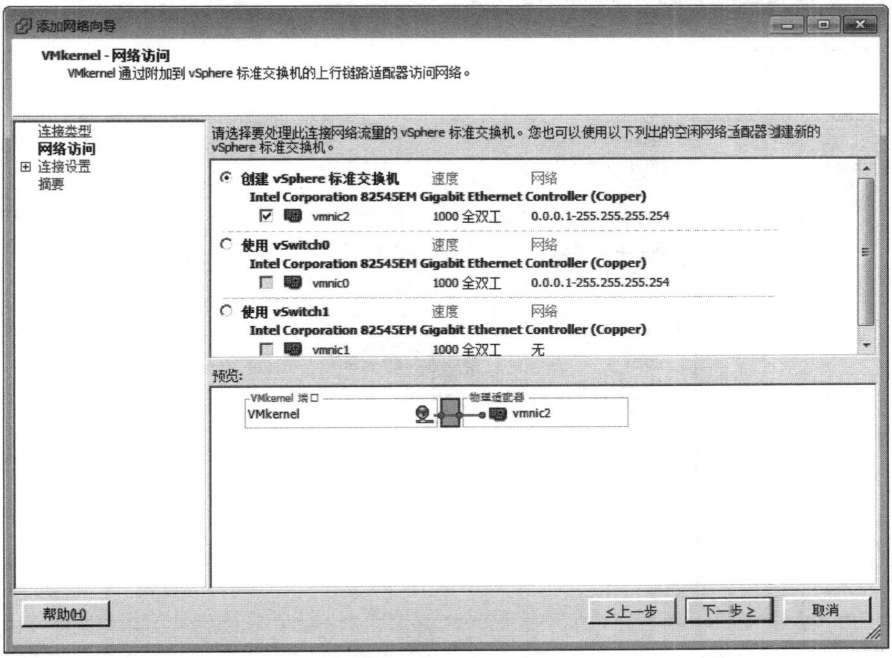

图 3-58　创建 vSphere 标准交换机

（5）在"网络标签"处输入 iSCSI，如图 3-59 所示。

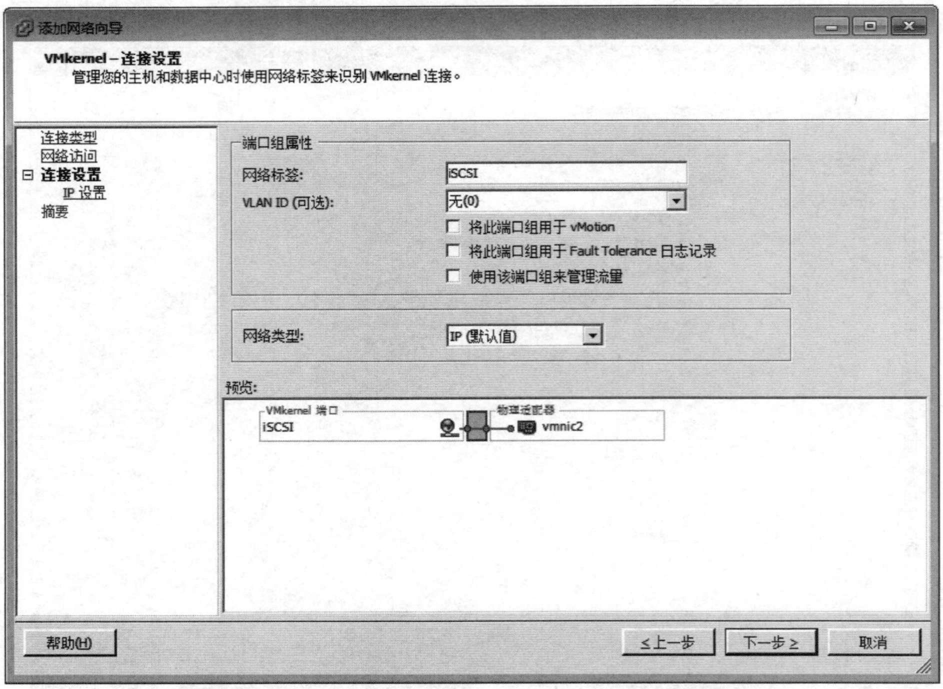

图 3-59　输入网络标签

（6）设置 IP 地址为 192.168.2.128，子网掩码为 255.255.255.0，如图 3-60 所示。

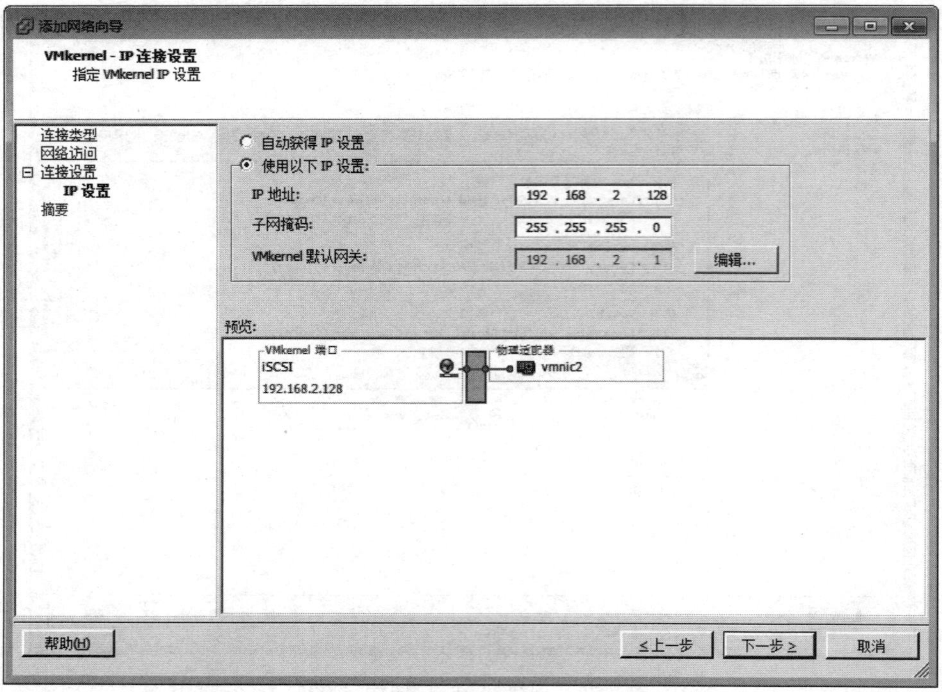

图 3-60　设置 VMkernel 端口的 IP 地址

(7) 完成向导,如图 3-61 所示。

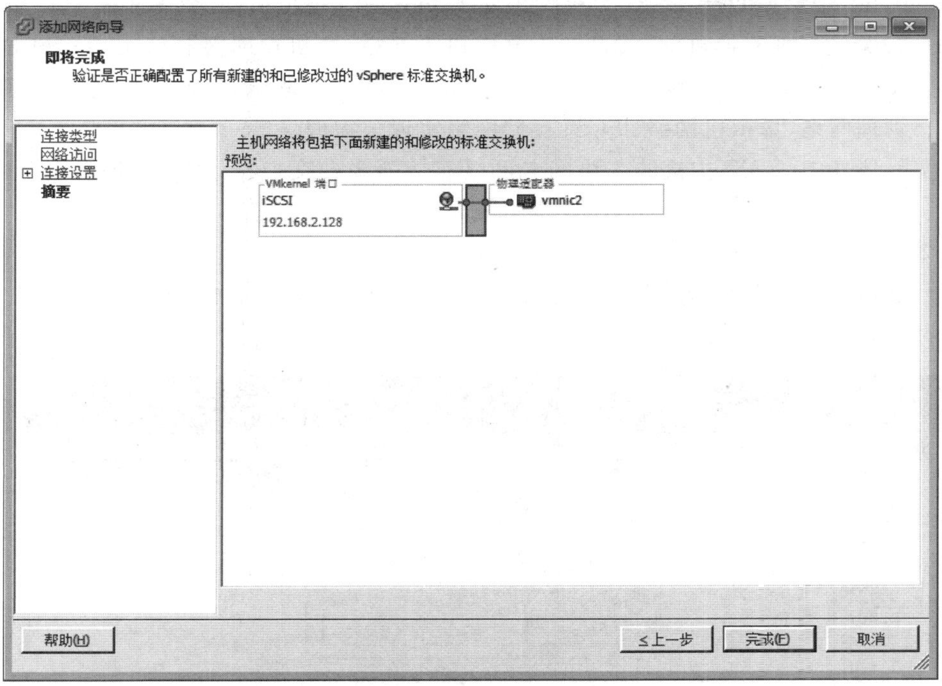

图 3-61　完成 VMkernel 端口创建

(8) 图 3-62 所示为配置完成后的 ESXi 主机虚拟网络。

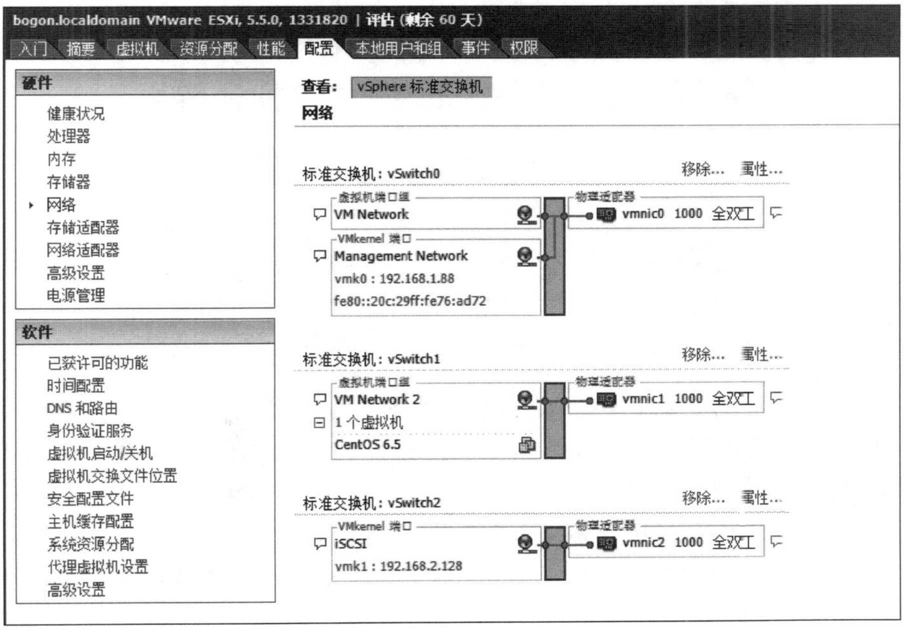

图 3-62　ESXi 主机虚拟网络

从图 3-62 中可以看到，管理网络（VMkernel 端口：Management Network）关联标准交换机 vSwitch0，上联端口为 ESXi 主机物理网卡 vmnic0；虚拟机网络（虚拟机端口组：VM Network 2）关联标准交换机 vSwitch1，上联端口为 ESXi 主机物理网卡 vmnic1；iSCSI 存储网络（VMkernel 端口：iSCSI）关联标准交换机 vSwitch2，上联端口为 ESXi 主机物理网卡 vmnic2。管理网络、虚拟机网络、iSCSI 存储网络实现了物理隔离。

在实际环境中，ESXi 主机的 3 块网卡可以连接第 3 台交换机，实现物理隔离；也可以连接到一台交换机的不同 VLAN，实现逻辑隔离。

第 2 步：配置 ESXi 主机的 iSCSI 适配器

（1）选择"配置"→"存储适配器"，单击"添加"按钮，选择"Add Software iSCSI Adapter"，如图 3-63 所示。

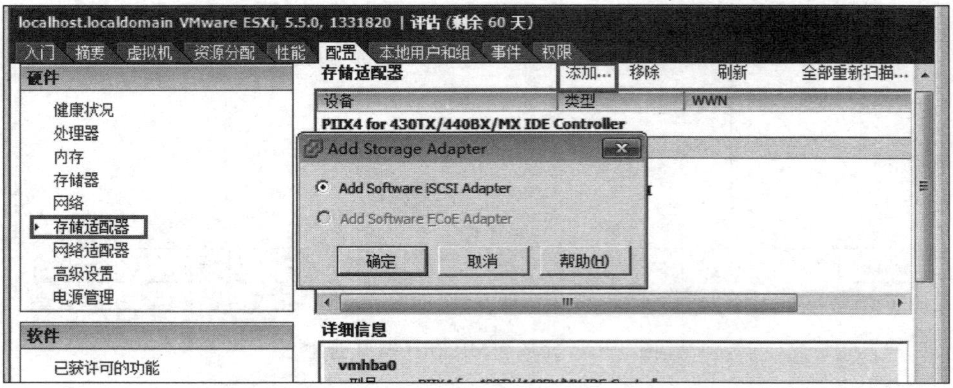

图 3-63　添加软件 iSCSI 适配器-1

（2）ESXi 主机提示将添加新的软件 iSCSI 适配器，如图 3-64 所示。

图 3-64　添加软件 iSCSI 适配器-2

（3）选中 iSCSI 软件适配器，右击选择快捷菜单中的"属性"命令，如图 3-65 所示。

（4）切换到"网络配置"选项卡，单击"添加"按钮，选中新创建的 VMkernel 端口 iSCSl（vSwitch2），如图 3-66 所示。

（5）如图 3-67 所示，已经将 VMkernel 端口 iSCSI 绑定到 iSCSI 软件适配器。

（6）切换到"动态发现"选项卡，单击"添加"按钮，输入 iSCSI 服务器的 IP 地址 192.168.2.1，如图 3-68 所示。

（7）切换到"静态发现"选项卡，可以看到 iSCSI 目标服务器所提供的 iSCSI 目标 IQN，如图 3-69 所示。

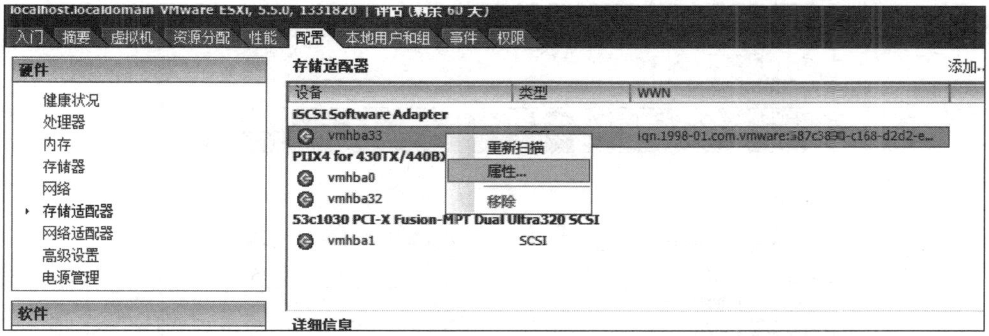

图 3-65　iSCSI 软件适配器

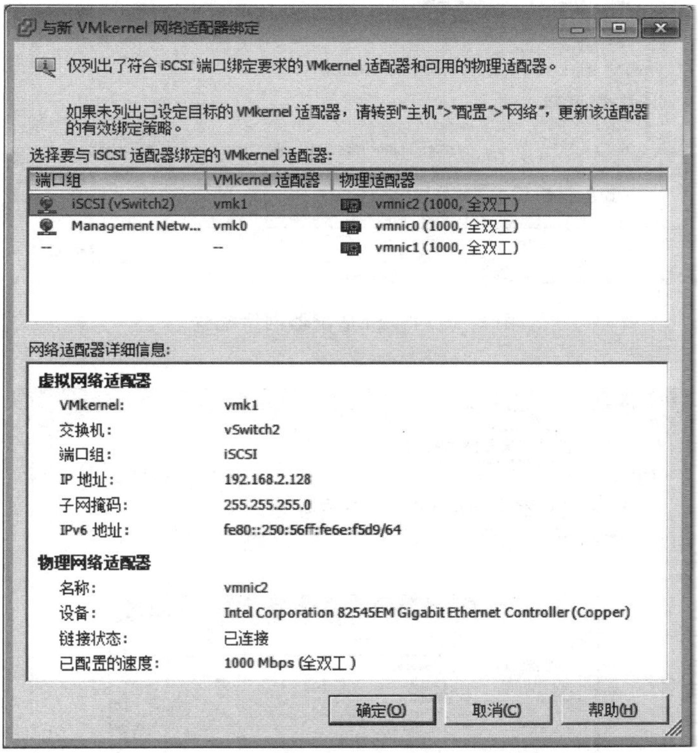

图 3-66　为 iSCSI 适配器绑定 VMkernel 端口

(8) 关闭 iSCSI 启动器属性，出现图 3-70 所示的提示，单击"是"按钮重新扫描适配器。

(9) 在 iSCSI 软件适配器的详细信息里查看"路径"，可以看到 iSCSI 目标的 LUN，如图 3-71 所示。

第 3 步：为 ESXi 主机添加 iSCSI 存储

(1) 选择"配置"→"存储器"，单击"添加存储器"，在"存储器类型"中选择"磁盘/LUN"，如图 3-72 所示。

(2) 选中新发现的 iSCSI 目标和 LUN，如图 3-73 所示。

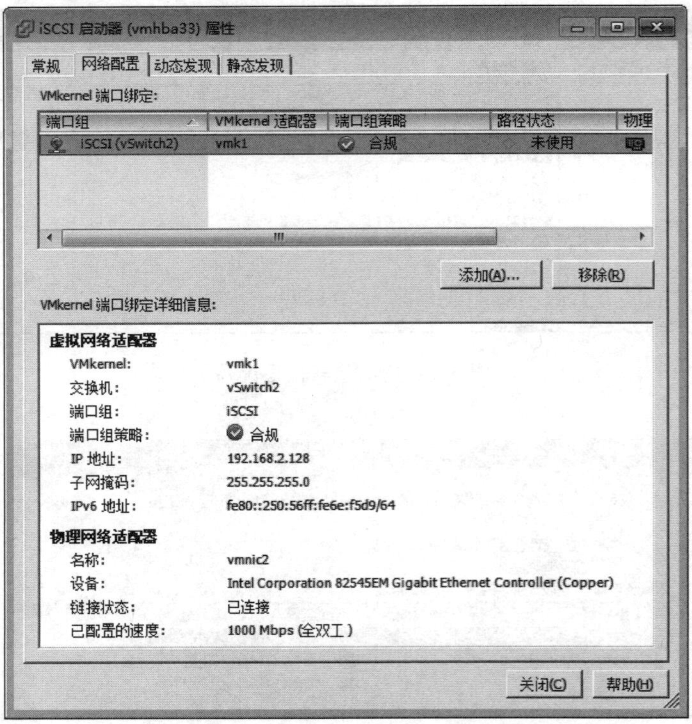

图 3-67 iSCSI 适配器网络配置

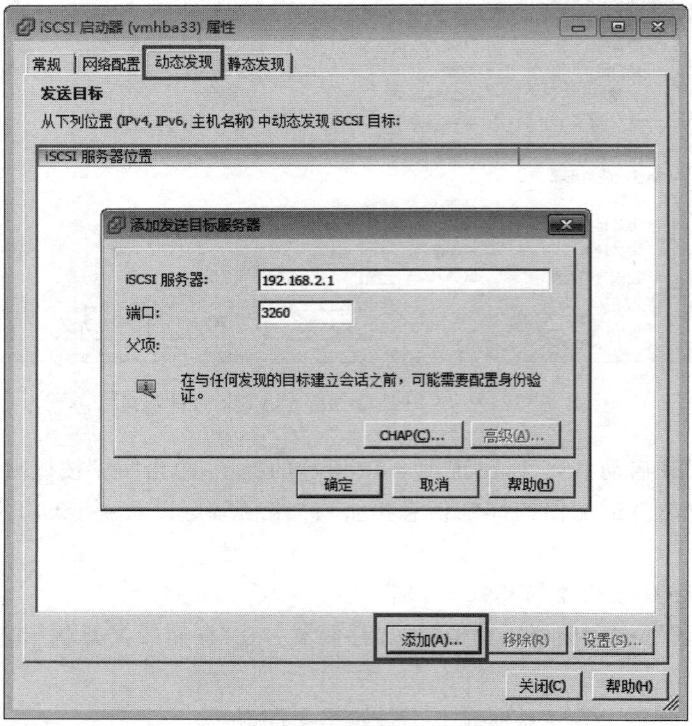

图 3-68 添加 iSCSI 目标服务器

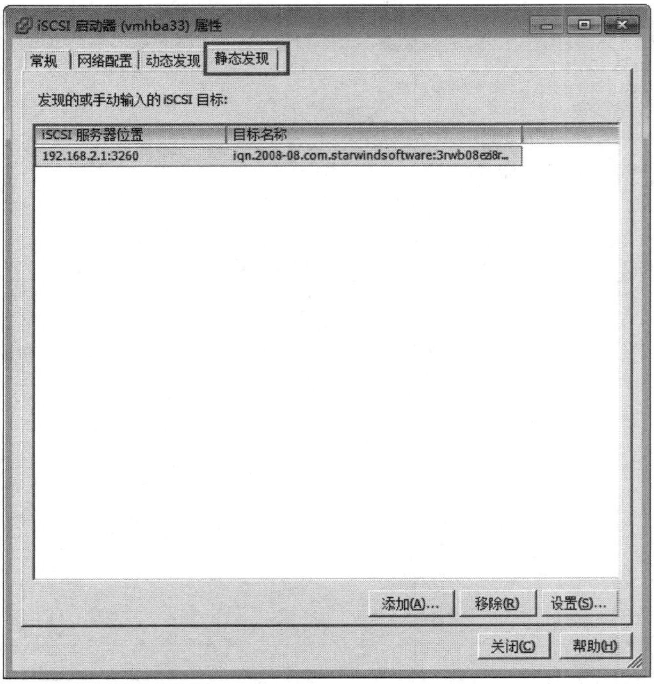

图 3-69　已发现 iSCSI 目标

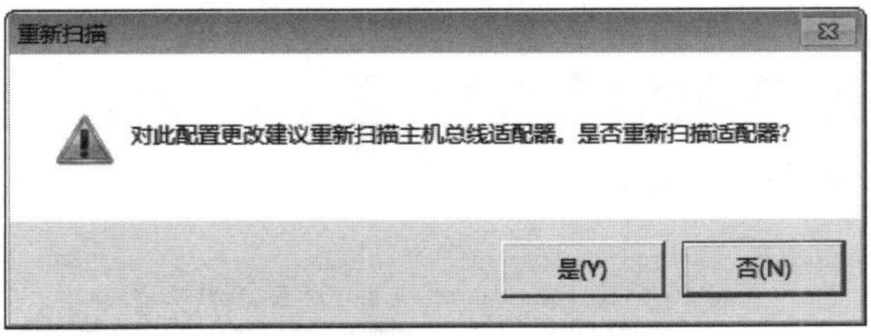

图 3-70　重新扫描适配器

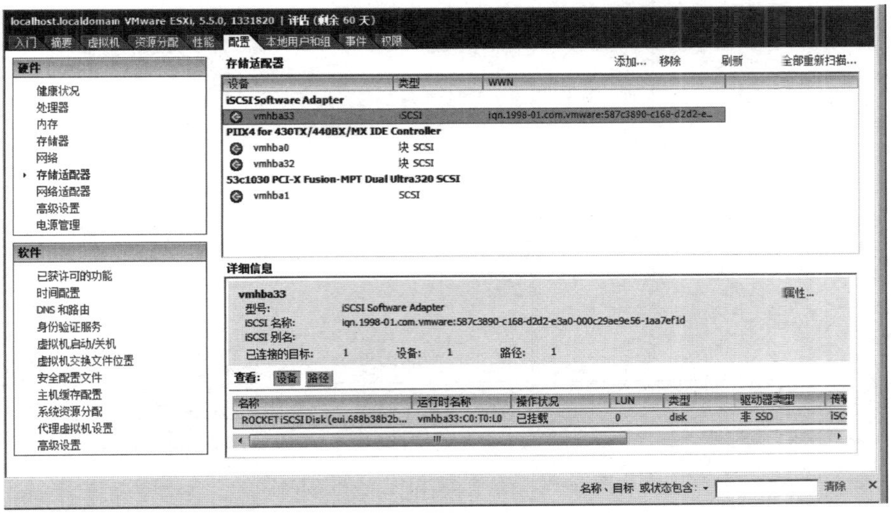

图 3-71　iSCSI 目标的 LUN

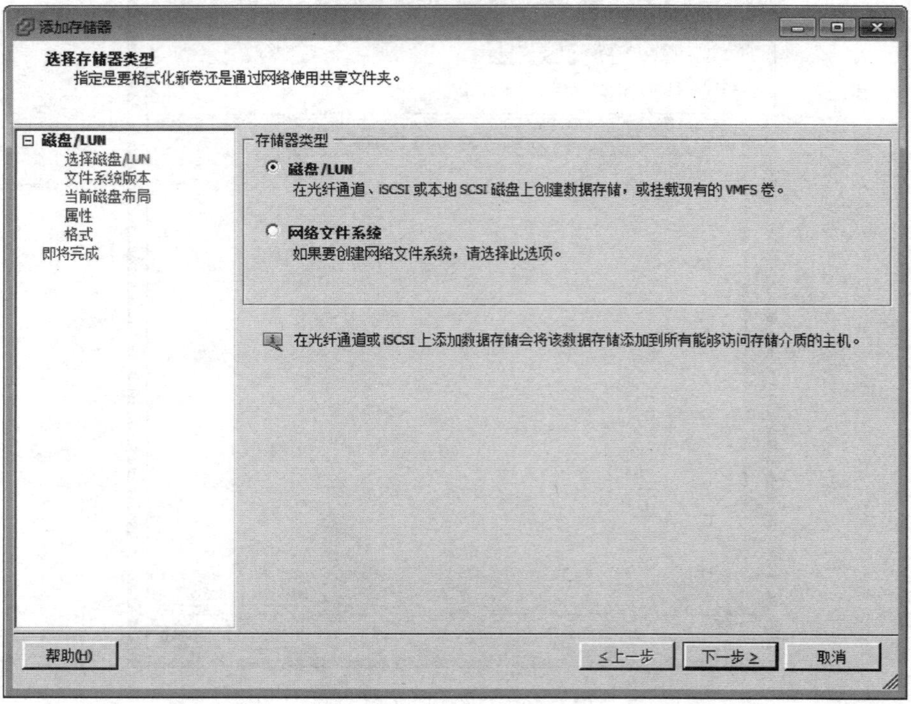

图 3-72 添加磁盘/LUN

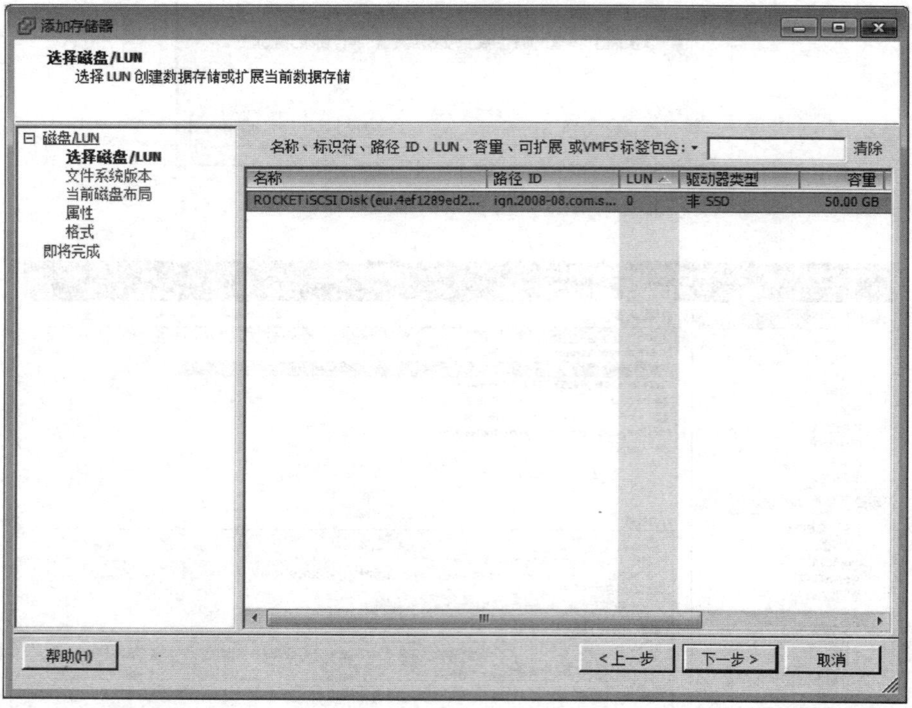

图 3-73 选择 iSCSI 目标和 LUN

(3) 选择文件系统版本为 VMFS-5，如图 3-74 所示。

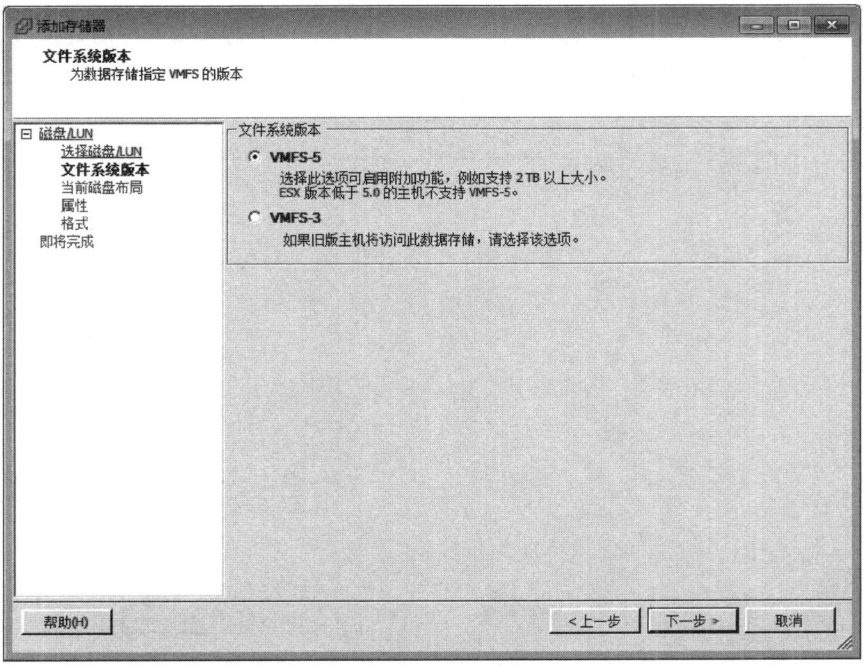

图 3-74　选择文件系统版本

(4) 因为 iSCSI 硬盘是空白的，所以将会创建新分区，如图 3-75 所示。

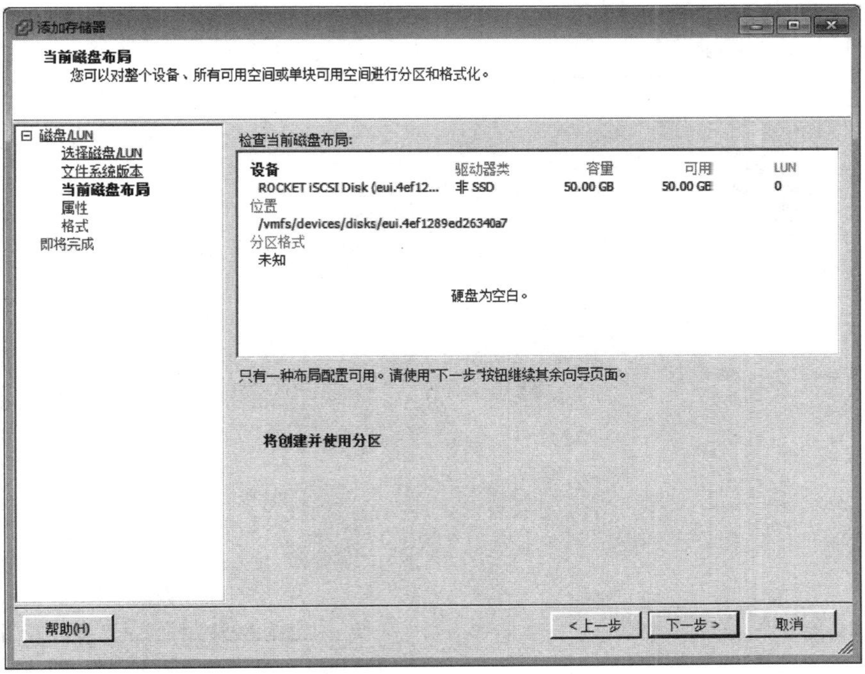

图 3-75　创建分区

（5）输入数据存储名称为 iSCSI-Starwind，如图 3-76 所示。

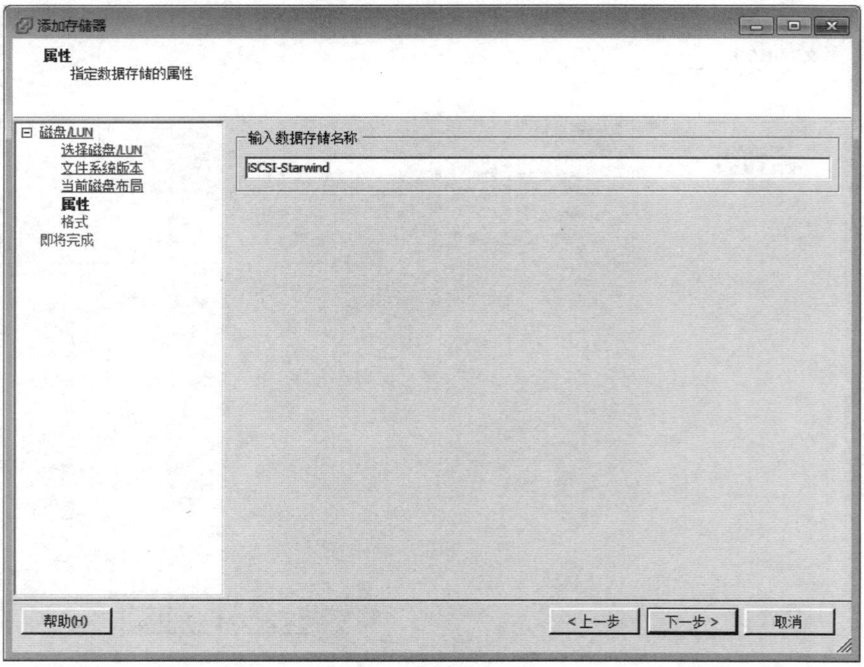

图 3-76　输入数据存储名称

（6）选中“最大可用空间”，如图 3-77 所示。

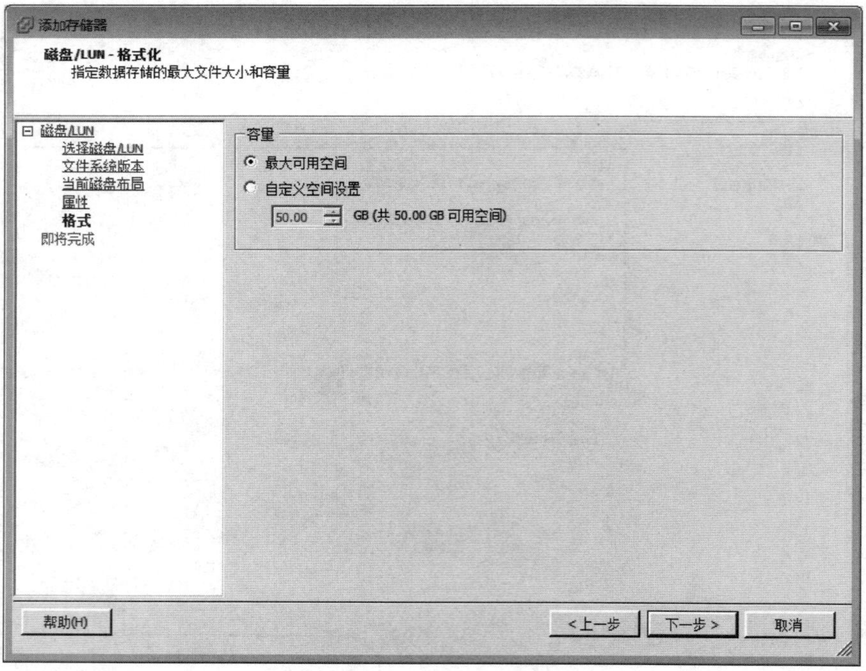

图 3-77　使用“最大可用空间”

（7）单击“完成”按钮，开始创建 VMFS 数据存储。已经添加好的 iSCSI 存储如图 3-78 所示。

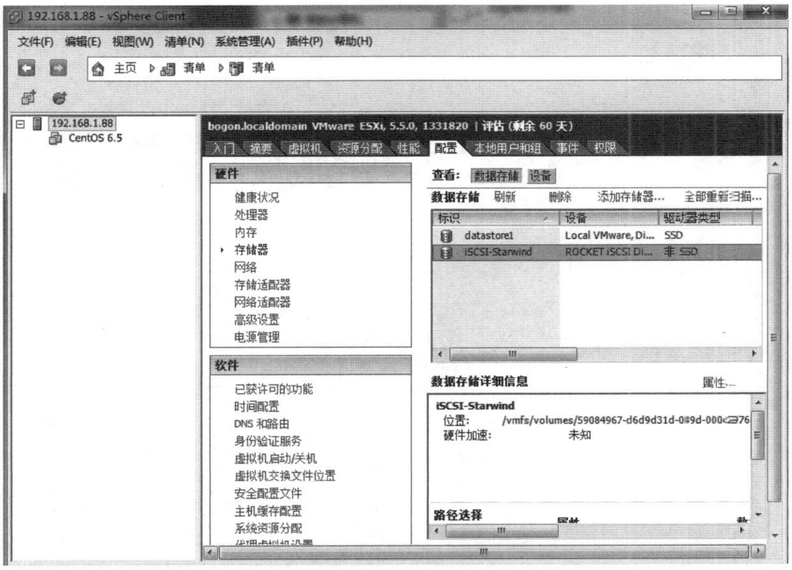

图 3-78 已经添加好的 iSCSI 存储

第 4 步：使用 iSCSI 共享存储

使用 iSCSI 共享存储的方法与使用 ESXi 本地存储的方法相同。以下为创建新虚拟机时，选择使用 iSCSI 存储的过程。

（1）新建虚拟机 CentOS，如图 3-79 所示。

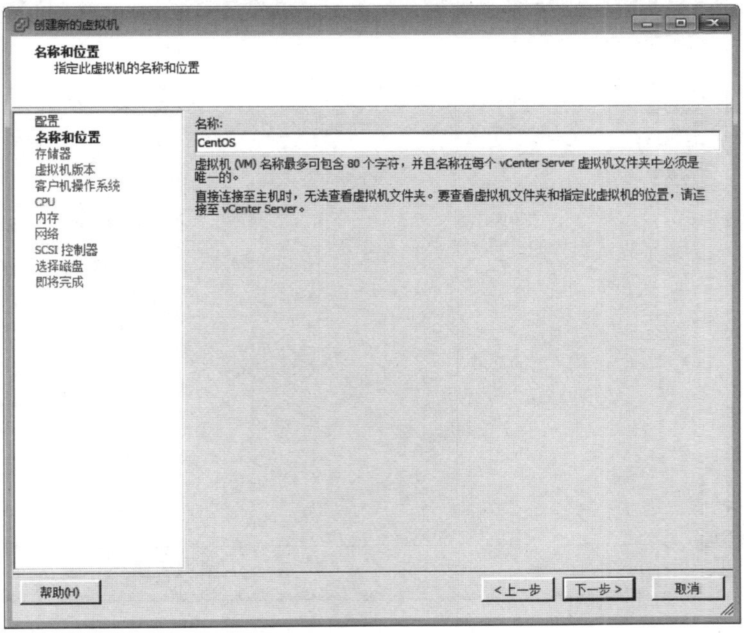

图 3-79 新建虚拟机

(2) 在选择目标存储时，指定将虚拟机保存在 iSCSI-Starwind 存储中，如图 3-80 所示。

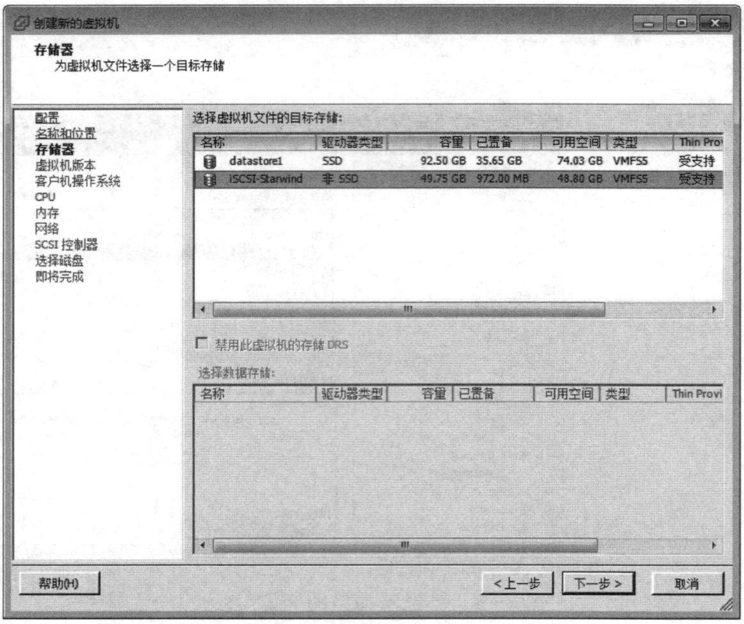

图 3-80　选择目标存储

(3) 设置虚拟磁盘的大小，指定置备方式为 Thin Provision(精简配置)，如图 3-81 所示。

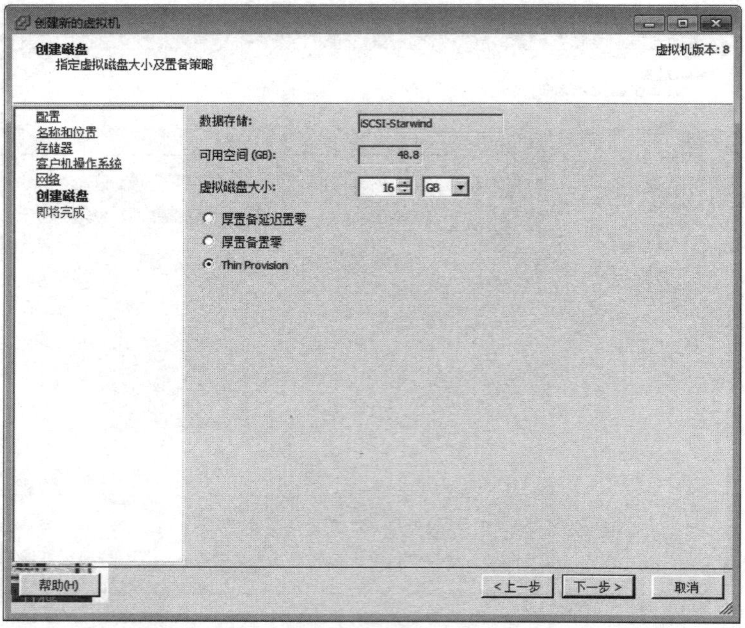

图 3-81　设置虚拟磁盘的大小和置备方式

(4) 如图 3-82 所示为 iSCSI 存储中新创建的虚拟机文件。

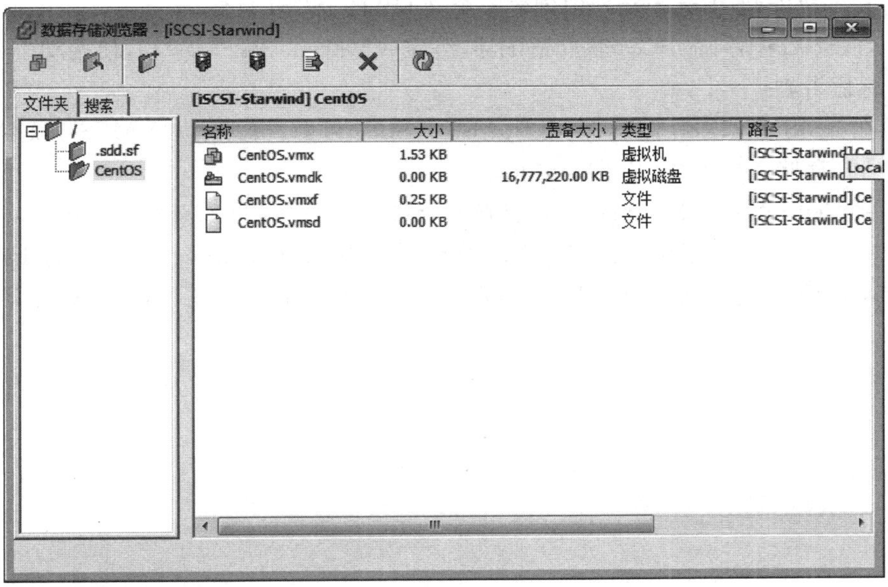

图 3-82 iSCSI 存储中的文件

将虚拟机文件保存在 iSCSI 存储上后，虚拟机的硬盘就不在 ESXi 主机上保存了。这样，虚拟机的 CPU、内存等硬件资源在 ESXi 主机上运行，而虚拟机的硬盘则保存在网络存储上，实现了计算、存储资源的分离。接下来的项目中所涉及的 vSphere vMotion、vSphere DRS、vSphere HA 和 vSphere FT 等高级特性都需要网络共享存储才能实现。

至此，Starwind 的 iSCSI 网络存储已经挂载到 ESXi 主机，此任务结束。

【项目拓展训练】

1. VMware vSphere 支持哪些存储方式？

2. iSCSI 系统包含哪些组件？每个组件的具体作用是什么？

3. 按要求完成如下任务：

(1) 在 VMware Workstation 的虚拟网络编辑器中，添加 VMnet2 虚拟网络，类型为仅主机模式。将 VMnet1、VMnet2 和 VMnet8 的网段分别设置为 192.168.1.0/24、192.168.2.0/24 和 192.168.3.0/24。

(2) 创建 VMware ESXi 虚拟机，内存为 4GB，为虚拟机配置 3 个网卡，网络类型分别为仅主机模式、NAT 模式、VMnet2 模式。

(3) 安装 VMware ESXi 5.5，将管理网络的 IP 地址设置为 192.168.1.88(仅主机模式)。

(4) 使用 vSphere Client 连接到 ESXi，添加虚拟机端口组 ForVM，创建标准交换机，绑定 vmnic1 网卡。

(5) 添加 VMkernel 端口，名称为 iSCSI，创建标准交换机，绑定 vmnic2 网卡，设置 IP

地址 192.168.2.88。

（6）在本机安装的 Starwind 中创建一个 20GB 的 iSCSI 目标。

（7）在 ESXi 中添加 iSCSI 软件适配器，绑定 VMkernel 端口 iSCSI，使用动态方式添加 iSCSI 目标服务器。

（8）在 ESXi 中添加存储器，使用新发现的 iSCSI 目标，格式化为 VMFS-5 文件系统，使用全部空间，存储名称为 iSCSI-Openfiler。

（9）将 CentOS-6.5-Minimal 的安装光盘 ISO 上传到存储 iSCSI-Openfiler。

（10）在 ESXi 中创建虚拟机 CentOS，放在存储 iSCSI-Openfiler 上，内存为 1GB。安装操作系统，将 IP 地址设置为 192.168.3.88/24，安装完成后，从本机 ping 虚拟机 CentOS 的 IP 地址。

项目四 安装 vCenter Server 与部署 vCSA

【项目说明】

VMware vCenter Server 是 vSphere 虚拟化架构的中心管理工具，使用 vCenter Server 可以集中管理多台 ESXi 主机及其虚拟机，vCenter Server 允许管理员以集中方式部署、管理和监控虚拟基础架构，并实现自动化和安全性。

在前面的几个项目中，我们已经使用 VMware ESXi 5.5 搭建了服务器虚拟化测试环境，基本掌握了安装 VMware ESXi、配置 vSphere 虚拟网络、配置 iSCSI 共享存储、创建虚拟机的方法，但是使用 vSphere Client 只能管理单台的 ESXi 主机，实现的功能非常有限，为了建设完整的 VMware vSphere 虚拟化架构，需要一台单独的服务器安装 vCenter Server，来管理多台 ESXi 主机，为实现 vSphere DRS、HA、FT 等功能做准备，在图 2-3 中，也较清晰地反映了管理 ESXi 主机的两种途径。

vCenter Server 有两种不同的版本：一种是基于 Windows Server 的应用程序；另一种是基于 Linux 的虚拟设备，称为 vCenter Server Appliance（简称 VCSA）。在接下来的【任务一】中将主要介绍基于 Windows Server 的 vCenter Server 配置与应用，在【任务二】中将介绍 vCenter Server Appliance 的部署与应用。在【任务三】中介绍 vCenter Server 最基本的应用管理。

【项目实施】

为简化项目的实施，我们将此项目分解成以下几个任务来分步实施，需要说明的是，【任务一】与【任务二】是两个二选一的任务，在生产中完成其中一个任务即可。

【任务一】安装 VMware vCenter Server

【任务二】部署 VMware vCenter Server Appliance（vCSA）

【任务三】使用 vSphere Web Client 管理 ESXi 主机

【任务一】 安装 VMware vCenter Server

4.1

【任务说明】

为了帮助实现可扩展性，vCenter Server 使用一个外部数据库（包括 SQL Server、Oracle）来存储数据。每个虚拟机、主机、用户信息等数据都存储在 vCenter Server 数据库中。该数据库可以位于 vCenter Server 的本地主机或远程主机上。

vCenter Server 支持的数据库包括 SQL Server（可用于 Windows 版 vCenter Server）和 Oracle（可用于 Linux 版 vCenter Server Appliance）。vCenter Server 的 Windows 版安装程序中包含一个内置的 SQL Server 2008 R2 Express 数据库，可以支持最多 5 台 ESXi 主机和

最多 50 个 VM 的小规模部署。

一个完整的 vCenter Server 部署包括 ESXi 主机、vSphere 客户端和 vSphere Web 客户端、vCenter Server、数据库、SSO(单点登录,用于 vCenter 用户认证)和活动目录等部分,其中活动目录不是必需的(在本任务中暂不使用活动目录,在后面的项目中介绍桌面虚拟化时,需要使用活动目录),如图 4-1 所示。

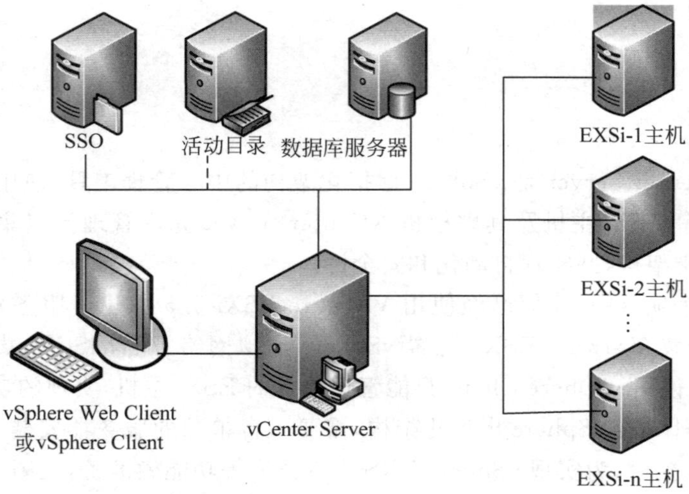

图 4-1 vCenter Server 体系结构

VMware vSphere 提供了两种客户端用于管理：基于 Windows 的 vSphereClient 和基于浏览器的 vSphere WebClient。在【项目二】的【任务二】中使用了 vSphereClient。安装了 vCenter Server 后,可以继续使用 vSphereClient,也可以使用 vCenter Server 提供的 vSphereWebClient 对 vSphere 进行管理。

vSphereClient 是一个基于 Windows 的应用程序,它可以管理 ESXi 主机。vSphereClient 既可以直接连接到 ESXi 主机,也可以连接到 vCenter Server 上,对多台 ESXi 主机进行管理。vSphereClient 可以完成日常管理任务以及虚拟基础架构的部分高级配置。

vSphere WebClient 提供了一个动态的 Web 用户界面,它可以管理 vSphere 虚拟基础架构。从 vSphere 5.5 开始,所有新功能只能通过 vSphere Web 客户端来使用,也就是说,有些任务只能在 vSphere WebClient 上完成,而不能再在基于 Windows 的传统 vSphereClient 上完成。VMware 声明 vSphere WebClient 将最终取代 vSphereClient,因此在接下来的项目中,所有的操作都将在 vSphere WebClient 中进行。

【任务实施】

为简化任务的实施,我们将此任务分解成以下几个子任务来分步实施：

【子任务一】配置 vCenter Server 基础环境

【子任务二】安装 VMware vCenter Server

【子任务一】 配置 vCenter Server 基础环境

基于 Windows Server 版本的 vCenter Server 硬件要求：2 个 64 位 CPU 或 1 个双核 64

位 CPU；CPU 速度 2GHz 及以上；4GB 以上内存；4GB 以上空闲硬盘空间；1 个网络适配器。

基于 Windows Server 版本的 vCenter Server 的操作系统要求：Windows Server 2003 64 位版本；Windows Server 2003 R2 64 位版本；Windows Server 2008 64 位版本；Windows Server 2008 R2 64 位版本。

基于 Windows Server 版本的 vCenter Server 的数据库服务器要求：Microsoft SQL Server 2005（32 位或 64 位，要求安装 SP3）；Microsoft SQL Server 2008（32 位或 64 位，要求安装 SP1）；Microsoft SQL Server 2008 R2；Microsoft SQL Server 2008 R2 Express（vCenter Server 内置）。

第 1 步：创建虚拟机

在 VMware Workstation 中创建虚拟机 vCenter Server，运行 Windows Server 2008 R2 操作系统，配置如图 4-2 所示。vCenter Server 对 CPU 和内存的要求都比较高，为虚拟机分配的 CPU 核心数至少应为 2 个，内存至少应为 5GB，有条件的话可以分配 6～8GB。

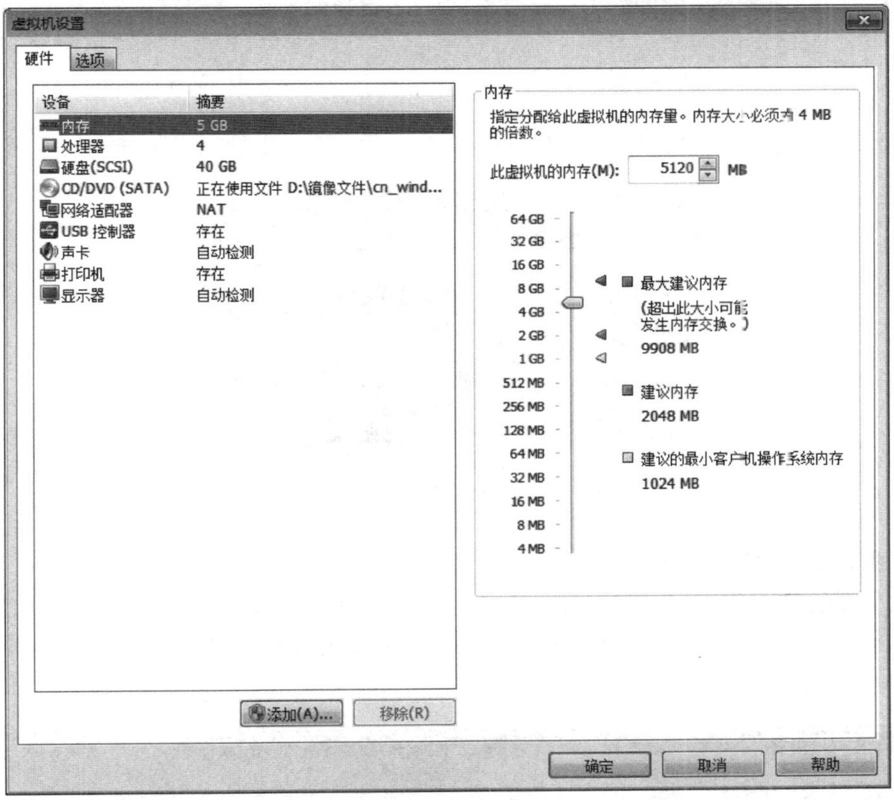

图 4-2　vCenter Server 虚拟机硬件配置

第 2 步：安装操作系统、配置 IP 地址

在虚拟机中安装好 Windows Server 2008 R2 后，安装 VMware Tools，配置网卡的 IP 地址为 192.168.8.10，子网掩码为 255.255.255.0，默认网关为 192.168.8.2，DNS 服务器为 192.168.8.10，如图 4-3 所示。

第 3 步：设置计算机名与主 DNS 后缀

设置计算机名为 VC，如图 4-4 所示。

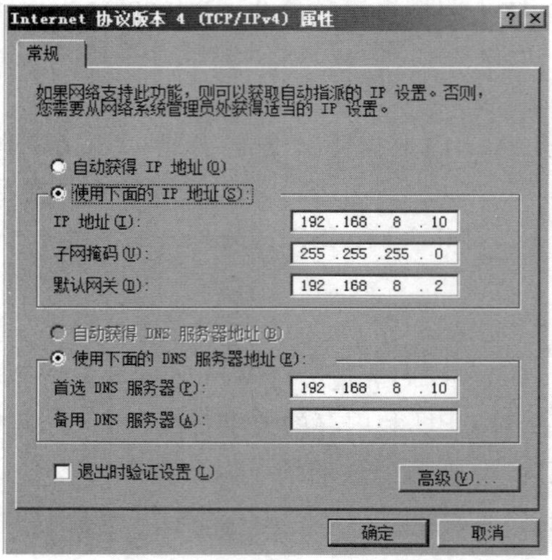

图 4-3　vCenter Server 服务器 IP 地址

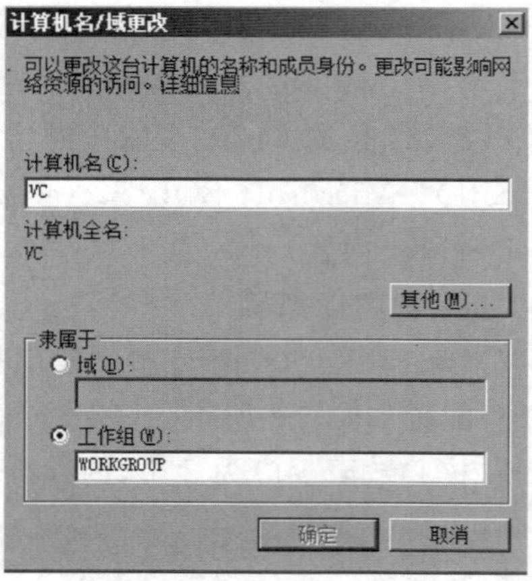

图 4-4　设置计算机名

单击“其他”按钮，设置计算机的主 DNS 后缀为 lab. net，如图 4-5 所示。

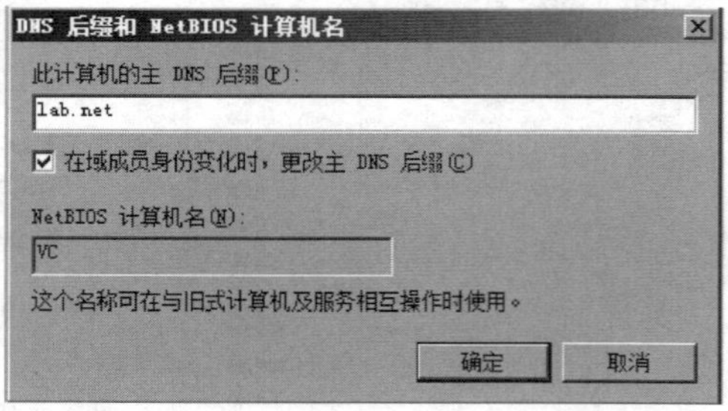

图 4-5　设置计算机的主 DNS 后缀

第 4 步：配置 DNS 服务

在服务器管理器中，添加 DNS 服务器角色。配置正向查找区域 lab. net，添加主机记录 vc. lab. net、esxi1. lab. net、esxi2. lab. net，分别解析为 192. 168. 8. 10、192. 168. 8. 11、192. 168. 8. 12，如图 4-6 所示。

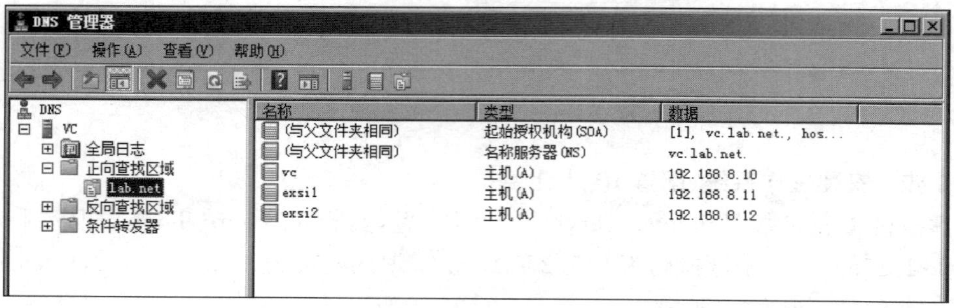

图 4-6　配置 DNS 主机记录

第 5 步：配置 DNS 反向查找区域

配置反向查找区域 8.168.192.in-addr.arpa，添加指针记录 192.168.8.10、192.168.8.11 和 192.168.8.12，分别解析为 vc.lab.net、esxi1.lab.net 和 esxi2.lab.net，如图 4-7 所示。

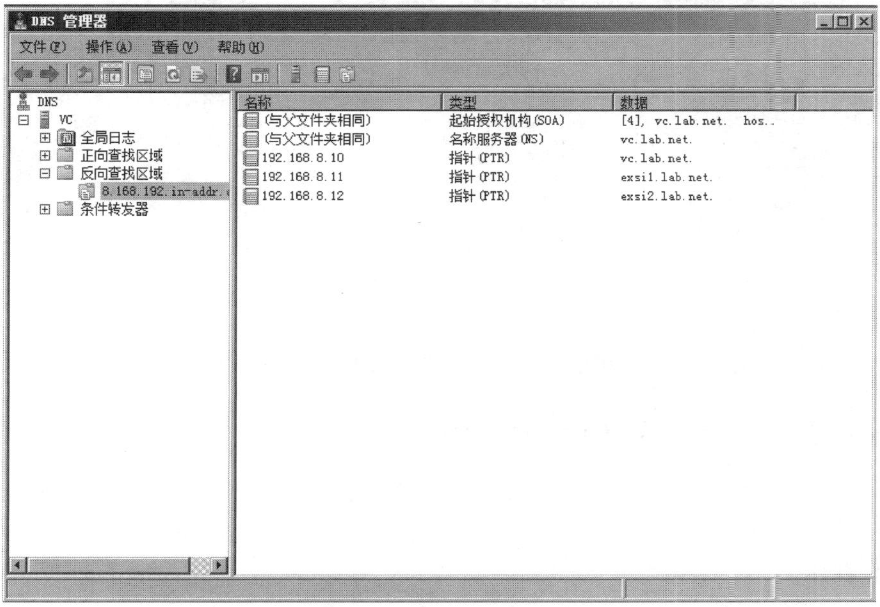

图 4-7 配置 DNS 指针记录

第 6 步：配置 DNS 转发器

添加运营商的 DNS 服务器地址，如图 4-8 所示。

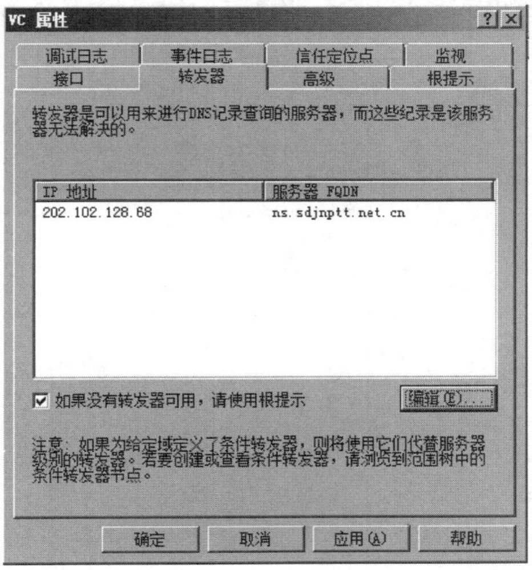

图 4-8 配置 DNS 转发器

第 7 步：添加.NET3.5 Framework 框架

在服务器管理器中，添加功能.NET Framework 3.5.1，如图 4-9 所示。

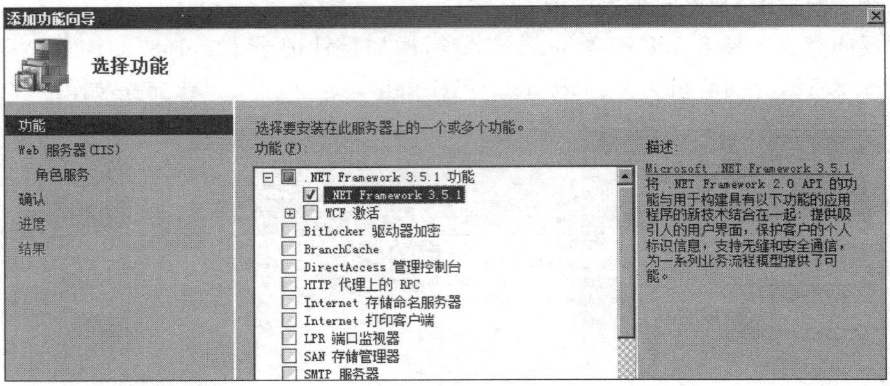

图 4-9　添加功能.NET Framework 3.5.1

至此,安装 vCenter Server 的基础环境已经搭建好,本子任务结束。

【子任务二】 安装 VMware vCenter Server

在本子任务中,将在 VMware Workstation 模拟的 Windows Server 2008 R2 虚拟机中安装 VMware vCenter Server,并且使用 vCenter Server 捆绑的 SQL Server 2008 R2 Express 数据库。

第 1 步: 装载光盘

为虚拟机装载 VMware vCenter Server 5.5 的安装光盘,双击光盘盘符,选择 Simple Install,如图 4-10 所示。

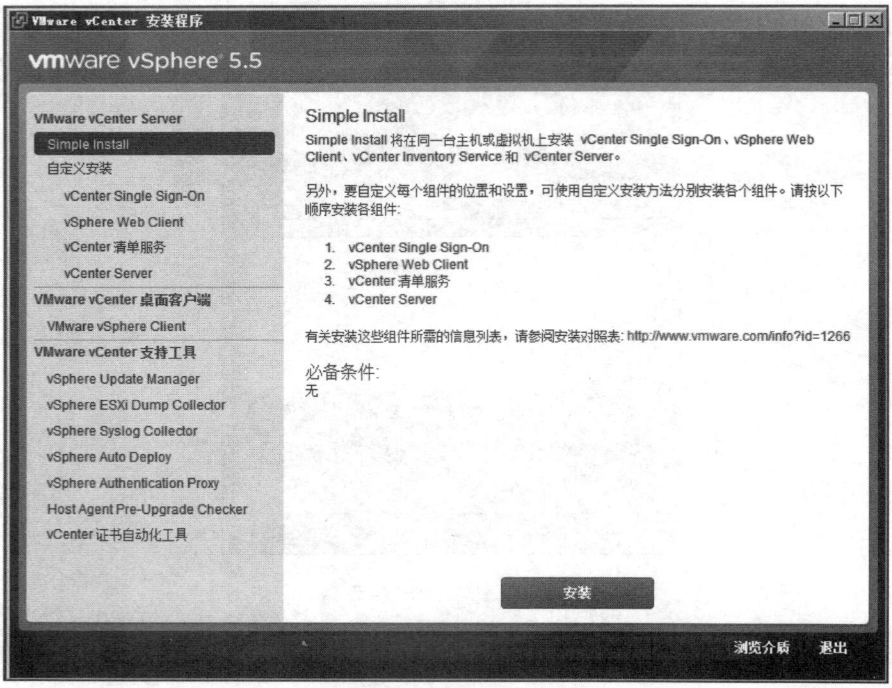

图 4-10　vCenter Server 简单安装

在安装之前，Simple Install 将进行必备条件检查，如图 4-11 所示。

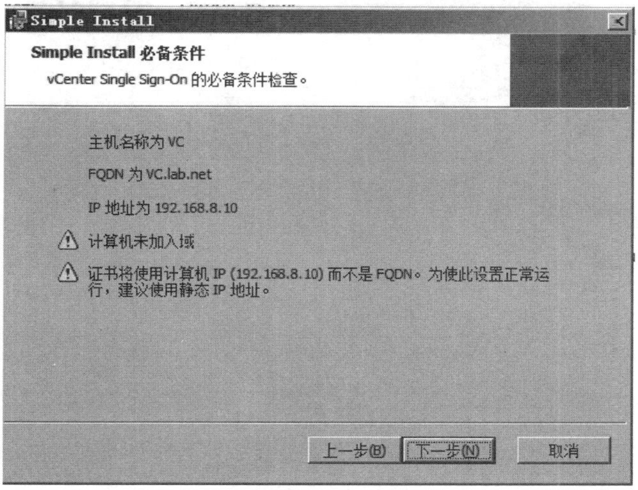

图 4-11　必备条件检查

第 2 步：设置 SSO 管理员密码

设置 SSO 管理员 administrator@vsphere.local 的密码，如图 4-12 所示。

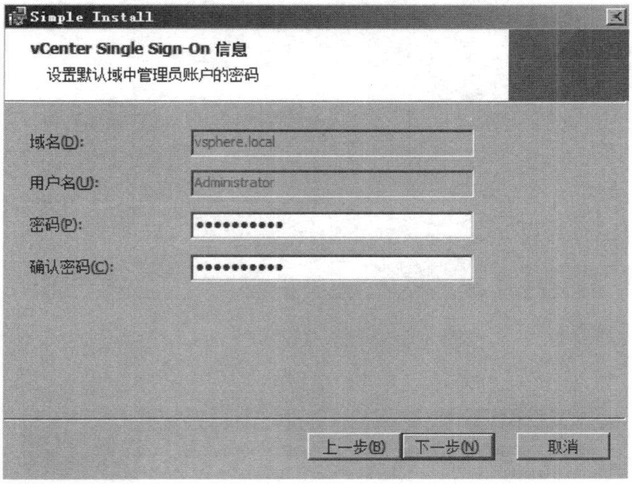

图 4-12　设置管理员的密码

第 3 步：常规配置

使用默认的站点名称 Default-First-Site，如图 4-13 所示。

HTTPS 端口使用默认的 7444，如图 4-14 所示。

第 4 步：开始安装 vCenter Single Sign-On

如图 4-15 所示，开始安装 vCenter Single Sign-On，vCenter Single Sign On 简称 SSO（单点登录），是从 vCenter Server 5.1 开始新增的安全机制。在 vCenter Server 5.0 版本中，vCenter Server 用户认证可以直接访问活动目录，存在安全隐患。采用 SSO 单点登录后，vCenter Server 的用户认证先发给 SSO 服务，再转发到活动目录，提高了安全性。

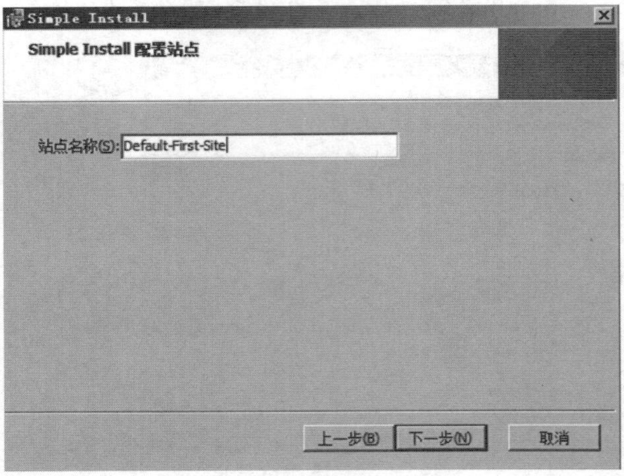

图 4-13　设置站点名称

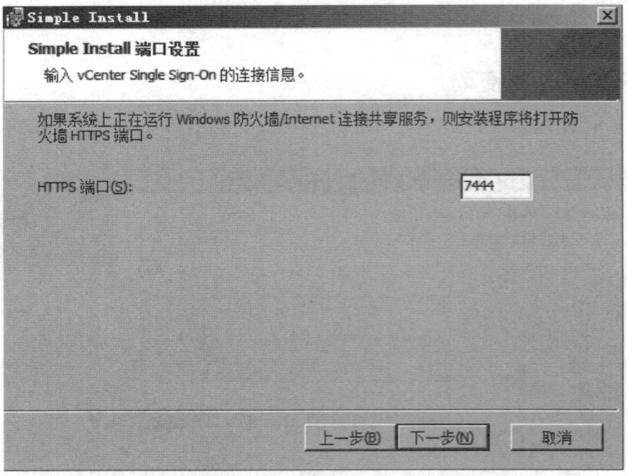

图 4-14　配置 HTTPS 端口

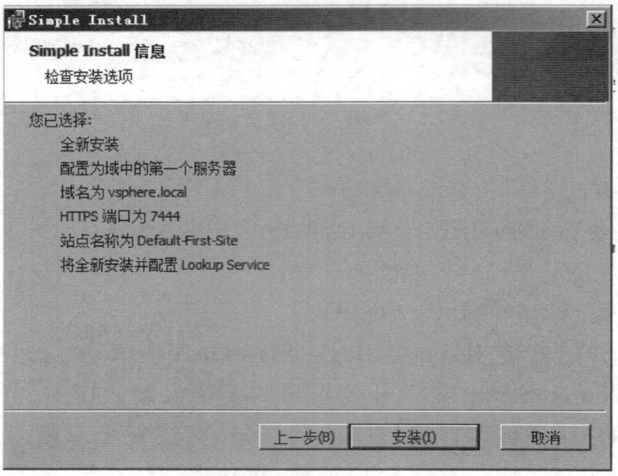

图 4-15　开始安装 vCenter Single Sign-On

第 5 步：自动安装 vSphere Web Client

安装完 vCenter Single Sign-On 后，将会自动安装 vSphere Web Client，单击“是”按钮接受证书指纹继续安装，如图 4-16 所示。

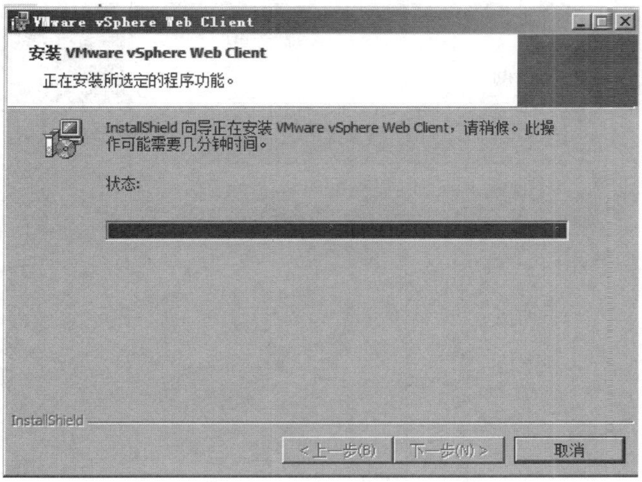
VMware vSphere Web Client
安装 VMware vSphere Web Client
正在安装所选定的程序功能。
InstallShield 向导正在安装 VMware vSphere Web Client，请稍候。此操作可能需要几分钟时间。
状态:
InstallShield
< 上一步(B)
下一步(N) >
取消

图 4-16　安装 vSphere Web Client

第 6 步：自动安装 vCenter Inventory Service

安装完 vSphere Web Client 后，将会自动安装 vCenter Inventory Service，如图 4-17 所示。

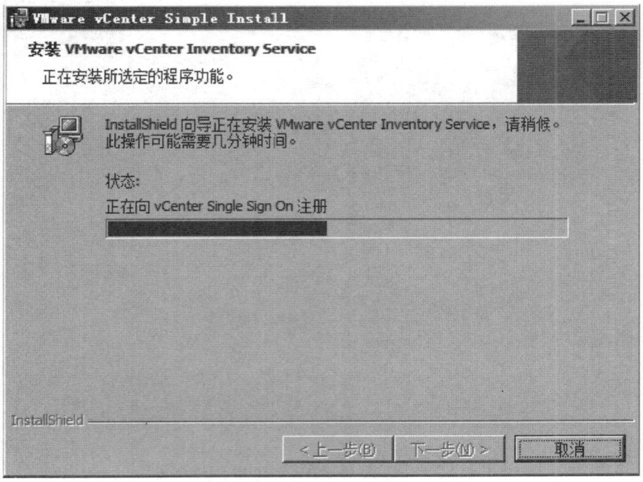
VMware vCenter Simple Install
安装 VMware vCenter Inventory Service
正在安装所选定的程序功能。
InstallShield 向导正在安装 VMware vCenter Inventory Service，请稍候。此操作可能需要几分钟时间。
状态:
正在向 vCenter Single Sign On 注册
InstallShield
< 上一步(B)
下一步(N) >
取消

图 4-17　安装 vCenter Inventory Service

vCenter Inventory Service(vCenter 清单服务)用来存储应用程序和清单数据。vCenter 清单服务类似于代理服务器，位于 vCenter Server 和请求者(vSphere 客户端或 vSphere Web 客户端)之间。vCenter 清单服务在自身的数据库中缓存信息，减少了进出 vCenter Server 的流量。

第 7 步：自动安装 vCenter Server

安装完 vCenter Inventory Service 后，将会自动安装 vCenter Server。在图 4-18 中输入许可证密钥。如果不输入密钥，可免费试用 60 天。

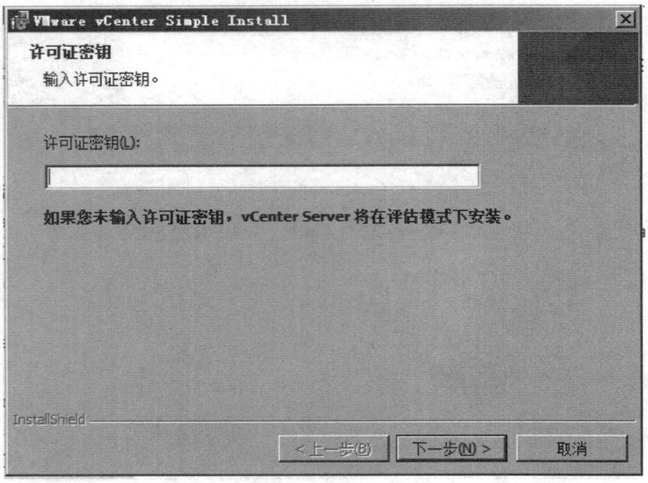
VMware vCenter Simple Install
许可证密钥
输入许可证密钥。
许可证密钥(L):
如果您未输入许可证密钥，vCenter Server 将在评估模式下安装。
InstallShield
< 上一步(B)
下一步(N) >
取消

图 4-18　输入许可证密钥

第 8 步：安装内置的 SQL Server 2008 R2 Express 数据库

选择安装内置的 SQL Server 2008 R2 Express 数据库，如图 4-19 所示。

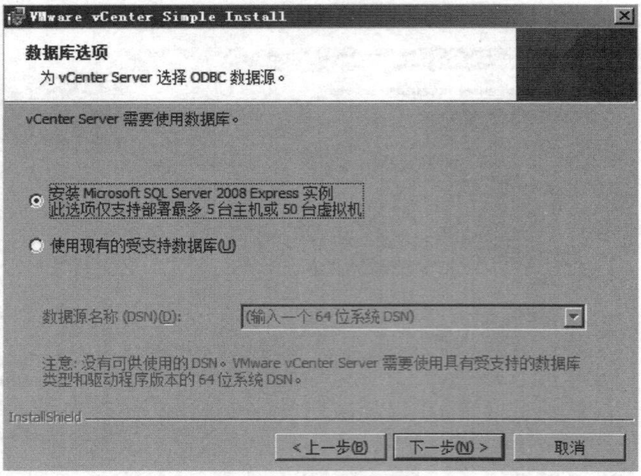
VMware vCenter Simple Install
数据库选项
为 vCenter Server 选择 ODBC 数据源。
vCenter Server 需要使用数据库。
安装 Microsoft SQL Server 2008 Express 实例
此选项仅支持部署最多 5 台主机或 50 台虚拟机
使用现有的受支持数据库(U)
数据源名称 (DSN)(D):
(输入一个 64 位系统 DSN)
注意: 没有可供使用的 DSN。VMware vCenter Server 需要使用具有受支持的数据库类型和驱动程序版本的 64 位系统 DSN。
InstallShield
< 上一步(B)
下一步(N) >
取消

图 4-19　配置 vCenter Server 数据库

使用 Windows 本地系统账户运行 vCenter Server 服务，如图 4-20 所示。

使用默认的端口设置，如图 4-21 所示。

在此页面可以看出 vCenter Server HTTPS 端口采用的是 443 端口，所以如果在真实的 Windows 2008 Server 以及 Windows 2012 Server 系统中安装 vCenter Server 时不能先安装 VMware Workstation 11，因为在安装 VMware Workstation 11 时，会造成端口冲突，在安装好 vCenter Server 后，再安装 VMware Workstation 11 时，也必须修改其端口号，以避

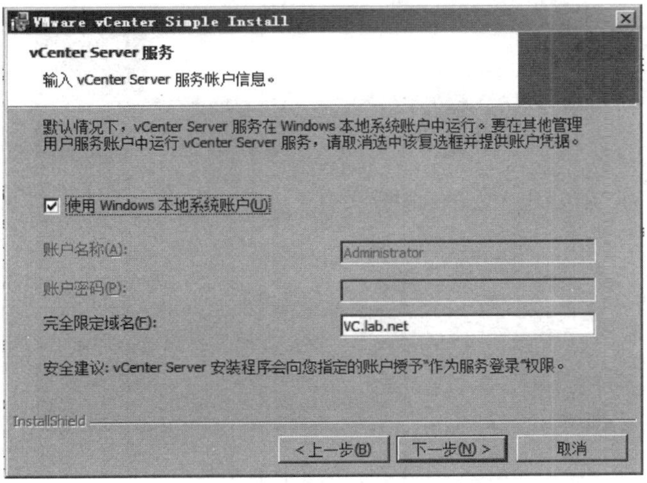

图 4-20　配置 vCenter Server 服务账户

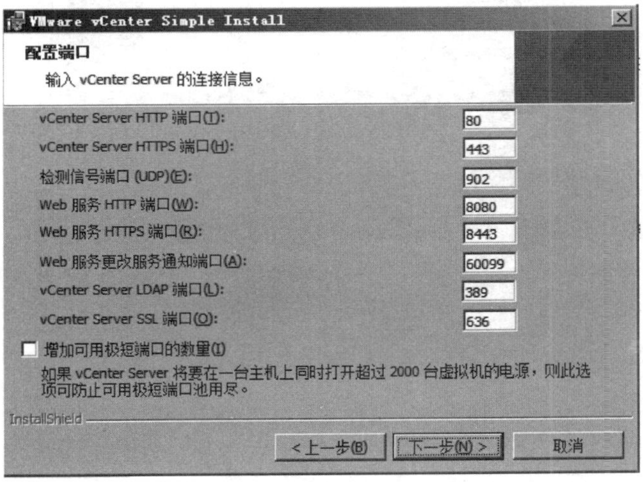

图 4-21　设置端口

免端口冲突问题。

第 9 步：常规设置及安装

设置"清单大小"为"小型"，如图 4-22 所示。

不启用数据收集，开始安装 vCenter Server，如图 4-23 所示。

单击"是"按钮接受证书指纹，如图 4-24 所示。

经过 15～30min，安装完成，如图 4-25 所示。

注意：尽管 vCenter Server 可以通过 Web 浏览器访问，但是 vCenter Server 所在的服务器不需要安装 Internet 信息服务(IIS)。vCenter Server 的 Web 服务是通过 Tomcat Web 服务器提供的，属于 vCenter Server 安装过程的一部分。在安装 vCenter Server 之前要卸载 IIS，否则会与 Tomcat 冲突。

至此，vCenter Server 已经安装完毕，本子任务结束。

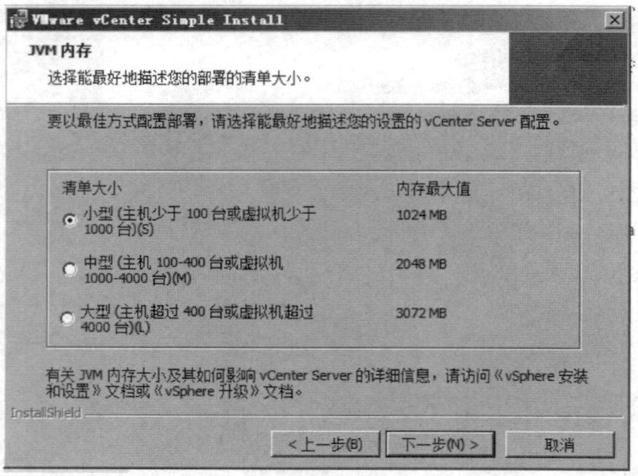

图 4-22　设置清单大小

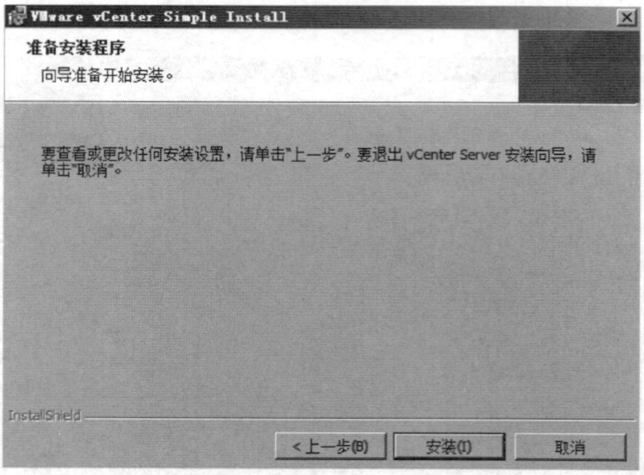

图 4-23　选择是否启用数据收集

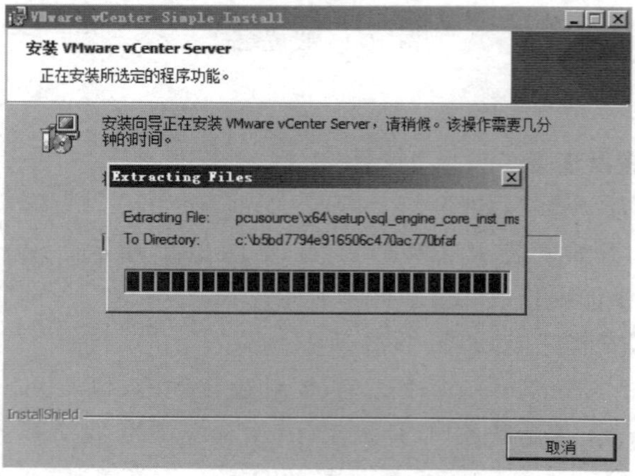

图 4-24　接受指纹

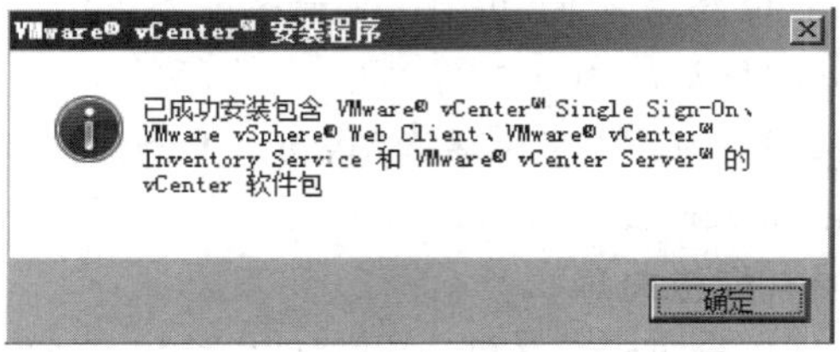
VMware® vCenter℠ 安装程序
已成功安装包含 VMware® vCenter℠ Single Sign-On、VMware vSphere® Web Client、VMware® vCenter℠ Inventory Service 和 VMware® vCenter Server℠ 的 vCenter 软件包
确定

图 4-25　vCenter Server 安装完成

【任务二】 部署 VMware vCenter Server Appliance

在前面的【任务一】中已经介绍了基于 Windows 的 vCenter Server 的安装方法，如果读者是在物理服务器上做实验，也可以安装基于 Linux 的 VMware vCenter Server Appliance，简称 vCSA。基于 Linux 的 vCSA 是通过 OVF 方式部署的，安装过程更为简单。如果读者的机器内存小于 8GB，则不建议安装 VMware vCenter Server Appliance，使用 Windows 版的 vCenter Server 即可。

【任务实施】

为简化任务的实施，我们将此任务分解成以下几个子任务来分步实施：

【子任务一】部署 OVF 模板

【子任务二】配置 vCSA

【子任务一】 部署 OVF 模板

常见的虚拟磁盘格式包括 vmdk、vhd(Virtual Hard Disk，微软 Hyper-V 使用)、raw(裸格式)和 qcow2(QEMU Copy-On-Write v2，Linux KVM 使用)等。

开放虚拟化格式(Open Virtualization Format，OVF)是用来描述虚拟机配置的标准格式，OVF 文件包括虚拟硬件设置、先决条件和安全属性等元数据。OVF 最初由 VMware 公司提出，目的是方便各种虚拟化平台之间的互操作性。OVF 由以下文件组成：

OVF——一个 XML 文件，包含虚拟磁盘等虚拟机硬件的信息。

MF——一个清单文件，包含各文件的 SHA1 值，用于验证 OVF 等文件的完整性。

vmdk——VMware 虚拟磁盘文件，也可以使用其他格式的文件，从而提供虚拟化平台的互操作性。

为了简化 OVF 文件的移动和传播，还可以使用 OVA(Open Virtualization Appliance)文件。OVA 文件实际上是将 OVF、MF、vmdk 等文件使用 tar 格式进行打包，然后将打包后的文件后缀改为 OVA 得来的。

VMware vCenter Server Appliance 就是以 OVF 格式发布的。vCenter Server Appliance(vCSA)是一个预包装的 64 位 SUSE Linux Enterprise Server 11，它包含一个嵌入式数据库，能够支持最多 100 台 ESXi 主机和最多 3000 个 VM。vCenter Server Appliance 也可以连接到外部 Oracle 数据库，以支持更大规模的虚拟化基础架构。

使用 vCenter Server Appliance 不需要购买 Windows Server 许可证，从而降低了成本。

vCenter Server Appliance 的部署操作也比 Windows 版的 vCenter Server 简单得多。vCenter Server Appliance 的日常使用方法与 Windows 版的 vCenter Server 完全相同。

下面在 ESXi 主机 192.168.8.11 上部署 VMware vCenter Server Appliance 的 OVF 模板,并安装 VMware vCenter Server Appliance(ESXi 主机的内存至少需要 8GB)。

第 1 步:打开部署 OVF 模板向导

使用 vSphere Client 连接到 ESXi 主机,在"文件"菜单选择"部署 OVF 模板"命令,如图 4-26 所示。

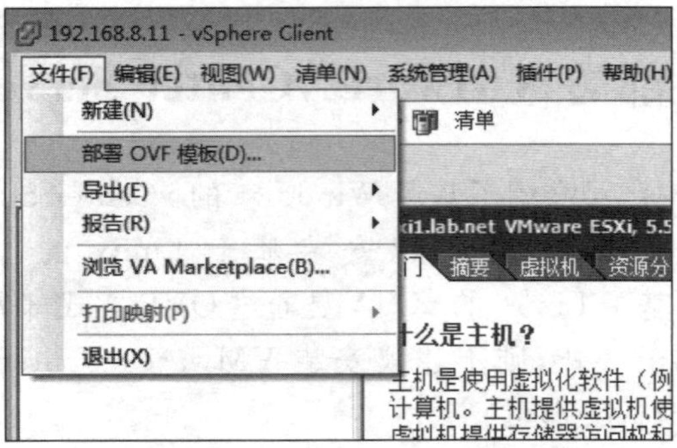

图 4-26 部署 OVF 模板

第 2 步:浏览 OVA 模板文件

浏览找到 VMware vCenter Server Appliance 的 OVA 文件,如图 4-27 所示。

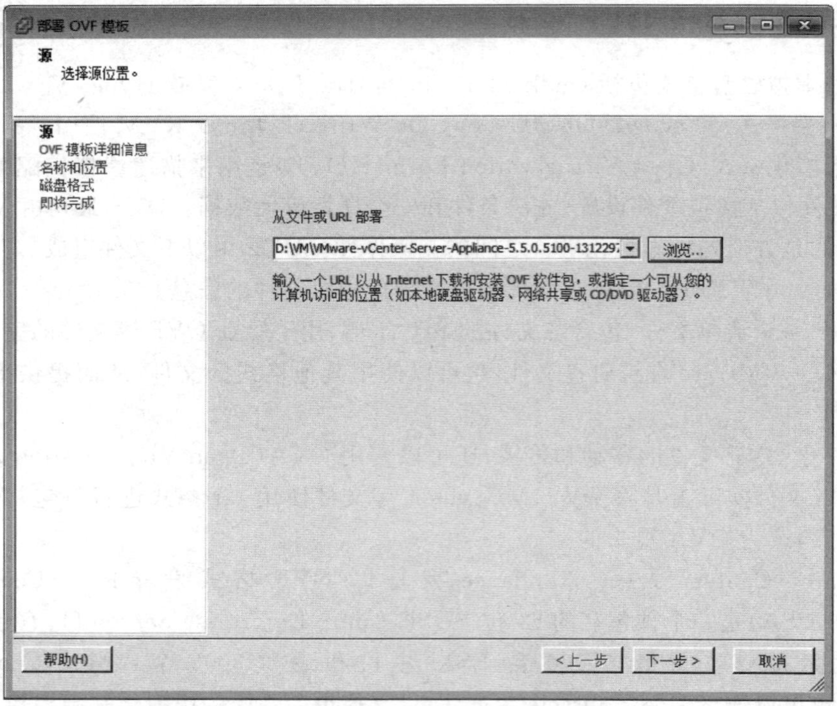

图 4-27 浏览 OVF/OVA 文件

第 3 步：验证 OVF 模板的详细信息

查看 OVF 模板的详细信息，包括磁盘占用空间等，如图 4-28 所示。

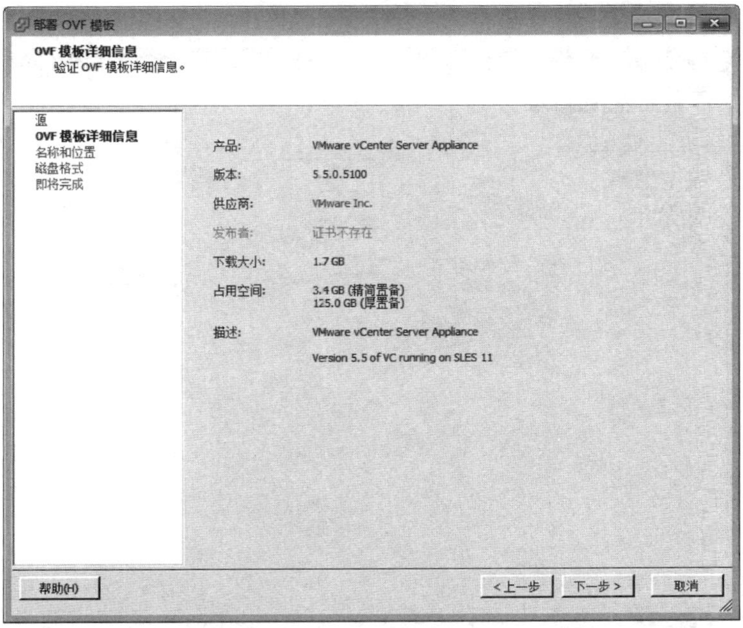

图 4-28　OVF 模板的详细信息

第 4 步：设置虚拟机名称

设置虚拟机名称为 VMware vCenter Server Appliance，如图 4-29 所示。

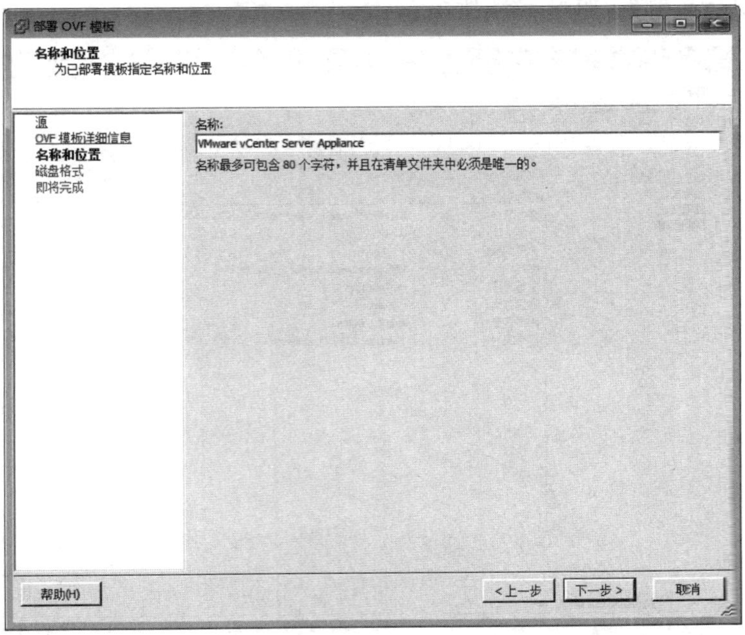

图 4-29　设置虚拟机名称

第 5 步：设置磁盘格式

选择虚拟机的存放位置以及磁盘置备方式，这里设置为 Thin Provision（精简配置），如图 4-30 所示。

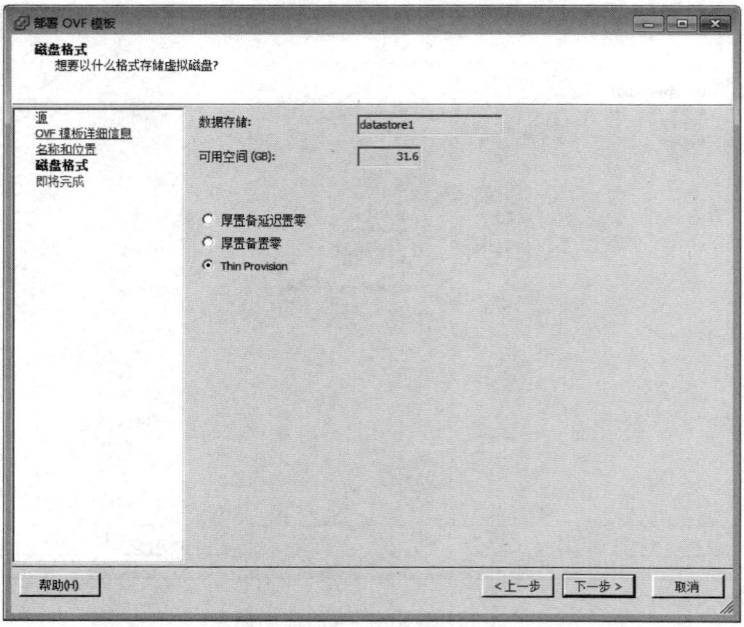

图 4-30　选择虚拟机的存放位置以及磁盘置备方式

第 6 步：完成部署

完成部署 OVF 模板，如图 4-31 所示。

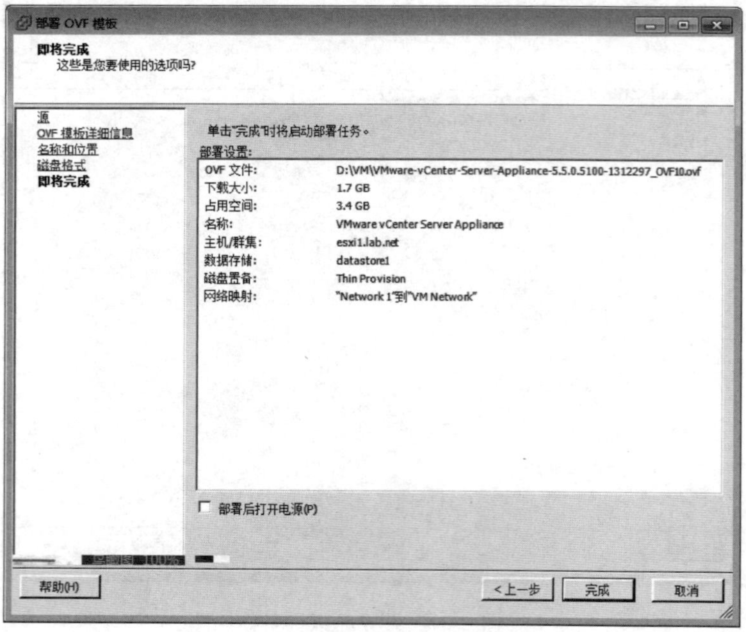

图 4-31　完成部署 OVF 模板

正在部署 OVF 模板,如图 4-32 所示。

图 4-32　正在部署 OVF 模板

OVF 模板部署成功完成,如图 4-33 所示。

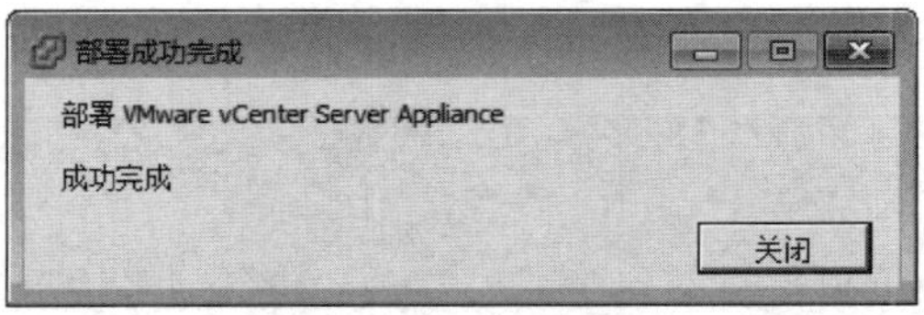

图 4-33　部署成功完成

第 7 步：调整虚拟机内存

设置 vCSA 虚拟机,将 VMware vCenter Server Appliance 的内存更改为 4GB,如图 4-34 所示。

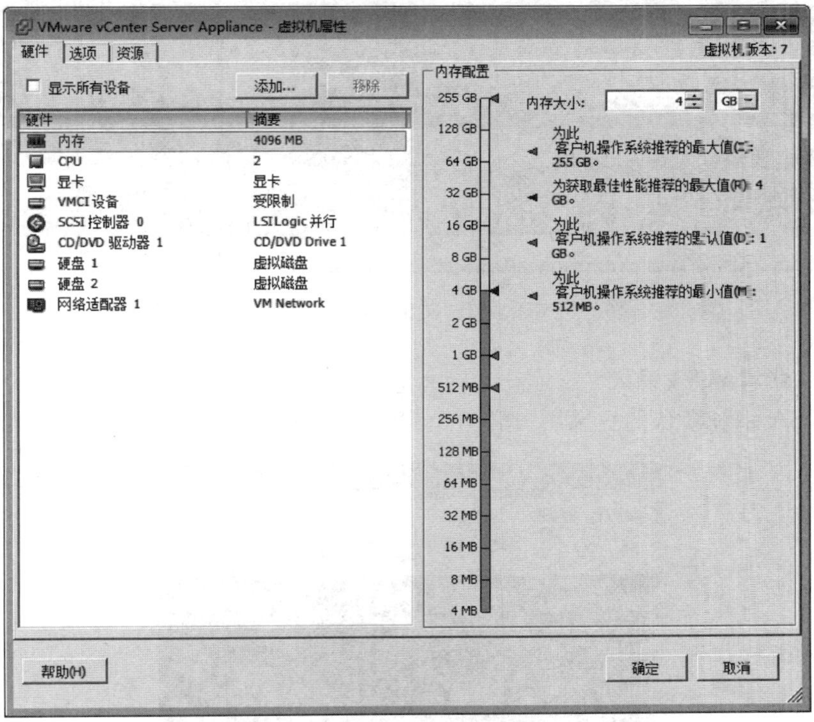

图 4-34　vCSA 虚拟机设置

【子任务二】 配置 vCSA

把 OVF 模板部署好后，相当于上传了一台安装好 vCenter Server 的 SUSE Linux 虚拟机，这台虚拟机是常规通用配置，必须针对当前环境进行适当配置后才能使用，在此子任务中，将给此系统配置 IP 地址、设置 SSO 密码、配置数据库等。

第 1 步：启动 vCSA 虚拟机

启动 VMware vCenter Server Appliance 虚拟机，打开虚拟机控制台，操作系统加载完成后，出现 vCSA 的初始界面。在 Login 处按 Enter 键，如图 4-35 所示。

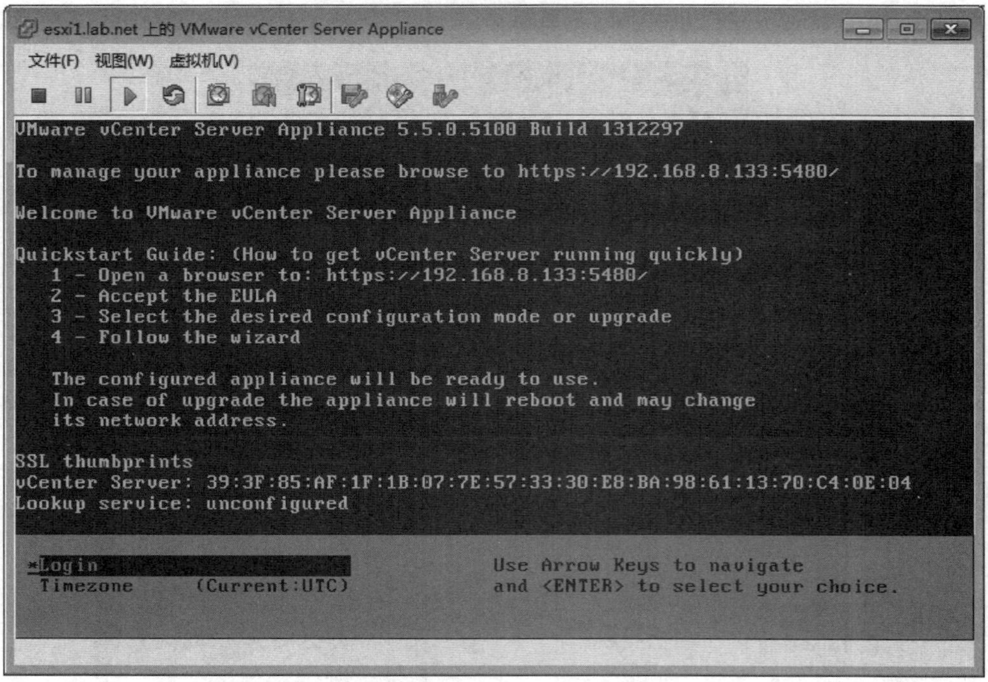
esxi1.lab.net 上的 VMware vCenter Server Appliance
文件(F) 视图(W) 虚拟机(V)
VMware vCenter Server Appliance 5.5.0.5100 Build 1312297
To manage your appliance please browse to https://192.168.8.133:5480/
Welcome to VMware vCenter Server Appliance
Quickstart Guide: (How to get vCenter Server running quickly)
1 - Open a browser to: https://192.168.8.133:5480/
2 - Accept the EULA
3 - Select the desired configuration mode or upgrade
4 - Follow the wizard
The configured appliance will be ready to use.
In case of upgrade the appliance will reboot and may change its network address.
SSL thumbprints
vCenter Server: 39:3F:85:AF:1F:1B:07:7E:57:33:30:E8:BA:98:61:13:70:C4:0E:04
Lookup service: unconfigured
*Login
Timezone (Current:UTC)
Use Arrow Keys to navigate and <ENTER> to select your choice.

图 4-35 vCSA 初始界面

第 2 步：登录 vCSA 系统

输入 vCSA 系统默认的登录用户名 root 和密码 vmware，如图 4-36 所示。

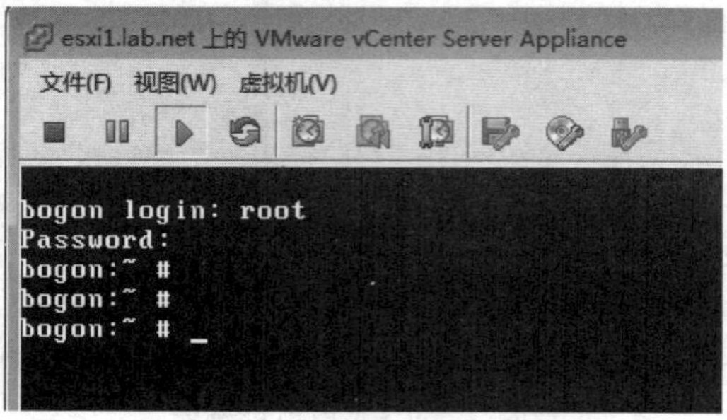
esxi1.lab.net 上的 VMware vCenter Server Appliance
文件(F) 视图(W) 虚拟机(V)
bogon login: root
Password:
bogon:~ #
bogon:~ #
bogon:~ # _

图 4-36 输入用户名和密码

第 3 步：配置 IP 地址

使用 vi 命令编辑网卡配置文件/etc/sysconfig/network/ifcfg-eth0，将网卡的 IP 地址配置为 192.168.8.101，子网掩码为 255.255.255.0，使用 cat 命令查看网卡配置文件信息，如图 4-37 所示。

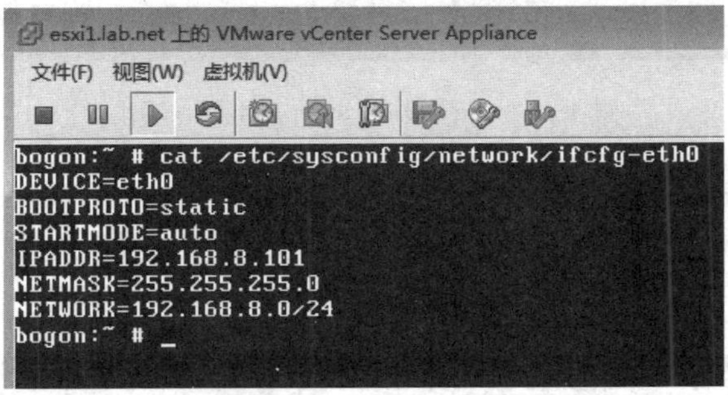
esxi1.lab.net 上的 VMware vCenter Server Appliance
文件(F) 视图(W) 虚拟机(V)
bogon:~ # cat /etc/sysconfig/network/ifcfg-eth0
DEVICE=eth0
BOOTPROTO=static
STARTMODE=auto
IPADDR=192.168.8.101
NETMASK=255.255.255.0
NETWORK=192.168.8.0/24
bogon:~ # _

图 4-37　编辑网卡文件

第 4 步：配置网关和 DNS

为了让 vCSA 连接到 Internet，需要配置默认网关和 DNS 服务器，如图 4-38 所示。在这里，将默认网关和 DNS 服务器都配置为 192.168.8.2。

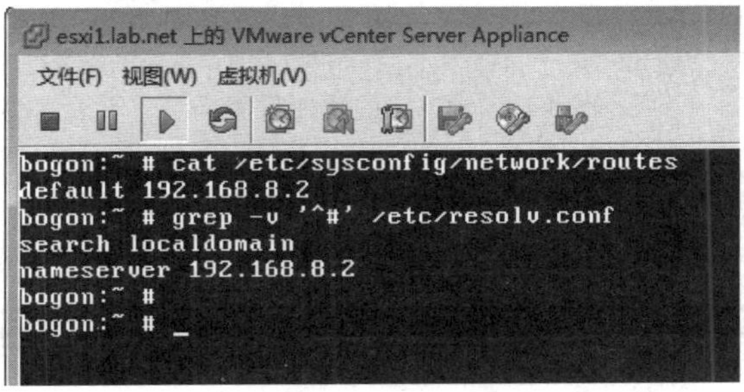
esxi1.lab.net 上的 VMware vCenter Server Appliance
文件(F) 视图(W) 虚拟机(V)
bogon:~ # cat /etc/sysconfig/network/routes
default 192.168.8.2
bogon:~ # grep -v '^#' /etc/resolv.conf
search localdomain
nameserver 192.168.8.2
bogon:~ #
bogon:~ # _

图 4-38　默认网关和 DNS 服务器

第 5 步：重启网络服务

输入 servcie network restart，重新启动网络服务，如图 4-39 所示。

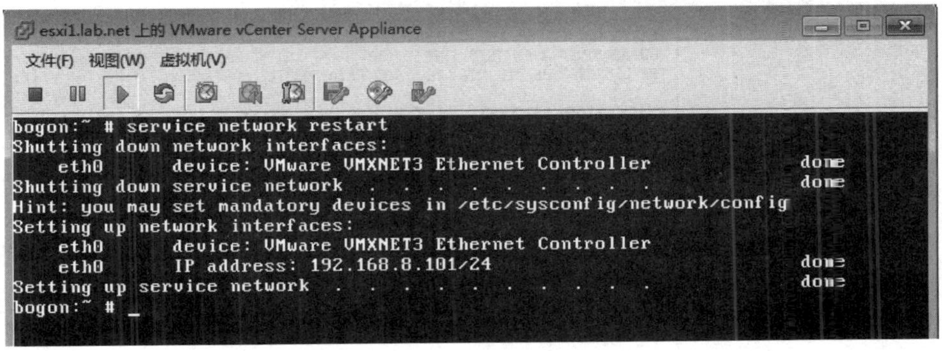
esxi1.lab.net 上的 VMware vCenter Server Appliance
文件(F) 视图(W) 虚拟机(V)
bogon:~ # service network restart
Shutting down network interfaces:
eth0 device: VMware VMXNET3 Ethernet Controller done
Shutting down service network . . . . done
Hint: you may set mandatory devices in /etc/sysconfig/network/config
Setting up network interfaces:
eth0 device: VMware VMXNET3 Ethernet Controller
eth0 IP address: 192.168.8.101/24 done
Setting up service network . . . . done
bogon:~ # _

图 4-39　重新启动网络服务

输入 exit，退回到 vCSA 的初始界面，查看 Quickstart 向导的 URL，如图 4-40 所示。

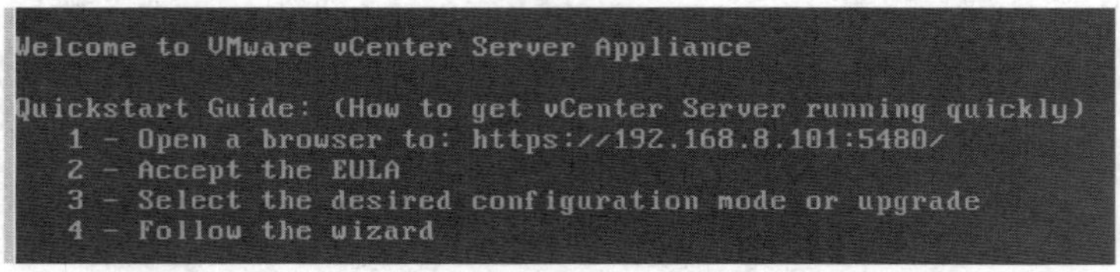

Welcome to VMware vCenter Server Appliance
Quickstart Guide: (How to get vCenter Server running quickly)
1 - Open a browser to: https://192.168.8.101:5480/
2 - Accept the EULA
3 - Select the desired configuration mode or upgrade
4 - Follow the wizard

图 4-40　查看 Quickstart 向导的 URL

第 6 步：网页登录 vCSA

使用浏览器打开网址 https://192.168.8.101:5480，出现 vCSA 的快速设置向导。登录用户名为 root，密码为 vmware，如图 4-41 所示。

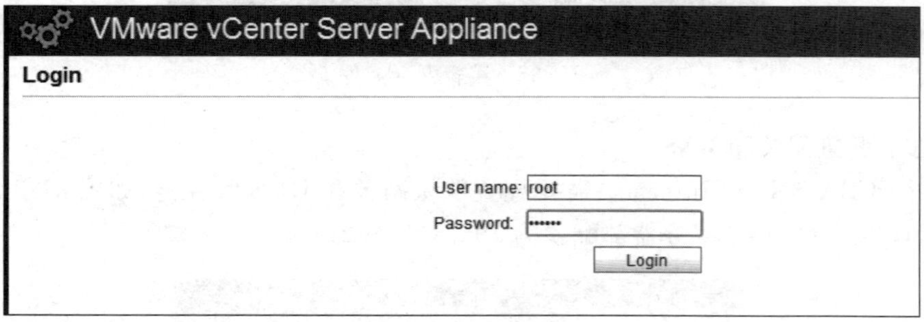

图 4-41　vCSA 的快速设置向导

第 7 步：接受 License

如图 4-42 所示，选中 Accept license agreement，接受许可，否则无法继续安装。

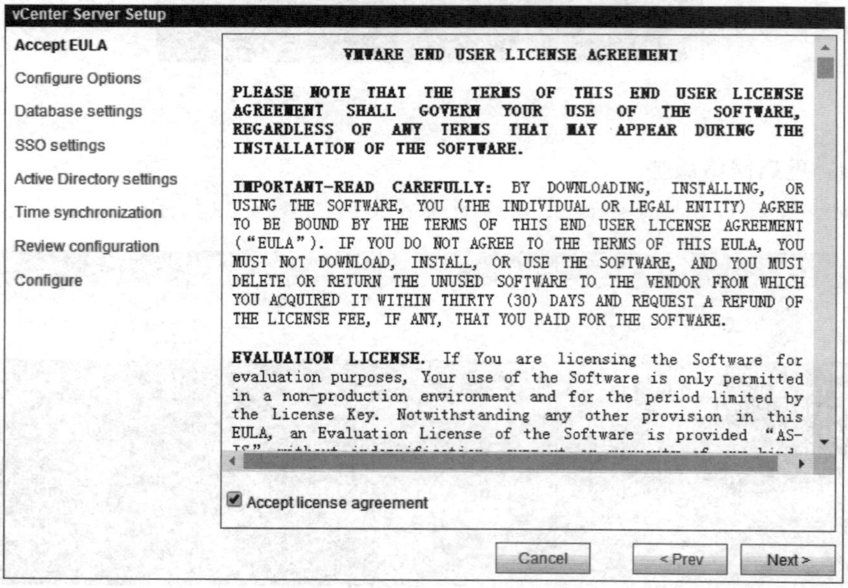

图 4-42　接受 License

第 8 步：使用自定义配置

不启用客户数据收集，使用自定义配置，如图 4-43 所示。

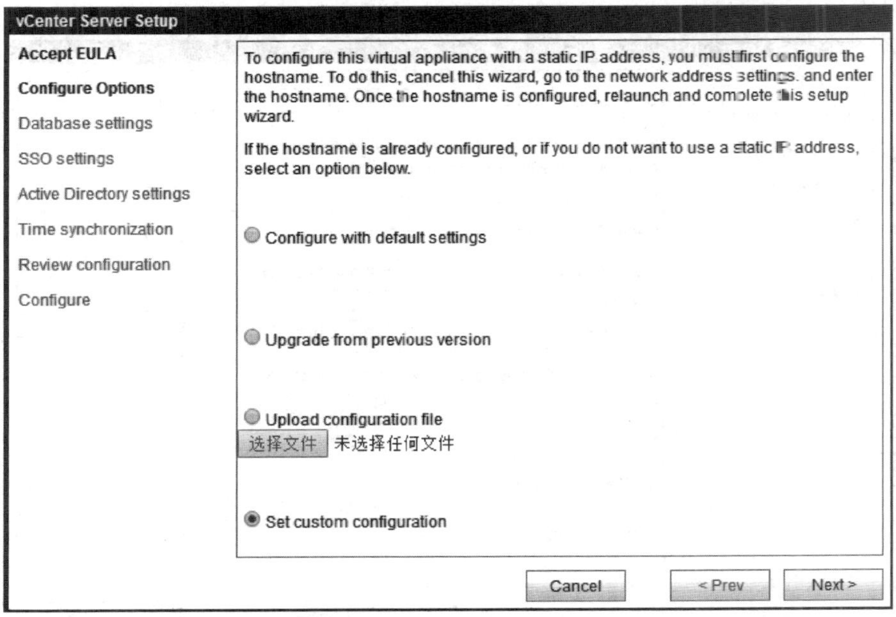

图 4-43　使用自定义配置

第 9 步：使用内置数据库

配置使用 vCenter Server Appliance 内置的数据库，如图 4-44 所示。

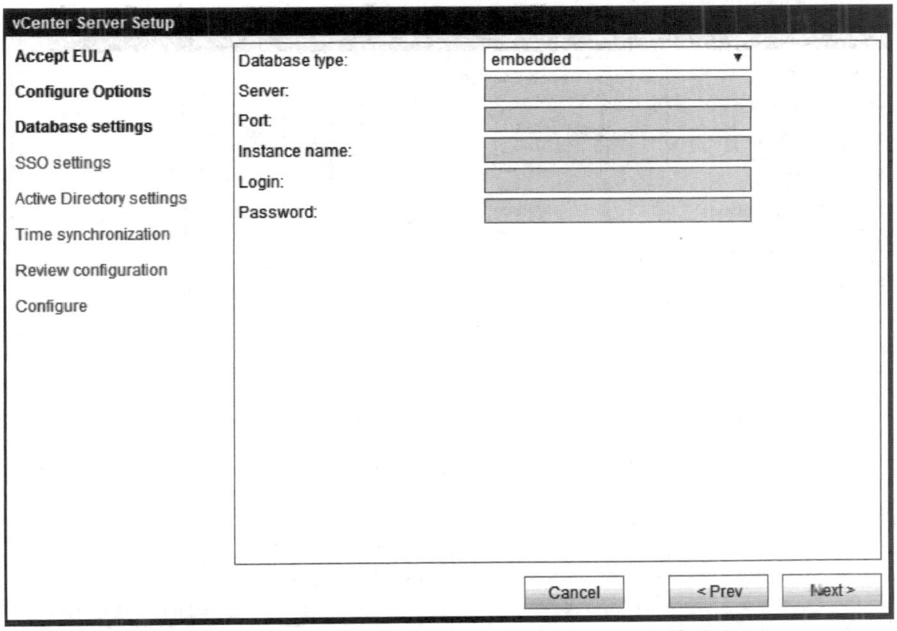

图 4-44　数据库配置

第 10 步：配置使用内置的 SSO 部署类型并设置 SSO 密码

配置使用内置的 SSO 部署类型，输入管理员 administrator@vsphere.local 的密码，如图 4-45 所示。

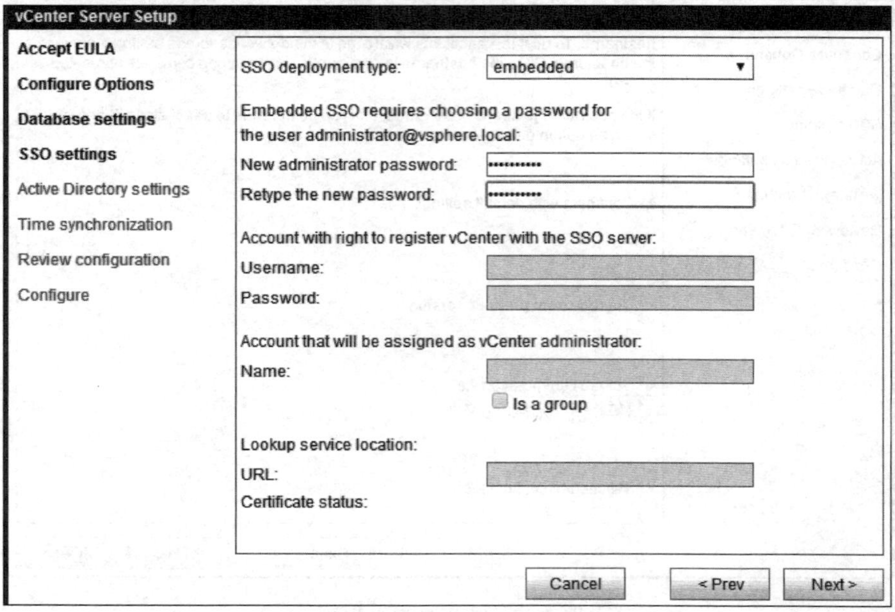

图 4-45　配置 SSO 管理员密码

第 11 步：活动目录与时间同步设置

配置不使用活动目录域，如图 4-46 所示。

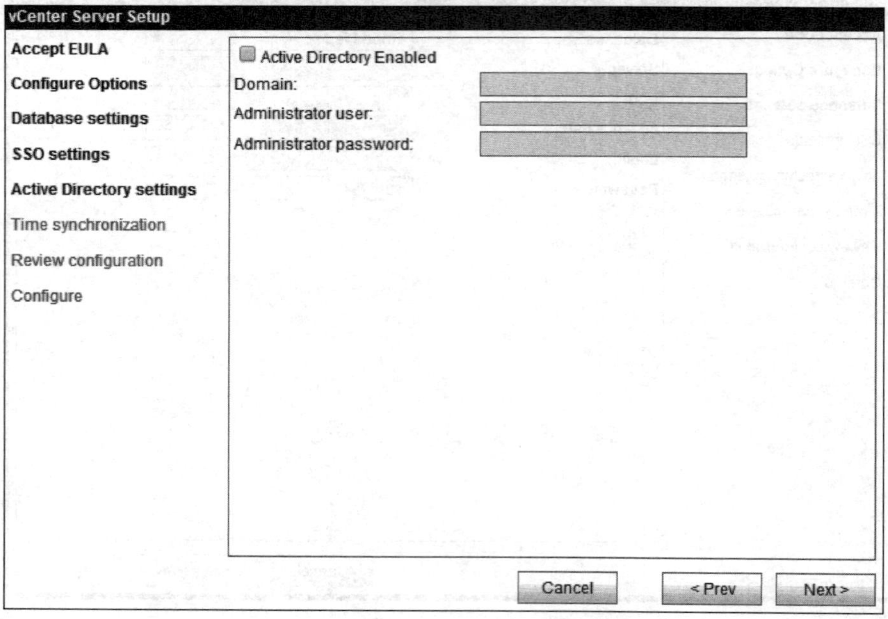

图 4-46　配置是否启用活动目录

配置不使用时间同步，如图 4-47 所示。

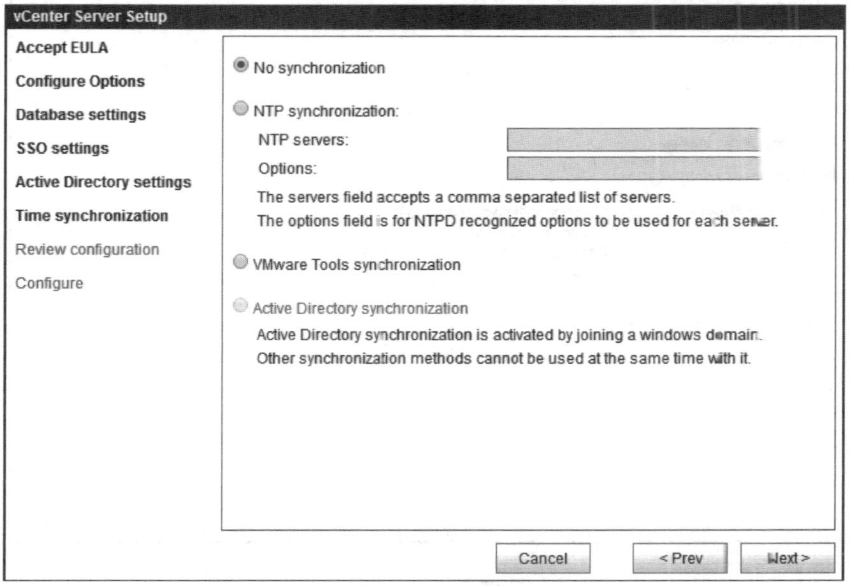

图 4-47　NTP 配置

第 12 步：确认配置信息

确认配置信息开始安装 vCenter Server Appliance，如图 4-48 所示。

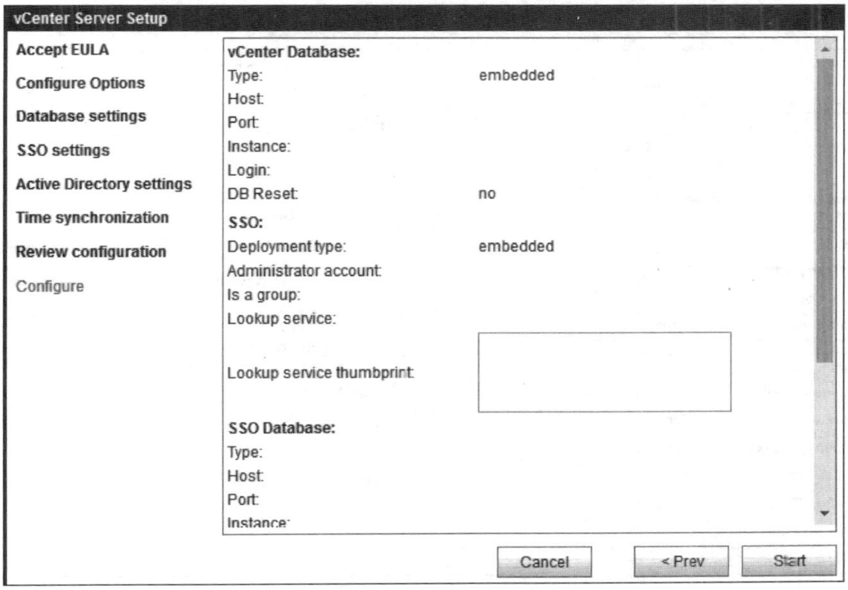

图 4-48　确认配置信息

等待几分钟，vCenter Server Appliance 安装完成，如图 4-49 所示。

第 13 步：进入 vCSA 主界面

出现 vCenter Server Appliance 主界面，检查服务运行情况，如图 4-50 所示。

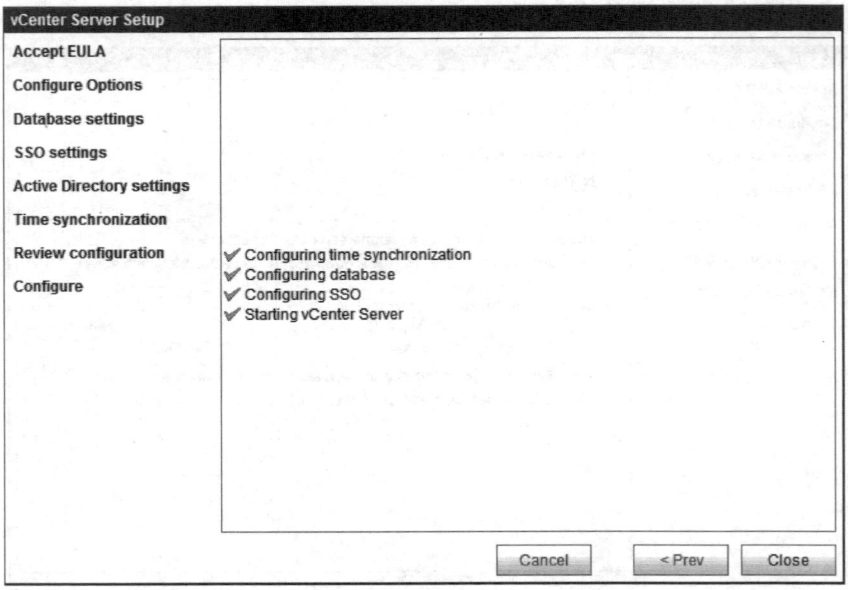

图 4-49　vCenter Server Appliance 安装完成

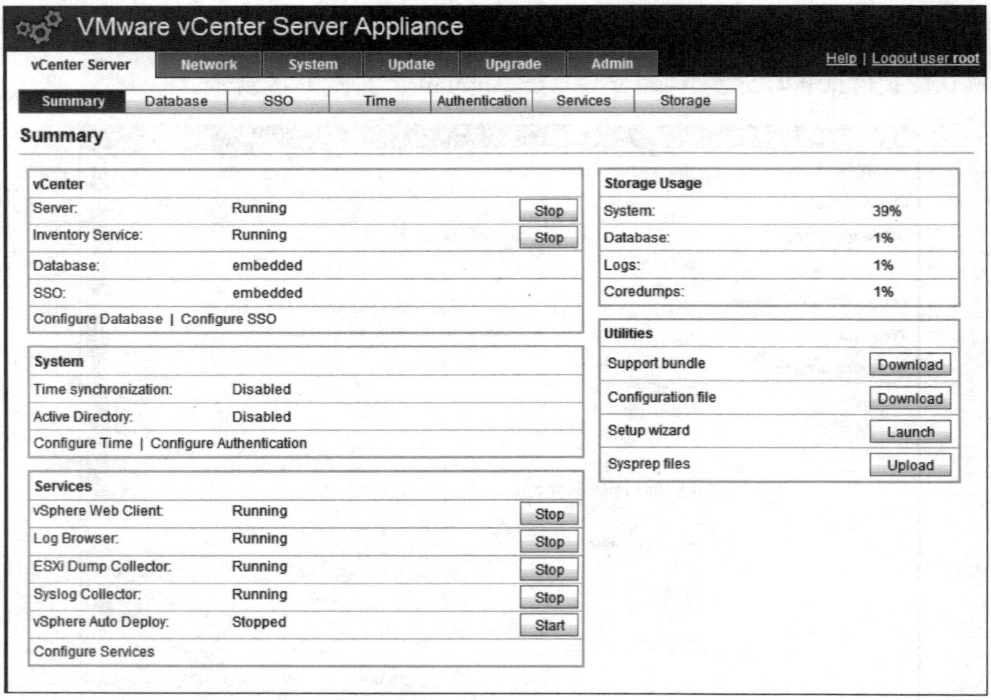

图 4-50　vCenter Server Appliance 主界面

第 14 步：关闭 vCSA

如果想关闭或重启 vCenter Server Appliance，切换到 System 选项卡，单击 Shutdown 按钮可以关闭 vCenter Server Appliance，单击 Reboot 按钮可以重启 vCenter Server

Appliance，如图 4-51 所示。

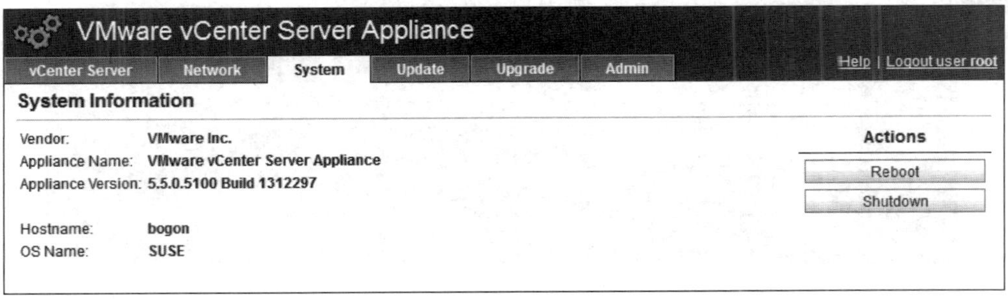

图 4-51　关闭 vCenter Server Appliance

至此，vCSA 部署完毕，此子任务结束。

【任务三】　使用 vSphere Web Client 管理 ESXi 主机

【任务说明】

在前面的【任务一】和【任务二】中分别介绍了 Windows 版 VMware vCenter Server 和 Linux 版 VMware vCenter Server Appliance 的安装与配置方法，在本任务中，将使用 Windows 版 VMware vCenter Server 来管理虚拟机。本节内容主要包括创建数据中心、添加主机、配置虚拟网络、将 ESXi 连接到 iSCSI 共享存储、上传操作系统 ISO 镜像文件、配置虚拟机端口组、创建虚拟机等。

【任务实施】

为简化任务的实施，将此任务分解成以下几个子任务来分步实施：

【子任务一】创建数据中心、添加主机

【子任务二】将 ESXi 连接到 iSCSI 共享存储

【子任务三】使用共享存储创建虚拟机

【子任务一】　创建数据中心、添加主机

4.3.1

数据中心是在一个特定环境中使用的一组资源的逻辑代表。一个数据中心由逻辑资源（群集和主机）、网络资源和存储资源组成。一个数据中心可以包括多个群集（每个群集可以包括多个主机），以及多个与其相关联的存储资源。数据中心中的每个主机可以支持多个虚拟机。

一个 vCenter Server 实例可以包含多个数据中心，所有数据中心都通过同一个 vCenter Server 统一进行管理。下面将使用 vSphere Web 客户端在 vCenter Server 中创建数据中心。vSphere Web 客户端支持的浏览器包括 Internet Explorer、Firefox、Chrome 等，浏览器需要安装 Adobe Flash 插件。

第 1 步：登录 vCenter Server

将本机的 DNS 服务器指向 192.168.8.10，在浏览器中输入地址“https://vc.lab.net:9443/vsphere-client”访问 vSphere Web 客户端，用户名为“administrator@vsphere.local”，

密码为安装 vCenter Single Sign On 时设置的密码，登录到 vCenter Server，如图 4-52 所示(如果使用 vCenter Server Appliance，则用户名为 root，密码为 vmware)。

图 4-52 登录到 vCenter Server

注意：经过测试，Firefox 浏览器对 vSphere Web 客户端的支持最好，其他浏览器虽然也能使用，但可能会出现用户界面变成英文、鼠标右键无法使用、右键菜单与 Flash 菜单冲突等问题。

第 2 步：创建数据中心

选择 vCenter→主机和群集，单击“创建数据中心”，如图 4-53 所示。

图 4-53 创建数据中心

输入数据中心名称为 Datacenter，如图 4-54 所示。

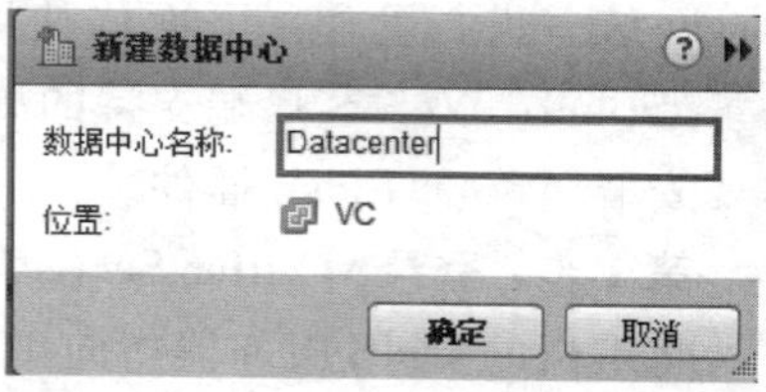

图 4-54 输入数据中心名称

第 3 步：添加主机

为了让 vCenter Server 管理 ESXi 主机，必须先将 ESXi 主机添加到 vCenter Server。将一个 ESXi 主机添加到 vCenter Server 时，它会自动在 ESXi 主机上安装一个 vCenter 代理，vCenter Server 通过这个代理与 ESXi 主机通信。选中数据中心 Datacenter，单击“添加主机”,如图 4-55 所示。

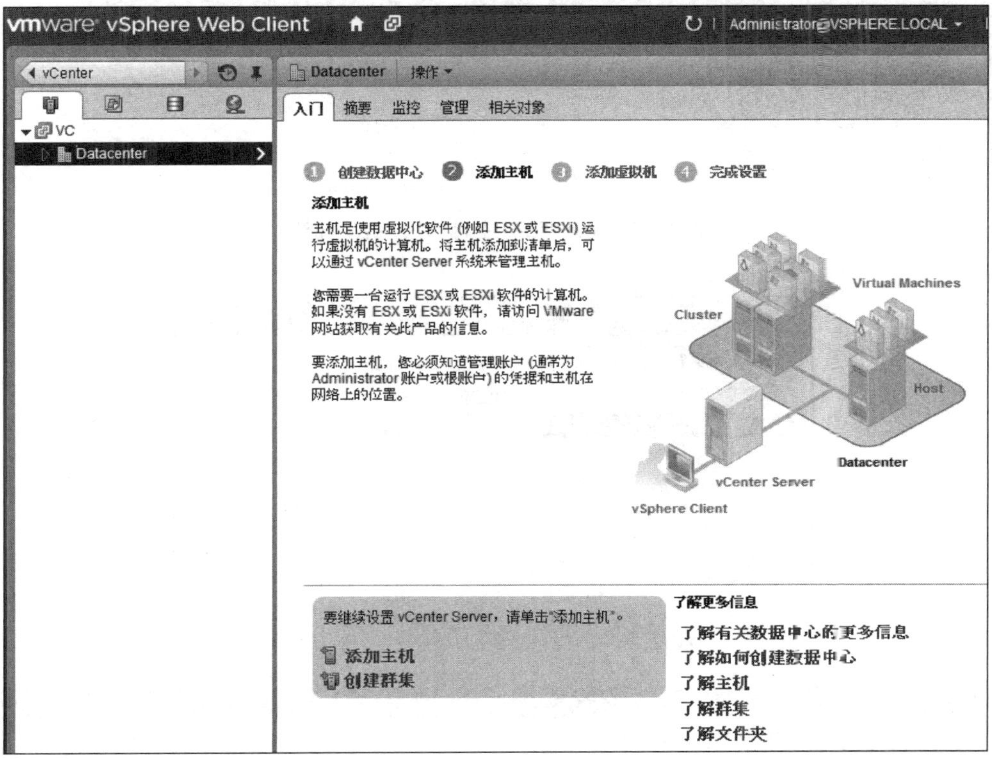

图 4-55　添加主机

第 4 步：为主机设置名称域位置信息

输入 ESXi 主机的域名 esxi1. lab. net,如图 4-56 所示。

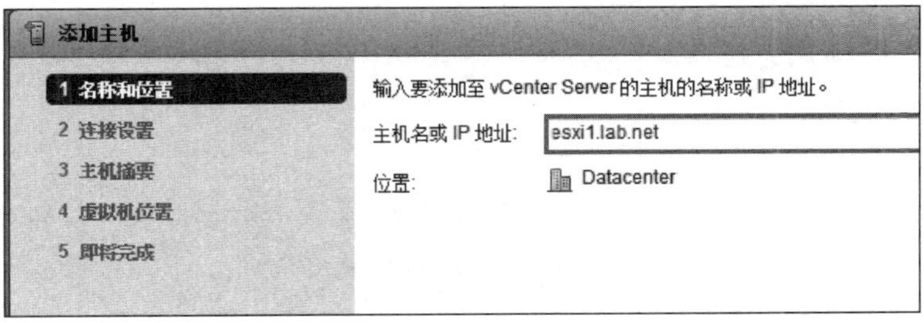

图 4-56　输入 ESXi 主机的域名

第 5 步：输入 ESXi 的用户与密码

输入 ESXi 主机的用户名和密码,如图 4-57 所示。

显示 ESXi 主机的摘要信息,包括名称、供应商、主机型号、版本和主机中的虚拟机列表,如图 4-58 所示。

第 6 步：为 ESXi 主机分配许可证

如图 4-59 所示。如果不分配许可证,可以使用 60 天。

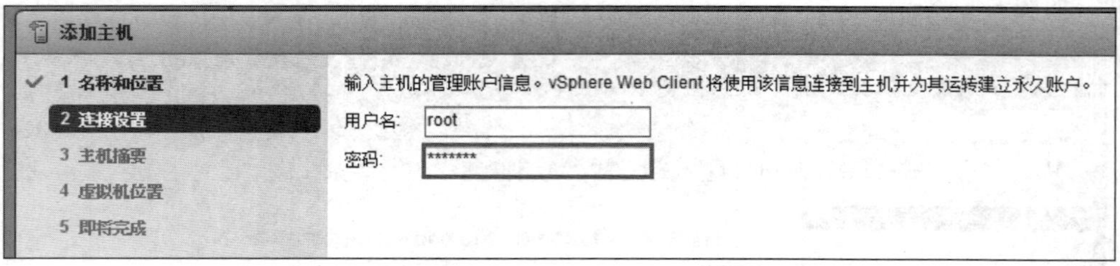

图 4-57　输入 ESXi 主机的用户名和密码

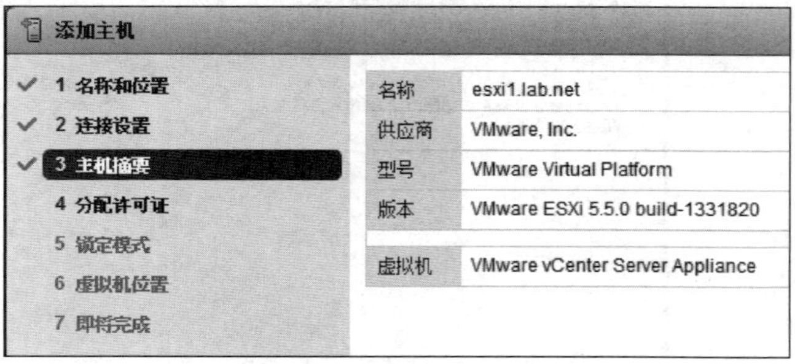

图 4-58　ESXi 主机的摘要信息

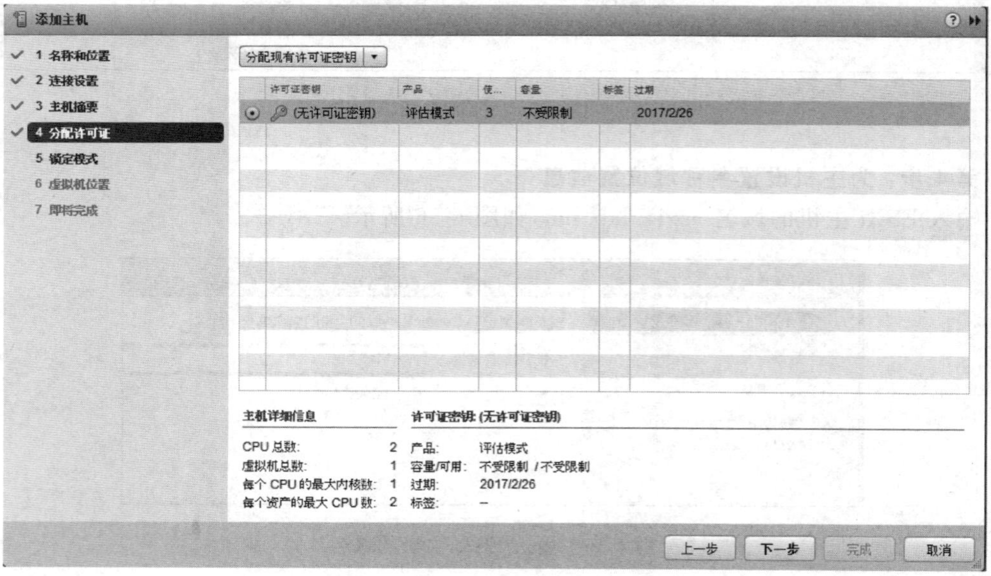

图 4-59　为 ESXi 主机分配许可证

第 7 步：设置是否启用锁定模式

如果启用了锁定模式，管理员就不能够使用 vSphereClient 客户端直接登录到 ESXi 主机，只能通过 vCenter Server 对 ESXi 主机进行管理。在这里不启用锁定模式，如图 4-60 所示。

选择虚拟机的保存位置为数据中心 Datacenter，如图 4-61 所示。

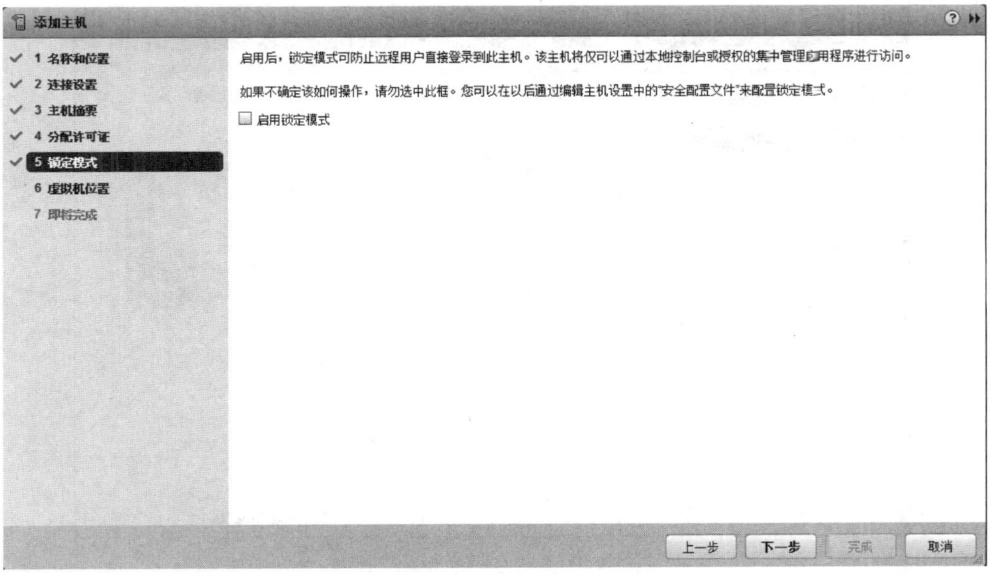

图 4-60　不启用锁定模式

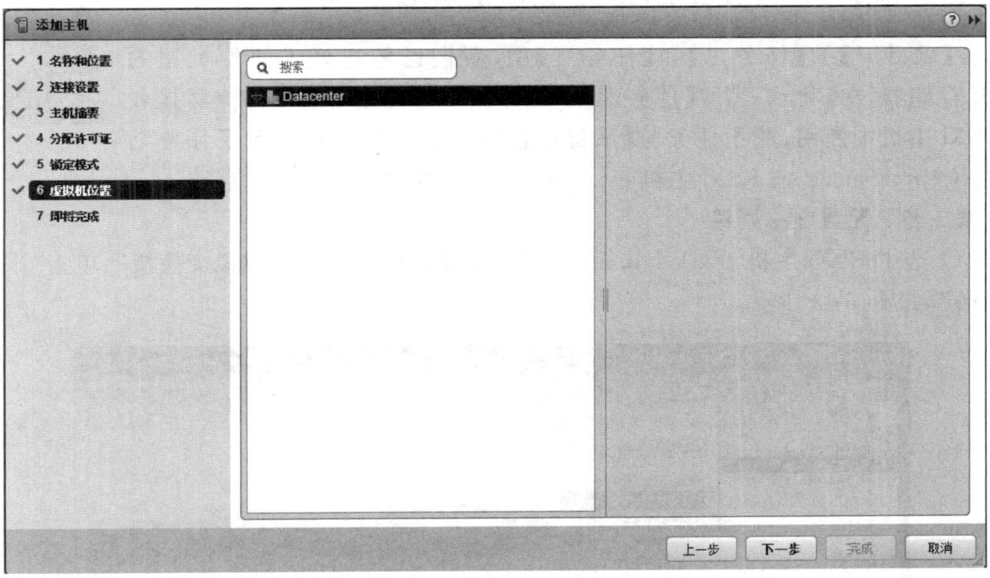

图 4-61　选择虚拟机的保存位置

第 8 步：添加另外的 ESXi 主机

使用相同的步骤添加另一台 ESXi 主机 esxi2. lab. net。在图 4-62 中，两台 ESXi 主机都已经添加到 vCenter Server。

至此，我们添加了两台 ESXi 主机到 vCenter Server，这两台 ESXi 主机已经可以通过 vCenter Server 来管理了，本子任务结束。

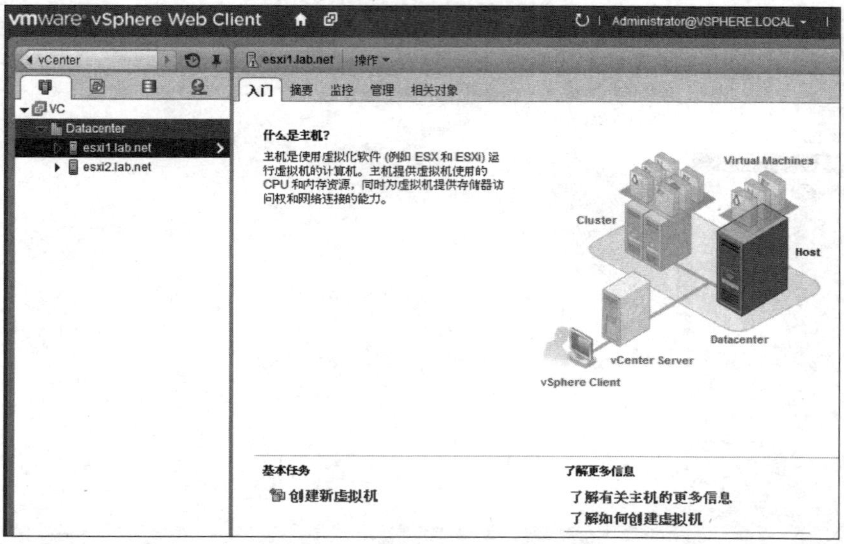

图 4-62　添加另一台 ESXi 主机

【子任务二】　将 ESXi 连接到 iSCSI 共享存储

在【项目三】的【任务二】和【任务三】中，我们已经建好了两种类型的 iSCSI 存储器，在【项目三】的【任务四】中也介绍了怎样把 iSCSI 存储器挂载到 ESXi 主机中使用，此子任务与【项目三】的【任务四】类似，但此子任务是通过 vCenterServer 把 ESXi 主机 esxi1. lab. net 连接到 iSCSI 共享存储。

第 1 步：配置虚拟网络

(1) 选中 ESXi 主机 esxi1. lab. net，选择“管理”→“网络”→“虚拟交换机”，单击“添加主机网络”，如图 4-63 所示。

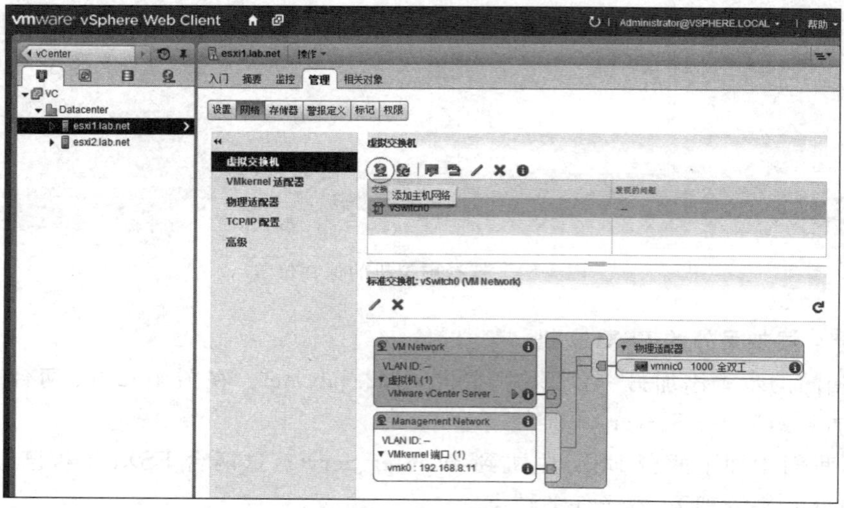

图 4-63　添加主机网络

(2) 选择"VMkernel 网络适配器"单选按钮，如图 4-64 所示。

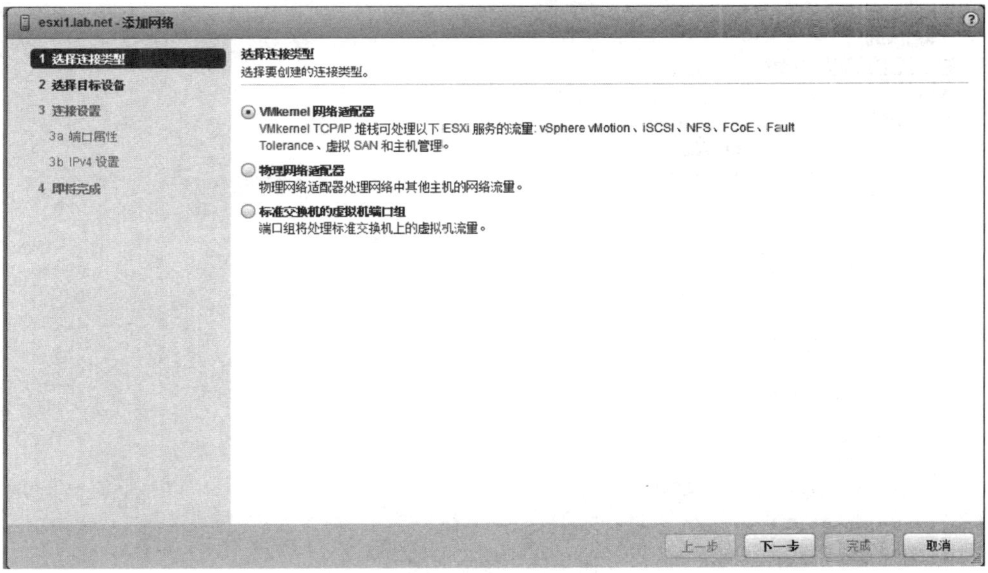

图 4-64　选择连接类型

(3) 选择"新建标准交换机"单选按钮，如图 4-65 所示。

图 4-65　新建标准交换机

(4) 单击"添加适配器"，如图 4-66 所示。

(5) 选中 ESXi 主机的网络适配器 vmnic2，如图 4-67 所示。

(6) 设置 VMkernel 端口的"网络标签"为 iSCSI，在"可用服务"列表中不需要启用任何服务，如图 4-68 所示。

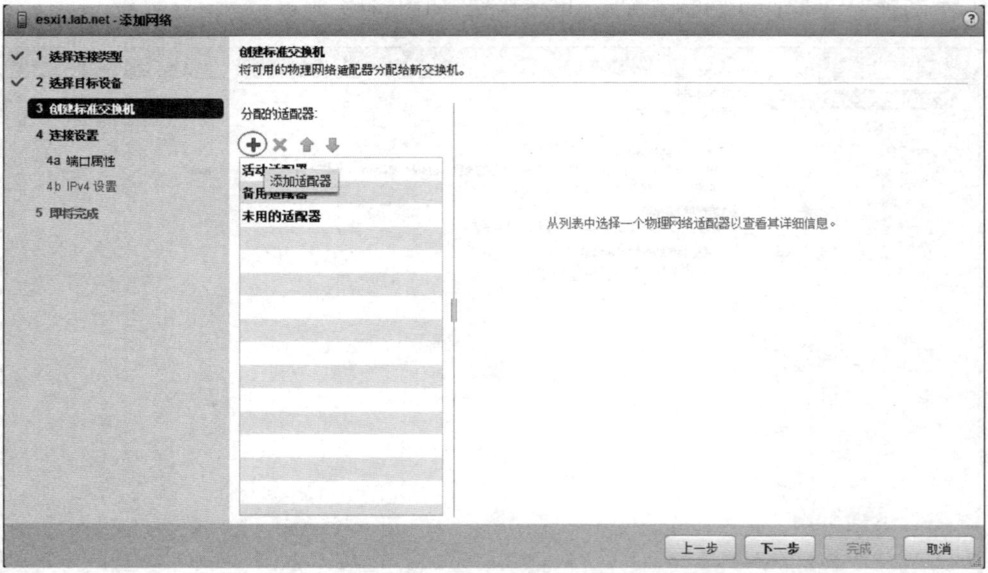

图 4-66　添加适配器

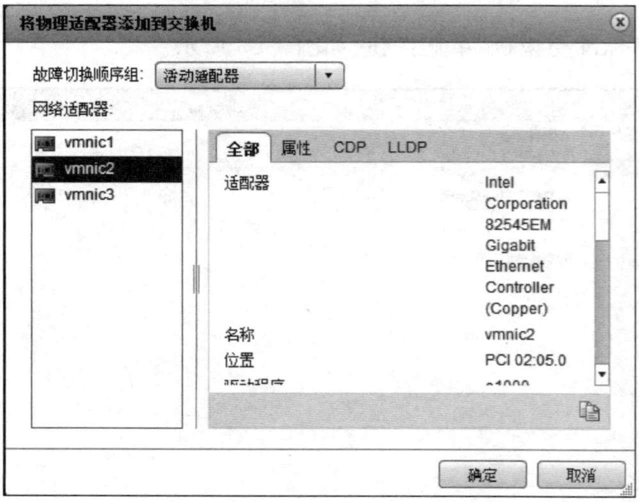

图 4-67　添加网络适配器

(7) 设置 VMkernel 端口的 IP 地址与 iSCSI 存储器为同一网段的 IP 地址，比如 192.168.1.11，子网掩码为 255.255.255.0，如图 4-69 所示。

完成添加 VMkernel 端口。

第 2 步：配置存储适配器

(1) 选中 ESXi 主机 esxi1.lab.net，选择“管理”→“存储器”→“存储适配器”，单击“添加新的存储适配器”，选择“软件 iSCSI 适配器”，如图 4-70 所示。

(2) 选中 iSCSI 软件适配器 vmhba33，选择“网络端口绑定”，单击“添加”按钮，如图 4-71 所示。

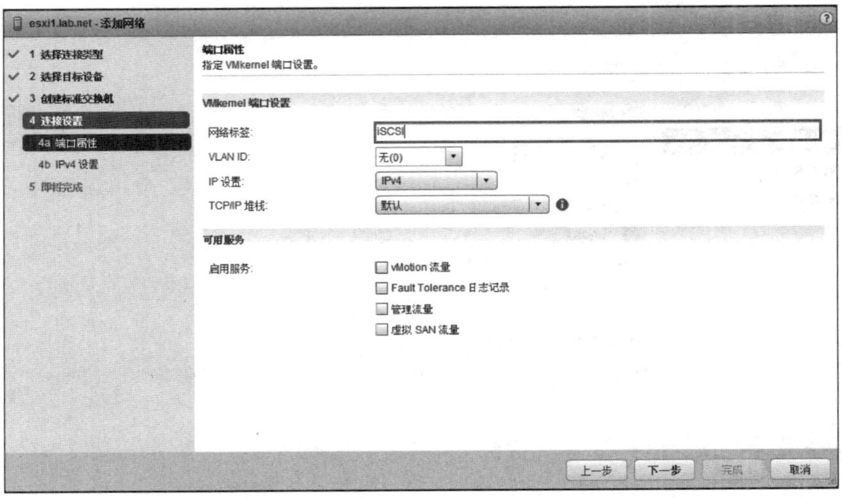

图 4-68　设置端口属性

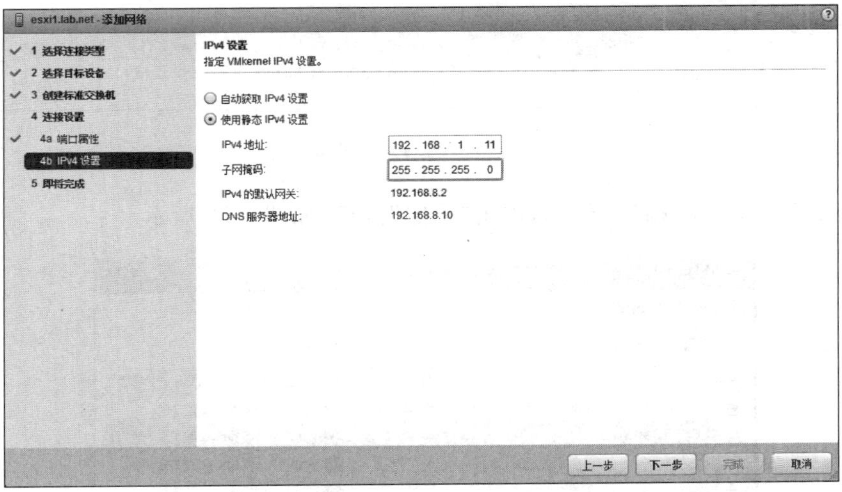

图 4-69　设置 IP 地址和子网掩码

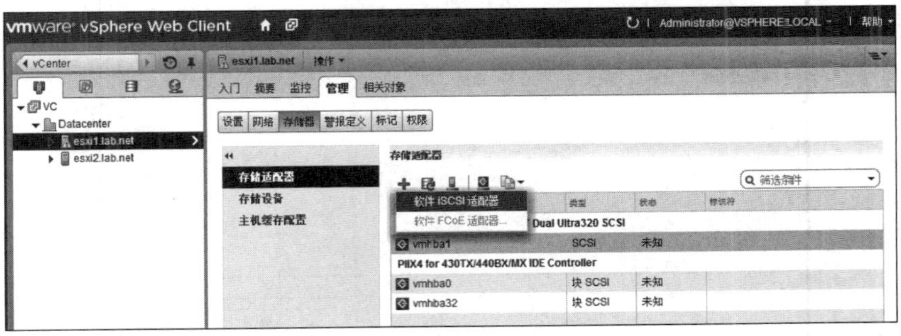

图 4-70　添加“软件 iSCSI 适配器”

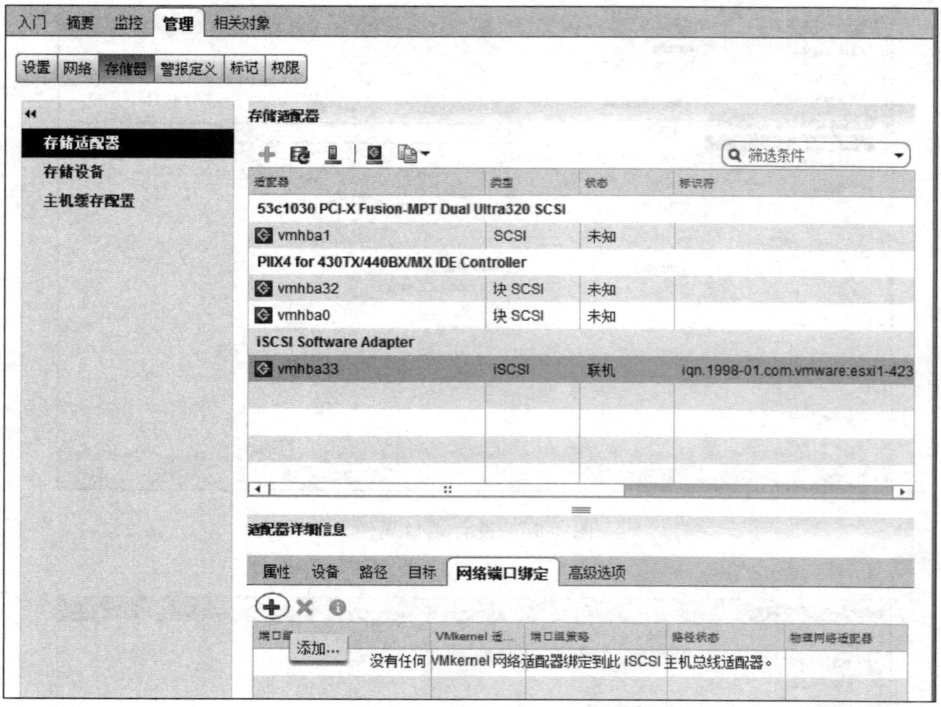

图 4-71 网络端口绑定

(3) 选中 VMkernel 端口 iSCSI,单击“确定”按钮,如图 4-72 所示。

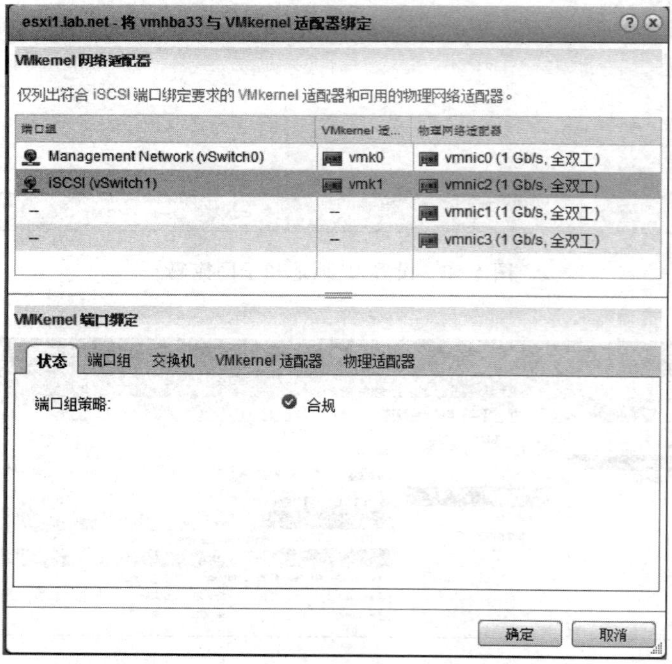

图 4-72 选中 VMkernel 端口

（4）切换到“目标”→“动态发现”，单击“添加”按钮，如图 4-73 所示。

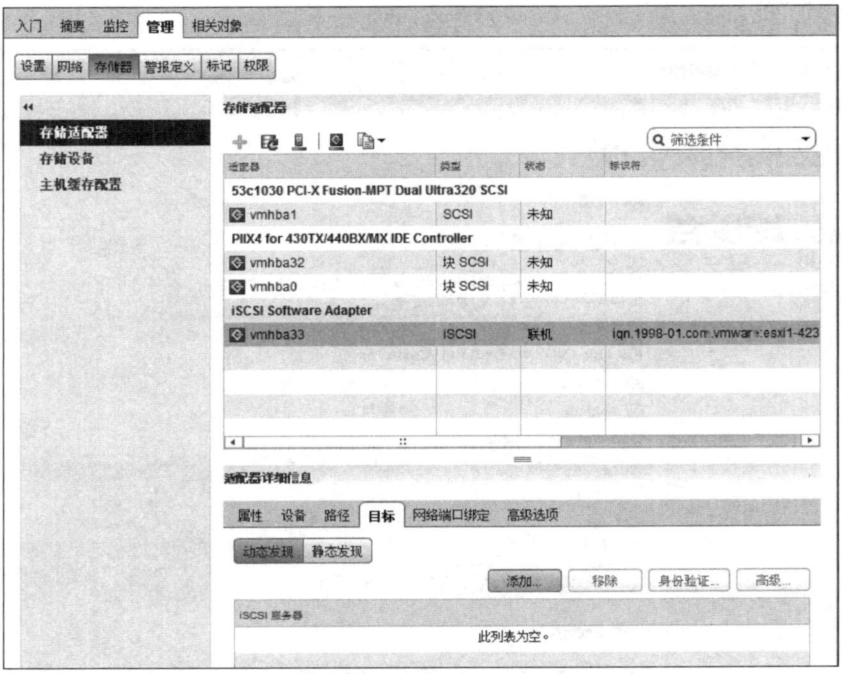

图 4-73　添加 iSCSI 目标

（5）输入 iSCSI 目标服务器的 IP 地址，在这里为本机 VMware Network Adapter VMnet1 虚拟网卡的 IP 地址 192.168.1.1，如图 4-74 所示。

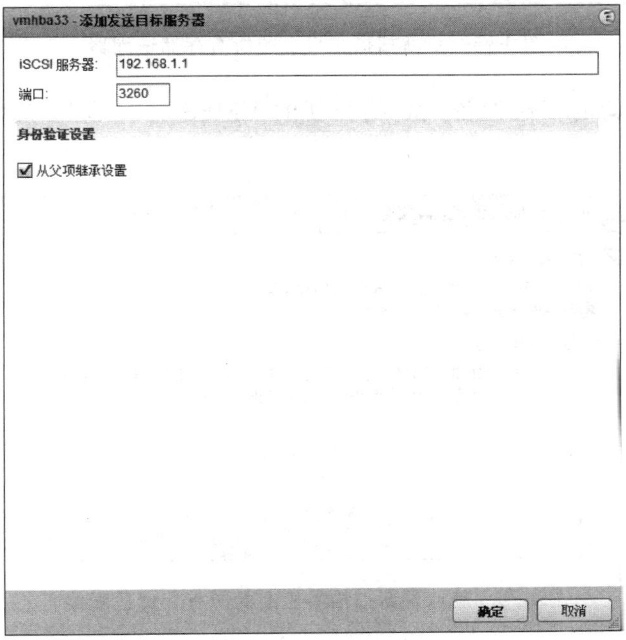

图 4-74　输入 iSCSI 目标服务器的 IP 地址

(6) 单击“重新扫描主机上的所有存储适配器以发现新添加的存储设备和/或 VMFS 卷”,如图 4-75 所示。

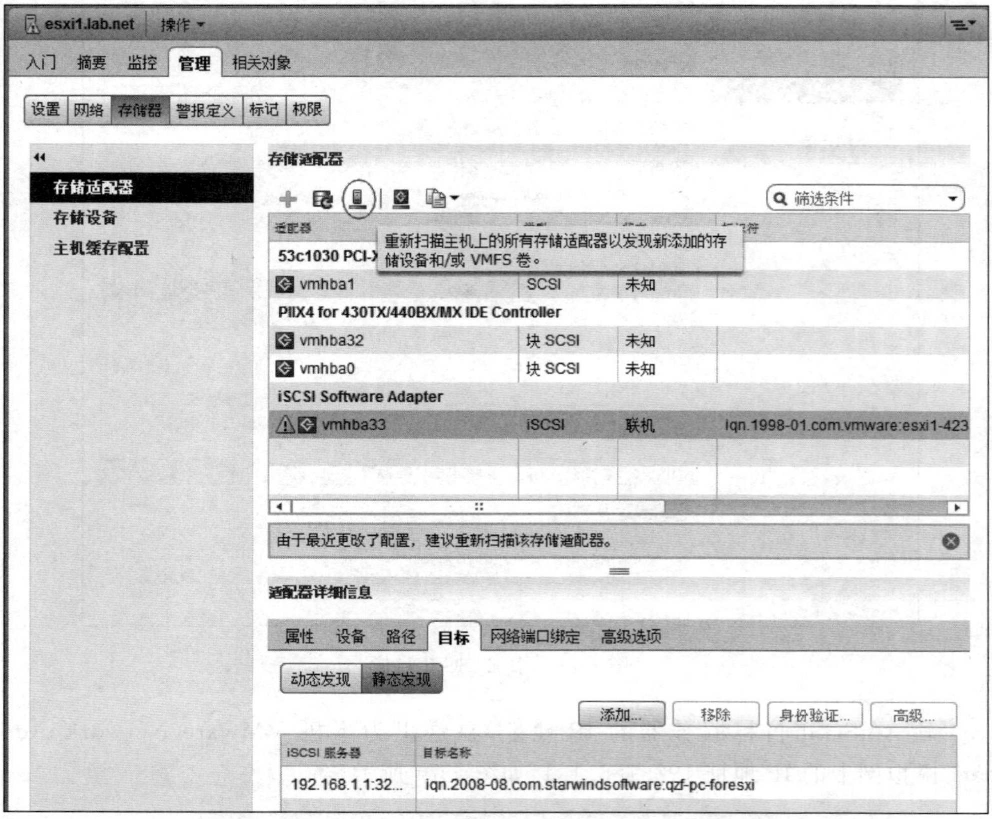

图 4-75　重新扫描主机上的所有存储适配器

(7) 选中“扫描新的存储设备”和“扫描新的 VMFS 卷”,单击“确定”按钮,如图 4-76 所示。

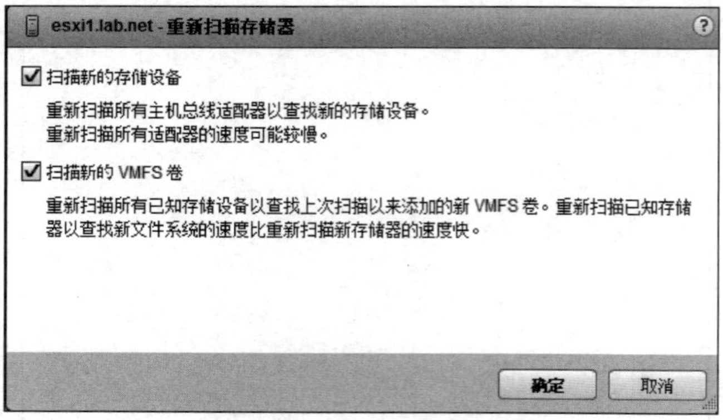

图 4-76　确认重新扫描主机上的所有存储适配器

第 3 步：新建数据存储

(1) 右击主机 esxi1. lab. net，选择“新建数据存储”命令，如图 4-77 所示。

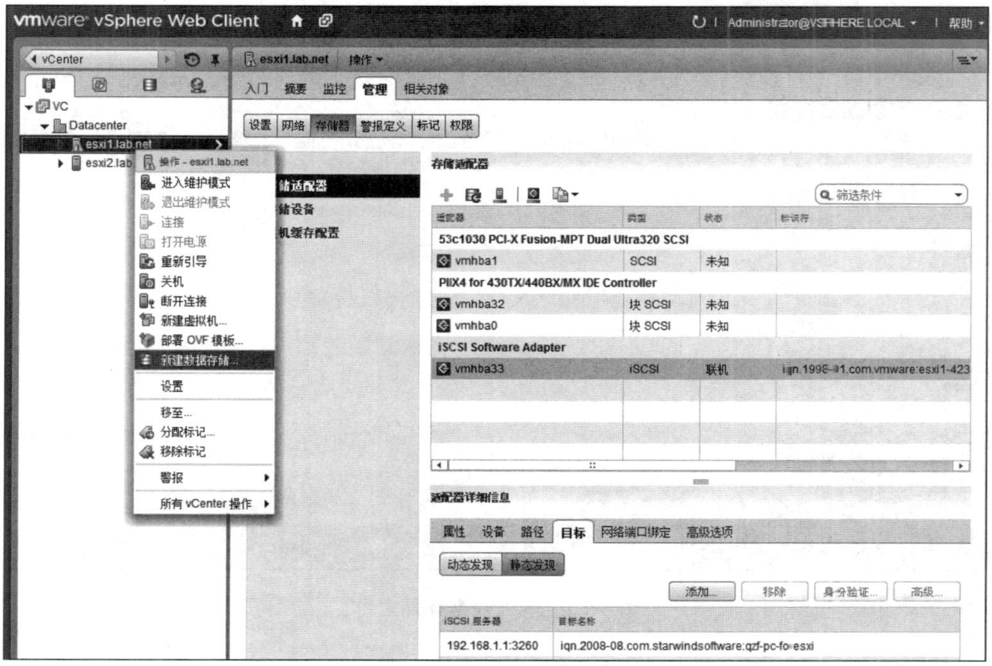

图 4-77　新建数据存储

(2) 开始在主机 esxi1. lab. net 上创建新的数据存储。

(3) 选择数据存储类型为 VMFS，如图 4-78 所示。

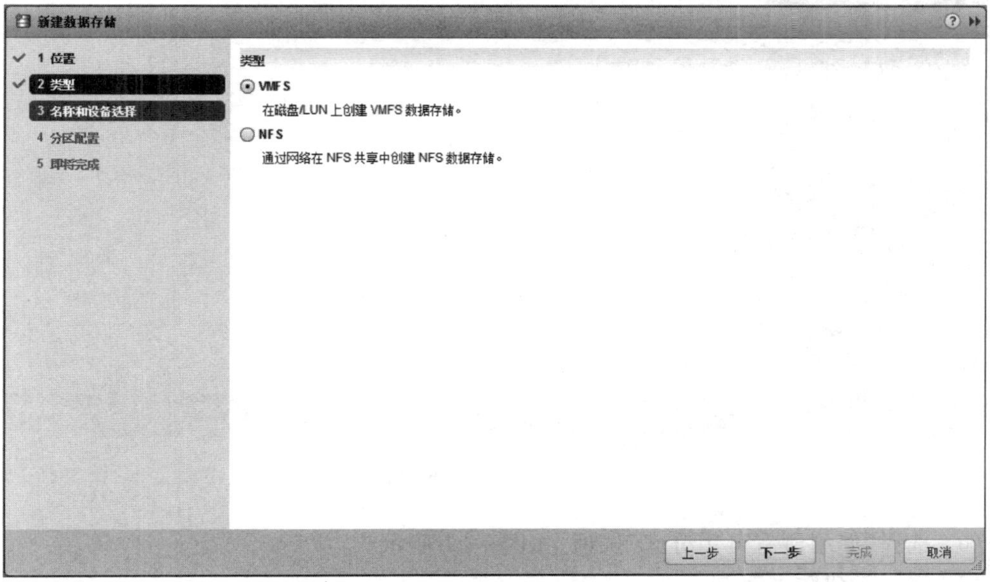

图 4-78　选择数据存储类型为 VMFS

(4) 输入“数据存储名称”为 iSCSI-Starwind，选中 iSCSI 目标的 LUN“ROCKET iSCSI Disk”，如图 4-79 所示。

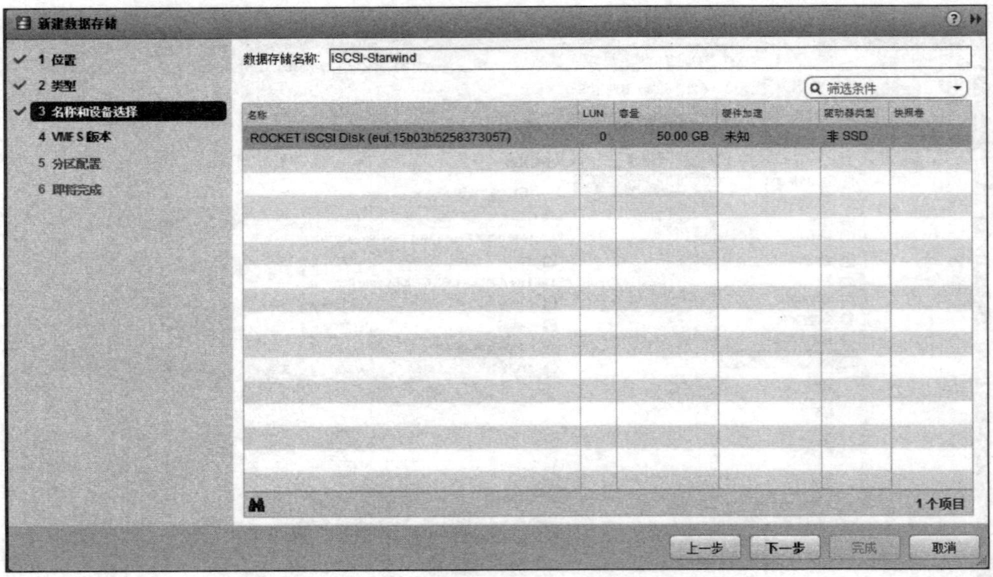

图 4-79　输入数据存储名称

(5) 选择文件系统为 VMFS 5，如图 4-80 所示。

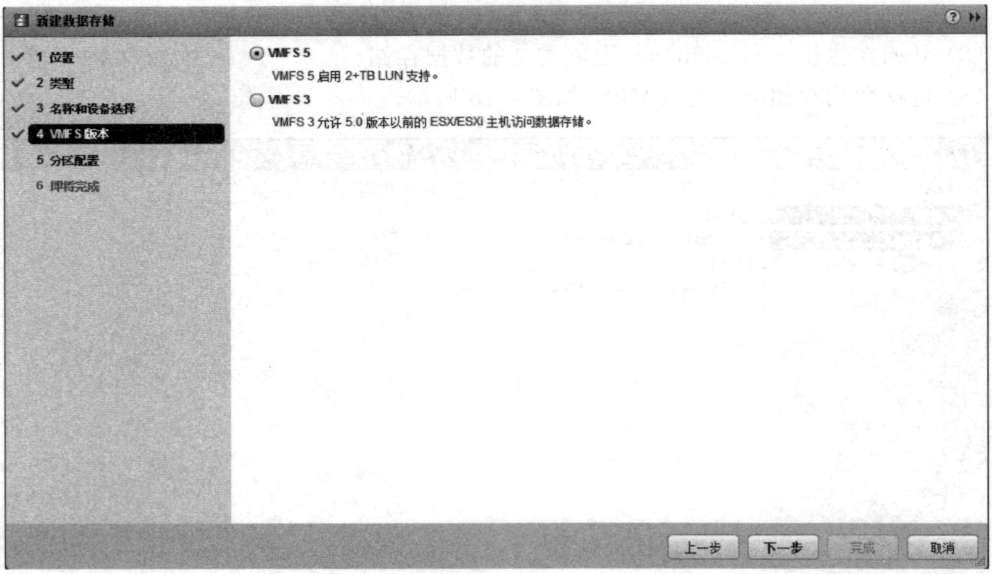

图 4-80　选择 VMFS 版本

(6) 选择“使用所有可用分区”选项，如图 4-81 所示。

(7) 完成新建数据存储。

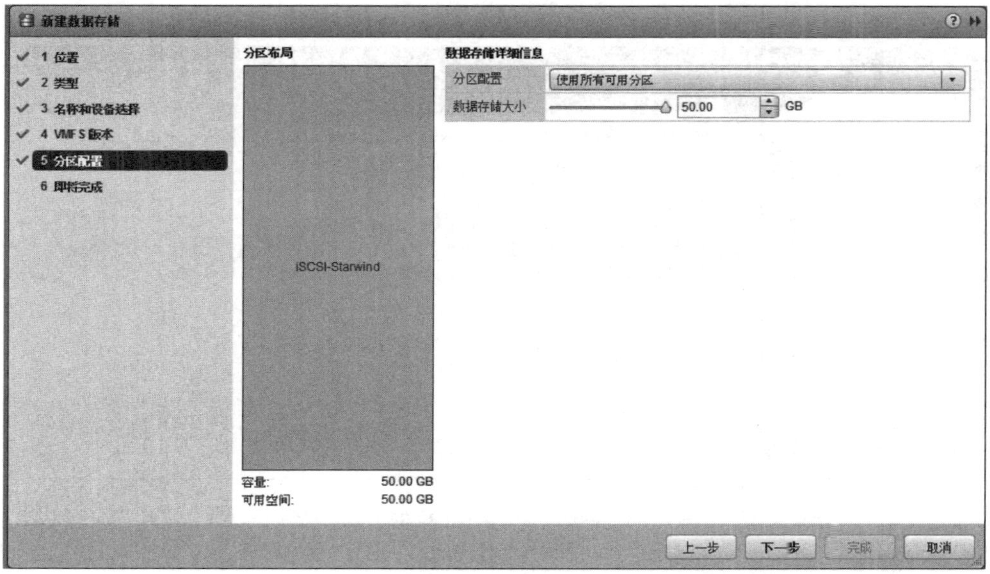

图 4-81 使用所有可用分区

第 4 步：使用相同的步骤配置 ESXi 主机 esxi2. lab. net

使用相同的步骤为 ESXi 主机 esxi2. lab. net 配置虚拟网络、添加存储适配器，连接到 iSCSI 存储 iSCSI-Starwind。以下为不同的配置。

配置 VMkernel 端口 iSCSI 的 IP 地址为 192. 168. 1. 12，子网掩码为 255. 255. 255. 0，如图 4-82 所示。

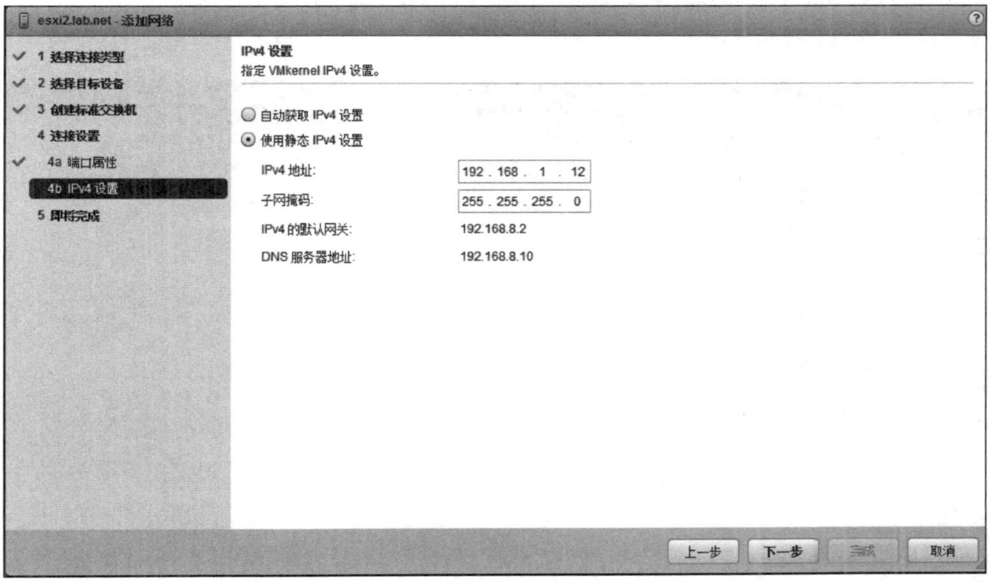

图 4-82 配置 IP 地址和子网掩码

重新扫描存储适配器后，不需要创建新存储，系统会自动添加 iSCSI 存储，如图 4-83

所示。

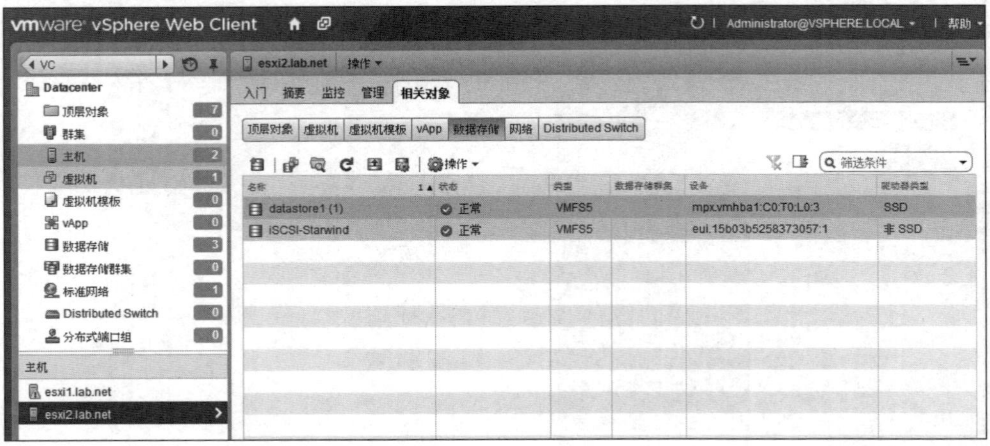

图 4-83　esxi2. lab. net 主机的数据存储

至此，ESXi 主机已经连接到 iSCSI 存储上，此子任务结束。

【子任务三】　使用共享存储创建虚拟机

下面把 Windows Server 2008 R2 的安装光盘 ISO 文件上传到 iSCSI 存储中。创建虚拟机端口组和新的虚拟机，并将虚拟机保存在 iSCSI 共享存储中。在虚拟机中安装 Windows Server 2008 R2 操作系统，并为虚拟机创建快照。

第 1 步：上传操作系统 ISO 镜像文件

(1) 单击 vCenter→"存储器"，选中 iSCSI-Starwind，单击"管理"→"文件"→"创建新的文件夹"，如图 4-84 所示。

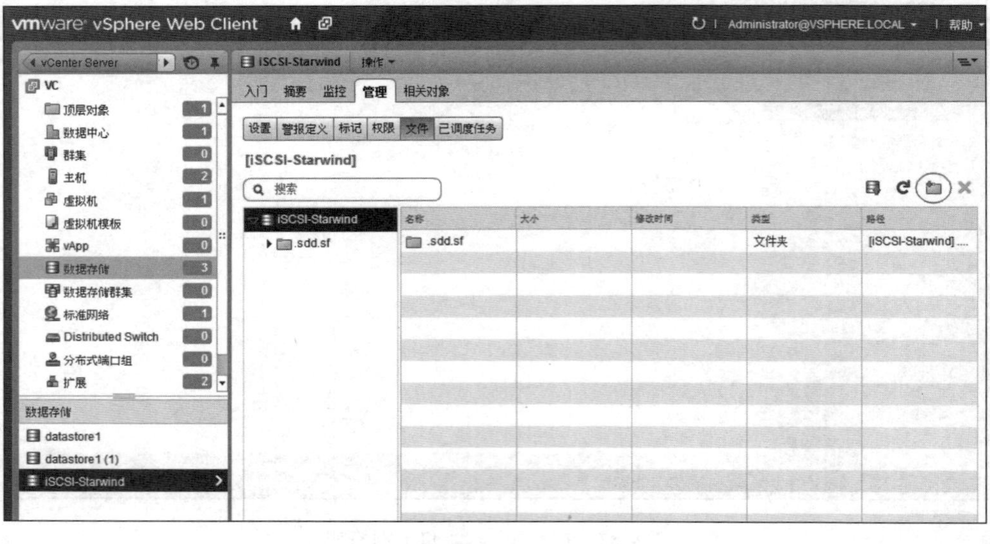

图 4-84　创建新的文件夹

(2) 输入文件夹名称为 ISO。

(3) 单击“安装客户端集成插件”,下载文件 VMware-ClientIntegrationPlugin-5.6.0.exe。

关闭浏览器,安装 VMware 客户端集成插件。程序安装完成后,重新打开浏览器,在 iSCSI-Starwind 处,单击“管理”→“文件”,进入 ISO 目录,单击“将文件上载到数据存储”图标,如图 4-85 所示。

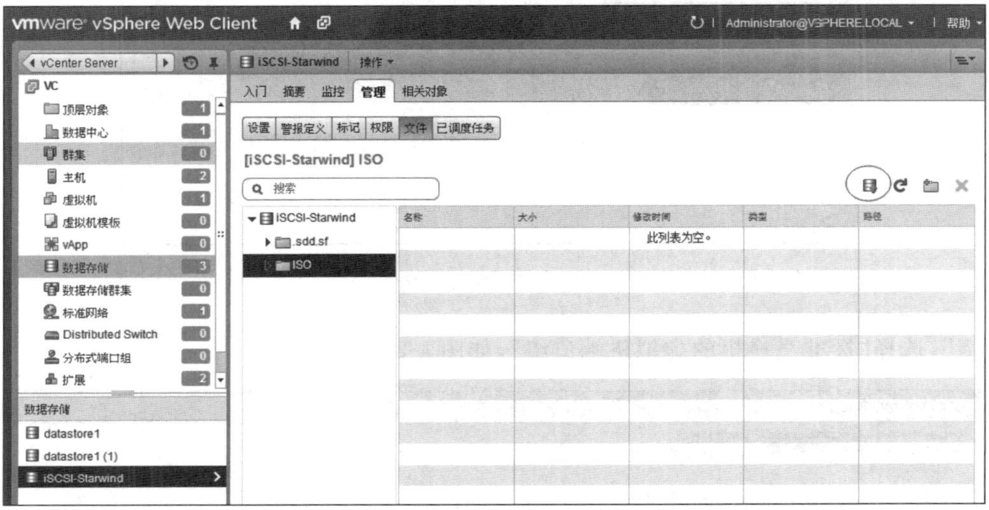

图 4-85　将文件上载到数据存储

(4) 浏览找到 Windows Server 2008 R2 的安装光盘 ISO 文件,如图 4-86 所示。

图 4-86　选择 ISO 文件

(5) 文件上传完毕,如图 4-87 所示。

第 2 步:配置虚拟机端口组

(1) 选中 ESXi 主机 esxi1.lab.net,选择“管理”→“网络”→“虚拟交换机”,单击“添加主

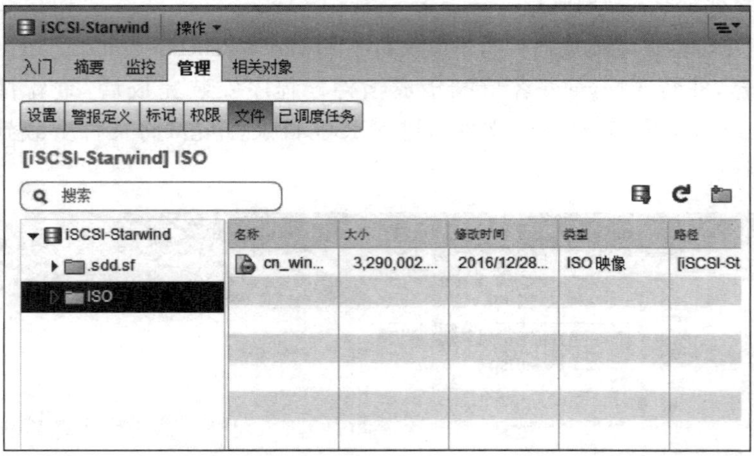

图 4-87　文件上传

机网络”，选择“标准交换机的虚拟机端口组”，如图 4-88 所示。

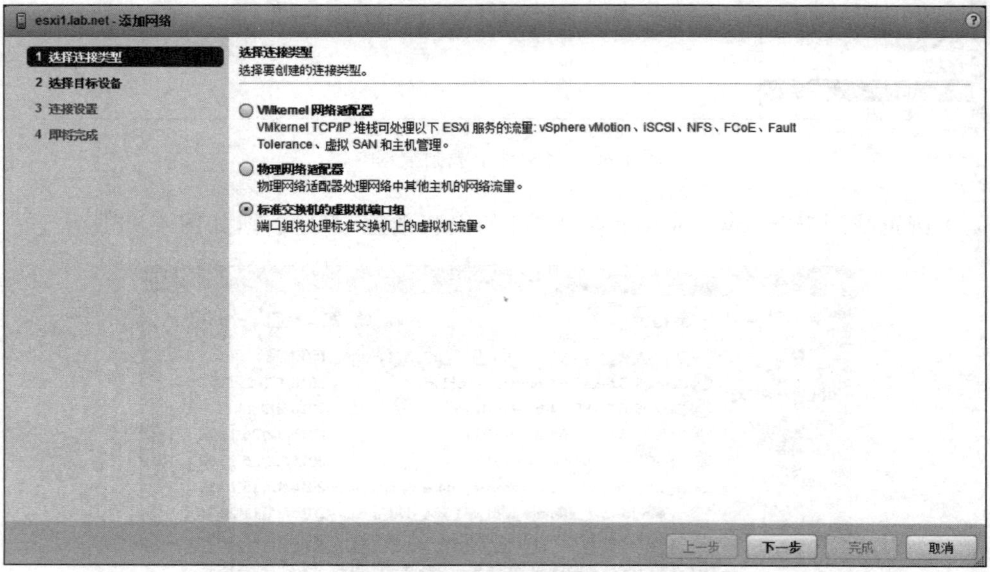

图 4-88　选择连接类型

（2）选择“创建标准交换机”。

（3）将网络适配器 vmnic1 添加到“活动适配器”，如图 4-89 所示。

（4）输入网络标签名称为 ForVM，如图 4-90 所示。

（5）完成创建虚拟机端口组。

（6）在 ESXi 主机 esxi2. lab. net 中使用相同的步骤创建虚拟机端口组 ForVM，绑定到网络适配器 vmnic1，如图 4-91 所示。

第 3 步：创建虚拟机

下面在 ESXi 主机 esxi1. lab. net 上创建并安装 Windows Server 2008 R2 虚拟机。

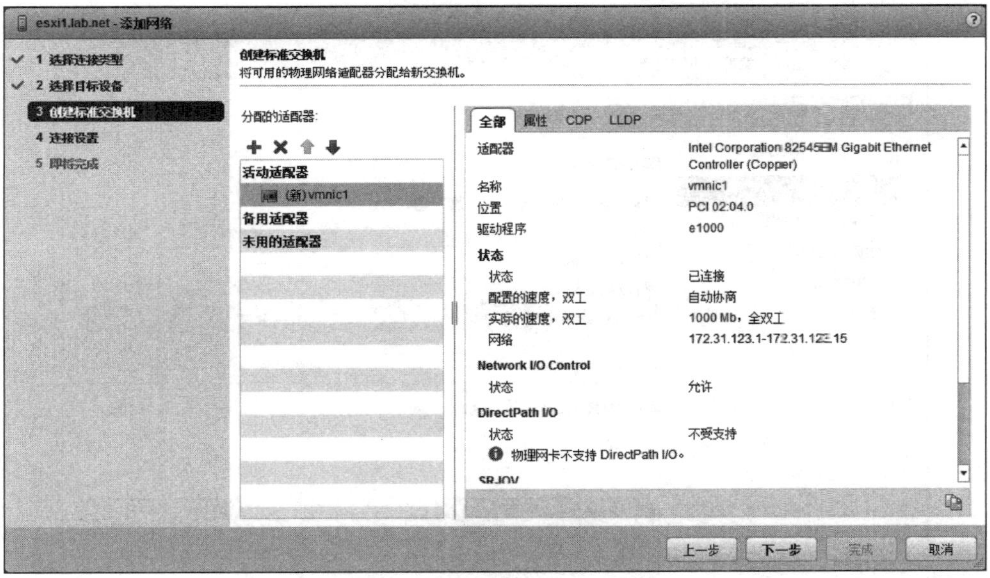

图 4-89　添加网络适配器

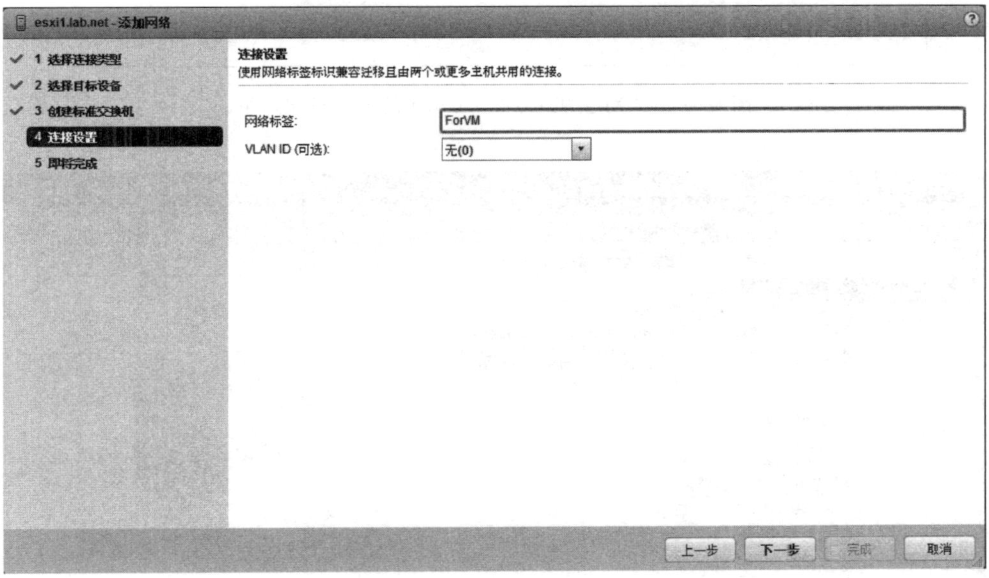

图 4-90　输入网络标签

(1) 单击 vCenter→"主机和群集"，选中主机 esxi1. lab. net，在右键快捷菜单中选择"新建虚拟机"命令，如图 4-92 所示。

(2) 选择"创建新虚拟机"，如图 4-93 所示。

(3) 输入虚拟机名称为 WindowsServer2008R2，选择虚拟机保存位置为 Datacenter，如图 4-94 所示。

(4) 选择计算资源，选中 ESXi 主机 esxi1. lab. net，如图 4-95 所示。

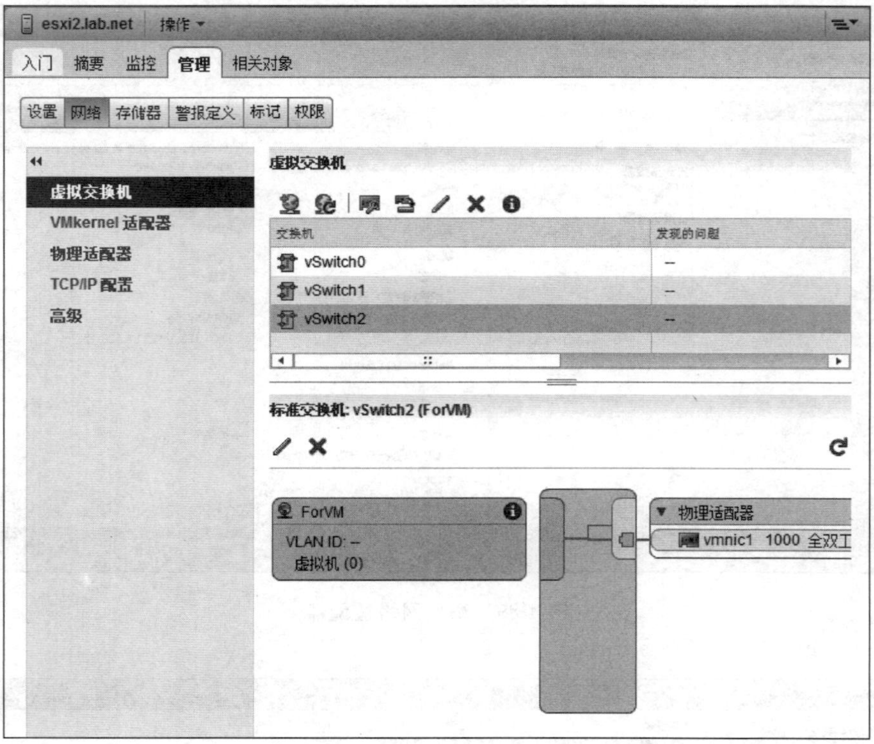

图 4-91　ESXi 主机 esxi2. lab. net 的虚拟机端口组

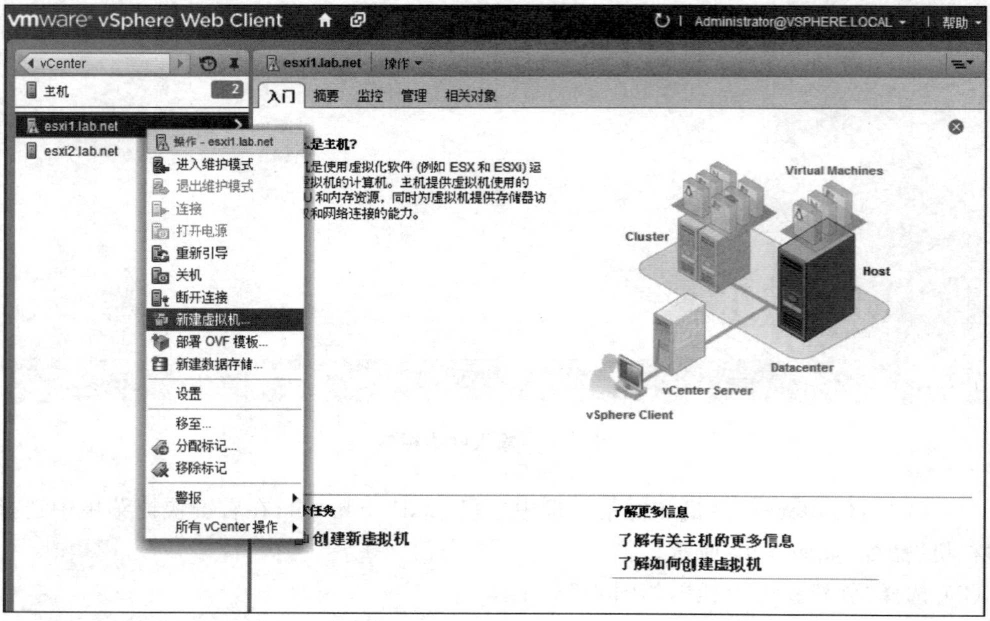

图 4-92　新建虚拟机

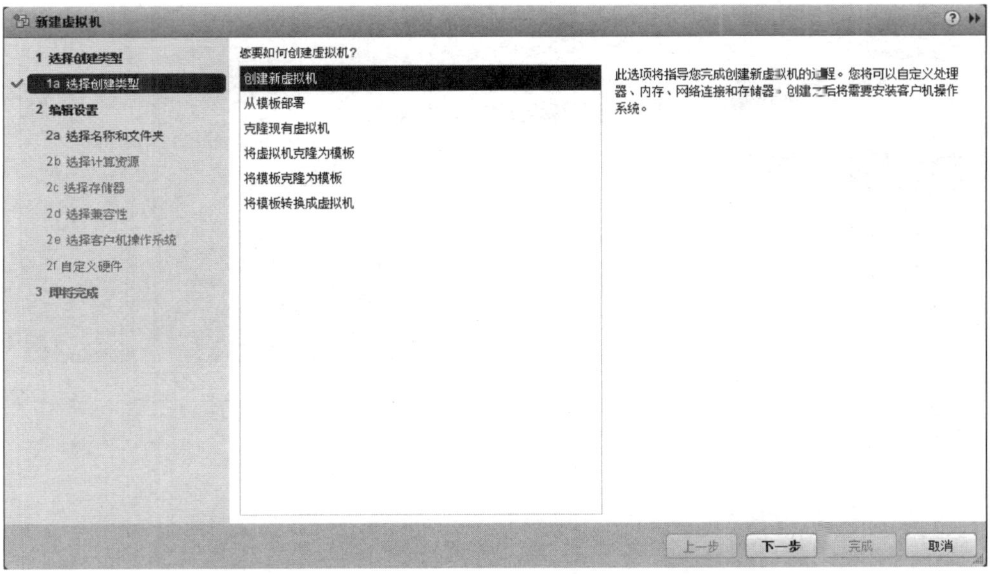

图 4-93　创建新虚拟机

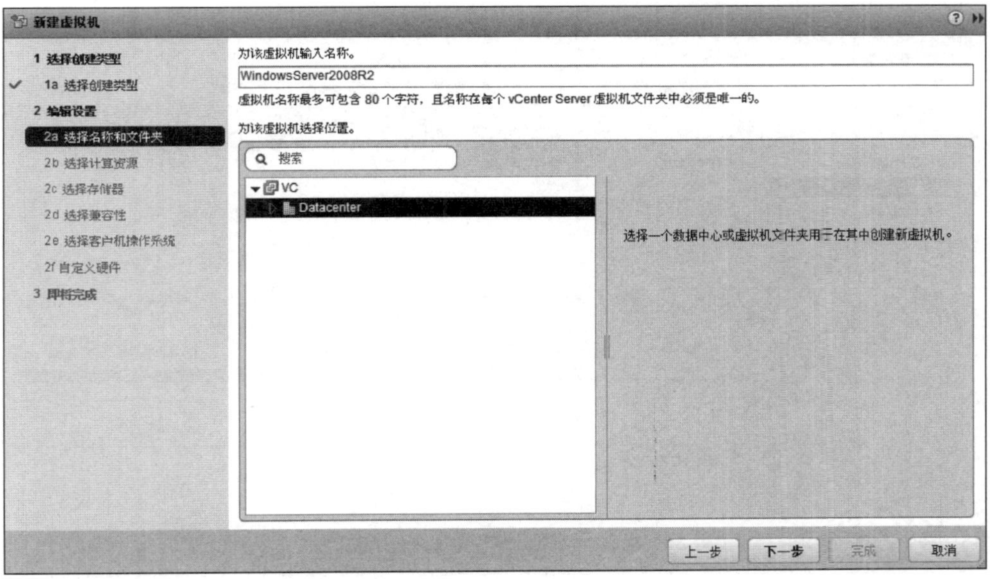

图 4-94　输入虚拟机名称

（5）选择存储器为 iSCSI-Starwind，将虚拟机放置在 iSCSI 共享存储中，如图 4-96 所示。

（6）选择兼容性为“ESXi 5.5 及更高版本”。

（7）选择客户机操作系统系列为 Windows，客户机操作系统版本为“Microsoft WindowsServer 2008 R2(64 位)”。

（8）开始自定义硬件，将内存设置为 1024MB，将“硬盘置备”方式设置为 Thin provision

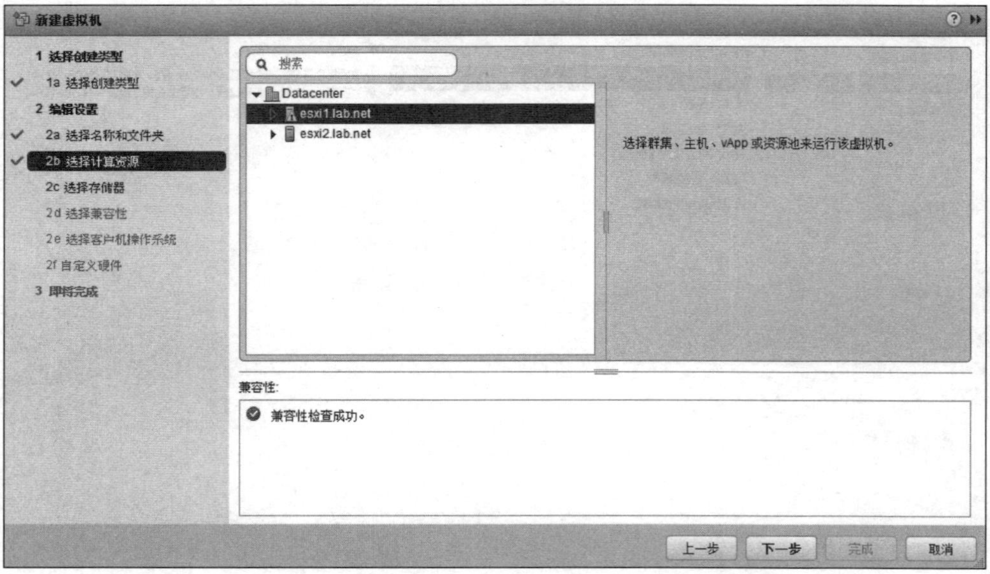

图 4-95　选择计算资源

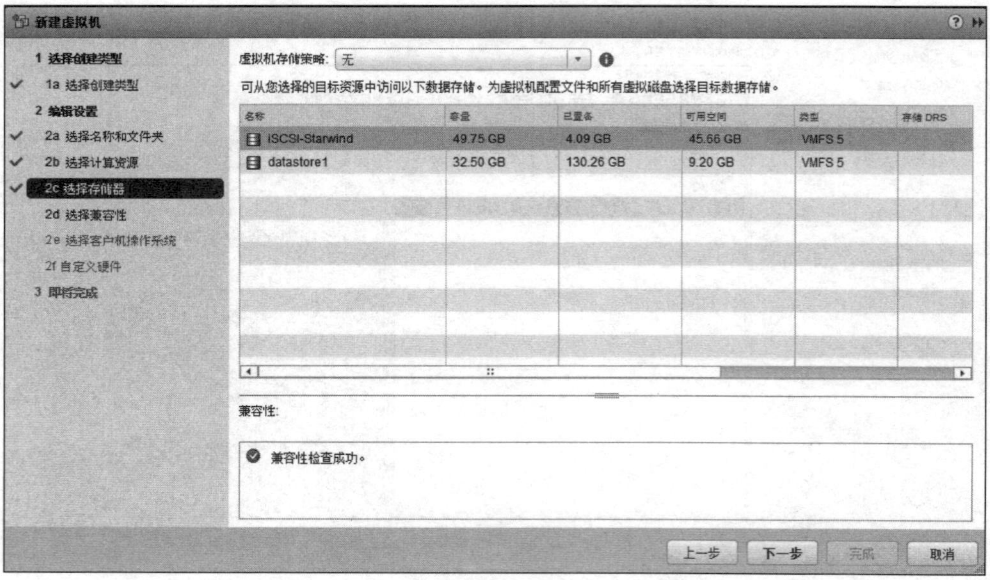

图 4-96　选择存储器

(精简配置),如图 4-97 所示。

(9) 在“新 CD/DVD 驱动器”处,选择“数据存储 ISO 文件”,浏览找到 Windows Server 2008 R2 的安装光盘 ISO 文件,如图 4-98 所示。

(10) 在“新网络”处选择虚拟机端口组 ForVM,选中“新 CD/DVD 驱动器”的“连接”,将“新软盘驱动器”移除,如图 4-99 所示。

完成创建新虚拟机。

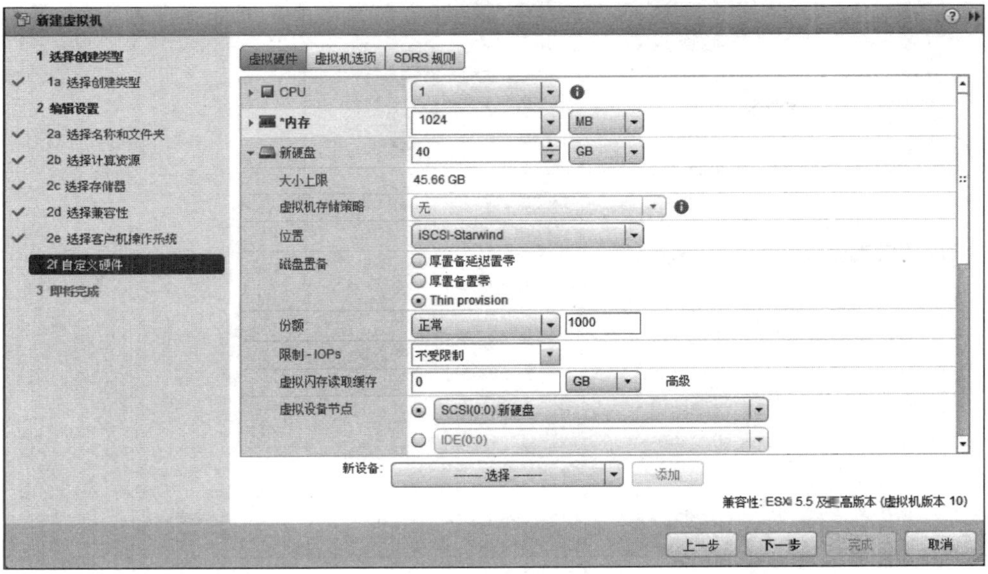

图 4-97　设置内存大小和硬盘置备方式

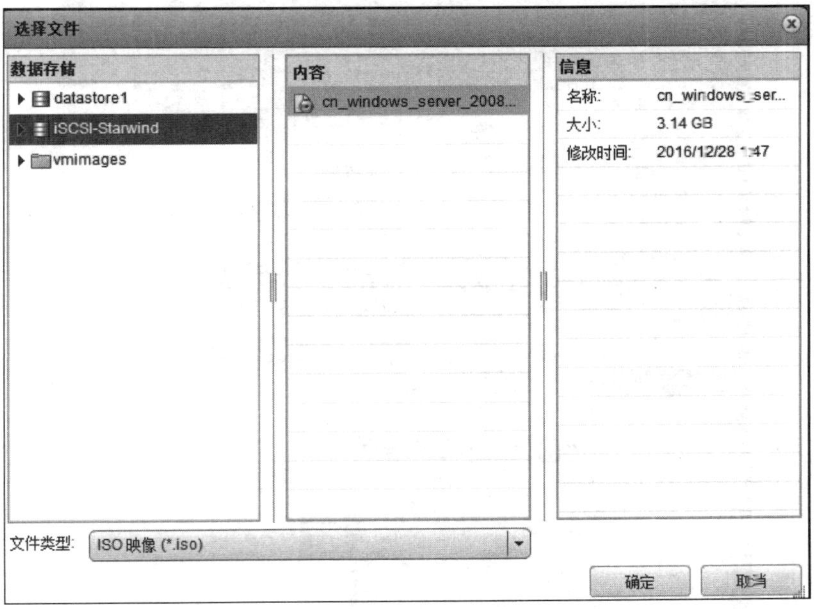

图 4-98　选择 ISO 文件

第 4 步：安装虚拟机操作系统

(1) 选中虚拟机 WindowsServer2008R2，在右键快捷菜单中选择"打开电源"命令，如图 4-100 所示。

(2) 切换到"摘要"选项卡，单击"下载 VMRC"，从 VMware 的官网下载并安装 VMRC (VMware Remote Console)，重启浏览器后，单击"使用 VMRC 打开"，如图 4-101 所示。

图 4-99 选择虚拟机端口组等配置

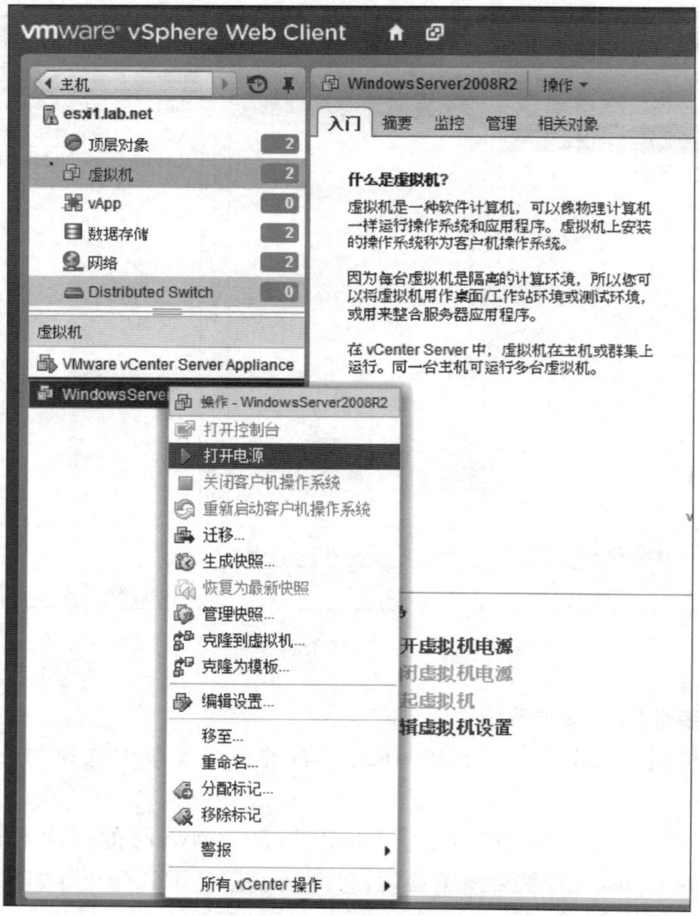

图 4-100 打开虚拟机电源

图 4-101　打开虚拟机控制台

(3) 在虚拟机中安装 Windows Server 2008 R2 操作系统，如图 4-102 所示。在 VMRC 中，按 Ctrl+Alt 组合键可以退出客户机控制台。

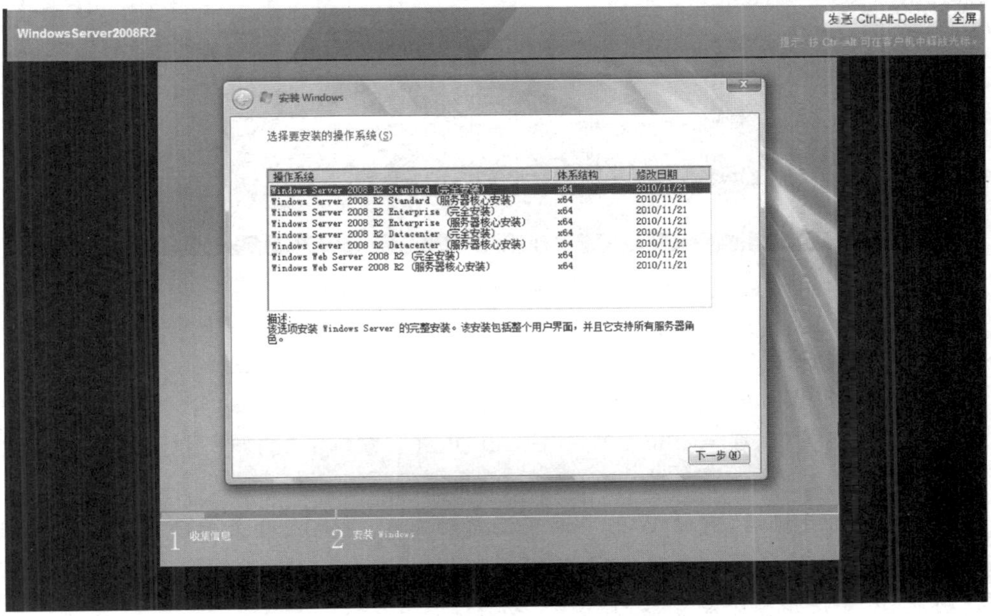

图 4-102　安装客户机操作系统

(4) 客户机操作系统安装完成后，单击“安装 VMware Tools”，如图 4-103 所示。

(5) 双击光盘驱动器盘符，开始安装 VMware Tools，如图 4-104 所示。安装完

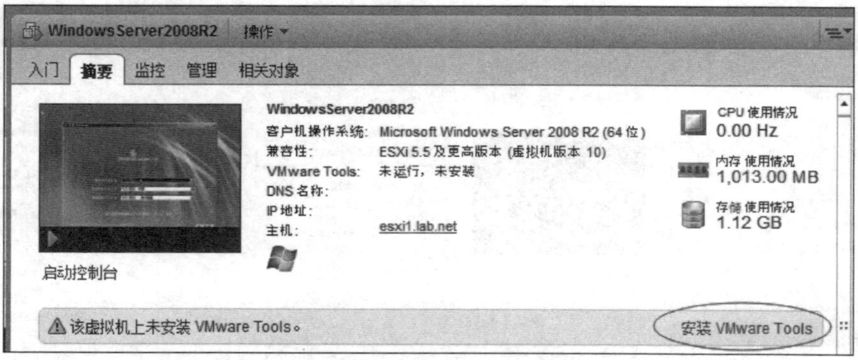

图 4-103 安装 VMware Tools

VMware Tools 后，重新启动客户机操作系统。

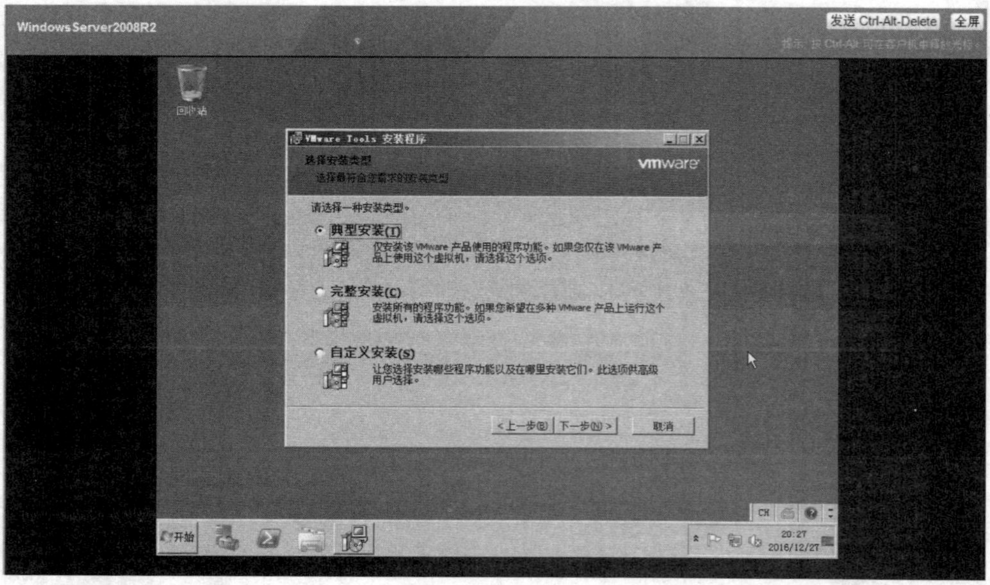

图 4-104 开始安装 VMware Tools

第 5 步：创建快照

下面为虚拟机 Windows Server 2008 R2 创建快照。

(1) 将虚拟机关机，在 vSphere Web Client 页面上方单击“刷新”图标按钮，如图 4-105 所示。

注意：虚拟机关机后，有时 Web 界面不能自动刷新，导致某些菜单项目不能使用，这时可以在 vSphere Web 客户端中刷新，即可解决问题。vSphere Web Client 页面上方提供了“刷新”功能，不要使用整个浏览器的“刷新”功能。

(2) 在虚拟机的右键快捷菜单中选择“生成快照”命令，如图 4-106 所示。

(3) 输入快照名称为 system-ok，描述为“刚安装好操作系统”，如图 4-107 所示。

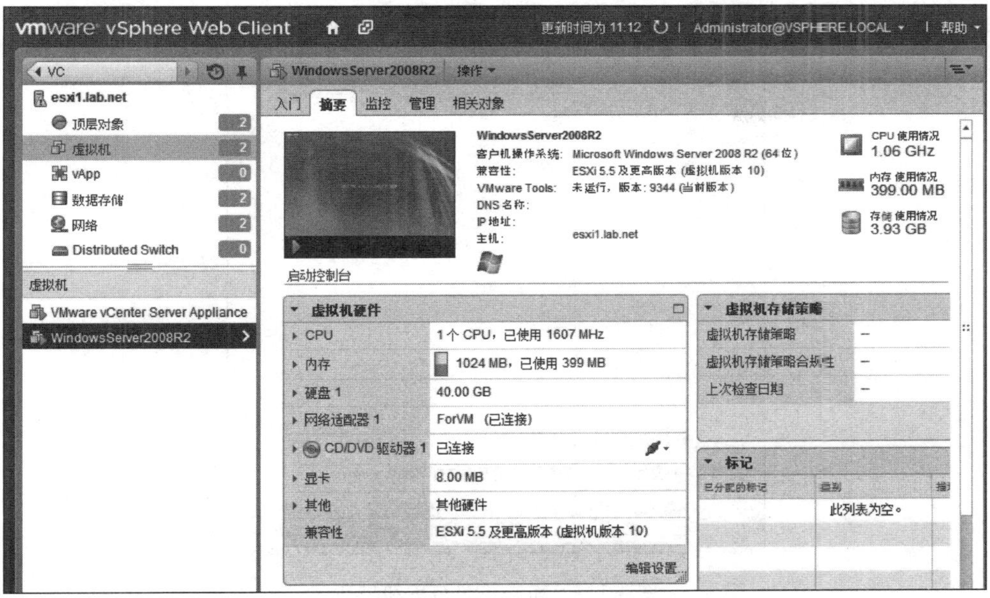

图 4-105　刷新 vSphere Web 客户端

图 4-106　生成快照

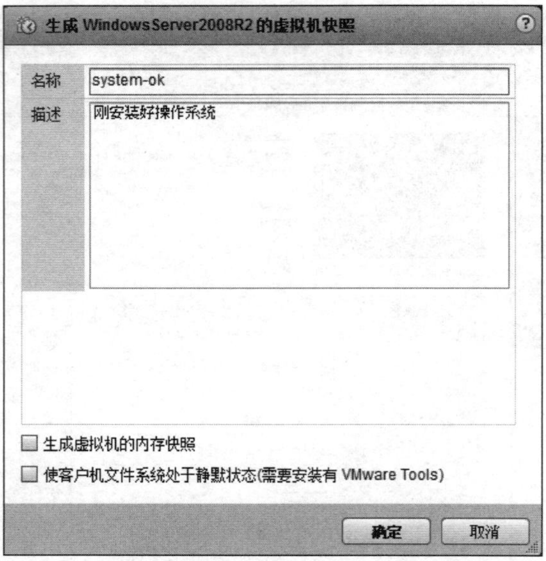

图 4-107　输入快照名称和描述

至此，在共享存储上已经创建好虚拟机，安装好操作系统并创建了快照，此子任务结束。

【项目拓展训练】

1. 安装 vCenter Server 需要哪些服务的支持？
2. 通过虚拟机模板部署 Windows 和 Linux 操作系统时，需要进行哪些操作？

项目五　配置 vCenter Server 高级应用

【项目说明】

在前面的几个项目中，我们已经使用 VMware ESXi 5.5 搭建了服务器虚拟化测试环境，基本掌握了安装 VMware ESXi、配置 vSphere 虚拟网络、配置 iSCSI 共享存储、创建虚拟机的方法，但是使用 vSphere Client 只能直接管理单台的 ESXi 主机，实现的功能非常有限，vCenter Server 提供了 ESXi 主机管理、虚拟机管理、模板管理、虚拟机部署、任务调度、统计与日志、警报与事件管理等特性，vCenter Server 还提供了很多适应现代数据中心的高级特性，如 vSphere vMotion(在线迁移)、vSphere DRS(分布式资源调度)、vSphere HA(高可用性)和 vSphere FT(容错)等，在此项目中，我们将一一部署它们。

【项目实施】

为简化项目的实施，将此项目分解成以下几个任务来分步实施：

【任务一】使用模板批量部署虚拟机

【任务二】在线迁移虚拟机

【任务三】分布式资源调度

【任务四】部署虚拟机高可用性

【任务一】　使用模板批量部署虚拟机

5.1

【任务说明】

如果需要在一个虚拟化架构中创建多个具有相同操作系统的虚拟机(如创建多个操作系统为 Windows Server 2008 R2 的虚拟机)，使用模板可大大减少工作量。模板是一个预先配置好的虚拟机的备份，也就是说，模板是由现有的虚拟机创建出来的。

要使用虚拟机模板，需要首先使用操作系统光盘 ISO 文件安装好一个虚拟机。虚拟机操作系统安装完成后，安装 VMware Tools，同时可以安装必要的软件，然后将虚拟机转换或克隆为模板，将来可以随时使用此模板部署新的虚拟机。从一个模板创建出来的虚拟机具有与原始虚拟机相同的网卡类型和驱动程序，但是会拥有不同的 MAC 地址。

如果需要使用模板部署多台加入同一个活动目录域的 Windows 虚拟机，每个虚拟机的操作系统必须具有不同的 SID(Security Identifier，安全标识符)。SID 是 Windows 操作系统用来标识用户、组和计算机账户的唯一号码。Windows 操作系统会在安装时自动生成唯一的 SID。在从模板部署虚拟机时，vCenter Server 支持使用 sysprep 工具为虚拟机操作系统创建新的 SID。

【任务实施】

第 1 步：将虚拟机转换为模板

下面把虚拟机 Windows Server 2008 R2 转换成模板。

(1) 关闭虚拟机 Windows Server 2008 R2，在虚拟机名称处右击，选择“所有 vCenter 操作”→“转换成模板”命令，如图 5-1 所示。

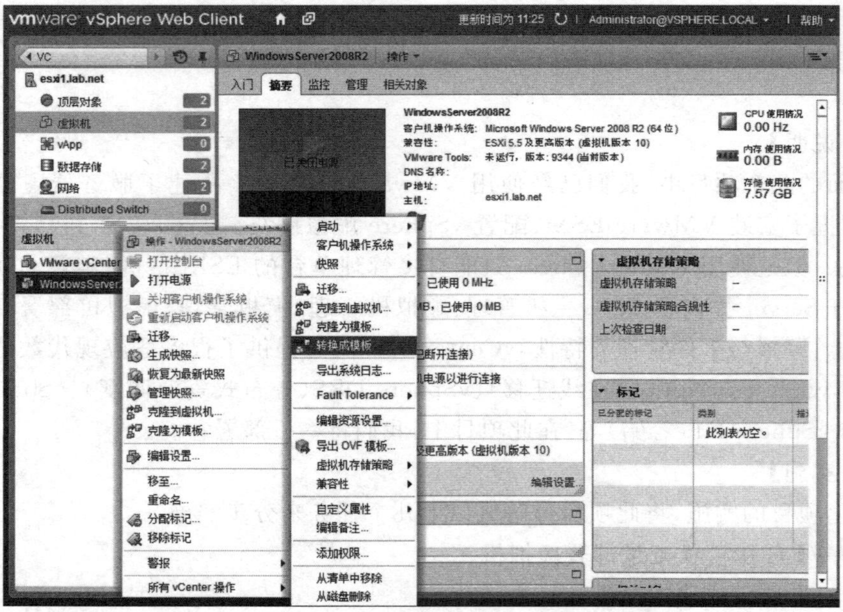

图 5-1 将虚拟机转换成模板

(2) 虚拟机转换成模板之后，在“主机和群集”中就看不到原始虚拟机了，在 VC→“虚拟机和模板”中可以看到转换后的虚拟机模板，如图 5-2 所示。

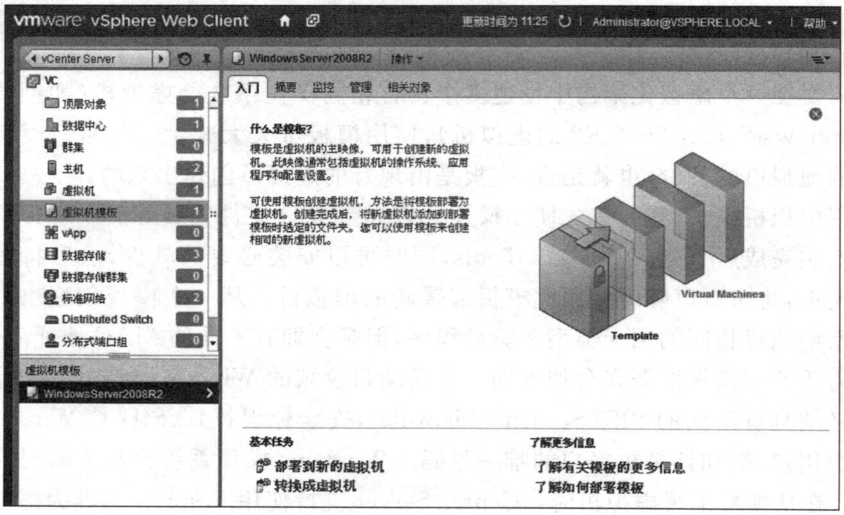

图 5-2 虚拟机和模板

第 2 步：创建自定义规范

下面为 Windows Server 2008 R2 操作系统创建新的自定义规范，当使用模板部署虚拟机时，可以调用此自定义规范。

(1) 在"主页"的"规则和配置文件"中，选择"自定义规范管理器"，单击"创建新规范"图标，如图 5-3 所示。

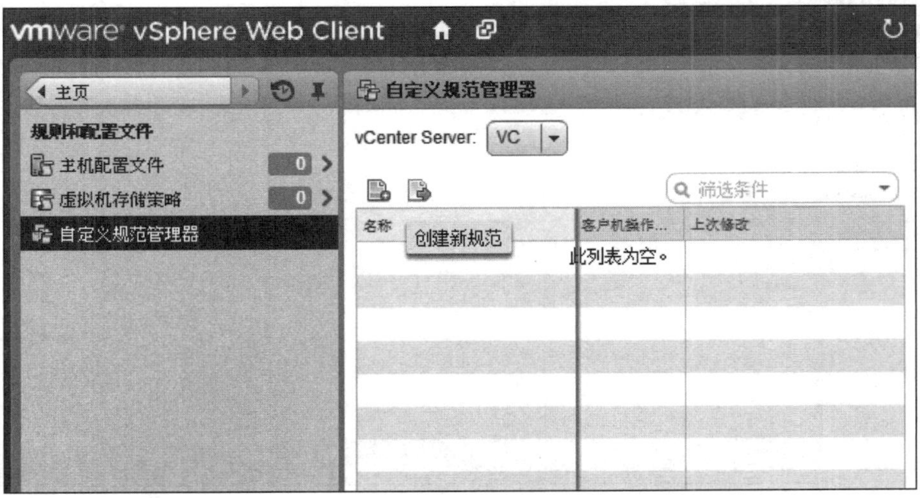

图 5-3　创建新规范

(2) 选择目标虚拟机操作系统为 Windows，输入自定义规范名称为 Windows Server 2008 R2，如图 5-4 所示。

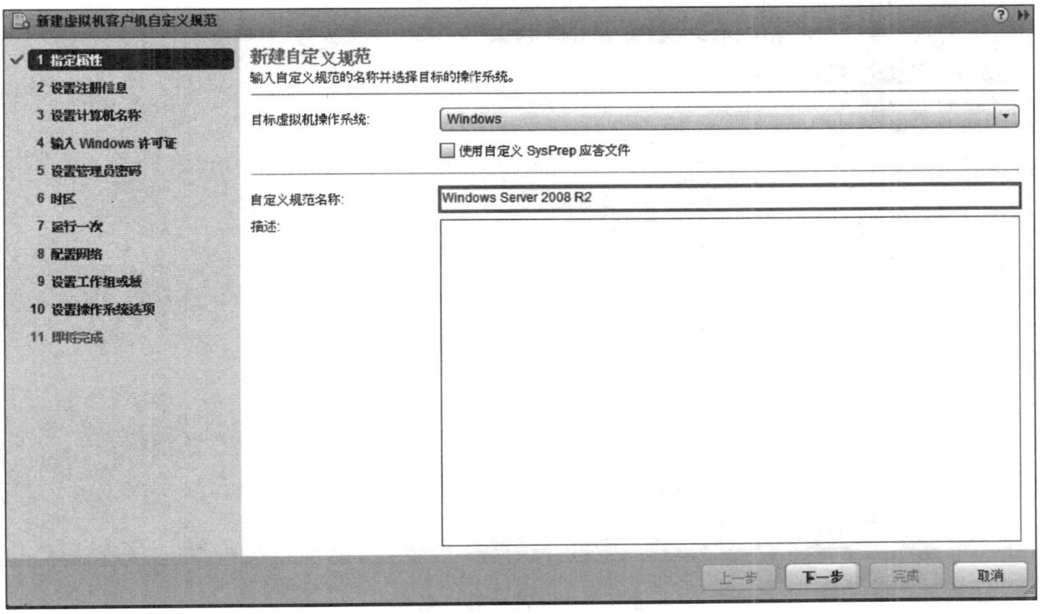

图 5-4　输入自定义规范名称

(3) 设置客户机操作系统的名称和单位,如图 5-5 所示。

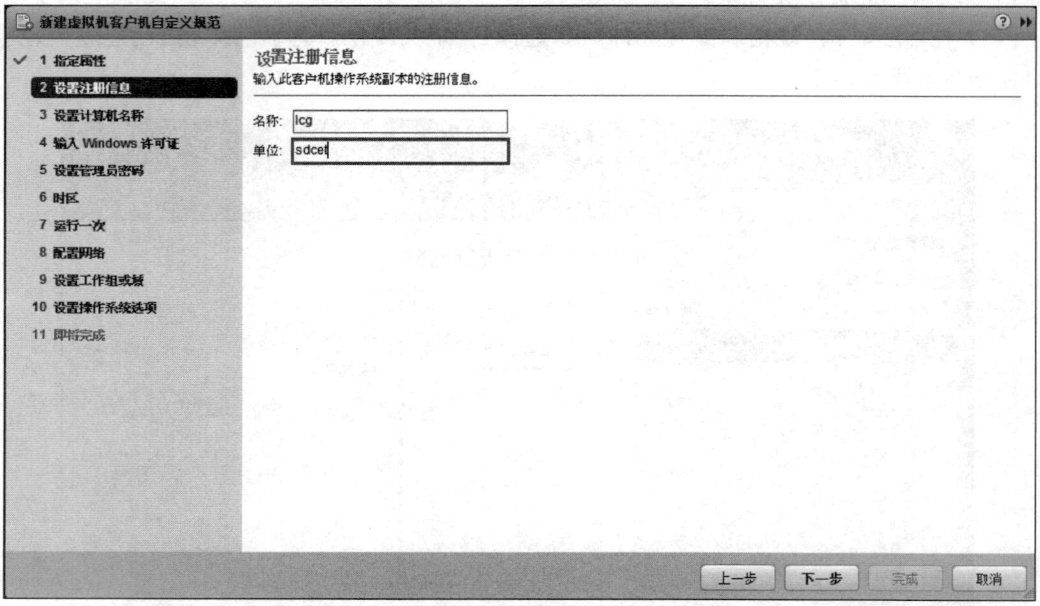

图 5-5　设置客户机操作系统的名称和单位

(4) 设置计算机名称,在这里使用“在克隆/部署向导中输入名称”,如图 5-6 所示。

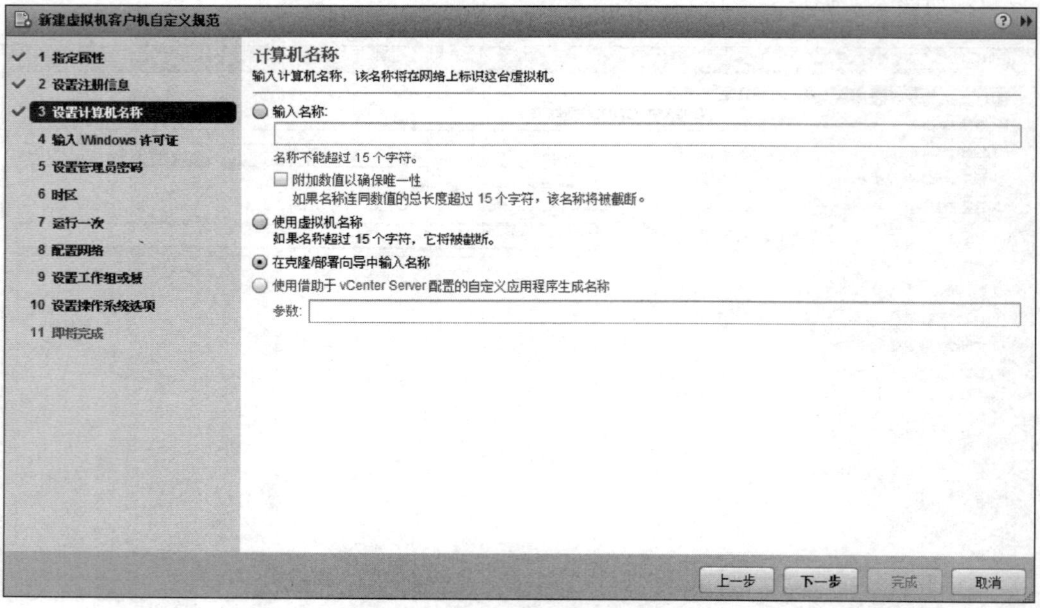

图 5-6　设置计算机名称

(5) 输入 Windows 产品密钥,如图 5-7 所示。

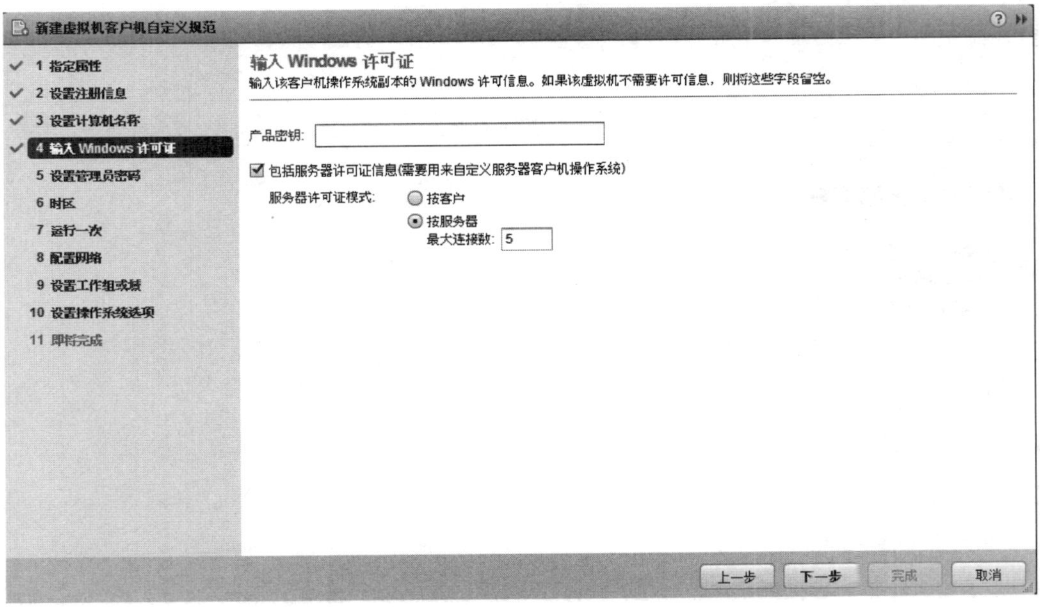

图 5-7　输入产品密钥

(6) 设置管理员 Administrator 的密码,如图 5-8 所示。

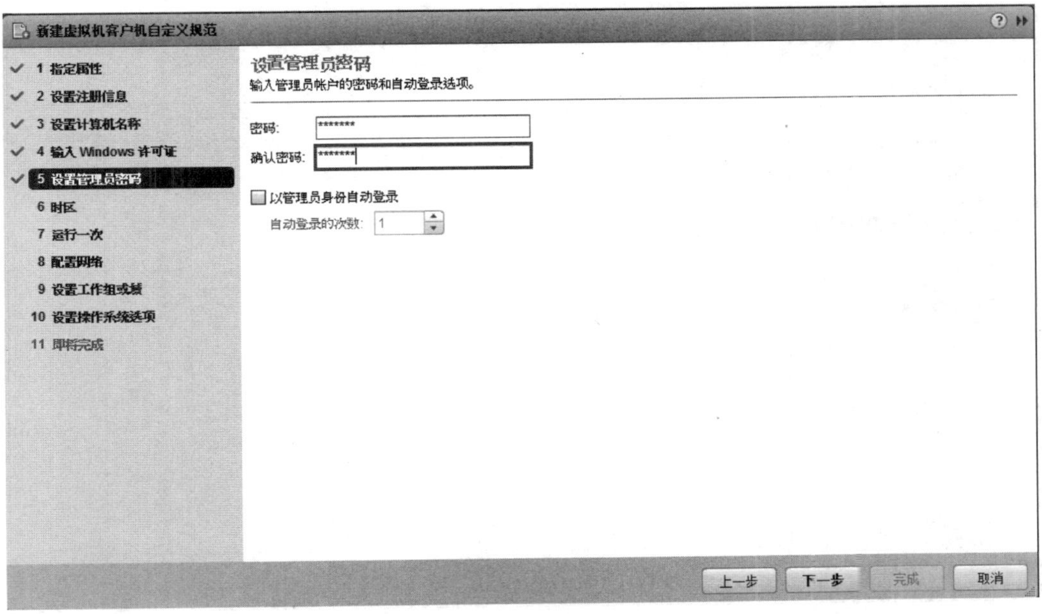

图 5-8　设置管理员的密码

（7）设置时区为“(GMT＋0800)北京，重庆，香港特别行政区，乌鲁木齐”，如图 5-9 所示。

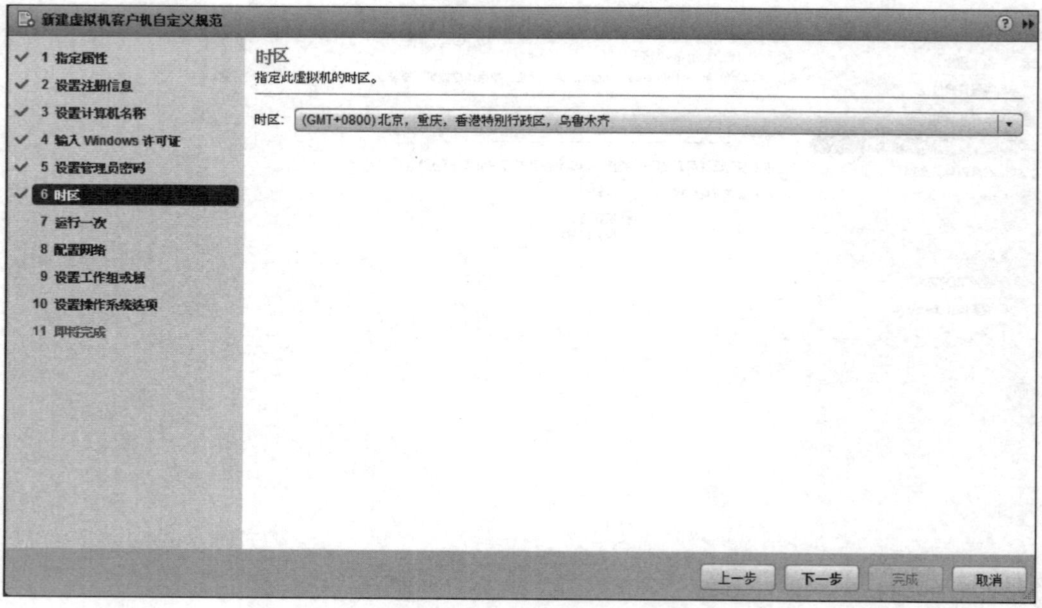

图 5-9　设置时区

（8）设置用户首次登录系统时运行的命令，这里不运行任何命令，如图 5-10 所示。

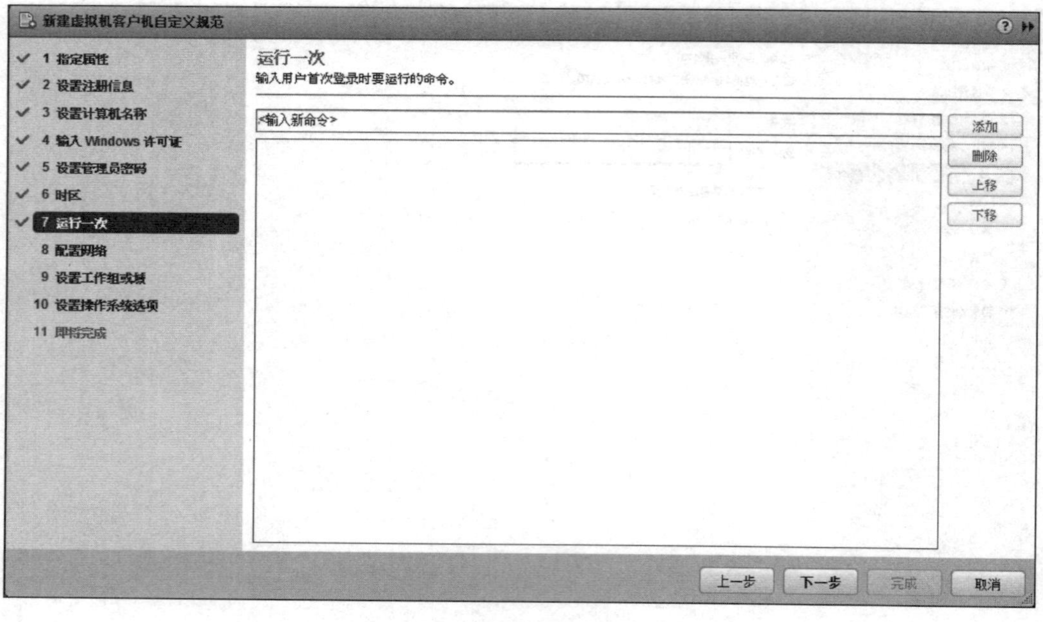

图 5-10　设置用户首次登录系统时运行的命令

(9) 配置网络，这里选择“手动选择自定义设置”，选中“网卡 1”，单击“编辑”图标，如图 5-11 所示。

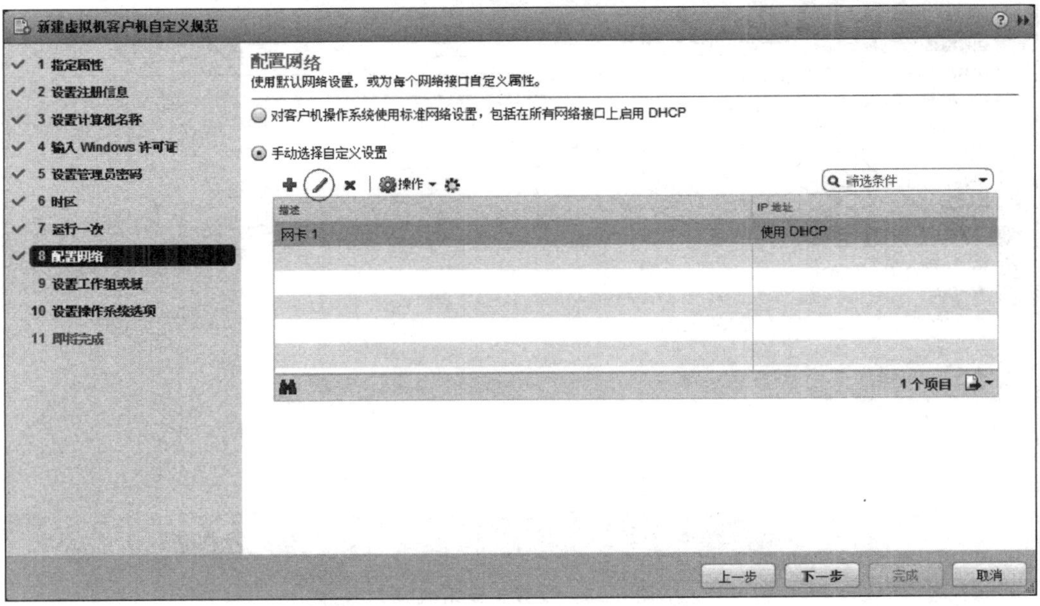

图 5-11　配置网络

(10) 选择“当使用规范时，提示用户输入地址”，输入子网掩码为 255.255.255.0、默认网关为 192.168.0.1、首选 DNS 服务器为运营商的服务器 202.102.128.68，如图 5-12 所示。

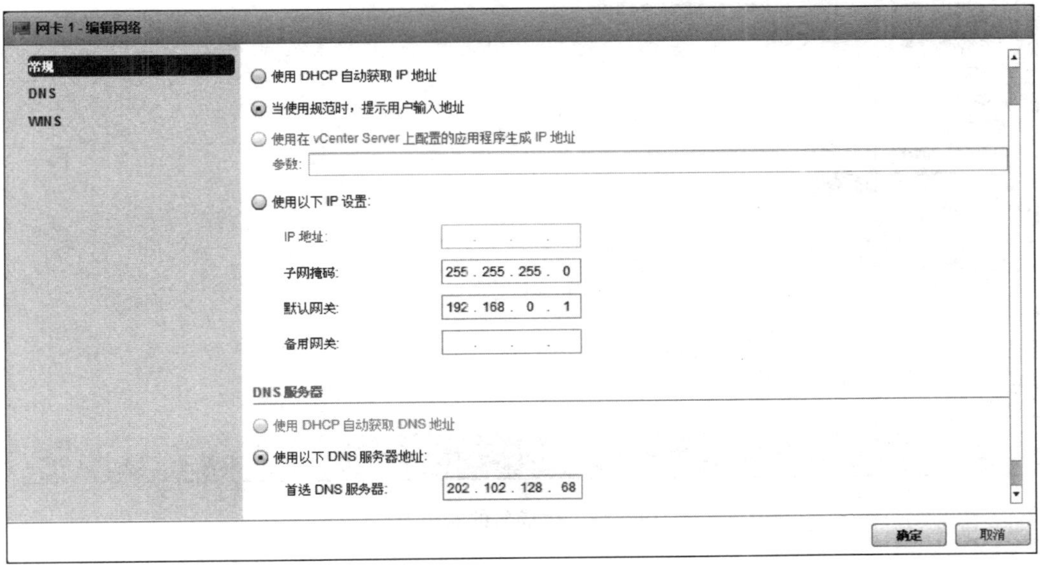

图 5-12　配置 IP 地址

(11) 设置工作组或域,这里使用默认的工作组 WORKGROUP,如图 5-13 所示。

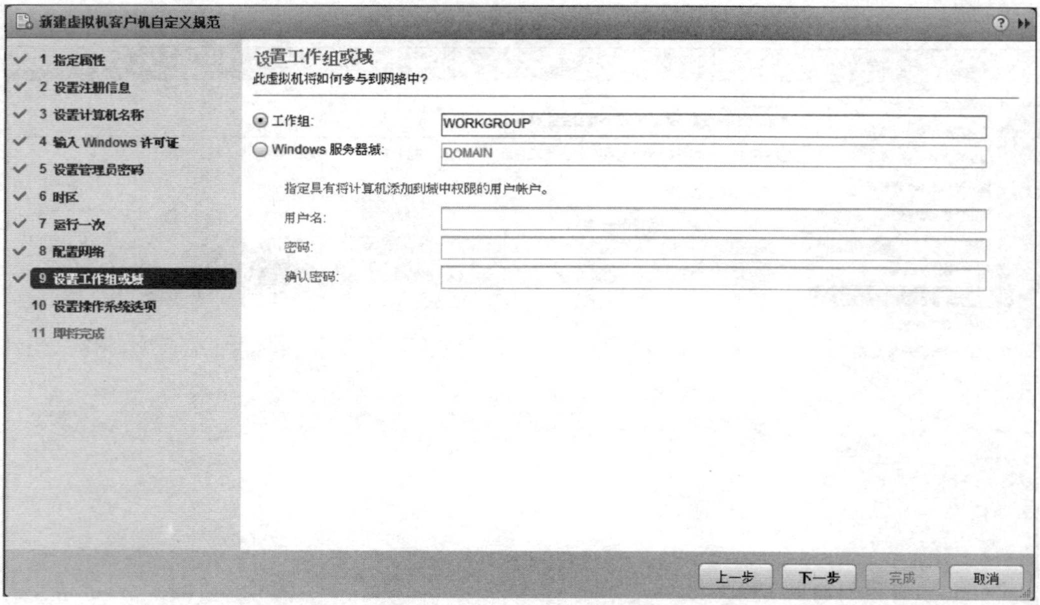

图 5-13 设置工作组或域

(12) 选中“生成新的安全 ID (SID)”,如图 5-14 所示。

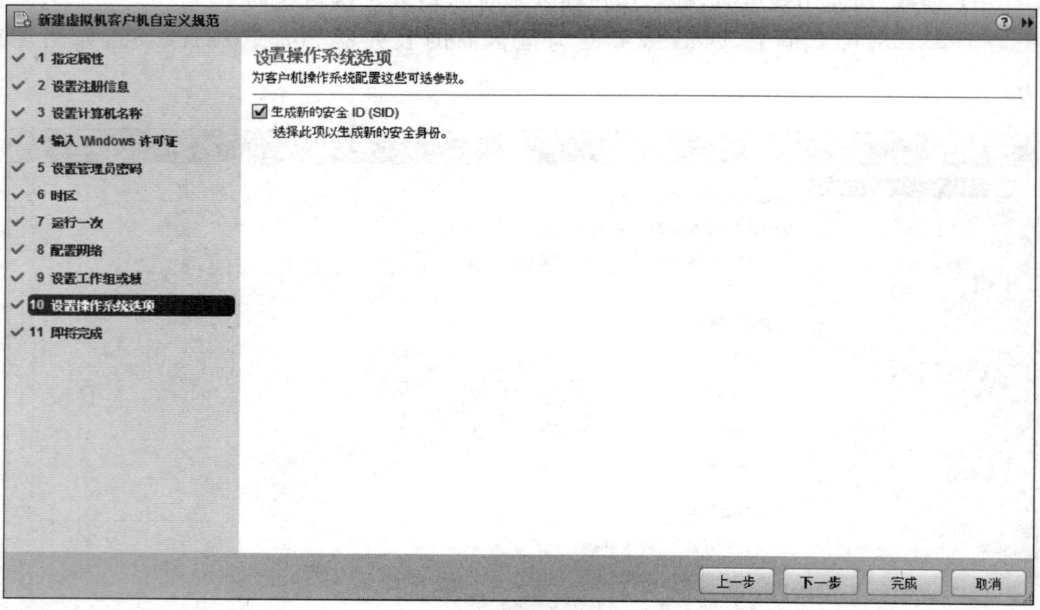

图 5-14 生成新的安全 ID

注意:SID 是安装 Windows 操作系统时自动生成的,在活动目录域中每台成员服务器的 SID 必须不相同。如果部署的 Windows 虚拟机需要加入域,则必须生成新的 SID。完成目定义规范向导。

第 3 步：从模板部署新的虚拟机

下面从虚拟机模板 WindowsServer2008R2 部署一个新的虚拟机 Web Server，调用刚创建的自定义规范，并进行自定义。

(1) 在 vCenter→"虚拟机模板"中，右击虚拟机模板 WindowsServer2008R2，选择"从此模板部署虚拟机"命令，如图 5-15 所示。

图 5-15　从模板部署新的虚拟机

(2) 输入虚拟机名称为 Web Server，选择虚拟机保存位置为 Datacenter，如图 5-16 所示。

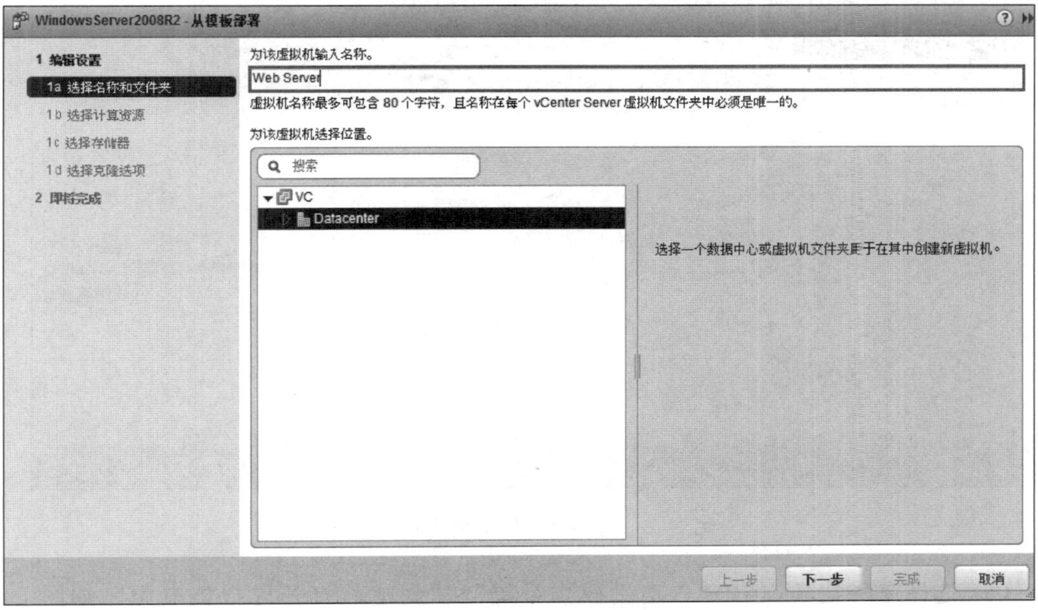

图 5-16　输入虚拟机名称

（3）选择计算资源为 esxi2. lab. net，如图 5-17 所示。

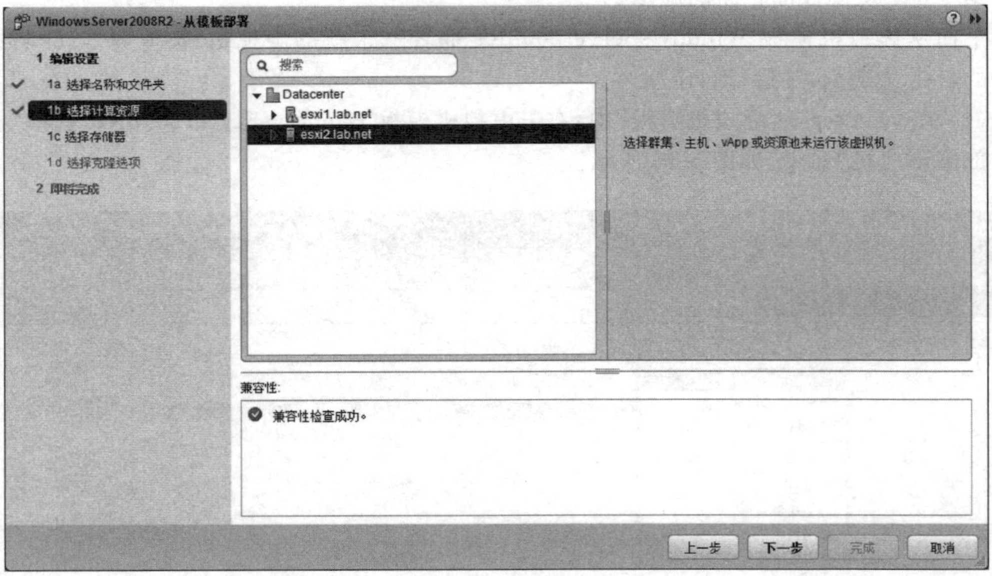

图 5-17　选择计算资源

（4）选择虚拟磁盘格式为 Thin Provision（精简配置），选择存储为 iSCSI-Starwind，如图 5-18 所示。

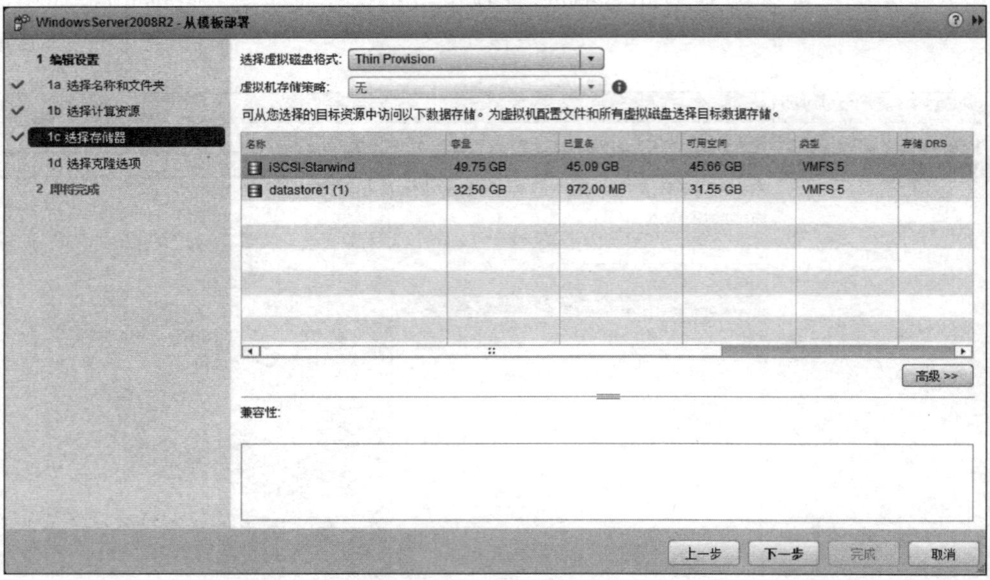

图 5-18　选择虚拟磁盘格式和存储器

（5）选择克隆选项，选中“自定义操作系统”和“创建后打开虚拟机电源”，如图 5-19 所示。

（6）选中之前创建的自定义规范 Windows Server 2008 R2，如图 5-20 所示。

图 5-19 选择克隆选项

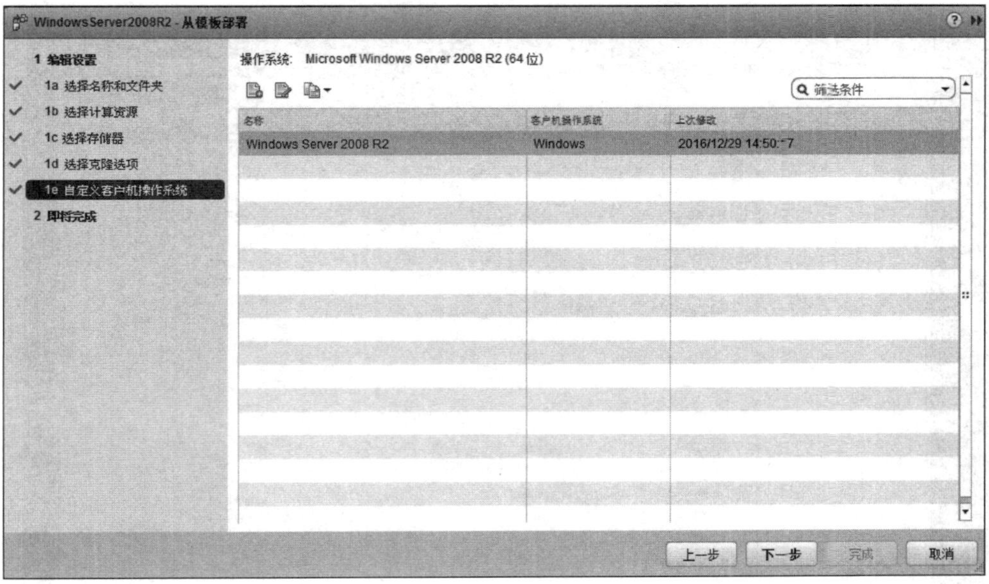

图 5-20 选中自定义规范

(7) 输入虚拟机的 NetBIOS 名称为 WebServer,网卡 1 的 IP 地址为 192.168.0.101,如图 5-21 所示。

(8) 完成从模板部署虚拟机。

(9) 在近期任务中,可以看到正在克隆新的虚拟机,部署完成后,新的虚拟机会自动启动,可以登录进入操作系统,检查新虚拟机的 IP 地址、主机名等信息是否正确,如图 5-22 所示。

图 5-21　输入新虚拟机的 NetBIOS 名称和网卡 1 的 IP 地址

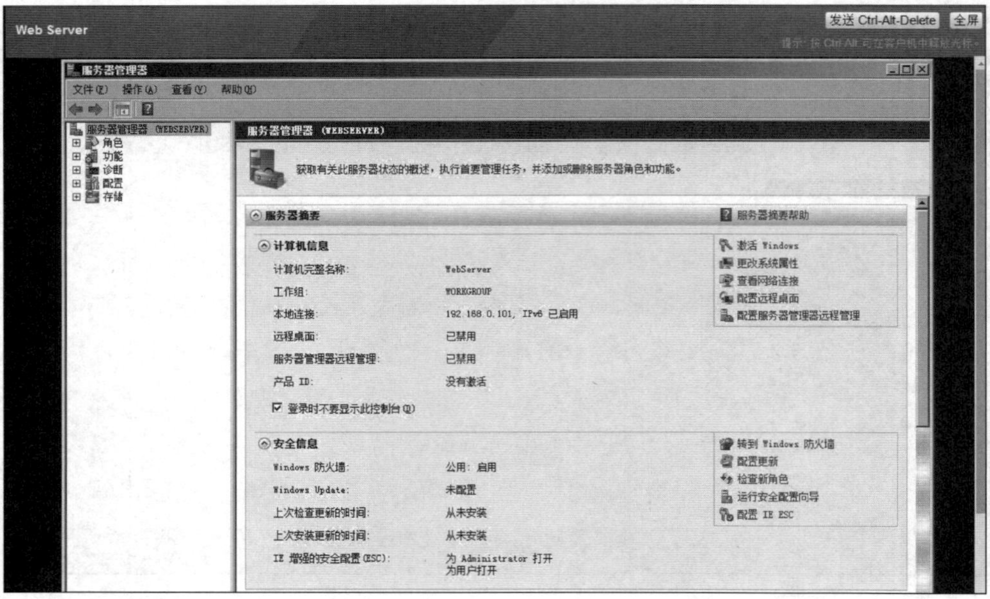

图 5-22　检查新虚拟机的配置

第 4 步：将模板转换为虚拟机

在进行后面的内容之前，在这里先把模板 WindowsServer2008R2 转换回虚拟机。

（1）在模板 WindowsServer2008R2 的右键快捷菜单中选择“转换为虚拟机”命令，如图 5-23 所示。

（2）选择计算资源为 esxi1. lab. net，完成将模板转换成虚拟机。

（3）在虚拟机设置中，将虚拟机名称改为 Database Server，如图 5-24 所示。

图 5-23　将模板转换为虚拟机

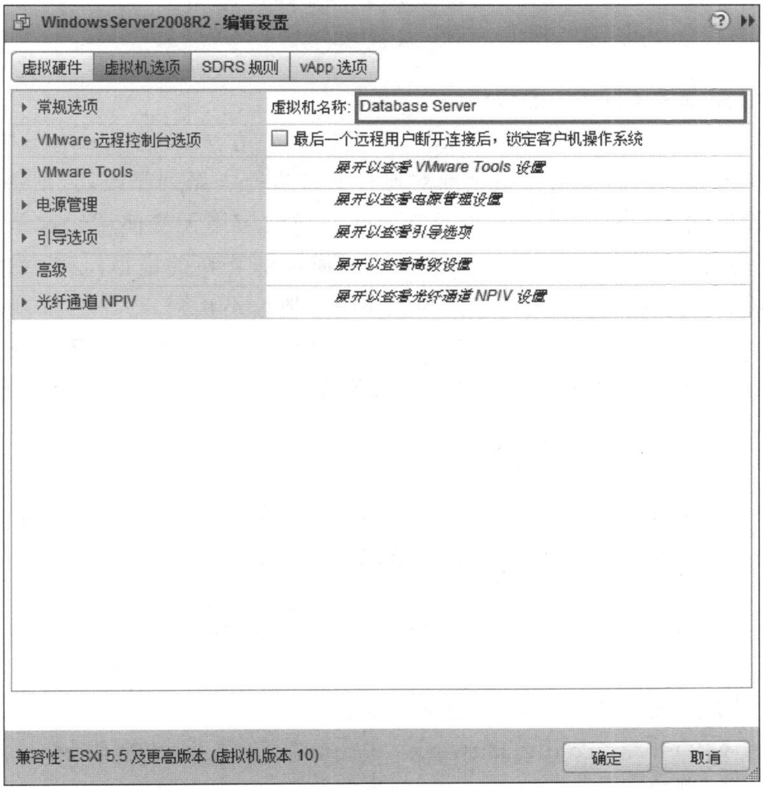

图 5-24　更改虚拟机名称

（4）以下为在“主机和群集”中显示的两个虚拟机，如图 5-25 所示。这两个虚拟机将在【任务二】、【任务三】、【任务四】中使用。

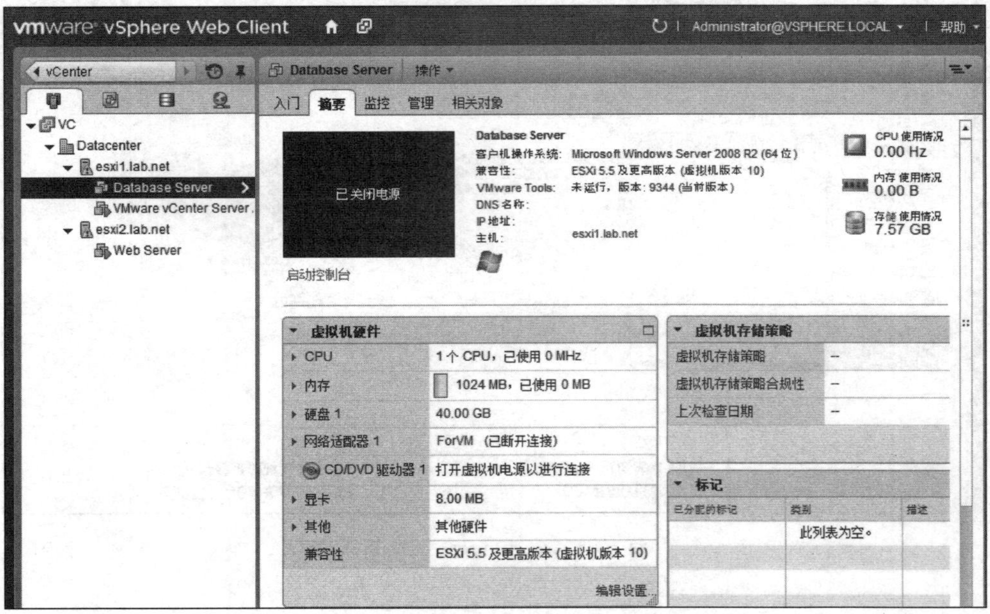

图 5-25　两个虚拟机 Database Server 和 Web Server

第 5 步：批量部署 CentOS 虚拟机

以上介绍了使用模板批量部署 Windows 虚拟机的方法，对于 CentOS/RHEL/Fedora 虚拟机，必须在将虚拟机转换为模板之前对操作系统进行一系列修改，否则系统会将网卡识别为 eth1（假设原始虚拟机配置了一块网卡 eth0），导致应用无法使用。这是因为 Linux 操作系统重新封装的过程与 Windows 不同，当通过模板部署新的虚拟机时，系统会为虚拟机分配新的 MAC 地址，与操作系统记录的原始 MAC 地址不相同。

注意：在安装 CentOS 时，必须使用标准分区，不能使用 LVM 分区。查询硬盘分区方式的命令为【fdisk -l】。在将 CentOS 虚拟机转换为模板之前，必须进行以下操作，删除相关的配置文件。

（1）使用 root 用户登录 CentOS，输入命令：

【rm -rf/etc/udev/rules. d/ * _persistent_ * . rules】删除网卡设备相关配置文件。

【 Is /etc/udev/rules. d】确认文件是否删除，保留如下三个文件即可。

```
60 - raw.rules   99 - fuse.rules   99 - vmware - scsi - udev.rules
```

（2）编辑网卡配置文件，将 MAC 地址信息删除。

输入命令 vi /etc/sysconfig/network _ scripts/ifcfg _ eth0 编辑网卡配置文件，将 HWADDR 这一行删除。

（3）输入命令：【rm -rf/etc/ssh/moduli/etc/ssh/ssh_host_ * 】删除 SSH 相关文件。

【Is /etc/ssh】确认文件是否删除，只看到以下文件即可：

```
ssh_config sshd_config
```

(4) 输入命令 vi /etc/sysconfig/network 编辑网络配置文件，将 HOSTNAME 这一行删除。

(5) 配置文件删除完成后，输入【shutdown -h now】关闭虚拟机，这时可以将虚拟机转换为模板了。

(6) 创建针对 Linux 操作系统的自定义规范，然后从模板部署新的 CentOS 虚拟机即可。

至此便完成了 Windows 与 Linux 两种版本的虚拟机模板批量部署，此任务结束。

【任务二】 在线迁移虚拟机

【任务说明】

迁移是指将虚拟机从一个主机或存储位置移至另一个主机或存储位置的过程，虚拟机的迁移包括关机状态的迁移和开机状态的迁移。为了维持业务不中断，通常需要在开机状态迁移虚拟机，vSphere vMotion 能够实现虚拟机在开机状态的迁移。在虚拟化架构中，虚拟机的硬盘和配置信息是以文件方式存储的，这使得虚拟机的复制和迁移非常方便。

vSphere vMotion 是 vSphere 虚拟化架构的高级特性之一。vMotion 允许管理员将一台正在运行的虚拟机从一台物理主机迁移到另一台物理主机，而不需要关闭虚拟机，如图 5-26 所示。

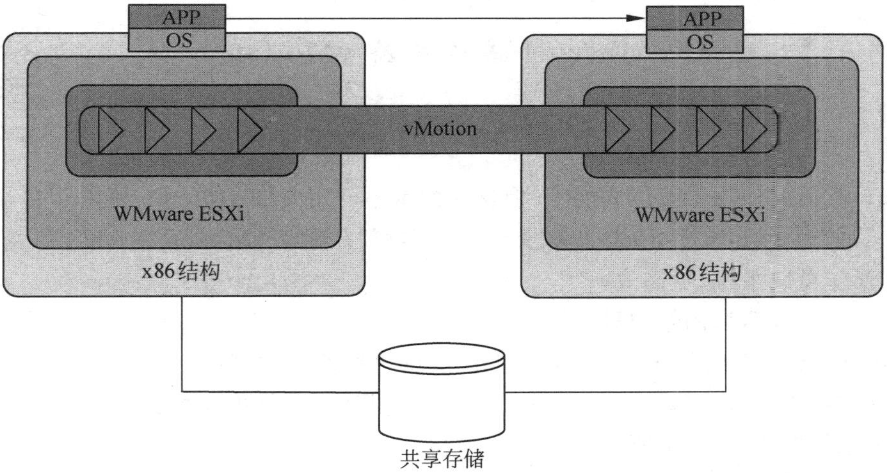

图 5-26　虚拟机实时迁移

当虚拟机在两台物理主机之间迁移时，虚拟机仍在正常运行，不会中断虚拟机的网络连接。vMotion 具有适合现代数据中心且被广泛使用的强大特性。VMware 虚拟化架构中的 vSphere DRS 等高级特性必须依赖 vMotion 才能实现。

假设有一台物理主机遇到了非致命性硬件故障需要修复，管理员可以使用 vMotion 将正在运行的虚拟机迁移到另一台正常运行的物理主机中，然后就可以进行修复工作了。当修复工作完成后，管理员可以使用 vMotion 将虚拟机再迁移到原来的物理主机。另外，当一台物理主机盼硬件资源占用过高时，使用 vMotion 可以将这台物理主机中的部分虚拟机迁移到其他物理主机，以平衡主机间的资源占用。

vMotion 实时迁移对 ESXi 主机的要求如下：

源和目标 ESXi 主机必须都能够访问保存虚拟机文件的共享存储（FC、FCoE 或 iSCSI）；源和目标 ESXi 主机必须具备千兆以太网卡或更快的网卡；源和目标 ESXi 主机上必须有支持 vMotion 的 VMkernel 端口；源和目标 ESXi 主机必须有相同的标准虚拟交换机，如果使用 vSphere 分布式交换机，源和目标 ESXi 主机必须参与同一台 vSphere 分布式交换机；待迁移虚拟机连接到的所有虚拟机端口组在源和目标 ESXi 主机上都必须存在。端口组名称区分大小写，所以要在两台 ESXi 主机上创建相同的虚拟机端口组，以确保它们连接到相同的物理网络或 VLAN；源和目标 ESXi 主机的处理器必须兼容。

vMotion 实时迁移对虚拟机的要求如下：

虚拟机禁止连接到只有其中一台 ESXi 主机能够物理访问的设备，包括磁盘存储、CD/DVD 驱动器、软盘驱动器、串口、并口。如果要迁移的虚拟机连接了其中任何一个设备，要在违规设备上取消选中“已连接”复选框；虚拟机禁止连接到只在主机内部使用的虚拟交换机；虚拟机禁止设置 CPU 亲和性；虚拟机必须将全部磁盘、配置、日志、NVRAM 文件存储在源和目标 ESXi 主机都能访问的共享存储上。

【任务实施】

为简化任务的实施，我们将此任务分解成以下几个子任务来分步实施：

【子任务一】配置 VMkernel 接口支持 vMotion

【子任务二】使用 vMotion 迁移正在运行的虚拟机

【子任务一】 配置 VMkernel 接口支持 vMotion

5.2.1

要使 vMotion 正常工作，必须在执行 vMotion 的两台 ESXi 主机上添加支持 vMotion 的 VMkernel 端口。

vMotion 需要使用千兆以太网卡，但这块网卡不一定专供 vMotion 使用。在设计 ESXi 主机时，尽量为 vMotion 分配一块网卡。这样可以减少 vMotion 对网络带宽的争用，vMotion 操作可以更快、更高效。

第 1 步：打开添加网络向导

在 vCenter→“主机和群集”→esxi1. lab. net→“管理”→“网络”→“虚拟交换机”中单击“添加主机网络”，选择“VMkernel 网络适配器”，选择“新建标准交换机”，将 vmnic3 网卡添加到活动适配器，如图 5-27 所示。

第 2 步：配置端口属性

输入网络标签 vMotion，在“启用服务”中选中“vMotion 流量”，如图 5-28 所示。

第 3 步：设置端口 IP 地址

输入 VMkernel 端口的 IP 地址为 192. 168. 2. 11，子网掩码为 255. 255. 255. 0，如图 5-29 所示。

完成创建 VMkernel 端口。

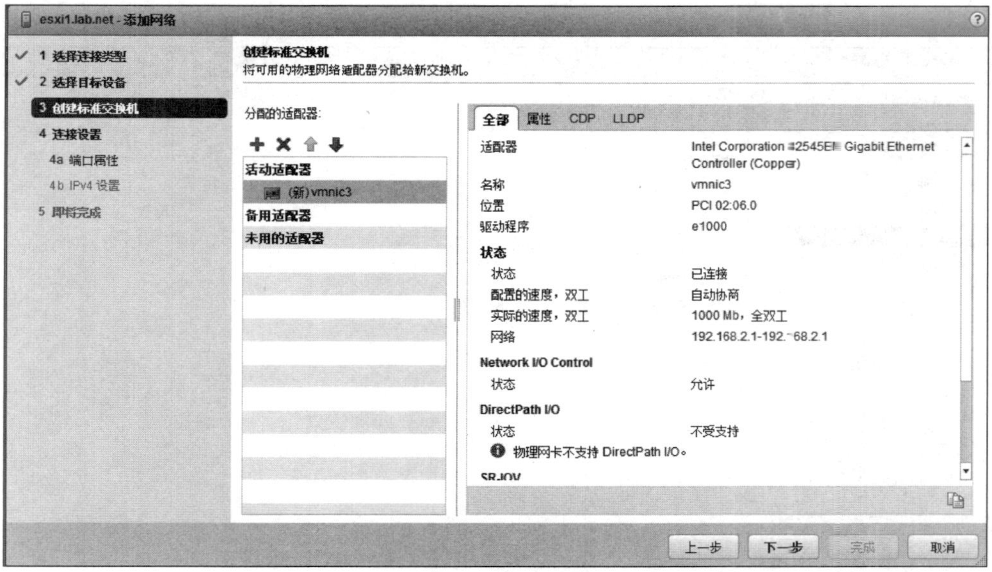

图 5-27　创建标准交换机

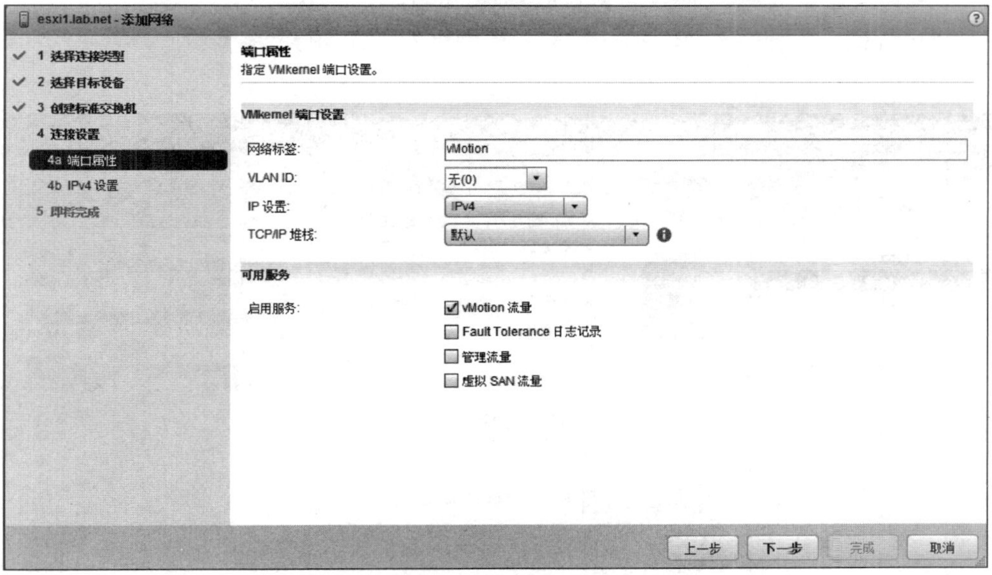

图 5-28　配置端口属性

第 4 步：查看摘要信息

在 esxi1. lab. net 主机的摘要信息中，可以看到 vMotion 已启用，如图 5-30 所示。

第 5 步：使用相同的步骤为 esxi2. lab. net 主机添加 VMkernel 端口

使用相同的步骤为 esxi2. lab. net 主机添加支持 vMotion 的 VMkernel 端口，同样绑定到 vmnic3 网卡，IP 地址为 192. 168. 2. 12，如图 5-31 所示。

至此，此子任务结束。

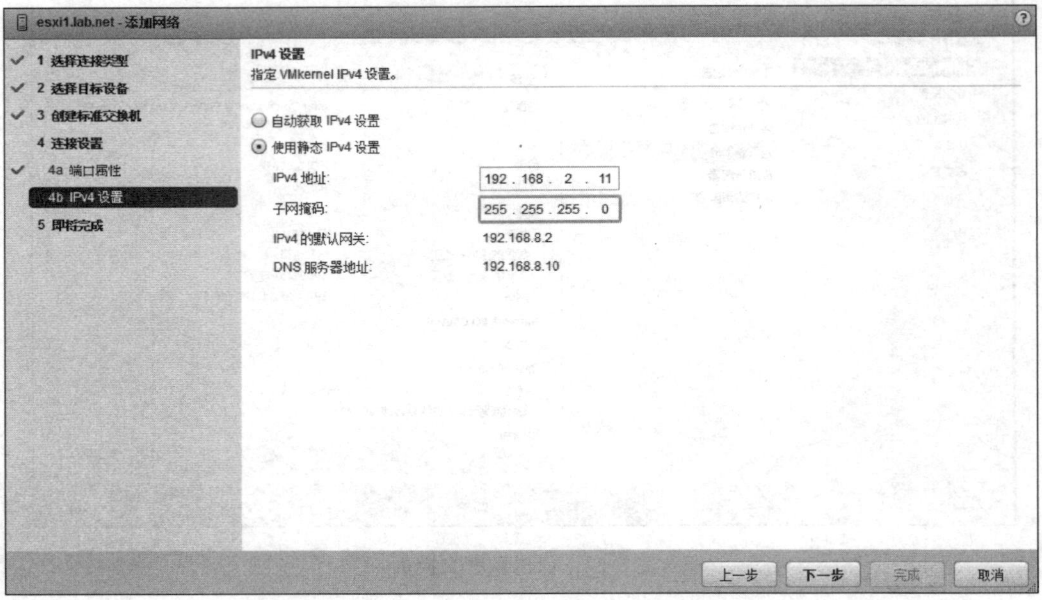

图 5-29 配置 IP 地址

图 5-30 vMotion 已启用

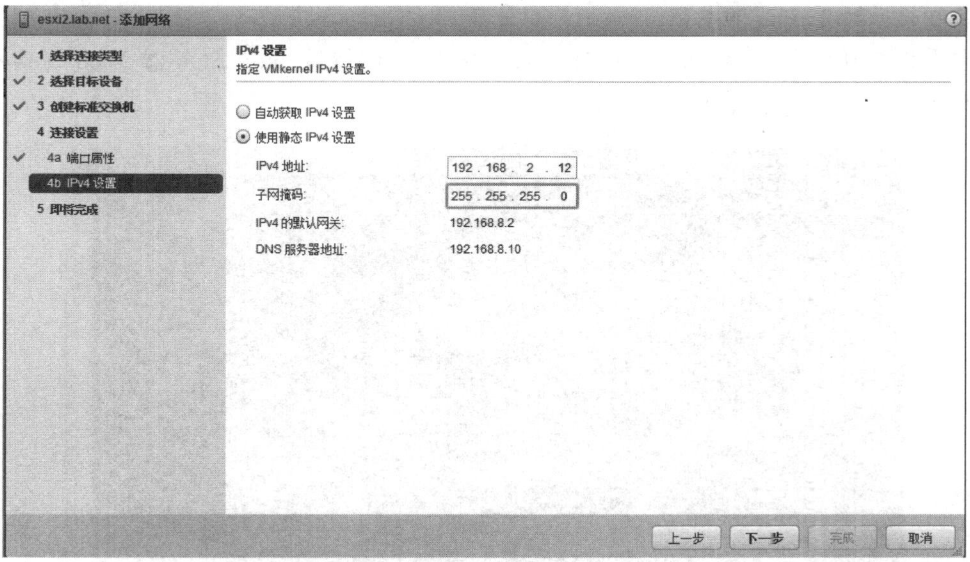

图 5-31　配置 IP 地址

【子任务二】 使用 vMotion 迁移正在运行的虚拟机

下面把正在运行的虚拟机 Web Server 从一台 ESXi 主机迁移到另一台 ESXi 主机，通过持续 ping 虚拟机的 IP 地址，测试虚拟机能否在迁移的过程中对外提供服务。

第 1 步：设置防火墙规则

在虚拟机 Web Server 的“高级安全 Windows 防火墙”的入站规则中启用规则“文件和打印机共享(回显请求-ICMPv4 In)”，如图 5-32 所示。

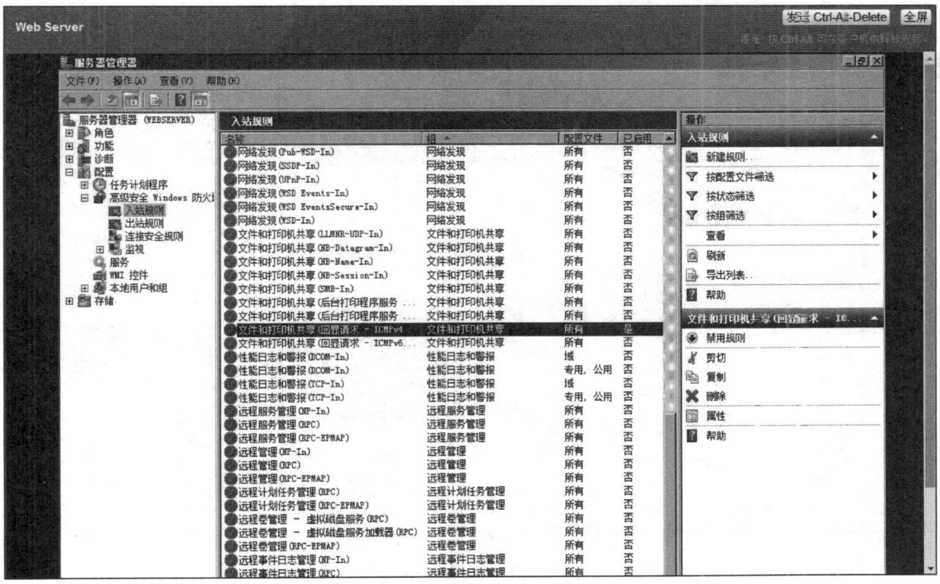

图 5-32　配置服务器允许 ping

第 2 步：持续 ping 服务器

在本机打开命令行，输入“ping 192.168.0.101 -t”持续 ping 服务器 Web Server，如图 5-33 所示。

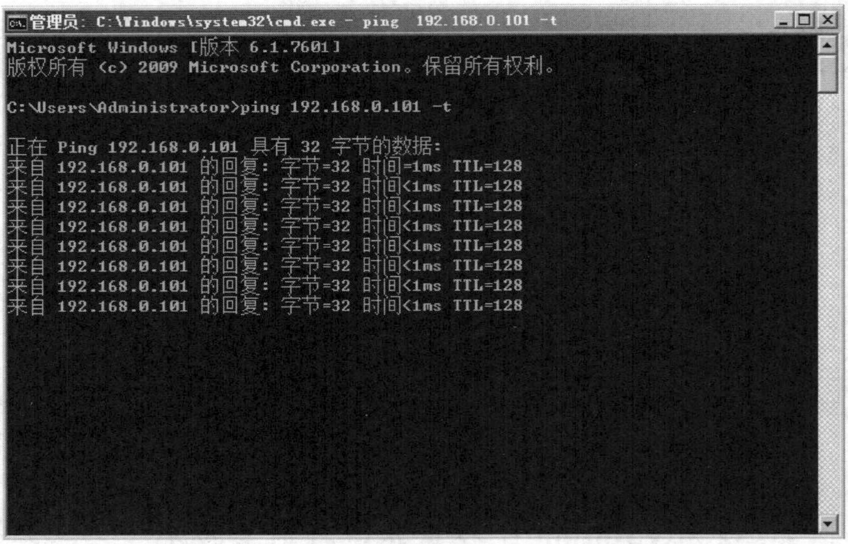

图 5-33 开始 ping Web 服务器

第 3 步：打开迁移虚拟机向导

在 Web Server 的右键快捷菜单中选择“迁移”命令，如图 5-34 所示。

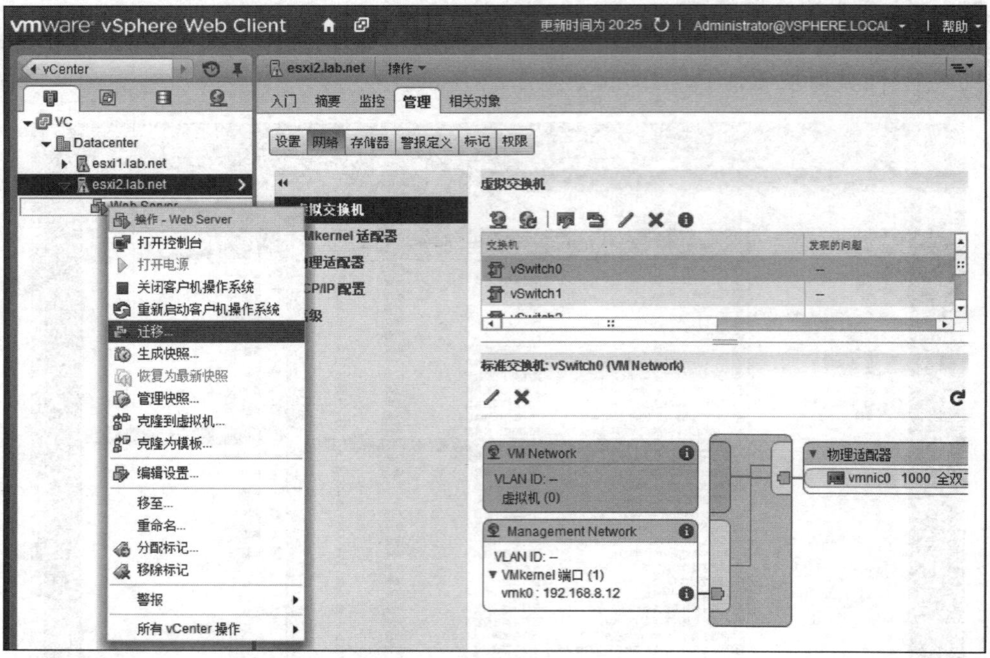

图 5-34 迁移虚拟机

选择迁移类型为“更改主机”，如图 5-35 所示。

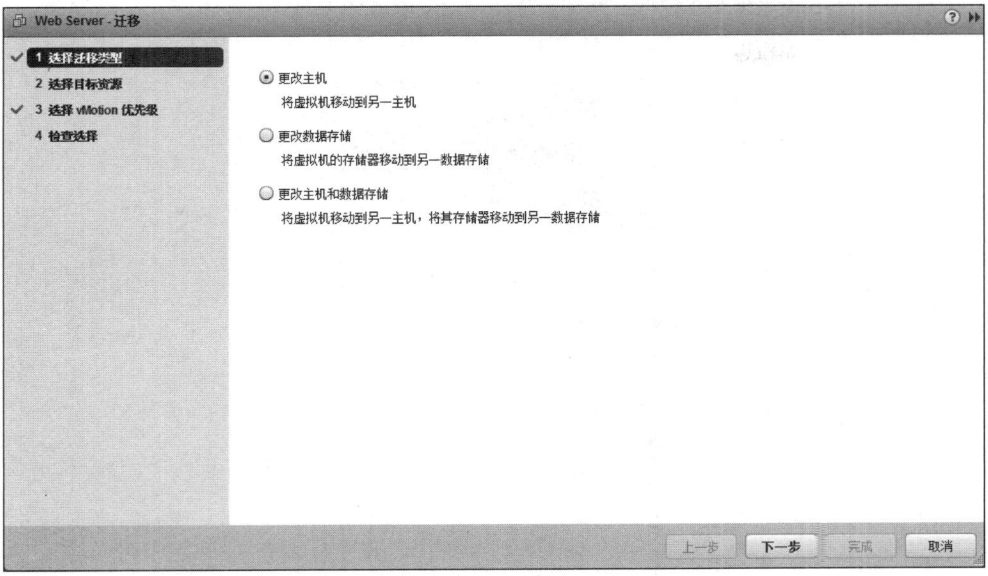

图 5-35　选择迁移类型

第 4 步：选择目标主机

选择目标资源为主机 esxi1 . lab. net。

第 5 步：选择优先级

vMotion 优先级选择默认的“为最优 vMotion 性能预留 CPU(建议)”，如图 5-36 所示。

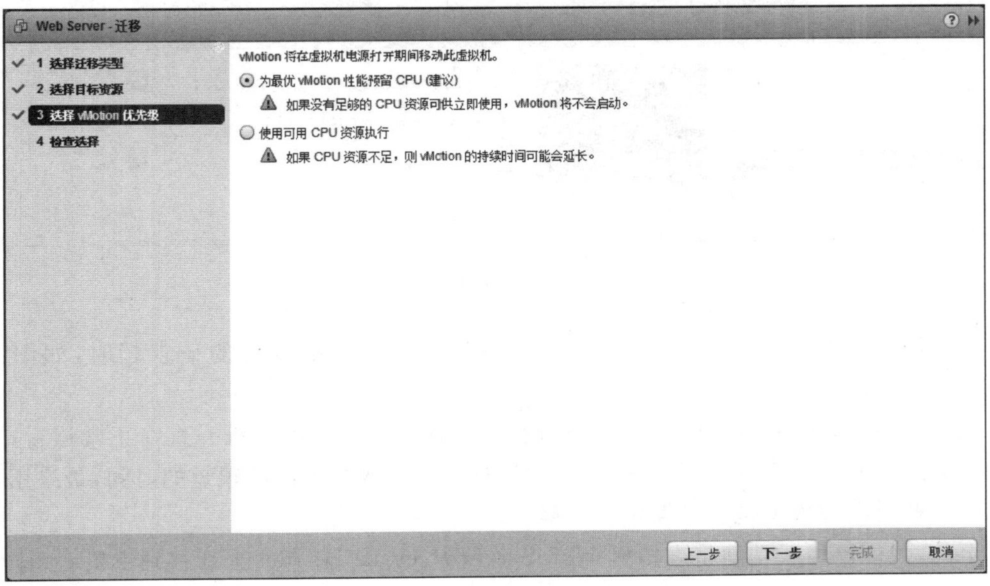

图 5-36　选择 vMotion 优先级

第 6 步：开始迁移虚拟机

单击“完成”按钮开始迁移客户机，在近期任务中可以看到正在迁移虚拟机，如图 5-37 所示。

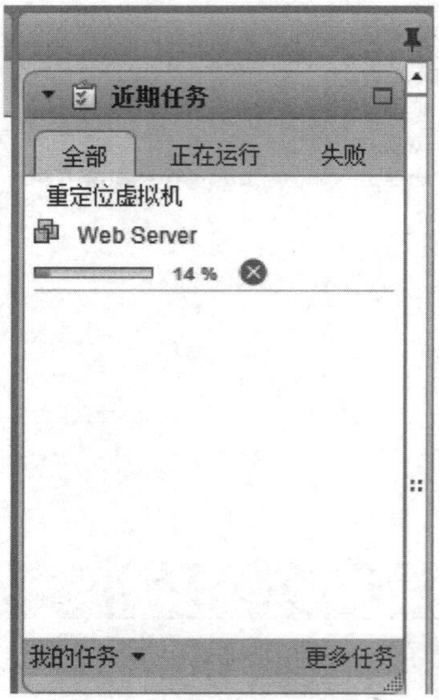

图 5-37　正在迁移虚拟机

等待一段时间，虚拟机 Web Server 迁移到主机 esxi1. lab. net 上，如图 5-38 所示。

图 5-38　虚拟机已迁移

在迁移期间，虚拟机一直在响应 ping，中间只有一个数据包的请求超时，如图 5-39 所示。

也就是说，在使用 vMotion 迁移正在运行中的虚拟机时，虚拟机一直在正常运行，其上所提供的服务几乎一直处于可用状态，只在迁移将要完成之前中断很短的时间，最终用户感觉不到服务所在的虚拟机已经发生了迁移。

至此，我们已经成功地将虚拟机 Web Server 从 esxi2. lab. net 上迁移到主机 esxi1. lab. net 上，此子任务结束。

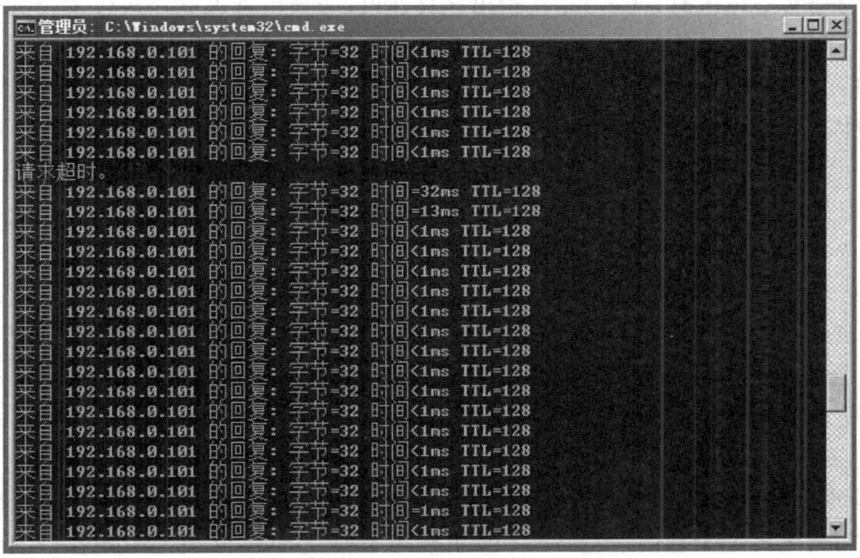

图 5-39 虚拟机迁移过程中 ping 的回复

【任务三】 分布式资源调度

【任务说明】

分布式资源调度(Distributed Resource Scheduler，DRS)是 vCenter Server 在群集中的一项功能，用来跨越多台 ESXi 主机进行负载均衡，vSphere DRS 有以下两个方面的作用。

(1) 当虚拟机启动时，DRS 会将虚拟机放置在最适合运行该虚拟机的主机上。

(2) 当虚拟机运行时，DRS 会为虚拟机提供所需要的硬件资源，同时尽量减小虚拟机之间的资源争夺。当一台主机的资源占用率过高时，DRS 会使用一个内部算法将一些虚拟机移动到其他主机。DRS 会利用前面介绍的 vMotion 动态迁移功能，在不引起虚拟机停机和网络中断的前提下快速执行这些迁移操作。

要使用 vSphere DRS，多台 ESXi 主机必须加入到一个群集中。群集是 ESXi 主机的管理分组，一个 ESXi 群集聚集了群集中所有主机的 CPU 和内存资源。一旦将 ESXi 主机加入到群集中，就可以使用 vSphere 的一些高级特性，包括 vSphere DRS 和 vSphere HA 等。

注意：*如果一个 DRS 群集中包含两台具有 64GB 内存的 ESXi 主机，那么这个群集对外显示共有 128GB 的内存，但是任何一台虚拟机在任何时候都只能使用不超过 64GB 的内存。*

默认情况下，DRS 每 5min 执行一次检查，查看群集的工作负载是否均衡。群集内的某些操作也会调用 DRS，例如，添加或移除 ESXi 主机或者修改虚拟机的资源设置。

DRS 有以下 3 种自动化级别：

(1) 手工。当虚拟机打开电源时以及 ESXi 主机负载过重需要迁移虚拟机时，vCenter 都将给出建议，必须由管理员确认后才能执行操作。

(2) 半自动。虚拟机打开电源时将自动置于最合适的 ESXi 主机上。当 ESXi 主机负载过重需要迁移虚拟机时，vCenter 将给出迁移建议，必须由管理员确认后才能执行操作。

(3) 全自动。虚拟机打开电源时将自动置于最合适的 ESXi 主机上，并且将自动从一台 ESXi 主机迁移到另一台 ESXi 主机，以优化资源使用情况。

由于生产环境中 ESXi 主机的型号可能不同，在使用 vSphere DRS 时需要注意，硬件配置较低的 ESXi 主机中运行的虚拟机自动迁移到硬件配置较高的 ESXi 主机上是没有问题的，但是反过来可能会由于 ESXi 主机硬件配置问题导致虚拟机迁移后不能运行，针对这种情况建议选择"手动"或"半自动"级别。

在生产环境中，如果群集中所有 ESXi 主机的型号都相同，建议选择"全自动"级别。管理员不需要关心虚拟机究竟在哪台 ESXi 主机中运行，只需要做好日常监控工作就可以了。

DRS 会使用 vMotion 实现虚拟机的自动迁移，但是一个虚拟化架构在运行多年后，很可能会采购新的服务器，这些服务器会配置最新的 CPU 型号。而 vMotion 有一些相当严格的 CPU 要求。具体来说，CPU 必须来自同一厂商，必须属于同一系列，必须共享一套公共的 CPU 指令集和功能。因此，在新的服务器加入到原有的 vSphere 虚拟化架构后，管理员将可能无法执行 vMotion。VMware 使用称为 EVC (Enhanced vMotion Compatibility，增强的 vMotion 兼容性)的功能来解决这个问题。

EVC 在群集层次上启用，可防止因 CPU 不兼容而导致的 vMotion 迁移失败。EVC 使用 CPU 基准来配置启用了 EVC 功能的群集中包含的所有处理器，基准是群集中每台主机均支持的一个 CPU 功能集

要使用 EVC，群集中的所有 ESXi 主机都必须使用来自同一厂商(Intel 或 AMD)的 CPU、EVC 包含以下 3 种模式。

(1) 禁用 EVC。即不使用 CPU 兼容性特性。如果群集内所有 ESXi 主机的 CPU 型号完全相同，可以禁用 EVC。

(2) 为 AMD 主机启用 EVC。适用于 AMD CPU，只允许使用 AMD 公司 CPU 的 ESXi 主机加入群集。如果群集内所有 ESXi 主机的 CPU 都是 AMD 公司的产品，但是属于不同的年代，则需要使用这种 EVC 模式。

(3) 为 Intel 主机启用 EVC。适用于 Intel CPU，只允许使用 Intel 公司 CPU 的 ESXi 主机加入群集。如果群集内所有 ESXi 主机的 CPU 都是 Intel 公司的产品，但是属于不同的年代，则需要使用这种 EVC 模式。

【任务实施】

为简化任务的实施，我们将此任务分解成以下几个子任务来分步实施：

【子任务一】创建 vSphere 群集

【子任务二】启用 vSphere DRS

【子任务三】配置 vSphere DRS 规则

【子任务一】 创建 vSphere 群集

下面将在 vCenter 中创建 vSphere 群集，配置 EVC 等群集参数，并且将两台 ESXi 主机都加入到群集中。

第 1 步：打开创建群集向导

在 vCenter→"主机和群集"→Datacenter 的右键快捷菜单中选择"新建群集"命令，如

图 5-40 所示。

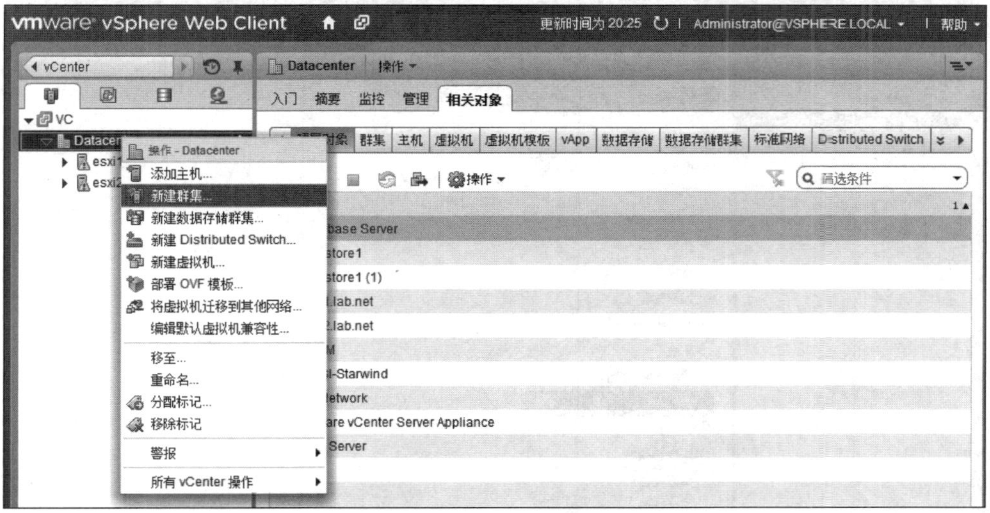

图 5-40　新建群集

第 2 步：输入群集名称

输入群集名称为 vSphere，如图 5-41 所示。在创建群集时，可以选择是否启用 vSphere DRS 和 vSphere HA 等功能，在这里暂不启用。

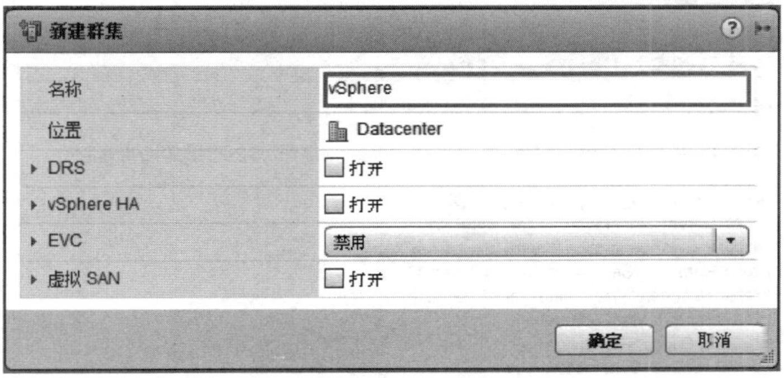

图 5-41　输入群集名称

第 3 步：设置 EVC

选中群集 vSphere，单击“管理”→“设置”→VMware EVC，在这里 VMware EVC 的状态为“已禁用”，如图 5-42 所示。由于在本实验环境中，两台 ESXi 主机都是通过 VMware Workstation 模拟出来的，硬件配置（特别是 CPU）完全相同，所以可以不启用 VMware EVC。

在生产环境中，如果 ESXi 主机的 CPU 是来自同一厂商不同年代的产品，例如所有 ESXi 主机的 CPU 都是 Intel 公司 Ivy Bridge 系列、Haswell 系列的产品，则需要将 EVC 模式配置为“为 Intel 主机启用 EVC”，然后选择“Intel ® ‘Merom’ Generation”，如图 5-43 所示。

图 5-42　EVC 模式

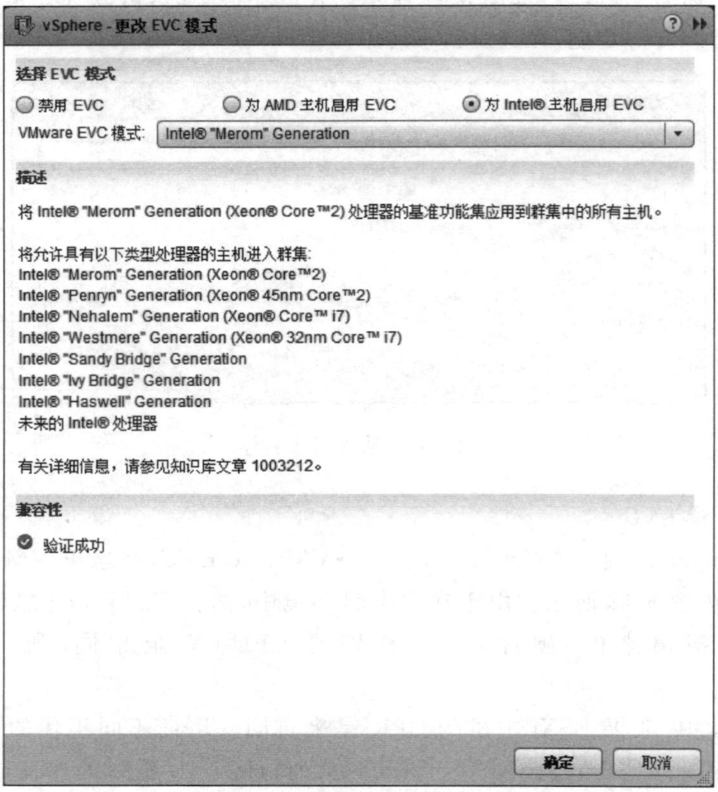

图 5-43　配置 EVC 模式

第 4 步：拖动主机 ESXi 到群集

选中主机 esxi1. lab. net，将其拖动到群集 vSphere 中，如图 5-44 所示。

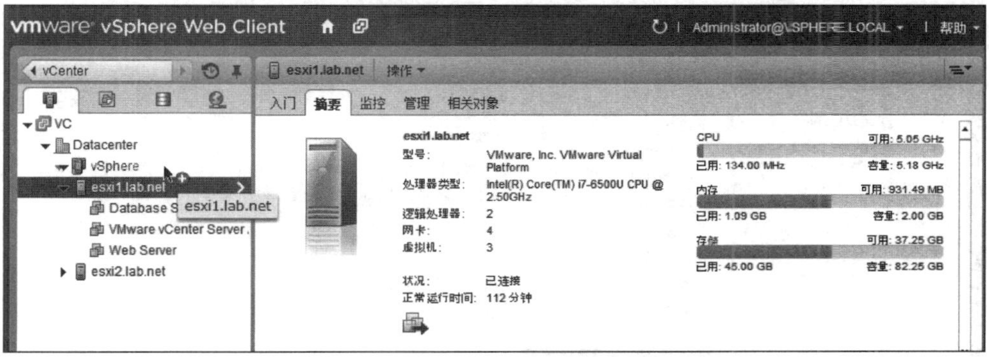

图 5-44　拖动 ESXi 主机到群集中

第 5 步：拖动主机 esxi2. lab. net 到群集

可以使用相同的方法将主机 esxi2. lab. net 也加入到群集中，或者在群集的右键快捷菜单中选择“将主机移入群集”命令，如图 5-45 所示。

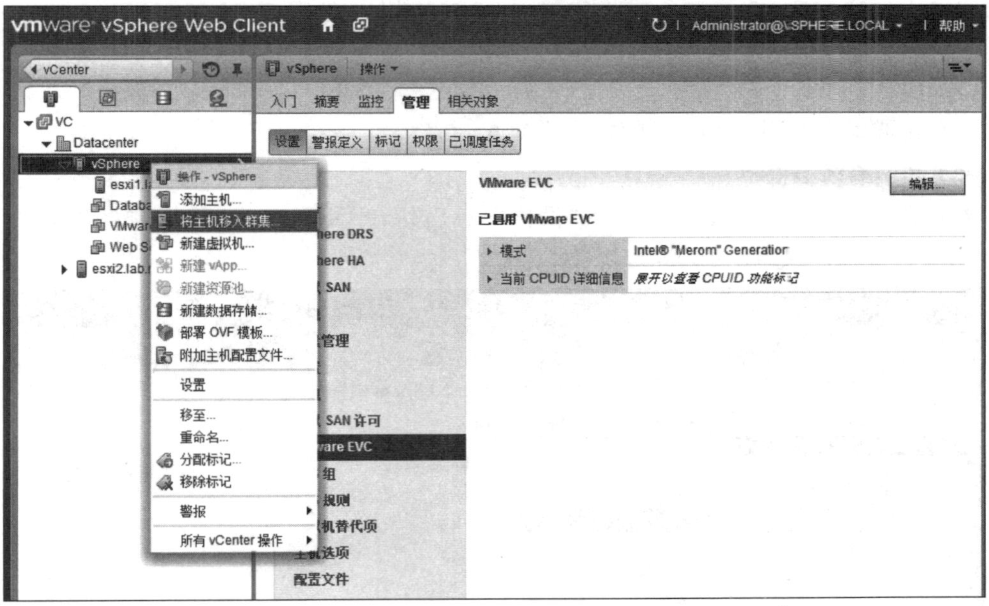

图 5-45　将主机移入群集

第 6 步：查看摘要信息

两台 ESXi 主机都已经加入群集 vSphere，如图 5-46 所示，在群集的“摘要”选项卡中可以查看群集的基本信息。群集中包含两台主机，群集的 CPU、内存和存储资源是群集中所有 ESXi 主机的 CPU、内存和存储资源之和。

至此，群集创建完成，本子任务结束。

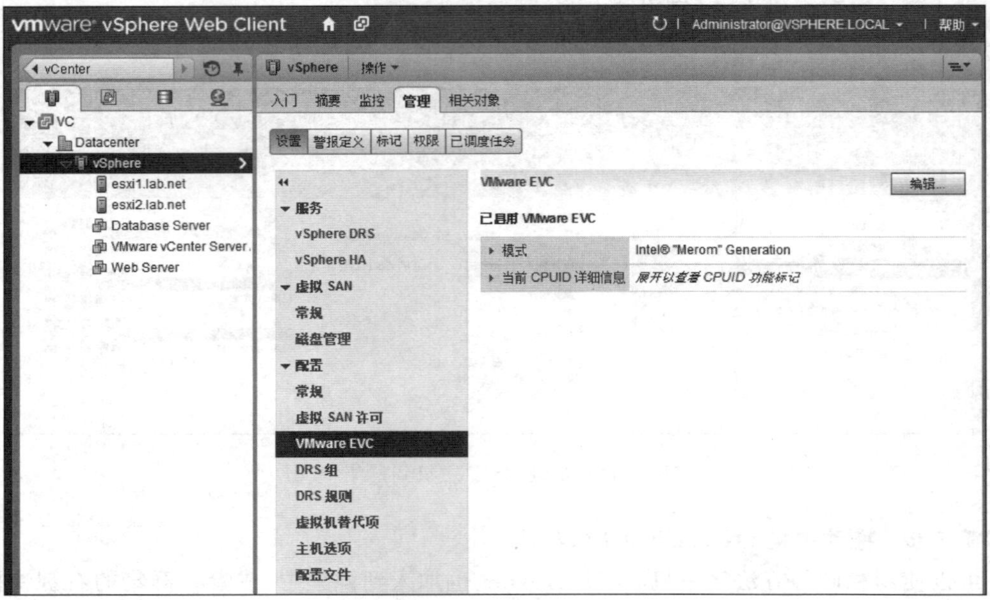

图 5-46　群集摘要

【子任务二】　启用 vSphere DRS

下面在群集中启用 vSphere DRS 并验证配置。

第 1 步：编辑 DRS

选中群集 vSphere，单击“管理”→“设置”→vSphere DRS，单击“编辑”按钮，如图 5-47 所示。

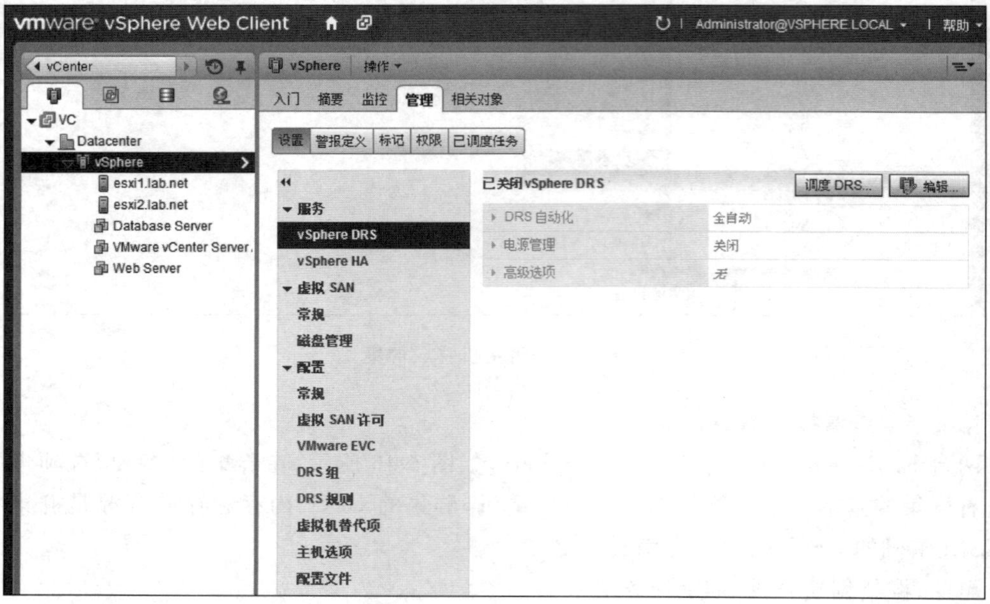

图 5-47　编辑 DRS 设置

第 2 步：调整自动化级别

选中“打开 vSphere DRS”，将自动化级别修改为“手动”，如图 5-48 所示。

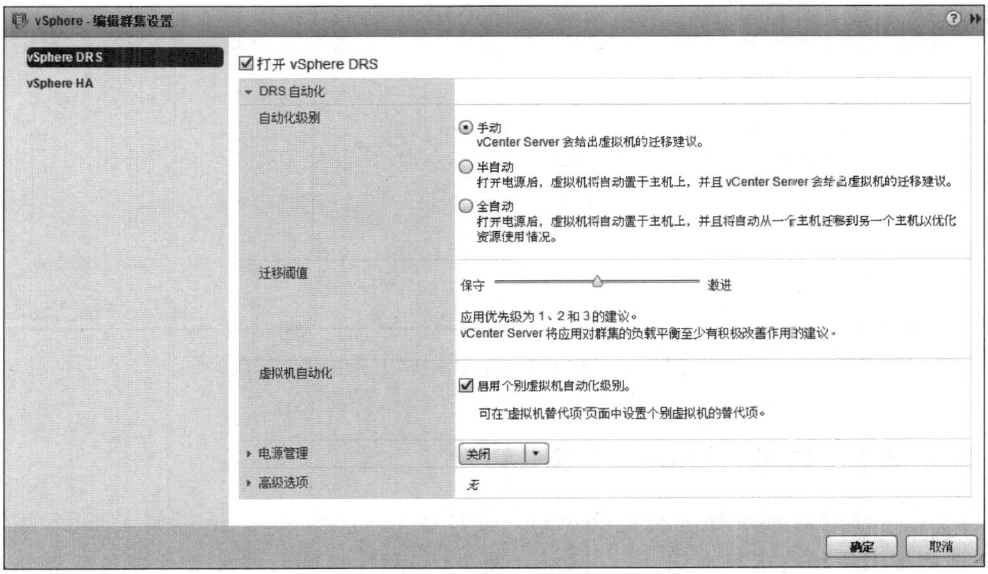

图 5-48　群集自动化级别

第 3 步：选择虚拟机运行的主机

打开虚拟机 Database Server 的电源，vCenter Server 会给出虚拟机运行在哪台主机的建议。在这里选择将虚拟机 Database Server 置于主机 esxi1. lab. net 上，如图 5-49 所示。

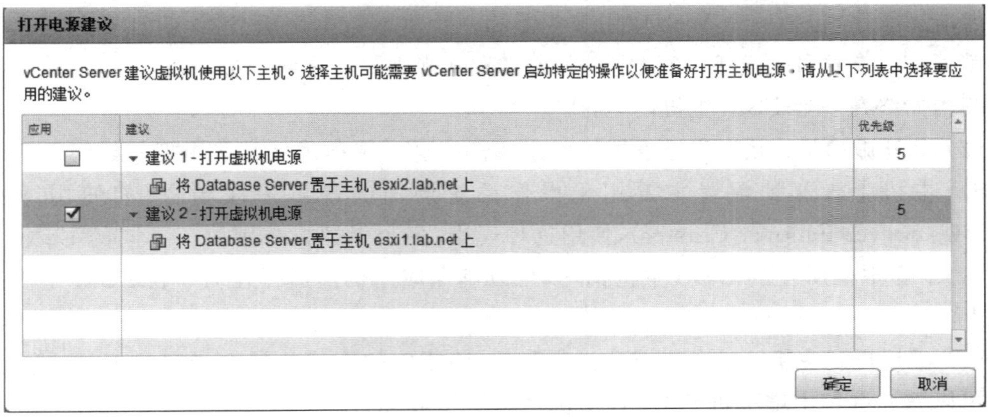

图 5-49　打开电源建议—Database Server

第 4 步：选择另外虚拟机运行的主机

打开虚拟机 Web Server 的电源，由于主机 esxi1. lab. net 的可用资源小于主机 esxi2. lab. net，因此 vCenter Server 建议将虚拟机 Web Server 置于主机 esxi2. labnet 上，如图 5-50 所示。

实验完成，将 Database Server 和 Web Server 两个虚拟机关机，至此，此子任务结束。

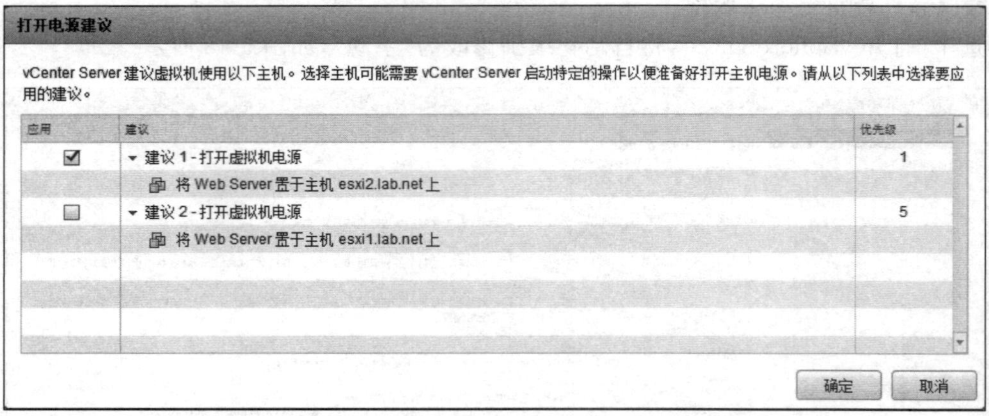

图 5-50　打开电源建议—Web Server

【子任务三】　配置 vSphere DRS 规则

为了进一步针对特定环境自定义 vSphere DRS 的行为，vSphere 提供了 DRS 规则功能，使某些虚拟机始终运行在同一台 ESXi 主机上（亲和性规则），或使某些虚拟机始终运行在不同的 ESXi 主机上（反亲和性规则），或始终在特定的主机上运行特定的虚拟机（主机亲和性）。

(1) 聚集虚拟机：允许实施虚拟机亲和性。这个选项确保使用 DRS 迁移虚拟机时，某些特定的虚拟机始终在同一台 ESXi 主机上运行。同一台 ESXi 主机上的虚拟机之间的通信速度非常快，因为这种通信只发生在 ESXi 主机内部（不需要通过外部网络）。假设有一个多层应用程序，包括一个 Web 应用服务器和一个后端数据库服务器，两台服务器之间需要频繁通信。在这种情况下，可以定义一条亲和性规则聚集这两个虚拟机，使这两个虚拟机在群集内始终在一台 ESXi 主机内运行。

(2) 分开虚拟机：允许实施虚拟机反亲和性。这个选项确保某些虚拟机始终位于不同的 ESXi 主机上。这种配置主要用于操作系统层面的高可用性场合（如使用微软的 Windows Server Failover Cluster），使用这种规则，多个虚拟机分别位于不同的 ESXi 主机上，若一个虚拟机所在的 ESXi 主机损坏，可以确保应用仍然运行在另一台 ESXi 主机的虚拟机上。

(3) 虚拟机到主机：允许利用主机亲和性，将指定的虚拟机放在指定的 ESXi 主机上，这样可以微调群集中虚拟机和 ESXi 主机之间的关系。

如果想在启用 vSphere DRS 的情况下，让 Web Server 和 Database Server 运行在同一台 ESXi 主机上，则需要按照以下步骤配置 DRS 规则。

第 1 步：打开添加规则向导

选中群集 vSphere，选择“管理”→“设置”→“DRS 规则”，单击“添加”按钮，如图 5-51 所示。

第 2 步：设置规则名称与类型

设置名称为 Web&Database Servers Together，规则类型为“聚集虚拟机”，单击“添加”

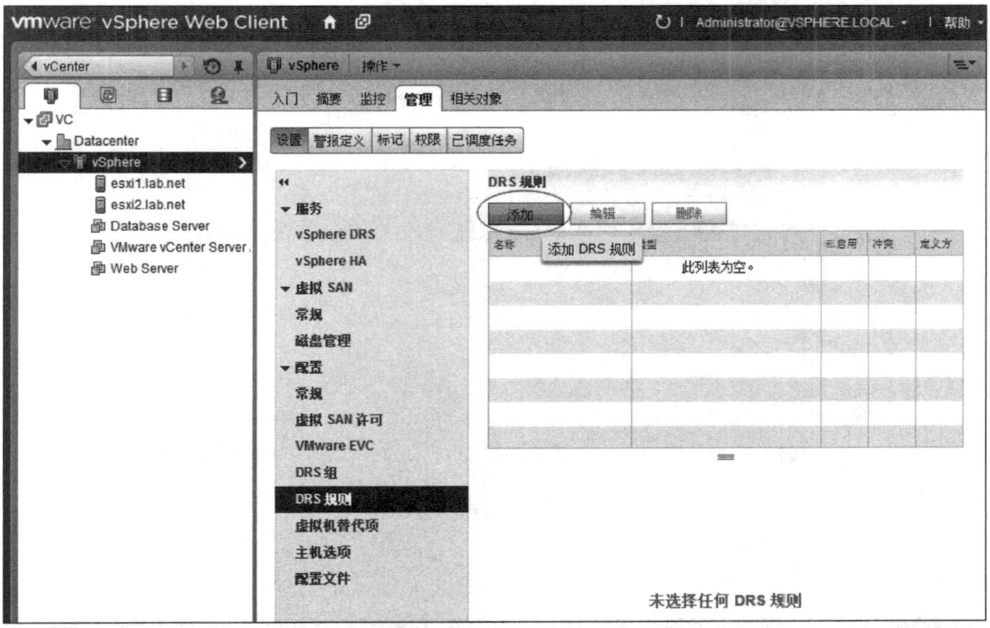

图 5-51　添加 DRS 规则

按钮，如图 5-52 所示。

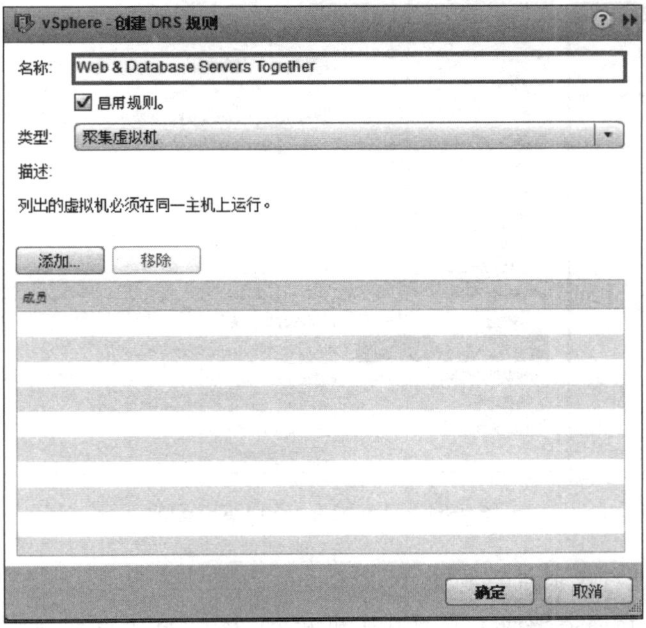

图 5-52　创建 DRS 规则

第 3 步：选择适用的虚拟机

选中 Database Server 和 Web Server 两个虚拟机，如图 5-53 所示。

以下为已经配置的 DRS 规则，两个虚拟机 Database Server 和 Web Server 将在同一台

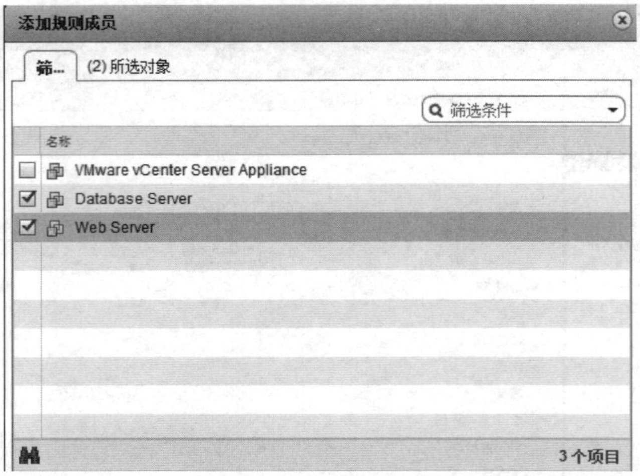

图 5-53　添加规则成员

主机上运行，如图 5-54 所示。

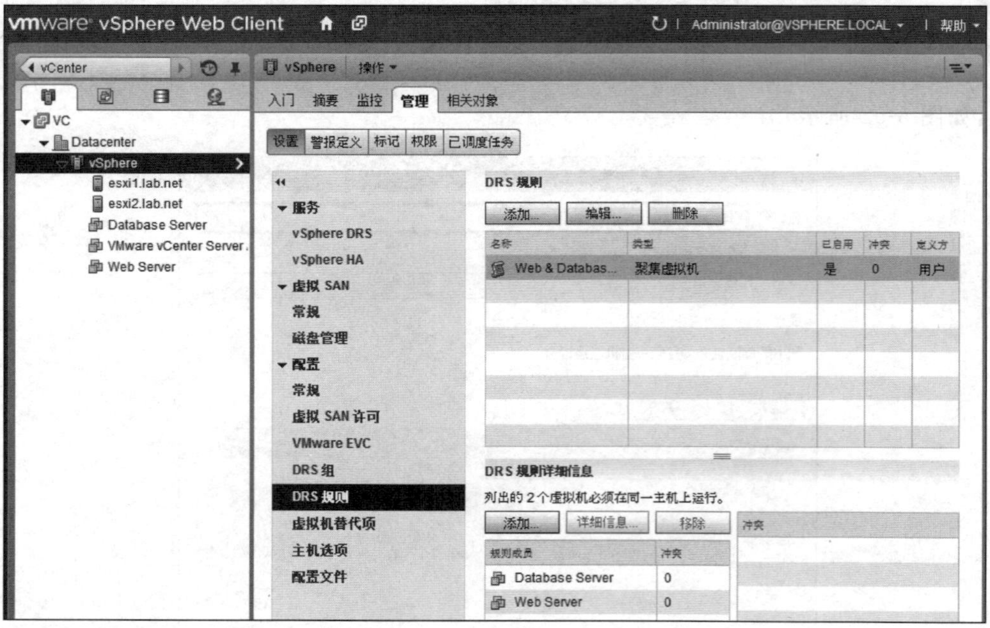

图 5-54　已经配置好的 DRS 规则

第 4 步：选择运行虚拟机的主机

启动虚拟机 Database Server，选择在主机 esxi1. lab. net 上运行，如图 5-55 所示。

第 5 步：查看规则

当启动虚拟机 Web Server 时，vCenter Server 仍然建议将虚拟机 Web Server 置于主机 esxi1. lab. net 上，如图 5-56 所示。这是因为 DRS 规则在起作用。

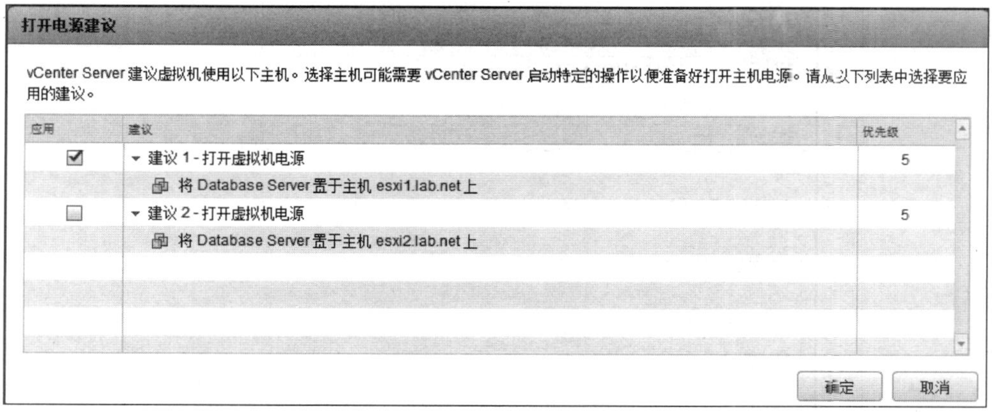

图 5-55　打开电源建议——Database Server

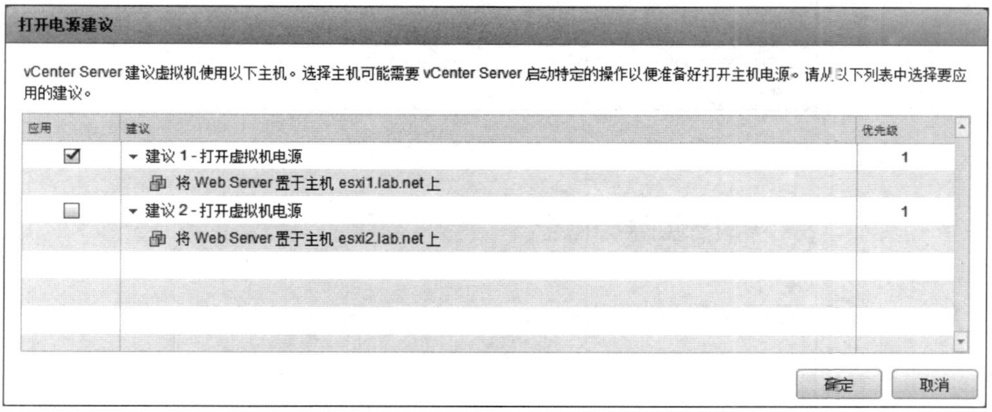

图 5-56　打开电源建议——Web Server

第 6 步：验证“分开虚拟机”规则类型

将原有的 DRS 规则删除，添加新的规则，设置名称为 Separate Web Server&Database Server，规则类型为“分开虚拟机”，选中 Database Server 和 Web Server 两个虚拟机，如图 5-57 所示。此规则会使虚拟机 Web Server 和 Database Server 在不同的 ESXi 主机上运行。

第 7 步：设置特别虚拟机禁用规则

虽然多数虚拟机都应该允许使用 DRS 的负载均衡行为，但是管理员可能需要特定的关键虚拟机不使用 DRS，然而这些虚拟机应该留在群集内，以利用 vSphere HA 提供的高可用性功能。比如，要配置虚拟机 Database Server 不使用 DRS，始终在一台 ESXi 主机上运行，则将之前创建的与该虚拟机有关的 DRS 规则删除，然后在群集 vSphere 的“管理”→“设置”→“虚拟机替代项”中单击“添加”按钮。单击“选择虚拟机”，选中 Database Server，将“自动化级别”设置为“已禁用”即可，如图 5-58 所示。

至此，本子任务结束。

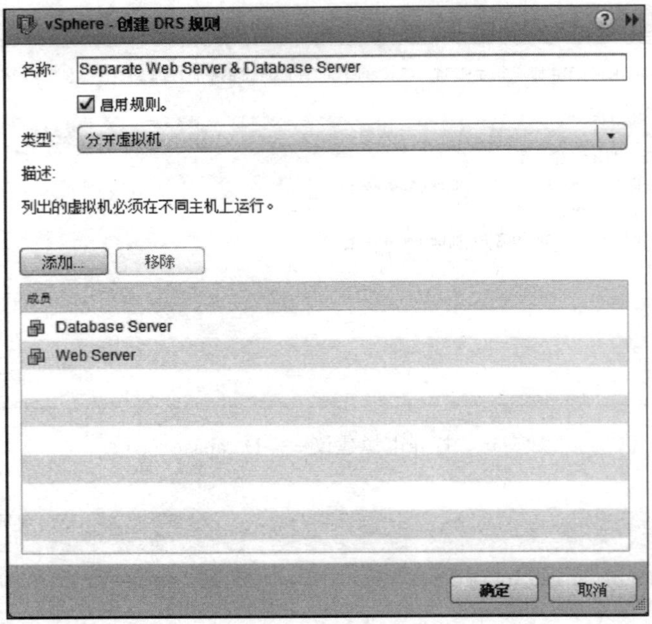

图 5-57 创建新的 DRS 规则

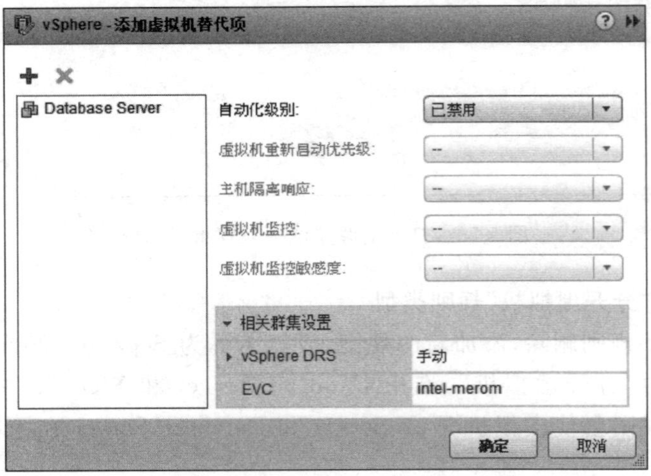

图 5-58 添加虚拟机替代项

【任务四】 部署虚拟机高可用性

高可用性(High Availability,HA)通常描述一个系统为了减少停工时间,经过专门的设计,从而保持其服务的高度可用性。HA 是生产环境中的重要指标之一。实际上,在虚拟化架构出现之前,在操作系统级别和物理级别就已经大规模使用了高可用性技术和手段。vSphere HA 实现的是虚拟化级别的高可用性,具体来说,当一台 ESXi 主机发生故障(硬件故障或网络中断等)时,其上运行的虚拟机能够自动在其他 ESXi 主机上重新启动,虚拟机在重新启动完成之后可以继续提供服务,从而最大限度地保证服务不中断。

【任务实施】

为简化任务的实施,我们将此任务分解成以下几个子任务来分步实施:

【子任务一】理解 vSphere HA 的工作原理与实施条件

【子任务二】启用 vSphere HA

【子任务三】验证 vSphere HA

【子任务一】 理解 vSphere HA 的工作原理与实施条件

当 ESXi 主机出现故障时,vSphere HA 能够让该主机内的虚拟机在其他 ESXi 主机上重新启动,与 vSphere DRS 不同,vSphere HA 没有使用 vMotion 技术作为迁移手段。vMotion 只适用于预先规划好的迁移,而且要求源和目标 ESXi 主机都处于正常运行状态。由于 ESXi 主机的硬件故障无法提前预知,所以没有足够的时间来执行 vMotion 操作。vSphere HA 适用于解决 ESXi 主机硬件故障所造成的计划外停机。在实施 HA 之前,我们先来了解一下它的工作原理与实施条件。

第 1 步:了解高可用性实现的四种级别

应用程序级别:应用程序级别的高可用性技术包括 Oracle Real Application Clusters (RAC)等。

操作系统级别:在操作系统级别,使用操作系统群集技术实现高可用性,如 Windows Server 的故障转移群集等。

虚拟化级别:VMware vSphere 虚拟化架构在虚拟化级别提供 vSphere HA 和 vSphere FT 功能,以实现虚拟化级别的高可用性。

物理级别:物理级别的高可用性主要体现在冗余的硬件组件,如多个网卡、多个 HBA 卡、SAN 多路径冗余、存储阵列上的多个控制器以及多电源供电等。

第 2 步:了解 vSphereHA 的必备组件

从 vSphere 5.0 开始,VMware 重新编写了 HA 架构,使用了 Fault Domain 架构,通过选举方式选出唯一的 Master 主机,其余为 Slave 主机。vSphere HA 有以下必备组件。

(1) 故障域管理器(Fault Domain Manager,FDM)代理:FDM 代理的作用是与群集内其他主机交流有关主机可用资源和虚拟机状态的信息。它负责心跳机制、虚拟机定位和与 hostd 代理相关的虚拟机重启。

(2) hostd 代理:hostd 代理安装在 Master 主机上,FDM 直接与 hostd 和 vCenter Server 通信。

(3) vCenter Server:vCenter Server 负责在群集 ESXi 主机上部署和配置 FDM 代理。vCenter Server 向选举出的 Master 主机发送群集的配置修改信息。

第 3 步:了解 Master 和 Slave 主机

创建一个 vSphere HA 群集时,FDM 代理会部署在群集的每台 ESXi 主机上,其中一台主机被选举为 Master 主机,其他主机都是 Slave 主机。Master 主机的选举依据是哪台主机的存储最多,如果存储的数量相等,则比较哪台主机的管理对象 ID 最高。

(1) Master 主机的任务:Master 主机负责在 vSphere HA 的群集中执行下面一些重要

任务。

Master 主机负责监控 Slave 主机，当 Slave 主机出现故障时在其他 ESXi 主机上重新启动虚拟机。

Master 主机负责监控所有受保护虚拟机的电源状态。如果一个受保护的虚拟机出现故障，Master 主机会重新启动虚拟机。

Master 主机负责管理一组受保护的虚拟机。它会在用户执行启动或关闭操作之后更新这个列表。即当虚拟机打开电源，该虚拟机就要受保护，一旦主机出现故障就会在其他主机上重新启动虚拟机。当虚拟机关闭电源时，就没有必要再保护它了。

Master 主机负责缓存群集配置。Master 主机会向 Slave 主机发送通知，告诉它们群集配置发生的变化。

Master 主机负责向 Slave 主机发送心跳信息，告诉它们 Master 主机仍然处于正常激活状态。如果 Slave 主机接收不到心跳信息，则重新选举出新的 Master 主机。

Master 主机向 vCenter Server 报告状态信息。vCenter Server 通常只和 Master 主机通信。

（2）Master 主机的选举：Master 主机的选举在群集中 vSphere HA 第一次激活时发生，在以下情况下，也会重新选举 Master。

Master 主机故障。

Master 主机与网络隔离或者被分区。

Master 主机与 vCenter Server 失去联系。

Master 主机进入维护模式。

管理员重新配置 vSphere HA 代理。

（3）Slave 主机的任务：Slave 主机执行下面这些任务。

Slave 主机负责监控本地运行的虚拟机的状态，这些虚拟机运行状态的显著变化会被发送到 Master 主机。

Slave 主机负责监控 Master 主机的状态。如果 Master 主机出现故障，Slave 主机会参与新 Master 主机的选举。

Slave 主机负责实现不需要 Master 主机集中控制的 vSphere HA 特性，如虚拟机健康监控。

第 4 步：了解心跳信号

vSphere HA 群集的 FDM 代理是通过心跳信息相互通信的，如图 5-59 所示。

心跳是用来确定主机服务器仍然正常工作的一种机制，Master 主机与 Slave 主机之间会互相发送心跳信息，心跳的发送频率为每秒 1 次。如果 Master 主机不再从 Slave 主机接收心跳，则意味着网络通信出现问题，但这不一定表示 Slave 主机出现了故障。为了验证 Slave 主机是否仍在工作，Master 主机会使用以下两种方法进行检查。

Master 主机向 Slave 主机的管理 IP 地址发送 ping 数据包。

Master 主机与 Slave 主机在数据存储级别进行信息交换（称作数据存储心跳），这可以区分 Slave 主机是在网络上隔离还是完全崩溃。

vSphere HA 使用了管理网络和存储设备进行通信。正常情况下，Master 主机与 Slave 主机通过管理网络进行通信。如果 Master 主机无法通过管理网络与 Slave 主机通信，那么

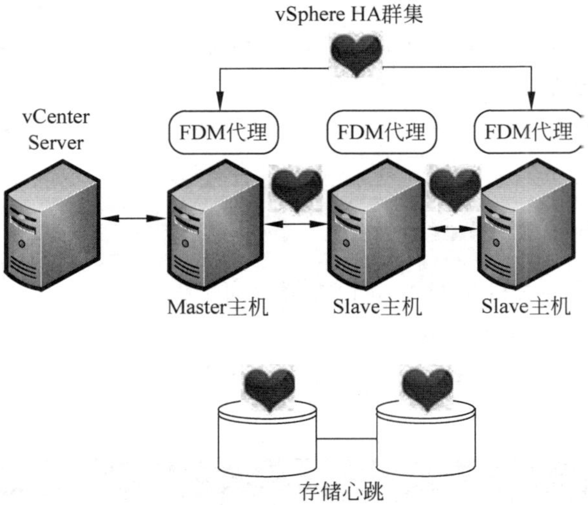

图 5-59　FDM 代理通过心跳通信

Master 主机会检查它的心跳数据存储，如果心跳数据存储有应答，则说明 Slave 主机仍在工作。在这种情况下，Slave 主机可能处于网络分区（Network Partition）或网络隔离（Network Isolation）状态。

网络分区是指即使一个或多个 Slave 主机的网络连接没有问题，它们却无法与 Master 主机通信。在这种情况下，vSphere HA 能够使用心跳数据存储检查这些主机是否存活，以及是否需要执行一些操作保护这些主机中的虚拟机，或在网络分区内选择新的 Master 主机。

网络隔离是指有一个或多个 Slave 主机失去了所有管理网络连接。隔离主机既不能与 Master 主机通信，也不能与其他 ESXi 主机通信。在这种情况下，Slave 主机使用心跳数据存储通知 Master 主机它已经被隔离。Slave 主机使用一个特殊的二进制文件（host-X-poweron）通知 Master 主机，然后 vSphere HA 主机可以执行相应的操作，保证虚拟机受到保护。

第 5 步：了解实施 vSphere HA 的条件

在实施 vSphere HA 时，必须满足以下条件。

（1）群集：vSphere HA 依靠群集实现，需要创建群集，然后在群集上启用 vSphere HA。

（2）共享存储：在一个 vSphere HA 群集中，所有主机都必须能够访问相同的共享存储，这包括 FC 光纤通道存储、FCoE 存储和 iSCSI 存储等。

（3）虚拟网络：在一个 vSphere HA 群集中，所有 ESXi 主机都必须有完全相同的虚拟网络配置。如果一个 ESXi 主机上添加了一个新的虚拟交换机，那么该虚拟交换机也必须添加到群集中所有其他 ESXi 主机上。

（4）心跳网络：vSphere HA 通过管理网络和存储设备发送心跳信号，因此管理网络和存储设备最好都有冗余，否则 vSphere 会给出警告。

（5）充足的计算资源：每台 ESXi 主机的计算资源都是有限的，当一台 ESXi 主机出现故障时，该主机上的虚拟机需要在其他 ESXi 主机上重新启动。如果其他 ESXi 主机的计算资源不足，则可能导致虚拟机无法启动或启动后性能较差。vSphere HA 使用接入控制策略来保证 ESXi 主机为虚拟机分配足够的计算资源。

(6) VMware Tools：虚拟机中必须安装 VMware Tools 才能实现 vSphere HA 的虚拟机监控功能。

【子任务二】 启用 vSphere HA

下面在群集中启用 vSphere HA，并检查群集的工作状态。

第 1 步：开始编辑 vSphere HA

选中群集 vSphere，选择“管理”→“设置”→vSphere HA，单击“编辑”按钮，如图 5-60 所示。

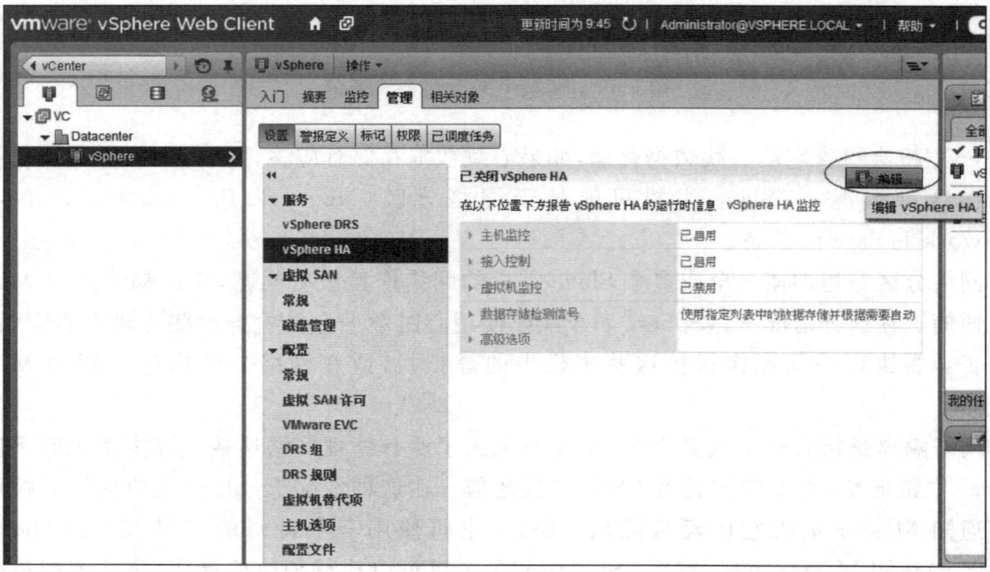

图 5-60 编辑 vSphere HA

第 2 步：选中共享存储

选中“打开 vSphere HA”，在“数据存储检测信号”中选择“使用指定列表中的数据存储并根据需要自动补充”，选中共享存储 iSCSI-Starwind，如图 5-61 所示。

在“近期任务”中可以看到正在配置 vSphere HA 群集，如图 5-62 所示。

第 3 步：查看摘要信息

经过一段时间，vSphere HA 配置完成，在主机 esxi2. lab. net 的“摘要”选项卡中可以看到其身份为 Master(主要)，如图 5-63 所示。

主机 esxi1. lab. net 的身份为 Slave(从属)，如图 5-64 所示。

第 4 步：调整优先级

对于群集中某些重要的虚拟机，需要将“虚拟机重新启动优先级”设置为“高”。这样，当 ESXi 主机发生故障时，这些重要的虚拟机就可以优先在其他 ESXi 主机上重新启动。下面把虚拟机 Database Server 的“虚拟机重新启动优先级”设置为“高”。

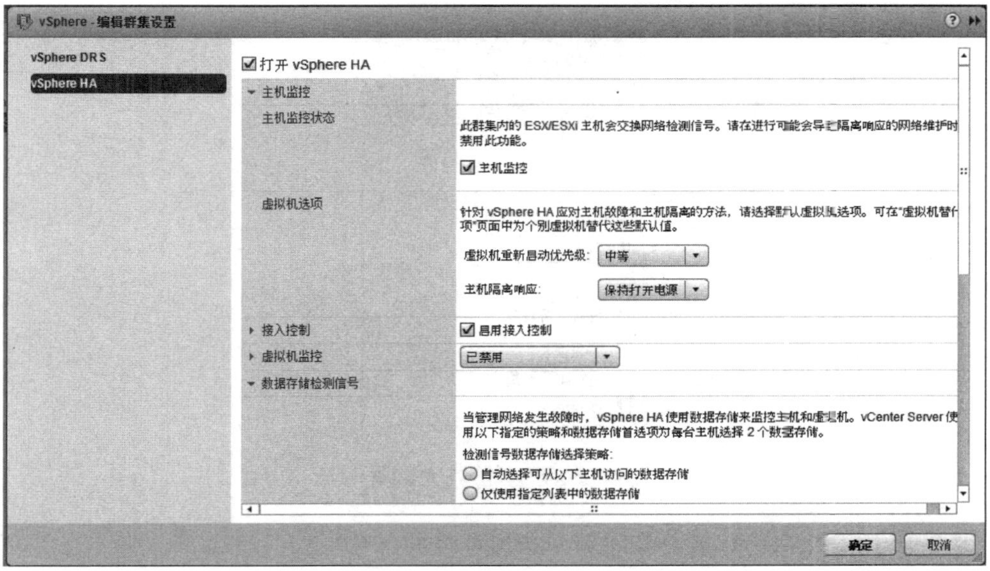

(a)

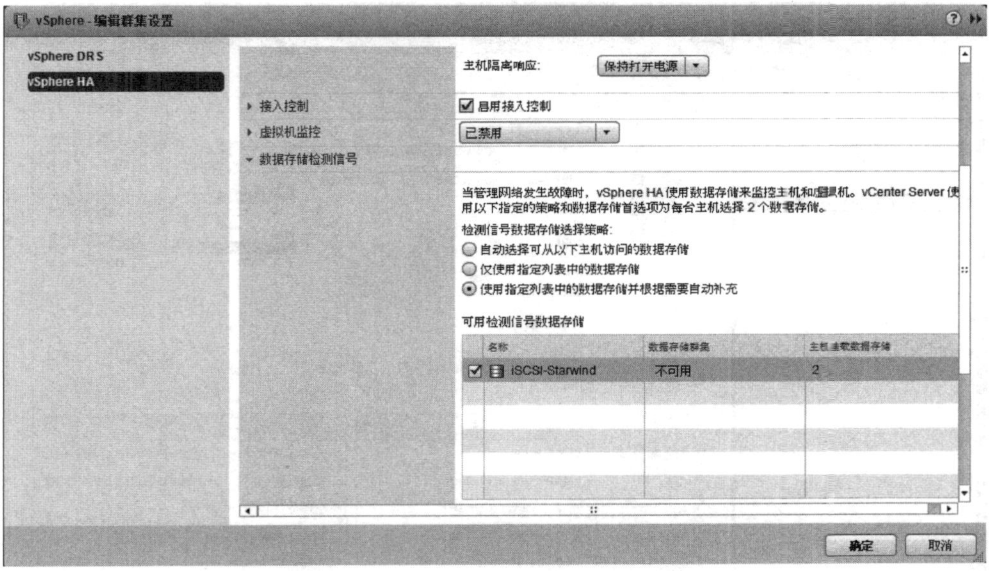

(b)

图 5-61　打开 vSphere HA

在群集 vSphere 的"管理"→"设置"→"虚拟机替代项"处单击"添加"按钮，单击"选择虚拟机"，选中虚拟机 Database Server，为虚拟机配置其特有的 DRS 和 HA 选项，如图 5-65 所示。在这里，"自动化级别"设置为"已禁用"，这可以让 Database Server 始终在一台 ESXi 主机上运行，不会被 vSphere DRS 迁移到其他主机；"虚拟机重新启动优先级"设置为"高"，可以使该虚拟机所在的主机出现问题时，优先让该虚拟机在其他 ESXi 主机上重新启动。

注意：*建议将提供最重要服务的 VM 的重启优先级设置为"高"。具有高优先级的 VM 最先启动，如果某个 VM 的重启优先级为"禁用"，那么它在 ESXi 主机发生故障时不会被重*

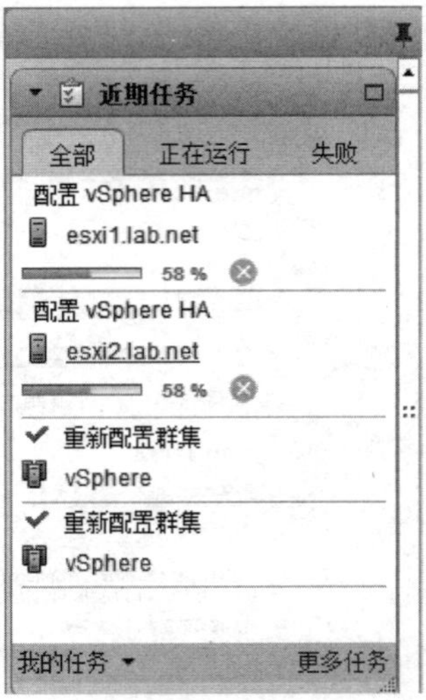

图 5-62　正在配置 vSphere HA

图 5-63　查看主机 esxi2. lab. net 的身份

启。如果出现故障的主机数量超过了容许控制范围，重启优先级为低的 VM 可能无法重启。

至此，本子任务结束。

图 5-64　查看主机 esxi1. lab. net 的身份

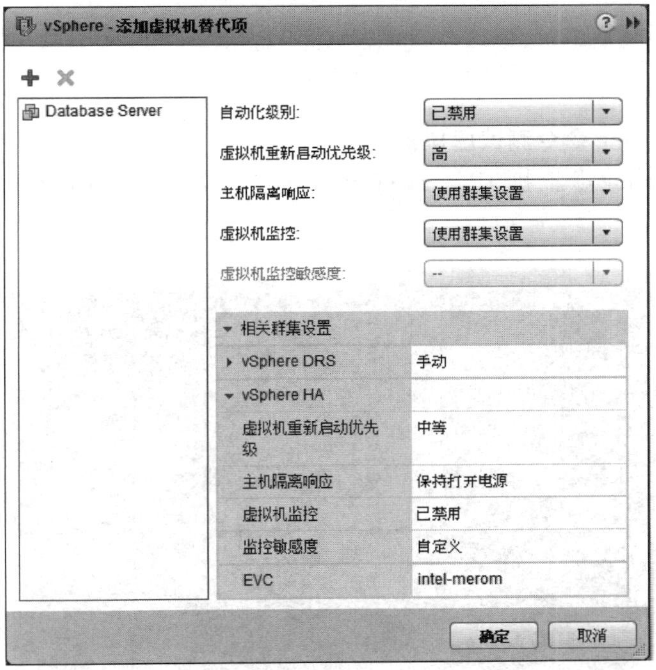

图 5-65　虚拟机 Database Server 的替代项

【子任务三】 验证 vSphere HA

下面以虚拟机 Database Server 为例，验证 vSphere HA 能否起作用。

第 1 步：开启虚拟机

启动虚拟机 Database Server，此时 vCenter Server 不会询问在哪台主机上启动虚拟机，而是直接在其上一次运行的 ESXi 主机 esxi1. lab. net 上启动虚拟机，如图 5-66 所示。这是因为虚拟机 Database Server 的 DRS 自动化级别设置为“已禁用”。

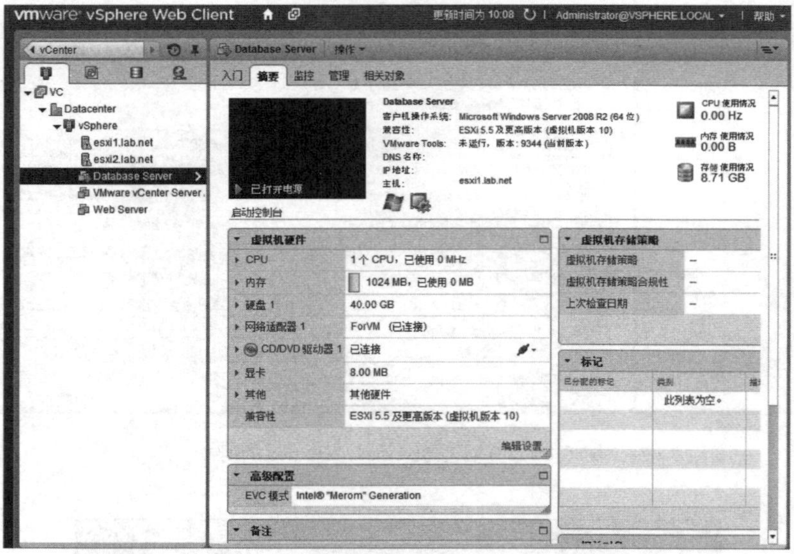

图 5-66 启动虚拟机 Database Server

第 2 步：使用 ping 命令测试虚拟机

在本机输入“ping 虚拟机 IP -t”持续 ping 虚拟机 Database Server 的 IP 地址，如图 5-67 所示。

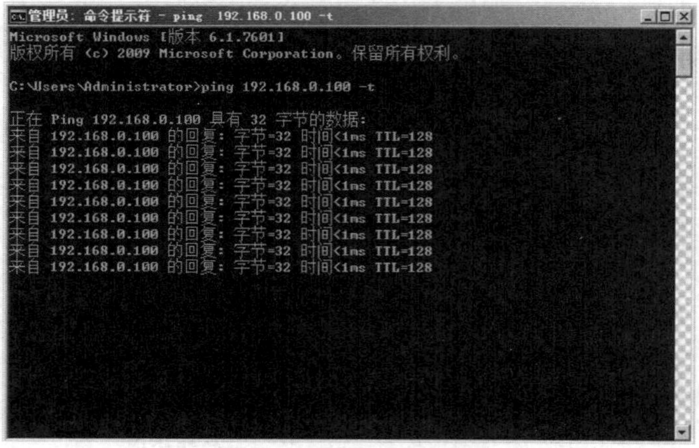

图 5-67 持续 ping 虚拟机的 IP 地址

第 3 步：模拟主机故障

下面模拟 ESXi 主机 esxi1. lab. net 不能正常工作的情况。在 VMware Workstation 中将 VMware ESXi 5-1 的电源挂起，如图 5-68 所示。此时，到虚拟机 Database Server 的 ping 会中断。

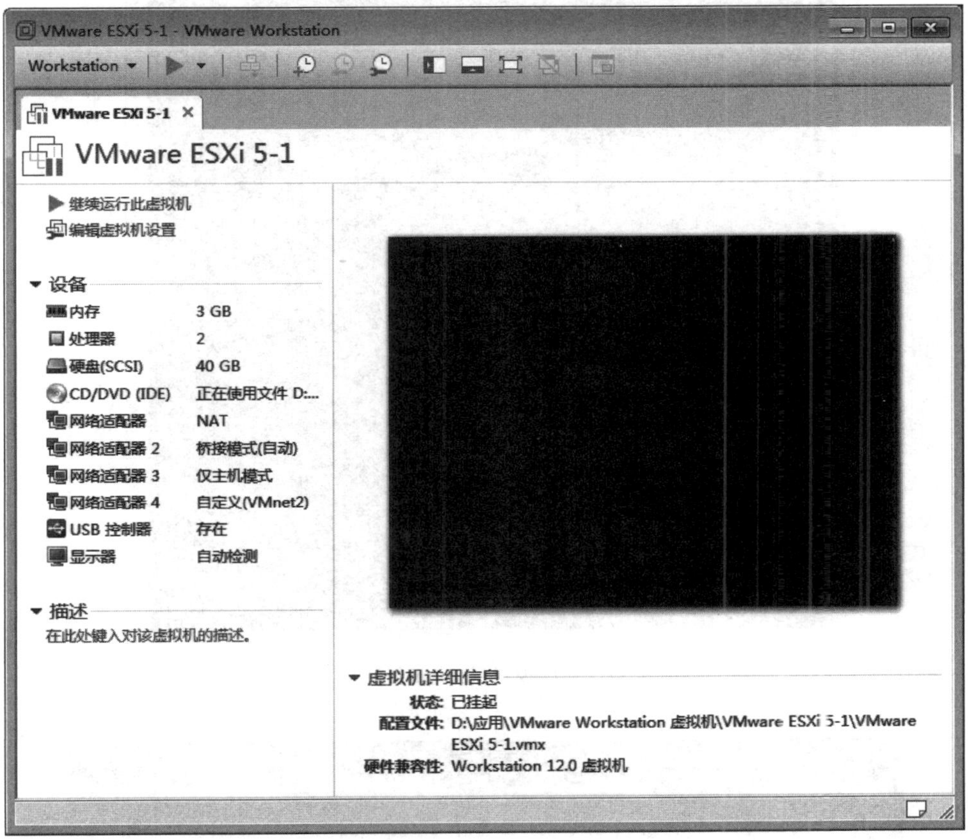

图 5-68 挂起 VMware Workstation 中的 ESXi 主机

第 4 步：观察 ping 命令测试状态

此时 vSphere HA 会检测到 ESXi 主机 esxi1. lab. net 发生了故障，并且将其上的虚拟机 Database Server 在另一台 ESXi 主机 esxi2. lab. net 上重新启动。经过几分钟，到虚拟机 DatabaseServer 的 ping 又恢复正常，如图 5-69 所示。

第 5 步：查看虚拟机摘要信息

在虚拟机 Database Server 的“摘要”选项卡中可以看到虚拟机已经在 esxi2. lab. net 上重新启动，虚拟机受 vSphere HA 的保护，如图 5-70 所示。

在使用 vSphere HA 时，一定要注意 ESXi 主机故障期间会发生服务中断。如果物理主机出现故障，vSphere HA 会重启虚拟机，而在虚拟机重启的过程中，虚拟机所提供的应用会中止服务。如果用户需要实现比 vSphere HA 更高要求的可用性，可以使用 vSphere FT（容错）。

至此，本子任务结束。

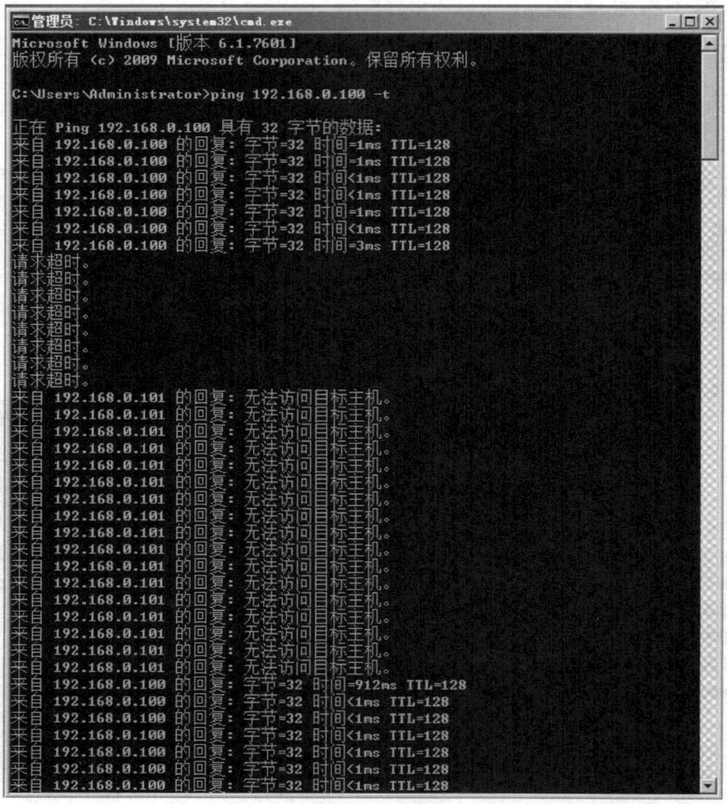

图 5-69　到虚拟机的 ping 又恢复正常

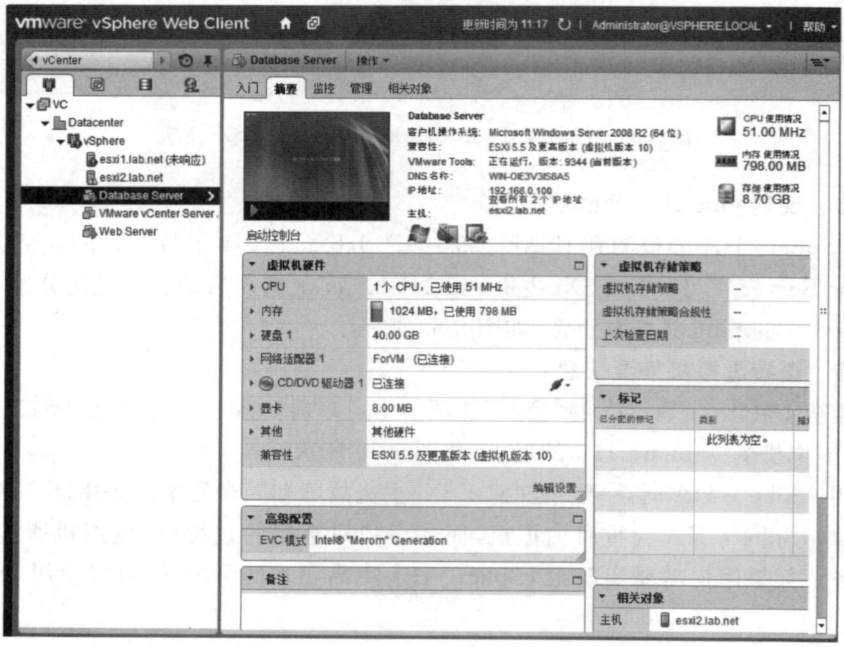

图 5-70　虚拟机已经重新启动

【项目拓展训练】

1. 实现 vSphere vMotion 虚拟机迁移的条件有哪些？

2. 请描述 vSphere vMotion 虚拟机迁移的工作过程。

3. 请描述 vSphere DRS 3 种自动化级别的区别。

4. 对于 vSphere HA，Master 主机和 Slave 主机各有哪些职责？

5. 实现 vSphere HA 高可用性的条件有哪些？

6. 按要求完成如下任务：

以 4 台 PC 为一组，每台 PC 中运行一个 VMware Workstation 虚拟机，所有虚拟机通过桥接模式的网卡互相连接，如图 5-71 所示。

(1) 在第 1 台计算机上安装 Openfiler 存储服务器，使用浏览器连接到 vSphere WebClient。

(2) 在第 2 台计算机的虚拟机中安装 Windows Server 2008 R2，安装配置 vCenter Server(VC)。

(3) 在第 3 台计算机的虚拟机中安装 VMware ESXi，主机名为 ESXi-1。

(4) 在第 4 台计算机的虚拟机中安装 VMware ESXi，主机名为 ESXi-2。

(5) 在 vCenter Server 中加入两台 ESXi 主机，连接到 iSCSI 共享存储。

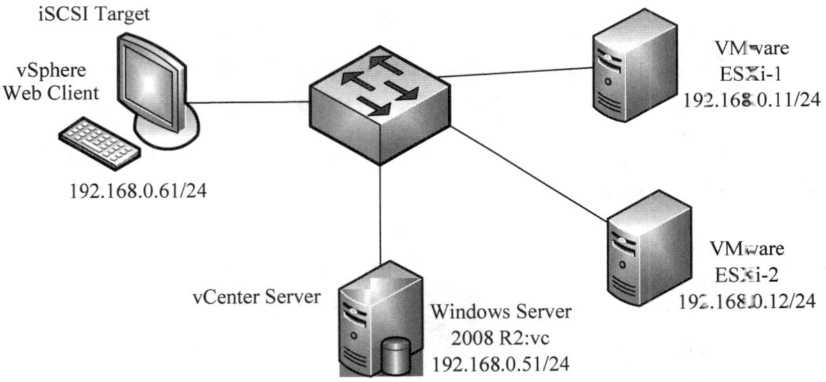

图 5-71　综合实战题拓扑图

(6) 使用 iSCSI 共享存储创建 Windows Server 2008 R2 和 CentOS 6. x 虚拟机。

(7) 使用虚拟机模板分别部署一个 Windows Server 2008 R2 虚拟机和一个 CentOS 6. x 虚拟机。

(8) 启用 vSphere vMotion，使用 vMotion 在线迁移虚拟机。

(9) 创建群集，启用 vSphere DRS，练习 DRS 规则配置。

(10) 启用 vSphere HA，模拟 ESXi 主机故障，测试 vSphere HA 是否起作用。

项目六　搭建 VMware 云桌面服务

【项目说明】

某企业已经实现了整个企业网的全面覆盖，但信息化处理方式还是单机办公模式，使得办公效率低下，设备维护费用较高，数据存储迁移烦琐。在“互联网+”的环境下，企业决定进行网络升级，以期实现提高办公效率、减少设备投入的目的。经过多方考察和研究，企业决定搭建云桌面平台，实现桌面的集中管理和控制，以满足终端用户个性化、BYOD(Bring Your Own Device，携带自己的设备办公)以及移动化办公的需求。

经过调研，该企业网络中心采购了若干台高性能服务器，采用 VMware vSphere 5.5 搭建了虚拟化平台。技术人员决定部署 VMware Horizon View 6.1.1 桌面虚拟化平台，制作 Windows 7 虚拟桌面并发布给职工使用。当职工掌握了虚拟化平台的使用方法后，再全面推广私有云平台。

为了让读者能够在自己的计算机上完成实验，在本项目中将使用 VMware Workstation 来搭建环境，读者可以将 ESXi、iSCSI 目标服务器、vCenter Server、Connection Server、Composer、SQL Server 分别单独安装在某个物理机或虚拟机上，Domain Controller、DNS、DHCP 安装在一台物理机或虚拟机上。如果分多台物理机进行实验，需要一台物理交换机。拓扑结构如图 6-1 所示。

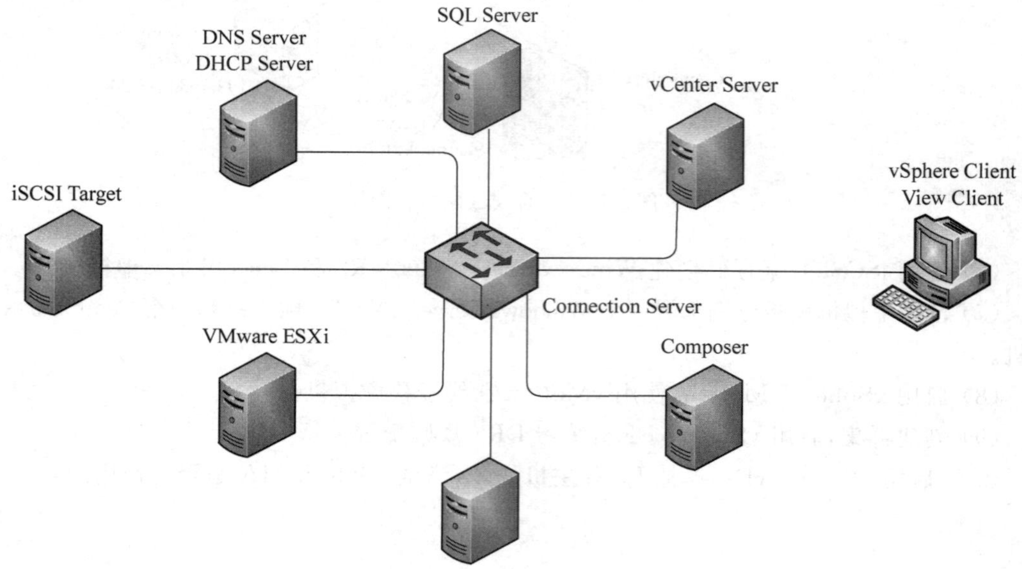

图 6-1　拓扑结构设计图

本项目所规划的每台主机的 IP 地址、域名和推荐的硬件配置如表 6-1 所示。

表 6-1 实验基本环境要求

主 机	IP	域 名	配 置
Windows 7/8 或 Windows Server 2008 R2/2012 R2	192.168.1.1	物理机	1cpu、16GB RAM
VMware ESXi	192.168.1.88	Esxi.lab.net	2vcpu、4GB RAM
Domain Controller、DNS Server、DHCP Server	192.168.1.80	dc.lab.net	1vpcu、1GB RAM
SQL Server	192.168.1.81	db.lab.net	1vpcu、1GB RAM
VMware vCenter Server	192.168.1.82	Vc.lab.net	2vpcu、5GB RAM
VMware Horizon View Connection Server	192.168.1.83	Cs.lab.net	2vpcu、2GB RAM
VMware Horizon View Composer	192.168.1.84	Cp.lab.net	1vpcu、1GB RAM

部署 VMware Horizon View 的必要服务器组件包括活动目录域控制器、SQL Server 数据库服务器、WMware ESXi 主机、vCenter Server、Connection Server。对于大型 Horizon View 部署，通常还需要 Composer 组件，以提供虚拟桌面的链接克隆。要支持虚拟桌面的 vMotion、DRS 和 HA 等特性，还需要使用 iSCSI 等共享存储。

【项目实施】

为简化项目的实施，将此项目分解成以下几个任务来分步实施：

【任务一】配置 VMware Horizon View 基础环境

【任务二】制作和优化模板虚拟机

【任务三】安装 VMware Horizon View 服务器软件

【任务四】发布 VMware Horizon View 虚拟桌面

【任务五】连接到云桌面

【任务一】 配置 VMware Horizon View 基础环境

【任务说明】

VMware Horizon View 以托管服务的形式从专为交付整个桌面而构建的虚拟化平台上提供丰富的个性化虚拟桌面。通过 VMware Horizon View，用户可以将虚拟桌面整合到数据中心的服务器中，并独立管理操作系统、应用程序和用户数据，从而在获得更高业务灵活性的同时，使最终用户能够通过各种网络条件获得灵活的高性能桌面体验，实现桌面虚拟化的个性化。

VMware Horizon View 能够简化桌面和应用程序管理，同时加强安全性和控制力，为终端用户提供跨会话和设备的个性化逼真体验，实现传统 PC 难以达到的更高的桌面服务可用性和敏捷性，同时将桌面的总体拥有成本减少多达 50%。终端用户可以享受到新的工作效率级别和从更多设备及位置访问桌面的自由，同时为 IT 提供更强的策略控制。

使用 VMware Horizon View 能有效提高企业桌面管理的可靠性、安全性、硬件独立性与便捷性。

VMware vSphere 能够在一台物理机上同时运行多个操作系统，回收闲置资源并在多台物理机之间平衡工作负载，处理硬件故障和确认。VMware Horizon View 通过将桌面和应用程序与 VMware vSphere 进行集成，并对服务器、存储等网络资源进行虚拟化，可实现对桌面和应用程序的集中式管理。

【任务实施】

为简化任务的实施，将此任务分解成以下几个子任务来分步实施：

【子任务一】理解 VMware Horizon View 的体系结构

【子任务二】创建和配置 VMware ESXi

【子任务三】配置域控制器与 DNS 解析

【子任务四】安装和配置 SQL Server

【子任务五】安装和配置 vCenter Server

【子任务六】安装和配置 iSCSI 共享存储

【子任务七】配置 DHCP 服务器

【子任务一】 理解 VMware Horizon View 的体系结构

VMware Horizon View 通过以集中化的服务形式交付和管理桌面、应用程序和数据，从而加强对它们的控制。与传统 PC 不同，VMware Horizon View 桌面并不与物理计算机绑定，相反，它们驻留在云中，并且终端用户可以在需要时访问其虚拟桌面。下面对涉及的概念进行简单介绍。

第 1 步：了解 View Agent

View Agent 组件用于协助实现会话管理、单点登录、设备重定向以及其他功能。

第 2 步：熟悉 ESXi 主机

ESXi 是一款直接安装在物理服务器上的裸机虚拟化管理程序，可用于将服务器划分成多个虚拟机。

第 3 步：认识 RDS 主机

RDS (Remote Desktop Service，远程桌面服务)是微软公司针对 Windows 操作系统开发的一种远程控制协议，VMware Horizon View 支持创建 RDS 桌面池。

第 4 步：熟悉 vCenter Server

VMware vCenter Server 可集中管理 VMware vSphere 环境，提供了一个可伸缩、可扩展的平台，为虚拟化管理奠定了基础。

第 5 步：认识 Microsoft Active Directory

Microsoft Active Directory 服务是 Windows 平台的核心组件，它为用户管理网络环境各个组成要素的标识和关系提供了一种有力的手段。Active Directory 使用了一种结构化的数据存储方式，存储了有关网络对象的信息，并以此作为基础对目录信息进行合乎逻辑的分层组织，让管理员和用户能够轻松地查找和使用这些信息。

第 6 步：View Connection Server

View Connection Server 是 VMware Horizon View 虚拟桌面管理体系中的重要组成部分，与 vCenter Server 和 Composer 配合，实现对虚拟桌面的管理。

【子任务二】 创建和设置 VMware ESXi

通过物理机或虚拟机安装 VMware ESXi 5.5，具体步骤可以参考【项目一】中的内容。

ESXi 主机的内存至少应为 4GB，ESXi 的主机名、IP 地址等参数值如表 6-2 所示。

表 6-2　ESXi 参数值

参　　数	值
Hostname	ESXi
Domain	lab. net
IP	192. 168. 1. 88
Subnet Mask	255. 255. 255. 0
Default Gateway	192. 168. 1. 1

【子任务三】　配置域控制器与 DNS 解析

在 Windows 系统中，域是安全边界。域控制器类似于网络“主管”，用于管理所有的网络访问，包括登录服务器、访问共享目录和资源。域控制器存储了所有的域范围内的账户和策略信息，包括安全策略、用户身份验证信息和账户信息。每个域都有自己的安全策略，以及它与其他域的安全信任关系。简单来说，域是共享用户账号、计算机账号及安全策略的一组计算机。

域控制器(Domain Controller)指在“域”模式下，至少有一台服务器负责每一台联入网络的计算机和用户的验证工作，相当于一个企业部门的主管。域控制器包含了由这个域的账户、密码和属于这个域的计算机等信息构成的数据库。当计算机联入网络时，域控制器首先要鉴别这台计算机是否属于这个域，用户使用的登录账号是否存在、密码是否正确。如果以上信息有一处不正确，域控制器就会拒绝这个用户从这台计算机登录。不能登录，用户就不能访问服务器上有权限保护的资源，只能以对等网用户的方式访问 Windows 共享的资源，这样就在一定程度上保护了网络上的资源。

成员服务器是指安装了 Windows Server 操作系统，又加入了域的计算机。成员服务器的主要目的是提供网络服务和数据资源。成员服务器通常包括数据库服务器、Web 服务器、文件共享服务器等。

域中的客户端是指其他操作系统(如 Windows XP/7/8/10)的计算机。用户利用这些计算机和域中的账户，就可以登录到域，成为域中的客户端。

下面开始域控制器的具体配置。

第 1 步：安装操作系统

在物理机上安装 Windows 7/8/10 或 Windows Server 2008 R2/2012 R2 操作系统，设置 IP 地址为 192. 168. 1. 80，安装 VMware Workstation 12. 0。在 VMware Workstation 虚拟机中安装 Windows Server 2008 R2，安装 VMware Tools。

第 2 步：配置域控制器 IP 地址与计算机名

配置 IP 地址为 192. 168. 1. 80，子网掩码为 255. 255. 255. 0，默认网关为 192. 168. 1. 1，首选 DNS 服务器为 202. 96. 128. 68，如图 6-2 所示。

修改计算机名。打开“服务器管理器”，单击“更改系统属性”，单击“更改”按钮，将计算机名修改为 DC，如图 6-3 所示，然后重新启动计算机。

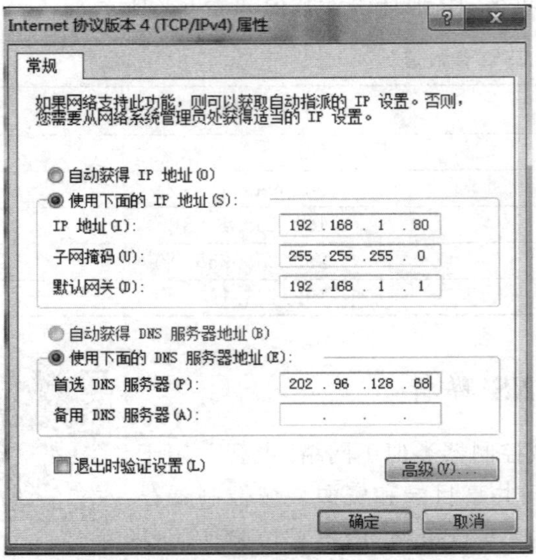

图 6-2　配置静态 IP

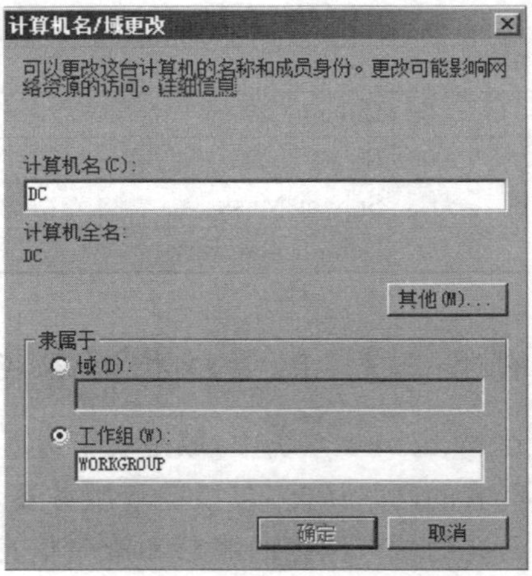

图 6-3　修改计算机名

第 3 步：打开添加角色向导

打开“服务器管理器”对话框，单击“角色”→“添加角色”按钮，如图 6-4 所示。

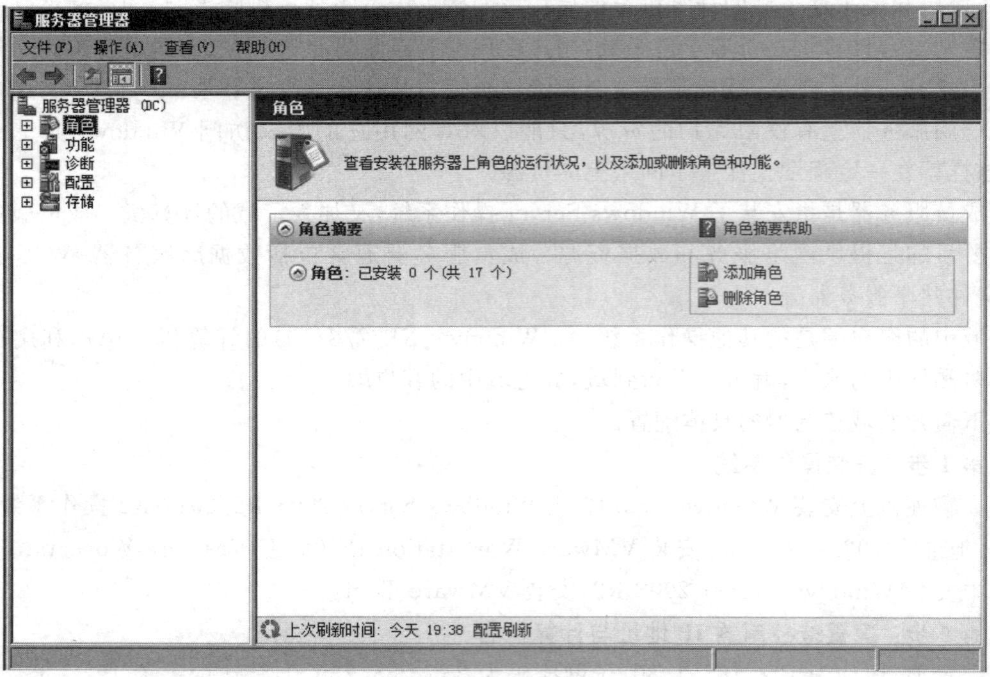

图 6-4　在服务器管理器中添加角色

第 4 步：选中欲安装的 Active Directory 域服务

选中“Active Directory 域服务”复选框，如图 6-5 所示。

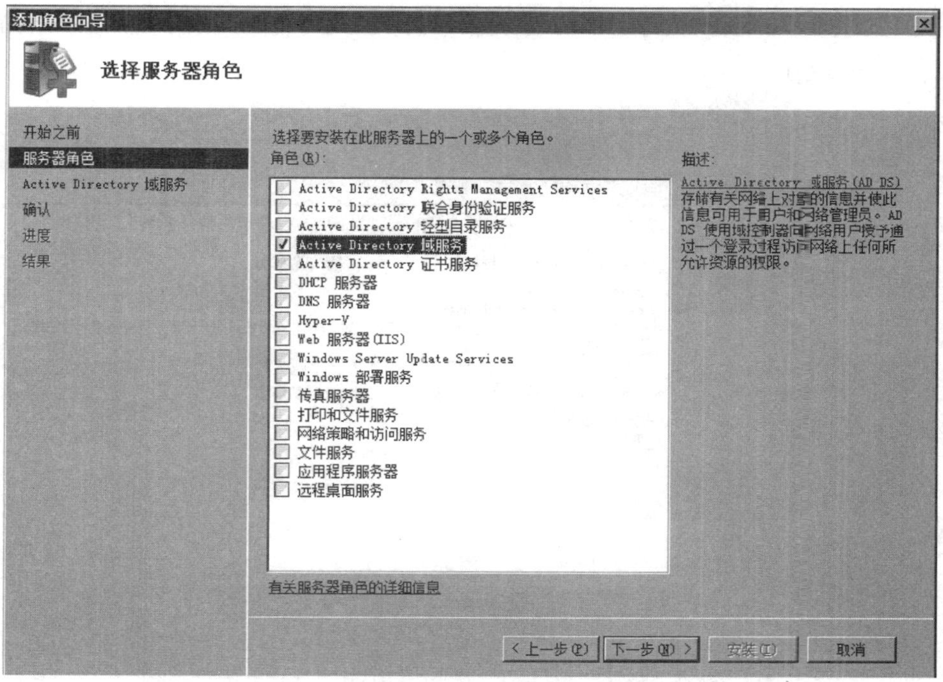

图 6-5　安装 Active Directory 域服务

第 5 步：安装.NET Framework 3.5.1

要安装 Active Directory 域服务，需要先安装.NET Framework 3.5.1，如图 6-6 所示。

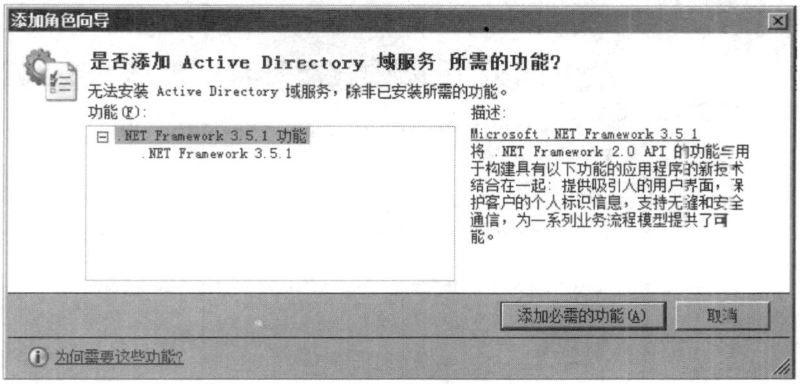

图 6-6　安装.NET Framework 3.5.1

.NET Framework 3.5.1 安装完成，如图 6-7 所示。

第 6 步：运行 Active Directory 域服务安装向导正式安装与设置域控制器

如图 6-5 所示，使用 Active Directory 域服务安装向导(dcpromo.exe)使该服务器成为完全正常运行的域控制器。

(1) 展开"Active Directory 域服务"，单击"运行 Active Directory 域服务安装向导"，如图 6-8 所示。

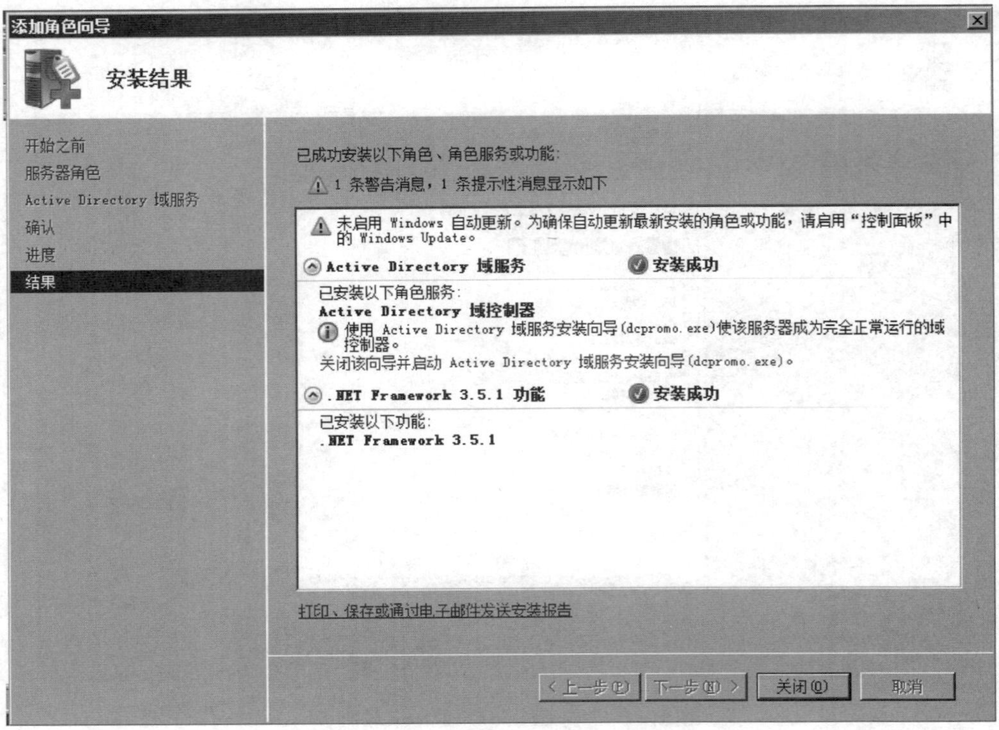

图 6-7　安装域服务器成功

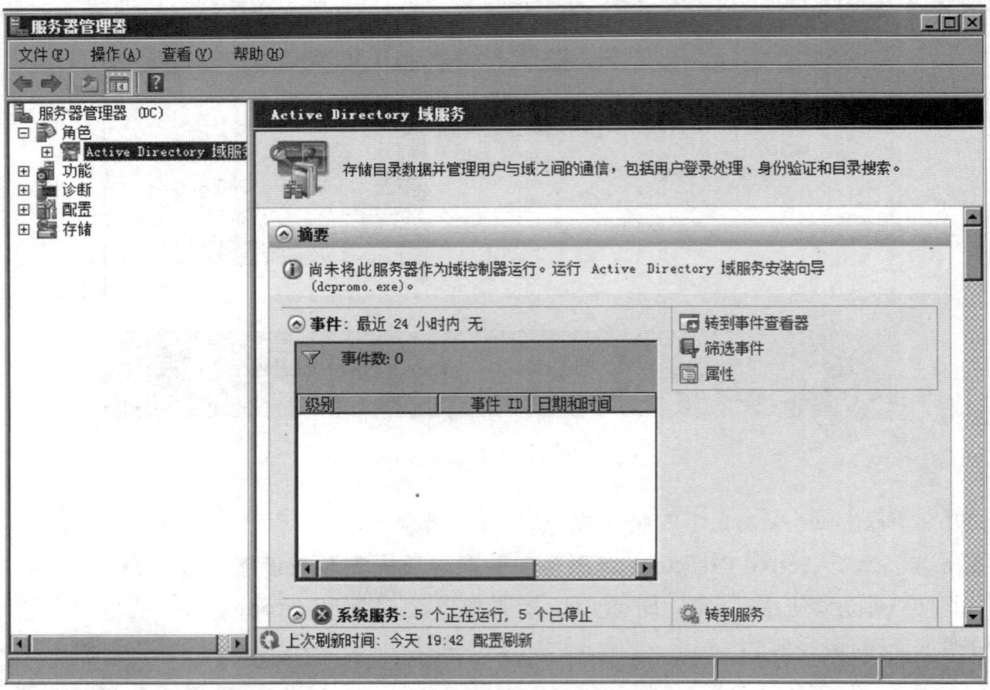

图 6-8　配置域

(2) 第一次配置林,选中“在新林中新建域”,如图 6-9 所示。

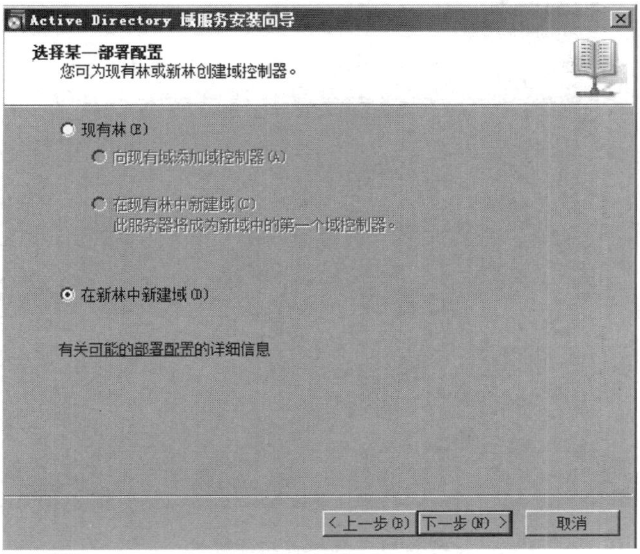

图 6-9　新建林

注意：域林由一个或多个没有形成连续名字空间的域树组成。域林中有根域，这是域林中创建的第一个域，域林中所有域树的根域与域林的根域建立可传递的信任关系。

(3) 在目录林根级域的 FQDN 中添加域名,如 lab. net,如图 6-10 所示。

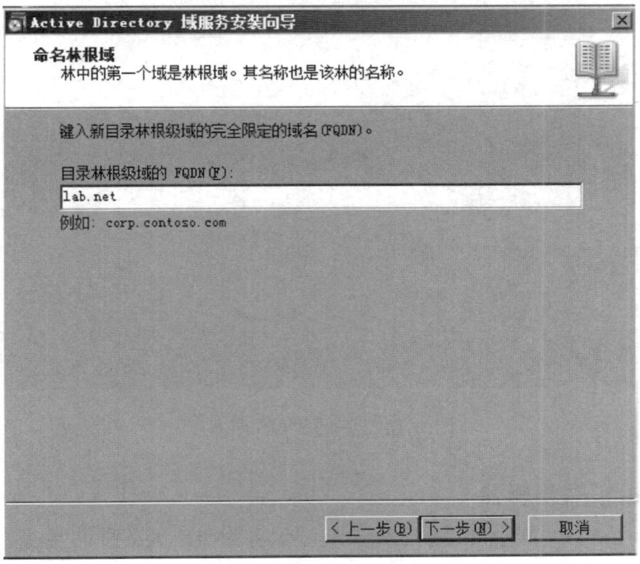

图 6-10　设定域名

(4) 设置林功能级别,在这里选择 Windows Server 2008 R2,如图 6-11 所示。

(5) 选中“DNS 服务器”,如图 6-12 所示。

(6) 经过一段时间,完成域控制器的安装,如图 6-13 所示,重新启动系统。

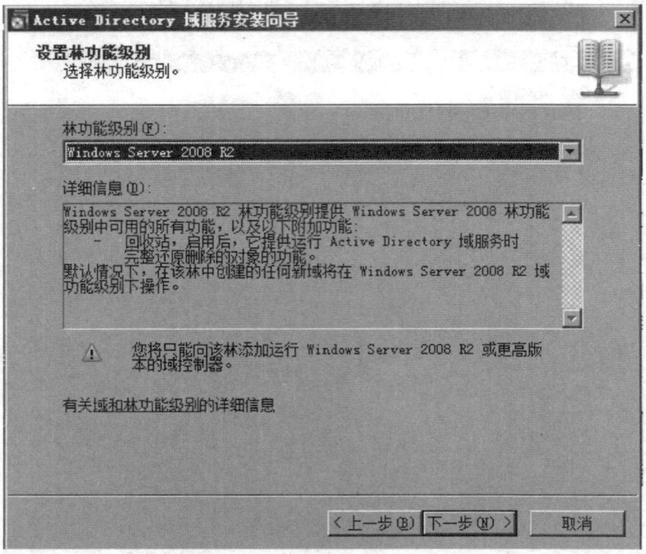
Active Directory 域服务安装向导
设置林功能级别
选择林功能级别。
林功能级别(F):
Windows Server 2008 R2
详细信息(D):
Windows Server 2008 R2 林功能级别提供 Windows Server 2008 林功能级别中可用的所有功能，以及以下附加功能:
- 回收站，启用后，它提供运行 Active Directory 域服务时完整还原删除的对象的功能。
默认情况下，在该林中创建的任何新域将在 Windows Server 2008 R2 域功能级别下操作。
您将只能向该林添加运行 Windows Server 2008 R2 或更高版本的域控制器。
有关域和林功能级别的详细信息
< 上一步(B)
下一步(N) >
取消

图 6-11　选择林功能级别

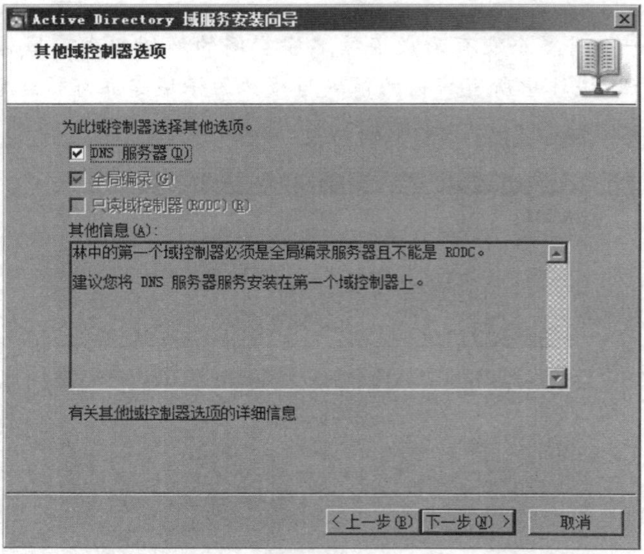
Active Directory 域服务安装向导
其他域控制器选项
为此域控制器选择其他选项。
DNS 服务器(D)
全局编录(G)
只读域控制器(RODC)(R)
其他信息(A):
林中的第一个域控制器必须是全局编录服务器且不能是 RODC。
建议您将 DNS 服务器服务安装在第一个域控制器上。
有关其他域控制器选项的详细信息
< 上一步(B)
下一步(N) >
取消

图 6-12　安装 DNS 服务器

第 7 步：打开组策略编辑器

由于 Windows Server 默认的用户密码有效期为 42 天，到期后需要更改密码。这对 vCenter Server 和 Horizon View 的管理带来不便，下面把用户的密码设置为永久有效。打开“管理工具”→“组策略管理”，展开“林”→“域”→lab. net→Default Domain Policy，右击，在弹出的快捷菜单中，选择“编辑”命令，如图 6-14 所示。

第 8 步：设置账户密码策略

展开“计算机配置”→“策略”→“Windows 设置”→“安全设置”→“账户策略”→“密码策

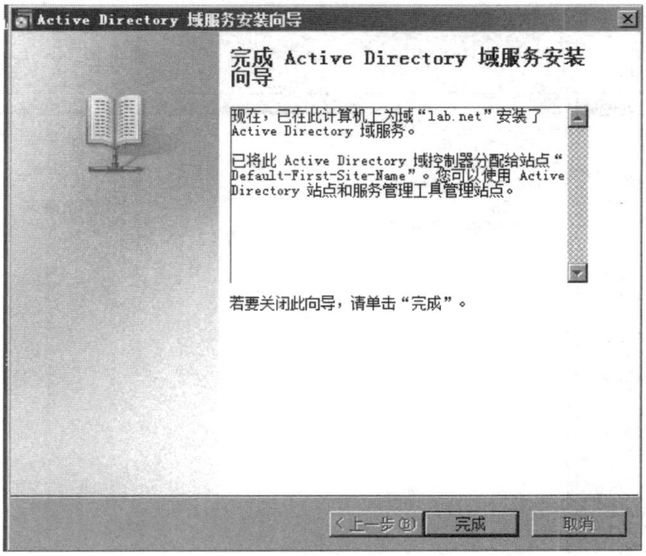

图 6-13　安装完成

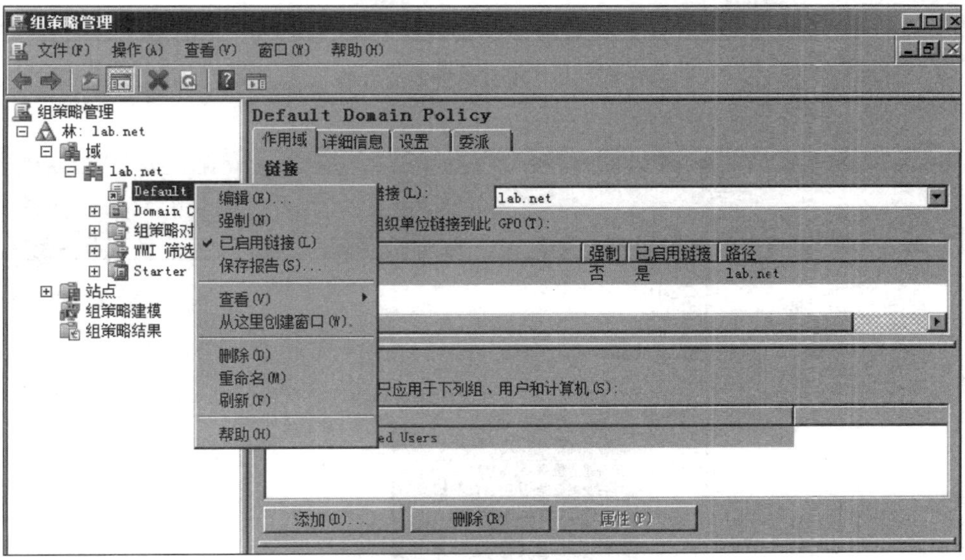

图 6-14　组策略管理

略"，将"密码必须符合复杂性要求"配置为"已禁用"，"密码长度最小值"配置为"1 个字符"，密码最短和最长使用期限都配置为 0，"强制密码历史"配置为"0 个记住的密码"，如图 6-15 所示（这是为了用户管理方便，实际应用时可以按照用户需求配置）。

第 9 步：打开 DNS 管理器

打开"管理工具"→DNS，在"正向查找区域"的 lab.net 中新建主机记录，如图 6-16 所示。

第 10 步：添加 ESXi 的域名

将 ESXi 的域名 esxi.lab.net 解析为 192.168.1.88，单击"添加主机"按钮，如图 6-17 所示。

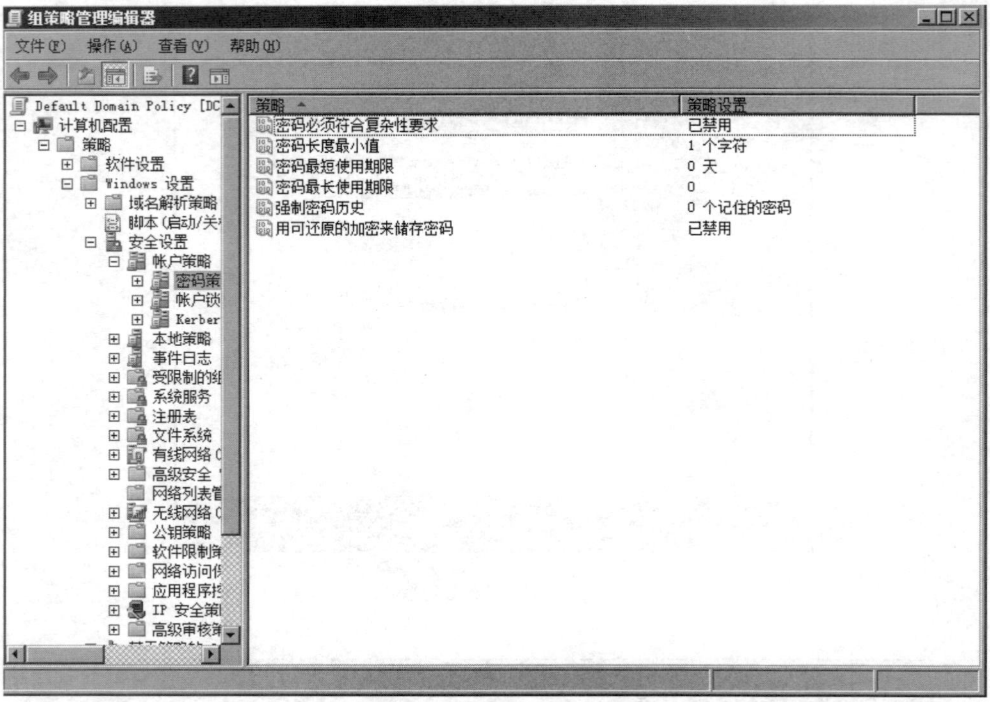

图 6-15　组策略管理编辑器

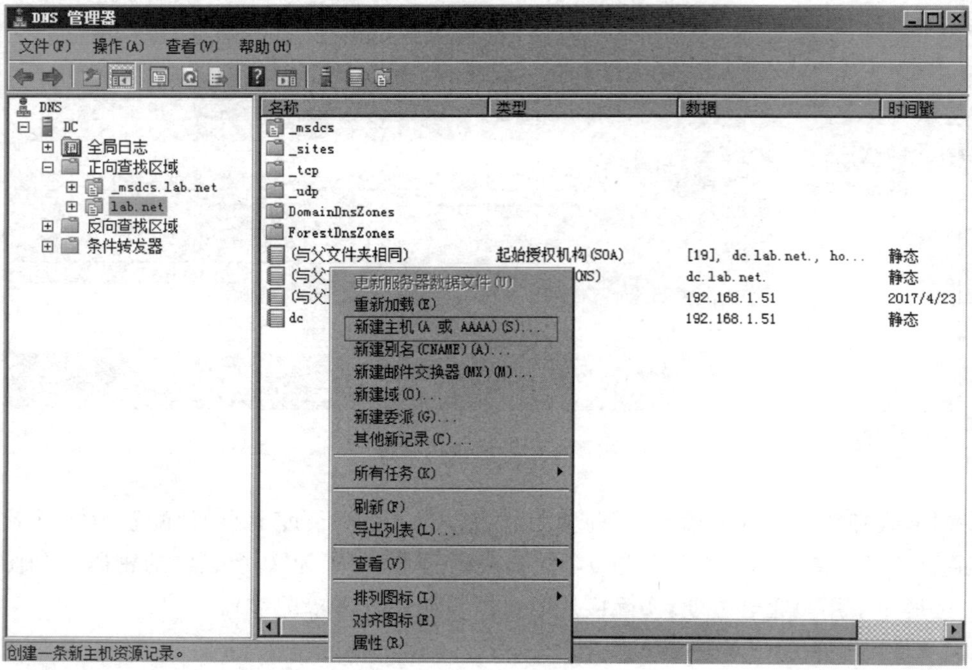

图 6-16　添加主机记录

至此，域控制器安装配置完成，此任务结束。

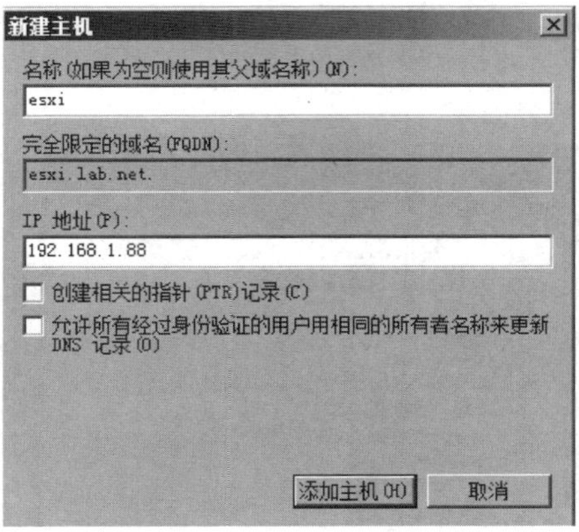

图 6-17　添加 ESXi 主机

【子任务四】　安装和配置 SQL Server

在 VMware vSphere 和 VMware Horizon View 框架下，数据库用来存储 vCenter Server、Horizon View Composer 的数据，涉及 vCenter Server 连接、View Composer 部署的链接克隆桌面、View Composer 创建的副本等。在这里采用 SQL Server 2008 R2 数据库服务器。

第 1 步：配置系统基础环境

选择一台独立的系统来安装数据库服务器。安装 Windows Server 2008 R2 操作系统，安装 VMware Tools，设置 IP 地址为 192.168.1.81，子网掩码为 255.255.255.0，默认网关为 192.168.1.1，DNS 服务器为 192.168.1.80，计算机名为 DB，加入域 lab.net，重新启动计算机后以域管理员 LAB\administrator 身份登录系统。

第 2 步：安装.NET Framework 3.5.1

在安装数据库前，打开“服务器管理器”，单击“功能”，添加“.NET Framework 3.5.1”功能，如图 6-18 所示。

第 3 步：设置域用户登录密码

在安装 SQL Server 2008 R2 的过程中，需要设置服务账号及密码。在这里以域用户设置账户名及密码，以方便其他服务器通过网络访问数据库系统。单击“Use the same account 对所有 SQL Server 服务使用相同账户”，输入域管理员用户名 LAB\administrator 和密码，如图 6-19 所示，然后将所有服务设置为自动启动。

第 4 步：设置数据库登录账号及密码

选择“混合模式(SQL Server 身份验证和 Windows 身份验证)”，并添加当前用户(LAB\administrator)为数据库管理员，如图 6-20 所示。

第 5 步：添加 Analysis Services 的管理员

添加当前用户为 Analysis Services 的管理员，如图 6-21 所示。

第 6 步：登录数据库

打开 SQL Server Management Studio，输入主机名 DB、选择“SQL Server 身份验证”，输入用户名和密码，如图 6-22 所示。

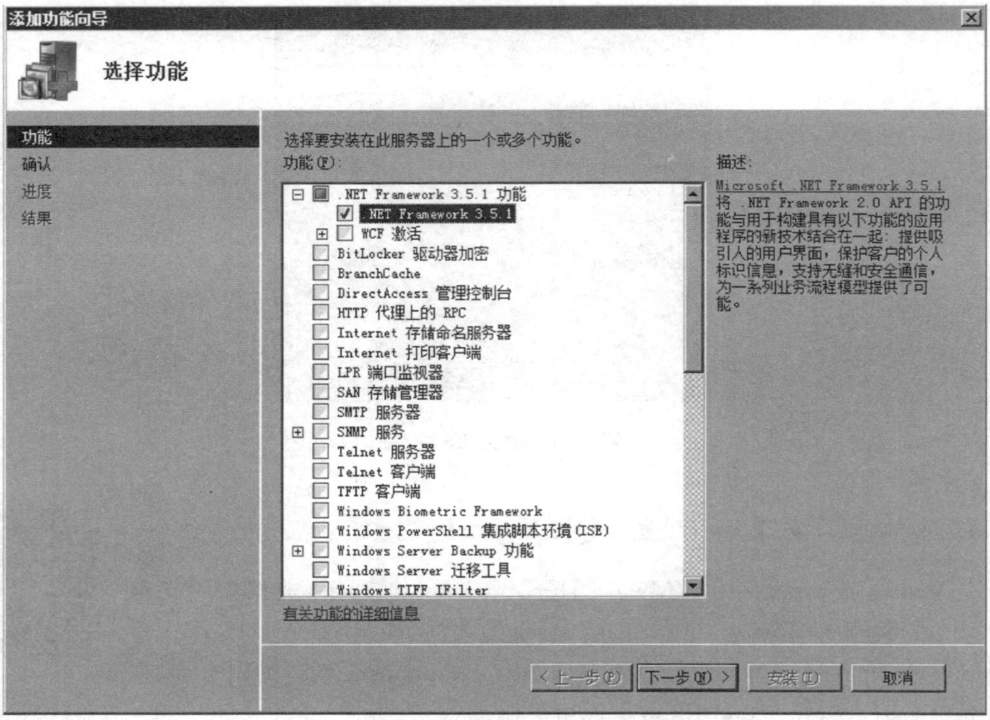

图 6-18 安装.NET Framework

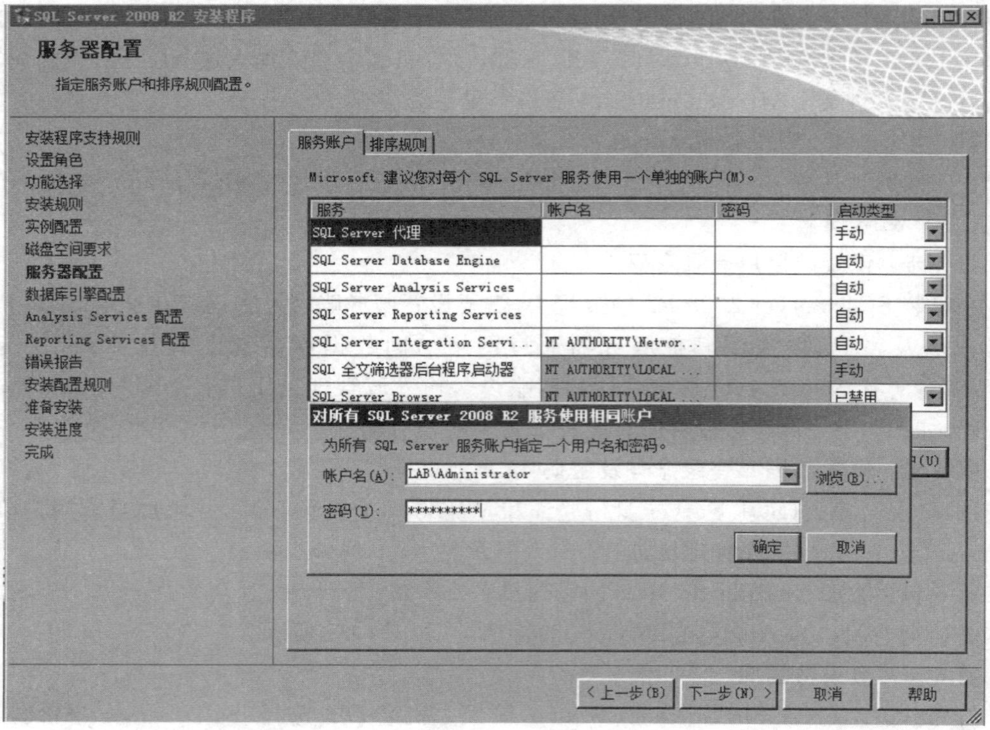

图 6-19 设置域用户登录密码

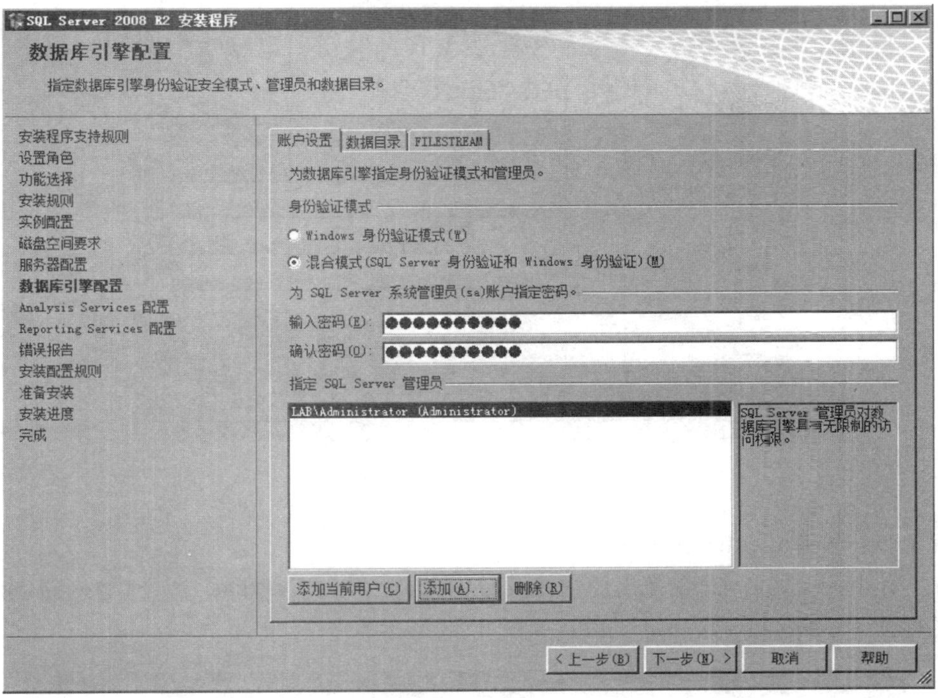

图 6-20　设置数据库登录账号及密码

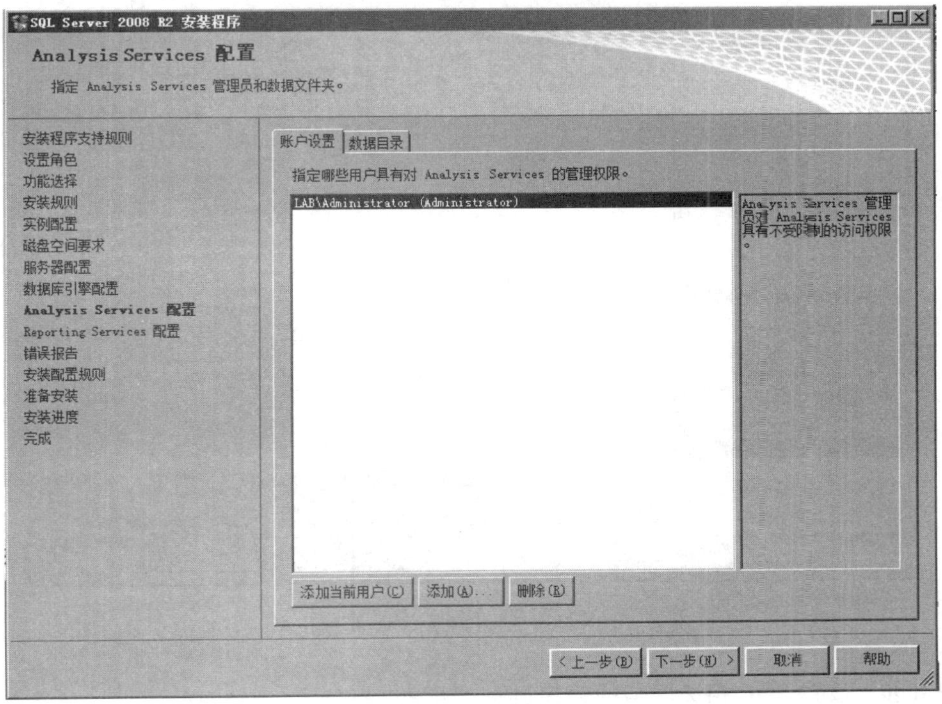

图 6-21　添加当前用户

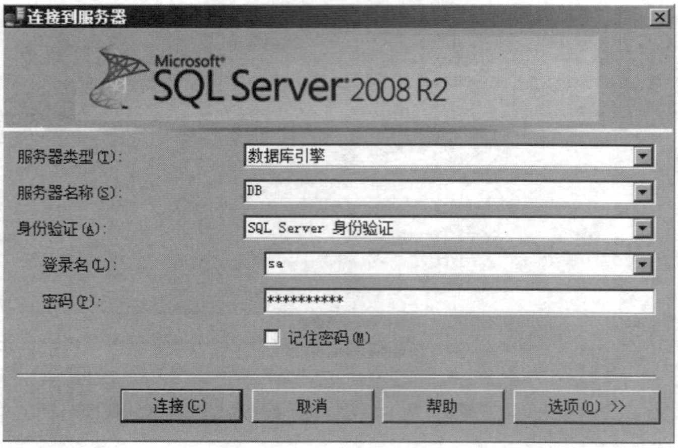

图 6-22　登录 SQL Server

第 7 步：创建 vcenter 数据库

在 Databases 处右击，在弹出的快捷菜单中，选择 New Database 命令，输入新创建数据库的名称为 vcenter，单击“确定”按钮，如图 6-23 所示。

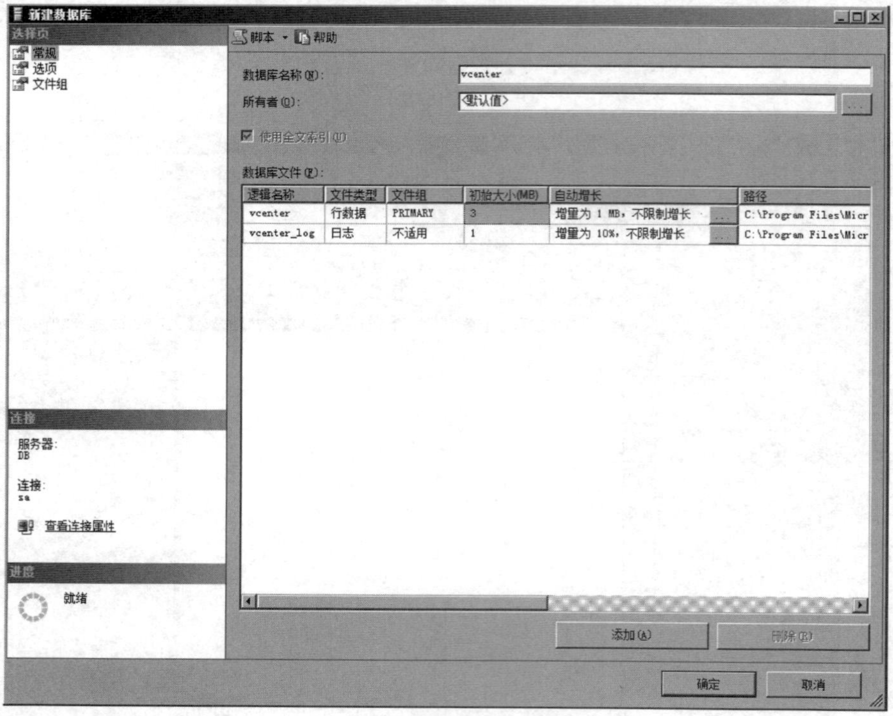

图 6-23　创建数据库 vcenter

第 8 步：设置 SQL 相关服务的管理员

打开 SQL Server Configuration Manager，将 SQL Server Services 中的 SQL Server Browser 和 SQL Full-text Filter Daemon Launcher 服务的启动用户配置为域管理员：右击

SQL Server Browser 服务，在弹出的快捷菜单中，选择“属性”命令，选择“本账户(H)”，输入域管理员用户名和密码，如图 6-24 所示。

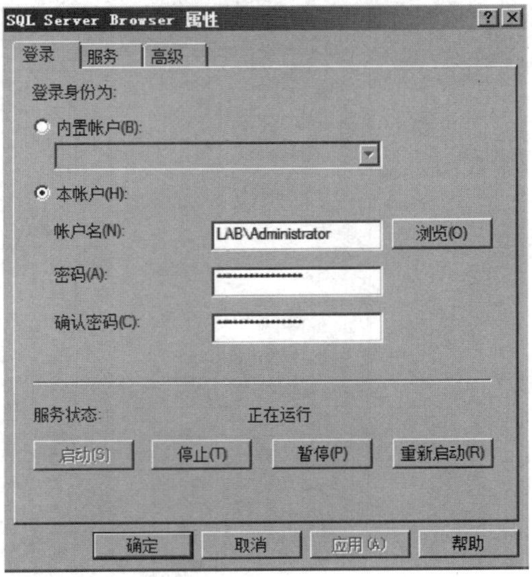

图 6-24　配置服务的启动用户

第 9 步：设置服务启动模式为自动

对 SQL Full-text Filter Daemon Launcher 服务进行同样的操作，并把服务的启动模式设置为“自动”，如图 6-25 所示。

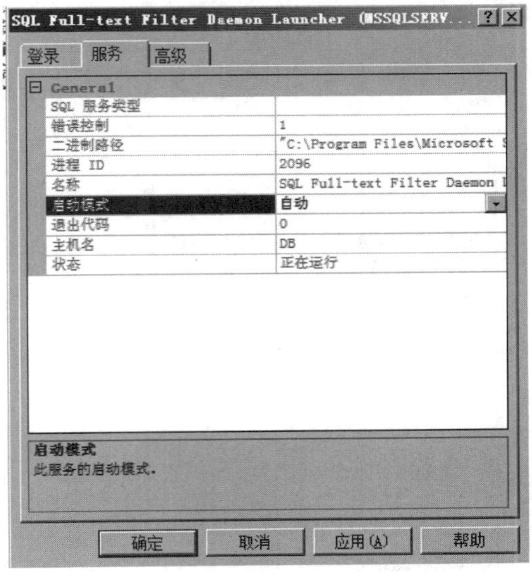

图 6-25　配置服务的启动模式

第 10 步：修改外围应用配置器

重新回到 SQL Server Management Studio，在计算机名处右击，在弹出的快捷菜单中，选择“方面”命令，如图 6-26 所示。

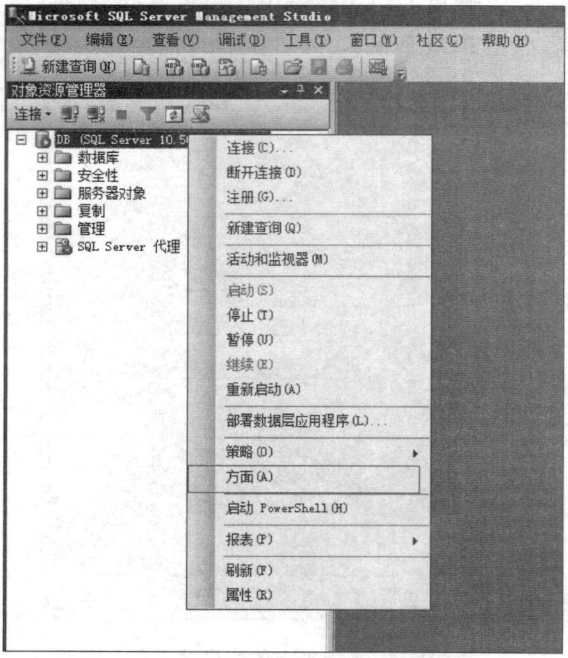

图 6-26　配置 Facets

在“方面”处选择“外围应用配置器”，将 RemoteDacEnabled 设置为 True，如图 6-27 所示。

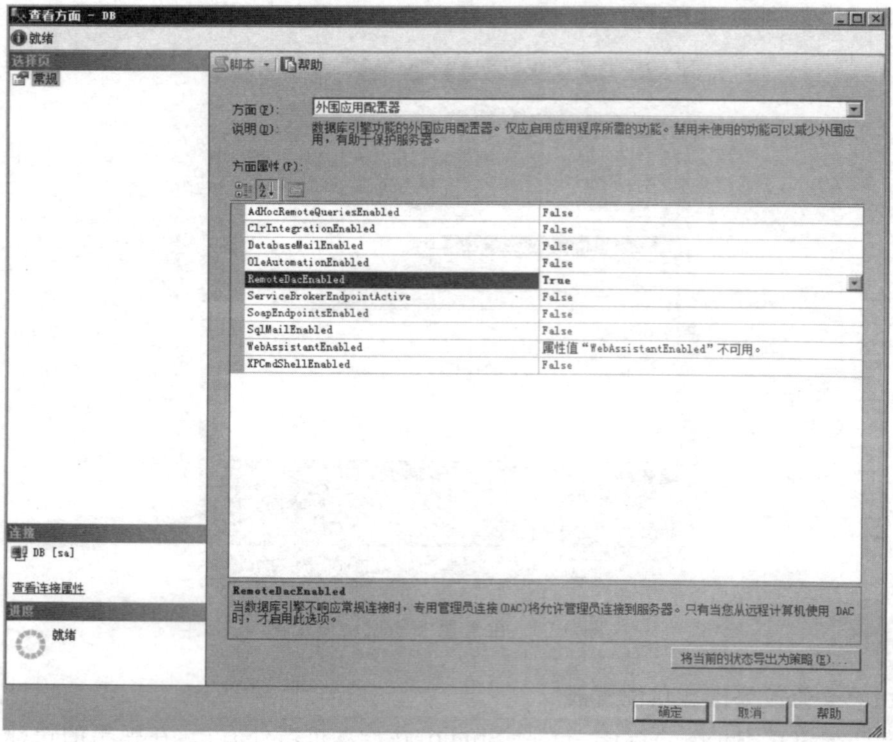

图 6-27　配置 RemoteDacEnabled

第 11 步：配置防火墙规则

(1) 打开高级安全 Windows 防火墙，在“规则类型”中新建自定义规则，如图 6-28 所示。

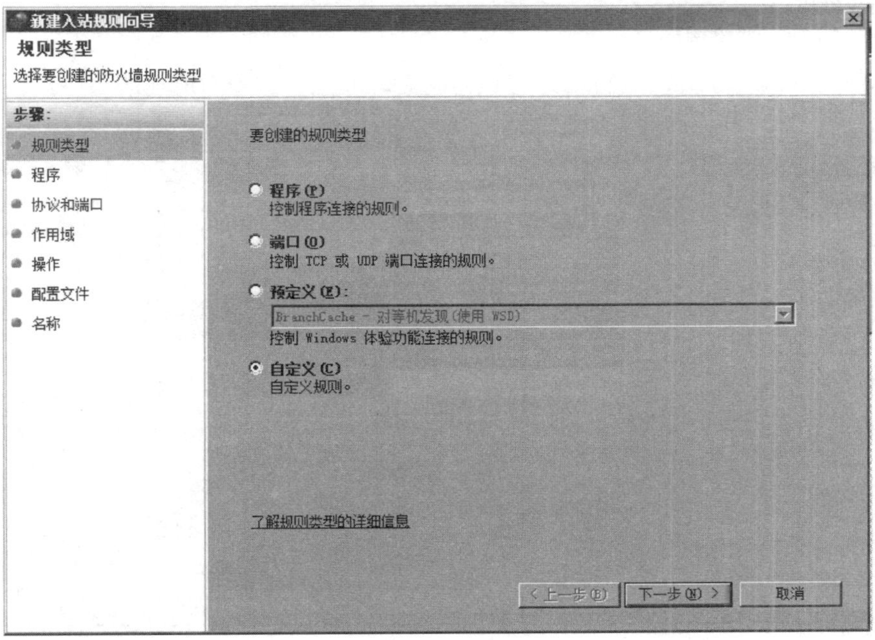

图 6-28　新建自定义规则

(2) 选中“所有程序”单选按钮，如图 6-29 所示。

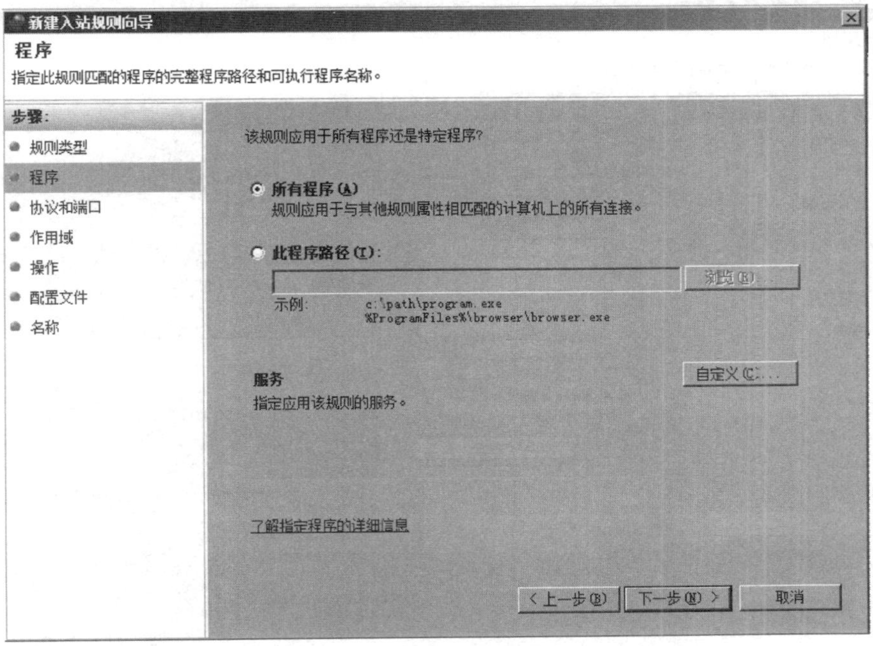

图 6-29　选择程序

(3) 在"协议类型"中选择"任何",如图 6-30 所示。

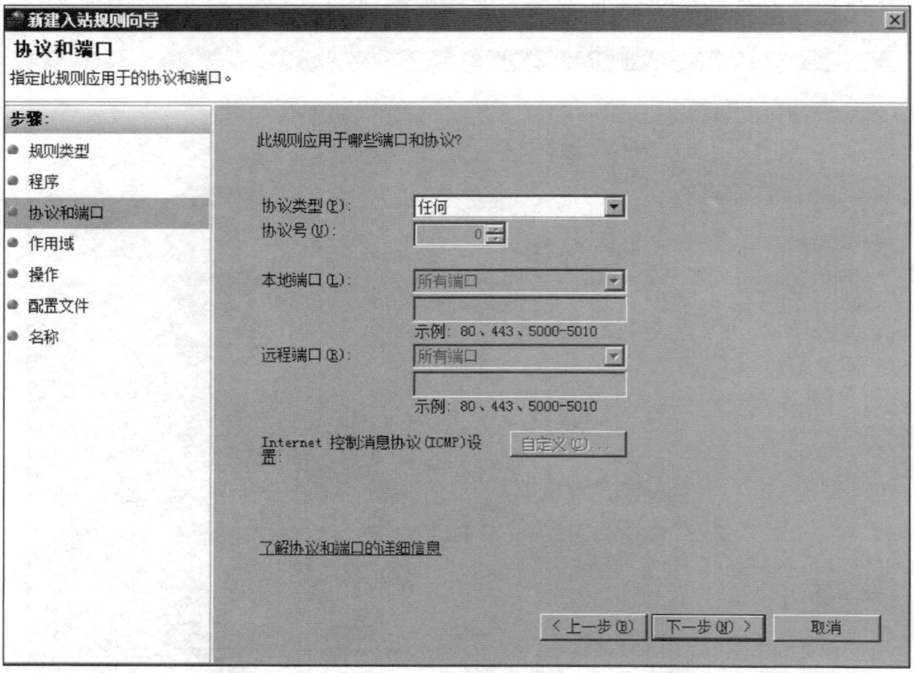

图 6-30　选择协议类型

(4) 配置远程 IP 地址为 192.168.8.0/24,如图 6-31 所示。

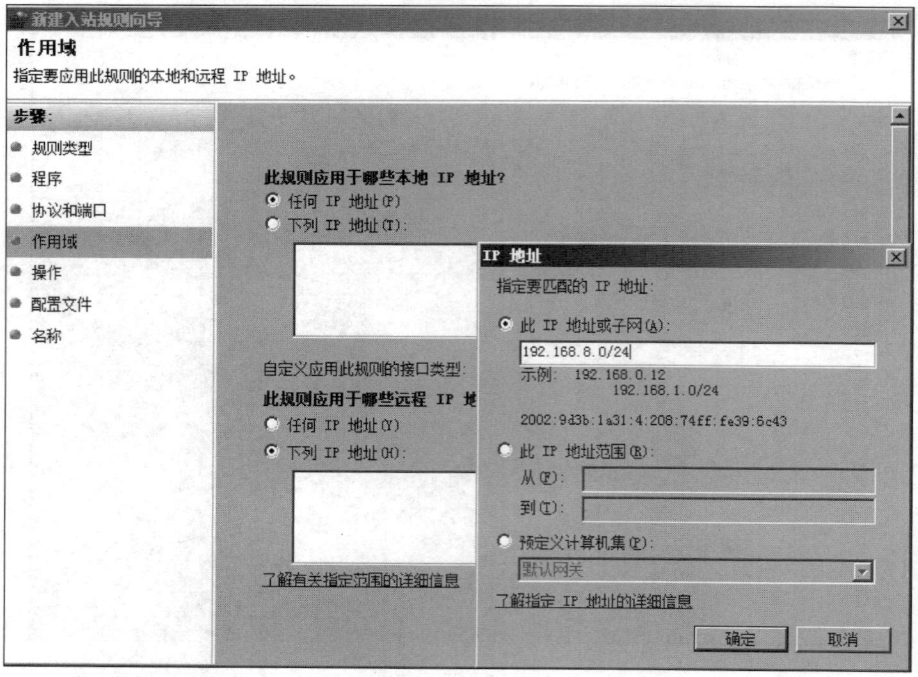

图 6-31　配置远程 IP 地址

(5) 选中“允许连接”单选按钮，如图 6-32 所示。

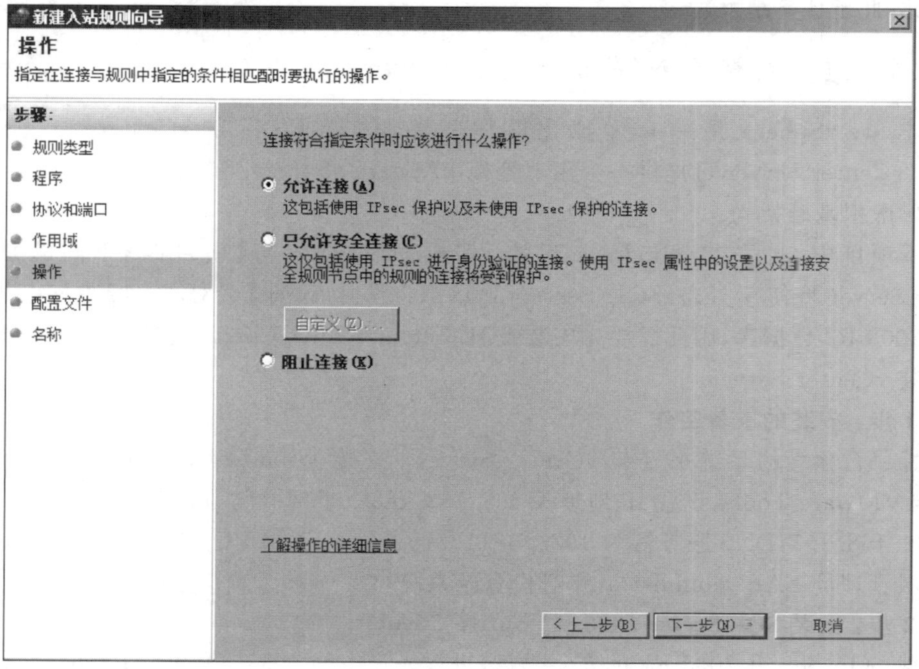

图 6-32　允许连接

(6) 为所有配置文件启用该规则，如图 6-33 所示。

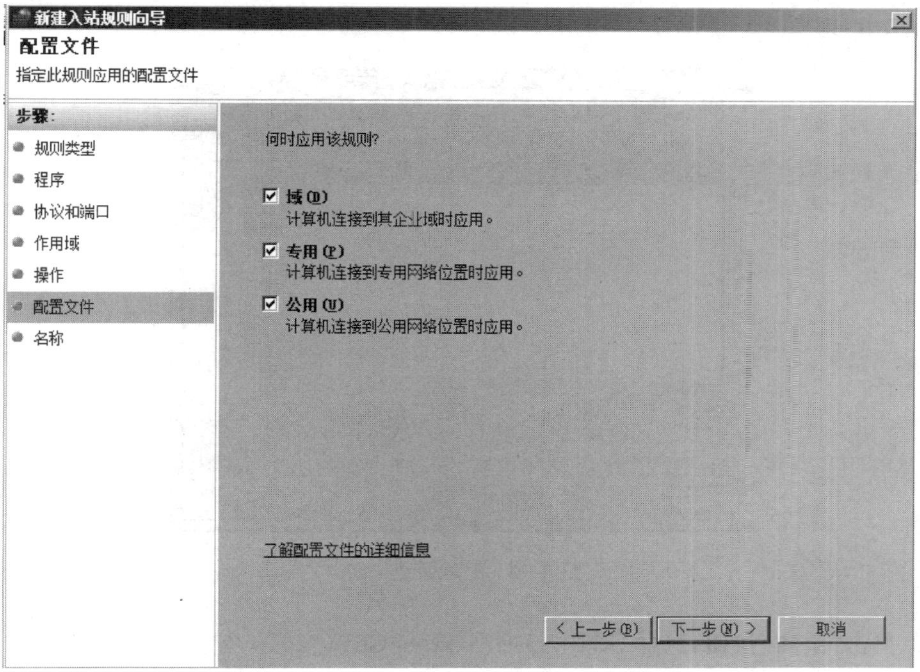

图 6-33　为所有配置文件启用该规则

(7) 输入规则名称为 Permit-SQL Server，完成规则创建。

至此，此子任务结束。

【子任务五】 安装和配置 vCenter Server

VMware vSphere 是一套虚拟化应用程序，包括 ESXi 和 vCenter Server。vCenter Server 可提供一个用于管理 VMware vSphere 环境的集中式平台，可以实施和交付虚拟基础架构。

在本项目中，将安装 Windows 版的 vCenter Server。与【项目四】不同的是，本次 vCenter Server 将使用外部 SQL Server 2008 R2 数据库，即【子任务四】中安装的 SQL Server 2008 R2 数据库，因此需要先安装 SQL Server Native Client，配置 ODBC 数据源，然后再安装 vCenter Server。

第 1 步：安装的准备工作

选择一台独立的系统来安装 vCenter Server。安装 Windows Server 2008 R2 操作系统，安装 VMware Tools，设置 IP 地址为 192.168.1.82，子网掩码为 255.255.255.0，默认网关为 192.168.1.1，DNS 服务器为 192.168.1.80，计算机名为 VC，加入域 lab.net，重新启动后以域管理员 LAB\administrator 身份登录系统。

第 2 步：安装 SQL Server 2008 R2 Native Client

装载 SQL Server 2008 R2 的安装光盘，进入光盘中的 1033 ENU_ LP\x64\Setup\x64 目录，运行 sqlncli.msi，安装 SQL Server 2008 R2 Native Client。

第 3 步：添加数据源

(1) 选择“管理工具”→“数据源(ODBC)”，打开“ODBC 数据源管理器”，选择“系统 DSN”选项卡，如图 6-34 所示。

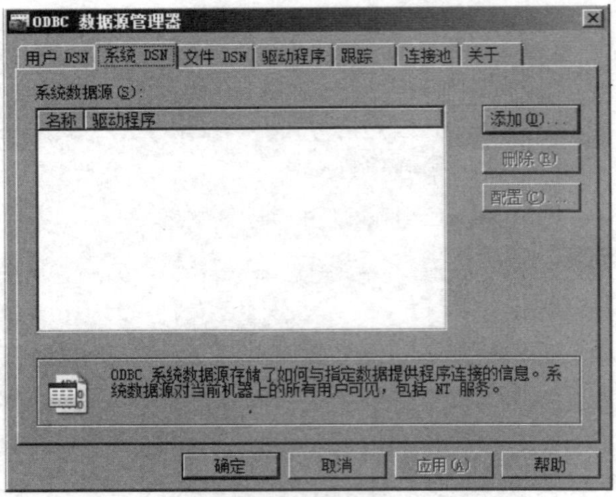

图 6-34 配置系统 DSN

(2) 单击“添加”按钮，选择 SQL Server Native Client 10.0，如图 6-35 所示。

(3) 输入数据源名称，可以随意起名，这里输入 vcenter，输入 SQL Server 服务器名称 DB，如图 6-36 所示。

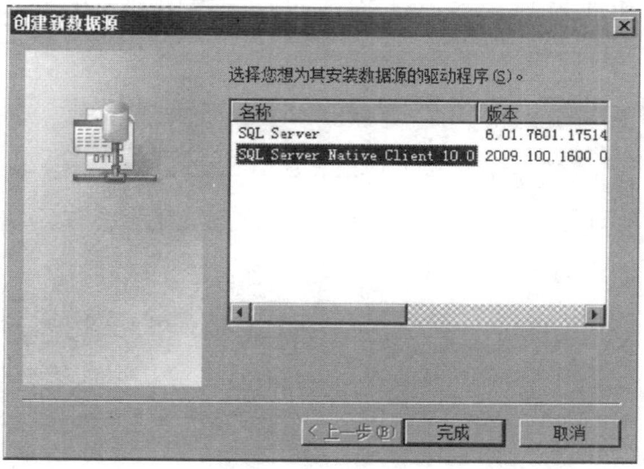

图 6-35 选择 SQL Server Native Client 10.0

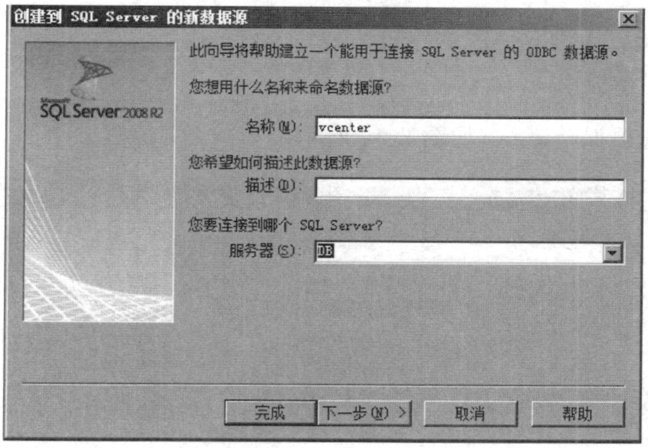

图 6-36 数据源名称

(4) 选择 SQL Server 身份验证，输入 SQL Server 认证用户名 sa 和密码，如图 6-37 所示。

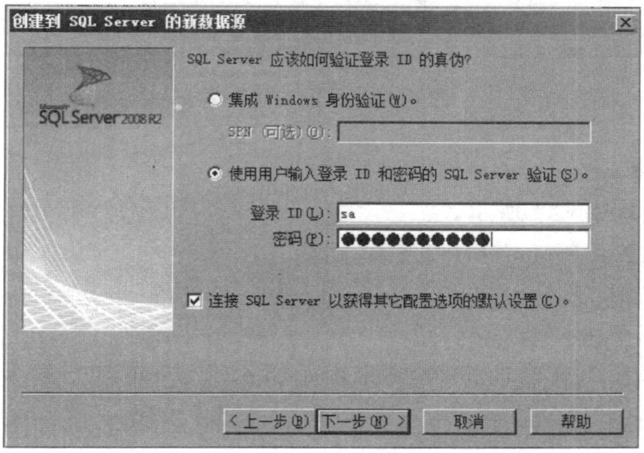

图 6-37 输入 SQL Server 认证用户名 sa 和密码

(5) 将默认数据库更改为 SQL Server 数据库服务器中创建的 vcenter 数据库，如图 6-38 所示。

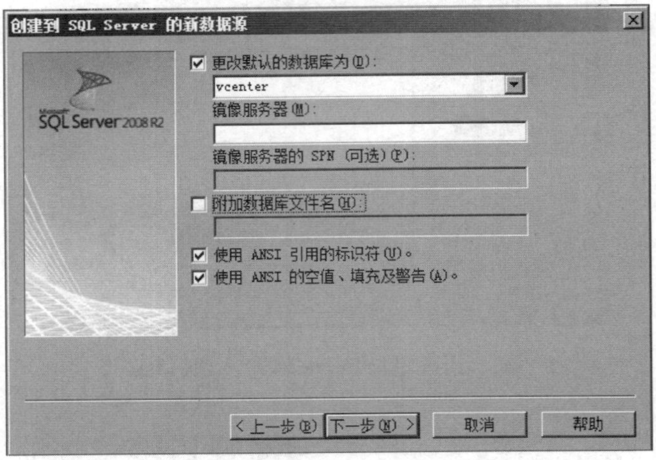

图 6-38　更改默认数据库

(6) 其他配置选项保持默认，如图 6-39 所示。

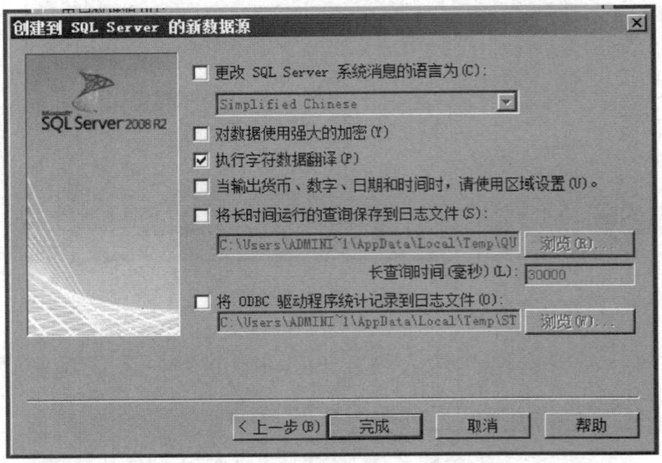

图 6-39　设置其他选项

(7) 单击“测试数据源”按钮，如图 6-40 所示。

(8) 测试成功，如图 6-41 所示。

第 4 步：添加“.Net Framework 3.5.1”功能

打开服务器管理器，添加“.Net Framework 3.5.1”功能。

第 5 步：安装 vCenter Server

(1) 开始安装 vCenter Server。在数据库配置处选择“使用现有的受支持数据库”，在“数据源名称(DSN)”处选择刚才创建的数据源 vcenter(MS SQL)，如图 6-42 所示。

(2) 输入数据库服务器管理员用户 sa 和密码，如图 6-43 所示。

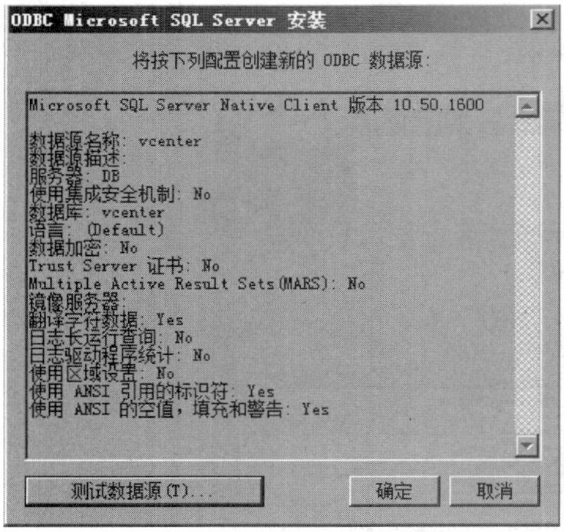

图 6-40　测试数据源

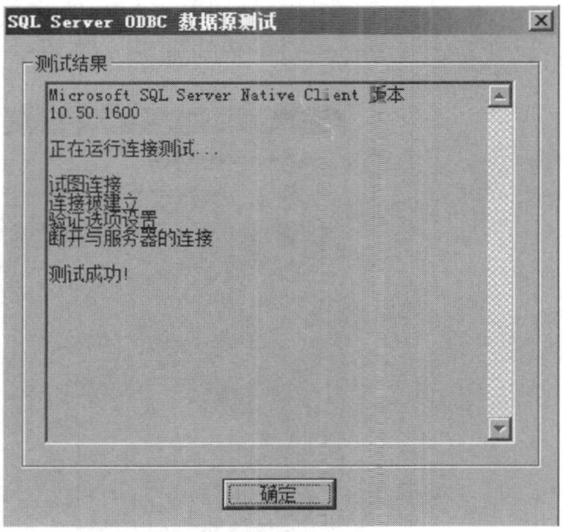

图 6-41　测试成功

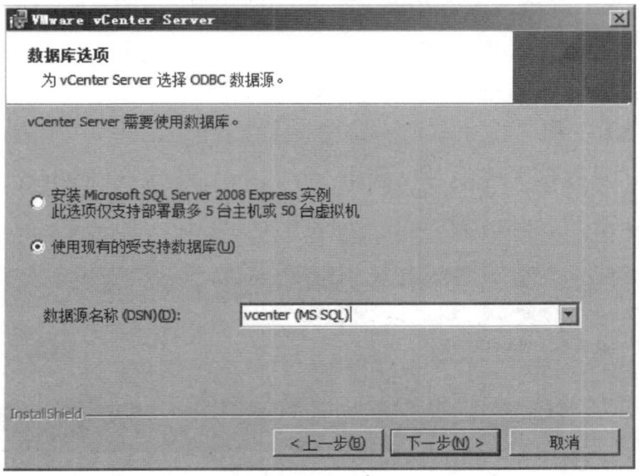

图 6-42　配置使用外部数据库

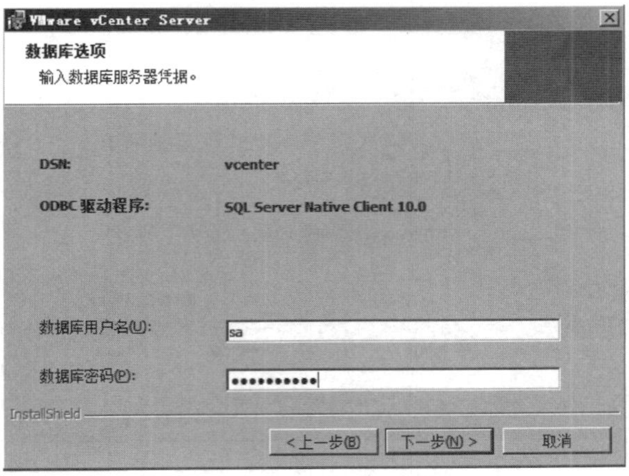

图 6-43　配置数据库服务器管理员用户 sa 和密码

(3) 取消选中“使用 Windows 本地系统账户”复选框，输入域管理员用户名和密码，作为运行 vCenter Server 服务的账户，如图 6-44 所示。

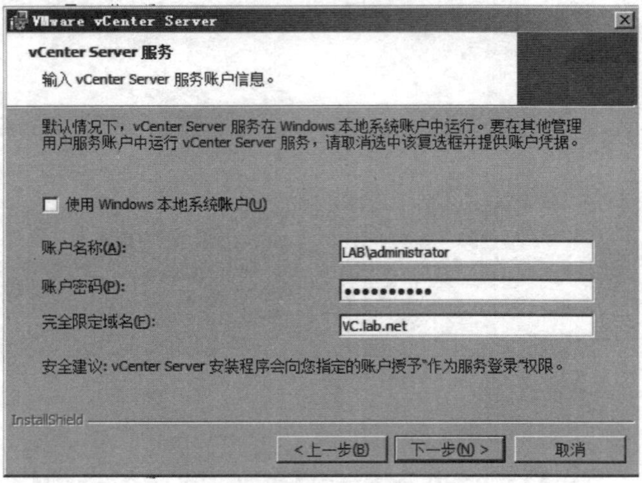

图 6-44　配置运行 vCenter Server 服务的账户

第 6 步：添加 ESXi 主机

vCenter Server 安装完成后，使用 vSphere Client 登录 vCenter Server，创建数据中心 Datacenter，添加 ESXi 主机 esxi.lab.net，如图 6-45 所示。

图 6-45　管理 vSphere

至此，此子任务结束。

【子任务六】 安装和配置 iSCSI 共享存储

在本项目中，使用 Starwind iSCSI SAN 6.0 搭建 iSCSI 目标服务器，操作系统 ISO 文件、模板虚拟机、虚拟桌面都将放置在 iSCSI 共享存储中，以便在将来规模扩大时实现 vMotion、DRS、HA 等功能。

第 1 步：安装配置 iSCSI 存储器

在本机安装 Starwind iSCSI SAN 6.0，创建新的 iSCSI 目标，然后创建一个 100 GB 的 iSCSI 存储，如图 6-46 所示。

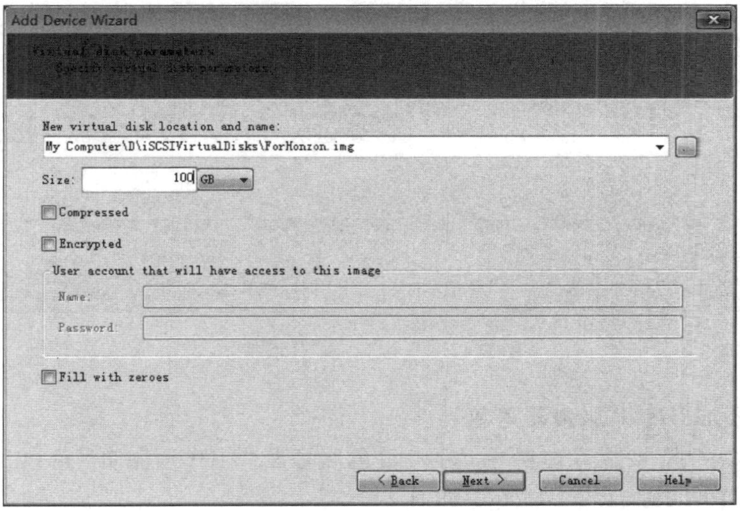

图 6-46 创建 iSCSI 目标

第 2 步：连接到 iSCSI 目标服务器

在 vSphere Client 中为 ESXi 主机添加 iSCSI 适配器，输入 iSCSI 服务器的 IP 地址为 192.168.8.1，连接到 iSCSI 目标服务器，如图 6-47 所示。

第 3 步：创建 VMFS 文件系统

在 iSCSI 存储中创建新的 VMFS 文件系统，使用最大可用空间。

此子任务的具体操作步骤详见【项目三】配置 iSCSI 存储，此子任务结束。

【子任务七】 配置 DHCP 服务器

DHCP(Dynamic Host Configuration Protocol，动态主机配置协议)通常被应用在大型的局域网络环境中，主要作用是集中管理、分配 IP 地址，使网络环境中的主机动态获得 IP 地址、Gateway 地址、DNS 服务器地址等信息，并能够提升 IP 地址的使用率。DHCP 采用客户端服务器模型，当 DHCP 服务器接收到来自网络主机申请地址的信息时，才会向网络主机发送相关的地址配置等信息，以实现网络主机地址信息的动态配置。

在 VMware Horizon View 环境中，DHCP 服务器用来为虚拟桌面操作系统分配 IP 地址等信息。

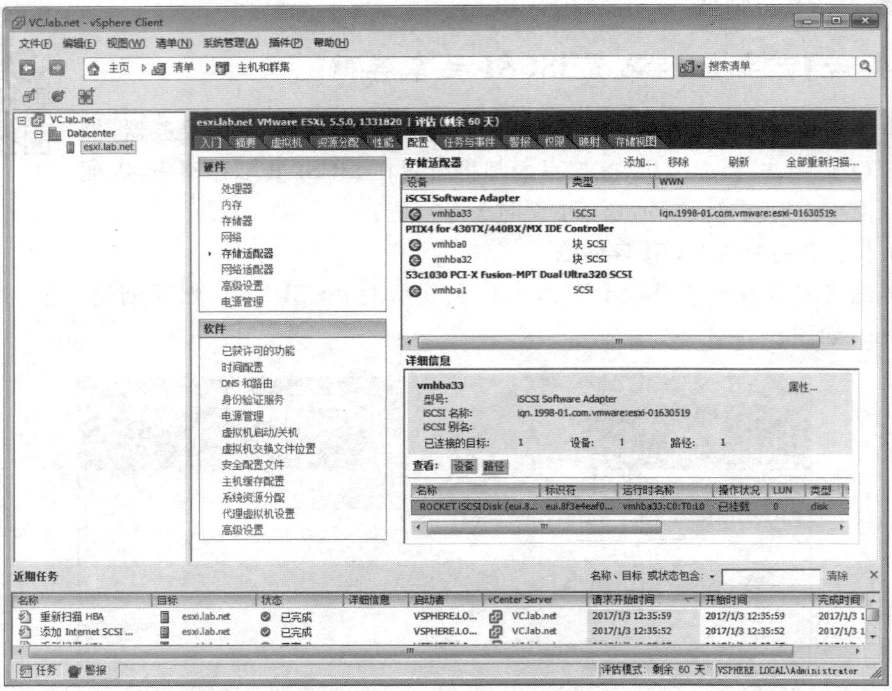

图 6-47　连接到 iSCSI 服务器

第 1 步：添加 DHCP 服务器角色

在域控制器的服务器管理器中选择“角色”，添加“DHCP 服务”角色，在向导中配置 DNS 服务器为 192.168.1.80，如图 6-48 所示。

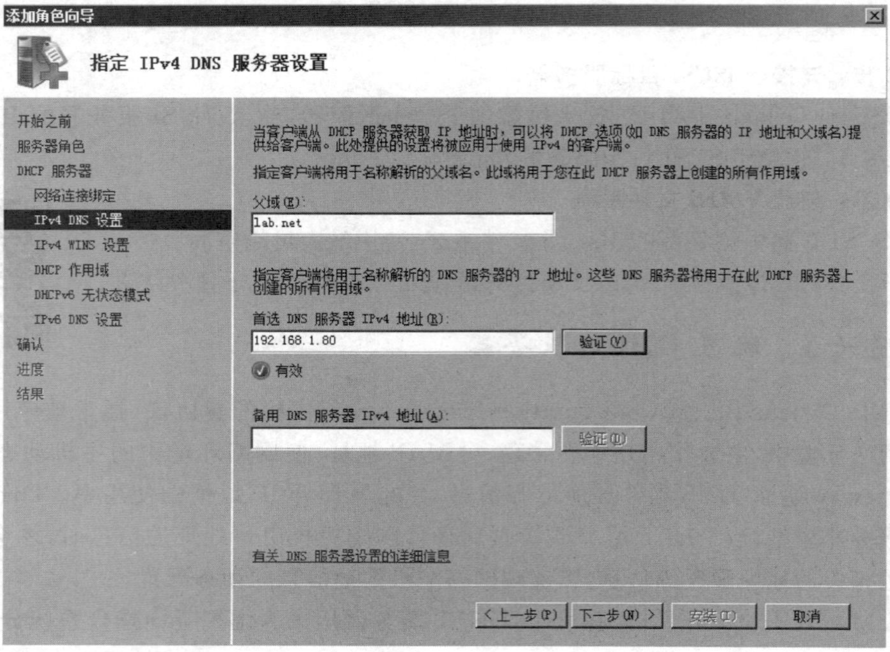

图 6-48　添加域和 DNS 服务器

第 2 步：配置作用域

设置“起始 IP 地址”为 192.168.1.100，“结束 IP 地址”为 192.168.1.200，“子网掩码”为 255.255.255.0，“默认网关”为 192.168.1.1，如图 6-49 所示。

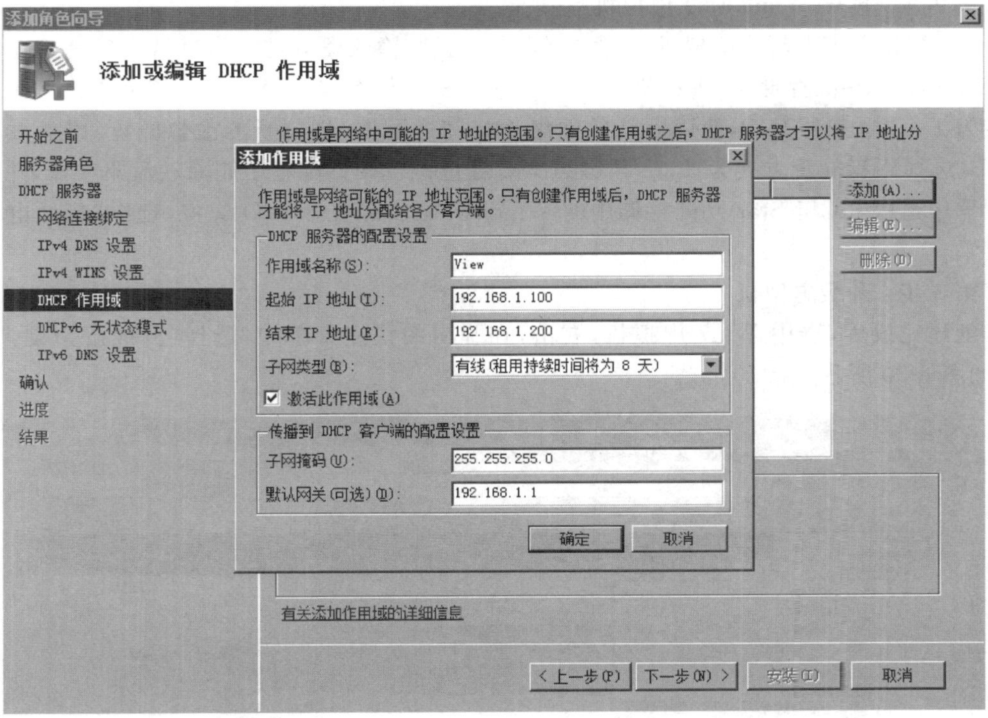

图 6-49　设定动态分配的 IP 范围

添加作用域完成后，单击“确定”按钮，取消 IPv6 的相关配置，接着单击下一步按钮即可完成 DHCP 服务器的配置。至此，此子任务结束。

【任务二】 制作和优化模板虚拟机

【任务说明】

在【项目五】的【任务一】中详细介绍了使用模板批量部署虚拟机的过程，在此任务中，将简要介绍制作 Windows 7 系统模板虚拟机以及对 Windows 7 系统模板虚拟机进行优化。

【任务实施】

为简化任务的实施，将此任务分解成以下几个子任务来分步实施：

【子任务一】制作 Windows 7 模板虚拟机

【子任务二】优化 Windows 7 模板虚拟机

【子任务一】 制作 Windows 7 模板虚拟机

如果需要在一个虚拟化架构中创建多个具有相同操作系统的虚拟机（如创建多个操作系统为 Windows 7 的虚拟机），使用模板可大大减少工作量。模板是一个预先配置好的虚拟机的备份，也就是说，模板是由现有的虚拟机创建出来的。

第 1 步：上传 ISO 安装镜像到存储

将 Windows 7 64 位操作系统的安装光盘 ISO 上传到 iSCSI-Starwind 存储中。

第 2 步：创建 Windows 7 虚拟机

在 ESXi 主机中新建虚拟机，选择“自定义配置”，输入虚拟机名称为 Win 7，将虚拟机放在 iSCSI-Starwind 存储中，虚拟机版本为 8，客户机操作系统为 Windows 7 (64 位)，虚拟机内核为 1 个，内存为 1GB，使用默认的网络连接和适配器，创建新的虚拟磁盘，磁盘大小为 16GB，选择磁盘配置方式为 Thin Provision。在虚拟机硬件配置中删除软盘驱动器，并在光驱配置中选择 iSCSI-Starwind 存储中的 Windows 7 安装光盘 ISO 文件，选中“打开电源时连接”。

第 3 步：升级虚拟机

创建完成后，选中 Win7 虚拟机，右击，在弹出的快捷菜单中，选择“升级虚拟硬件”命令，如图 6-50 所示。

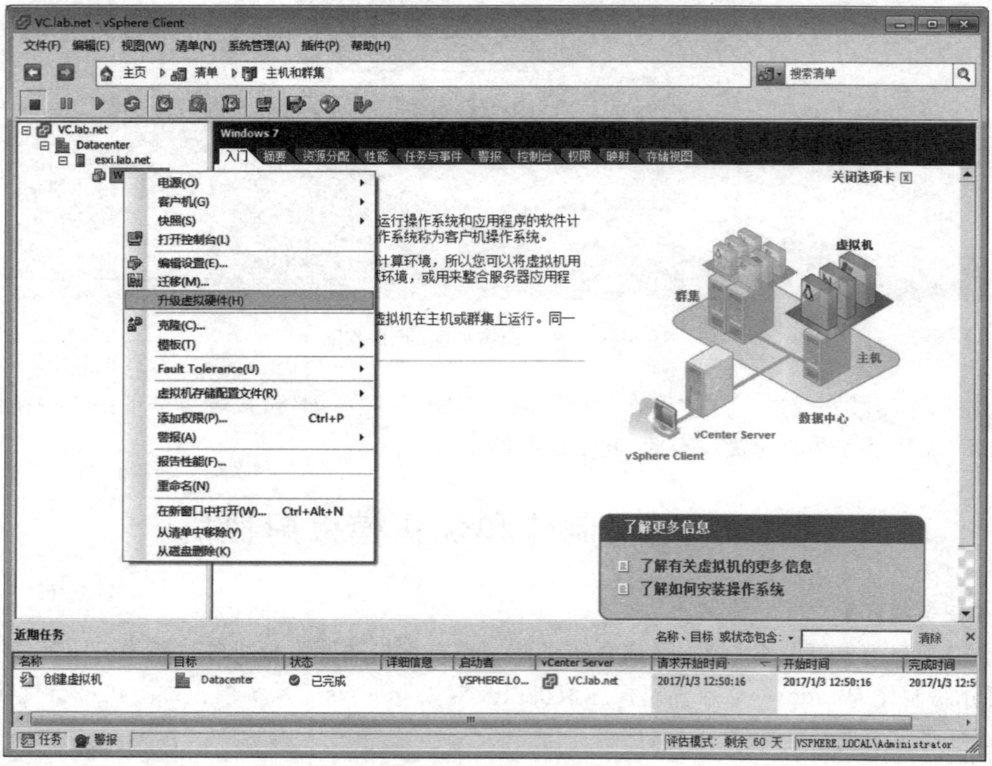

图 6-50 升级虚拟硬件

确定升级配置到虚拟机版本 10，如图 6-51 所示。

第 4 步：安装 Windows 7 系统

启动虚拟机并安装 Windows 7 操作系统，虚拟机硬盘不需要进行特殊的分区操作，只使用一个分区即可。操作系统安装完成后，关闭“系统保护”，安装 VMware Tools。

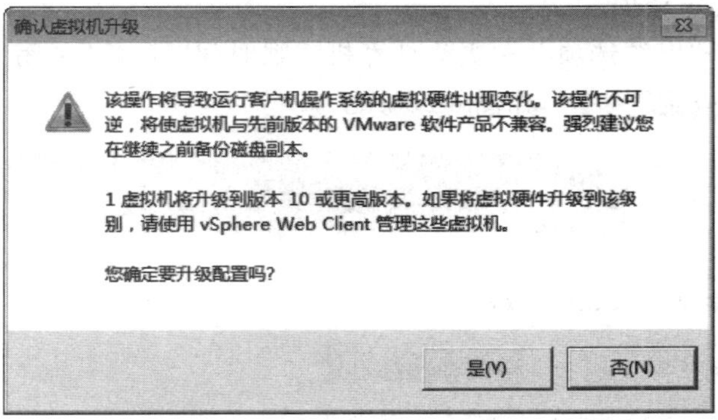

图 6-51　确定升级虚拟硬件

【子任务二】 优化 Windows 7 模板虚拟机

安装好虚拟机后，需要对 Windows 7 进行一系列的配置，以适应 VMware Horizon View 的虚拟桌面环境。另外，对终端客户有共性的需求可以对虚拟机进行优化，以利于终端客户的正常使用。

第 1 步：禁用 WinSAT 任务

在“管理工具”→“任务计划程序”中，进入“任务计划程序库”→Microsoft→Windows→Maintenance，将 WinSAT 任务设置为“禁用”，如图 6-52 所示。

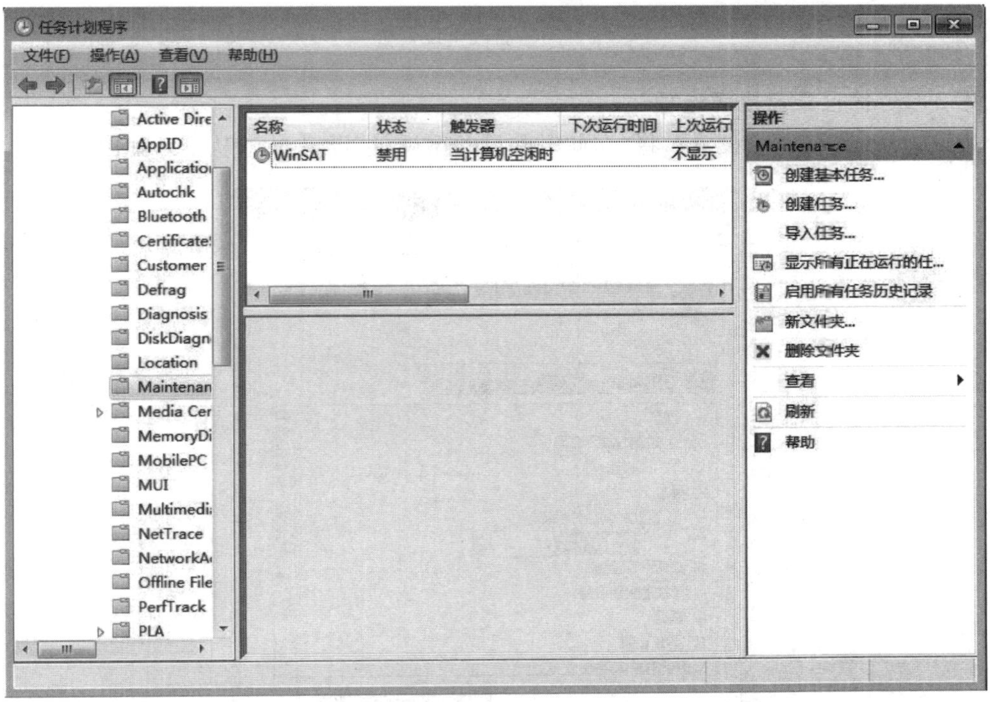

图 6-52　禁用 WinSAT

第 2 步：优化电源选项

在"控制面板"→"电源选项"→"更改计算机睡眠时间"处，将"关闭显示器"和"使计算机进入睡眠状态"都设置为"从不"，如图 6-53 所示。

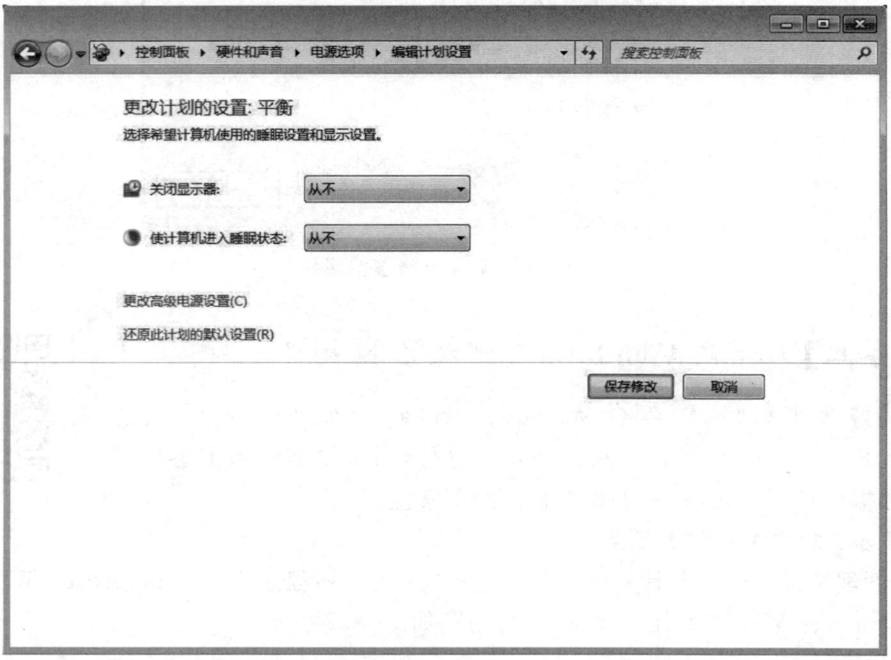

图 6-53　更改电源设置

第 3 步：优化硬盘电源选项

进入"更改高级电源设置"，将"在此时间后关闭硬盘"设置为 0(从不)，如图 6-54 所示。

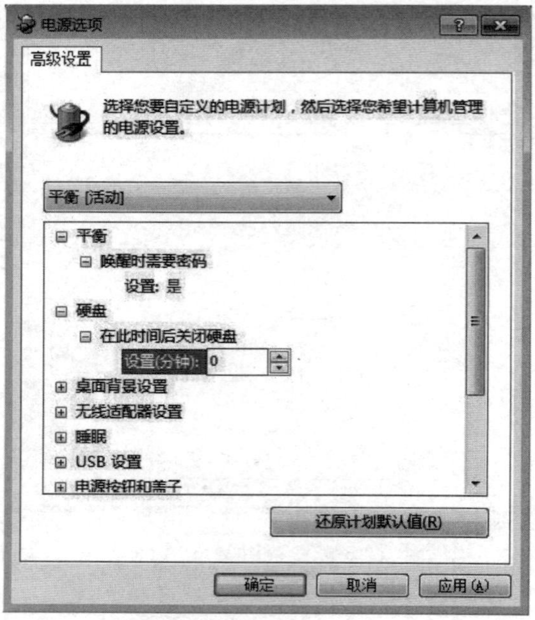

图 6-54　不关闭硬盘

第 4 步：激活 Windows 7

使用合法的 KMS 服务器激活 Windows 7。如果 KMS 激活有问题，可以在注册表编辑器中定位到 HKEY LOCAL MACHINE\SYSTEM\CurrentControlSet\Services\vmware_viewcomposer_ga，将 SkipLicenseActivation 的值设置为 1，如图 6-55 所示。

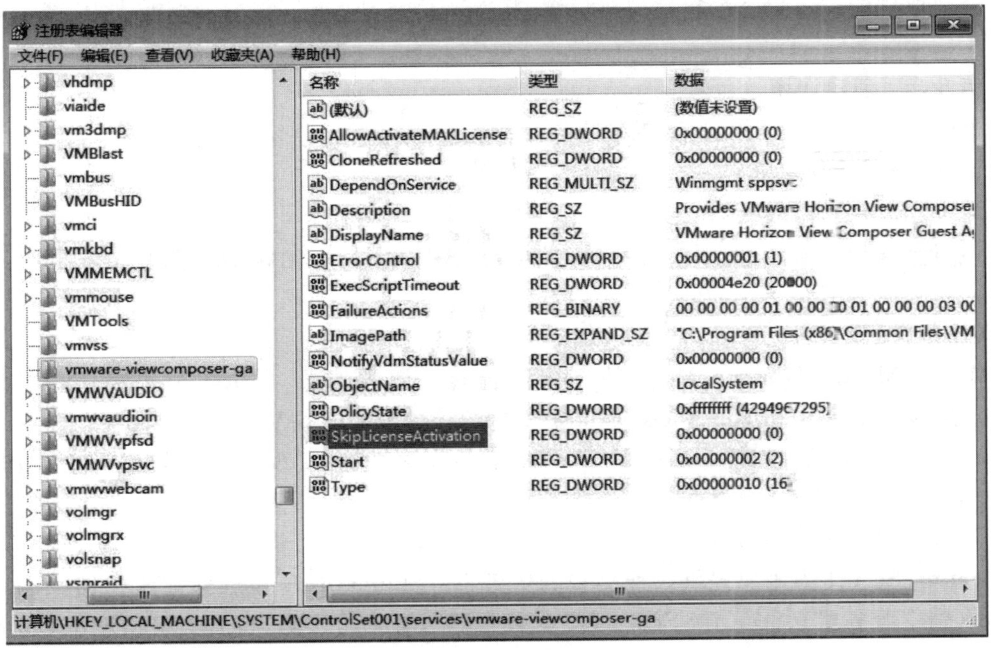

图 6-55　注册表编辑器

第 5 步：安装 VMware Horizon View Agent

安装 VMware Horizon View Agent x86_64，默认会安装 HTML Access，如图 6-56 所示。

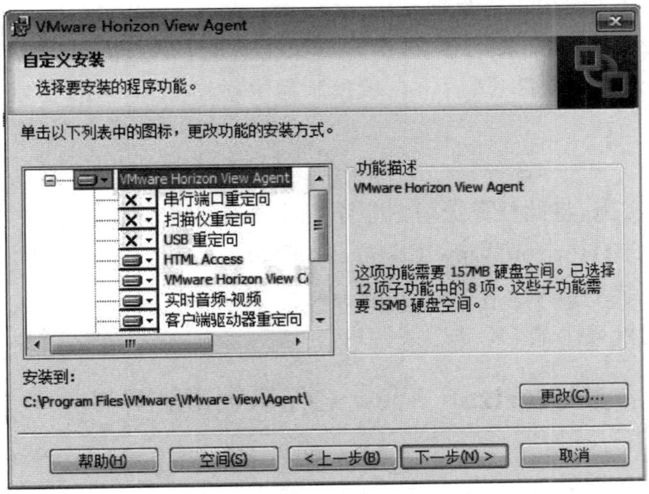

图 6-56　安装 VMware Horizon View Agent

第 6 步：启用远程桌面

根据提示启用远程桌面，安装完成后重启系统。

第 7 步：清除 IP 地址

将 Windows 7 的网卡配置为自动获取 IP 地址，并在命令行中输入“ipconfig /release”释放所获取到的 IP 地址，编辑虚拟机设置，将 CD/DVD 驱动器设备类型更改为“客户端设备”。

第 8 步：创建快照

关闭 Windows 7 虚拟机，为虚拟机创建快照，并命名。

至此，此子任务结束。

【任务三】 安装 VMware Horizon View 服务器软件

【任务说明】

作为 VMware Horizon View 体系中的连接管理服务器，Horizon View Connection Server 是 VMware Horizon View 的重要组件之一。Horizon View Connection Server 与 vCenter Server 通信，借助 Horizon View Composer 的帮助，实现对虚拟桌面的高级管理功能，包括电源操作管理、虚拟桌面池管理、验证用户身份、授予桌面权利、管理虚拟桌面会话、通过 Web 管理界面（Horizon View Administrator Web Client）管理服务器。Horizon View Connection Server 为用户提供 3 种类型的服务器：Standard Server（标准服务器）、Replica Server（副本服务器）、Security Server（安全服务器），客户可根据自己的实际应用选择不同类型的服务器进行安装。

作为 VMware Horizon View 终端用户计算管理（End User Computing Management）平台的重要组成部分，Horizon View Composer 支持从父映像以链接克隆的方式快速创建桌面映像。无论在父映像上实施什么更新，都可以在数分钟内推送到任意数量的虚拟桌面，从而极大地简化部署和修补，并降低成本。此过程不会影响用户设置、数据或应用程序，因此用户仍然可以高效地使用工作桌面。

此任务的主要工作是安装与配置 VMware Horizon View 服务器软件，安装与配置 Horizon View Composer 软件，然后再在域控制器中新建 OU 与用户，以供虚拟桌面用户远程登录。

【任务实施】

为简化任务的实施，将此任务分解成以下几个子任务来分步实施。

【子任务一】安装 Horizon View Connection Server

【子任务二】安装 Horizon View Composer

【子任务三】配置域中的 OU 与用户

6.3.1

【子任务一】 安装 Horizon View Connection Server

Horizon View Connection Server 需要安装在 Windows Server 操作系统中，可以是物理服务器或者虚拟服务器。安装 Horizon View Connection Server 的服务器或者虚拟机必须加入 ActiveDirectory 域（域控制器必须事先安装配置好，既可以在物理机上，也可以在虚拟机上)，并且安装 Horizon View Connection Server 的域用户必须对该服务器具备管理员权限。Horizon View Connection Server 不要与 vCenter Server 安装在同一台物理机或虚拟机上，且第一台 Horizon View Connection Server 服务器应该安装成 Standard Server(标准服务器)，通过它可以管理和维护虚拟桌面、ThinApp 应用。

第 1 步：准备服务器操作系统

创建虚拟机，安装 Windows Server 2008 R2 操作系统，安装 VMware Tools。设置 IP 地址为 192.168.1.83，DNS 服务器指向域控制器 192.168.1.80，将计算机名更改为 CS，加入域 lab.net，重启后使用域管理员登录。

第 2 步：打开软件开始安装

开始安装 VMware-viewconnectionserver-x86_66-6.2.6-3284346.exe，如图 6-57 所示。

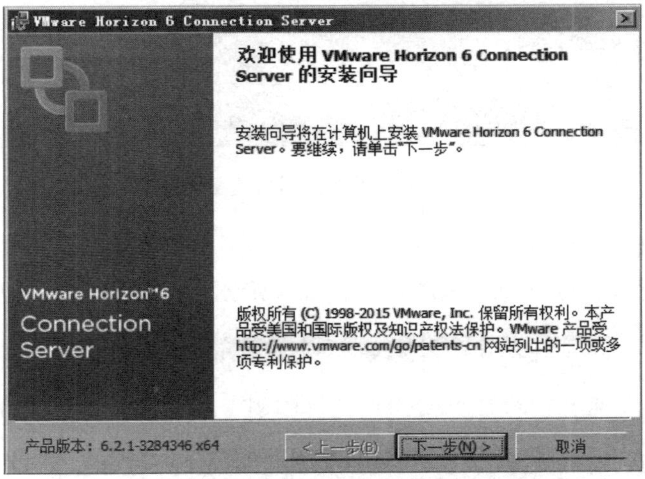

图 6-57　开始安装 Connection Server

第 3 步：选择安装选项

安装 View 标准服务器，选中"安装 HTML Access"复选框，如图 6-58 所示。

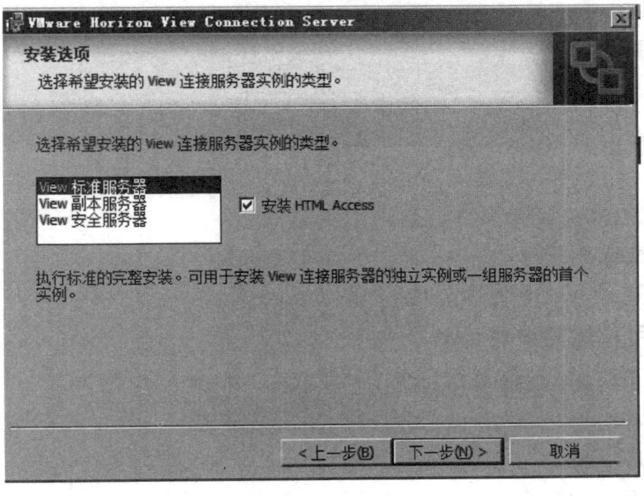

图 6-58　安装 HTML Access

第 4 步：设置数据恢复密码

设置数据恢复密码如图 6-59 所示。

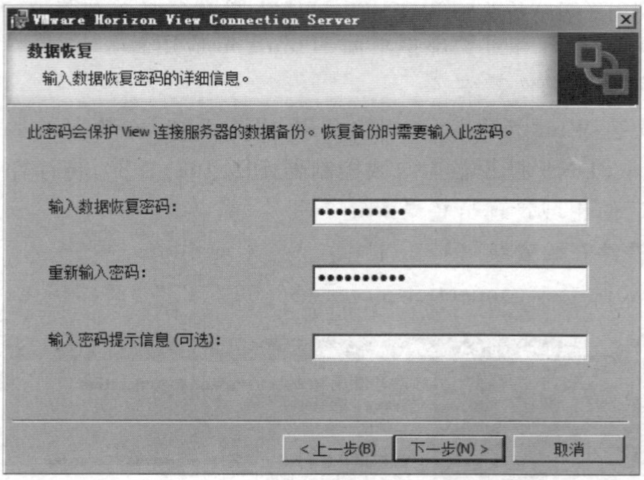
VMware Horizon View Connection Server
数据恢复
输入数据恢复密码的详细信息。
此密码会保护 View 连接服务器的数据备份。恢复备份时需要输入此密码。
输入数据恢复密码:
重新输入密码:
输入密码提示信息 (可选):
< 上一步(B)
下一步(N) >
取消

图 6-59　设置数据恢复密码

第 5 步：选择防火墙配置

选择“自动配置 Windows 防火墙”，如图 6-60 所示。

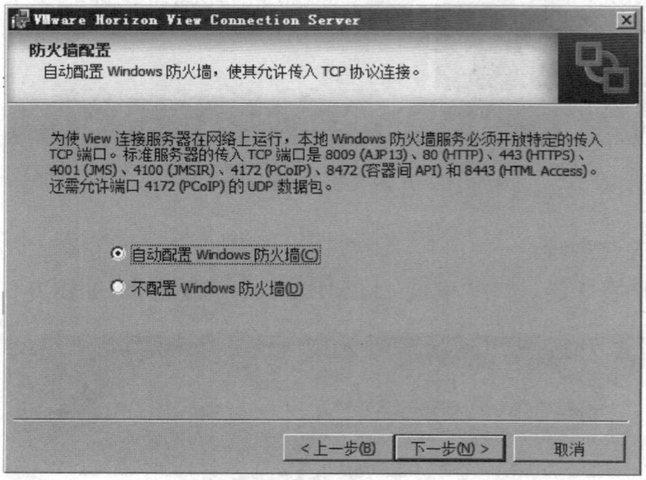
VMware Horizon View Connection Server
防火墙配置
自动配置 Windows 防火墙，使其允许传入 TCP 协议连接。
为使 View 连接服务器在网络上运行，本地 Windows 防火墙服务必须开放特定的传入 TCP 端口。标准服务器的传入 TCP 端口是 8009 (AJP13)、80 (HTTP)、443 (HTTPS)、4001 (JMS)、4100 (JMSIR)、4172 (PCoIP)、8472 (容器间 API) 和 8443 (HTML Access)。还需允许端口 4172 (PCoIP) 的 UDP 数据包。
自动配置 Windows 防火墙(C)
不配置 Windows 防火墙(D)
< 上一步(B)
下一步(N) >
取消

图 6-60　防火墙配置选择为自动

第 6 步：设置授权用户

授权域管理员登录 View 管理界面，如图 6-61 所示。

第 7 步：设置用户体验改进计划

取消选中“匿名参与用户体验改进计划”复选框，如图 6-62 所示。

VMware Horizon View Connection Server 安装完成，如图 6-63 所示。

第 8 步：配置 IE ESC

打开服务器管理器，打开“配置 IE ESC”，为管理员和用户禁用 IE ESC，如图 6-64 所示。

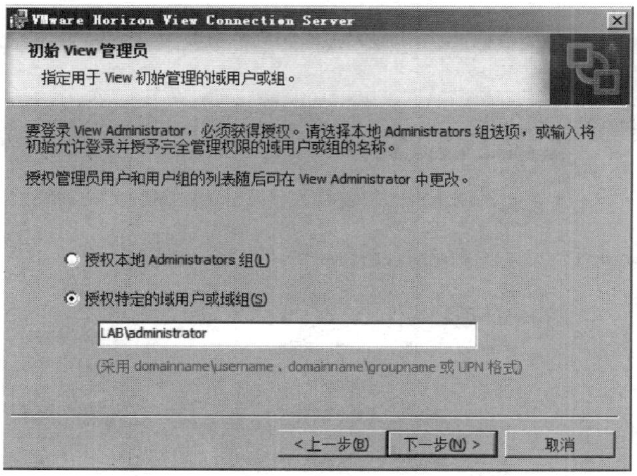
VMware Horizon View Connection Server
初始 View 管理员
指定用于 View 初始管理的域用户或组。
要登录 View Administrator，必须获得授权。请选择本地 Administrators 组选项，或输入将初始允许登录并授予完全管理权限的域用户或组的名称。
授权管理员用户和用户组的列表随后可在 View Administrator 中更改。
授权本地 Administrators 组(L)
授权特定的域用户或域组(S)
LAB\administrator
(采用 domainname\username、domainname\groupname 或 UPN 格式)
< 上一步(B)
下一步(N) >
取消

图 6-61　授权特定的域用户

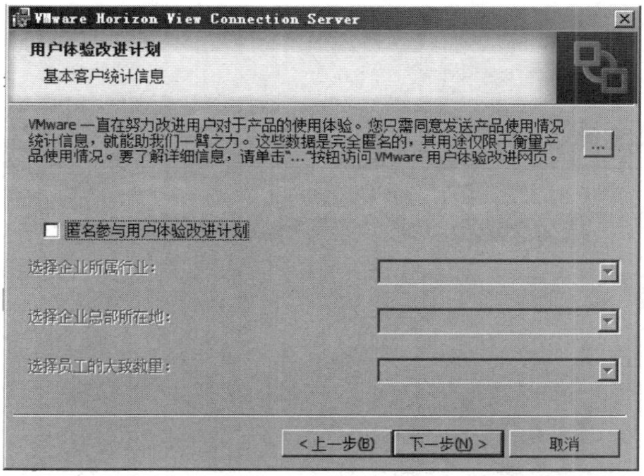
VMware Horizon View Connection Server
用户体验改进计划
基本客户统计信息
VMware 一直在努力改进用户对于产品的使用体验。您只需同意发送产品使用情况统计信息，就能助我们一臂之力。这些数据是完全匿名的，其用途仅限于衡量产品使用情况。要了解详细信息，请单击"..."按钮访问 VMware 用户体验改进网页。
匿名参与用户体验改进计划
选择企业所属行业:
选择企业总部所在地:
选择员工的大致数量:
< 上一步(B)
下一步(N) >
取消

图 6-62　不参加用户体验改进计划

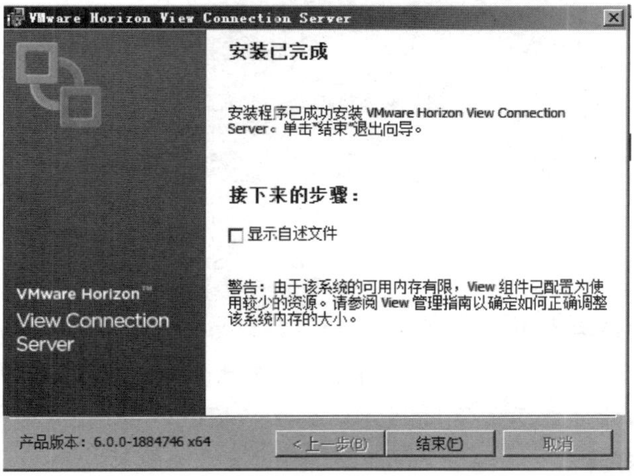
VMware Horizon View Connection Server
安装已完成
安装程序已成功安装 VMware Horizon View Connection Server。单击"结束"退出向导。
接下来的步骤:
显示自述文件
警告: 由于该系统的可用内存有限，View 组件已配置为使用较少的资源。请参阅 View 管理指南以确定如何正确调整该系统内存的大小。
VMware Horizon™ View Connection Server
产品版本: 6.0.0-1884746 x64
< 上一步(B)
结束(F)
取消

图 6-63　安装完成

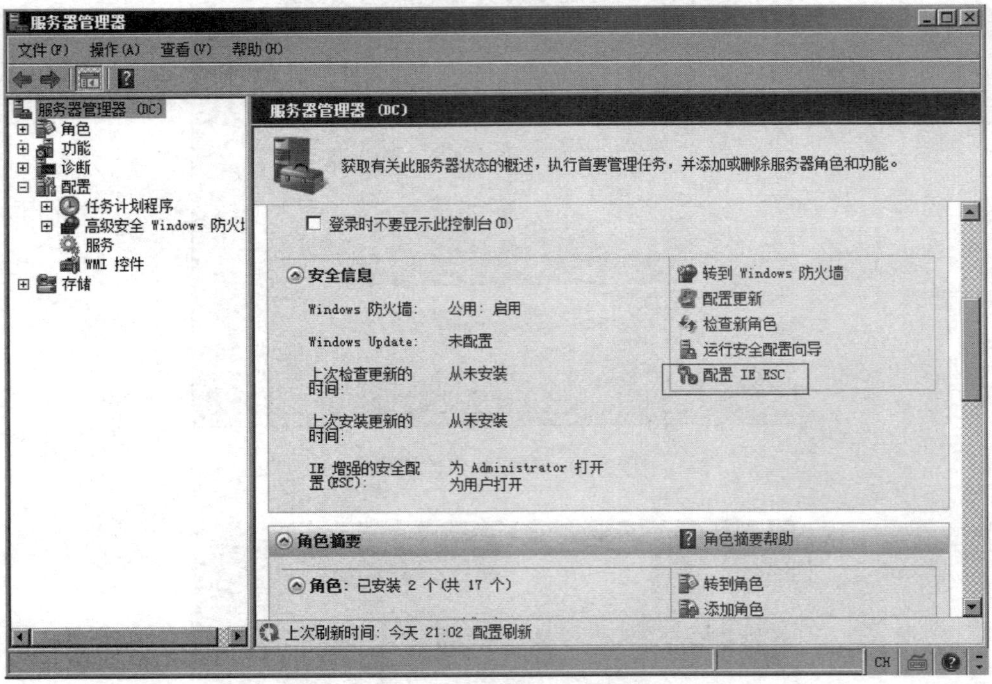

(a)

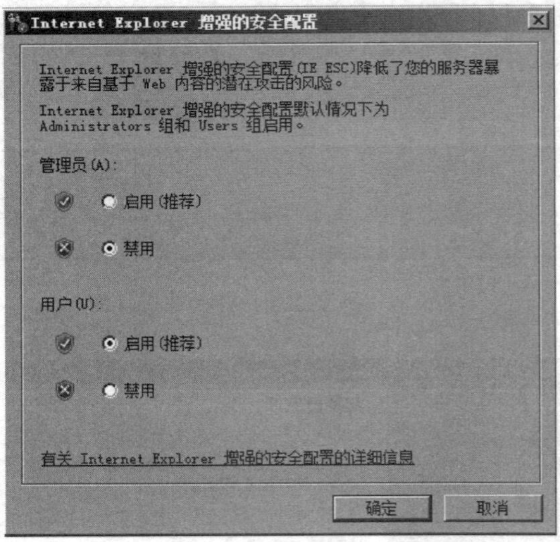

(b)

图 6-64　关闭 IE ESC

注意：服务器系统要求很高的安全性，所以微软给 IE 添加了增强的安全配置。这就使得 IE 在 Internet 区域的安全级别一直是最高的，而且无法进行整体调整。在服务器管理器中关闭 IE 的 ESC 功能才能正常使用 Horizon View Administrator。

至此，此子任务结束。

【子任务二】 安装 Horizon View Composer

Horizon View Composer 需要使用 SQL 数据库来存储数据，所以在安装 Horizon View Composer 之前，先要明确数据库能否满足要求。

第 1 步：准备操作系统

创建虚拟机，安装 Windows Server 2008 R2 操作系统，安装 VMware Tools，设置 IP 地址为 192.168.1.84，DNS 服务器指向域控制器 192.168.1.80，将计算机名更改为 CP (Composer)，并加入域 lab.net。重启后使用域管理员身份登录。

第 2 步：创建数据库

在数据库服务器的 SQL Server Management Studio 中创建新数据库 composer。

第 3 步：添加数据源

在 composer 虚拟机中装载 SQL Server 2008 R2 的 ISO 文件，进入光盘的 1033_ENU_LP\x64\Setup\x64 目录，运行 sqlncli.msi，安装 SQL Server 2008 R2 Native Client。打开"管理工具-数据源(ODBC)"，进入"系统 DSN"，单击"添加"按钮，选择 SQL Server Native Client，输入数据源名称 composer，输入 SQL Server 服务器名称 DB，如图 6-65 所示。

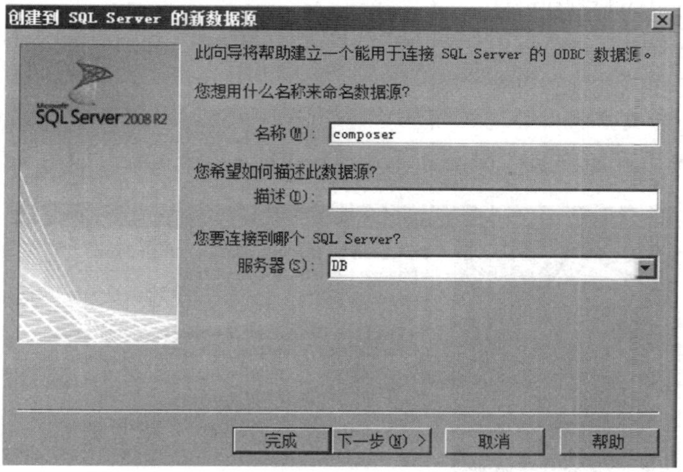

创建到 SQL Server 的新数据源
SQL Server 2008 R2
此向导将帮助建立一个能用于连接 SQL Server 的 ODBC 数据源。
您想用什么名称来命名数据源?
名称(M): composer
您希望如何描述此数据源?
描述(D):
您要连接到哪个 SQL Server?
服务器(S): DB
完成
下一步(N) >
取消
帮助

图 6-65 连接数据库服务器

输入 SQL Server 认证用户名 sa 和密码。将默认数据库更改为 SQL Server 数据库服务器中创建的 composer 数据库，如图 6-66 所示。完成创建数据源。

第 4 步：添加.NET Framework 3.5.1

打开服务器管理器，添加.NET Framework 3.5.1 功能。

第 5 步：安装 composer

(1) 下载并运行 VMware-viewcomposer-6.1.6-2768165.exe，提示需要重启服务器。

注意：*第一次执行 composer 的安装程序时，很可能会出现系统需要重新启动的提示，这时重启系统再次执行安装程序即可。如果重启系统后仍然提示系统需要重启，则需要在注册表编辑器中查看是否存在以下两个 key：*

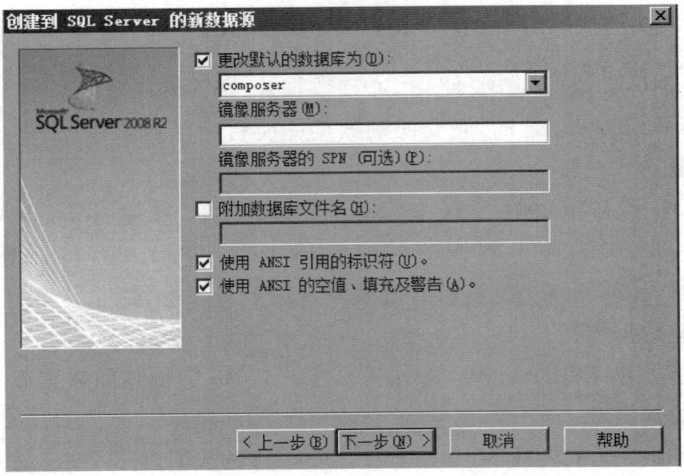
创建到 SQL Server 的新数据源
SQL Server 2008 R2
更改默认的数据库为(D):
composer
镜像服务器(M):
镜像服务器的 SPN (可选)(P):
附加数据库文件名(H):
使用 ANSI 引用的标识符(U)。
使用 ANSI 的空值、填充及警告(A)。
< 上一步(B)
下一步(N) >
取消
帮助

图 6-66　修改默认数据库

HKEY LOCAL MACI:ONE\SYSTEM\CurrentConrolSet\Control\Session Manager \PendingFileRenameOperations

HKEY LOCAL _ MACffINE \ SYSTEM \ CurrentControlSet \ Control \ Session Manager\FileRenameOperations

如果存在,则删除后重启系统。

(2) 重启系统后开始安装 VMware Horizon View Composer,如图 6-67 所示。

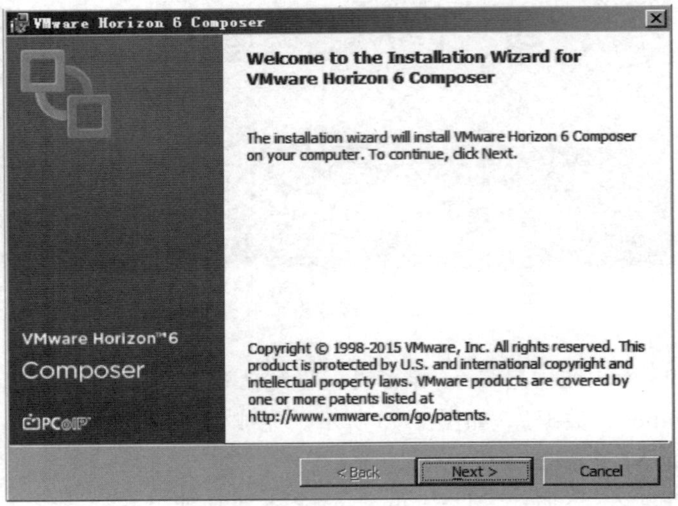
VMware Horizon 6 Composer
Welcome to the Installation Wizard for VMware Horizon 6 Composer
The installation wizard will install VMware Horizon 6 Composer on your computer. To continue, click Next.
VMware Horizon™6
Composer
PCoIP
Copyright © 1998-2015 VMware, Inc. All rights reserved. This product is protected by U.S. and international copyright and intellectual property laws. VMware products are covered by one or more patents listed at http://www.vmware.com/go/patents.
< Back
Next >
Cancel

图 6-67　安装为 View Composer

(3) 输入数据源名称 composer,数据库账号为 sa 和密码,连接数据库,如图 6-68 所示。

(4) 端口保持为默认设置,如图 6-69 所示。

(5) 完成安装 VMware Horizon View Composer,如图 6-70 所示。重新启动系统。

至此,此子任务结束。

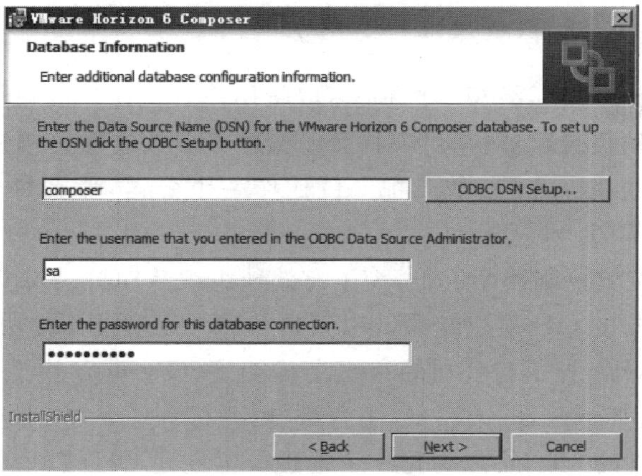
VMware Horizon 6 Composer
Database Information
Enter additional database configuration information.
Enter the Data Source Name (DSN) for the VMware Horizon 6 Composer database. To set up the DSN click the ODBC Setup button.
composer
ODBC DSN Setup...
Enter the username that you entered in the ODBC Data Source Administrator.
sa
Enter the password for this database connection.
InstallShield
< Back
Next >
Cancel

图 6-68　输入相关数据信息

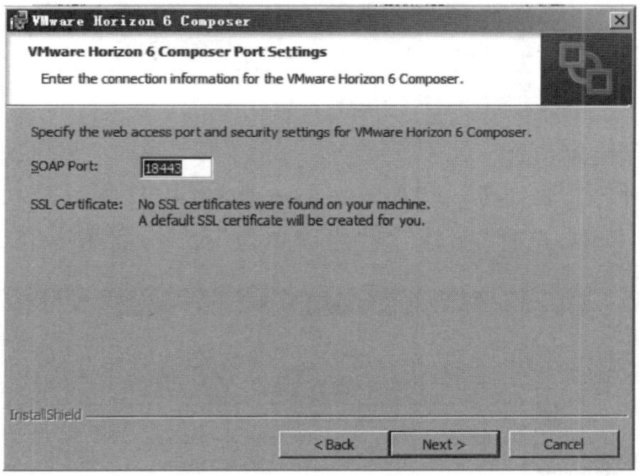
VMware Horizon 6 Composer
VMware Horizon 6 Composer Port Settings
Enter the connection information for the VMware Horizon 6 Composer.
Specify the web access port and security settings for VMware Horizon 6 Composer.
SOAP Port:
18443
SSL Certificate:
No SSL certificates were found on your machine.
A default SSL certificate will be created for you.
InstallShield
< Back
Next >
Cancel

图 6-69　配置端口

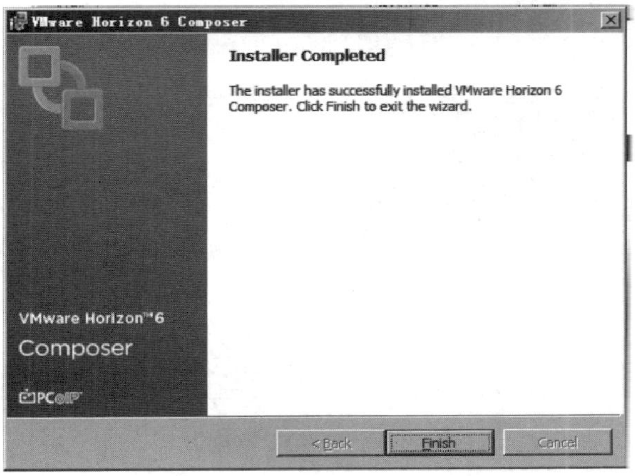
VMware Horizon 6 Composer
Installer Completed
The installer has successfully installed VMware Horizon 6 Composer. Click Finish to exit the wizard.
VMware Horizon™6
Composer
< Back
Finish
Cancel

图 6-70　完成安装

【子任务三】 配置域中的OU与用户

OU(Organizational Unit,组织单位)是可以将用户、组、计算机和其他组织单位放入其中的活动目录容器,是可以指派组策略设置或委派管理权限的最小作用域或单元。通俗一点说,如果把AD比作一个公司,那么每个OU就是一个相对独立的部门。

OU的创建需要在域控制器中进行,为了有效地组织活动目录对象,通常根据公司业务模式的不同来创建不同的OU层次结构。以下是几种常见的设计方法:

(1) 基于部门的OU,为了与公司的组织结构相同,OU可以基于公司内部的各种各样的业务功能部门创建,如行政部、人事部、工程部、财务部等。

(2) 基于地理位置的OU,可以为每一个地理位置创建OU,如北京、上海、广州等。

(3) 基于对象类型的OU,在活动目录中可以将各种对象分类,为每一类对象建立OU,如根据用户、计算机、打印机、共享文件夹等。

下面将在域控制器的lab.net域里添加新的组织单位View,在组织单位View中再添加组织单位Users和VMs。其中组织单位Users用来存放认证用户,组织单位VMs用来存放View虚拟机。

第1步:新建组织单位

在域控制器上打开"管理工具"→"Active Directory用户和计算机",在域名lab.net上右击,在弹出的快捷菜单中,选择"新建"→"组织单位"命令,如图6-71所示。

图6-71 创建组织单位

第2步:给组织单位命名

输入组织单位的名称View,如图6-72所示。

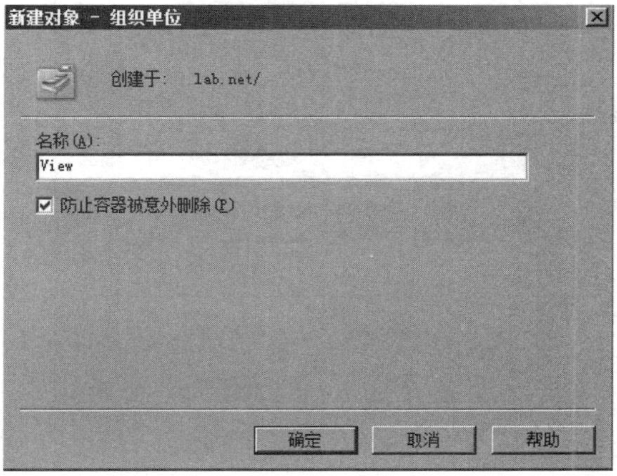

图 6-72 创建 View 组织单位

第 3 步：创建 OU

在该 OU 内再创建两个 OU，分别为 Users 和 VMs。在组织单位 Users 里创建用户，如图 6-73 所示。

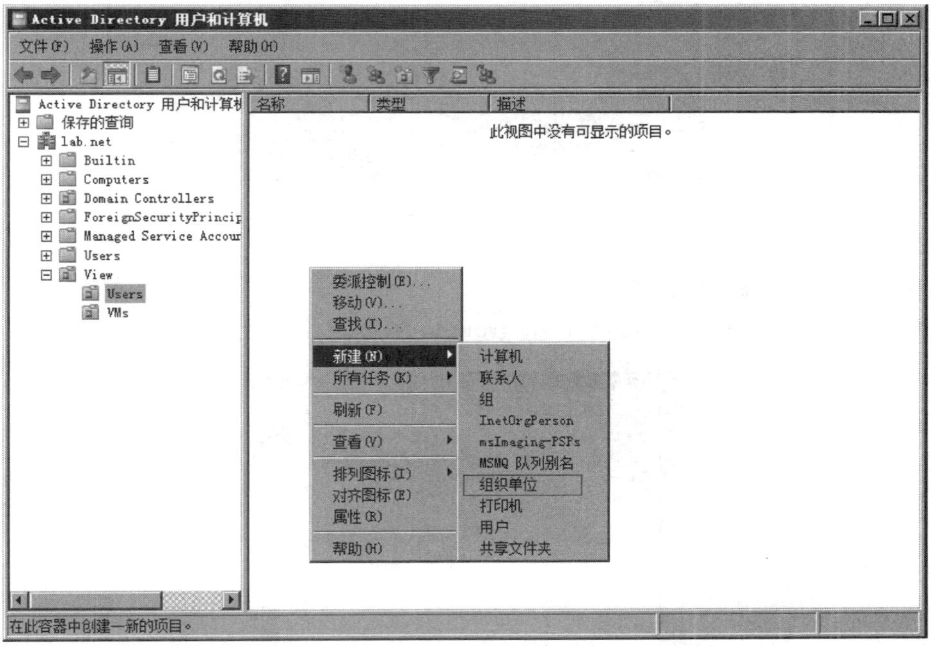

图 6-73 创建用户

第 4 步：创建用户

创建两个用户，用户名登录名分别为 user1 和 user2，如图 6-74 所示。

第 5 步：创建用户组

在组织单位 Users 里创建用户组 group1，以便管理具备相同权限的用户，如图 6-75 所示。

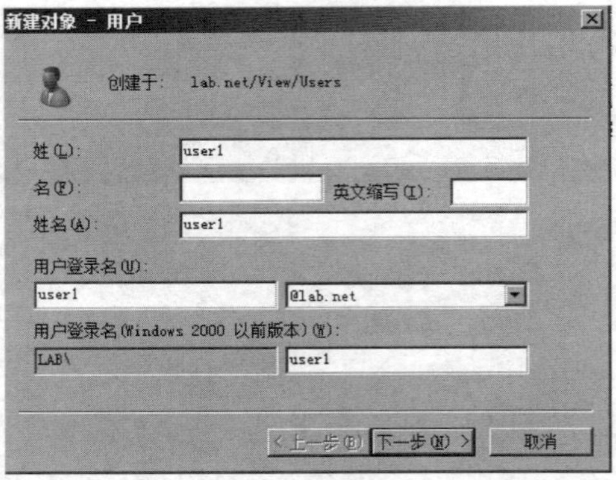

图 6-74　配置用户名

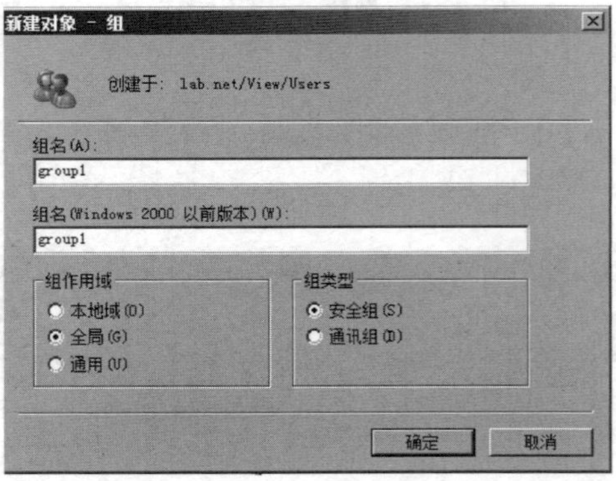

图 6-75　创建组

第 6 步：将用户添加到组中

把用户 user1 和 user2 添加到用户组 group1 中，如图 6-76 所示。

图 6-76　将用户添加到组中

至此，此子任务结束。

【任务四】 发布 VMware Horizon View 虚拟桌面

【任务说明】

VMware Horizon View 以托管服务的形式构建虚拟化平台上的个性化云桌面。通过 VMware Horizon View，可以将虚拟桌面整合到数据中心的服务器中，并独立管理操作系统、应用程序和用户数据，从而在获得更高业务灵活性的同时，使最终用户能够获得高性能桌面，体验实现桌面虚拟化的个性化。

在此任务中，将对 VMware Horizon View 进行简单的配置，然后发布【任务二】中制作好的 Windows 7 虚拟桌面。

【任务实施】

为简化任务的实施，将此任务分解成以下几个子任务来分步实施：

【子任务一】配置 VMware Horizon View

【子任务二】发布 Windwos 7 虚拟桌面

【子任务一】 配置 VMware Horizon View

VMware Horizon View Connection Server、Composer 等软件安装好后，需要对 VMware Horizon View 进行简单的配置后才能发布云桌面，配置包括输入软件许可证序列号、添加 vCenter Server 服务器、设置独立的 View Composer Server 以及加入域等。

第 1 步：登录服务器

在 Connection Server 上安装 IE 的 Flash Player 插件，打开 Connection Server 所在桌面上的“View Administrator 控制台”进行 Horizon View 的设置，用户名为域管理员 administrator，如图 6-77 所示。

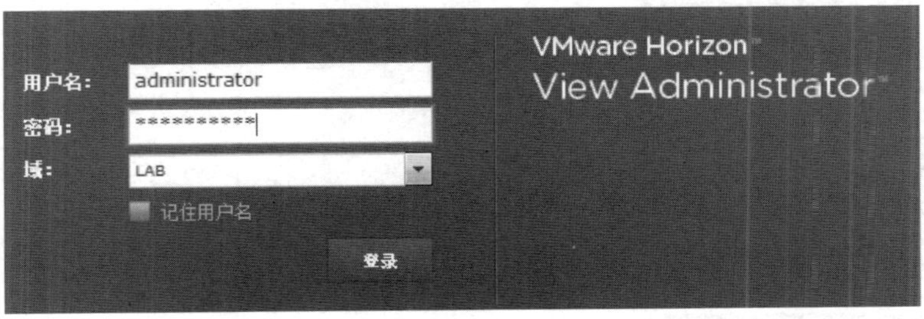

图 6-77 登录 View Administrator 控制台

第 2 步：输入许可证序列号

选择“清单”中的“View 配置”→“产品许可和使用情况”，单击“编辑许可证”按钮，输入许可证序列号，如图 6-78 所示。

第 3 步：准备添加 vCenter Server 服务器

单击“View 配置”→“服务器”，在 vCenter Server 选项卡中单击“添加”按钮，如图 6-79 所示。

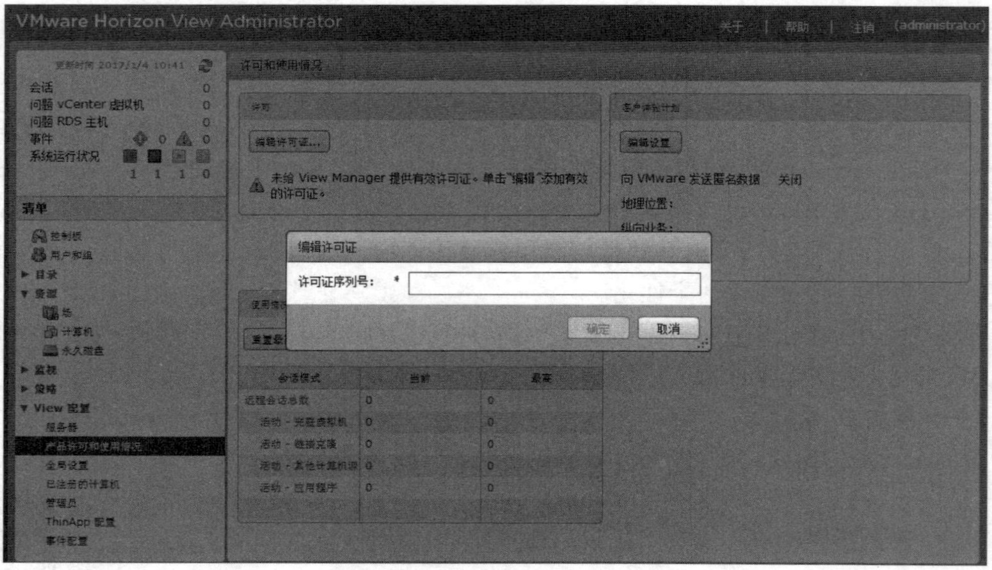

图 6-78　给 View 输入序列号

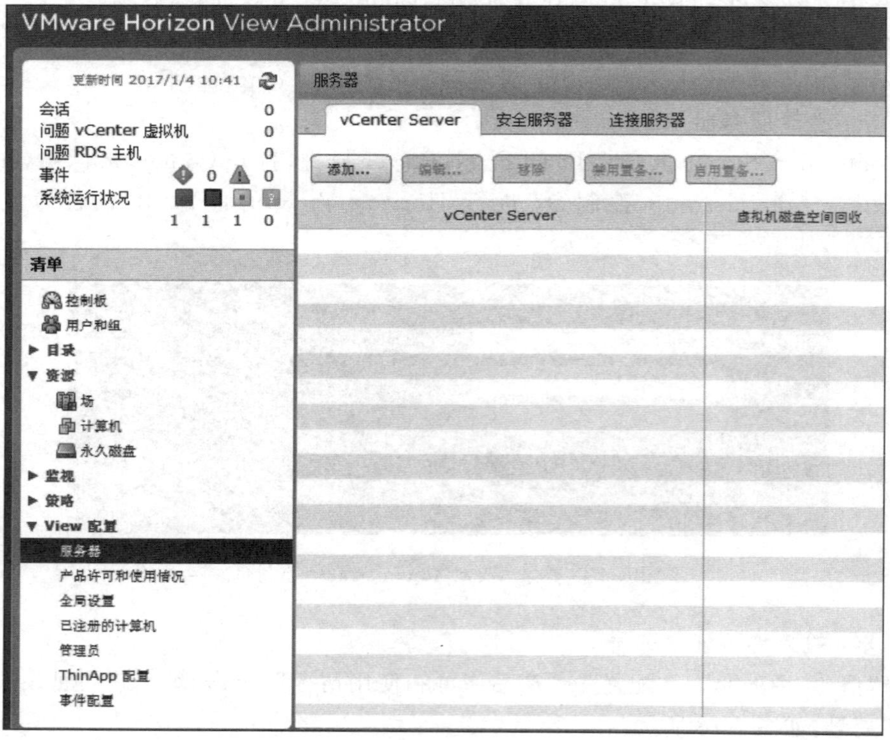

图 6-79　在 View 设置中添加服务器

第 4 步：输入 vCenter Server 账号与密码

输入 vCenter Server 的域名 vc. lab. net、用户名 administrator@vsphere. local 和密码，

如图 6-80 所示。

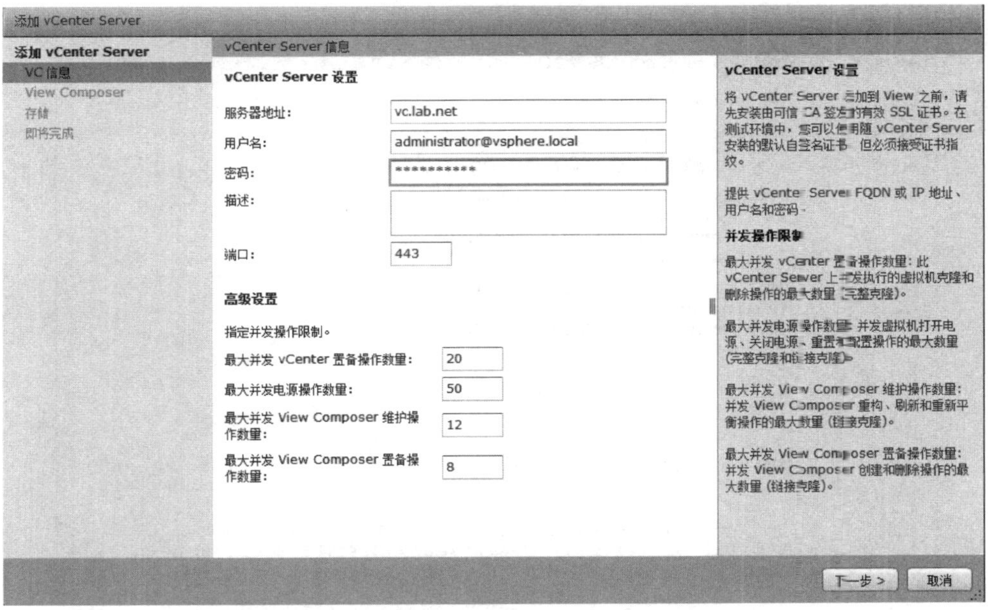

图 6-80　添加 vCenter Server 服务器

第 5 步：接受证书

提示“检测到无效的证书”，单击“查看证书”按钮，如图 6-81 所示。

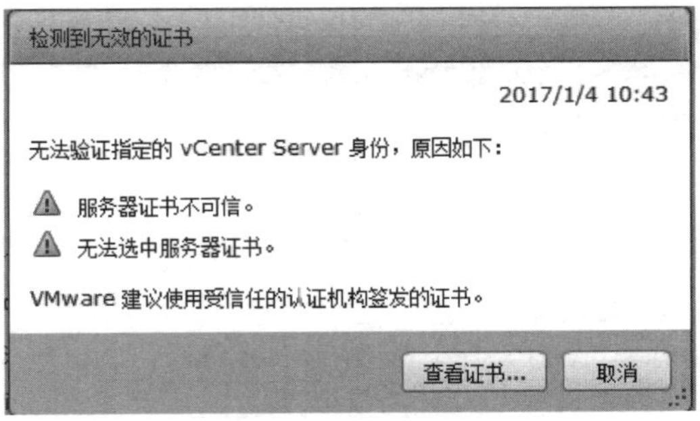

图 6-81　证书检验

接受证书，如图 6-82 所示。

第 6 步：设置独立的 View Composer Server

设置独立的 View Composer Server，输入 Composer 服务器的域名 cp. lab. net、用户名 administrator 和密码，如图 6-83 所示。查看并接受证书。

第 7 步：加入域

在“View Composer 域”中单击“添加”按钮，输入域名 lab. net、域管理员用户名 administrator 和密码，如图 6-84 所示。

第 8 步：设置存储

将存储设置保持为默认，如图 6-85 所示。

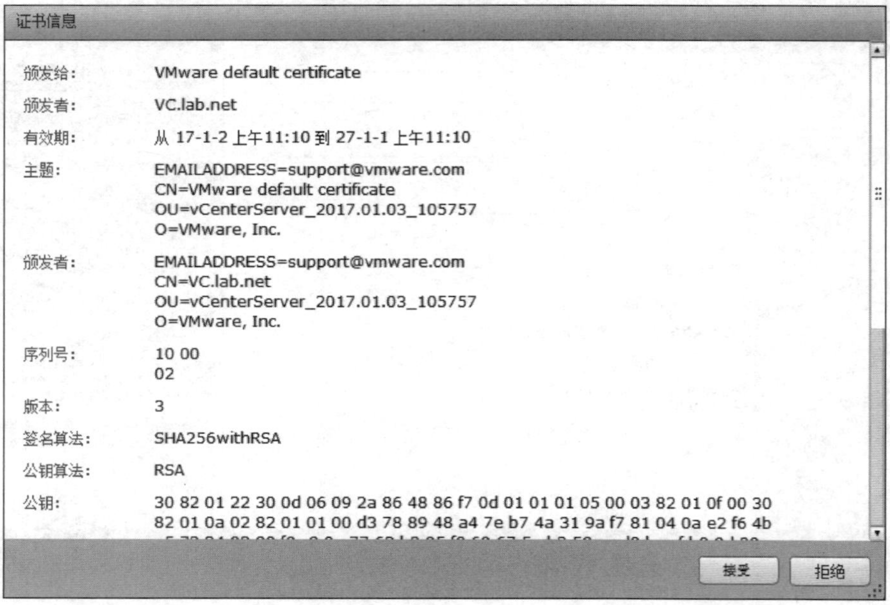

图 6-82　指纹证书

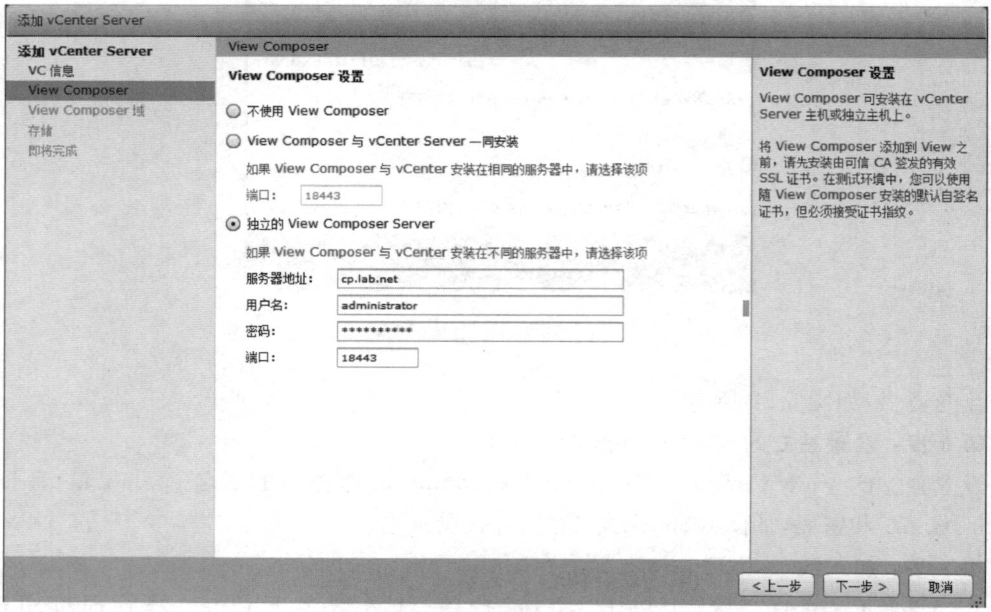

图 6-83　设置独立的 View Composer Server

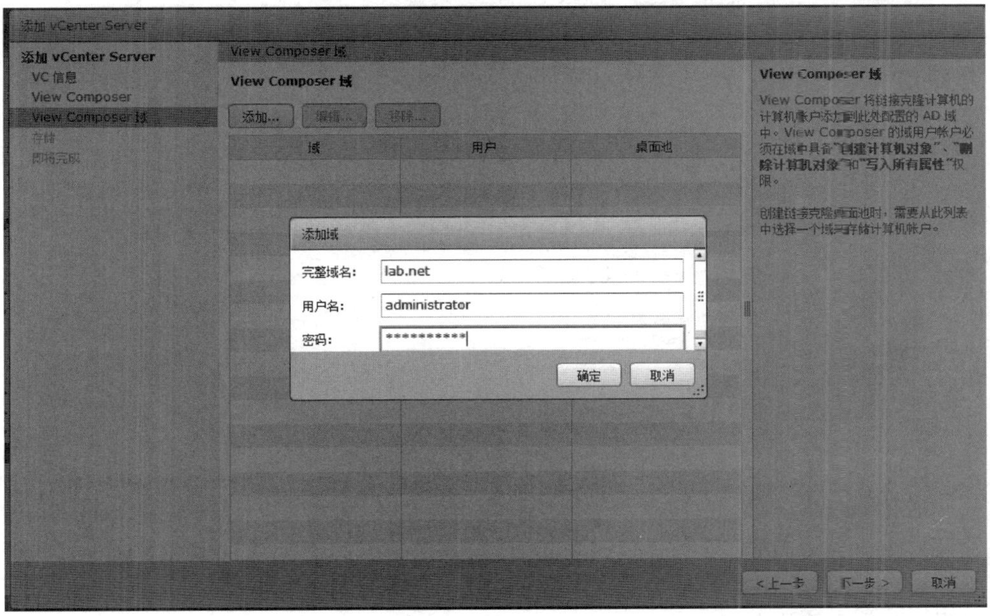

图 6-84　添加域

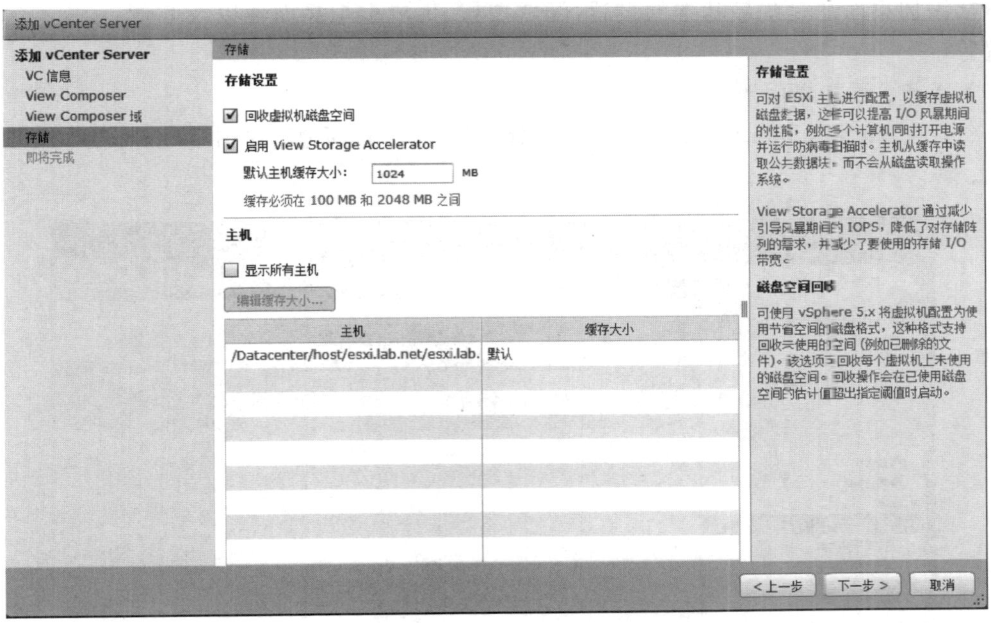

图 6-85　存储设置

vCenter Server 和 Composer 设置完成，如图 6-86 所示。

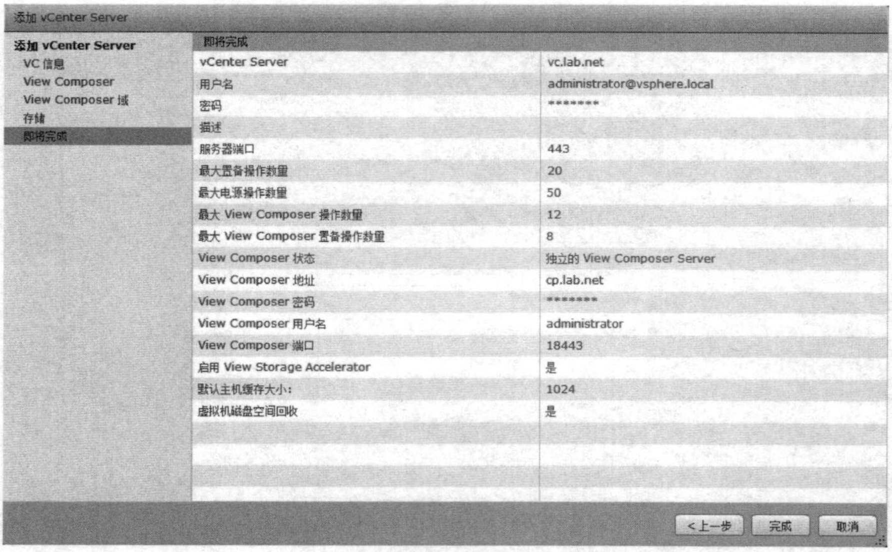

图 6-86　设置完成

至此，此子任务结束。

【子任务二】　发布 Windows 7 虚拟桌面

对 VMware Horizon View 进行简单的配置后即可发布云桌面，主要配置包括添加桌面池一些最基本的设置，配置授权、生成虚拟桌面池以及其他设置等。

第 1 步：添加桌面池

（1）在 View Administrator 控制台中选择“目录”→“桌面池”，单击“添加”按钮，如图 6-87 所示。

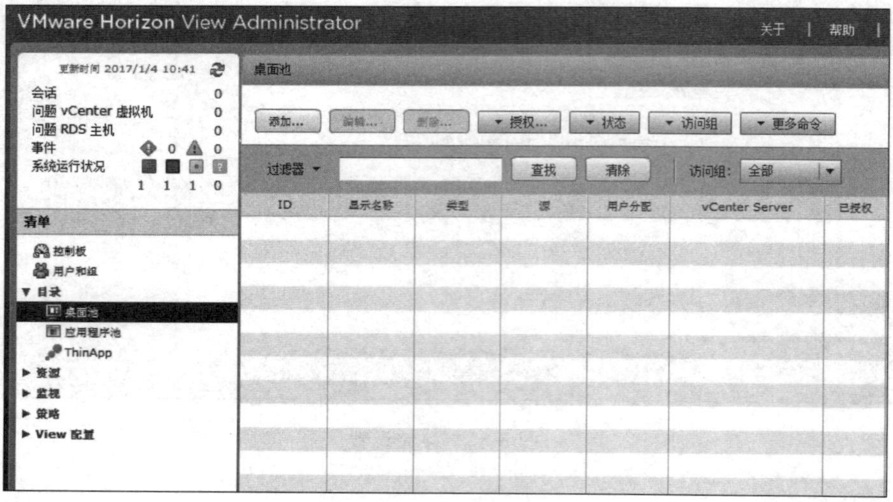

图 6-87　添加桌面池

(2) 选中“自动桌面池”单选按钮，如图 6-88 所示。

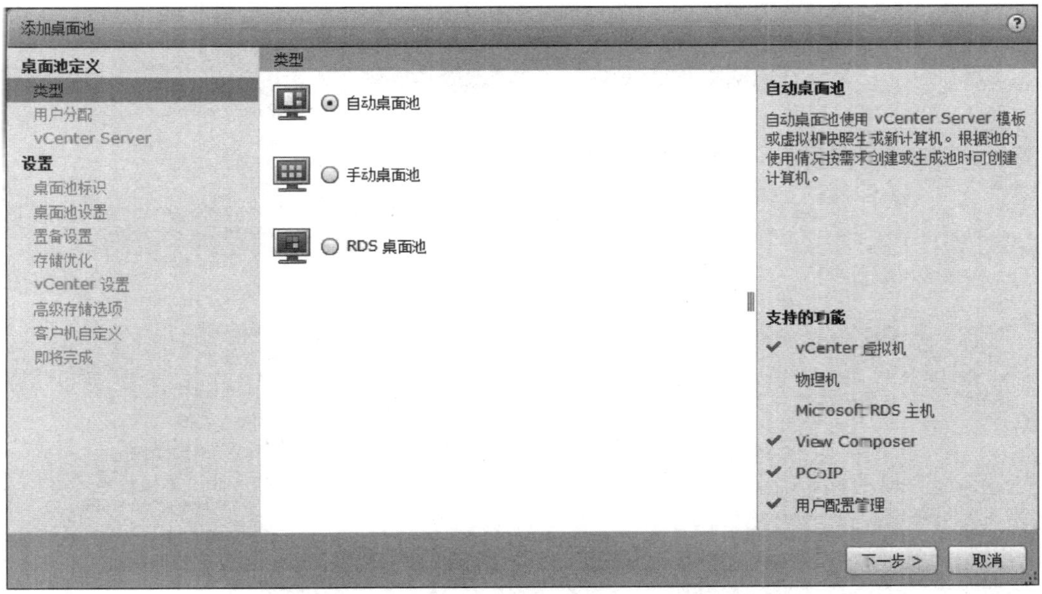

图 6-88　选择自动桌面池

(3) “用户分配”选择“专用”→“启用自动分配”，如图 6-89 所示。

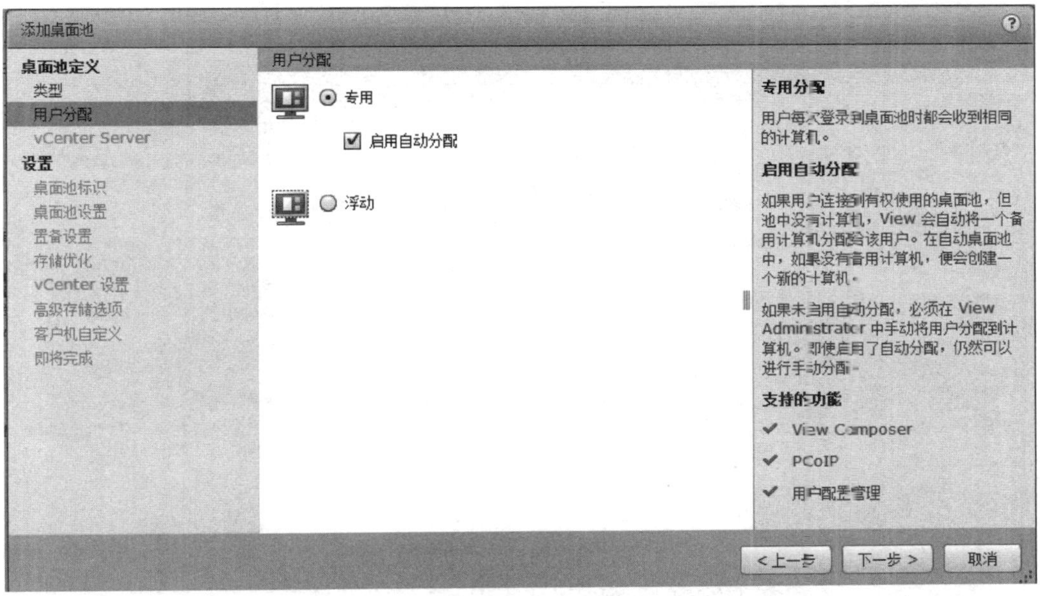

图 6-89　启动自动分配

(4) vCenter Server 选择“View Composer 链接克隆”，如图 6-90 所示。

(5) 设置桌面池标识 ID，此 ID 在 vCenter Server 中具有唯一性，ID 不能与虚拟机系统文件名重名。在这里配置池 ID 为 Windows 7，如图 6-91 所示。

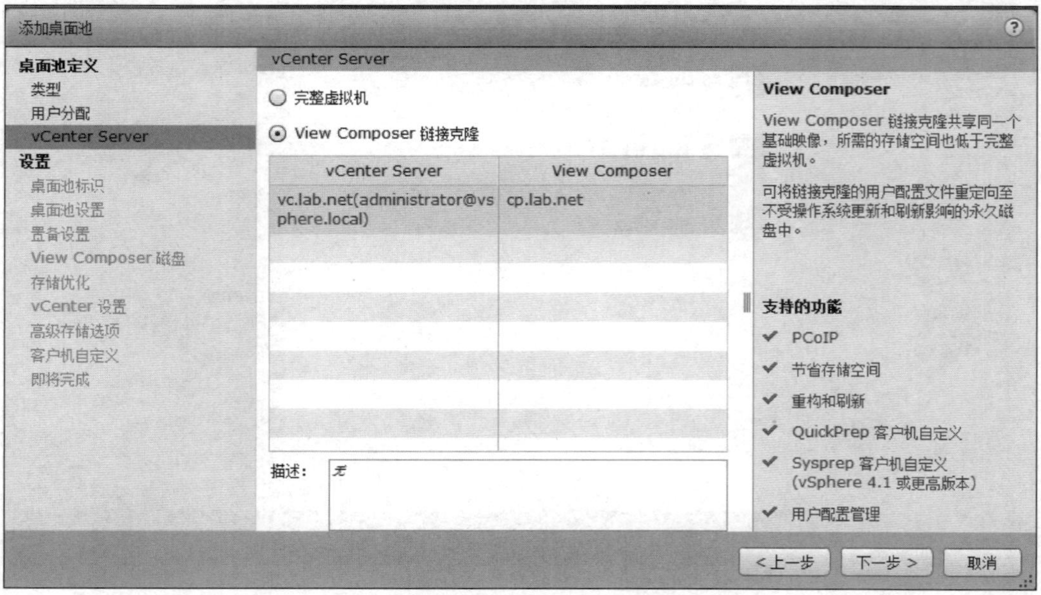

图 6-90　View Composer 链接克隆

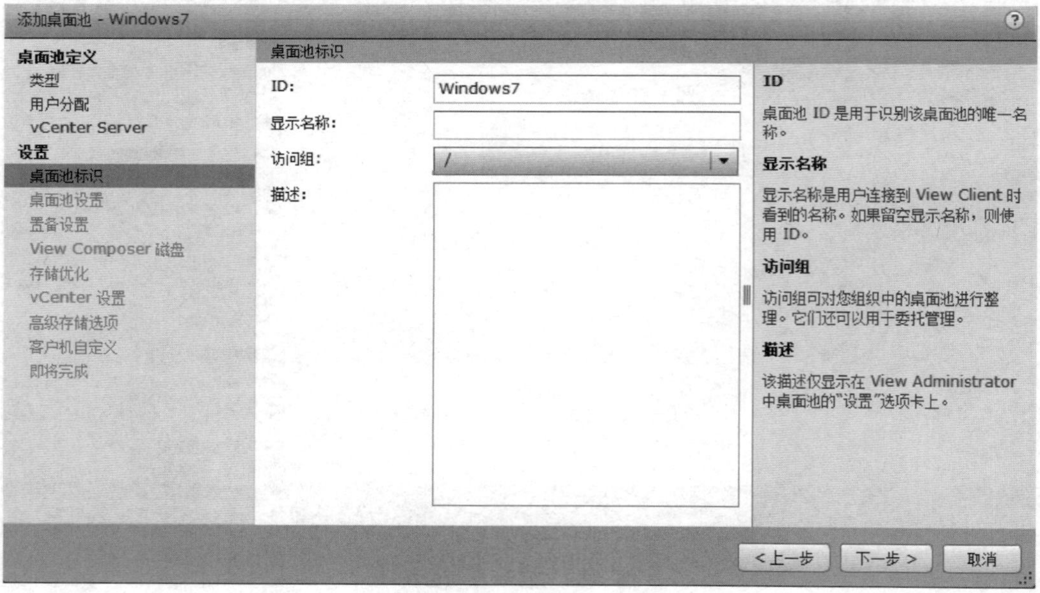

图 6-91　桌面池标识 ID

(6) 在“桌面池设置”中选中 HTML Access，其他选项采用默认配置，如图 6-92 所示。

图 6-92　桌面池设置

(7) 设置虚拟机名称，命名规则为计算机名称加上编号，编号采用的方式是{n}或{n:fixed=N}(固定长度 N)，命名要求简洁明了，不要超过 13 个字符，在这里输入“win7-{n}”。“计算机的最大数量”和“备用(已打开电源)计算机数量”设置为 1，即只部署 1 个虚拟桌面，如图 6-93 所示。

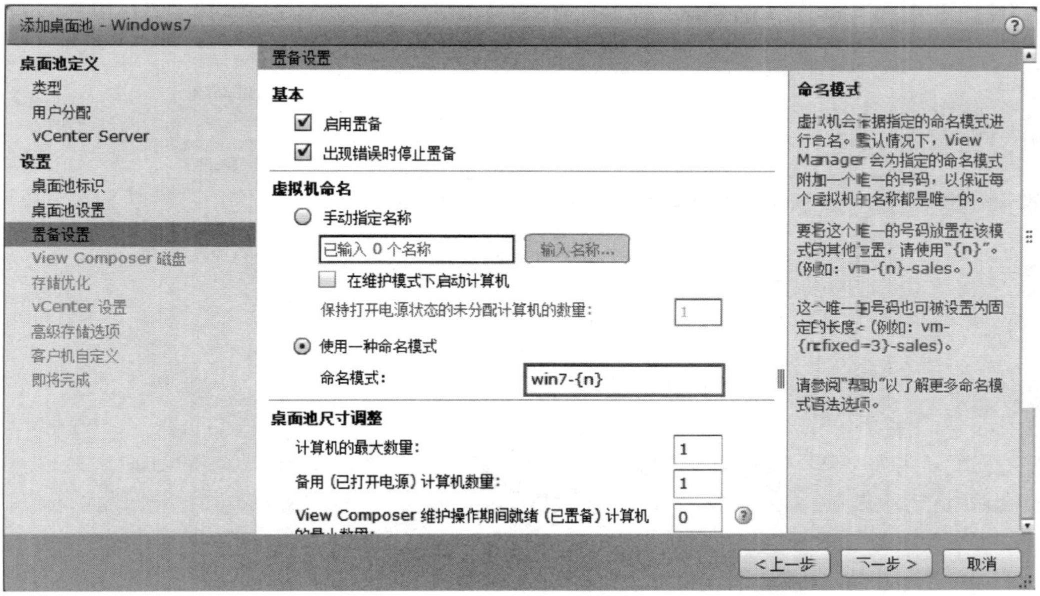

图 6-93　虚拟机命名

(8) 设置 View Composer 永久磁盘和一次性文件重定向盘的大小，View Composer 永久磁盘为给虚拟桌面用户使用的 D 盘，该磁盘中的内容不会丢失，如图 6-94 所示。

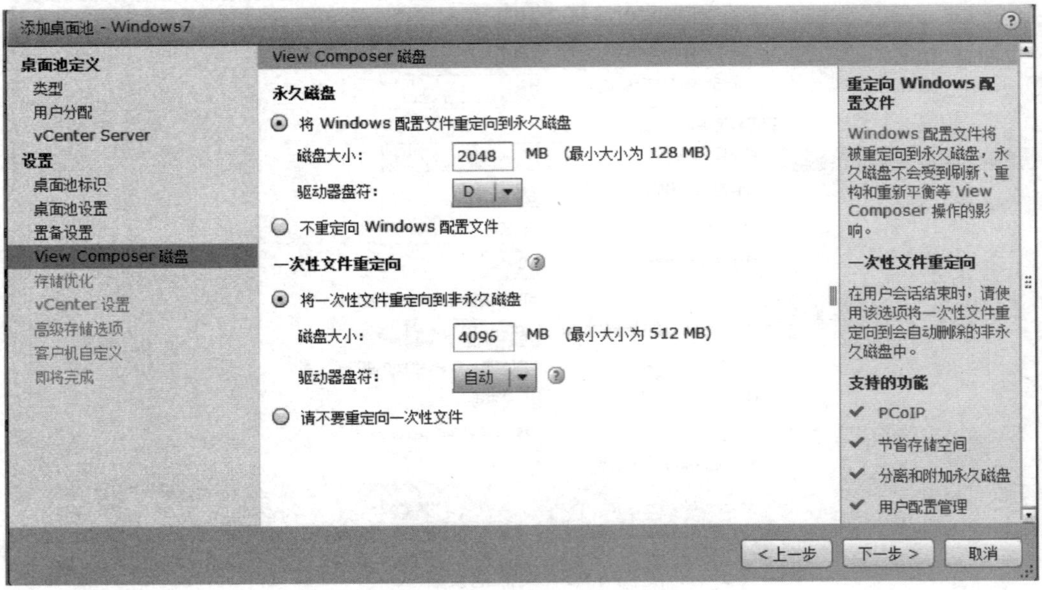

图 6-94　设定 View Composer 磁盘

(9) 存储优化保持默认配置，如图 6-95 所示。

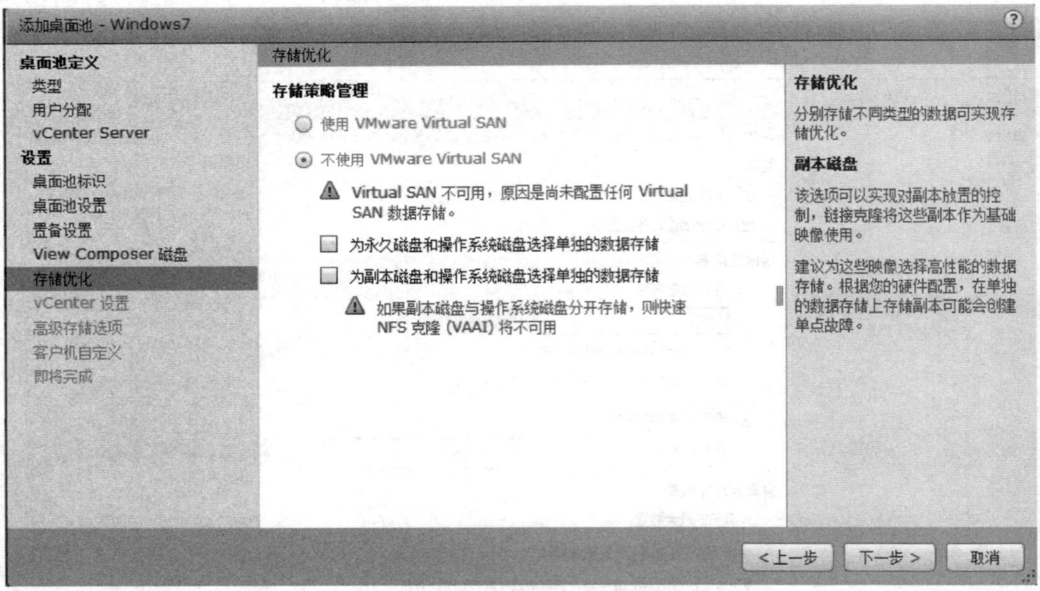

图 6-95　存储优化采用默认模式

(10) vCenter Server 设置。

选择父虚拟机为 Windows 7，如图 6-96 所示。

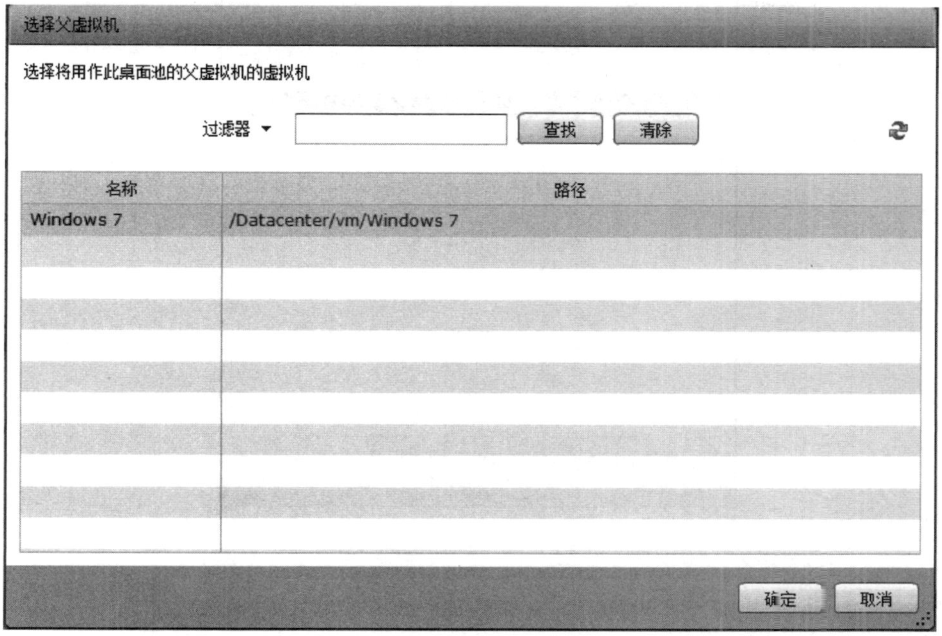

图 6-96 父虚拟机选择 Windows 7

选择虚拟机的快照为 View，如图 6-97 所示。

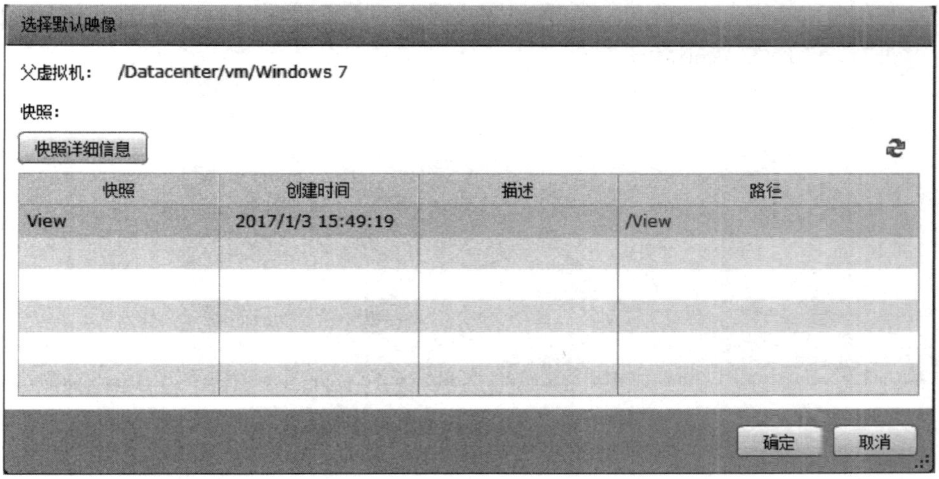

图 6-97 选择 View 快照

虚拟机文件夹位置选择为数据中心 Datacenter，主机选择为 esxi. lab. net，如图 6-98 所示。

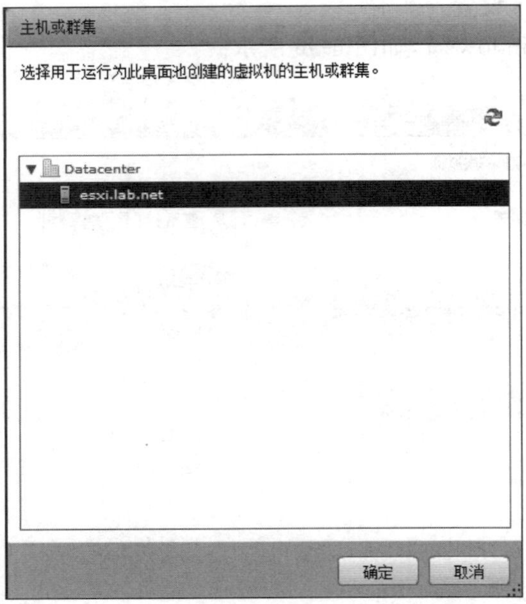

图 6-98　选择主机

设置桌面池的资源池，如图 6-99 所示。

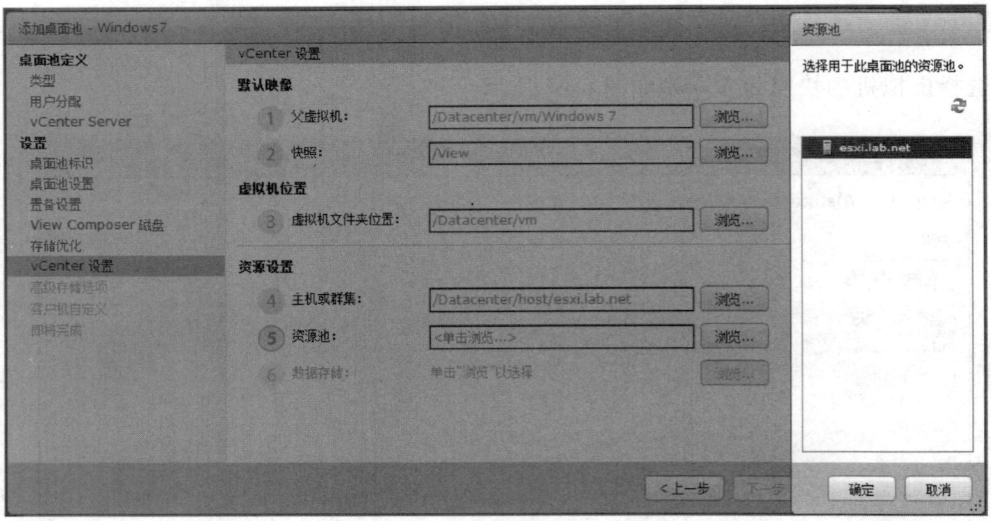

图 6-99　设置桌面池的资源池

设置数据存储的位置为 iSCSI-Starwind，如图 6-100 所示。

(11) 设置高级存储选项，在这里采用默认值，如图 6-101 所示。

(12) 在“客户机自定义”的“AD 容器”处单击“浏览”按钮，如图 6-102 所示。

选择 View 虚拟机在活动目录中所存放的 OU 为“OU＝VMs，OU＝View”，如图 6-103 所示。

选中“此向导完成后授权用户”复选框，完成虚拟桌面池的创建，如图 6-104 所示。

图 6-100　设置数据存储位置

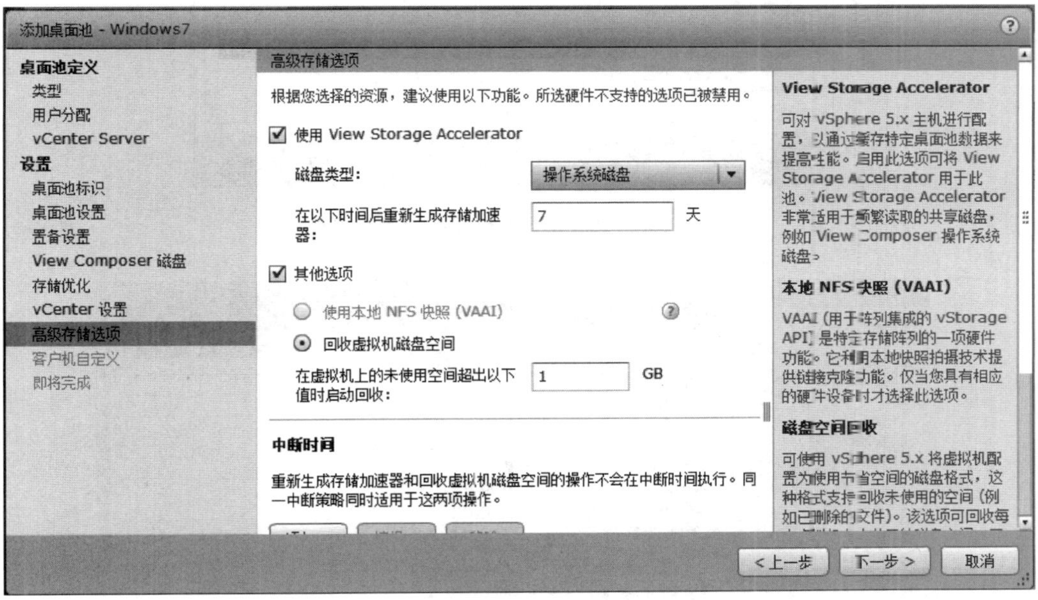

图 6-101　高级存储选项

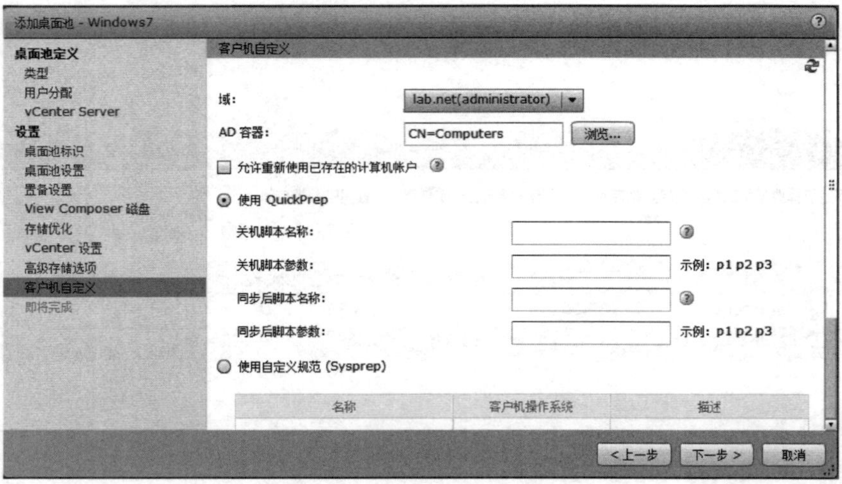

图 6-102　客户机自定义

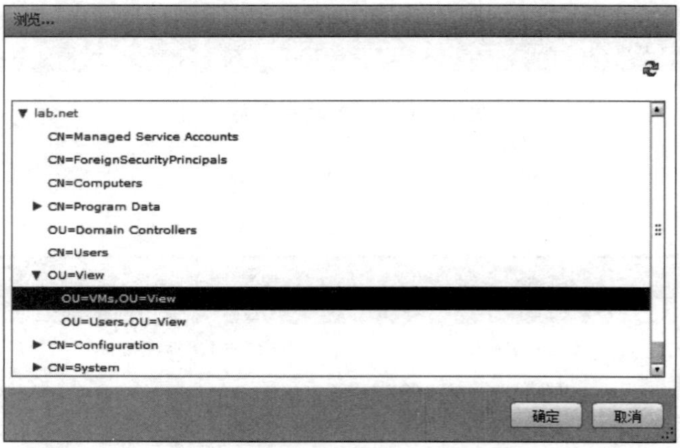

图 6-103　选择 DC 里设置好的组织单位

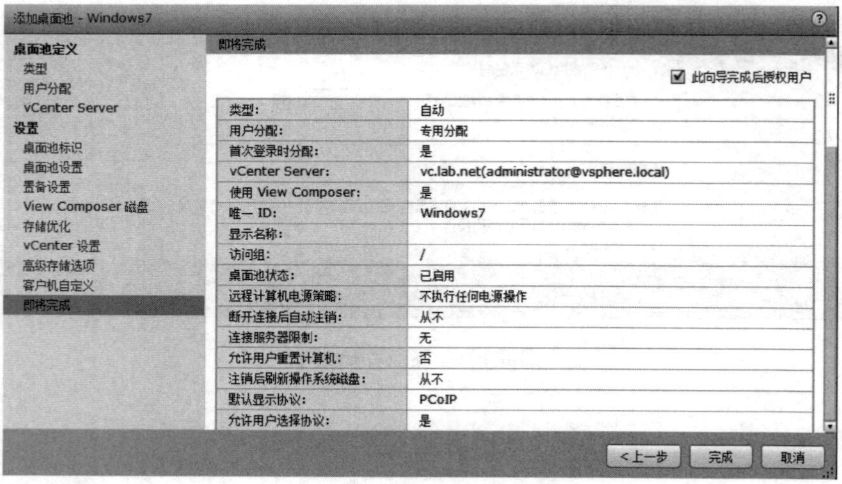

图 6-104　配置完成

第 2 步：配置授权

在用户授权窗口中单击“添加”按钮，在弹出的“查找用户或组”窗口中选择域 lab. net，单击“查找”按钮，选择活动目录中的 group1 用户组，授权 group1 用户组中的用户使用此桌面池，如图 6-105 所示。

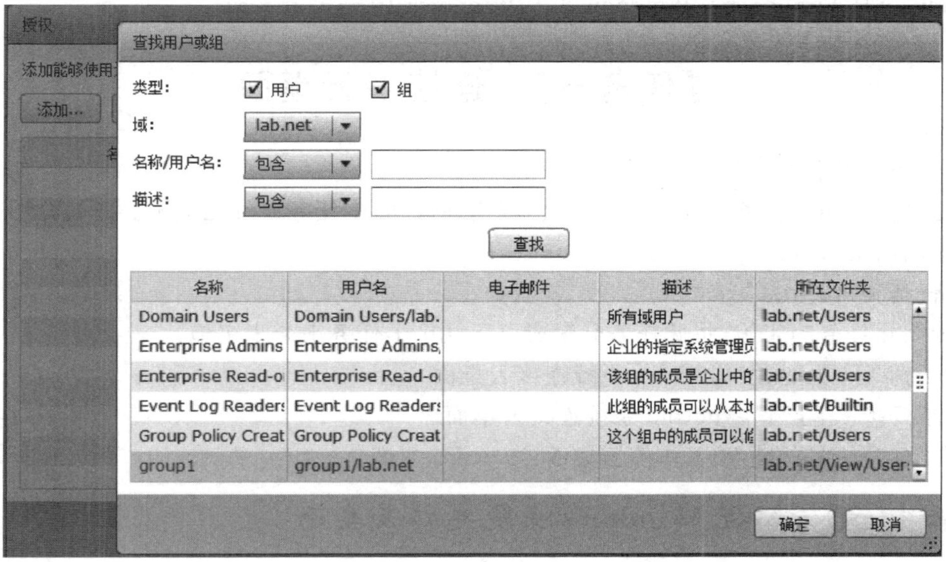

图 6-105　授权添加用户

第 3 步：生成虚拟桌面池

选择“资源”→“计算机”，可以看到 Horizon View 正在部署一个名为 win7-1 的虚拟桌面，等待 30～60min，当虚拟桌面的状态为“可用”时，虚拟桌面池的部署完成。如图 6-106 所示。

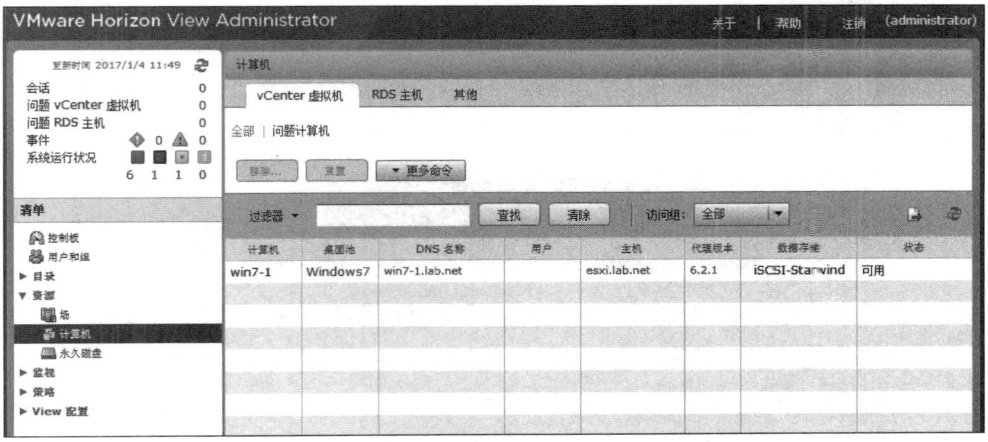

图 6-106　生成虚拟桌面池

第 4 步：其他设置

在 ESXi 主机的“配置”→“软件”→“虚拟机启动/关机”处，单击“属性”按钮，选中“允许虚拟机与系统一起启动和停止”复选框，将虚拟机 win7-1 设置为自动启动，关机操作为“客户机关机”。

注意：VMware Horizon View 的最新版本能够支持将最新的 Windows 操作系统作为云桌面，以目前最新发布的 VMware Horizon View 6. 2. 1 为例，该版本能够支持将 Windows XP、Windows 7、Windows 8. 1、Windows 10 作为云桌面。

【任务五】 连接到云桌面

【任务说明】

经过前面四个任务的准备，云桌面已经搭建成功，本任务通过几个子任务的介绍来讲解三种不同的接入方式。

【任务实施】

为简化任务的实施，将此任务分解成以下几个子任务来分步实施：

【子任务一】配置 Windows 系统连接云桌面

【子任务二】配置 Android 系统连接云桌面

【子任务三】通过 Web 访问云桌面

【子任务一】 配置 Windows 系统连接云桌面

第 1 步：下载并安装客户端程序

下载 VMware Horizon Client for Windows，并在物理机上安装该程序。

第 2 步：连接到服务器

打开 Horizon Client，单击“新建服务器”，输入连接服务器的域名 cs. lab. net，如图 6-107 所示。

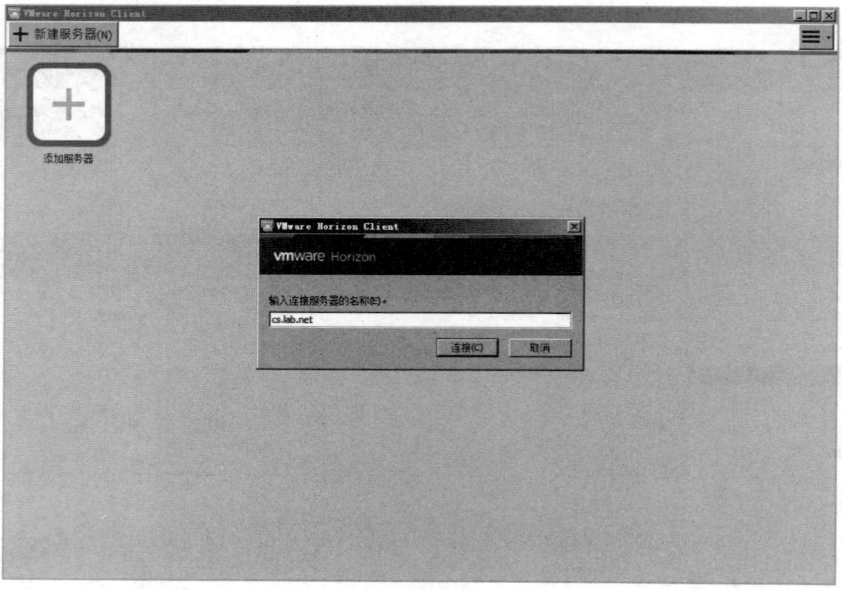

图 6-107 连接到 Connection Server 服务器

第 3 步：输入登录的域用户名与密码

单击"连接"按钮登录到服务器，使用在【任务三】下【子任务三】中创建的用户名和密码登录，如图 6-108 所示。

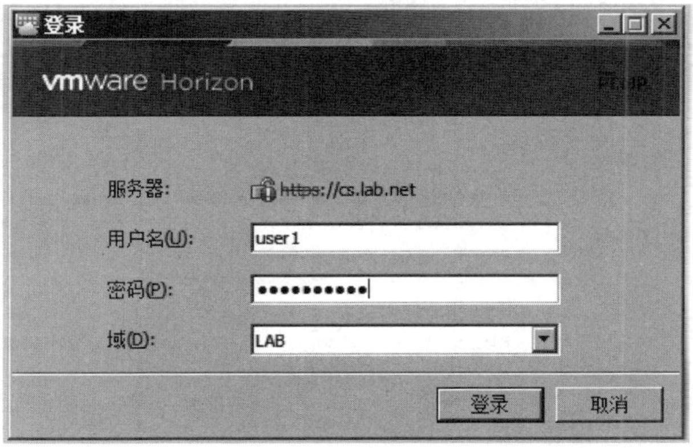

图 6-108　用户登录

第 4 步：选择虚拟桌面登录

显示该用户的虚拟桌面和应用程序列表，双击 Windows 7 云桌面，如图 6-109 所示。

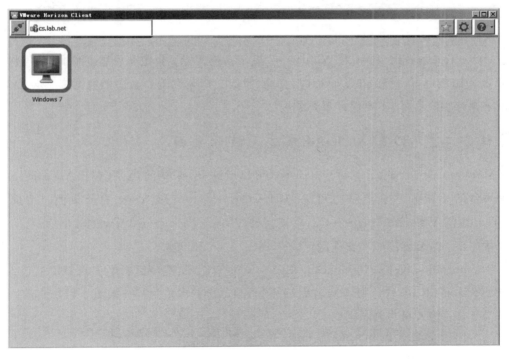

图 6-109　登录云桌面

第 5 步：登录到云桌面系统

以下为通过 Windows 版 VMware Horizon Client 连接到的 Windows 7 云桌面，如 6-110 所示。

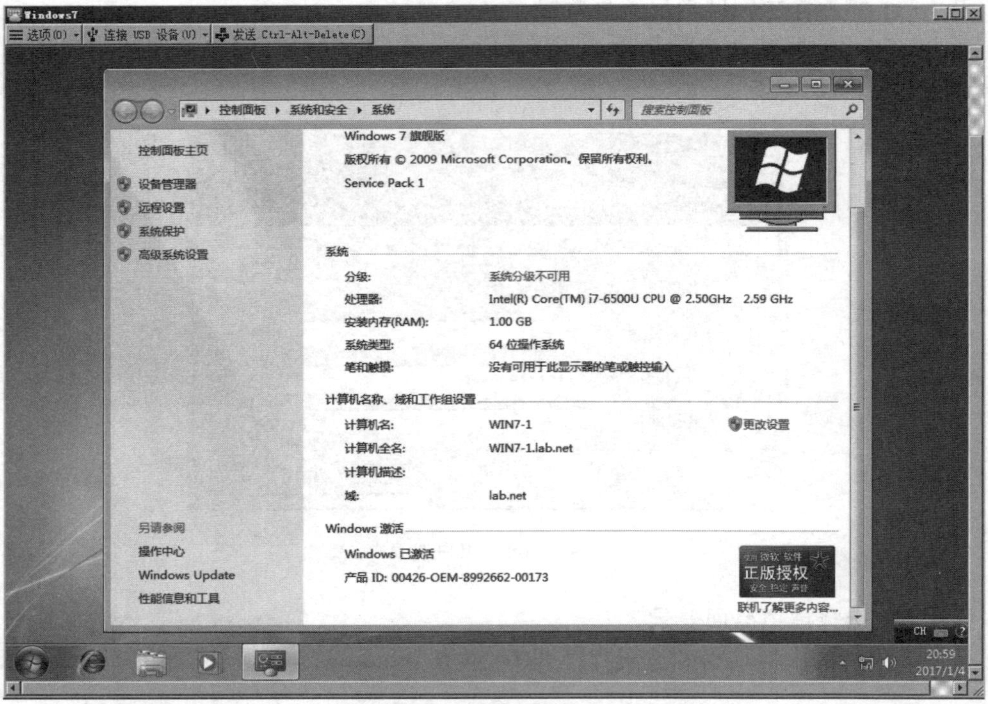

图 6-110　Windows 7 虚拟桌面

VMware Horizon View 对 Windows 7 操作系统进行了自定义设置，将用户数据保存在了 D 盘。该用户下次登录虚拟桌面时，桌面、我的文档等位于 D 盘中的数据都不会丢失。E 盘用来保存临时文件，不要保存重要数据。

【子任务二】 配置 Android 系统连接云桌面

VMware Horizon View 的云桌面不仅可以通过 PC 来访问，使用基于 Android、IOS 等移动平台的手机和平板电脑也可以访问 VMware Horizon View 的云桌面。下面使用 Android 版的 VMware Horizon Client 连接到 VMware Horizon View 的云桌面。

第 1 步：打开客户端准备访问

在 Android 手机中安装 Horizon Client，通过 WLAN 连接到网络 192.168.1.0/24 中，打开 Horizon Client，输入服务器名称 cs.lab.net，单击“连接”按钮，如图 6-111 所示。

第 2 步：输入用户名和密码

输入用户名和密码，单击“连接”按钮，如图 6-112 所示。

第 3 步：选择登录桌面

单击 Windows 7 桌面，如图 6-113 所示。

至此，此子任务结束。

图 6-111　输入服务器名称

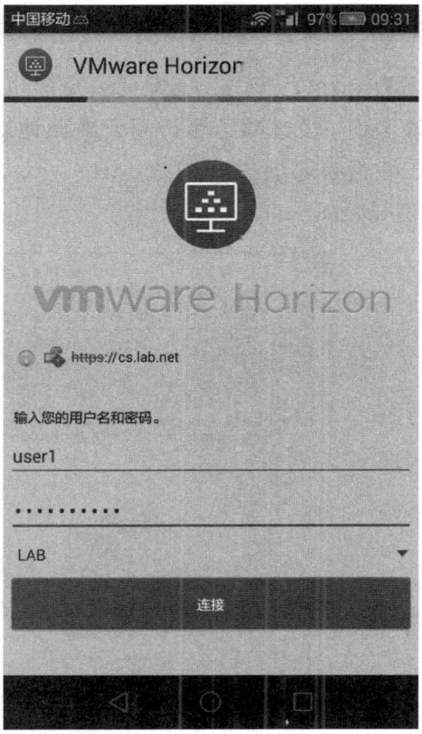

图 6-112　输入用户名和密码

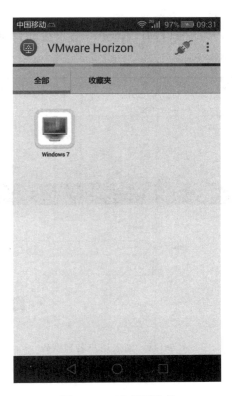

图 6-113　云桌面列表

【子任务三】 通过 Web 访问云桌面

VMware Horizon View 的云桌面也可以通过支持 HTML5 的浏览器来访问。

第 1 步：通过浏览器访问云桌面地址

在浏览器地址栏中输入 https://cs. lab. net，出现 VMware Horizon 的 Web 界面，如图 6-114 所示。

图 6-114 登录浏览器

第 2 步：输入账号与密码

单击 VMware Horizon View HTML Access，输入活动目录中的用户名和密码，单击“登录”按钮，如图 6-115 所示。

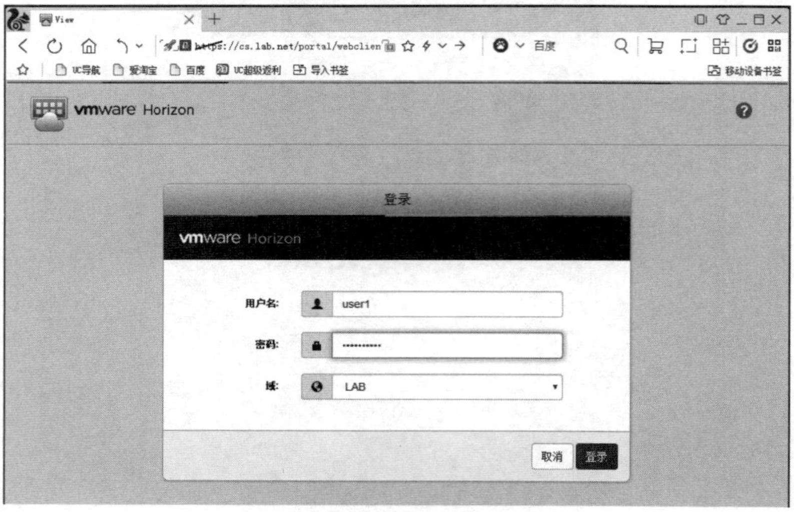

图 6-115 输入用户名和密码

至此，子任务结束。

【项目拓展训练】

1. 什么是 VMware Horizon View？它由哪些部分组成？
2. 活动目录域的作用是什么？组织单位与活动目录域有什么关系？
3. DNS 服务在 VMware Horizon View 的部署中有什么作用？
4. DHCP 服务在 VMware Horizon View 的部署中有什么作用？

项目七　搭建 CentOS 企业级云计算平台

【项目说明】

某企业现需新建一个 60 个左右客户端的小型局域网，需要使用单一平台快速实现服务器虚拟化和桌面虚拟化，使用服务器虚拟化实现各种服务，使用桌面虚拟化实现员工的桌面接入服务，为企业提供全方位的服务和桌面管理。

通过调研，网络工程师们综合考虑方案的成本和灵活性，计划基于 Linux 下的 KVM 虚拟化技术实现该企业的管理工作。Linux KVM 是开源的，成本低，灵活性强，可定制性强，得到了项目组的一致认可。

网络工程师计划在网络中心机房的两台服务器上部署基于 Linux 的企业级虚拟化平台架构，通过调研和比较，工程师们选择了国内 OPENFANS 社区推出的 CecOS 企业虚拟化产品进行部署，设计实验框架拓扑结构如图 7-1 所示。

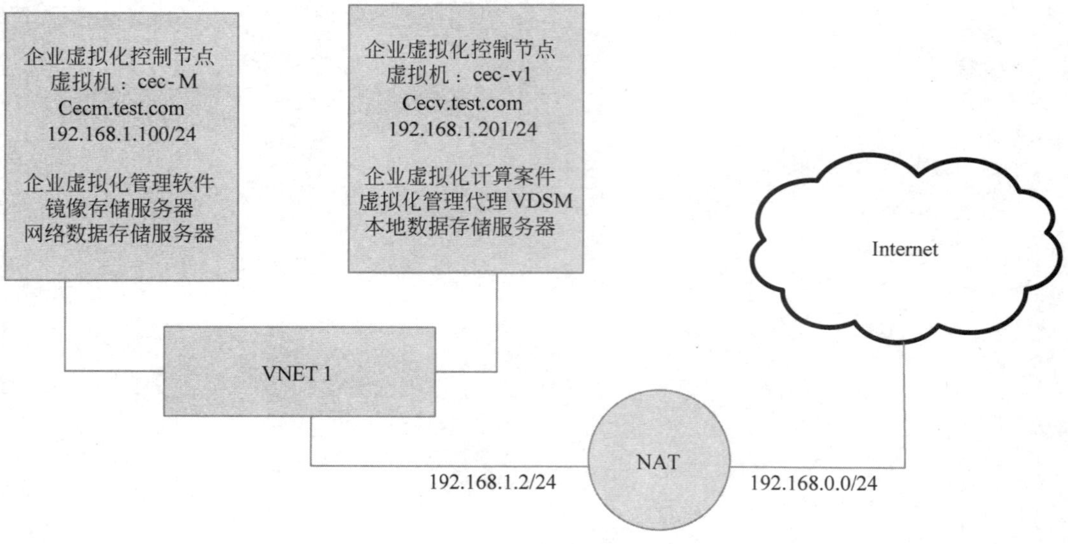

图 7-1　CecOS 企业虚拟化项目实验拓扑结构

网络工程师们计划通过两个环节对项目进行实施：第一个环节首先熟悉 CentOS Linux 上的 KVM 虚拟化技术，了解基本的 KVM 使用方法，方便日后的底层管理；第二个环节利用 CecOS 企业虚拟化建立集服务器虚拟化和桌面虚拟化为一体的工程虚拟化环境。

【项目实施】

为简化项目的实施，将此项目分解成以下几个任务来分步实施：

【任务一】使用和运维 CentOS 中的 KVM 虚拟化
【任务二】CecOS 企业云计算平台的搭建与测试

【任务一】 使用和运维 CentOS 中的 KVM 虚拟化

【任务说明】

KVM 是第一个成为原生 Linux 内核(2.6.20)的 hypervisor,它是由 Avi Kivity 开发和维护的,现在归 Red Hat 所有,支持的平台有 AMD 64 架构和 Intel 64 架构。在 RHEL 6 以上的版本,KVM 模块已经集成在内核里面。其他的一些发行版的 Linux 同时也支持 KVM,只是没有集成在内核里面,需要手动安装 KVM 才能使用。

在此任务中,将详细了解 KVM 虚拟化技术、安装包含虚拟化技术的图形界面 CentOS 系统、在 CentOS 图形界面下安装虚拟机、熟悉虚拟机管理和运维的基本命令。

【任务实施】

为简化任务的实施,将此任务分解成以下几个子任务来分步实施:

【子任务一】理解 KVM 虚拟化技术
【子任务二】安装支持 KVM 的图形 CentOS 系统
【子任务三】安装与配置 CentOS 系统中的虚拟机
【子任务四】管理和运维 CentOS 中的虚拟机

【子任务一】 理解 KVM 虚拟化技术

7.1.1

在使用 KVM 虚拟化技术之前,首先需要理解 KVM 虚拟化技术,包括 KVM 虚拟化技术对于计算机硬件的需求,分析 KVM 虚拟化技术架构,了解 KVM 的组件,了解 libvirt 组件,QEMU 组件与 virt-manager 组件,了解 KVM 所有组件的安装方法。

第 1 步:了解 CentOS 操作系统下 KVM 虚拟化的启用条件

CPU 需要 64 位,支持 Inter VT-x(指令集 vmx)或 AMD-V(指令集 svm)的辅助虚拟化技术。通常可以在装好系统的服务器中,在 Windows 下运行如下 SecurAble 工具,结果为 YES,如图 7-2 所示。

SecurAble - What security features are available?
SecurAble examines this system's processor to determine which of three useful security features are available. Security freeware by Steve Gibson
Intel Core i5-3230M CPU @ 2.60GHz
64
Yes
Yes
Click for more!
Maximum Bit Length
Hardware D.E.P.
Hardware Virtualization
Click any of the three items above to view additional detailed information about the security impact and consequences of each of these features
About
SecurAble version: [1.0.2570.1]
Copyright (c) 2007 by Gibson Research Corporation
Exit

图 7-2 Windows 下工具软件检测 CPU 虚拟化

在 Linux 系统中，如果是 Intel CPU 在终端执行【cat /proc/cpuinfo | grep vmx】命令，如果是 AMD CPU 在终端执行【cat /proc/cpuinfo | grep svm】找到 flags 部分，结果显示不为空，如图 7-3 所示，即可说明 CPU 支持并开启了硬件虚拟化功能。

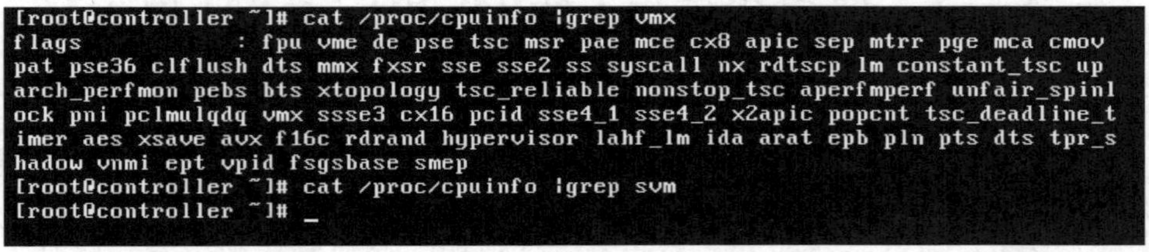

[root@controller ~]# cat /proc/cpuinfo |grep vmx
flags : fpu vme de pse tsc msr pae mce cx8 apic sep mtrr pge mca cmov
pat pse36 clflush dts mmx fxsr sse sse2 ss syscall nx rdtscp lm constant_tsc up
arch_perfmon pebs bts xtopology tsc_reliable nonstop_tsc aperfmperf unfair_spinl
ock pni pclmulqdq vmx ssse3 cx16 pcid sse4_1 sse4_2 x2apic popcnt tsc_deadline_t
imer aes xsave avx f16c rdrand hypervisor lahf_lm ida arat epb pln pts dts tpr_s
hadow vnmi ept vpid fsgsbase smep
[root@controller ~]# cat /proc/cpuinfo |grep svm
[root@controller ~]# _

图 7-3　Linux 下命令检测 CPU 虚拟化的结果

在后续的实验中，将在 VMware Workstation 软件中开启嵌套的 CPU 硬件虚拟化功能，即在虚拟机中启用 CPU 的硬件虚拟化，以保证在虚拟机中也可以完成虚拟化实验。

第 2 步：分析 KVM 虚拟化技术架构

在 CentOS 6 中，KVM 是通过 libvirt api、libvirt tool、virt-manager、virsh 这 4 个工具来实现对 KVM 管理的，KVM 可以运行 Windows、Linux、UNIX、Solaris 系统。KVM 是作为内核模块实现的，因此 Linux 只要加载该模块就会成为一个虚拟化层 hypervisor，可以简单地认为：一个标准的 Linux 内核，只要加载了 KVM 模块，这个内核就成为了一个 hypervisor，但是仅有 hypervisor 是不够的，毕竟 hypervisor 还是内核层面的程序，还需要把虚拟化在用户层面体现出来，这就需要一些模拟器来提供用户层面的操作，如 qemu-kvm 程序。

图 7-4 所示为 Linux hypervisor 基本架构。

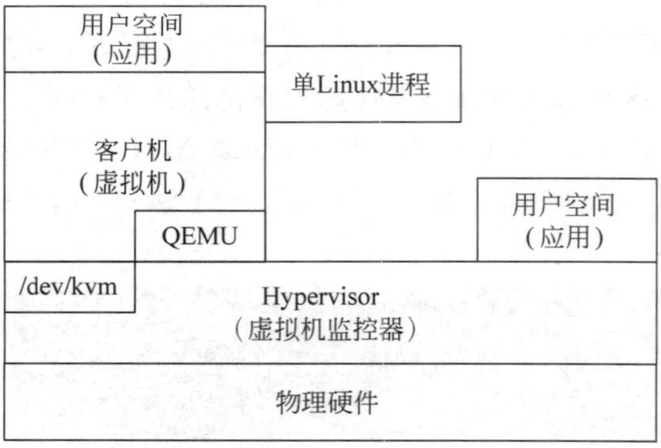

图 7-4　KVM 虚拟化的架构示意图

每个虚拟机（Guest OS）都是通过/dev/kvm 设备映射的，它们拥有自己的虚拟地址空间，该虚拟地址空间映射到主机（Host）内核的物理地址空间。KVM 使用底层硬件的虚拟化支持来提供完整的（原生）虚拟化。同虚拟机的 I/O 请求通过主机内核映射到在主机上（hypervisor）执行的 QEMU 进程。换言之，每个虚拟机的 I/O 请求都是交给/dev/kvm 这个虚拟设备，然后/dev/kvm 通过 hypervisor 访问到主机底层的硬件资源，如文件的读写、网络发送接收等。

第 3 步：了解 KVM 的组件

KVM 由以下两个组件实现。

第一个是可加载的 KVM 模块，当 Linux 内核安装该模块之后，它就可以管理虚拟化组件，并通过/proc 文件系统公开其功能，该功能在内核空间实现。

第二个组件用于平台模拟，它是由修改版 QEMU 提供的。QEMU 作为用户空间进程执行，并且在虚拟机请求方面与内核协调，该功能在用户空间实现。

当新的虚拟机在 KVM 上启动时(通过一个称为 KVM 的实用程序)，它就成为宿主操作系统的一个进程，因此就可以像其他进程一样调度它。但与传统的 Linux 进程不一样，虚拟机被 hypervisor 标识为处于“来宾”模式(独立于内核和用户模式)。每个虚拟机都是通过/dev/kvm 设备映射的，它们拥有自己的虚拟地址空间，该空间映射到主机内核的物理地址空间。如前所述，KVM 使用底层硬件的虚拟化支持来提供完整的(原生)虚拟化。I/O 请求通过主机内核映射到在主机上(hypervisor)执行的 QEMU 进程。

第 4 步：了解 libvirt 组件、QEMU 组件与 virt-manager 组件

libvirt 是一个软件集合，便于使用者管理虚拟机和其他虚拟化功能，如存储和网络接口管理等；KVM 的 QEMU 组件用于平台模拟，它是由修改版 QEMU 提供的，类似 vCenter，但功能没有 vCenter 那么强大。可以简单地理解为，libvirt 是一个工具的集合箱，用来管理 KVM，面向底层管理和操作；QEMU 是用来进行平台模拟的，面向上层管理和操作。

主要组件包介绍如下：

Qemu-kvm 包，仅仅安装 KVM 还不是一个完整意义上的虚拟机，只是安装了一个 hypervisor，类似于将 Linux 系统转化成类似于 VMware ESXi 产品的过程，该软件包必须安装一些管理工具软件包配合才能使用。

Python-virtinst 包，提供创建虚拟机的 virt-install 命令。

libvirt 包，libvirt 是一个可与管理程序互动的 API 程序库。libvirt 使用 xm 虚拟化构架以及 virsh 命令行工具管理和控制虚拟机。

libvirt-python 包，该软件包中含有一个模块，它允许由 Python 编程语言编写的应用程序使用。

virt-manager 包，virt-manager 也称为 Virtual Machine Manager，它可为管理虚拟机提供图形工具，使用 libvirt 程序库作为管理 API。

第 5 步：了解 KVM 所有组件的安装方法

在已经安装好的 CentOS 系统中，如果没有包含虚拟化功能，可以在配置好 yum 的情况下，使用【yum install qemu-kvm virt-manager libvirt libvirt-python python-virtinst libvirt-client -y】命令完成虚拟化管理扩展包的安装。这些软件包提供了非常丰富的工具用来管理 KVM。有的是命令行工具，有的是图形化工具。

也可以使用 CentOS 中的软件包组进行安装，软件包组名称为 Virtualization、VirtualizationClient。

【子任务二】 安装支持 KVM 的图形 CentOS 系统

在前面的【项目二】的【任务二】下【子任务四】中，详细介绍了 CentOS 的安装过程，安装支持 KVM 的图形 CentOS 系统大致过程一样，在此重点介绍其安装 KVM 的过程。

第 1 步：新建虚拟机

在 VMware Workstation 中使用默认配置新建一台虚拟机，客户机操作系统类型为"CentOS 64 位"，虚拟机名为 C-KVM，如图 7-5 和图 7-6 所示。

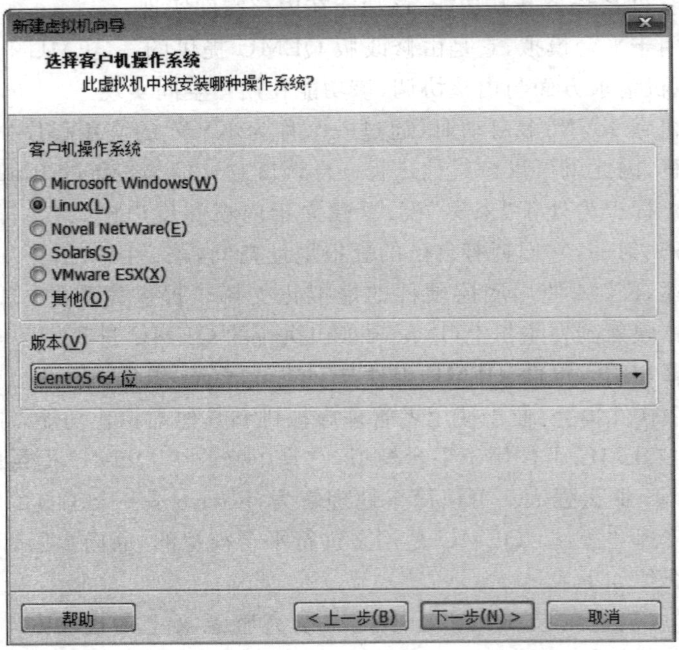

图 7-5　新建实验虚拟机使用模板

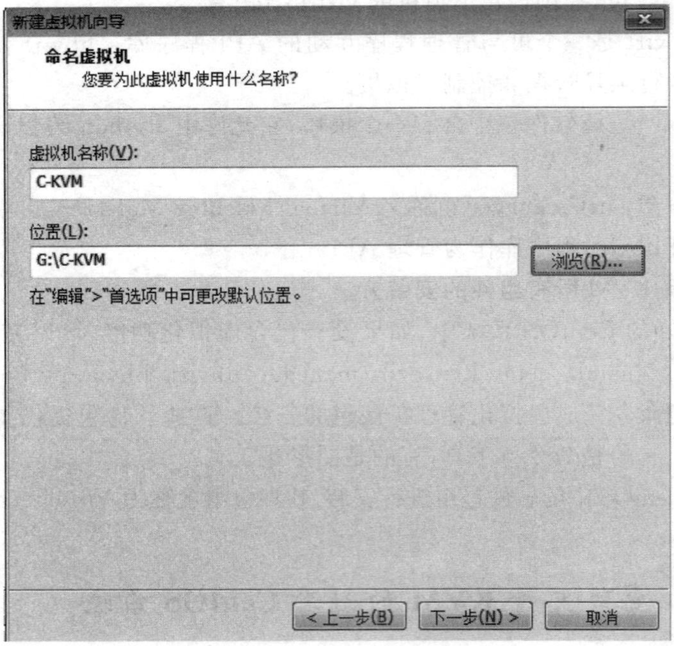

图 7-6　修改虚拟机名称

硬盘设置为 500GB 和选中“将虚拟磁盘存储为单个文件”，如图 7-7 所示。

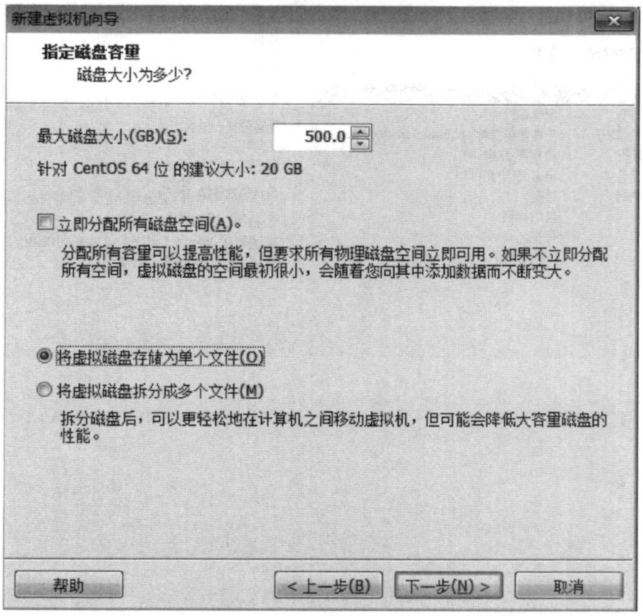
新建虚拟机向导
指定磁盘容量
磁盘大小为多少?
最大磁盘大小(GB)(S):
500.0
针对 CentOS 64 位 的建议大小: 20 GB
立即分配所有磁盘空间(A)。
分配所有容量可以提高性能，但要求所有物理磁盘空间立即可用。如果不立即分配所有空间，虚拟磁盘的空间最初很小，会随着您向其中添加数据而不断变大。
将虚拟磁盘存储为单个文件(O)
将虚拟磁盘拆分成多个文件(M)
拆分磁盘后，可以更轻松地在计算机之间移动虚拟机，但可能会降低大容量磁盘的性能。
帮助
< 上一步(B)
下一步(N) >
取消

图 7-7　虚拟机硬盘设置

在“自定义硬件”设置中，为使虚拟机具备安装和支持“KVM 虚拟化”的条件，需修改虚拟机的配置：内存 2GB，处理器数量 2 个，启用“虚拟化 Inter VT-x 或 AMD-V/RVI”，网络设置为双网卡，网卡 1 使用桥接模式(192.168.223.0/24)，网卡 2 使用自定义 VMnet1(网络为 192.168.19.0/24)，DVD 光盘挂载 CentOS6.5 X86 64-bin.iso 虚拟光盘，设置后如图 7-8 所示。全部创建完后启动该虚拟机。

第 2 步：安装支持 KVM 的 CentOS 6.5 操作系统

启动该虚拟机后，看到 CentOS 6.5 安装向导，选择默认的第一项 Install or upgrade an existing system，选择 Skip 跳过光盘测试，选择 Chinese(simplified)(中文(简体))语言，选择“美国英语式”键盘布局，选择“是”忽略所有数据，初始化硬盘数据，设置计算机主机名为 KVMServer，选择系统时区为“亚洲/上海”，系统时钟使用 UTC 时间，设置系统根账号的密码，并重复输入两次(请记住输入的根密码，方便在登录系统时使用)，如果密码过于简单，会出现脆弱密码提示，单击“无论如何都使用”按钮，选择“使用所有空间”，用于安装一个新的 CentOS 系统，单击“将修改写入磁盘”按钮，将磁盘进行格式化等操作。文件系统初始化完后，将进入安装软件包类型选择界面，为了启用图形化的 KVM 虚拟化的功能，选择 Desktop，并选中“现在自定义”，如图 7-9 所示。

如图 7-10 所示，在软件包选择向导中，选择“虚拟化”功能，再选中“虚拟化”“虚拟化客户端”“虚拟化工具”“虚拟化平台”4 个虚拟化包组。

然后安装向导进入系统软件包的安装过程，大约要花费十几分钟的时间，安装完后选择重新引导。

第 3 步：首次设置

重新引导系统后，进入“首次设置”的欢迎界面，在许可证信息界面，选择“是，我同意许

图 7-8　修改各项硬件参数并设置启用嵌套虚拟化支持

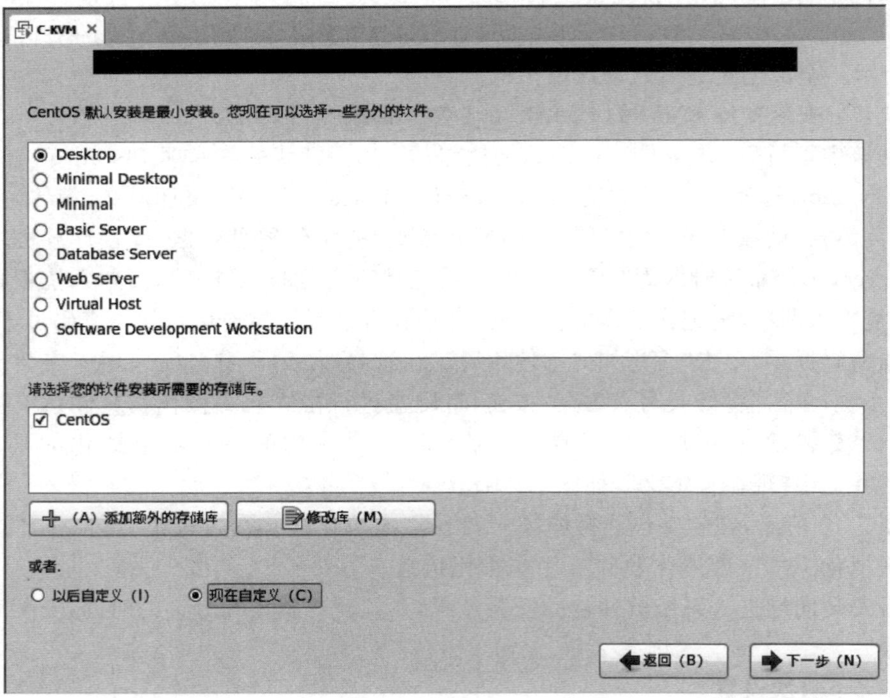

图 7-9　安装软件包类型选择界面

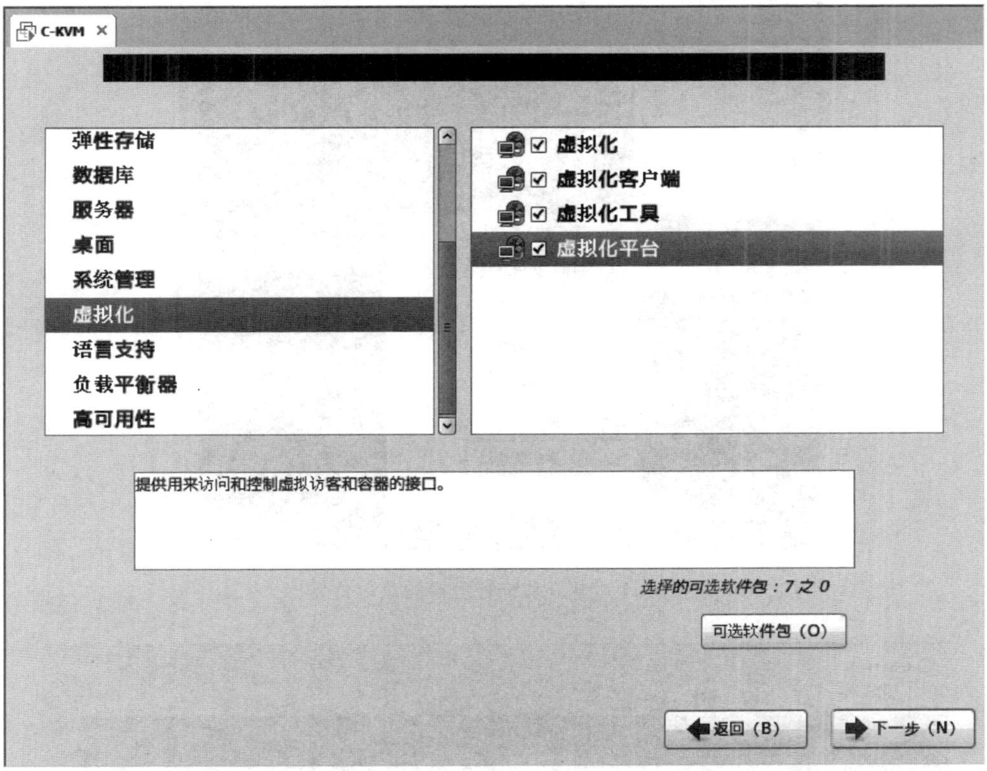

图 7-10　自定义软件包组向导

可证协议”，在创建用户界面，创建一个 kvmuser 用户，并设置密码，在系统日期和时间界面，直接单击“前进”按钮。在 kdump 设置界面，取消选中“启用 kdump”选项，单击“完成”按钮；重新启动进入系统登录界面。

第 4 步：登录系统

如图 7-11 所示，使用 kvmuser 用户和密码登录系统，选择“应用程序”→“系统工具”→“虚拟系统管理器”，用于确认是否安装了 KVM 虚拟化图形管理器。

如图 7-12 所示，打开“虚拟系统管理器”后，用根用户密码验证进入该软件的界面。至此，带有虚拟化功能的 CentOS 系统就已经安装好了。

第 5 步：关闭 Selinux 与防火墙

为避免在后续的任务中增加初学者的难度，我们通常在系统安装完后关闭系统的 Selinux 和防火墙两项功能。

禁用 Selinux：在超级用户（root）终端中使用“vim /etc/sysconfig/selinux”命令，找到 SELINUX＝enforcing 行，将 SELINUX＝enforcing 修改为 SELINUX＝disabled。重新启动系统生效，使用 getenfoce 命令进行检查，如果返回 disabled，即为设置成功。

禁用防火墙：在超级用户（root）终端中使用执行 chkconfig iptables off 和 service iptables stop 命令，即可关闭服务器。

图 7-11　虚拟系统管理器的菜单位置

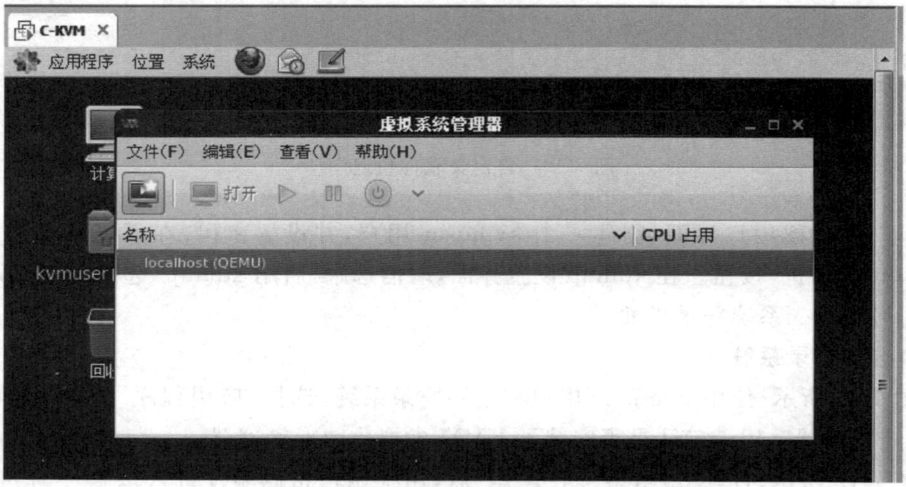

图 7-12　虚拟系统管理器界面

【子任务三】　安装与配置 CentOS 系统中的虚拟机

在前面的【子任务二】中，已经安装好了一台支持 KVM 虚拟机技术的 CentOS 操作系统，在此任务中，将在前面安装好的 CentOS 系统中安装一台虚拟机。

第 1 步：在虚拟系统管理器中添加一台新的虚拟机

选择“应用程序”→“系统工具”→“虚拟系统管理器”，右击 localhost(QEMU)管理器，选择“新建”命令，出现“新建虚拟机”添加向导，将通过以下 5 步完成虚拟机的创建。

(1) 如图 7-13 所示，输入虚拟机名称为 Test，同时确认 WMware Workstation 中是否插入了系统光盘，确认后，选择“本地安装介质(ISO 映像或者光驱)”。

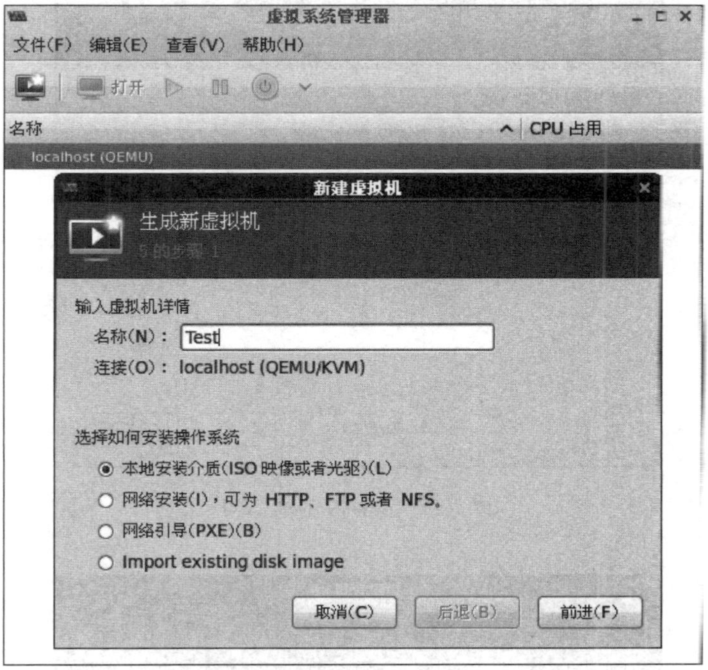

图 7-13 设置虚拟机名称

(2) 如图 7-14 所示，选择安装介质和操作系统类型，安装介质选择“使用 CD-ROM 或 DVD”，操作系统类型选择 Linux，版本为 Red Hat Enterprise Linux 6，单击“前进”按钮。

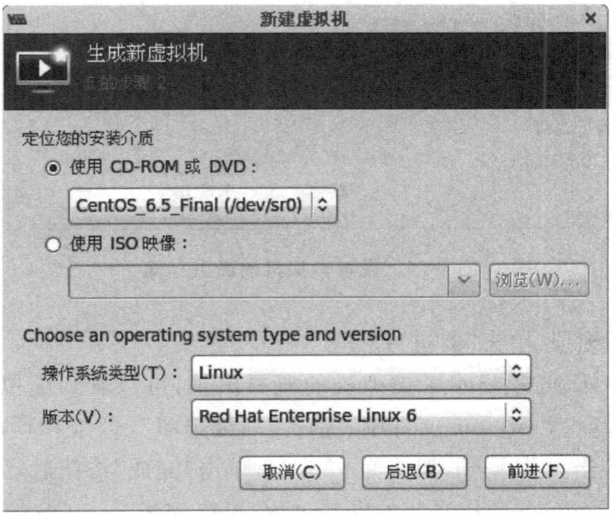

图 7-14 设置安装介质和操作系统类型

(3) 如图 7-15 所示，设置虚拟机的内存为 1024MB，CPU 为 1 个，单击“前进”按钮。

(4) 如图 7-16 所示，设置“为虚拟机启用存储”，存储磁盘映像大小为 20GB，取消选中

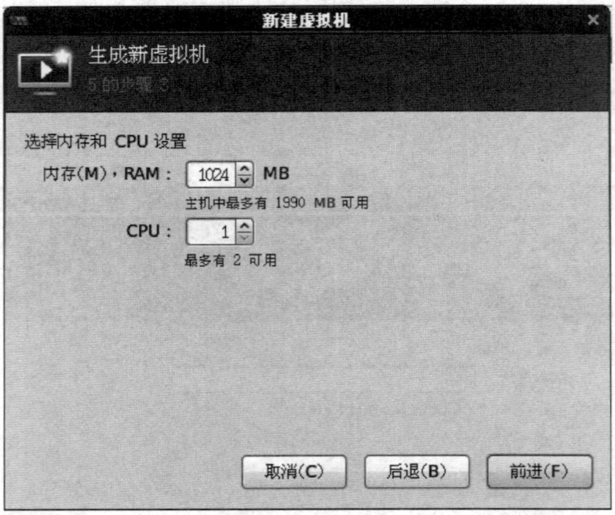

图 7-15　设置内存和 CPU

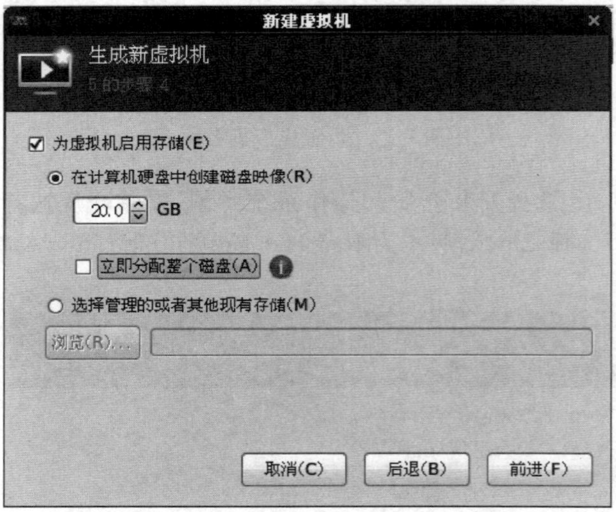

图 7-16　设置虚拟机的磁盘存储

"立即分配整个磁盘"选项，单击"前进"按钮。

(5) 如图 7-17 所示，这里显示了虚拟机的概要信息，可以看到虚拟机硬盘文件存储在/var/lib/libvirt/images/Test.img 文件中；单击"高级选项"，可以看到，默认的虚拟机网络采用 NAT 模式，虚拟类型为 kvm，架构为 x86_64，单击"完成"按钮后，如图 7-18 所示，虚拟机自动启动，进入了 CentOS 操作系统的安装过程，可以完成 CentOS 的全部安装流程。

第 2 步：管理虚拟系统

在虚拟系统管理器中，可以使用"编辑"菜单中的 Connection Details 命令，在这里可以对整个虚拟系统的网络和存储进行设置，主要包括 4 个功能选项卡。

(1) 概况：整个虚拟系统的信息概况显示、监控和统计，如图 7-19 所示。

图 7-17 设置虚拟机的网络

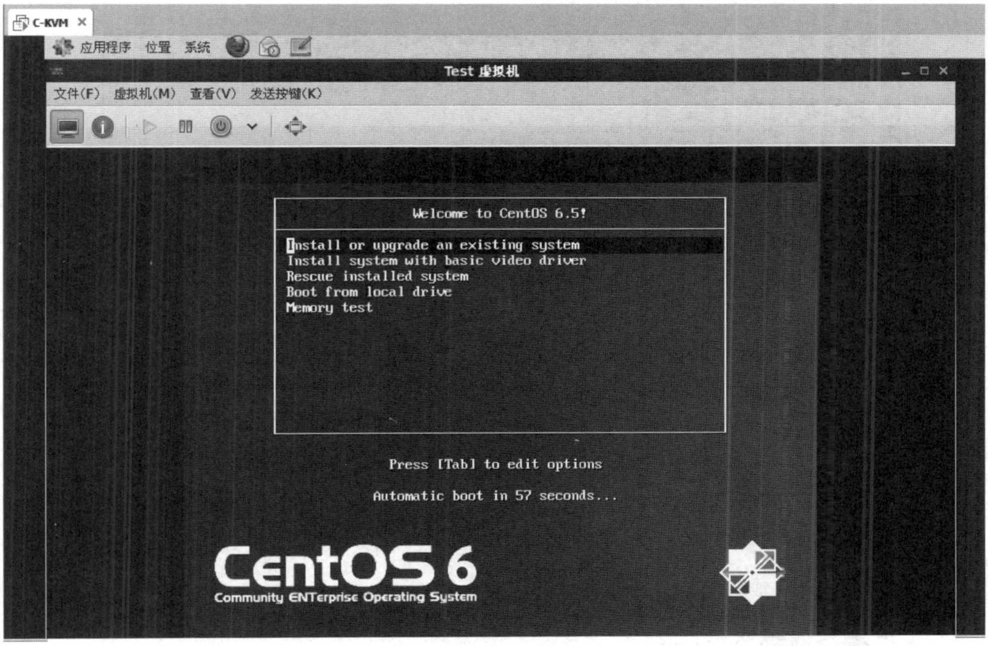

图 7-18 虚拟机启动后的系统安装界面

(2) 虚拟网络：用于设置若干个内部网络的类型，可以实现隔离的内部网络和 NAT 网络两种功能，默认含有一个 default 网络可以实现 NAT 网络转发功能，虚拟机通过该网络

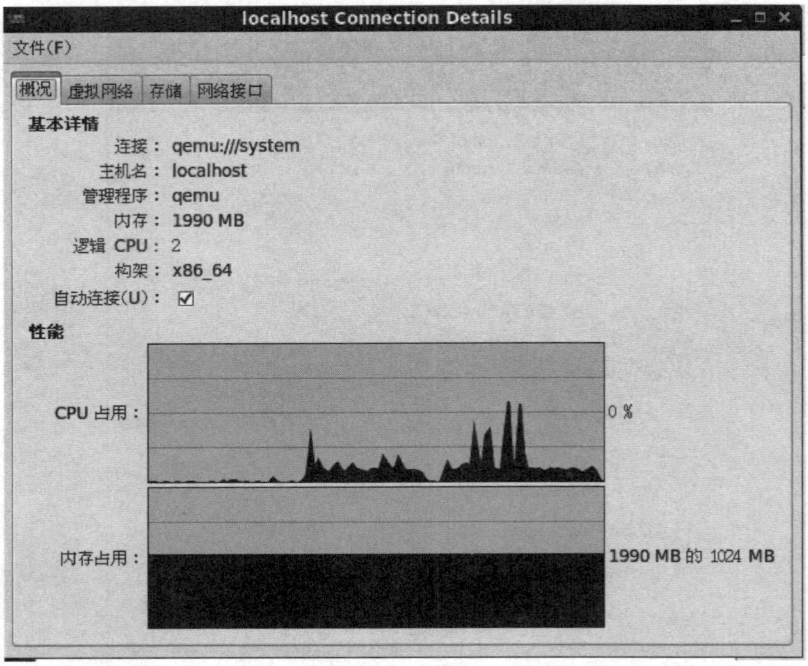

图 7-19　虚拟机概况

可路由到外部网络中，如图 7-20 所示。

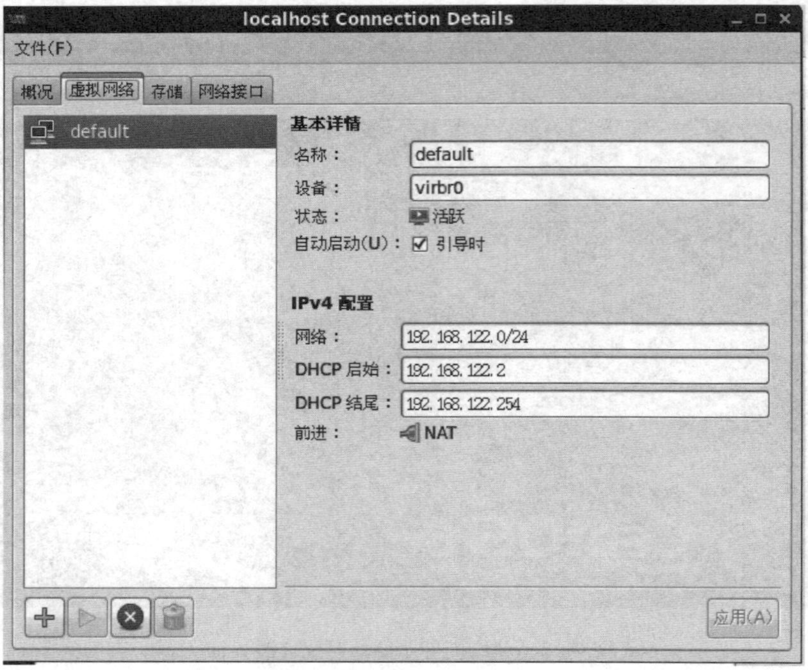

图 7-20　虚拟机的虚拟网络

(3) 存储：主要设置系统的镜像存储的位置和显示镜像存储的信息，如图 7-21 所示。

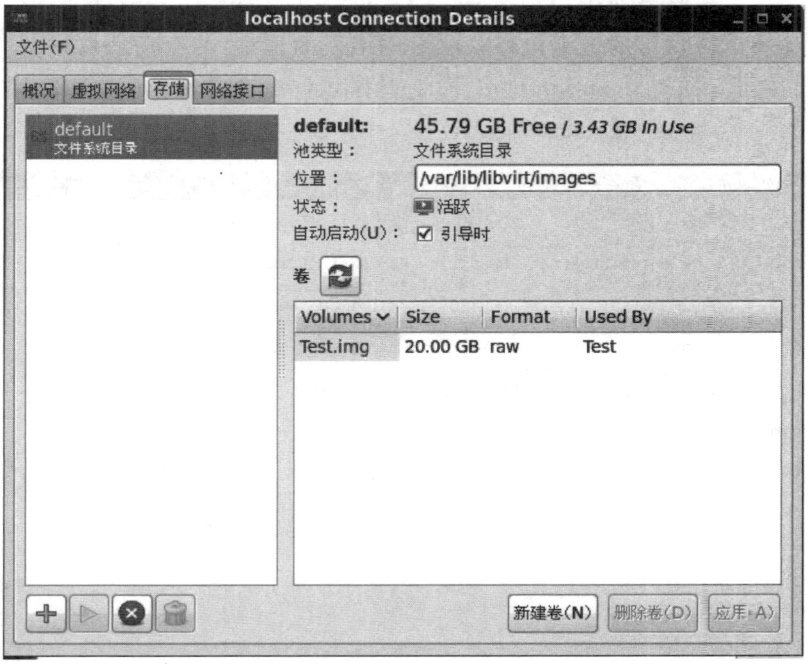

图 7-21　虚拟机的存储

(4) 网络接口：设置虚拟机的接口信息，使虚拟机通过显示的接口列表连接到相应的网络中去，实现网络功能，如图 7-22 所示。

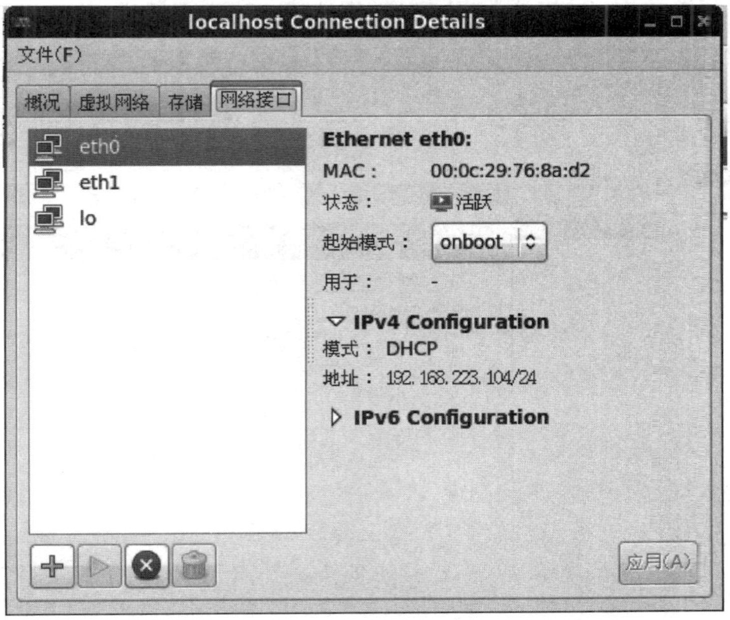

图 7-22　虚拟机的网络接口

第 3 步：设置虚拟系统网络

NAT 网络：在图形界面中可以看到 NAT 网络 Default 的 IPv4 网络段为 192.168.122.0/24，代表接入该网络的虚拟机将获取该网络段的地址，并自动获取网关为 192.168.122.1，在系统中可以通过 ifconfig virbr0 命令查看 virbr0 的网卡地址为 192.168.122.1，如图 7-23 所示。

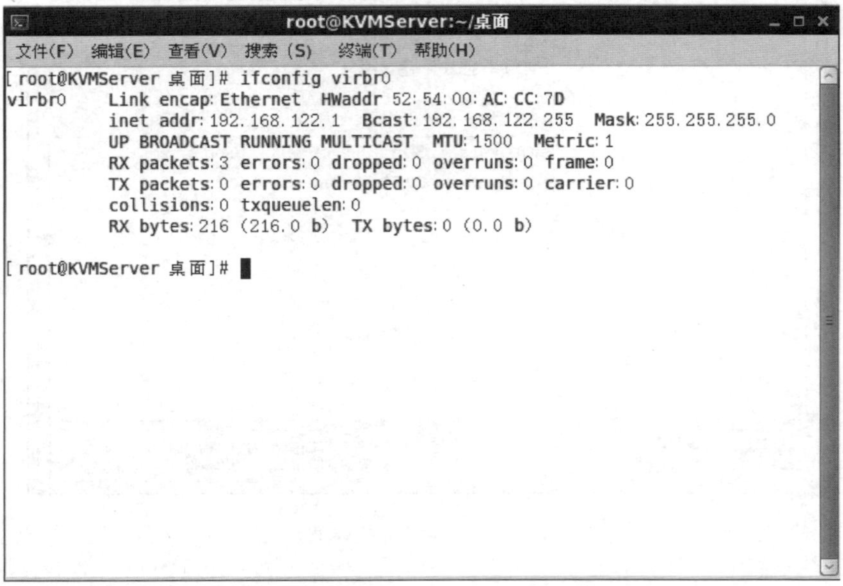

图 7-23　NAT 网关信息

隔离网络：如图 7-24 所示，在“虚拟网络”中新建一个虚拟网络，命名为 net1。

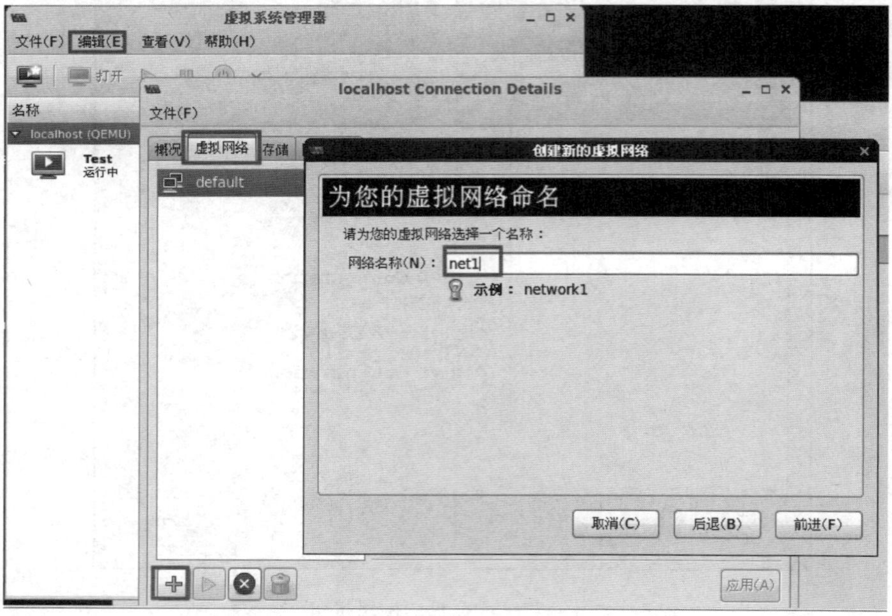

图 7-24　虚拟网络名称

如图 7-25 所示，设置内部网络地址为 192.168.100.0/24。

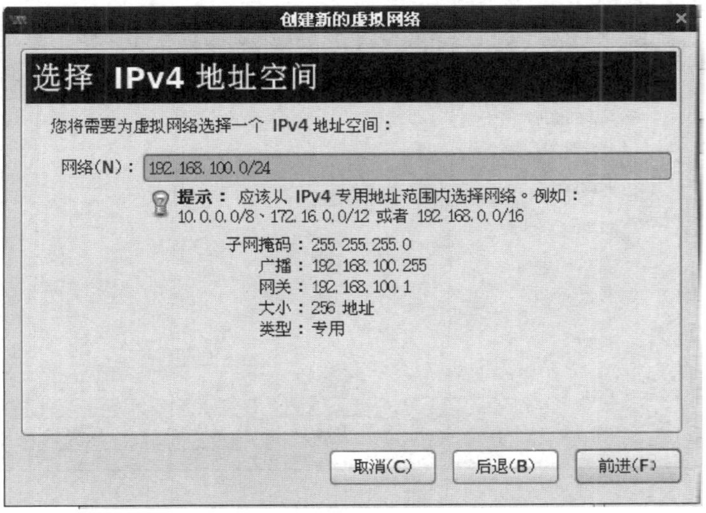

图 7-25　虚拟网络 IP 配置

如图 7-26 所示，设置 DHCP 的 IP 地址分配范围；如图 7-27 所示，设置网络为“隔离的虚拟网络”。

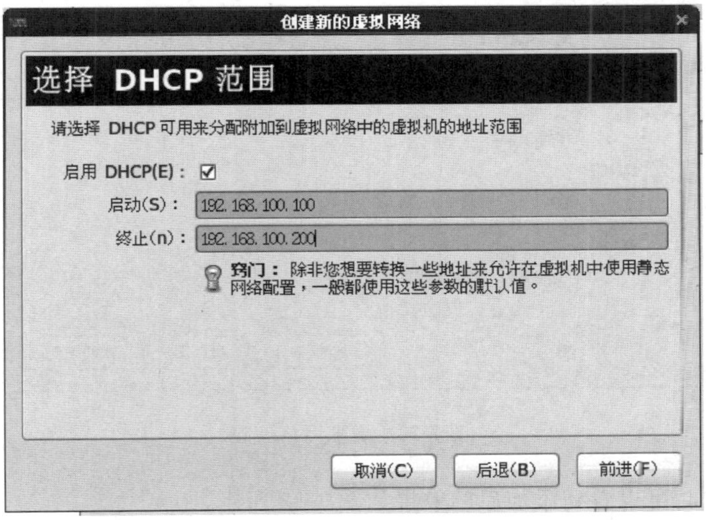

图 7-26　虚拟网络 DHCP 设置

如图 7-28 所示，在生成信息小结后，完成网络的创建。如图 7-29 所示，系统将自动生成一个名为 virbr1 的系统内部网卡作为内部网关，地址为 192.168.100.1。

第 4 步：设置虚拟系统存储池

在虚拟存储池界面单击“添加”符号，系统支持 8 个类型的存储池设置，如图 7-30 所示，在这里将添加一个名称为 storage、类型为“dir：文件系统目录”的存储池。

如图 7-31 所示，使用 mkdir/storage 命令在根目录下创建一个目录，将该目录设置为存

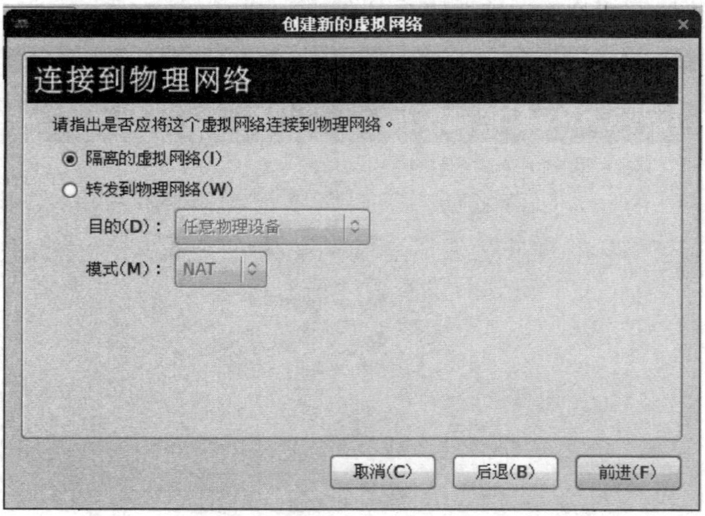

图 7-27　设置物理网络连接

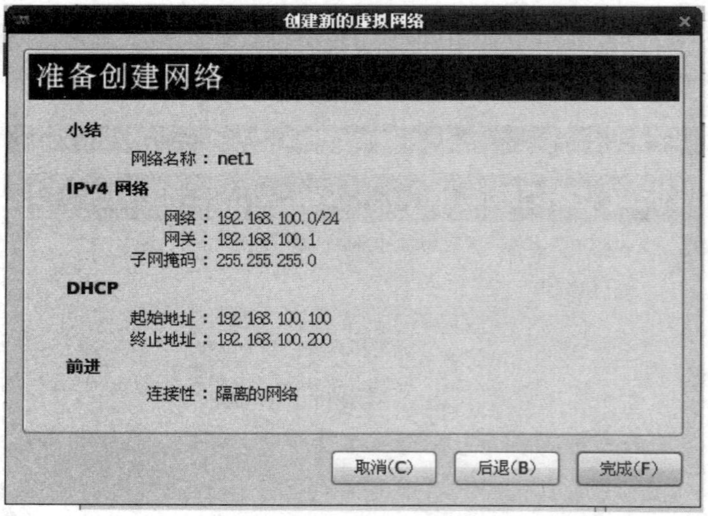

图 7-28　虚拟网络创建

储池的位置。此时可以看到添加后的效果如图 7-32 所示。

第 5 步：设置网络接口(桥接)

在网络接口设置项目中，可以添加和设置网络接口，用于虚拟机接口设备，主要支持 4 种接口模式：桥接、绑定、以太网(Ethernet)、虚拟局域网(VLAN)。因为在实际应用中桥接是使用最为广泛的网络连接方式，因此本节介绍一下桥接网络的添加步骤。

单击网络接口界面中的“添加”选项，出现图 7-33 所示的界面，选择“桥接”模式，单击“前进”按钮；接着添加一个 br0 桥接网卡，并将 br0 桥接到 eth0 外网网卡上，设置 Startmode 为“开机启动(onboot)”，设置为“Activate'Now”，单击 IP setting 的 Configure 按钮，设置静态 IP 为 192.168.0.10，网关为 192.168.0.1，设置 Bridge setting 中的 STP 为

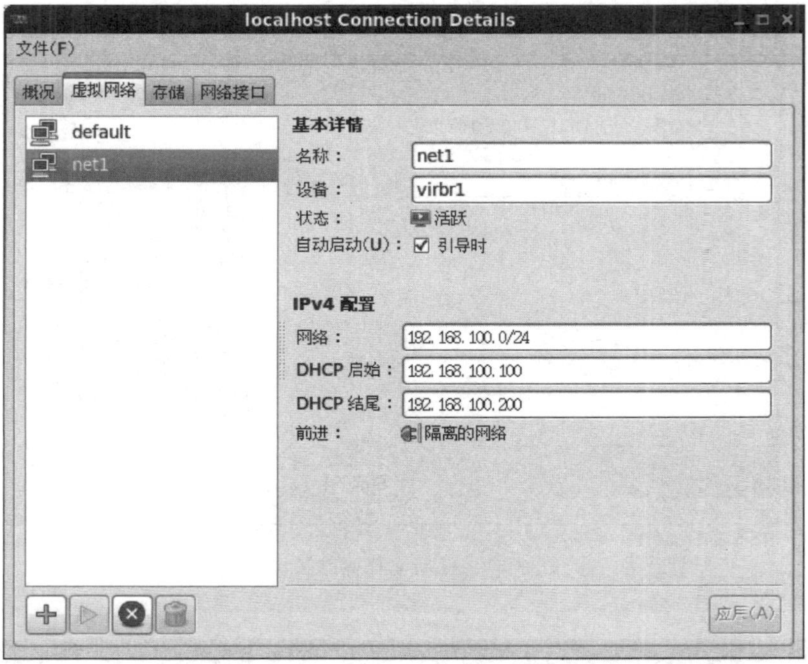

图 7-29　创建后的虚拟网络信息

图 7-30　存储池名称类型设置

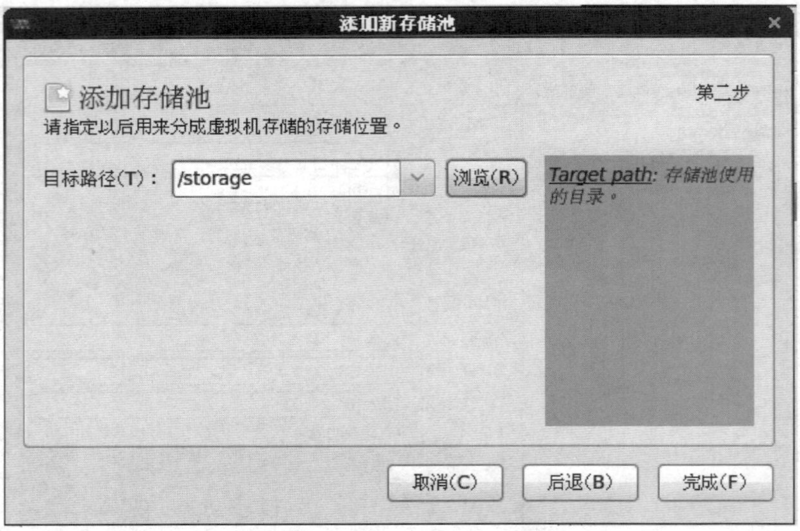

图 7-31　存储池目标路径设置

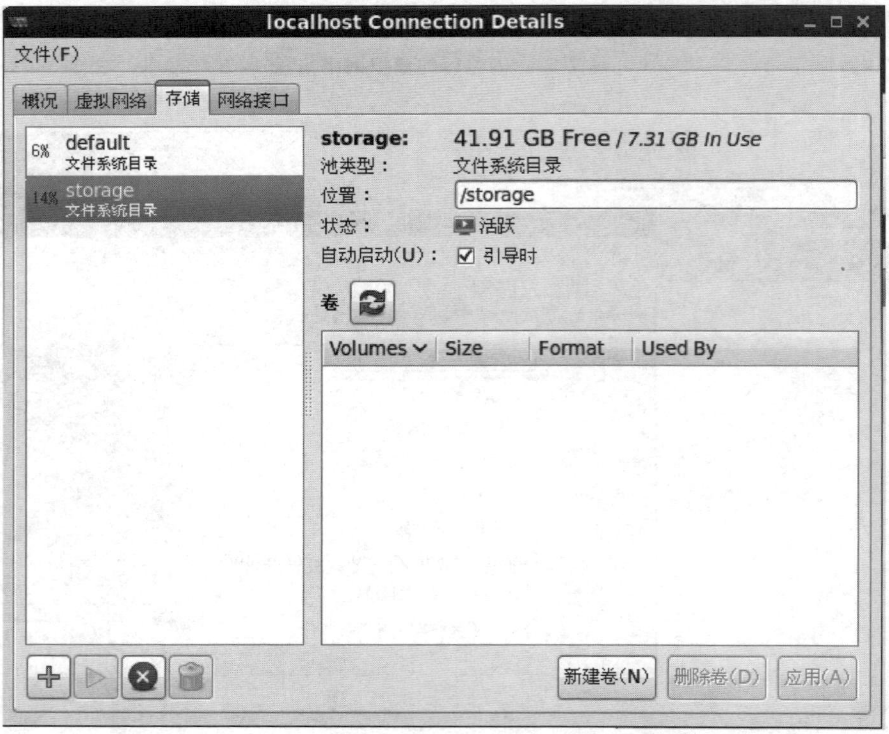

图 7-32　存储池添加后的信息

off，如图 7-34～图 7-36 所示。设置完成后可以得到图 7-37 所示的桥接网卡状况。

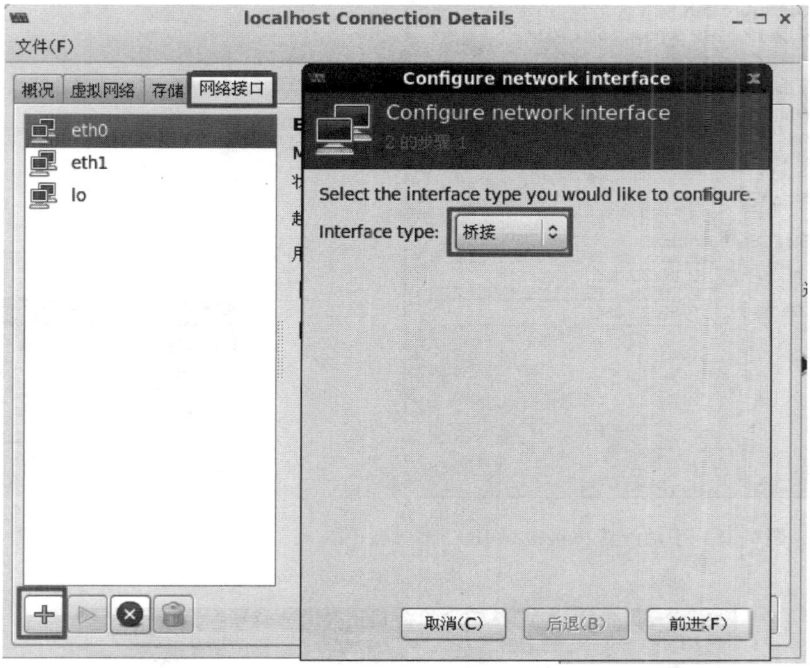

图 7-33　接口类型配置

图 7-34　网卡接口信息配置

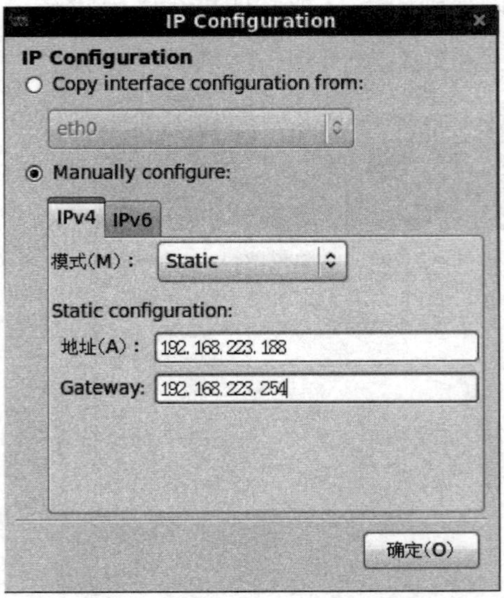

图 7-35　手动配置桥接接口 IP

图 7-36　桥接设置

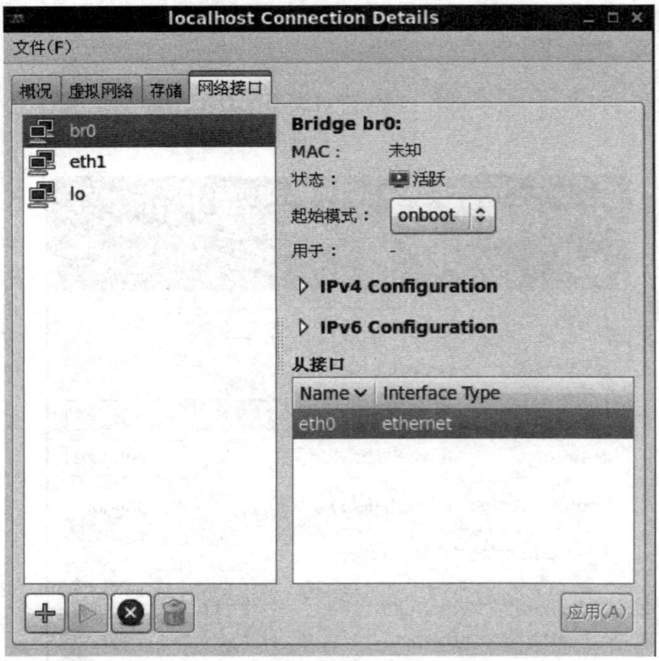

图 7-37　设置后的桥接网卡信息

设置完成后可以在系统终端中输入 ifconfig br0 命令，可以查看到 br0 网卡已经被桥接到外部网络了，今后连接到该接口上的虚拟机就可以直接配置外部地址进行相互访问了，如图 7-38 所示。

第 6 步：安装虚拟机

在虚拟机启动后，可以按照 CentOS 安装向导，参照本章前面的步骤安装一台 Minimal

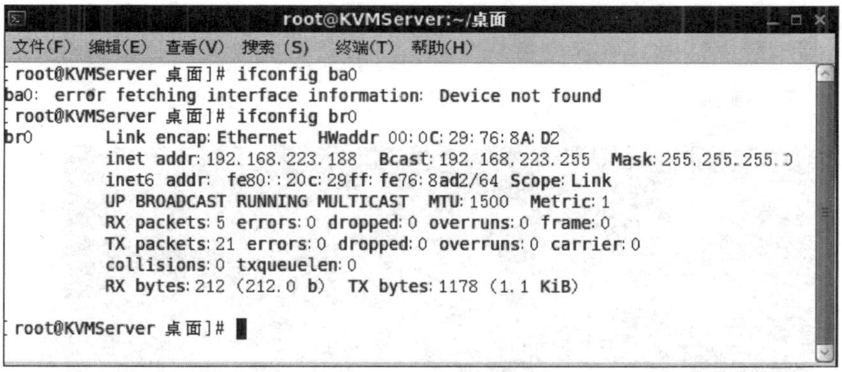

图 7-38 查看 br0 网卡信息

Desktop 模板的系统，设置主机名为 Test，关键步骤安装选择 Minimal Desktop 类型，如图 7-39 所示。安装完成后的系统如图 7-40 所示。

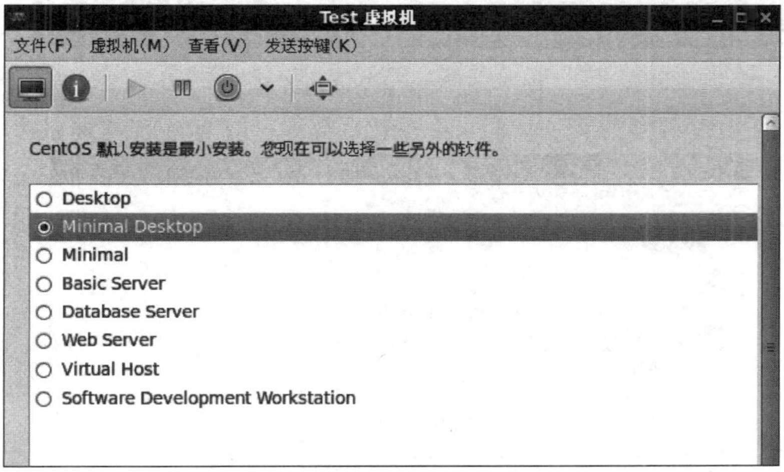

图 7-39 安装类型选择 Minimal Desktop 类型

第 7 步：设置虚拟机的参数信息

从图 7-41 所示的虚拟机信息页中，可以看到 Test 虚拟机的所有硬件属性，主要内容如下。

Overview：虚拟机概况；

Performance：虚拟机性能监控图表；

Processor：虚拟机处理器信息设置；

Memory：虚拟机内存信息设置；

Boot Options：启动设备参数；

VirtIO Disk 1：虚拟机磁盘信息；

IDE CDROM 1：虚拟光驱信息；

NIC：XX：XX：XX：网卡信息(XX：XX：XX 为网卡 MAC 后 6 段地址)；

表格：虚拟光标设备；

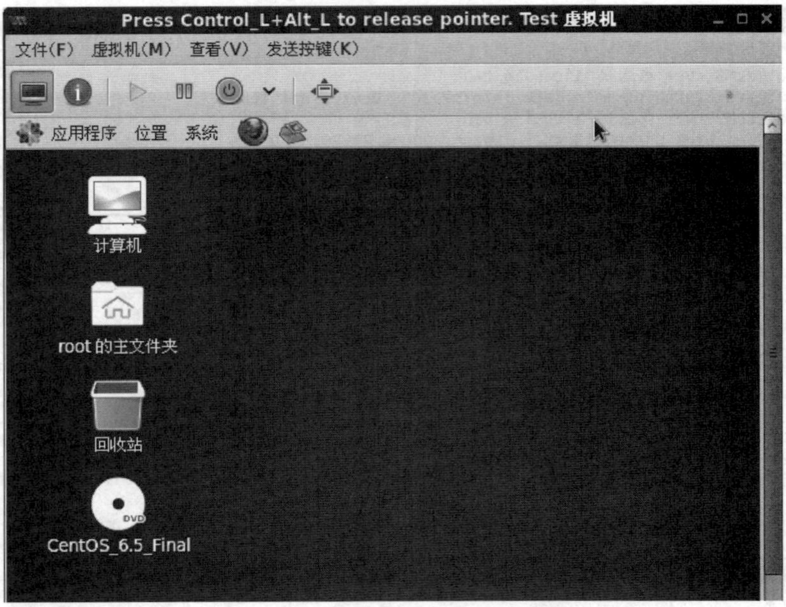

图 7-40 安装后启动的效果

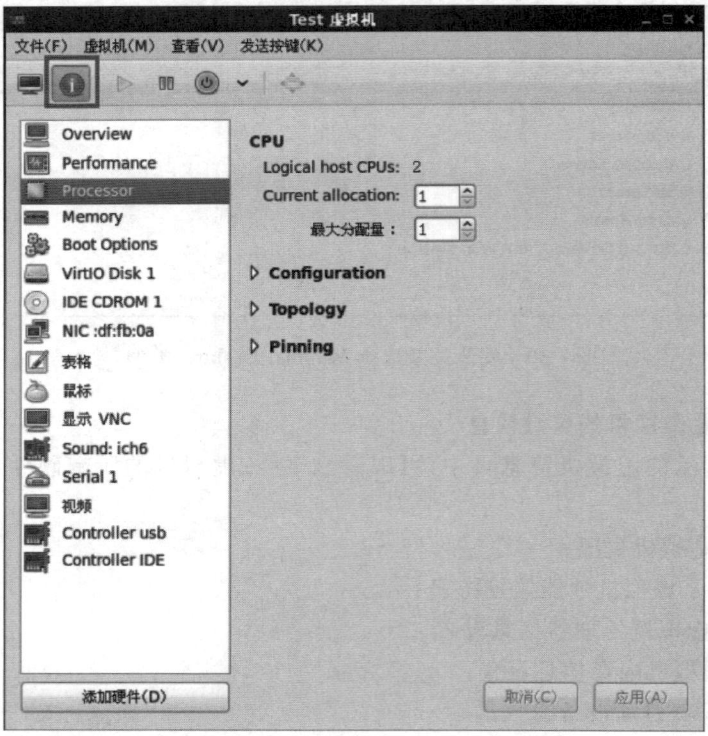

图 7-41 虚拟机信息页

鼠标：虚拟鼠标设备；

显示 VNC：虚拟机显示连接协议；

Sound：ich6：声卡设置；

Serial 1：串口设置；

视频：虚拟机显卡设置；

Controller usb：虚拟 USB 设备控制器；

Controller IDE：虚拟 IDE 设备控制器。

以上具体功能设置均较为简单，使用者可尝试修改一些常规参数任务，如修改系统的内存大小、修改系统文件系统的引导启动顺序、修改 CPU 的个数等。接下来重点介绍网络和显示部分的设置。

第 8 步：设置虚拟机 NAT 网络

虚拟机安装好后，如果只需要访问外部网络，而不需要被外部网络访问，默认使用的 NAT 网络方式即可实现要求。但是由于 NAT 模式需要系统服务的支持，因此要想实现 NAT 功能，需要在系统中启用路由转发功能方可实现 NAT，具体方法如下。

在超级用户终端中执行“vim /etc/sysctl.conf”命令编辑/etc/sysctl.conf 这个文件，找到 net.ipv4.ip_forward=0，将 net.ipv4.ip_forward=0 值修改为 net.ipv4.ip_forward=1，然后执行 sysctl-p 命令，即可使用 NAT 功能。

第 9 步：设置虚拟机桥接网络

如果需要安装的服务器能够被外部网络访问，一般将虚拟机的网卡设置为使用桥接网络，在虚拟机详细信息页中，将网卡的源设备设置为“主机设备 eth0（桥接‘br0’）”，如图 7-42 所示，然后关闭虚拟机并重新启动该虚拟机，虚拟机即可与外部网络直接进行桥接访问。

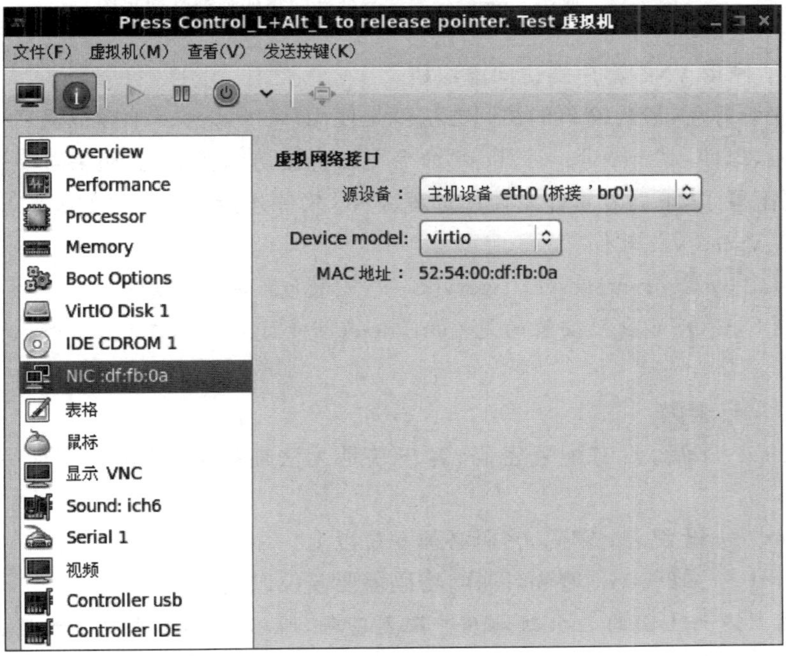

图 7-42 虚拟机桥接接口的设置

例如，如图 7-43 所示，将虚拟机内部的 eth0 网卡地址设置为 192.168.223.88，网关设置为 192.168.223.254，DNS 为适当的正确设置，则虚拟机即可访问互联网。

```
root@Test:~
文件(F) 编辑(E) 查看(V) 搜索(S) 终端(T) 帮助(H)
[root@Test ~]# ifconfig eth0
eth0      Link encap:Ethernet  HWaddr 52:54:00:DF:FB:0A
          inet addr:192.168.223.88  Bcast:192.168.223.255  Mask:255.255.255.0
          inet6 addr: fe80::5054:ff:fedf:fb0a/64 Scope:Link
          UP BROADCAST RUNNING MULTICAST  MTU:1500  Metric:1
          RX packets:105 errors:0 dropped:0 overruns:0 frame:0
          TX packets:34 errors:0 dropped:0 overruns:0 carrier:0
          collisions:0 txqueuelen:1000
          RX bytes:8945 (8.7 KiB)  TX bytes:3226 (3.1 KiB)

[root@Test ~]#
```

图 7-43　eth0 网卡配置效果图

可以使用 ping 命令测试与外部网络的连通性，结果如图 7-44 所示。

```
root@Test:~
文件(F) 编辑(E) 查看(V) 搜索(S) 终端(T) 帮助(H)
[root@Test ~]#
[root@Test ~]# ping www.baidu.com
PING www.baidu.com (14.215.177.37) 56(84) bytes of data.
64 bytes from 14.215.177.37: icmp_seq=1 ttl=55 time=18.8 ms
64 bytes from 14.215.177.37: icmp_seq=2 ttl=55 time=11.1 ms
64 bytes from 14.215.177.37: icmp_seq=3 ttl=55 time=11.4 ms
^C
--- www.baidu.com ping statistics ---
3 packets transmitted, 3 received, 0% packet loss, time 2654ms
rtt min/avg/max/mdev = 11.101/13.791/18.868/3.594 ms
[root@Test ~]#
```

图 7-44　使用 ping 命令测试与外部网络的连通性效果图

第 10 步：使用 VNC 客户端访问虚拟机

虚拟机安装好后，最为简单的访问方法就是使用"virt-viewer ＋虚拟机名"的方法，直接访问该虚拟机，如使用"virt-viewer Test"命令可以直接访问虚拟机，如果需要远程访问该虚拟机，就需要配置了，下面着重介绍使用远程 VNC 软件连接此虚拟机的配置步骤。

(1) 安装 vncserver 软件。

yum install -y tigervnc-server tigervnc——安装 vncserver 软件。

注意：在 CentOS 6.x 里安装的是 tigervnc-server tigervnc，在 CentOS 5.x 里面是 vnc-server vnc*。

(2) 配置 vnc 密码。

运行 vncserver 后，没有配置密码，客户端是无法连接的，通过如下命令设置与修改密码：

vncserver——设置 vnc 密码，密码必须 6 位以上。

vncpasswd——修改 vnc 密码，同样，密码需要 6 位以上。

注意：这里是为上面的 root 远程用户配置密码，所以在 root 账户下配置；为别的账户配置密码，就要切换用户，在别的账户下设密码。

（3）配置为使用 gnome 桌面。

用“vim /root/.vnc/xstartup”命令打开 gnome 桌面的主配置文件，修改该文件，把最后的“ twm & ”删除掉，再加上“gnome-session &”。

（4）配置 vncserver 启动后监听端口和环境参数。

利用“vim /etc/sysconfig/vncservers”命令修改配置文件，在最后面加入如下两行内容：

```
VNCSERVERS = "1:root"
VNCSERVERARGS[1] = " - geometry 1024x768"  - alwaysshared  - depth 24"
```

注意：

（1）上面第一行是设定可以使用 VNC 服务器的账号，可以设定多个，但中间要用空格隔开。注意前面的数字 1 或 2，当你要从其他计算机来 VNC 服务器时，就需要用 IP:1 这种方法，而不能直接用 IP。如假定你的 VNC 服务器 IP 是 192.168.1.100，那么在想进入 VNC 服务器，并以 peter 用户登录时，需要在 vncviewer 里输入 IP 的地方输入：192.168.1.100:1，如果是 root，那就是 192.168.1.100:2；

（2）下面行[1]最好与上面那个相对应，后面的 1024x768 可以换成你的计算机支持的分辨率。注意中间的“x”不是“ * ”，而是小写字母“x”。

（3）-alwaysshared 表示同一个显示端口允许多用户同时登录-depth 代为色深，参数有 8、16、24、32 等。

（5）设置 vncserver 服务在系统中运行。

修改任务有关 vncserver 服务的服务后都需要重新启动相关的服务：

service vncserver restart——重启 vncserver 服务。

chkconfig vncserver on——设置 vncserver 开机自动启动。

（6）测试登录。

在网上输入 VNC Viewer 关键字搜索并下载 VNC Viewer，安装并打开，界面如图 7-45 所示。

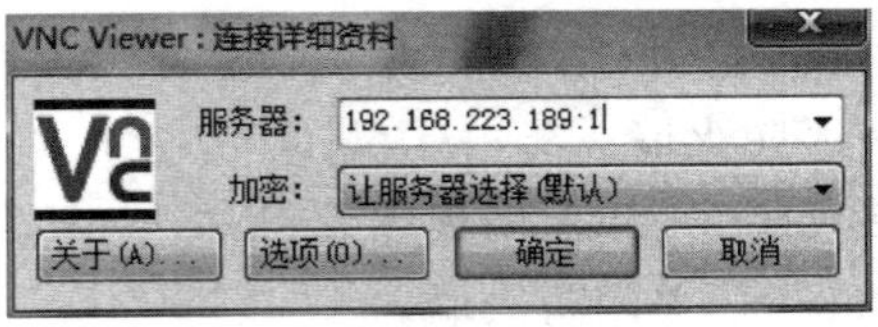

图 7-45　VNC Viewer 连接远程主机界面

输入：服务器端 IP:1，然后单击“确定”按钮，打开如图 7-46 所示的要求输入 root 密码提示框。

图 7-46　VNC Viewer 要求输入 root 密码提示框

输入 root 账号的密码，单击"确定"按钮，即可登录成功，登录成功的界面如图 7-47 所示。

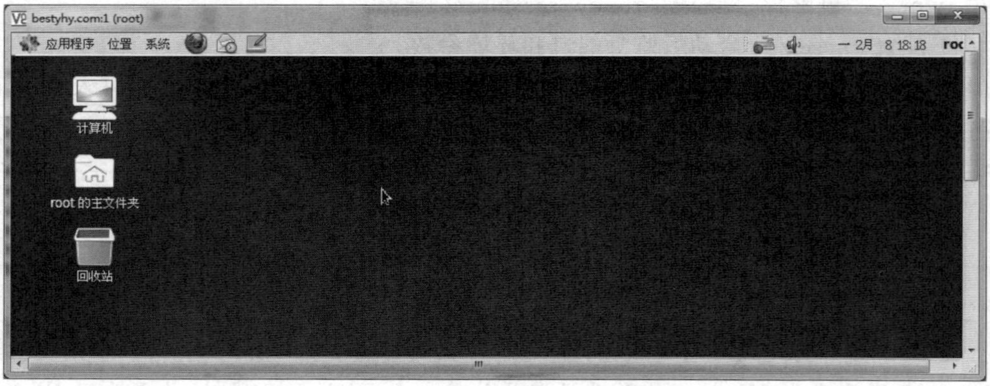

图 7-47　VNC Viewer 登录成功界面

(7) 排错。

① 检查 SeLinux 服务并关闭使命令用"vim /etc/seLinux/config"编辑/etc/seLinux/config 文件，设置 SeLinux 字段的值为 disabled。

② 关闭 NetworkManager 服务。

chkconfig --del NetworkManager——关闭 NetworkManager 服务。

③ iptables 防火墙默认会阻止 vnc 远程桌面，所以需要在 iptables 允许通过。在启动 vnc 服务后，可以用 netstat - tunlp 命令来查看 vnc 服务所使用的端口，可以发现有 5801、5901、6001 等。使用下面命令开启这些端口。

使用 vim 命令编辑/etc/sysconfig/iptables 文件，在文件最后添加如下内容：

```
-A RH-Firewall-1-INPUT -p tcp -m tcp -dport 5801 -j ACCEPT
-A RH-Firewall-1-INPUT -p tcp -m tcp -dport 5901 -j ACCEPT
-A RH-Firewall-1-INPUT -p tcp -m tcp -dport 6001 -j ACCEPT
```

重启防火墙或者直接关闭防火墙：

/etc/init.d/iptables restart——重启防火墙。

/etc/init.d/iptables stop——关闭防火墙。

(8) vnc 的反向连接设置。

在大多数情况下，vncserver 总处于监听状态，vncclient 主动向服务器发出请求从而建立连接。然而在一些特殊的场合，需要让 vnc 客户机处于监听状态，vncsrever 主动向客户机发出连接请求，此谓 vnc 的反向连接。主要步骤如下：

vncviewer - listen——启动 vnc client，使 vncviewer 处于监听状态。

vncserver——启动 vncserver。

vncconnect -display :192.168.223.189（服务器 IP 地址）——在 vncserver 端执行 vncconnect 命令，发起 Server 到 Client 的请求。

(9) 解决可能遇到的黑屏问题。

在 Linux 里安装配置完 VNC 服务端,发现多用户登录时会出现黑屏的情况,具体的现象为:客户端可以通过 IP 与会话号登录进入系统,但登录进去是漆黑一片,除了一个叉形的鼠标指针以外,什么也没有。

原因:用户的 VNC 的启动文件权限未设置正确。

解决方法:将黑屏用户的 xstartup(一般为:/用户目录/. vnc/xstartup)文件的属性修改为 755(rwxr-xr-x)。完后杀掉所有已经启动的 VNC 客户端,操作步骤如下:

vncserver -kill:1——杀掉所有已经启动的 VNC 客户端 1。

vncserver -kill:2——杀掉所有已经启动的 VNC 客户端 2(-kill 与:1 或:2 中间有一空格)。

/etc/init. d/vncserver restart——重启 vncserver 服务。

注意:vncserver 只能由启动它的用户来关闭,即使是 root 用户也不能关闭其他用户开启的 vncserver,除非用 kill 命令暴力杀死进程。

至此,此子任务结束。

【子任务四】 管理和运维 CentOS 中的虚拟机

根据前面对于 CentOS KVM 虚拟化的介绍,除了 vin-manager 的图形管理工具管理 KVM 虚拟化外,还可以使用一系列封装的管理命令进行管理。为了能够更好地进行运维和管理,系统提供了 virt 命令组、virsh 命令和 qemu 命令组,都可以对虚拟机进行管理和运维。

第 1 步:了解 virt 命令组

virt 命令组提供了如下 11 条命令对虚拟机进行管理,见表 7-1。

表 7-1 virt 命令组和功能

命令名	功能
virt-clone	克隆虚拟机
virt-convert	转换虚拟机
virt-host-validate	验证虚拟机主机
virt-image	创建虚拟机镜像
virt-install	创建虚拟机
virt-manager	虚拟机管理器
virt-pki-validate	虚拟机证书验证
virt-top	虚拟机监控
virt-viewer	虚拟机访问
virt-what	探测程序是否运行在虚拟机中,是何种虚拟化
virt-xml-validate	虚拟机 xml 配置文件验证

第 2 步:了解 virsh 命令

virsh 命令是 Red Hat 公司为虚拟化技术特意封装的一条虚拟机管理命令,该命令含有非常丰富和全面的选项和功能,基本相当于 vin-manager 图形界面程序的命令版本,覆盖了虚拟机的生命周期的全过程,在单个物理服务器虚拟化中起到了重要的虚拟化管理作用,同时也为更为复杂的虚拟化管理提供了坚实的技术基础。

使用 virsh 管理虚拟机,命令行执行效率高,可以进行远程管理,因为很多机器运行在使用 runlevel 3 或者远程管理工具无法调用 X-windows 的情况下,使用 virsh 能进行高效的管理。

同时在实际工作中 virsh 命令还有一个巨大的优势,该命令可以用于统一管理 KVM、LXC、Xen 等各种 Linux 上的虚拟机管理程序,用统一的命令对不同的底层技术实现相同的管理功能。

virsh 命令主要分为以下 12 个功能区域进行了参数划分,见表 7-2。

表 7-2 virsh 命令的功能区

命令选项功能区域名	功　能
Domain Management	域管理
Domain Monitoring	域监控
Host and Hypervisor	主机和虚拟层
Interface	接口管理
Network Filter	网络过滤管理
Networking	网络管理
Node Device	节点设备管理
Secret	安全管理
Snapshot	快照管理
Storage pool	存储池管理
Storage Volume	存储卷管理
Virsh itself	自身管理功能

第 3 步:了解 qemu 命令组

qemu 是一个虚拟机管理程序,在 KVM 成为 Linux 虚拟化的主流 Hypervisor 之后,底层一般都将 KVM 与 qemu 结合,形成了 qemu-kvm 管理程序,用于虚拟层的底层管理。该管理程序是所有上层虚拟化功能的底层程序,虽然 Linux 系统下几乎所有的 KVM 虚拟化底层都是通过该管理程序实现的,但是仍然不建议用户直接使用该命令。CentOS 系统对该命令进行了隐藏,该程序的二进制程序一般放在/usr/libexec/qemu-kvm 下,本书仅演示该命令可以实现的一些底层功能,用于了解虚拟机的底层原理和监控,同样不建议用户直接使用该命令对虚拟机进行管理。表 7-3 给出了 qemu 命令组的简单说明。

表 7-3 qemu 命令组

qemu 命令	功　能
qemu-kvm	虚拟机管理
qemu-img	镜像管理
qemu-io	接口管理

第 4 步:了解常用运维命令的使用

(1) 使用 virt-install 安装虚拟机。

virt-install 是安装虚拟机的命令,方便用户在命令窗口上安装虚拟机,该命令包含许多

配置参数。通过运行“virt-install --help”命令,可以查看几个主要参数如下:

-h,--help——显示帮助信息。

-n NAME,--name=NAME——虚拟机名称。

-r MEMORY,--ram=MEMORY——以 MB 为单位为客户端事件分配的内存。

--vcpus=VCPUS——配置 CPU 的数量,配置如下:

--vcpus 5

--vcpus 5,maxcpus=10

--vcpus sockets=2,cores=4,threads=2

--c CDROM,--cdrom=CDROM——光驱安装介质。

--l LOCATION,--location=LOCATION——安装源。

① 存储配置。

--disk=DISKOPTS——存储磁盘,配置如下:

--disk path=/my/existing/disk

--disk path=/my/new/disk,size=5(in gigabytes)

--disk vol=poolname:volname,device=cdrom,bus=scsi,…

② 联网配置。

-w NETWORK,--network=NETWORK——网络,配置如下:

--network bridge--mybr0-

--network network=my libvirt virtual net

--network network=mynet,model=virtio,mac=00:11:22…

③ 图形配置。

--graphics=GRAPHICS——配置显示协议,配置如下:

--graphics vnc

--graphics spice,port=-590 1,tlsport=5902

--graphics none

--graphics vnc,password=foobar,port=-5910,keymap=ja

④ 其他选项。

--autostart ——配置为开机自动启动。

在命令行中,使用超级用户创建一台虚拟机名为 centos6,内存 1024MB,硬盘文件 tmp/centos6.img,10 GB 大小的虚拟机命令,使用物理光驱(请确保系统的 CentOS 6.5 光盘连入虚拟机中)安装系统,命令如下:

```
virt - install -- name centos6 -- ram 1024 -- vcpus 2 -- disk path = /tmp/centos6.img,size = 10,
bus = virtio  -- accelerate  -  cdrom /dev/cdrom -- graphics vnc,listen = 0.0.0.0,port = 5910  --
network bridge:br0,model = virtio  -- os - variant rhel6
```

命令执行后,会自动使用 virtviewer 工具进入虚拟机的图形接口界面,如图 7-48 所示;用户可根据以上参数对应查看虚拟机的所有信息。

(2) 使用 virsh 命令管理虚拟机。

① 使用如下 virsh 查看命令,了解虚拟系统的各项信息。

virsh list——列出正在运行的虚拟机。

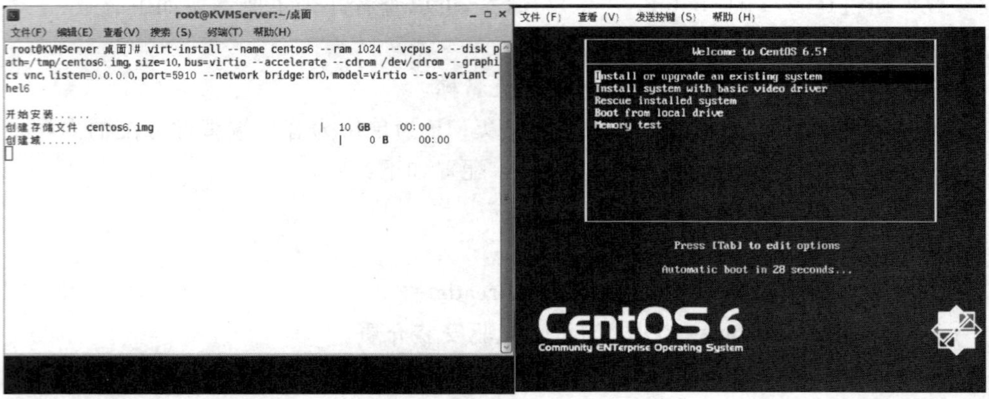
root@KVMServer:~/桌面
文件(F) 编辑(E) 查看(V) 搜索(S) 终端(T) 帮助(H)
[root@KVMServer 桌面]# virt-install --name centos6 --ram 1024 --vcpus 2 --disk path=/tmp/centos6.img,size=10,bus=virtio --accelerate --cdrom /dev/cdrom --graphics vnc,listen=0.0.0.0,port=5910 --network bridge:br0,model=virtio --os-variant rhel6
开始安装......
创建存储文件 centos6.img | 10 GB 00:00
创建域...... | 0 B 00:00
文件(F) 查看(V) 发送按键(S) 帮助(H)
Welcome to CentOS 6.5!
Install or upgrade an existing system
Install system with basic video driver
Rescue installed system
Boot from local drive
Memory test
Press [Tab] to edit options
Automatic boot in 28 seconds...
CentOS 6
Community ENTerprise Operating System

图 7-48 virt-install 命令创建虚拟机效果图

virsh list --all——列出所有的虚拟机。

virsh dominfo Test——显示虚拟机的域信息。

virsh nodeinfo——显示服务器计算节点的资源信息。

② 使用如下 virsh 控制命令，控制虚拟机的状态。

virsh start Test——启动 Test 虚拟机。

virsh suspend Test——挂起 Test 虚拟机。

virsh resume Test——恢复 Test 虚拟机。

virsh reboot Test——重新启动 Test 虚拟机。

virsh shutdown centos6——关闭 centos6 的虚拟机。

virsh destroy centos6——强制关闭 centos6 的虚拟机。

virsh undefined centos6——从系统中删除 centos6 的虚拟机，但不删除虚拟硬盘，虚拟硬盘需要手动删除。

如果需要彻底删除虚拟机，可以使用“virsh undefine 域名--remove-all-storage”命令，但该命令要求存储已经通过存储池和卷的形式被 virsh 管理，才可以被删除。

(3) 使用 virt-clone 命令克隆虚拟机。

在虚拟机克隆之前，暂停或者关闭 Test 虚拟机：

```
virsh suspend Test
```

使用以下命令克隆虚拟机：

```
virt - clone -- connect qemu://system -- original = Test -- name = Test2 -- file = /var/lib/
libvirt/images/Test2.img
```

克隆成功后生成了如下虚拟机文件：

/etc/libvirt/qemu 目录下的 Test2.xml

/var/lib/libvirt/images/目录下的 Test2.img

然后通过 virsh start Test2 命令启动虚拟机，使用 virt-viewer Test2 访问该虚拟机。此时可以发现，通过克隆技术，迅速地创建了一台新的虚拟机。

(4) 使用 qemu-img 命令管理磁盘文件。

① 使用 qemu-img 命令创建磁盘,格式如下:

```
Qemu-img create[-f fmt][-o options]filename[size]
```

作用:创建一个格式为 fmt,大小为 size,文件名为 filename 的镜像文件,例如:

```
qemu-img create  -f  vmdk  /tmp/centos6.vmdk 10G
```

② 使用 qemu-img 命令转换磁盘文件格式,格式如下:

```
qemu-img convert[-C][-f fmt][-O output_fmt][-o options]filename output_filename
```

作用:将 fmt 格式的 filename 镜像文件根据 options 选项转换为格式为 output_fmt 的名为 output_filename 的镜像文件。例如:

```
qemu-img convert  -f vmdk -O qcow2  /tmp/centos6.vmdk /tmp/centos6.img
```

(5) 使用 qemu-kvm 命令创建虚拟机。

qemu-kvm 是所有 KVM 虚拟机技术的最底层进程,可以做到随时随地创建,随时随地使用,随时随地关闭释放资源。

```
/usr/libexec/qemu - kvm  - m 1024  - localtime  - M pc  - smp 1  - drivefile = /tmp/centos6.img,
cache = writeback,boot = no  - net nic,macaddr = 00:0c:29:11:11:11  - cdrom /dev/cdrom  - boot d
 - name kvm - centos6,process = kvm - centos6  - vnc:2  - usb  - usbdevice tablet&
```

创建成功后,使用如下命令访问:

```
vncviewer:2
```

如果要关闭该虚拟机进程,可使用如下两条命令,先显示进程号,再通过进程号关闭进程实现。

ps-aux | grep qemu-kvm——显示 KVM 进程号。

kill 进程号——关闭进程。

【任务二】 CecOS 企业云计算平台的搭建与测试

【任务说明】

Red Hat(红帽)公司最早开始在 Red Hat Enterprise Linux 中引入虚拟化技术,后又首先开发了 Red Hat Enterprise Virtualization 企业虚拟化产品,二者都提供 KVM 虚拟化,得到了用户的认可,但这两者在 KVM 管理、功能与实施中有重大区别。

Red Hat Enterprise Linux(RHEL)适合小型服务器环境,依赖于 KVM 虚拟化。它由 Linux 内核与大量包组成,包括 Apache Web 服务器与 MySQL 数据库,以及一些 KVM 管理工具。使用 RHEL 6 可以安装并管理少量虚拟机,但不能交付最佳的性能与最优的 KVM 管理平台。当然,在小型环境中,RHEL 6 能满足开源虚拟化的所有要求。

对于企业级 KVM 虚拟化,要的是轻松的 KVM 管理、高可用性、最佳性能与其他高级功能。Red Hat Enterprise Virtualization(RHEV)包含 RHEV Manager(RHEV-M),这

是集中的 KVM 管理平台，能同时管理物理与虚拟资源，并且能够满足较大管理规模的需求。

RHEV-M 能管理虚拟机与其磁盘镜像、安装 ISO、进行高可用性设置、创建虚拟机模板等，这些都能从图形 Web 界面完成，也可使用 RHEV-M 管理两种类型的 hypervisor。RHEV 自身带有一个独立的裸机 hypervisor，基于 RHEL 与 KVM 虚拟化，作为托管的物理节点使用；另外，如果想从 RHEV 管理运行在 RHEL 上的虚拟机，可注册 RHEL 服务器到 RHEV-M 控制台。

在开源领域 CentOS 对应 RHEL 操作系统，而 Ovirt 开源项目对应于 RedHat 的 RHEV 项目，目前这两个商业产品和两个开源社区已经全面归 RedHat 所有，RedHat 在开源领域为 CentOS 和 Ovirt 同样提供了完善的社区服务和文档，并免费提供给用户测试和使用，在企业应用领域通过严格的软硬件测试和技术服务，Red Hat 在第一时间向授权客户提供全面商业服务。

国内开源社区 OPENFANS 利用自身强大的技术实力和研发能力，将 Ovirt 开源技术进行优化整合以及本地化，推出了称为中国企业云操作系统(Chinese Enterprise Cloud Operating System，CecOS)的企业开源云计算解决方案基础架构，通过二次开发降低了部署的难度，很好地解决了国外社区和商业软件中国本地化和易用度的问题，并以社区开源的形式提供了丰富的文档和一定的技术支持，本书将介绍该平台的搭建与使用。

【任务实施】

为简化任务的实施，将此任务分解成以下几个子任务来分步实施：

【子任务一】理解 CecOS 企业云计算系统构架

【子任务二】安装与配置 CentOS 企业云计算系统基础平台

【子任务三】配制 CecOS 云计算系统服务器虚拟化

【子任务四】管理 CecOS 云计算系统桌面虚拟化

【子任务一】 理解 CecOS 企业云计算系统构架

CecOSvt 1.4 的环境包括一个或多个主机(使用 CecOSvt 系统的主机或使用 CecOSvt 的主机)，最少一个 CecOSvt Manager，主机使用 KVM(Kemel-based Vmaual Machine)虚拟技术运行虚拟机。如图 7-49 所示。

CecOSvt Manager 运行在一个 CecOS 服务器上，它是一个控制和管理 CecOSvt 环境的工具，可以用来管理虚拟机和存储资源、连接协议、用户会话、虚拟机映像文件和高可用性的虚拟机。用户可以在一个网络浏览器中，通过管理界面(Administration Portal)来使用 CecOSvt。

第 1 步：了解 CecOSvt 主机(host)

CecOSvt 主机(host)是基于 KVM、用来运行虚拟机的主机，其中含有虚拟化代理和工具程序，即运行在主机上的代理和工具程序(包括 VDSM、QEMU 和 libvirt)。这些工具程序提供了对虚拟机、网络和存储进行本地管理的功能。

第 2 步：了解 CecOSvt 管理主机

CecOSvt 管理主机是一个对 CecOSvt 环境进行中央管理的图形界面平台，用户可以使用它查看、增添和管理资源，有时把它简称为 Manager。

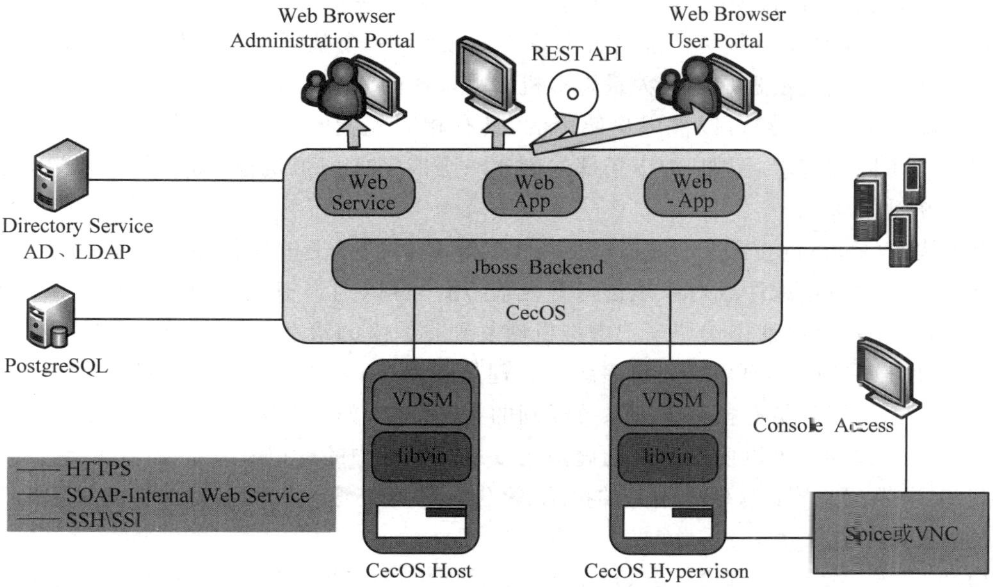

图 7-49　CecOS 虚拟化架构原理图

第 3 步：了解必备的逻辑或物理关键组件

存储域：用来存储虚拟资源(如虚拟机、模板和 ISO 文件)；

数据库：用来跟踪记录整个环境的变化和状态；

目录服务器：用来提供用户账户以及相关的用户验证功能的外部目录服务器；

网络：用来把整个环境联系在一起，包括物理网络连接和逻辑网络。

CecOSvt 系统的资源可以分为两类：物理资源和逻辑资源。物理资源是指那些物理存在的部件，例如主机和存储服务器；逻辑资源包括非物理存在的组件，如逻辑网络和虚拟机模板。

(1) 数据中心：一个虚拟环境中的最高级别的容器(container)，它包括了所有物理和逻辑资源(集群、虚拟机、存储和网络)。

(2) 集群：一个集群由多个物理主机组成，它可以被认为是一个为虚拟机提供资源的资源池。同一个集群中的主机共享相同的网络和存储设备，它们组成为一个迁移域，虚拟机可以在这个迁移域中的主机间进行迁移。

(3) 逻辑网络：一个物理网络的逻辑代表。逻辑网络把 Manager、主机、存储设备和虚机之间的网络流量分隔为不同的组。

(4) 主机：一个物理的服务器，在它上面可以运行一个或多个虚拟机。主机会被组成为不同的集群，虚拟机可以在同一个集群中的主机间进行迁移。

(5) 存储池：一个特定存储类型(如 iSCSI、光纤、NFS 或 POSIX)映像存储仓库的逻辑代表。每个存储池可以包括多个域，用来存储磁盘映像、ISO 映像或用来导入和导出虚拟机映像。

(6) 虚拟机：包括了一个操作系统和一组应用程序的虚拟台式机(virtual desktop)或虚拟服务器(virtual server)。多个相同的虚拟机可以在一个池(p001)中创建。一般用户可以访问虚拟机，而有特定权限的用户可以创建、管理或删除虚拟机。

（7）模板：包括了一些特定预设置的虚拟机模型，一个基于某个模板的虚拟机会继承模板中的设置。使用模板是创建大量虚拟机的最快捷的方法。

（8）虚拟机池：一组可以被用户使用的、具有相同配置的虚拟机。虚拟机池可以被用来满足用户不同的需求，例如，为市场部门创建一个专用的虚拟机池，而为研发部门创建另一个虚拟机池。

（9）快照（snapshot）：一个虚拟机在一个特定的时间点上的操作系统和应用程序的记录。在安装新的应用程序或对系统进行升级前，用户可以为虚拟机创建一个快照。当系统出现问题时，用户可以使用快照来把虚拟机恢复到它原来的状态。

（10）用户类型：CecOSvt 支持多级的管理员和用户，不同级别的管理员和用户会有不同的权限。系统管理员有权利管理系统级别的物理资源，如数据中心、主机和存储。而用户在获得了相应权利后可以使用单独的虚拟机或虚拟机池中的虚拟机。

（11）事件和监控：与事件相关的提示、警告等信息。管理员可以使用它们来帮助监控资源的状态和性能。

（12）报表（report）：基于 jasperreports 的报表模块所产出的各种报表以及从数据仓库中获得的各种报表。报表模块可以生成预定义的报表，也可以生成 ad hoc（特设的）报表。用户也可以使用支持 SQL 的查询工具来从数据仓库中收集相关的数据（如主机、虚拟机和存储设备的数据）来生成报表。

【子任务二】 安装与配置 CecOS 企业云计算系统基础平台

通过项目评估，为了实现本章的项目要求，本项目测试将使用两台 vmware 虚拟机完成测试。其中一台虚拟机名为 Cec-M，作为虚拟化管理节点；一台虚拟机名为 Cec-C，作为虚拟化计算点。根据承担的架构角色，Cec-M 的虚拟机参数如图 7-50 所示，Cec-C 的参数设备如图 7-51 所示，注意 Cec-C 的主机 CPU 需要开启虚拟化设置。

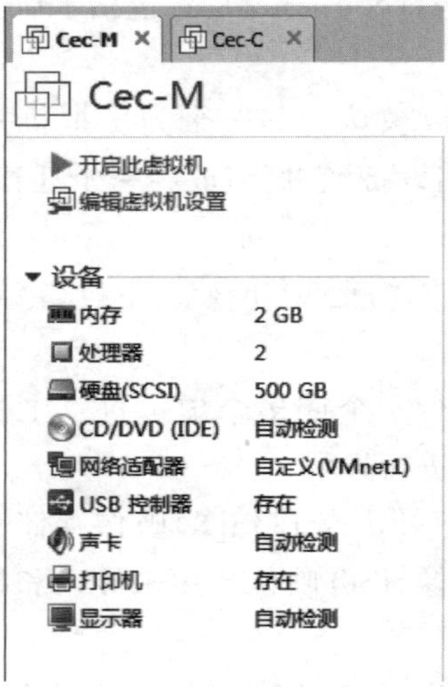

图 7-50 Cec-M 虚拟机创建信息

图 7-51 Cec-C 虚拟机创建信息

在虚拟机 Cec-M 和 Cec-C 上安装 CecOS 基础系统，具体步骤如下：

第 1 步：安装引导

在 VMware 虚拟机中放入 CecOS-1.4c-Final 系统光盘，打开虚拟机，进入系统安装引导界面，如图 7-52 所示，选择第一个选项，开始安装。

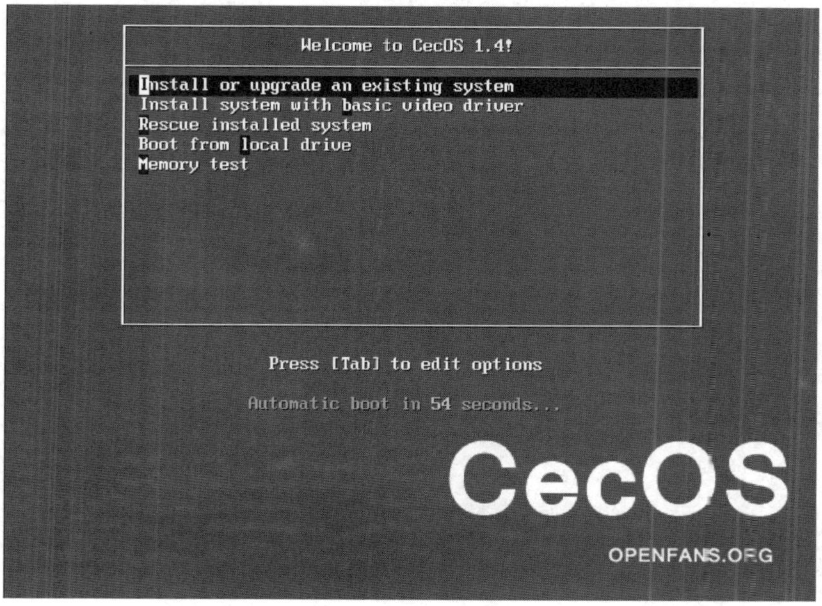
Welcome to CecOS 1.4!
Install or upgrade an existing system
Install system with basic video driver
Rescue installed system
Boot from local drive
Memory test
Press [Tab] to edit options
Automatic boot in 54 seconds...
CecOS
OPENFANS.ORG

图 7-52　系统启动安装向导

第 2 步：检测光盘介质

是否检测光盘，可以根据实际情况选择 OK 或者 SKIP，选择 OK 按钮后，开始检测光盘，检测完成后会弹出光驱，这时需要重新载入光盘才能继续安装；选择 Skip，则直接开始安装，如图 7-53 所示。

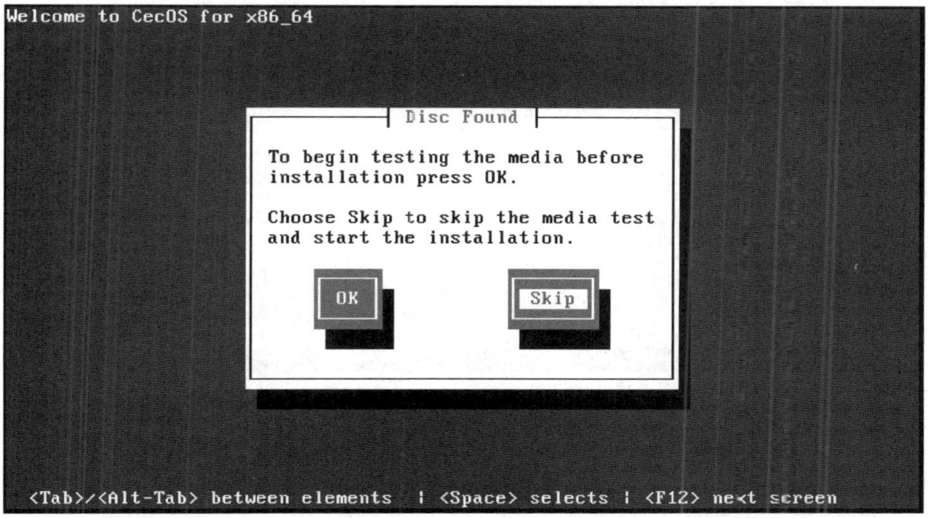
Welcome to CecOS for x86_64
Disc Found
To begin testing the media before installation press OK.
Choose Skip to skip the media test and start the installation.
OK
Skip
<Tab>/<Alt-Tab> between elements | <Space> selects | <F12> next screen

图 7-53　安装介质检测

接下来进入欢迎界面，单击 Next 按钮，进入下一步。

第 3 步：选择安装过程中的语言

如图 7-54 所示，选择安装语言为 English，完成后单击 Next 按钮，进入下一步。

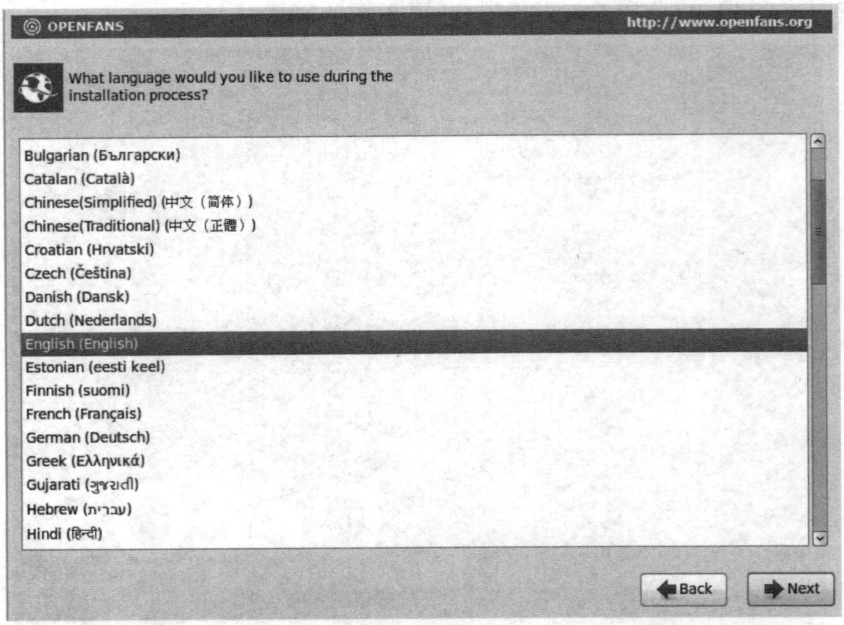

图 7-54　语言选择

第 4 步：选择键盘布局类型

如图 7-55 所示，选择键盘布局，完成后单击 Next 按钮，进入下一步。

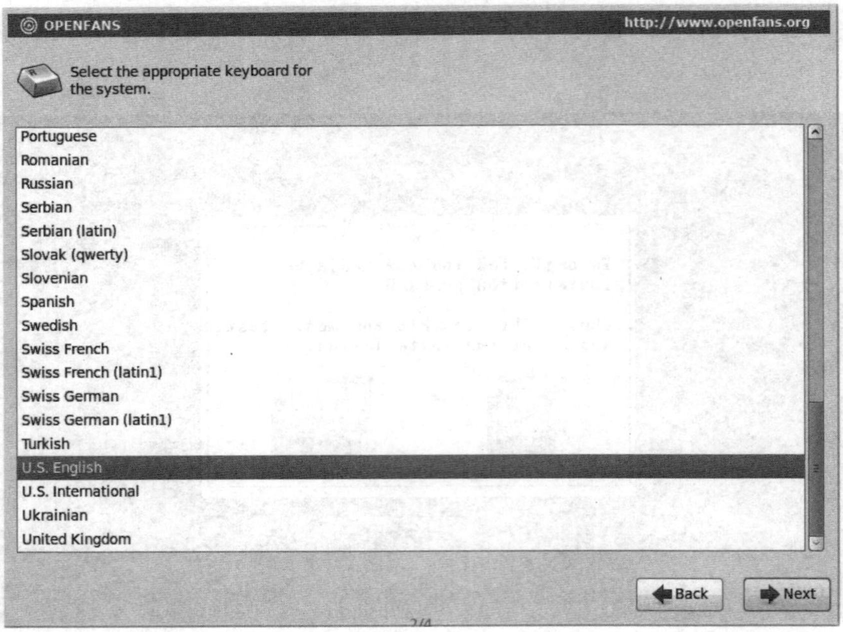

图 7-55　键盘选择

第 5 步：选择磁盘

如图 7-56 所示，选择需要安装的磁盘类型为 Basic Storage Devices(基本存储设备)，确定后单击 Next 按钮。

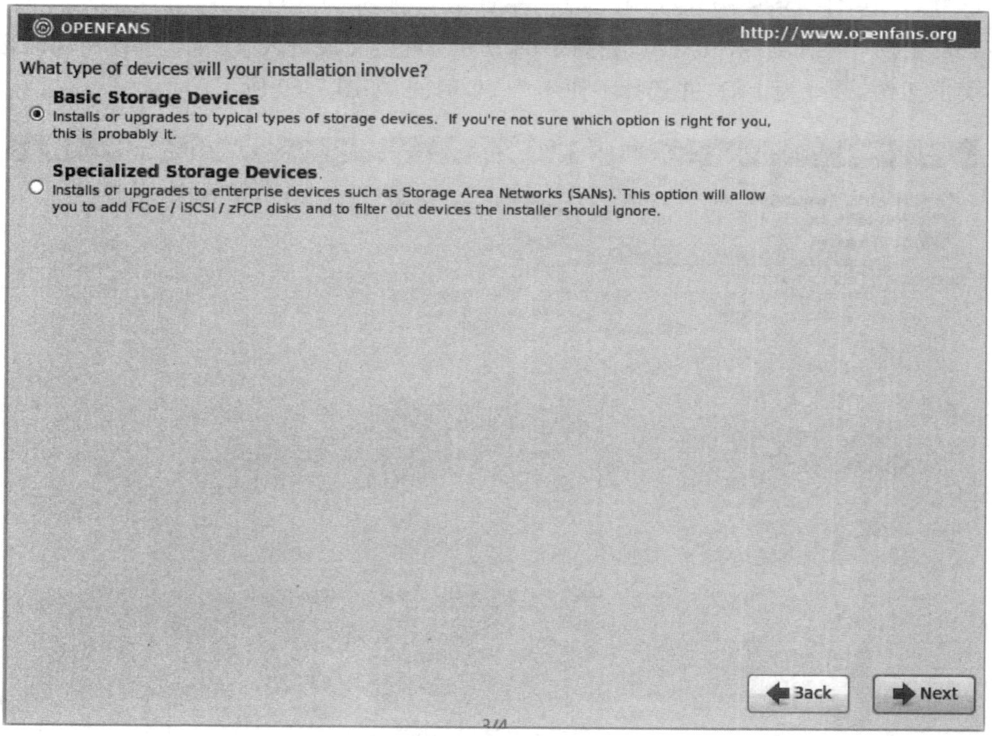

OPENFANS
http://www.openfans.org
What type of devices will your installation involve?
Basic Storage Devices
Installs or upgrades to typical types of storage devices. If you're not sure which option is right for you, this is probably it.
Specialized Storage Devices
Installs or upgrades to enterprise devices such as Storage Area Networks (SANs). This option will allow you to add FCoE / iSCSI / zFCP disks and to filter out devices the installer should ignore.
Back
Next

图 7-56　基本存储选择

第 6 步：初始化硬盘

如图 7-57 所示，提示是否覆盖数据，根据实际选择覆盖或保留，确定后继续。

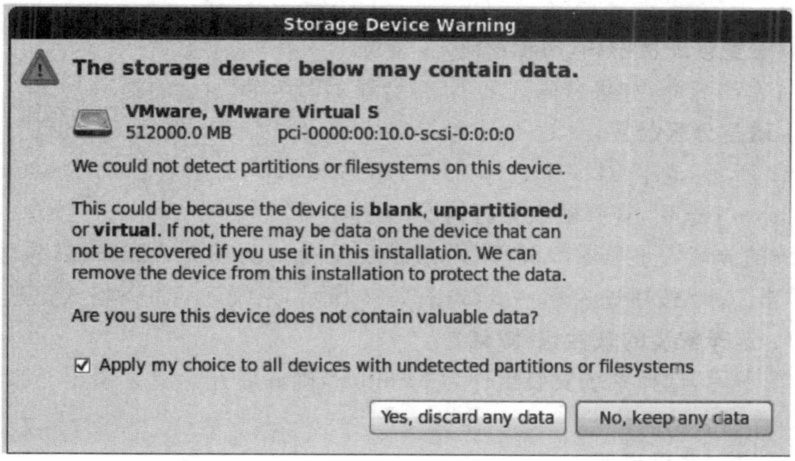

Storage Device Warning
The storage device below may contain data.
VMware, VMware Virtual S
512000.0 MB pci-0000:00:10.0-scsi-0:0:0:0
We could not detect partitions or filesystems on this device.
This could be because the device is blank, unpartitioned, or virtual. If not, there may be data on the device that can not be recovered if you use it in this installation. We can remove the device from this installation to protect the data.
Are you sure this device does not contain valuable data?
Apply my choice to all devices with undetected partitions or filesystems
Yes, discard any data
No, keep any data

图 7-57　磁盘初始化

第 7 步：设置主机名与网络

如图 7-58 所示，确认选择，单击 Next 按钮，进入下一步，设置控制节点主机名为 Cecm. yhy. com，计算节点主机名为 Cecc. yhy. com，同时配置网络，设置控制节点为 192. 168. 19. 100/24，网关为 192. 168. 19. 1，DNS 为 127. 0. 0. 1；计算节点地址为 192. 168. 19. 200/24，网关为 192. 168. 19. 1，DNS 为127. 0. 0. 1，如图 7-59 所示；配置完成进入下一步，选择所在时区，默认为美国纽约，选择为上海，并选择不使用 UTC 时间，如图 7-60 所示。

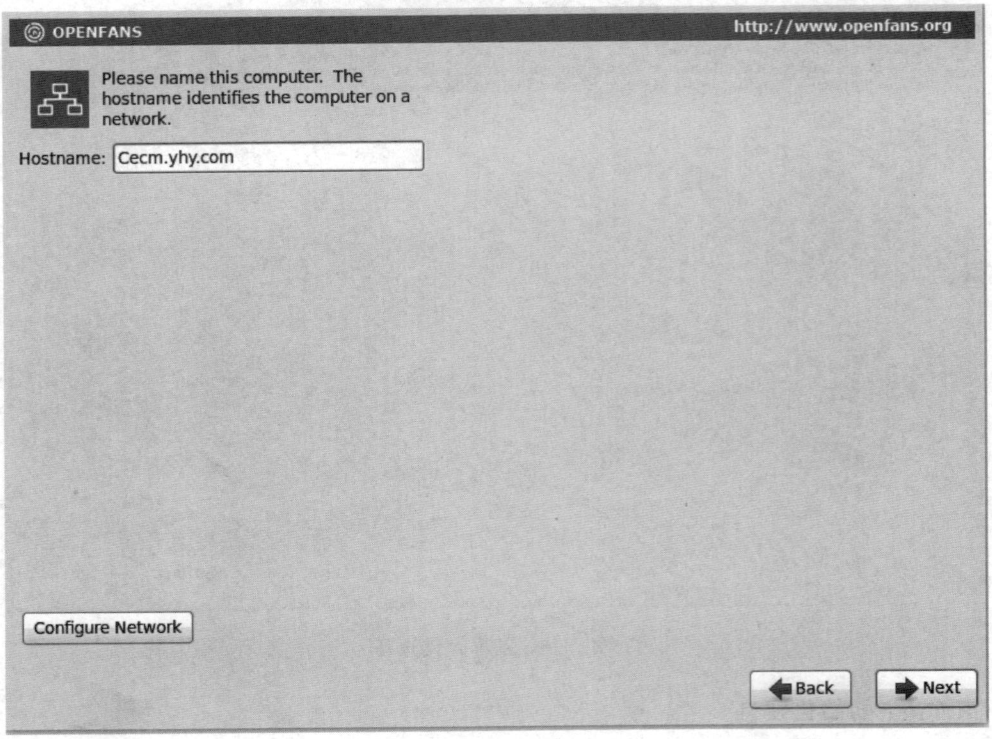
OPENFANS
http://www.openfans.org
Please name this computer. The hostname identifies the computer on a network.
Hostname: Cecm.yhy.com
Configure Network
Back
Next

图 7-58　主机名设置

第 8 步：设置管理员密码(root 密码)

进入设置密码界面，如果密码强度不够，会显示图 7-61 所示的提示。

第 9 步：磁盘分区配置

如图 7-62 所示，选择第一个选项 Use All Space，并选中底部的 Review and modify partitioning layout 选项，查看磁盘分区情况。

修改系统的分区大小如图 7-63 所示，使/home 分区为 100 GB，/(根)分区使用所有的剩余空间，单击 Next 按钮进入下一步，如图 7-64 所示，系统随后进入格式化进程。

第 10 步：选择安装的软件包(默认)

如图 7-65 所示，选择系统安装组件为 Minimal，确认后开始安装系统。系统安装完成，单击 Reboot，重新启动系统。

第 11 步：进入登录界面

如图 7-66 所示，系统重启成功，输入用户名和密码登录系统。

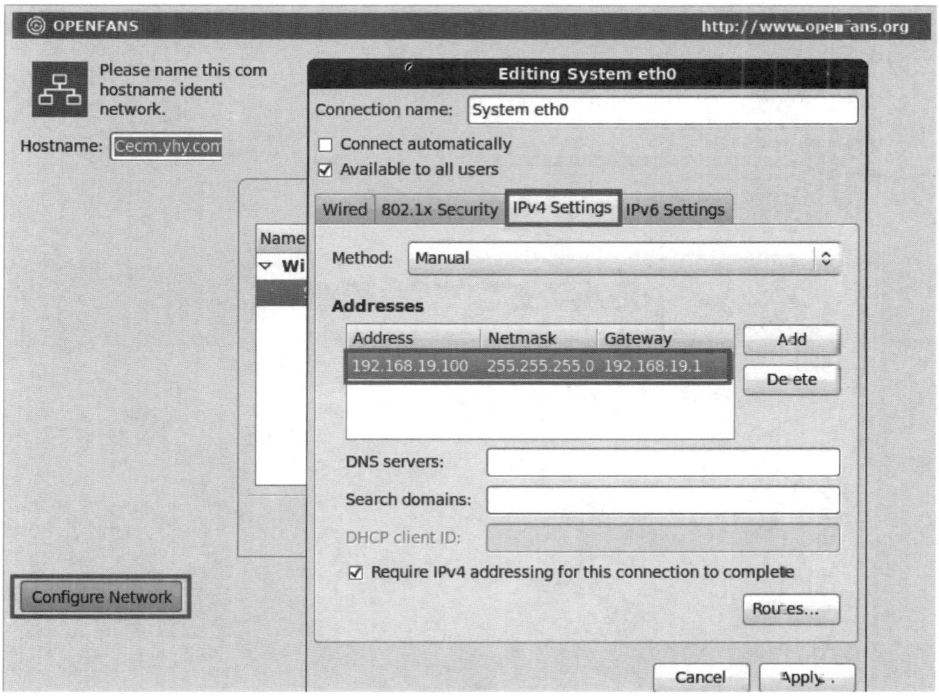

图 7-59 网络设置

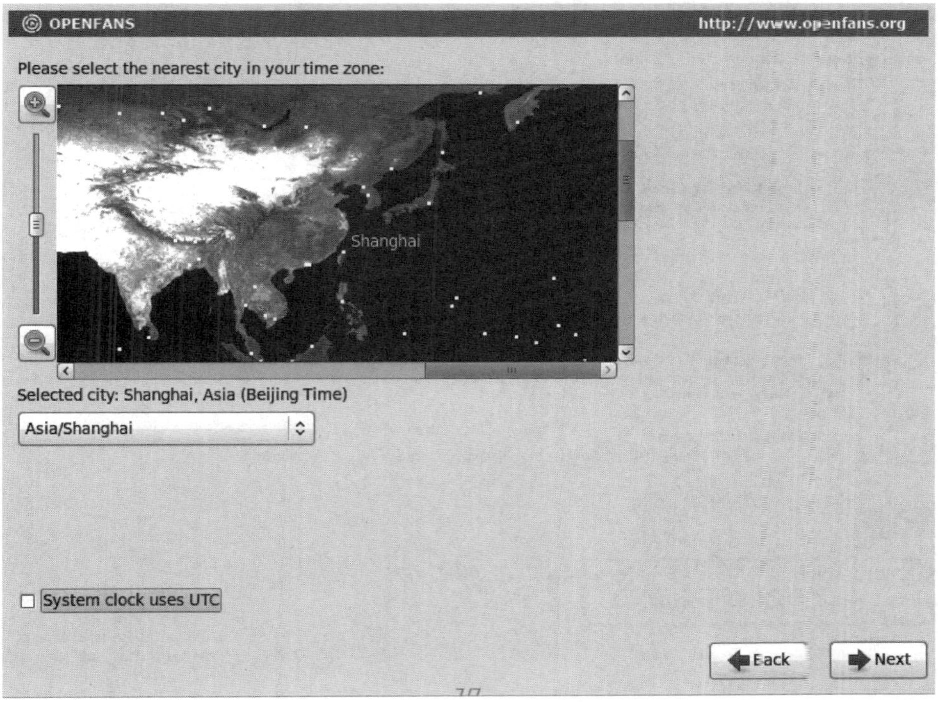

图 7-60 时区设置

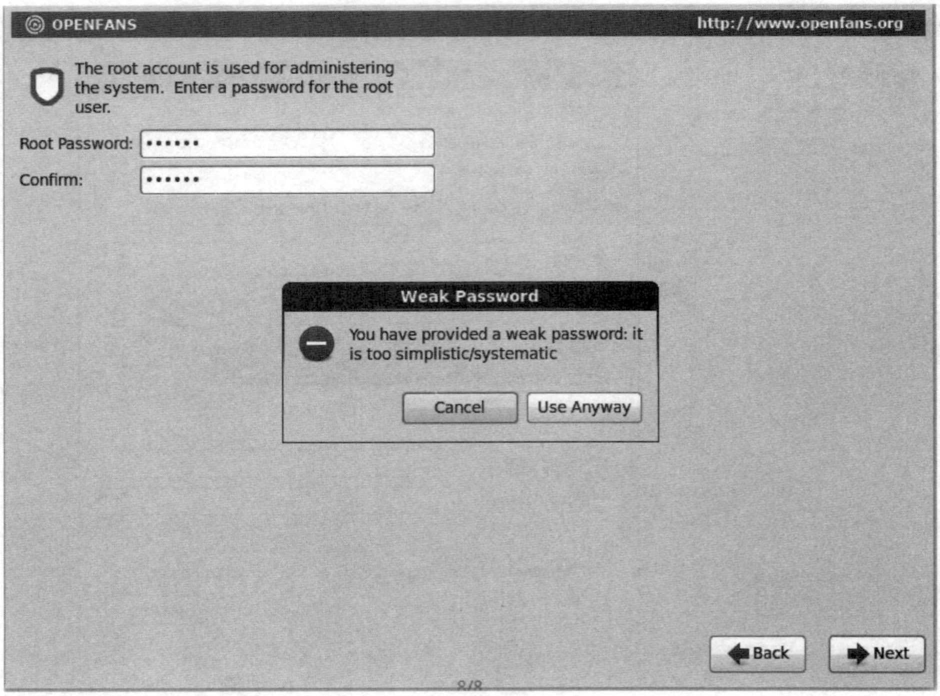
OPENFANS
http://www.openfans.org
The root account is used for administering the system. Enter a password for the root user.
Root Password:
Confirm:
Weak Password
You have provided a weak password: it is too simplistic/systematic
Cancel
Use Anyway
Back
Next

图 7-61　root 密码设置

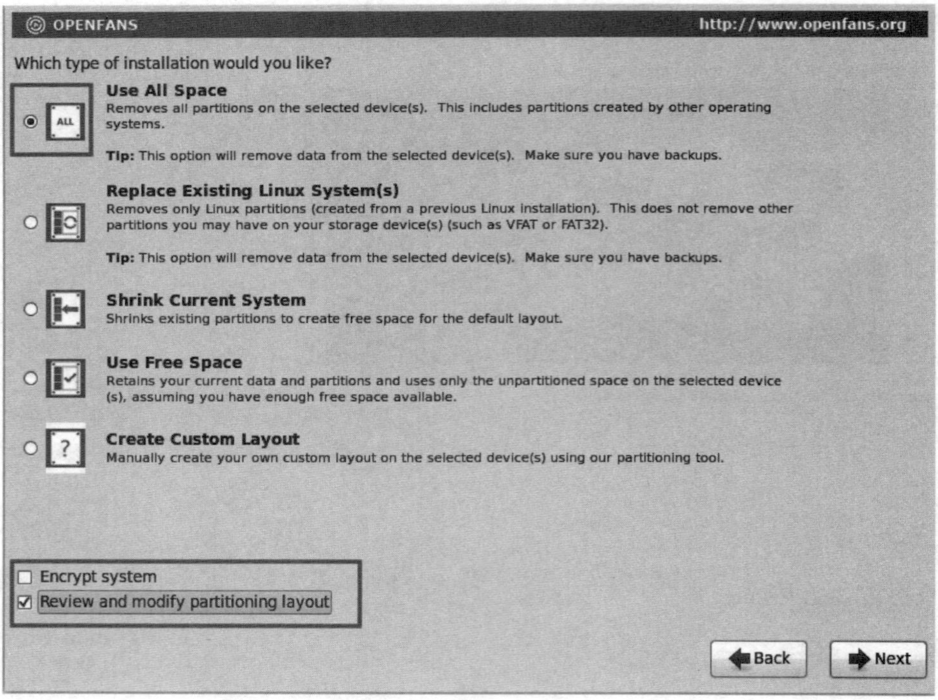
OPENFANS
http://www.openfans.org
Which type of installation would you like?
Use All Space
Removes all partitions on the selected device(s). This includes partitions created by other operating systems.
Tip: This option will remove data from the selected device(s). Make sure you have backups.
Replace Existing Linux System(s)
Removes only Linux partitions (created from a previous Linux installation). This does not remove other partitions you may have on your storage device(s) (such as VFAT or FAT32).
Tip: This option will remove data from the selected device(s). Make sure you have backups.
Shrink Current System
Shrinks existing partitions to create free space for the default layout.
Use Free Space
Retains your current data and partitions and uses only the unpartitioned space on the selected device (s), assuming you have enough free space available.
Create Custom Layout
Manually create your own custom layout on the selected device(s) using our partitioning tool.
Encrypt system
Review and modify partitioning layout
Back
Next

图 7-62　磁盘设置

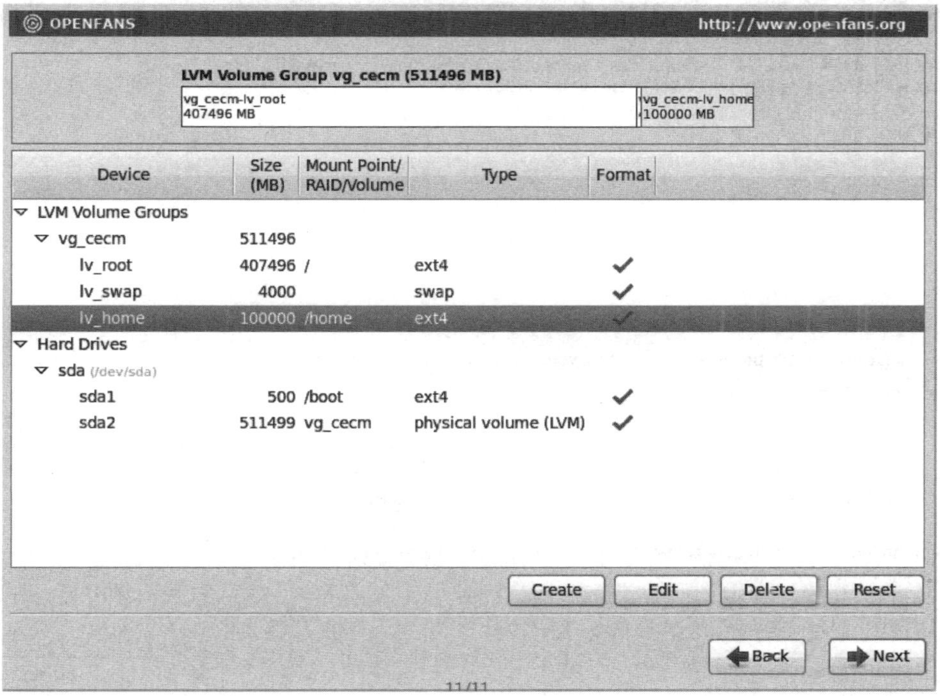

图 7-63　手动磁盘设置

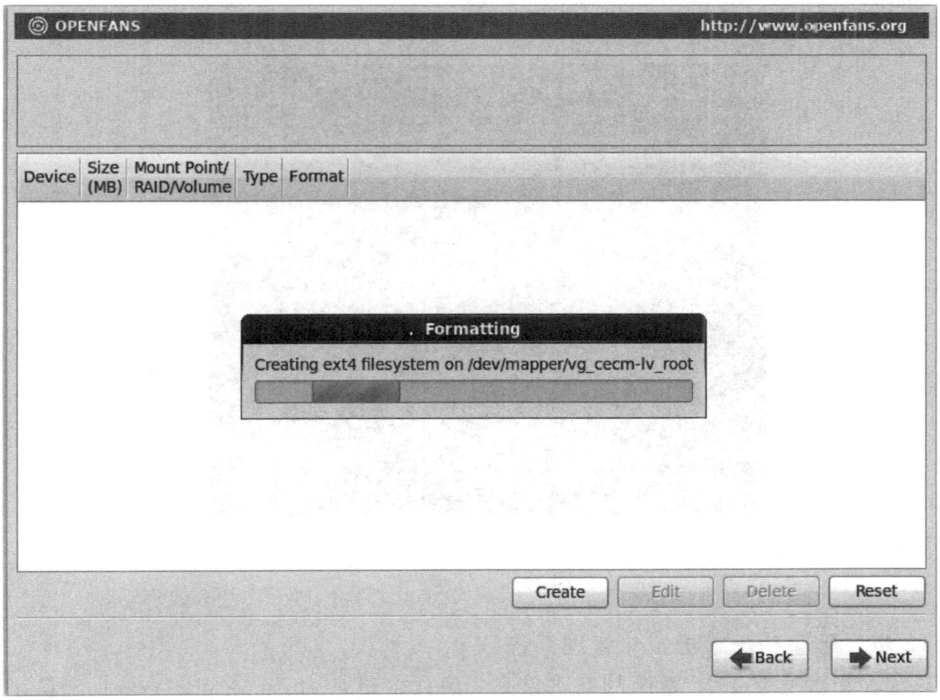

图 7-64　格式化硬盘

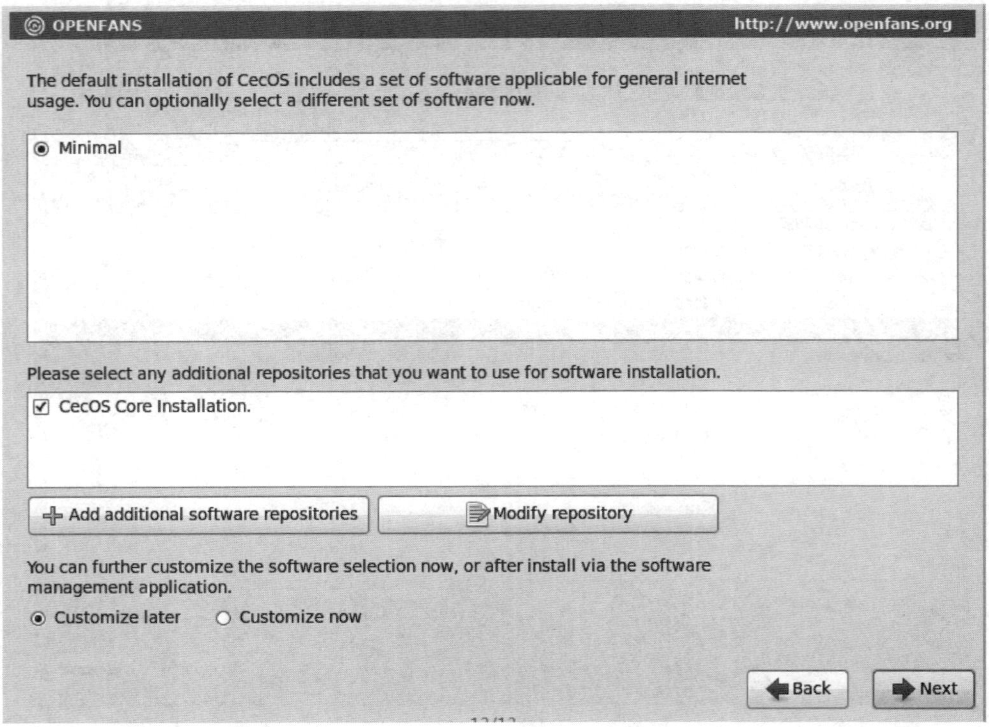
OPENFANS
http://www.openfans.org
The default installation of CecOS includes a set of software applicable for general internet usage. You can optionally select a different set of software now.
Minimal
Please select any additional repositories that you want to use for software installation.
CecOS Core Installation.
Add additional software repositories
Modify repository
You can further customize the software selection now, or after install via the software management application.
Customize later
Customize now
Back
Next

图 7-65　选择软件包

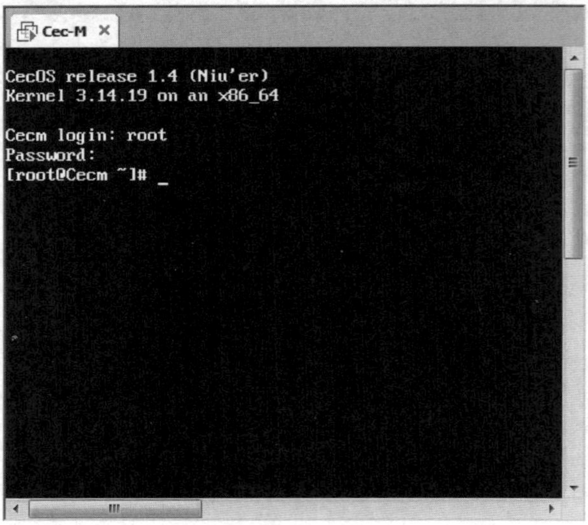
Cec-M
CecOS release 1.4 (Niu'er)
Kernel 3.14.19 on an x86_64
Cecm login: root
Password:
[root@Cecm ~]# _

图 7-66　登录界面

第 12 步：配置 Cec-M 虚拟化管理系统

（1）确认和修改 Cec-M 系统的基本信息：确认主机名为 cecm. yhy. com；确认 IP 地址是否正确；修改/etc/hosts 文件，提供两台计算机的解析，添加如下两行：

```
192.168.19.100 Cecm Cecm.yhy.com
```

```
192.168.19.200 Cecc Cecc.yhy.com
```

修改确认，如图 7-67 所示。

Cec-M
[root@Cecm ~]# cat /etc/hosts
127.0.0.1 localhost localhost.localdomain localhost4 localhost4.localdomain4
::1 localhost localhost.localdomain localhost6 localhost6.localdomain6
192.168.19.100 Cecm Cecm.yhy.com
192.168.19.200 Cecc Cecc.yhy.com
[root@Cecm ~]# _

图 7-67　修改主机解析文件

(2) 挂载 CecOSvt 光盘，加载预安装环境。

在 Cec-M 虚拟机中，挂载 CecOSvt-1.4-Final.iso 光盘镜像，打开挂载目录，执行./run 命令，加载光盘中预置的 yum 软件仓库，出现图 7-68 所示的界面，表示 yum 源建立成功。

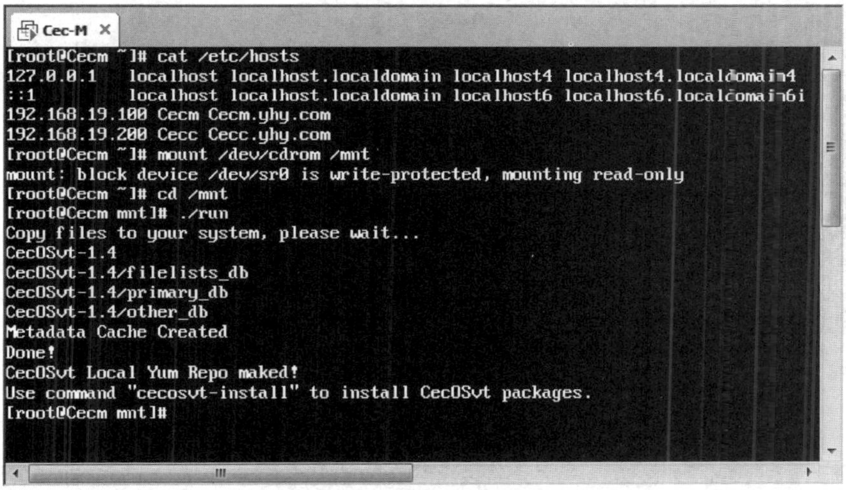
Cec-M
[root@Cecm ~]# cat /etc/hosts
127.0.0.1 localhost localhost.localdomain localhost4 localhost4.localdomain4
::1 localhost localhost.localdomain localhost6 localhost6.localdomain6
192.168.19.100 Cecm Cecm.yhy.com
192.168.19.200 Cecc Cecc.yhy.com
[root@Cecm ~]# mount /dev/cdrom /mnt
mount: block device /dev/sr0 is write-protected, mounting read-only
[root@Cecm ~]# cd /mnt
[root@Cecm mnt]# ./run
Copy files to your system, please wait...
CecOSvt-1.4
CecOSvt-1.4/filelists_db
CecOSvt-1.4/primary_db
CecOSvt-1.4/other_db
Metadata Cache Created
Done!
CecOSvt Local Yum Repo maked!
Use command "cecosvt-install" to install CecOSvt packages.
[root@Cecm mnt]#

图 7-68　挂载光盘和自动创建安装仓库环境

(3) 安装 Cec-M 管理节点。

如图 7-69 所示，根据提示运行 cecosvt-install 命令，输入数字 1，安装 Cec-M 软件包。

开始安装 Cec-M，等待片刻，如图 7-70 所示表示 Cec-M 节点软件包已经安装完成。

(4) 配置 Cec-M 管理服务。

接下来开始配置 Cec-M 服务，执行 cecvm-setup 命令开始配置，首先配置报表系统，可以根据实际情况选择 Yes 或 No，这里采用默认配置，如图 7-71 所示，选择 Yes。

下面开始配置主机名、防火墙等，均采用默认配置即可，如图 7-72 所示。

配置主机模式和存储模式，主机模式有 Virt 和 Gluster 两种，默认为 Both，即两种都支持；存储类型支持 NFS、FC、ISCSI、POSIXFS、GLUSTERFS 等，默认使用 NFS 类型；配置管理员密码，输入两次，如果输入的为弱密码，可以输入 yes 强制系统接受，如图 7-73 所示。

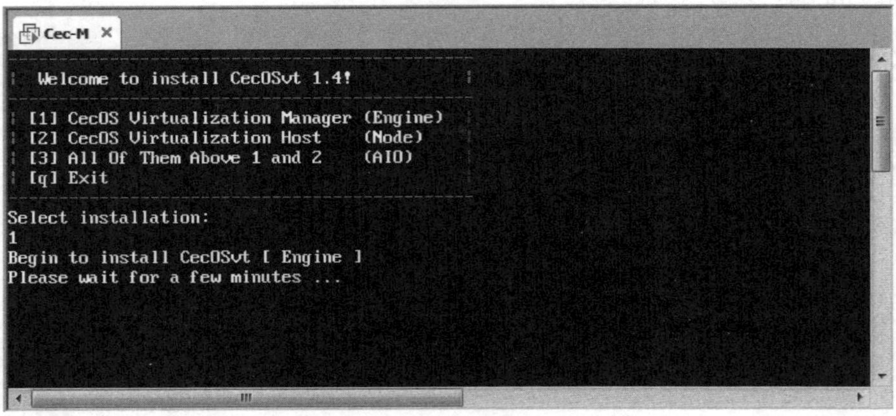
Cec-M
Welcome to install CecOSvt 1.4!
[1] CecOS Virtualization Manager (Engine)
[2] CecOS Virtualization Host (Node)
[3] All Of Them Above 1 and 2 (AIO)
[q] Exit
Select installation:
1
Begin to install CecOSvt [Engine]
Please wait for a few minutes ...

图 7-69 使用向导安装 Cec-M

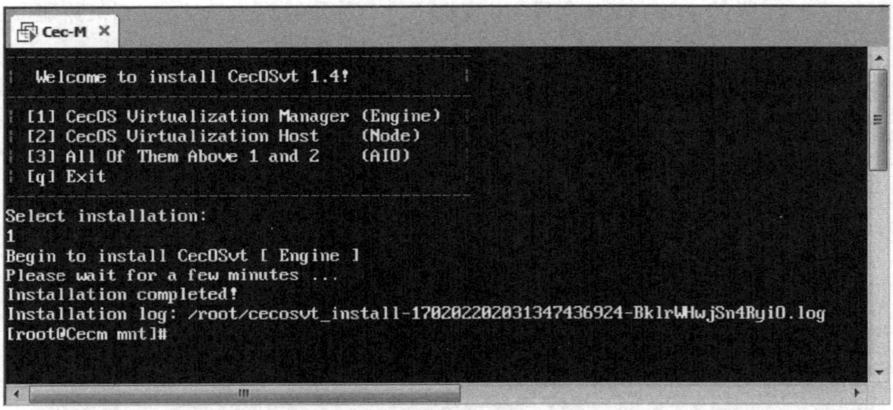
Cec-M
Welcome to install CecOSvt 1.4!
[1] CecOS Virtualization Manager (Engine)
[2] CecOS Virtualization Host (Node)
[3] All Of Them Above 1 and 2 (AIO)
[q] Exit
Select installation:
1
Begin to install CecOSvt [Engine]
Please wait for a few minutes ...
Installation completed!
Installation log: /root/cecosvt_install-170202202031347436924-BklrWHwjSn4RyiO.log
[root@Cecm mnt]#

图 7-70 软件包安装完成

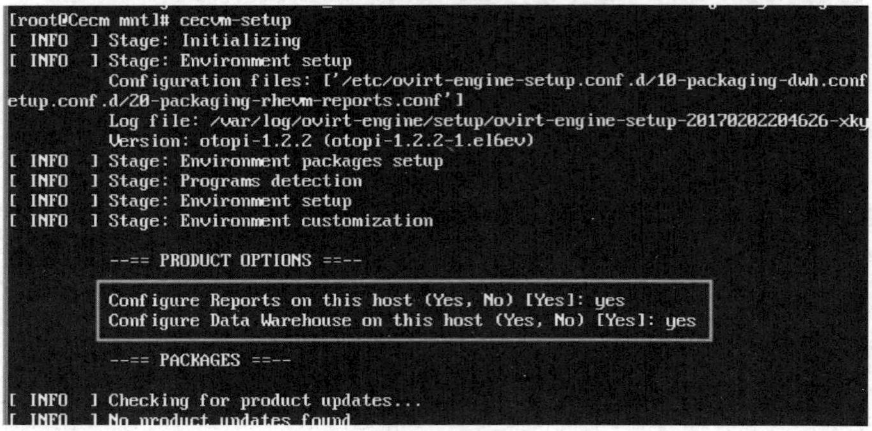
[root@Cecm mnt]# cecvm-setup
[INFO] Stage: Initializing
[INFO] Stage: Environment setup
Configuration files: ['/etc/ovirt-engine-setup.conf.d/10-packaging-dwh.conf
etup.conf.d/20-packaging-rhevm-reports.conf']
Log file: /var/log/ovirt-engine/setup/ovirt-engine-setup-20170202204626-xky
Version: otopi-1.2.2 (otopi-1.2.2-1.el6ev)
[INFO] Stage: Environment packages setup
[INFO] Stage: Programs detection
[INFO] Stage: Environment setup
[INFO] Stage: Environment customization
--== PRODUCT OPTIONS ==--
Configure Reports on this host (Yes, No) [Yes]: yes
Configure Data Warehouse on this host (Yes, No) [Yes]: yes
--== PACKAGES ==--
[INFO] Checking for product updates...

图 7-71 配置 Reports 和 DataWarehouse 报表

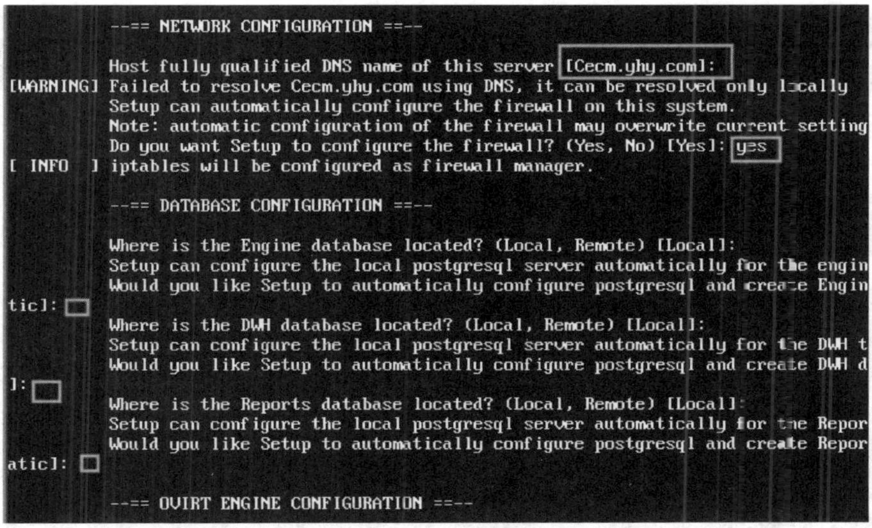

```
            --== NETWORK CONFIGURATION ==--

            Host fully qualified DNS name of this server [Cecm.yhy.com]:
[WARNING] Failed to resolve Cecm.yhy.com using DNS, it can be resolved only locally
            Setup can automatically configure the firewall on this system.
            Note: automatic configuration of the firewall may overwrite current setting
            Do you want Setup to configure the firewall? (Yes, No) [Yes]: yes
[ INFO  ] iptables will be configured as firewall manager.

            --== DATABASE CONFIGURATION ==--

            Where is the Engine database located? (Local, Remote) [Local]:
            Setup can configure the local postgresql server automatically for the engin
            Would you like Setup to automatically configure postgresql and create Engin
tic]:
            Where is the DWH database located? (Local, Remote) [Local]:
            Setup can configure the local postgresql server automatically for the DWH t
            Would you like Setup to automatically configure postgresql and create DWH d
]:
            Where is the Reports database located? (Local, Remote) [Local]:
            Setup can configure the local postgresql server automatically for the Repor
            Would you like Setup to automatically configure postgresql and create Repor
atic]:

            --== OVIRT ENGINE CONFIGURATION ==--
```

图 7-72　配置主机名和防火墙

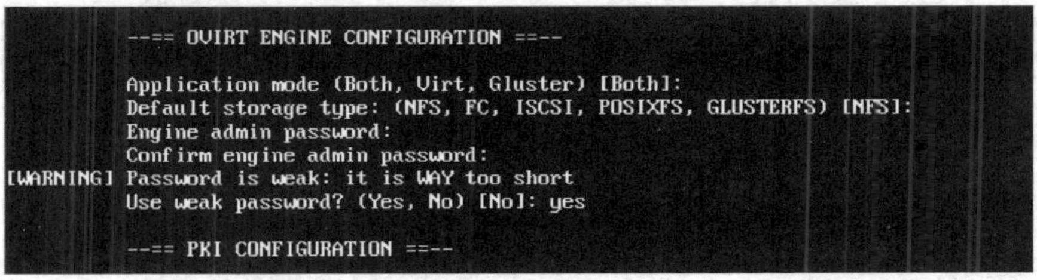

```
            --== OVIRT ENGINE CONFIGURATION ==--

            Application mode (Both, Virt, Gluster) [Both]:
            Default storage type: (NFS, FC, ISCSI, POSIXFS, GLUSTERFS) [NFS]:
            Engine admin password:
            Confirm engine admin password:
[WARNING] Password is weak: it is WAY too short
            Use weak password? (Yes, No) [No]: yes

            --== PKI CONFIGURATION ==--
```

图 7-73　配置主机模式、存储模式和密码

配置 ISO 存储域和报表系统密码，使用默认值，如图 7-74 所示。

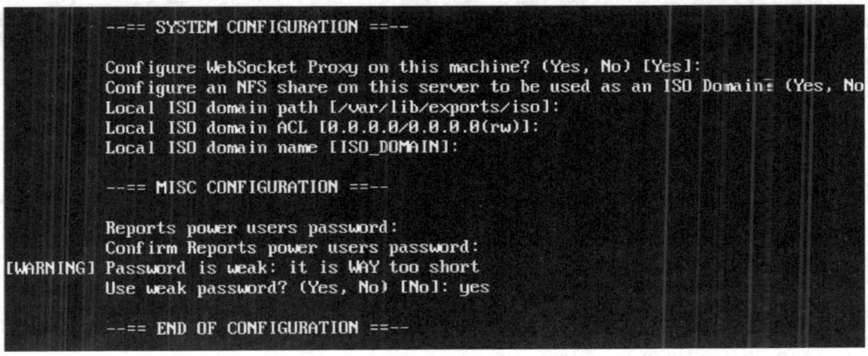

```
            --== SYSTEM CONFIGURATION ==--

            Configure WebSocket Proxy on this machine? (Yes, No) [Yes]:
            Configure an NFS share on this server to be used as an ISO Domain? (Yes, No
            Local ISO domain path [/var/lib/exports/iso]:
            Local ISO domain ACL [0.0.0.0/0.0.0.0(rw)]:
            Local ISO domain name [ISO_DOMAIN]:

            --== MISC CONFIGURATION ==--

            Reports power users password:
            Confirm Reports power users password:
[WARNING] Password is weak: it is WAY too short
            Use weak password? (Yes, No) [No]: yes

            --== END OF CONFIGURATION ==--
```

图 7-74　配置 ISO 存储域和报表系统密码

配置完后，提示“建议使用 4GB 以上内存进行配置”，输入 yes 后按回车键确认在 2GB 的计算机上安装 Cec-M，如图 7-75 所示。

出现配置清单页面，确定以上配置是否正确，如果需要改动，输入 Cancel 取消，重新配置服务；若无改动，则输入 OK 进入下一步，开始配置系统，如图 7-76 所示。

```
[ INFO  ] Stage: Setup validation
[WARNING] Cannot validate host name settings, reason: resolved host does not match any of the local addresses
[WARNING] Warning: Not enough memory is available on the host. Minimum requirement is 4096MB, and 16384MB is recommended.
          Do you want Setup to continue, with amount of memory less than recommended? (Yes, No) [No]: yes
```

图 7-75　内存验证提示页

```
Host FQDN                                : Cecm.yhy.com
NFS export ACL                           : 0.0.0.0/0.0.0.0(rw)
NFS mount point                          : /var/lib/exports/iso
Datacenter storage type                  : nfs
Configure local Engine database          : True
Set application as default page          : True
Configure Apache SSL                     : True
DWH installation                         : True
DWH database name                        : ovirt_engine_history
DWH database secured connection          : False
DWH database host                        : localhost
DWH database user name                   : ovirt_engine_history
DWH database host name validation        : False
DWH database port                        : 5432
Configure local DWH database             : True
Reports installation                     : True
Reports database name                    : ovirt_engine_reports
Reports database secured connection      : False
Reports database host                    : localhost
Reports database user name               : ovirt_engine_reports
Reports database host name validation    : False
Reports database port                    : 5432
Configure local Reports database         : True

Please confirm installation settings (OK, Cancel) [OK]:
```

图 7-76　显示系统摘要并确认

直接按回车键，开始配置服务，如图 7-77 所示。

```
[ INFO  ] Starting engine service
[ INFO  ] Restarting httpd
[ INFO  ] Restarting nfs services
[ INFO  ] Starting dwh service
[ INFO  ] Stage: Clean up
          Log file is located at /var/log/ovirt-engine/setup/ovirt-engine-setup-20170202204626-xky65a.log
[ INFO  ] Generating answer file '/var/lib/ovirt-engine/setup/answers/20170202211739-setup.conf'
[ INFO  ] Stage: Pre-termination
[ INFO  ] Stage: Termination
[ INFO  ] Execution of setup completed successfully
[root@Cecm mnt]#
```

图 7-77　系统自动配置过程

等待服务配置完成，Cec-M 服务配置完成后，就可以通过域名或者 IP 来访问及管理 Cec-M 服务器，通过 IP 地址访问的效果如图 7-78 所示。

第 13 步：在 Cec-M 上配置 NFS 存储服务

因为系统默认将采用 NFS 服务作为存储服务器，在 Cec-M 上进行简单的 NFS 服务器配置以实现存储服务支持，具体步骤如下。

（1）创建文件夹 isoy 以及 vm，命令如下：

```
mkdir -p  /data/iso  /data/vm
```

（2）修改文件夹的权限，使虚拟系统可访问。命令如下：

```
chown -R 36.36  /data
```

图 7-78 通过 IP 地址访问 Cec-M 服务器的效果图

(3) 修改 NFS 配置文件，添加两个共享文件夹，提供共享服务。

vi /etc/exports——打开 NFS 主配置文件，在文件最后添加如下语句：

```
/data/iso 0.0.0.0/0.0.0.0(rw)
/data/vm 0.0.0.0/0.0.0.0(rw)
```

(4) 重启 NFS 服务，命令如下：

```
service nfs restart
```

(5) 查看 NFS 提供的共享文件服务状态，命令如下：

```
showmount -e
```

通过如上步骤配置了一个包含两个文件夹的简单 NFS 存储空间：一个文件夹用于存放光盘，另一个文件夹用于存放虚拟机。

第 14 步：配置 Cec-C 虚拟化计算系统

(1) 确认和修改 Cec-C 系统的基本信息，安装完 Cec-C 计算机后，确认主机名为 Cecc.yhy.com；确认 IP 地址是否正确；修改/etc/hosts 文件，提供两台计算机的解析，添加如下两行：

```
192.168.19.100 Cecm Cecm.yhy.com
192.168.19.200 Cecc Cecc.yhy.com
```

(2) 挂载 CecOSvt 光盘,加载预安装环境。

在 Cec-C 虚拟机中,使用“mount /dev/cdrom /mnt”命令挂载 CecOSvt1. 4-Final. iso 光盘镜像,打开挂载目录,执行. /run 命令,加载光盘中预置的 yum 软件仓库,出现图 7-79 所示界面,表示 yum 源建立成功。

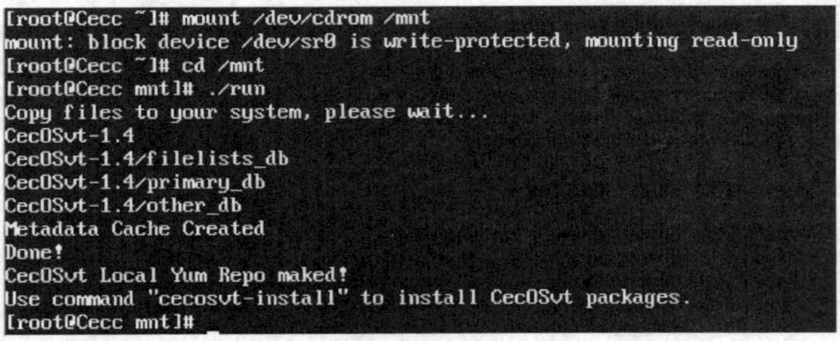

[root@Cecc ~]# mount /dev/cdrom /mnt
mount: block device /dev/sr0 is write-protected, mounting read-only
[root@Cecc ~]# cd /mnt
[root@Cecc mnt]# ./run
Copy files to your system, please wait...
CecOSvt-1.4
CecOSvt-1.4/filelists_db
CecOSvt-1.4/primary_db
CecOSvt-1.4/other_db
Metadata Cache Created
Done!
CecOSvt Local Yum Repo maked!
Use command "cecosvt-install" to install CecOSvt packages.
[root@Cecc mnt]# _

图 7-79 完成仓库和向导脚本创建

(3) 安装 Cec-V 计算节点组件。

根据提示运行 cecosvt-install 命令,出现图 7-80 所示界面,选择 2,安装 Cec-C 软件包。

Cec-C
Welcome to install CecOSvt 1.4!
[1] CecOS Virtualization Manager (Engine)
[2] CecOS Virtualization Host (Node)
[3] All Of Them Above 1 and 2 (AIO)
[q] Exit
Select installation:
2
Begin to install CecOSvt [Node]
Please wait for a few minutes ...

图 7-80 使用向导安装 Cec-C

开始安装 Cec-V 组件后,等待片刻,可看到图 7-81 所示界面,表示 Cec-V 节点软件包已经安装设置完成。

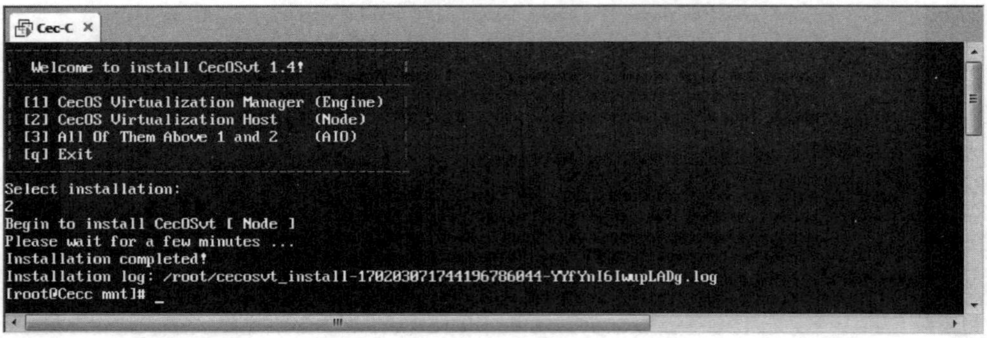

Cec-C
Welcome to install CecOSvt 1.4!
[1] CecOS Virtualization Manager (Engine)
[2] CecOS Virtualization Host (Node)
[3] All Of Them Above 1 and 2 (AIO)
[q] Exit
Select installation:
2
Begin to install CecOSvt [Node]
Please wait for a few minutes ...
Installation completed!
Installation log: /root/cecosvt_install-170203071744196786044-YYfYnI6IwupLADg.log
[root@Cecc mnt]# _

图 7-81 软件包安装完成

第 15 步：准备 Cec-C 本地存储系统

CecOS 系统除了支持网络共享存储系统以外，还支持计算节点的本地文件系统存储，为加快测试实验速度，在 Cec-C 系统的本地建立两个存储文件夹用于本地的存储系统测试，因为系统默认将采用 NFS 服务作为存储服务器，在 Cec-M 上进行简单的 NFS 服务器配置以实现存储服务支持，具体步骤如下。

(1) 创建文件夹 iso 以及 vm，命令如下：

```
mkdir -p  /data/iso  /data/vm
```

(2) 修改文件夹的权限，使虚拟系统可访问。命令如下：

```
chown -R 36.36  /data
```

(3) 修改 NFS 配置文件，添加两个共享文件夹，提供共享服务。

vi /etc/exports——打开 NFS 主配置文件，在文件最后添加如下语句：

```
/data/iso 0.0.0.0/0.0.0.0(rw)
/data/vm 0.0.0.0/0.0.0.0(rw)
```

使用 cat /etc/exports 命令查看修改后的配置文件效果，如图 7-82 所示。

[root@Cecm mnt]# cat /etc/exports
/var/lib/exports/iso   0.0.0.0/0.0.0.0(rw)
/data/iso   0.0.0.0/0.0.0.0(rw)
/data/vm   0.0.0.0/0.0.0.0(rw)
[root@Cecm mnt]#

图 7-82 NFS 主配置文件效果图

(4) 重启 NFS 服务，命令如下：

```
service nfs restart
```

【子任务三】 配置 CecOS 云计算系统服务器虚拟化

在上一个子任务中，已经安装好了 CecOS 云计算系统，在此子任务中，将一步步地来配置 CecOS 云计算系统的服务器虚拟化。

第 1 步：访问 CecOS 企业虚拟化管理中心

在 Windows 系统中使用 Firefox 或 Chrome 浏览器访问 https://192.168.19.100，得到图 7-83 所示的数据中心访问页面。

单击“管理”图标，忽略安全控制或添加例外，进入数据中心登录页面，如图 7-84 所示。

第 2 步：登录 Cec 数据中心

使用 admin，密码为在安装 Cec-M 时，针对 admin 账户输入的密码，登录系统，进入管理功能主页，如图 7-85 所示。可以看到该页面涵盖数据中心、群集、主机、网络、存储、磁盘、虚拟机、池、模板、卷以及用户的全套管理功能。

第 3 步：添加 Cec-C 虚拟主机

在主机界面单击“新建”按钮，输入 Cec-C 主机的所有参数，如图 7-86 所示。

图 7-83　CecOS 主页

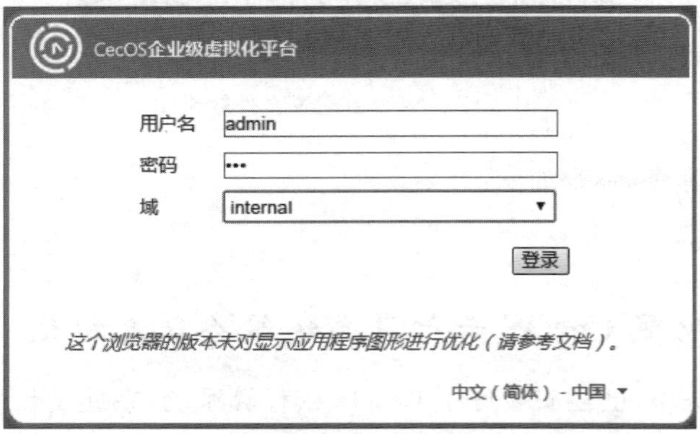

图 7-84　数据中心管理登录主页

在添加过程中，Cec-M 将与 Cec-C 主机进行通信，安装必要的代理服务，安装完成后，管理界面下方将出现图 7-87 所示的界面，Cec-C 完成向数据中心的添加，主机前部出现绿色向上的小箭头，Cec-C 主机已经可以通过 Cec-M 平台进行管理了。如果需要添加更多的 Cec-C 主机，可重复该步骤。

图 7-87 中的主机信息非常重要，在后续的集群创建中，将使用 CPU 名称这一重要参数。不同的计算机或服务器硬件的 CPU 参数不同，请用户在实际使用中注意该项参数的内容，以便在后续配置中使用，本书中使用的硬件参数为 Intel Haswell Family。

第 4 步：添加一个共享的数据中心和集群

在数据中心中，选择“新建”功能，如图 7-88 所示，添加一个名为 yhy-test 的数据中心，

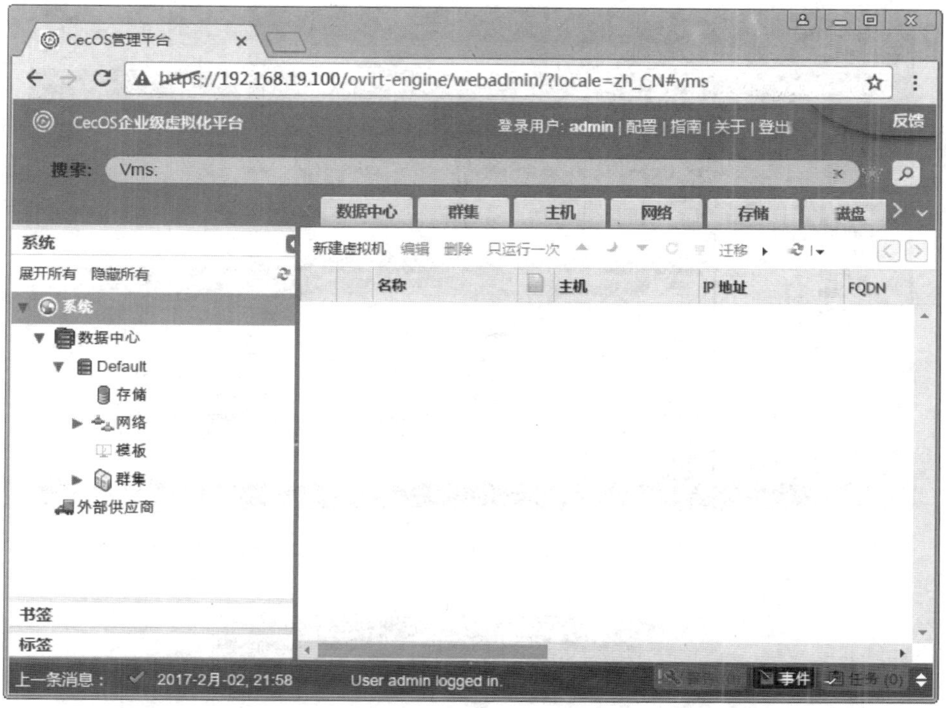

图 7-85　CecOS 企业虚拟化平台管理功能主页

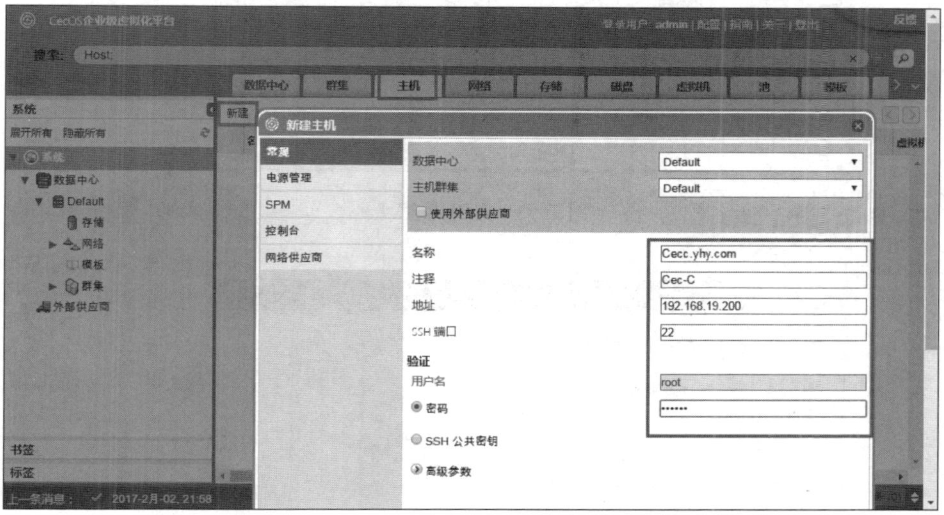

图 7-86　添加 Cec-C 主机

类型选择为“共享的”。

如图 7-89 所示，在接着的引导操作中，选择“配置集群”，添加数据中心的集群，如图 7-90 所示，名称为 clusteryhy-test，CPU 名称与 Cec-C 的 CPU 名称相同，为 Intel SandyBridge Family。在图 7-91 中单击“以后再配置”按钮。

图 7-87　添加完成的 Cec-C 在 Cec 管理平台下的信息

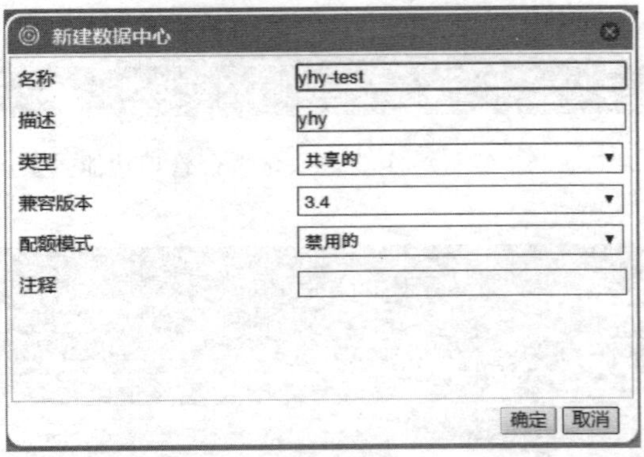

图 7-88　新建数据中心

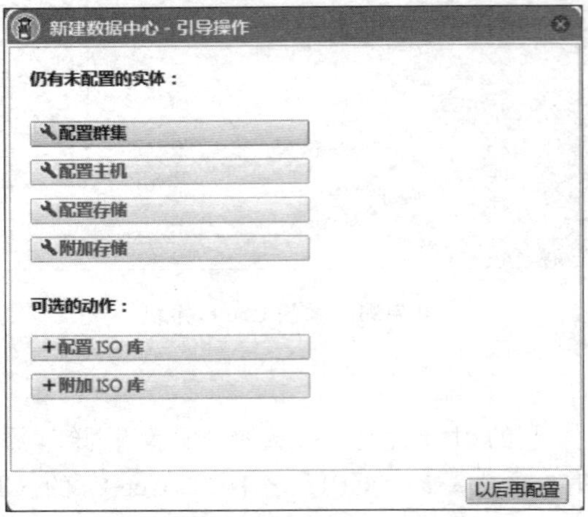

图 7-89　引导操作界面

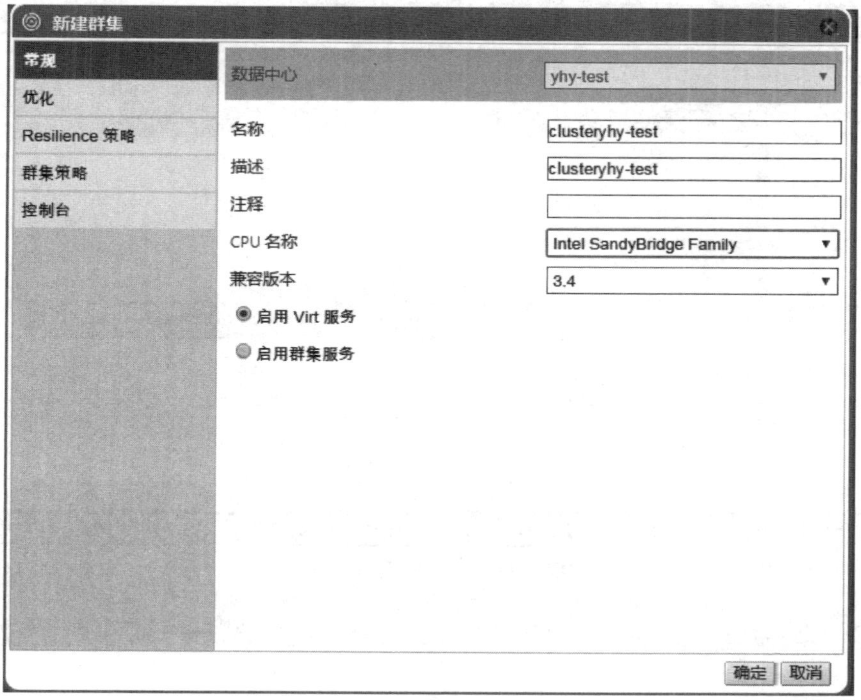

图 7-90　添加集群界面

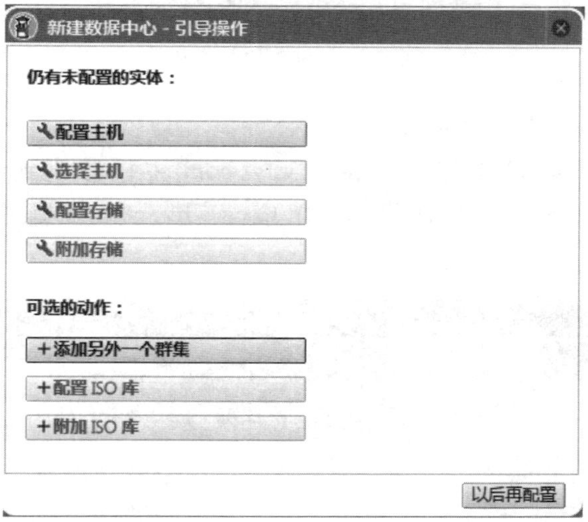

图 7-91　结束引导操作

第 5 步：修改主机为维护模式

在系统菜单的"主机"选项卡中，选中 Cecc. yhy. com 虚拟主机，在右键快捷菜单中选择"维护"命令，如图 7-92 所示；然后单击"确定"按钮，确认维护主机，图 7-93 所示为维护中的主机。

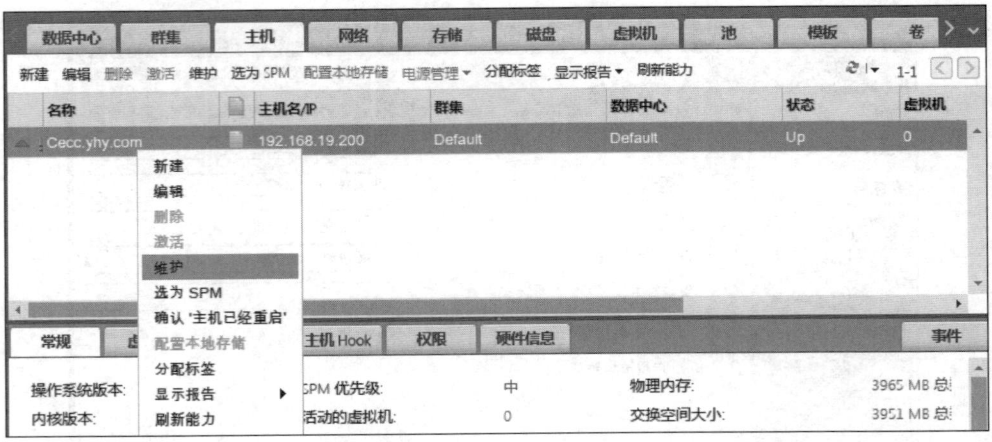

图 7-92　选择维护主机

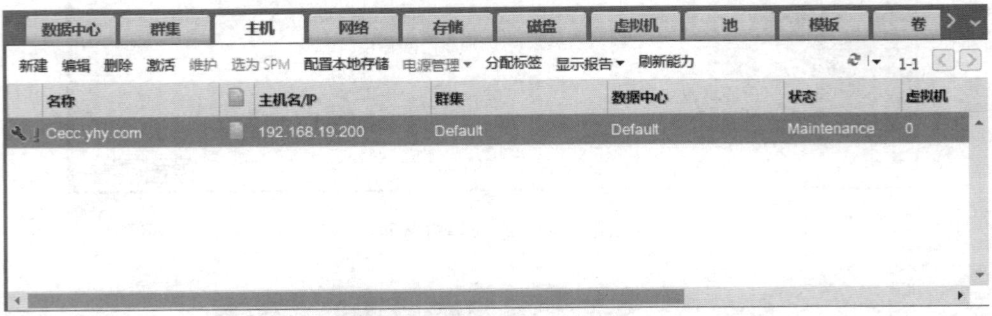

图 7-93　维护中的主机

第 6 步：将主机添加到新的集群

选中主机，单击“编辑”按钮，将 Cecc. yhy. com 主机修改到 yhy-test 数据中心的 clusteryhy-test 集群中，如图 7-94 所示。选择 Cecc. yhy. com 虚拟主机，再选择“激活”，将使主机退出维护模式。

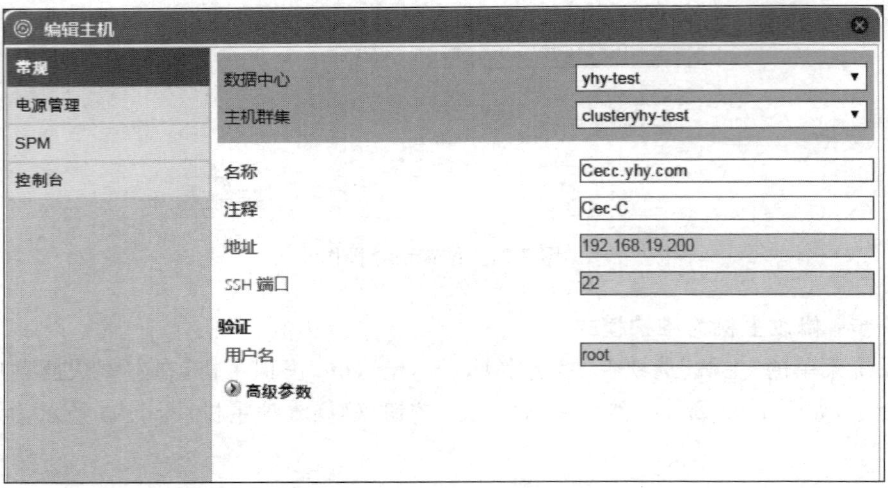

图 7-94　将主机添加到新的集群

第 7 步：添加数据存储域

在“存储”选项卡中，单击“新建域”按钮，选择数据中心 yhy-test，选择 DATA/NFS 类型，添加名为 datavm 的数据存储域，存储路径为 NFS 共享的 192.168.19.100:/data/vm，如图 7-95 所示。CecOS 支持 NFS、POSIX compliant FS、GlusterFS、iSCSI、Fibre Channel 共 5 种共享存储类型。

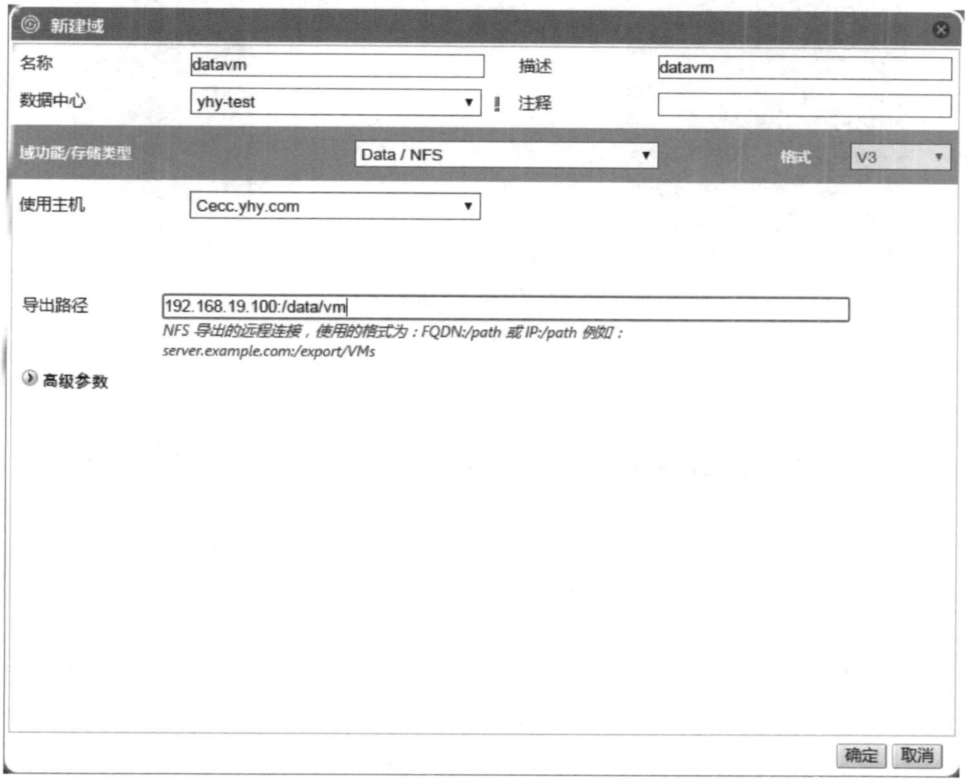

图 7-95　新建数据域

第 8 步：添加 ISO 存储域

在“存储”选项卡中，选择 ISO_DOMAIN 默认存储域，在下方的“数据中心”选项卡中，单击“附加”按钮，如图 7-96 所示，将 ISO 存储域添加到 dcshare-test 数据中心；该存储域为创建数据中心时默认的存储域，该存储域的路径为 192.168.1.100:/var/lib/exports/iso。

将 DATA 数据域和 ISO 存储域都附加到数据中心后，可以看到数据中心已经启动正常，如图 7-97 所示。

第 9 步：上传镜像

使用 CRT 工具连接到 192.168.100 的 Cec-M 机器中，上传 CentOS 6.5 的镜像到路径/var/lib/exports/iso/c9a89fc0-910c-4a8b-b7d9-c0251205c1b2/images/11111111-1111-1111-1111-111111111111 下，其中 c9a89fc0-910c-4a8b-b7d9-c0251205c1b2 为一个随机的 ID，在不同的计算机中路径信息不同，如图 7-98 所示。上传完毕后，可在 Cec-M 系统的存储界面中查看该文件，如图 7-99 所示。

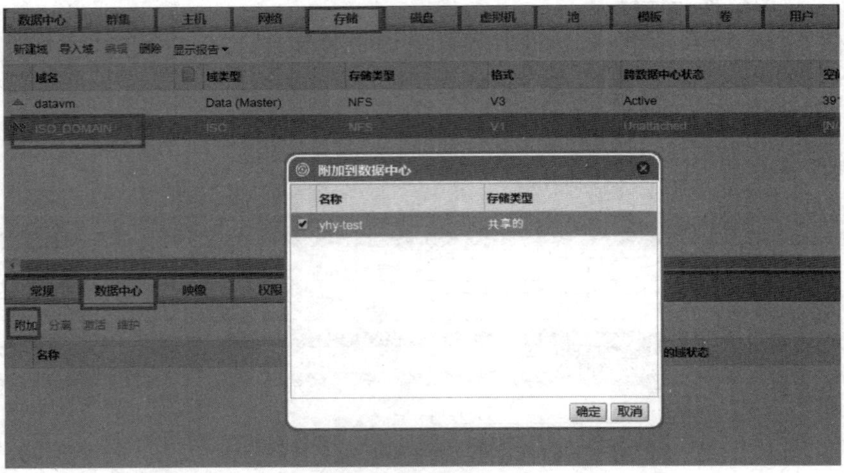

图 7-96　将 ISO 存储域附加到数据中心中

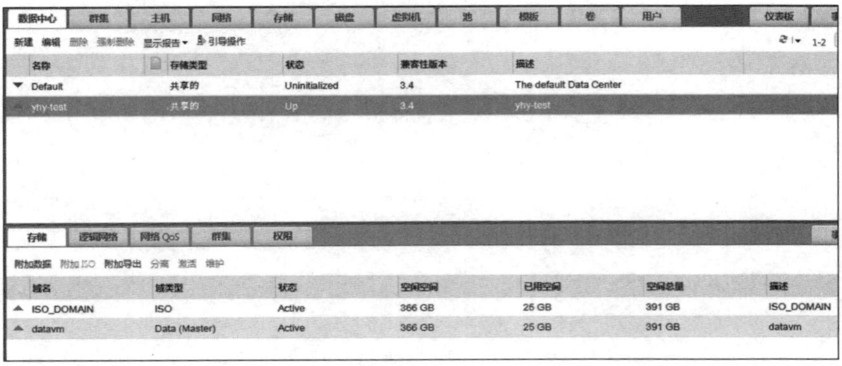

图 7-97　数据中心启动正常的界面

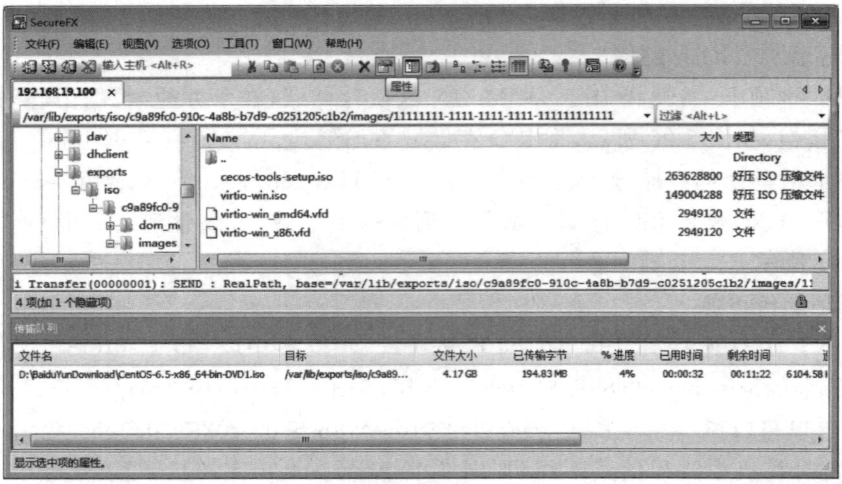

图 7-98　上传 CentOS 6.5 镜像

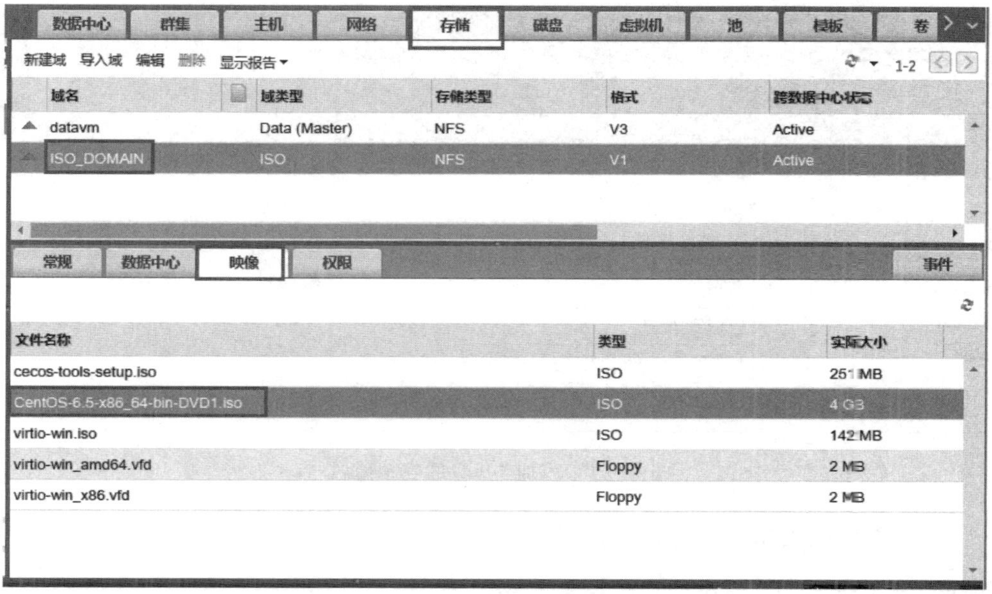

数据中心
群集
主机
网络
存储
磁盘
虚拟机
池
模板
卷
新建域 导入域 编辑 删除 显示报告
域名
域类型
存储类型
格式
跨数据中心状态
datavm
Data (Master)
NFS
V3
Active
ISO_DOMAIN
ISO
NFS
V1
Active
常规
数据中心
映像
权限
事件
文件名称
类型
实际大小
cecos-tools-setup.iso
ISO
251 MB
CentOS-6.5-x86_64-bin-DVD1.iso
ISO
4 GB
virtio-win.iso
ISO
142 MB
virtio-win_amd64.vfd
Floppy
2 MB
virtio-win_x86.vfd
Floppy
2 MB

图 7-99 在 ISO 域查看上传后的镜像

第 10 步：安装 CentOS 6 虚拟服务器

在“虚拟机”选项卡中，单击“新建”按钮，添加一台 CentOS 6 的服务器，名称为 CentOS6，网络接口选择 cecos-vmnet/cecos-vmnet，如图 7-100 所示。确定后，添加虚拟磁盘，设置硬盘大小为 10 GB，如图 7-101 所示。

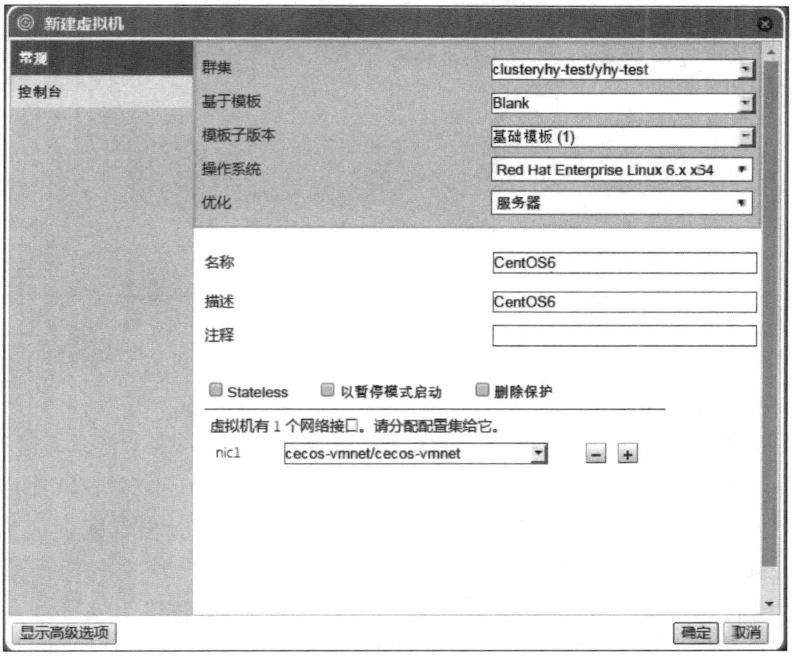

图 7-100 添加 CentOS 6 虚拟服务器

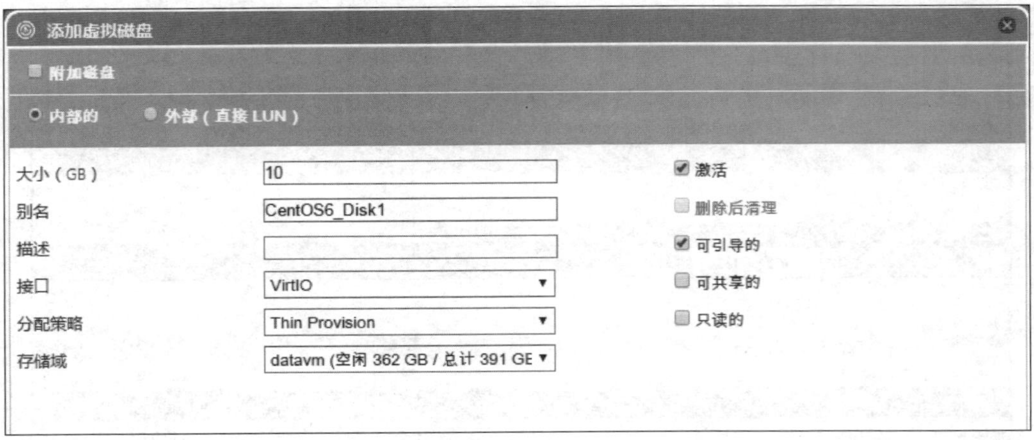

图 7-101　添加 10GB 的虚拟磁盘

确认后,虚拟机创建完毕,出现图 7-102 所示的虚拟机 CemOS6。

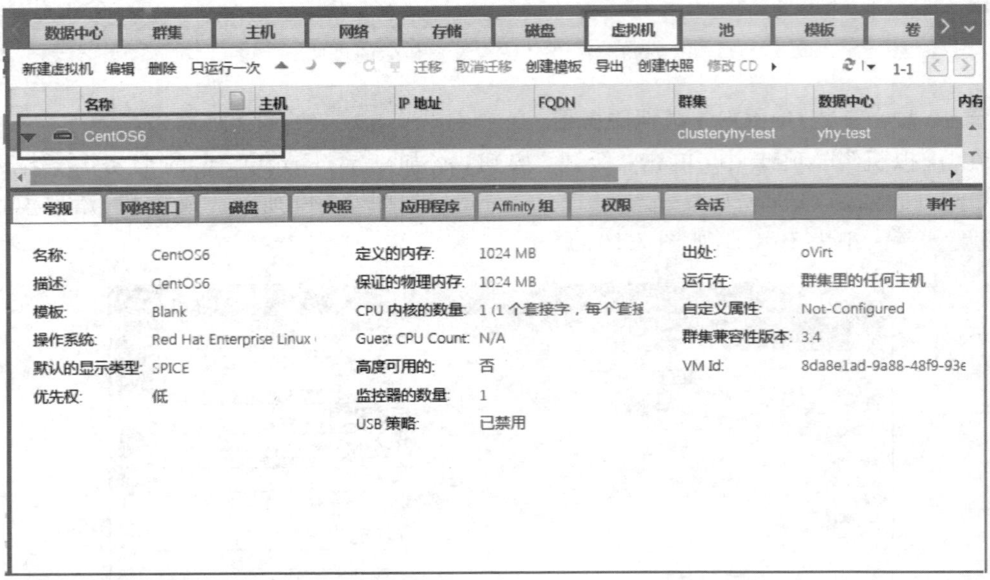

图 7-102　创建后的虚拟机

第 11 步:启动虚拟机

启动虚拟机,单击"虚拟机"选项卡中的"只运行一次"按钮,调出虚拟机运行配置界面,如图 7-103 所示,设置附加 CD 为 CentOS-6.5-x86_64-bin-DVD1.iso 光盘,并将引导序列中的 CD-ROM 设置为第一项,单击"确定"按钮可以看到虚拟机图标由红色变成了绿色。

第 12 步:安装虚拟服务器调用工具

虚拟机启动后,第一次访问可以右击选择"控制台"命令,如图 7-104 所示。

默认情况下,浏览器会自动下载一个名称为 console.vv 的连接文件,但是很有可能该文件无法打开,这是因为虚拟机默认采用的是客户端连接模式,但是客户端没有连接软件造

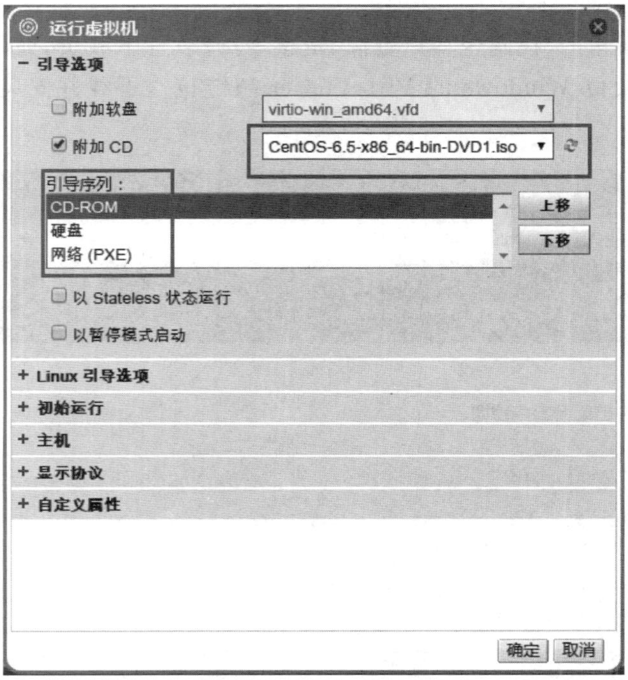

图 7-103　运行虚拟机启动设置

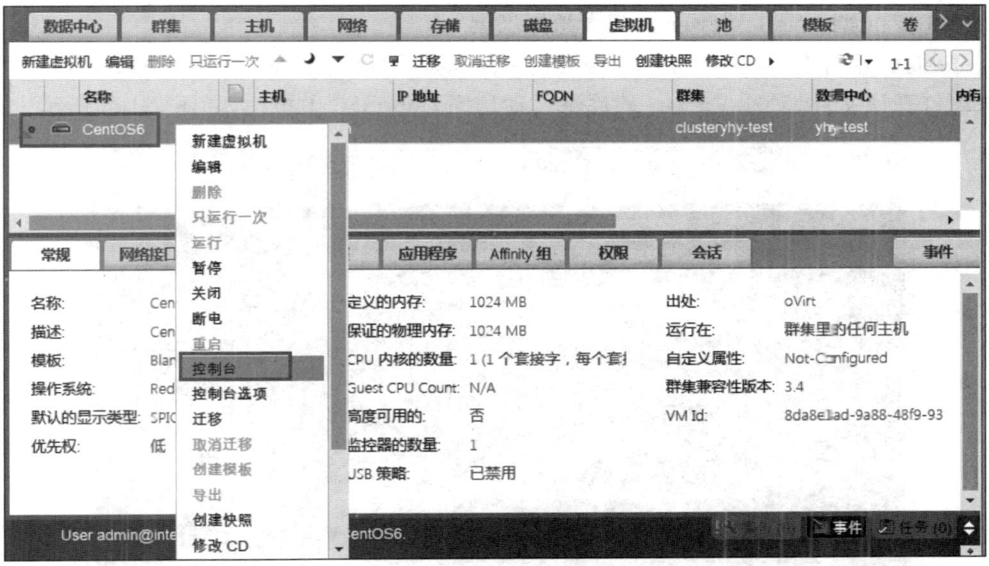

图 7-104　控制台访问虚拟机

成的。可以通过如下步骤解决该问题。

右击虚拟机，选择“控制台选项”命令，该界面为虚拟机控制台连接设置界面，CecOS 中的虚拟机支持 SPICE、VNC、远程桌面 3 种连接方式，调用方法支持 Native 客户端、浏览器插件、HTML5 浏览器等多种方法，该界面还包含了若干协议配置选项；默认情况下虚拟机采用 SPICE 协议。

选择该界面左下角的“控制台客户资源”链接，打开软件下载页，如图 7-105 所示，在该界面下选择“用于 64 位 Windows 的 Virt Viewer 超链接”，下载并安装 Virt Viewer 连接工具。

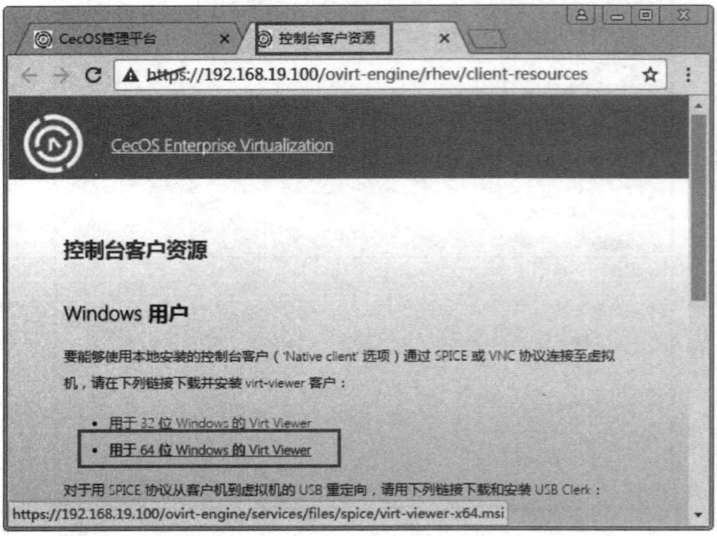

图 7-105 Virt Viewer 下载页面

第 13 步：通过 Virt Viewer 访问虚拟服务器

在虚拟机界面中，再次右击 CentOS6 虚拟机，选择“控制台”命令，下载 console.vv 文件后，自动打开该文件，Virt Viewer 软件将自动访问 CentOS6 虚拟机，如图 7-106 所示。

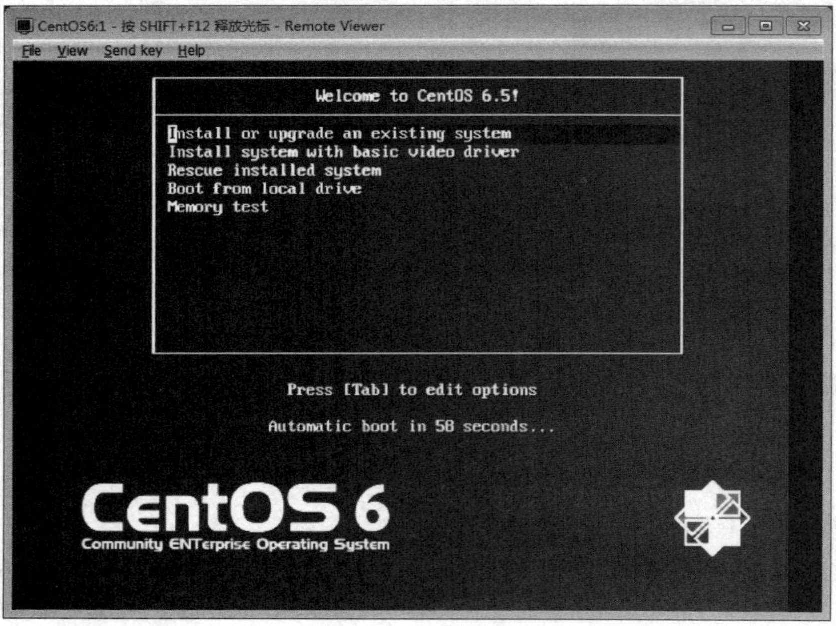

图 7-106 Virt Viewer 访问虚拟服务器

在该界面下，参考本书前面介绍的安装步骤，安装一台名为 Minimal 的 CentOS6 虚拟机，安装后启动该虚拟机，如图 7-107 所示。

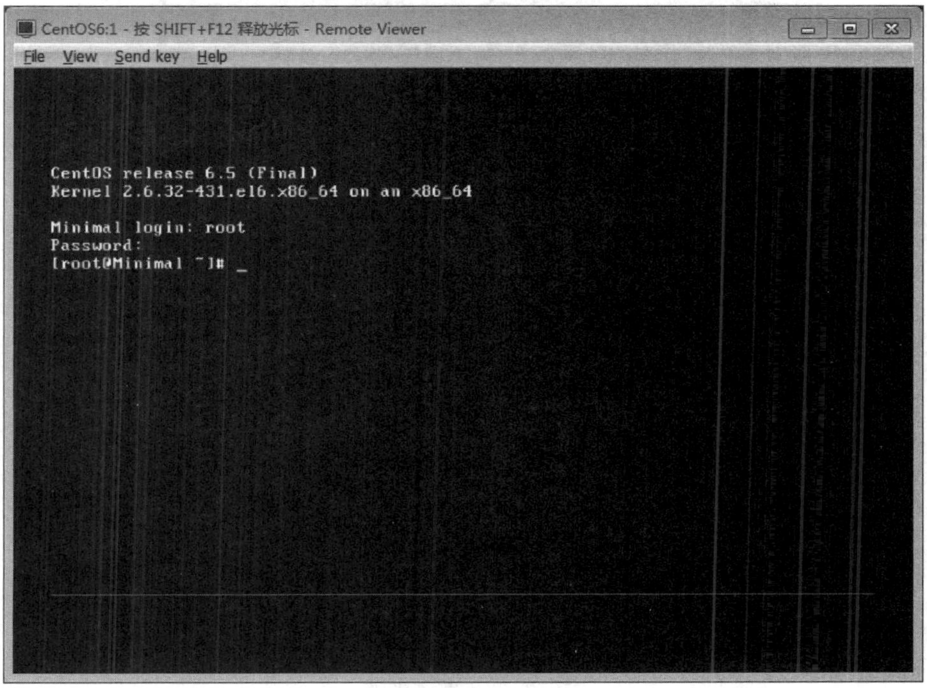
CentOS6:1 - 按 SHIFT+F12 释放光标 - Remote Viewer
File View Send key Help
CentOS release 6.5 (Final)
Kernel 2.6.32-431.el6.x86_64 on an x86_64
Minimal login: root
Password:
[root@Minimal ~]# _

图 7-107 访问安装好之后的虚拟机

第 14 步：通过模板部署新的 CentOS 6 虚拟服务器

为了将安装好的服务器快速部署成多台服务器，一般需要通过安装系统—封装—制作模板—部署 4 步来完成多个新服务器的部署，具体操作如下。

(1) 封装 Linux 服务器：在安装好的 CentOS 6 系统中，通过"rm - rf /etc/ssh/ssh_*"命令删除所有的 ssh 证书文件，再执行 sys-unconfig 命令，虚拟机将自动进行封装；封装后的虚拟机在启动时将重新生成新的计算机配置。

(2) 创建快照：右击虚拟机，在快捷菜单中找到"创建快照"命令，或者在上层菜单中找到"创建快照"按钮，如图 7-108 所示，创建一个名为 yhy 的快照。

(3) 创建模板：在虚拟机菜单中选中 CentOS6 虚拟机，右击选择"创建模板"命令，或者在上层菜单中找到"创建模板"按钮，该功能会锁定虚拟机几分钟，然后以此虚拟机为基础，创建一个新的名为 CentOS6-temp 的模板，如图 7-109 所示，创建完后在"模板"选项卡中能够看到创建完的模板，如图 7-110 所示。

(4) 从模板创建虚拟机主机。

在"虚拟机"选项卡中，选择"新建虚拟机"，选择群集，设置"基于模板"为 CentOS6-temp，虚拟机名称为 CentOS-Server1，如图 7-111 所示。

稍等片刻后，启动该虚拟机，通过简单密码设置等操作之后，新的虚拟服务器就可以快速访问了，如图 7-112 所示。

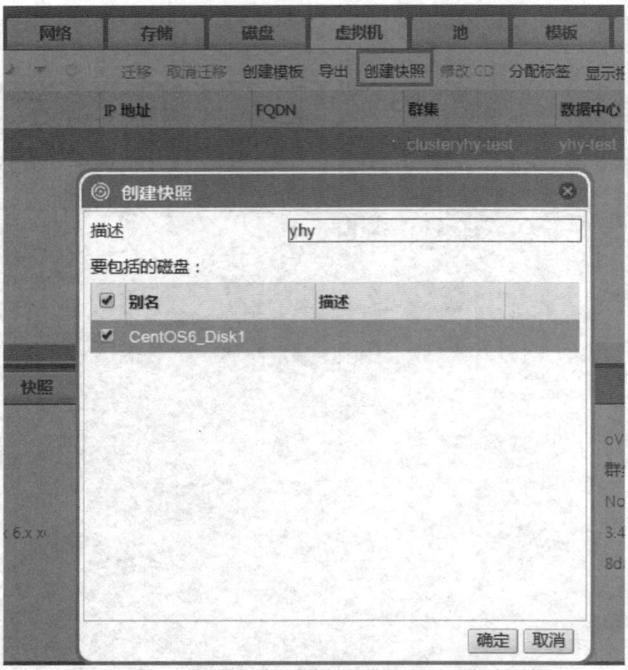

图 7-108 创建快照

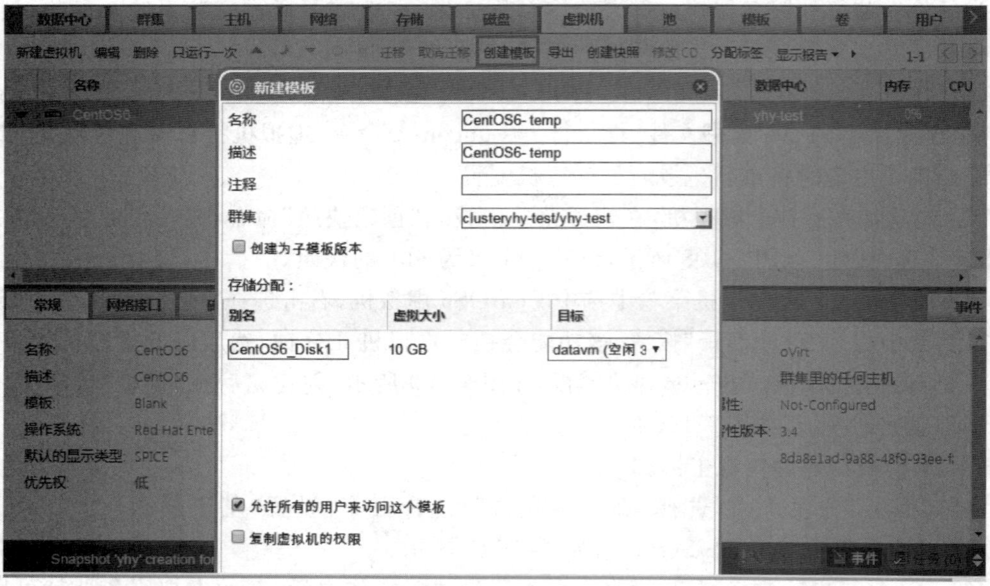

图 7-109 创建模板

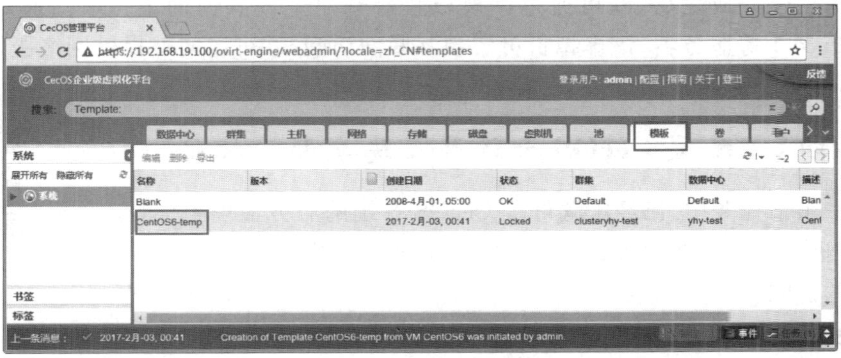

图 7-110　创建好的模板

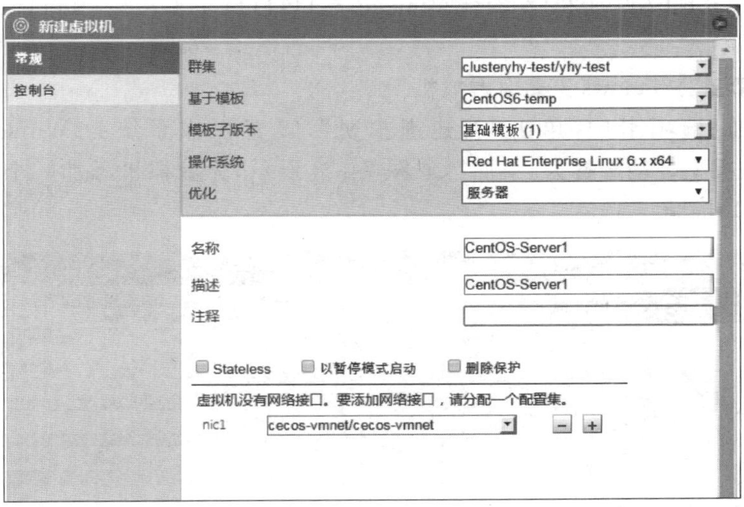

图 7-111　从模板新建虚拟服务器

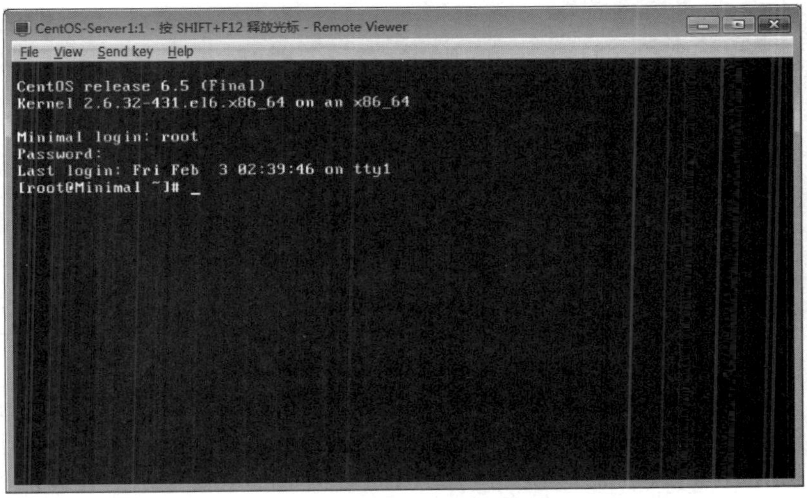

图 7-112　从模板创建好的虚拟服务器

在模板创建完成之后，既可通过该模板直接创建生成其他的虚拟机。通过合理配置 CentOS-Server1 等服务器，该虚拟机可实现互联网访问，并可以向外提供网络服务。

至此，此子任务结束。

【子任务四】 配置 CecOS 云计算系统桌面虚拟化

7.2.4

在上一个子任务中，已经配置好了 CecOS 系统的服务器虚拟化，在此子任务中，将进一步地来配置 CecOS 系统 Windows 7 操作系统的虚拟化和桌面虚拟化的访问。

第 1 步：上传 Windows 7 光盘镜像

参考服务器虚拟化的配置，使用 CRT 工具连接到 192.168.19.100 的 Cec-M 机器中，上传一张 Win7_X86_CN.iso 的 32 位中文版系统到 ISO 存储域/var/lib/exports/iso/c9a89fc0-910c-4a8b-b7d9-c0251205c1b2/images/11111111-1111-1111-1111-111111111111 中。

第 2 步：新建 Windows 7 桌面虚拟机

在“虚拟机”选项卡中，单击“新建虚拟机”，设置操作系统为 Windows 7，名称为 Win7x86，优化类型自动选择为“桌面”，如图 7-113 所示，为虚拟机添加一个 20 GB 的虚拟磁盘，如图 7-114 所示。

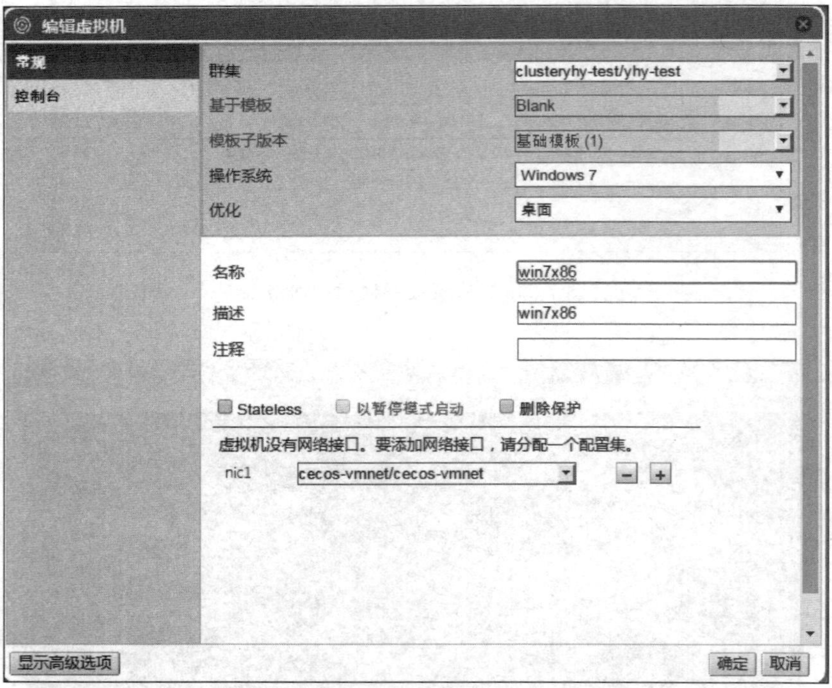

图 7-113 新建 Windows 7 虚拟机

第 3 步：启动 Win7x86 桌面虚拟机

使用虚拟机右键菜单中的“只运行一次”命令。Win7x86 虚拟机的安装配置如图 7-115 所示，附加软盘 Virtio-win_x86.vfd 用于安装硬盘驱动，设置附加 CD 为 Win7_X86_CN.

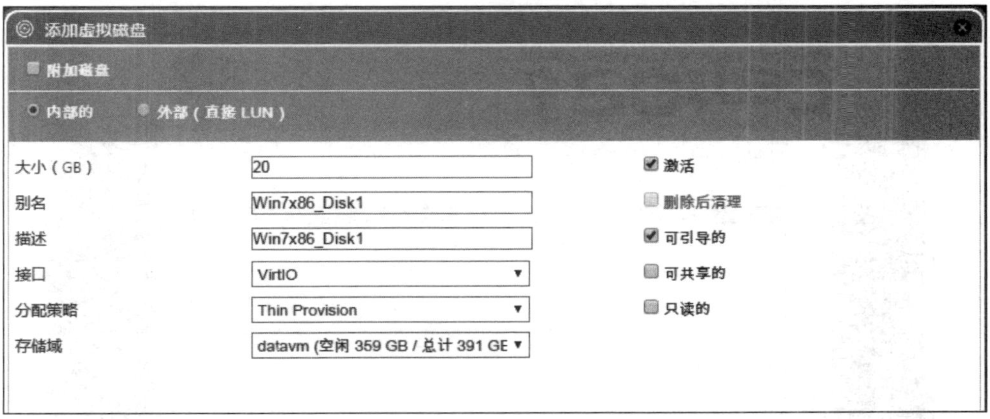

图 7-114　添加虚拟硬盘

iso，将"引导序列"中的 CD-ROM 设为首位，确定启动虚拟机。

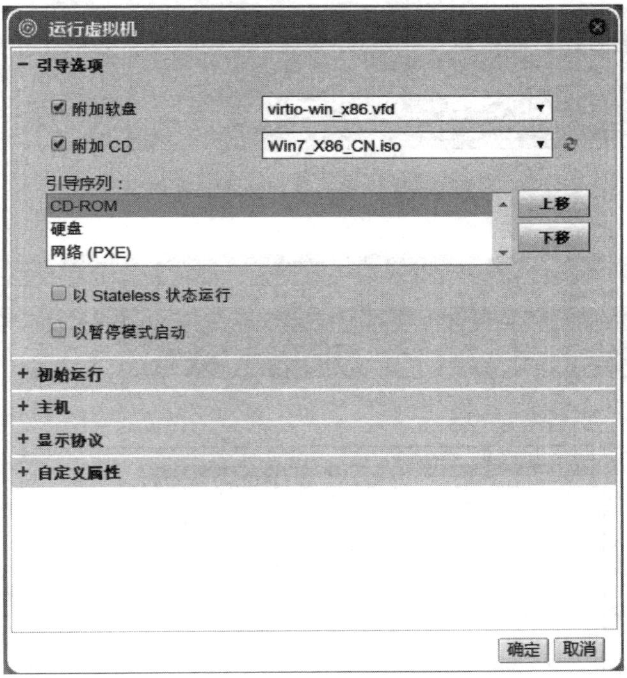

图 7-115　Win7x86 虚拟机的安装配置

第 4 步：安装 Windows 7 操作系统

引导进入操作系统，单击"下一步"→"现在安装"→"接受许可"→"自定义(高级)"等界面选项，进入"驱动器"选择界面，提示无法找到硬盘，如图 7-116 所示。单击"加载驱动程序"，如图 7-117 所示，选择"Red Hat VirtIo SCSI controller(A:\i386\w n7\viostor. inf)"，加载磁盘驱动，单击"下一步"按钮。

如图 7-118 所示，20 GB 的磁盘找到了，选择该硬盘后直接单击"下一步"按钮进行系统的自动安装，如图 7-119 所示。

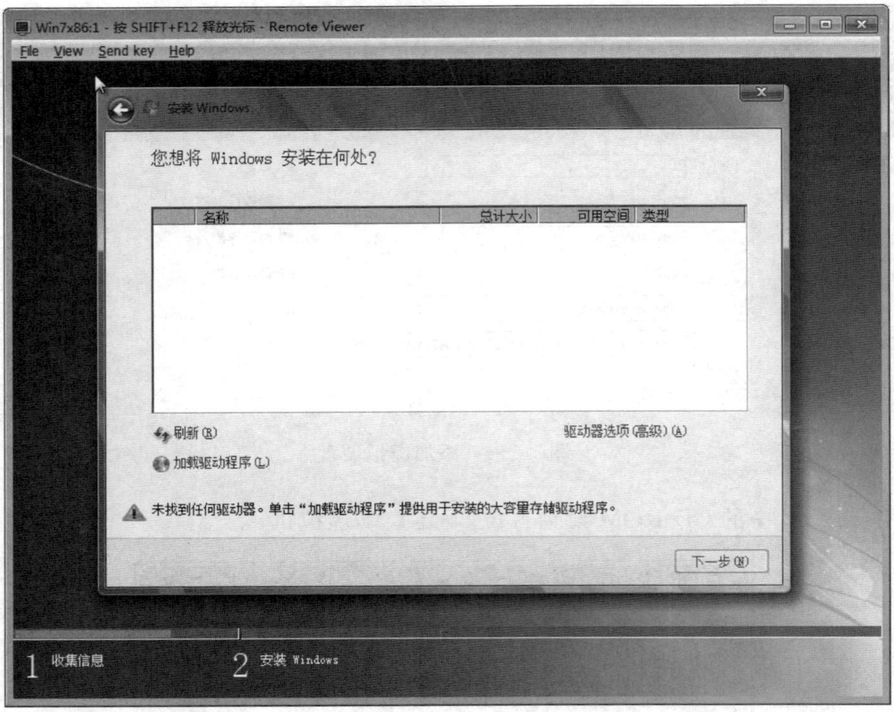

图 7-116 无法找到磁盘的界面

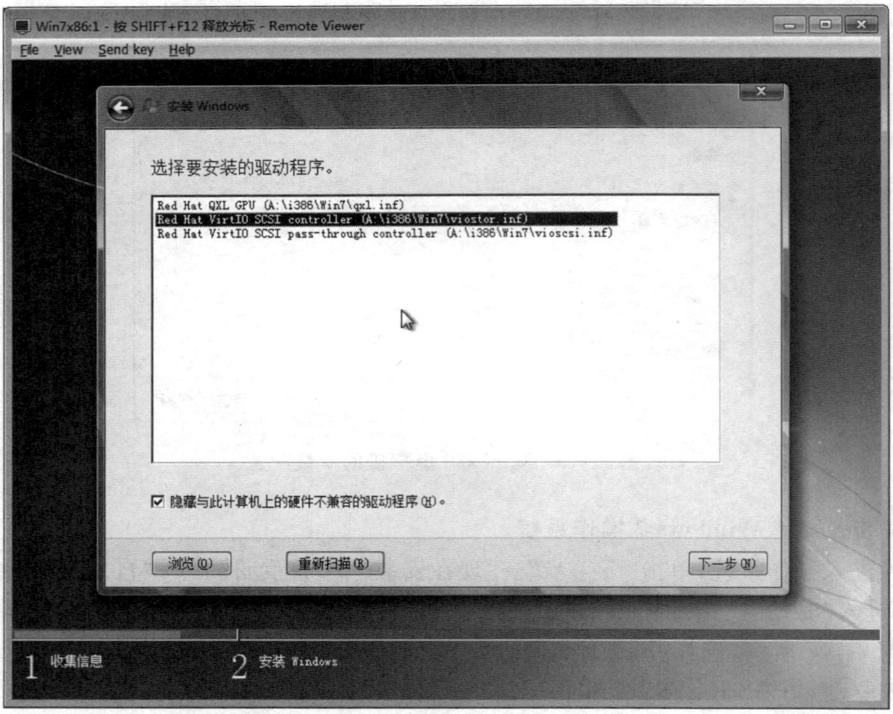

图 7-117 选择磁盘驱动文件

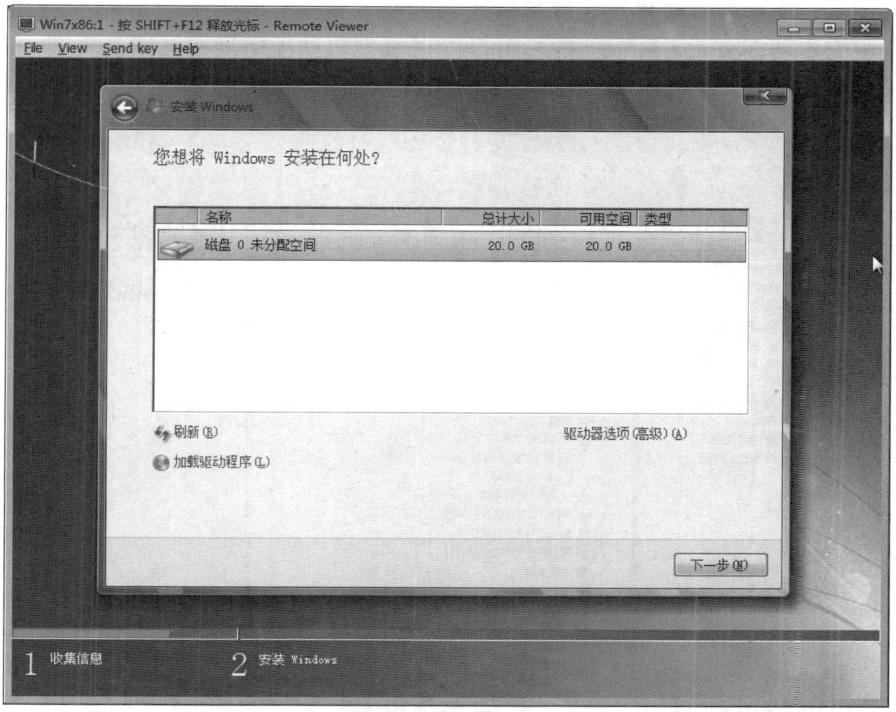

图 7-118　选择磁盘安装系统

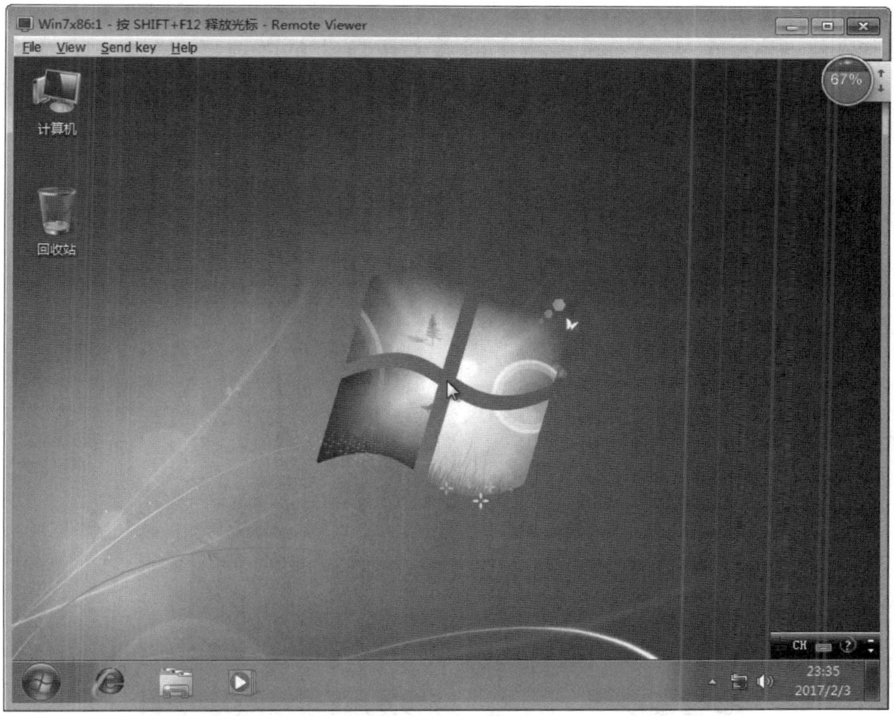

图 7-119　系统安装完成

第 5 步：安装系统驱动程序和虚拟机代理软件

在安装完毕的 Wmdows 7 系统中，可以发现很多驱动程序没有被正确安装，如图 7-120 所示。

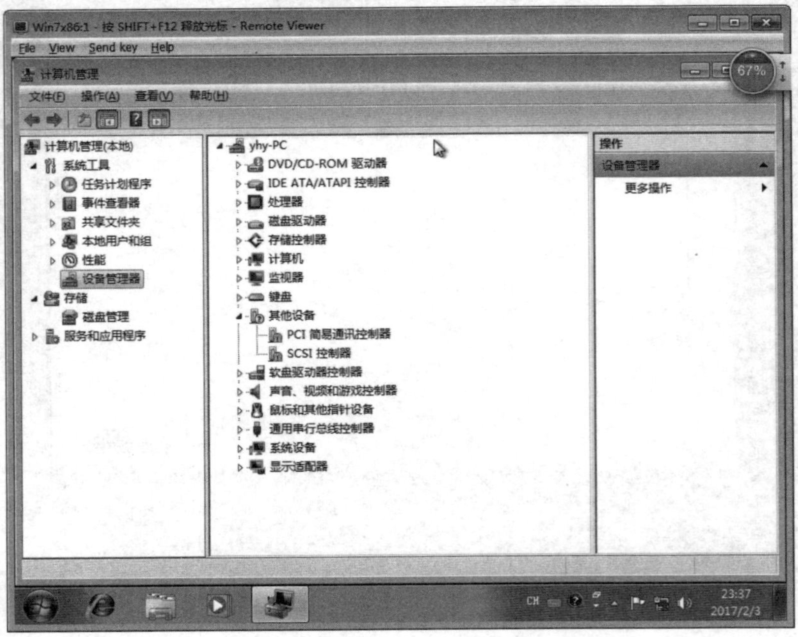

图 7-120　设备未被驱动

如图 7-121 所示，在 Win7x86 虚拟机的右键快捷菜单中选择“修改 CD”命令，再选择 cecos-tools-setup. iso，如图 7-122 所示，通过该光盘自动安装驱动和部分工具。

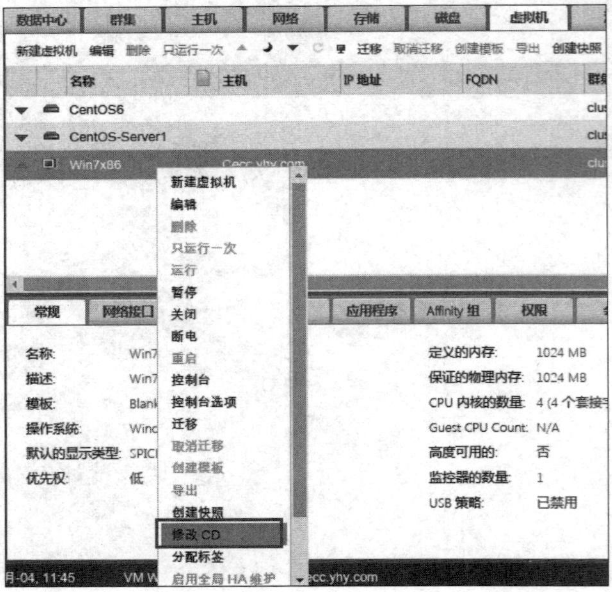

图 7-121　选择菜单修改 CD

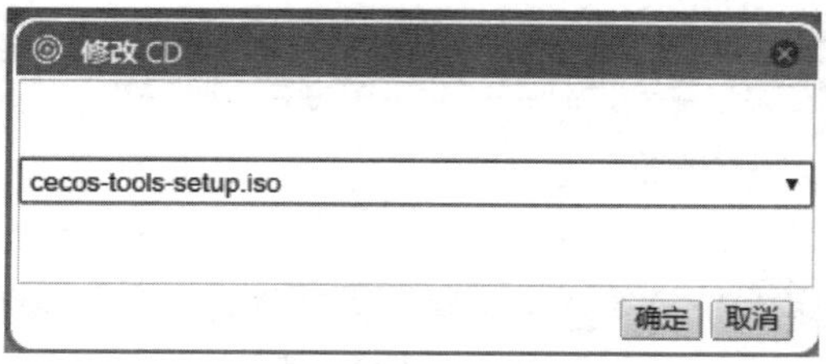

图 7-122　修改 CD 光盘文件

加载完光盘后，双击光盘中的 CecOS Tools Setup 文件，如图 7-123 所示，完成所有驱动程序和代理服务的安装。如图 7-124 所示，安装完后重启虚拟机。

图 7-123　选择安装光盘中的工具程序

安装完驱动程序和代理服务后，鼠标就能平滑地在真实机与虚拟机之间移动了，不再需要同时按 Shift＋F12 键。建议同时安装光盘中的 CecOS Application Provisioning Tool，用于部署应用识别代理。

第 6 步：封装桌面操作系统

安装完毕的操作系统，双击 C:\Windows\System32\sysprep\sysprep. exe 文件，进行对操作系统的封装，封装后操作系统将自动关机，如图 7-125 所示。

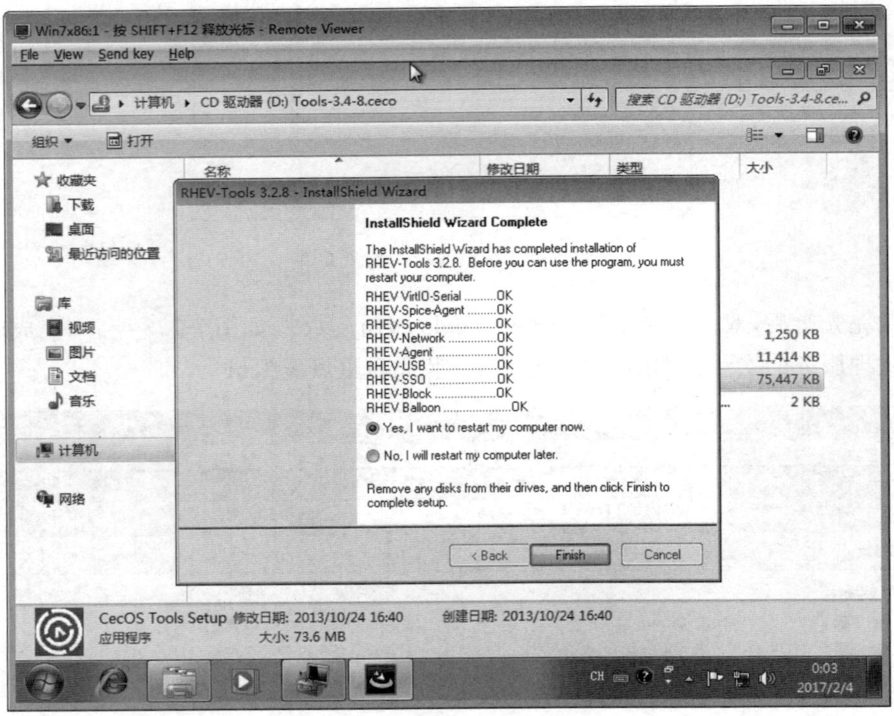

图 7-124　安装驱动程序和代理服务

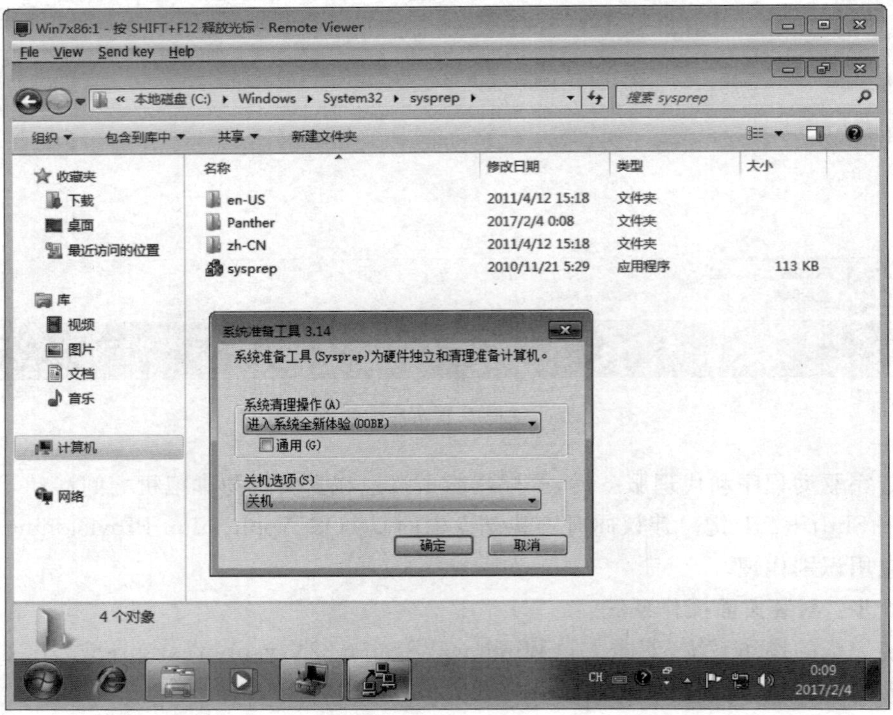

图 7-125　执行封装程序

第 7 步：创建快照和模板

参考服务器虚拟机部分的步骤，为 Win7x86 虚拟机创建 YHY-Base 快照和 Win7x86-temp 模板，如图 7-126 和图 7-127 所示。

图 7-126　添加快照

图 7-127　添加模板

第 8 步：从模板创建桌面池

桌面虚拟化与服务器虚拟化最大的不同是需要将桌面作为平台传送给客户，而服务器虚拟化则没有此需求，因此桌面虚拟化中的桌面虚拟机是通过“桌面池”的重要概念来进行批量分配的。

在“池”页面中，单击“新建池”按钮，利用 Win7x86-temp 模板创建一个名为 win7-yhyu 的桌面池，选择“显示高级选项”，设置虚拟机的数量为 5，每个用户的最大虚拟机数目为 5，如图 7-128 所示。设置“池类型”为“手动”，如图 7-129 所示。

特别注意，请设置“控制台”中的“USB 支持”为 Native，选中“禁用单点登录”选项，如图 7-130 所示；设置完成后，发现分别出现了 5 台虚拟机，如图 7-131 所示。

第 9 步：设置桌面池用户权限

如图 7-132 所示，在“池”→“权限”选项卡中，单击“添加连接”为系统唯一账户 admin 分配一个新角色为 UserRole，并将桌面池的权限分配给该用户，如图 7-133 和图 7-134 所示。

第 10 步：访问 Win7x86 桌面虚拟机

使用 192.168.19.100 的网址访问系统主页，选择“登录”连接，输入 admin 账号和密码，登录系统。

选择“基本视图”，可以看到一台名为 win7-yhy 的虚拟机。单击“采用该虚拟机”的绿色箭头按钮，虚拟机启动了一台名为 win7-yhy-1 的虚拟机，如图 7-135 所示。等待虚拟机就绪后双击该虚拟机的图标，将通过 SPICE 协议连接到虚拟桌面中，简单设置之后，虚拟机就

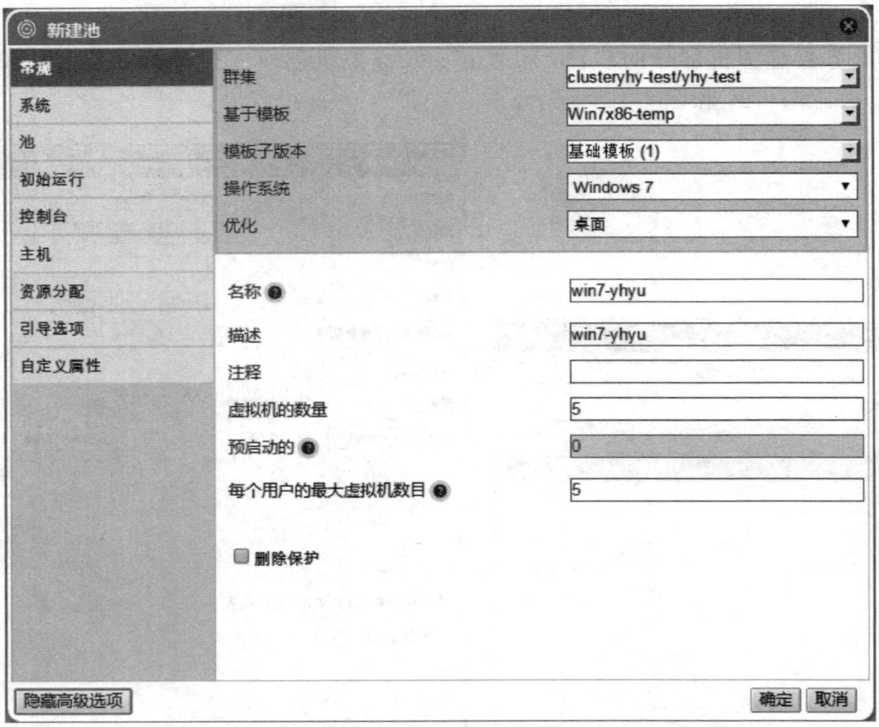

图 7-128　桌面池的常规设置

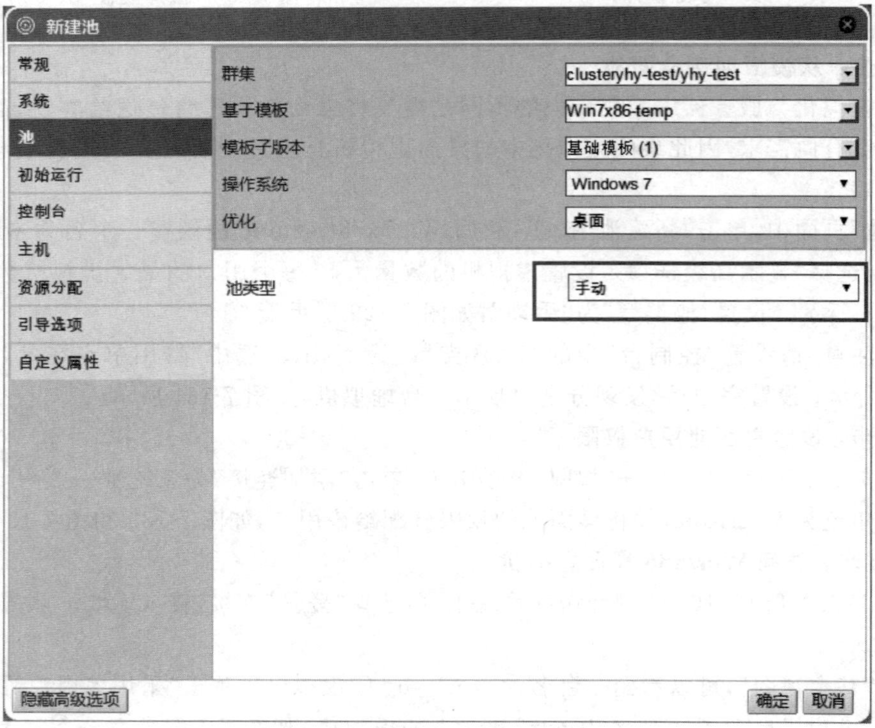

图 7-129　设置池类型

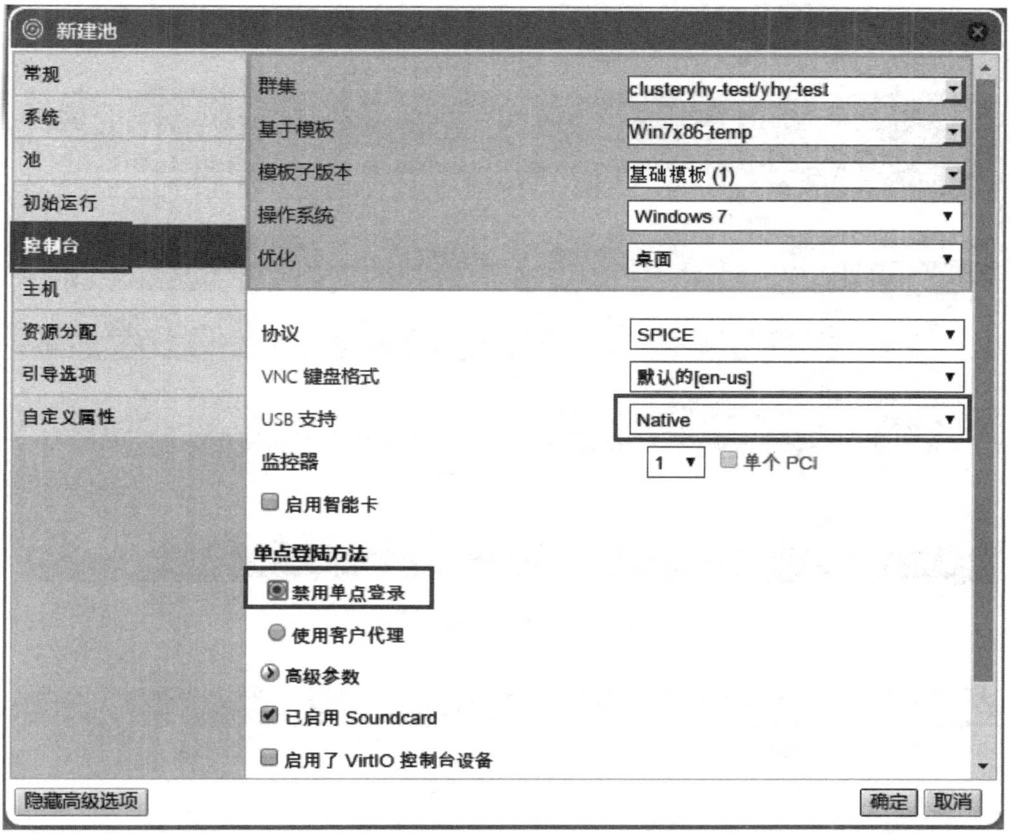

图 7-130　设置控制台连接协议和 USB

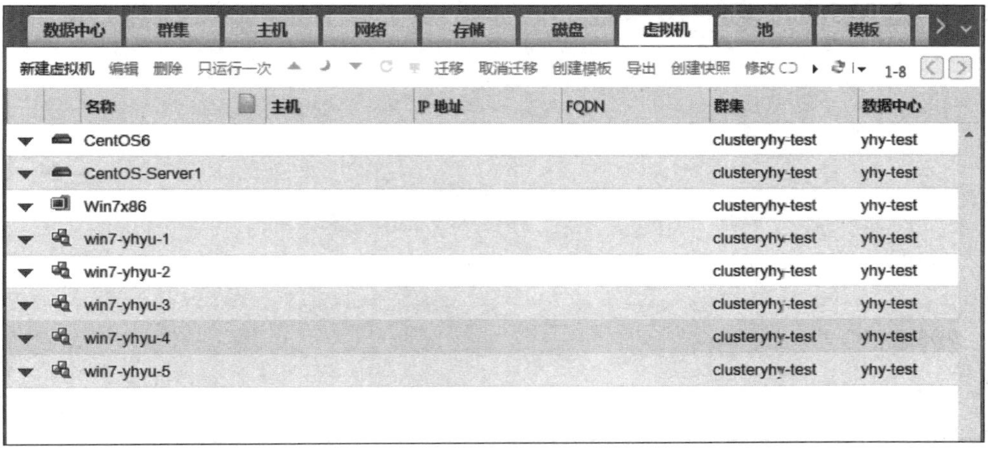

图 7-131　从池中生成的桌面虚拟机

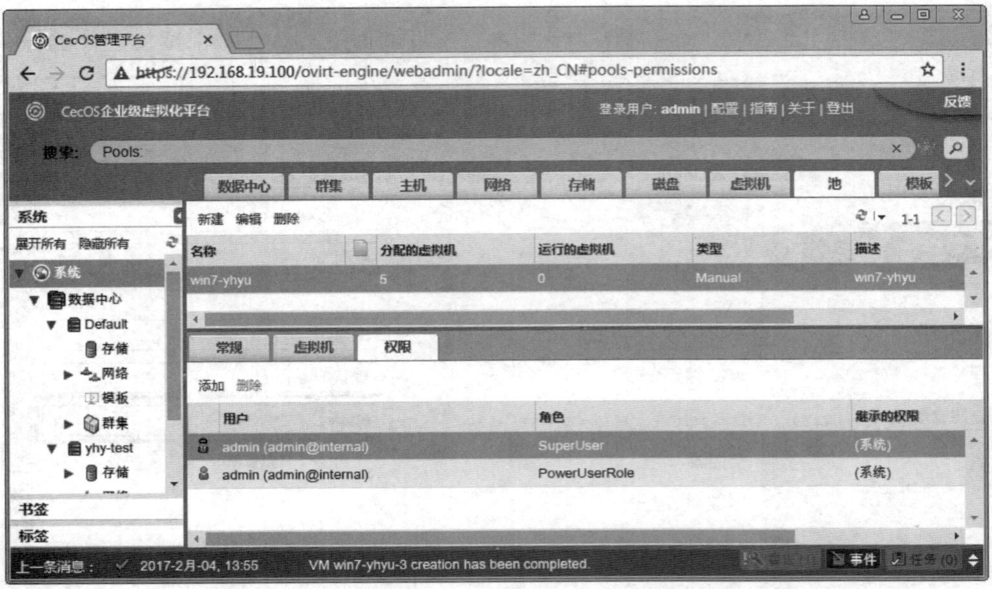

图 7-132　添加池权限信息

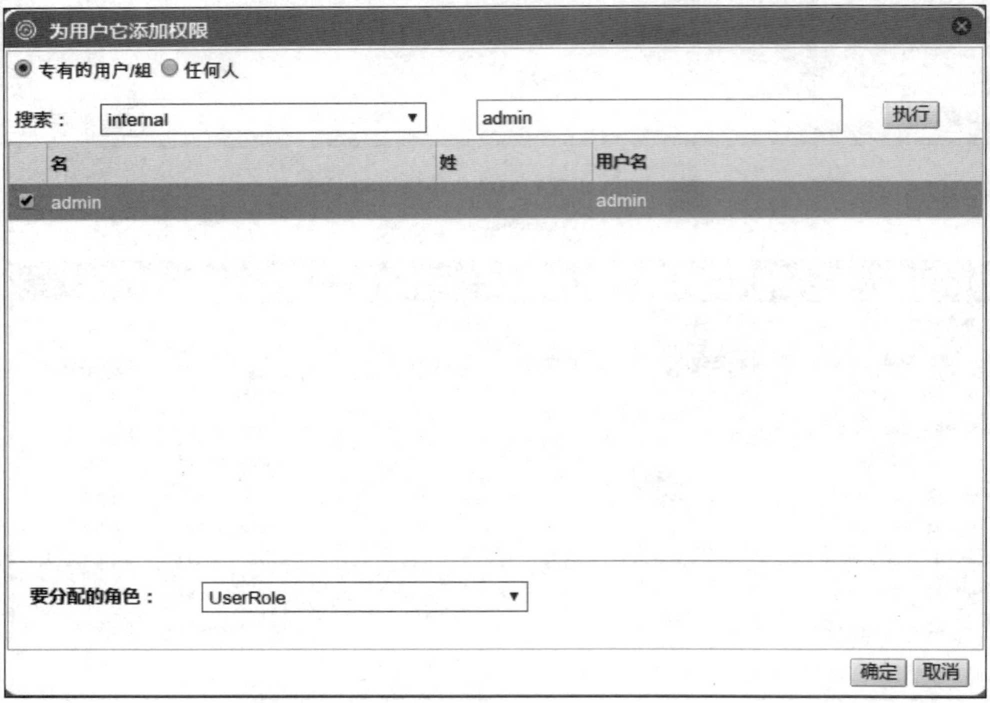

图 7-133　添加 admin 为 UserRole 的角色

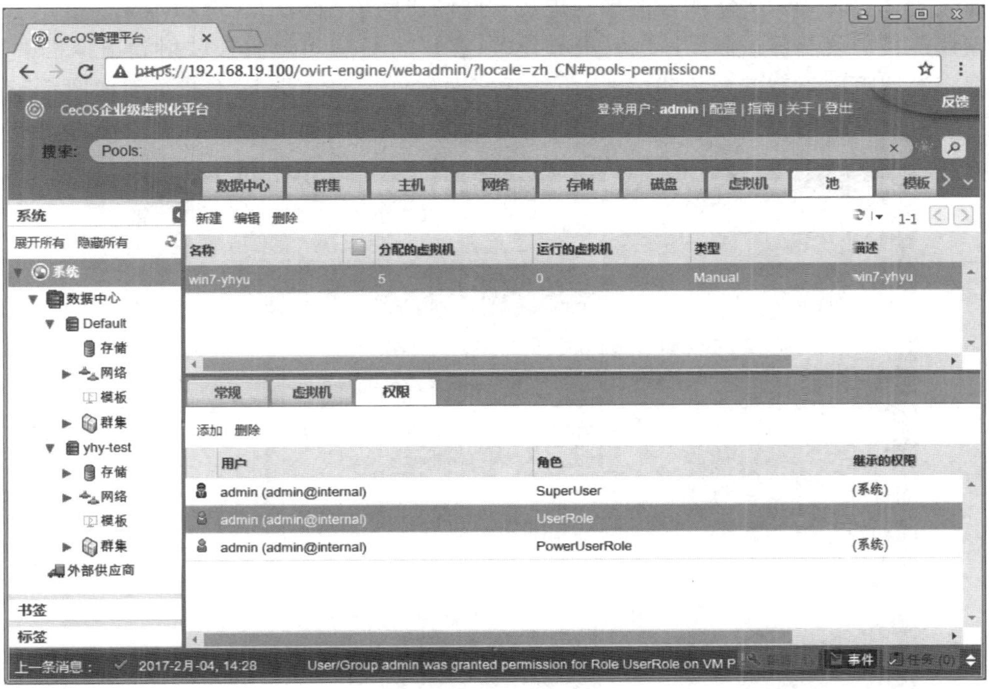

图 7-134　配置完成的池权限界面

图 7-135　为 admin 用户启动桌面虚拟机

可以通过 192.168.19.0/24 网段的地址进行互联网访问了，如图 7-136 所示。

默认连接协议全屏访问，并支持 USB 设置(客户端 U 盘可以直接映射到虚拟机中)，在控制器资源网页中下载安装 USB 相应版本重定向软件 USB Clerk，下载页面如图 7-137 所示，设置完成后，访问 Win7x86 桌面虚拟机，可以将客户端中的 U 盘映射在桌面虚拟机中。

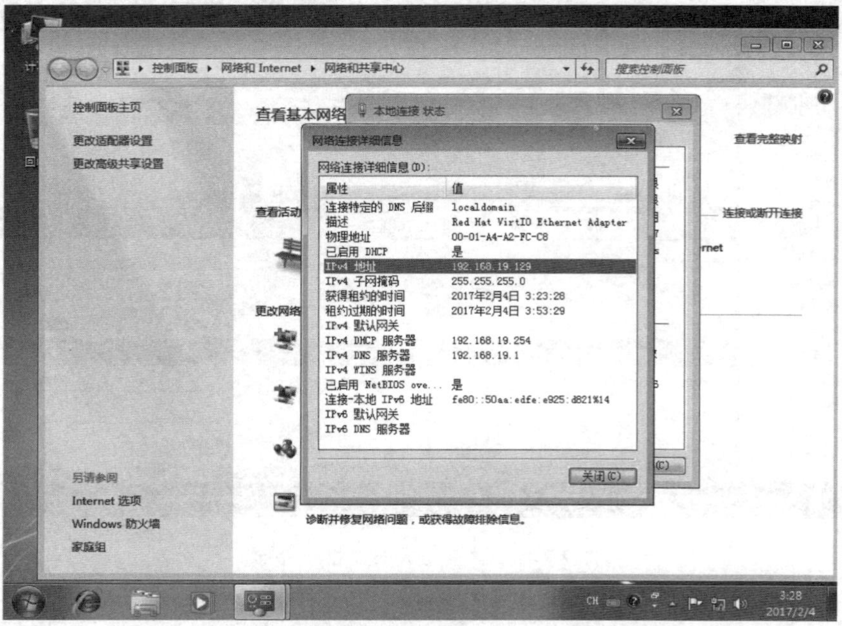

图 7-136　全屏访问池中的虚拟机

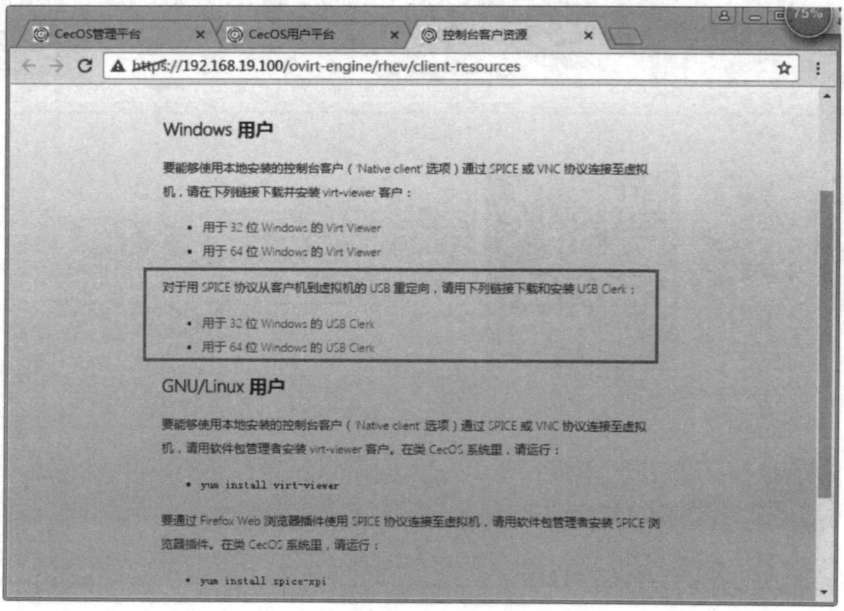

图 7-137　在资源页中下载 USB Clerk

【项目拓展训练】

1. KVM 虚拟化和其他的虚拟化的优缺点分别是什么？KVM 虚拟化的特点是什么？

2. KVM 虚拟化由哪些组件组成？分别能够实现怎样的功能？

3. KVM 虚拟化能够使用的显示连接协议有哪些？各有什么优缺点？

4. KVM 虚拟化可以使用哪些连接工具和软件进行连接？

5. CecOS 的主要组件有哪些？

6. CecOS 的管理界面可以管理哪些主要的对象？

7. 综合实战：CecOS 的本地存储的实现。

本书介绍了采用本地存储模式实现 CecOS 企业虚拟化平台的功能，请尝试使用本地存储的模式实现 CecOS 企业虚拟化平台，要求如下：

(1) Cec-M，4 GB 内存，2 CPU，实现 CecOS 的 ALLINONE 功能。

(2) Cec-C，4 GB 内存，2 CPU，实现 CecOS 的 Node 功能。

(3) 将 Cec-M 和 Cec-C 都作为计算节点添加到 CecOS 企业虚拟化管理平台中。

(4) 使用 Cec-C 上的本地存储作为数据存储域和 ISO 存储域。

(5) 基于本地存储，建立数据中心和集群，并实现服务器虚拟化和桌面虚拟化功能。

参考文献

[1] 王春海. VMware 虚拟化与云计算应用案例详解[M]. 北京：中国铁道出版社，2013.

[2] Scott Lowe，等. 精通 VMware vSphere 5.5[M]. 赵俐，曾少宇，译. 北京：人民邮电出版社，2015.

[3] 王春海. VMware vSphere 企业运维实战[M]. 北京：人民邮电出版社，2014.

[4] 何坤源. VMware vSphere 5.0 虚拟化架构实战指南[M]. 北京：人民邮电出版社，2014.

[5] 何坤源. 架构高可用 VMware vSphere 5.X 虚拟化架构[M]. 北京：人民邮电出版社，2014.

[6] 李晨光，朱晓严，芮坤坤. 虚拟化与云计算平台构建[M]. 北京：机械工业出版社，2016.

图书资源支持

感谢您一直以来对清华版图书的支持和爱护。为了配合本书的使用，本书提供配套的资源，有需求的读者请扫描下方的“书圈”微信公众号二维码，在图书专区下载，也可以拨打电话或发送电子邮件咨询。

如果您在使用本书的过程中遇到了什么问题，或者有相关图书出版计划，也请您发邮件告诉我们，以便我们更好地为您服务。

我们的联系方式：

地　　址：北京海淀区双清路学研大厦 A 座 707

邮　　编：100084

电　　话：010－62770175－4604

资源下载：http://www.tup.com.cn

电子邮件：weijj@tup.tsinghua.edu.cn

QQ：883604(请写明您的单位和姓名)

资源下载、样书申请

书圈

用微信扫一扫右边的二维码，即可关注清华大学出版社公众号“书圈”。